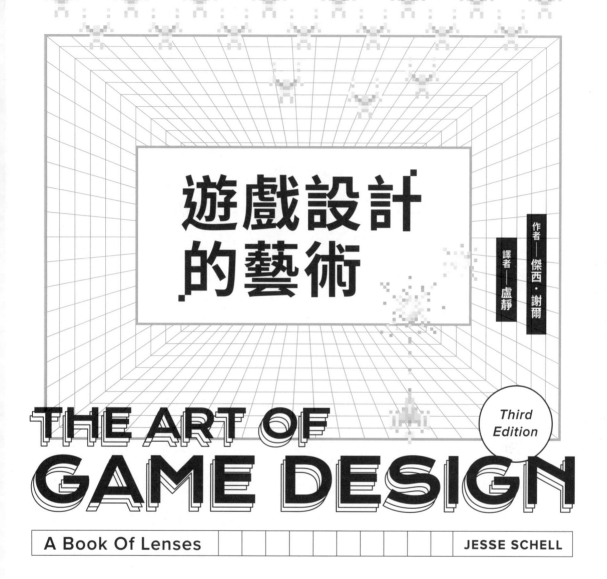

遊戲設計的藝術

作者——傑西‧謝爾

譯者——盧靜

THE ART OF GAME DESIGN

Third Edition

A Book Of Lenses

JESSE SCHELL

common
master
press+

大家出版

獻給永遠傾聽我說話的
Nyra

我會和你談談藝術
因為其他沒什麼好說了
沒什麼了

生命是個無人聞問的流浪漢
乞求能搭上藝術巴士的一趟便車

—— Maxwell H. Brock

目錄
Contents

鏡頭目錄
Table of Lenses

你好
Hello

　　你好！快請進來！請進！真是稀客，沒想到你今天會過來，不過抱歉，我還在寫東西，家裡有點亂。請坐吧，當自己家。好，我看看……要從哪裡開始好呢？喔，我應該先介紹一下自己才對！

　　我是傑西・謝爾，設計遊戲一直是我最愛的事。這是我的照片：

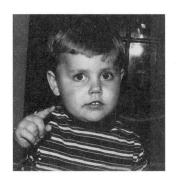

　　我那時候比較矮啦。從拍這張照片到現在，我做過很多不一樣的工作，有在馬戲團當過專業的雜耍藝人，當過作家、喜劇演員和魔術師學徒，也在IBM和貝爾通訊研究所（Bell Communications Research）當過軟體工程師。我還設計和開發過主題樂園的互動遊樂設施，也幫迪士尼公司做過大型多人線上遊戲。我也開了自己的遊戲工作室，還成了卡內基美隆大學（Carnegie Mellon University）的教授。但如果有人問我是做什麼的，我會說我是個遊戲設計師。

　　之所以提到這些，是因為在這本書裡，我會常常拿我的經歷來舉例，因為這些經歷都在遊戲設計的藝術中給過我許多啟發。現在聽起來也許不可思議，但我希望在讀這本書的時候，這些事可以協助你了解，遊戲設計和你的人生經歷息息相關。

　　不過有件事要先說清楚講明白：本書的主旨雖然是教你如何成為更優秀的電玩遊

戲（videogame）設計師，但我們所探討的許多原理都不只是針對電玩——你會發現應用範圍廣得多。好消息是，無論你設計的是數位、類比還是其他遊戲，本書談的原理大部分都同樣好用。

■ 遊戲設計是什麼？

首先我們有件很重要的事得做，就是先講清楚「遊戲設計」代表的意義。畢竟整本書接下來都要討論這個主題，但有些人顯然還有點困惑。

遊戲設計就是決定一個遊戲該長什麼樣子。

正是如此。乍聽之下似乎有點太簡單了。

「你是說做遊戲只要下一個決定嗎？」

不。要決定遊戲長怎樣，得做好幾百個乃至於上千個決定。

「設計遊戲不需要特殊的設備嗎？」

不用。因為遊戲設計只是做決定而已，所以你可以完全靠頭腦來設計遊戲。不過一般來說，你會需要把這些決定寫下來，因為人類的記憶力沒那麼好；不寫下來的話，就容易忘記重要的事物。此外，如果你希望別人可以協助你做決定，或是幫忙你把遊戲做出來，你就需要設法和他們討論這些決定，而寫下來對討論會很有幫助。

「那寫程式呢？遊戲設計師不需要是電腦工程師嗎？」

不，不需要。首先，很多遊戲不必靠電腦或科技就能玩，比如桌上遊戲（Board game）、卡片遊戲和體育競技。其次，就算是電玩遊戲，也可以只決定遊戲該長得怎樣，不必知道如何讓決定成真的所有科技鋩角。當然，就像精湛的寫作或藝術能力一樣，知道這些細節可以幫上很大的忙，能讓你更快做出更好的決定，但這些都不是必要的能力。兩者的關係就像建築師和木匠：建築師不需要懂得木匠所知的一切，但他得了解木匠有辦法做些什麼。

「所以你是說遊戲設計師只要想遊戲故事囉？」

不。故事是遊戲設計的一環，但除此之外還有很多決定要下。規則、視覺、感受、時間、步調、風險、獎勵、懲罰和一切玩家會體驗到的東西，都是遊戲設計師的責任。

「所以遊戲設計師的工作是決定遊戲長怎樣，把它寫下來，然後就不管了嗎？」

不太可能。我們的想像力並不完美，我們在腦中和紙上設計的遊戲幾乎不會照我們的期待呈現。有很多地方是設計師沒看到遊戲動起來，就沒辦法下決定的。因此，設計師通常都要從頭到尾參與遊戲開發，在這個過程中決定遊戲要長怎樣。

「遊戲開發者」和「遊戲設計師」的區別很重要。「遊戲開發者」是指任何參與遊戲創作的人。做遊戲的工程師、動畫師、建模師、音樂家、作家、製作人和設計師都

是遊戲開發者，遊戲設計師只是其中一種角色。

「那麼只有遊戲設計師可以幫遊戲下決定嗎？」

不如反過來說：任何決定遊戲該長怎樣的人，都是遊戲設計師。設計師是一種角色，而不是一個人。在創作遊戲內容的過程裡，幾乎每個團隊裡的開發者都會做出一些決定，影響遊戲將來的樣子。這些決定都是遊戲設計的相關決定，當你做出這些決定，你就是遊戲設計師。因此，無論你在開發團隊中的角色是什麼，了解遊戲設計原理都能讓你表現更好。

等待門得列夫

真正的發現之旅不在於尋找新風景，而是擁有新眼光。

——馬塞爾・普魯斯特（Marcel Proust）

本書的目的是協助你盡可能成為最優秀的遊戲設計師。

可惜的是，目前並不存在「遊戲設計的統一理論」，沒有簡單的公式能告訴我們如何做出好遊戲。那麼我們能怎麼做？

我們的立場就好比古代的鍊金術師。在門得列夫（Mendeleev）發現週期表，告訴我們基本元素的相互關係以前，鍊金術師得靠東拼西湊的經驗法則來混合不同的化學物質。這種做法必然不夠完善，有時候會犯錯，而且多半參雜了神祕主義。但鍊金術師能靠這些法則完成驚人的作品，而他們追求真理的路途最終走向了現代化學。

遊戲設計師還在等待他們的門得列夫。我們目前還沒有週期表能用，只有一堆東拼西湊的原理和法則。這些東西遠遠算不上完美，但還是能讓我們完成任務。我試著蒐集了最好用的規則，方便你們學習、思考、使用並觀察其他人怎麼使用這些規則。

要盡量用不同觀點來審視你的遊戲，才能設計出好遊戲。每個觀點都是一種審視自己設計的方法，所以我將其稱為鏡頭（lens）。鏡頭裡面有一小串問題，讓你用來檢視自己的設計。它們不是藍圖或配方，而是測試設計的工具。我會在書裡逐一介紹每顆鏡頭。我還設計了一副牌卡來搭配本書使用，每一張都整理了一顆鏡頭的內容。你可以在 iOS 或 Android 上搜尋「鏡頭牌組」（deck of lenses），下載免費 app，或是在亞馬遜搜尋鏡頭牌組購買實體版本，方便你在設計時找出鏡頭。更多資訊和免費的第三版卡片擴充請上 artofgamedesign.com。

這些鏡頭並不完美，也稱不上全面，但每一顆都適用於某種情境，能提供一種檢視設計的獨特觀點。鏡頭牌組的概念是，即便我們拿不到完整的遊戲設計元素週期表，但靠著這些不完美的小鏡頭，用它們從各種不同角度檢查問題，就能靠判斷力找

出最好的設計。我希望能有一顆無所不見的鏡頭。但我們沒有。所以，與其放棄手上這些不完美的小鏡頭，最聰明的做法還是盡可能廣為蒐集並善加利用，因為就像我們稍後會看到的一樣，遊戲設計比起科學更像是一門藝術，比起化學更像是烹飪。所以不得不承認，我們的門得列夫可能永遠不會到來。

▌ 專心做基本功

很多人以為要把遊戲設計原理學好，就要研究最新、最複雜、最高科技的遊戲。這個方法錯得一塌糊塗。電玩遊戲只是傳統遊戲在新媒體上自然發展的結果，其中的規則仍是一樣的。建築師在設計摩天大樓以前，必須先學會設計小屋，而我們也會經常研究最簡單的遊戲。這些作品有的是電玩遊戲，但有的是更簡單的骰子、卡片、桌遊或團體遊戲（Playground game）。如果我們沒辦法弄懂這些遊戲的原理，怎麼能指望了解更複雜的遊戲呢？有些人會說這些遊戲太老了，沒有研究的價值，但就像梭羅（Henry Thoreau）講的一樣：「我們或許也無須研究大自然，因為她實在太老了。」遊戲就是遊戲。讓經典遊戲好玩的原理，也是大多數現代遊戲好玩的原理。而且經典遊戲還有一個優勢，就是通過了時間的考驗。它們成功的原因不像許多現代遊戲是靠著新潮的科技，這些經典遊戲擁有更深刻的內涵，是我們遊戲設計師必須學習了解的。

除了經典遊戲，本書也將努力傳授遊戲設計最深層、最根本的原理，而不只是「做好敘事型第一人稱射擊遊戲（first-person shooter，FPS）的十五個祕訣！」這種針對類型遊戲的原理。每年流行的類型都不一樣，但遊戲設計的基本原理都是存在已久的人類心理，未來也仍會繼續存在。如果精通這些基本原理，不管出現什麼類型的遊戲，你都能掌握自如，甚至發明屬於你的新類型。其他遊戲設計書籍常想要盡量涵蓋更多領域，但本書不會把精力用於此處，而是要帶你深入最有料的地方。

另外，雖然本書教你的原理可以用來創作傳統的桌遊和卡片遊戲，但主要還是偏向電玩遊戲產業。為什麼呢？因為遊戲設計師的工作是創造新遊戲。電腦科技大爆發為遊戲設計的領域帶來了前所未有的創新。現在的遊戲設計師多得史無前例。想做遊戲的話，你很可能會用到某些最尖端的新科技來創作，因此本書將會告訴你如何做到這點；不過多數原理也都適用於比較傳統的遊戲類型。

▌ 和陌生人討論

不可忘了款待旅客，曾有人因此於不知不覺中款待了天使。
——〈希伯來書13：2〉

　　遊戲開發者素以怕生聞名，也就是他們很害怕陌生事物。我指的不是不熟的人，而是不熟的科技、作法和原理。他們似乎相信，不是來自遊戲業界的事物，就沒有考慮的價值。但事實上，遊戲開發者只是忙到沒空看看周遭而已。要做出好遊戲很難，所以遊戲開發者都會專心埋頭工作。他們通常都沒有時間探索新科技、思考如何將新科技用於遊戲，以及承擔失敗的風險。所以他們會小心翼翼，堅持使用自己了解的技術，很不幸的這就導致了市面上有許多千篇一律的遊戲。

　　但是要成功做出饒富新意的大作，就得走不同的路。這本書不是寫來教你做俗套遊戲的，我要教你的是怎麼設計出了不起的新設計。如果說本書關注非數位遊戲已經嚇到你了，那麼使用一些根本不是來自遊戲的原理、方法和範例，應該會更讓你驚訝。你會看到我把音樂、建築、電影、科學、繪畫、文學和其他太陽底下的東西都拿來當例子。有什麼不對嗎？既然可以利用其他領域研究了千百年的成果，為什麼要從頭發展新的原理？設計原理俯拾即是，因為每個地方都有設計，而且**每個地方的設計都是一樣的**。我不只自己會從每個地方汲取設計靈感，也會說服你這麼做。你所知道和經歷的一切，都是放上設計工作檯的好材料。

▌地圖

> 學習什麼並沒有多少差別。所有知識都彼此相通；一個人無論學習什麼，只要堅持不懈就會變得博學多聞。
> ——希帕提亞（Hypatia）

　　遊戲設計這個題目並不好寫。鏡頭和基本功是很好的工具，但要真正了解遊戲設計，就得了解一張複雜得不可思議的網子，網子由創意、心理、藝術、科技和商業所織成，上頭的每件事物都彼此相連。改變一個因素，其他因素全都會改變，而對一個因素的了解，也會影響對其他所有因素的了解。多數經驗豐富的設計師都會在心裡慢慢以試錯（trial and error）的方法學習眾多元素和它們彼此的關係，積年累月地編織這張網。這就是遊戲設計難寫的原因。因為書本必定是線性的，我一次只能談一個概念。因此，許多遊戲設計書籍都有一種缺憾感——讀者就像參加夜間導覽一樣，能在導遊的手電筒指引下看到許多有趣的東西，卻無法真正知道這些是怎麼兜在一起的。

　　遊戲設計是一場冒險，而冒險需要地圖。我為這本書製作了一份地圖，呈現了遊戲設計這張關聯緊密的網子。你可以在接近書末的位置找到整張地圖，但一次看完整張地圖反會讓人困惑迷惘、不知所措。畢卡索曾說：「若要創造，必先毀滅。」我們也是這樣。先把所有東西放在一邊，從一張白紙開始來畫出我們的地圖。在這過程中，

我也鼓勵你放下對遊戲設計先入為主的觀念，放開心胸接觸這個艱深卻迷人的題目。

第一章只會放進一個元素：設計師。接下來的章節會一次放進一個元素，慢慢築起這個由設計師、玩家、遊戲、開發團隊及客戶之間的關係所組成的複雜體系，讓你看到這一切怎麼湊在一起，又為什麼是用這種方式湊在一起。在本書最後，你的心裡和紙上都會有一幅呈現出這些關係的地圖。當然，紙本的地圖沒那麼重要，重要的是你心裡那幅地圖。而且地圖也不等於實地，它必定有不完美之處。但我希望讀完這本書能幫你在心裡畫出關係的地圖，你可以測試這幅地圖和現實有什麼差異，如果發現可以改進之處就盡量修改擴充。每個設計師都會經歷一段將這些關係繪製成個人地圖的旅程。如果你是遊戲設計的新手，本書能協助你開始繪製。如果你已經驗豐富，我希望本書能給你一些改進現有地圖的想法。

▌學習思考

> 舉一隅，不以三隅反，則不復也。
> ——孔子

孔子這話是什麼意思？好老師難道不該知無不言、四隅盡舉嗎？不，要真正學會、記得和了解一件事，你必須全心進入提問求知的狀態。如果沒有進入這種真正渴望深入了解的狀態，再怎麼高明的原理也會像水珠從鴨子身上滾落一樣消逝，不會留在你的心裡。本書有些時候也不會把話說白——這時只有你自己從刻意模糊的話語中找出真相，真相對你才別具意義。

這樣打啞謎還有另一層原因。前面說過遊戲設計不是一門精確的科學，反而充滿神祕和矛盾。我們的鏡頭組也不夠盡善盡美。熟習本書提供的原理還不足以讓你成為偉大的遊戲設計師。你必須準備好自己思考，想出為何某些原理不適用於某些案例，發明屬於你自己的新原理。我們都在等待門得列夫。或許那個人就是你。

▌我討厭書本

> 我討厭書本，書本只會教人們談論自己不懂的東西。
> ——尚－雅克・盧梭

> 在學習與練習這兩種法門間找到平衡非常重要。
> ——達賴喇嘛

　　請不要認為讀完這本書，或是讀完任何一本書就能讓你成為遊戲設計師，更不要說是偉大的遊戲設計師。遊戲設計不是一堆原理，而是一種活動。光讀書沒辦法成為歌手、飛行員或籃球員，也沒辦法讓你變成遊戲設計師。要成為遊戲設計師只有一條路，就是設計遊戲；如果要說得更具體，就是設計人們真正喜歡的遊戲。這表示只把你的遊戲概念寫下來還不夠，你得做出遊戲、自己玩過、也讓別人也玩過。如果遊戲不讓人滿意（絕對不會這麼容易），你就要修改它，然後再修改，繼續修改個幾十次，直到你做的遊戲真的讓人們玩得開心。重複幾次以後，你才會開始了解遊戲設計是怎麼回事。遊戲設計這行有句話是這麼說的：「你的前十個遊戲都會很爛，所以趕快做完吧。」本書中的原理可以幫忙為你的設計帶路，提供有用的觀點加快改進設計的速度，但只有靠練習才能成為優秀的設計師。如果你不是真的很想成為厲害的遊戲設計師，快放下這本書。這行不適合你。但如果你真的想成為一名遊戲設計師，本書就不是終點，而是一個起點，接下來將是一段持續學習、實踐、吸收資訊、揉合一切的旅程，而這段旅程將會持續一輩子。

1 太初先有設計師

In the Beginning, There is the *Designer*

▌魔法咒語

想成為設計師的人常問我:「你是怎麼成為遊戲設計師的?」我的答案很簡單:「設計遊戲啊。馬上開始!不要等了!也不用等到這對話結束!去設計就對了!快去!現在就去!」

有些人真的去做了,但很多人都缺乏自信,而且感覺碰到了「第二十二條軍規」[1]的困境:如果只有遊戲設計師才能設計遊戲,同時只有設計遊戲才能成為遊戲設計師,那要怎樣才能開始?如果你這樣覺得,那答案其實很簡單,只要唸出這個魔法咒語:

我是一個遊戲設計師。

我說真的。現在就大聲說出來,不要害羞,這裡只有我們而已,沒有別人。

你照做了嗎?如果有,那就恭喜你,你現在是遊戲設計師了。或許你還不覺得自

---

1 指自相矛盾且無法逃脫的困境。典出約瑟夫・海勒的小說《第二十二條軍規》(*Catch-22*)。——譯註

己算是真正的遊戲設計師，只是假裝是而已，但沒關係，因為我們等一下就會發現，人只要假裝自己是誰，就會變成誰。所以請你繼續假裝，覺得遊戲設計師該做什麼就做什麼，過沒多久你就會訝異，自己真的是遊戲設計師了。每當自信動搖的時候，就再重複這句魔法咒語：**我是一個遊戲設計師。** 有時候，我也會改成這樣唸咒：

你是誰？

我是一個遊戲設計師。

不對，你不是。

我是一個遊戲設計師。

你是哪門子設計師？

我是一個遊戲設計師。

你是說你會玩遊戲。

我是一個遊戲設計師。

這種建立自信的遊戲乍看之下也許有點蠢，但身為設計師，這還不是你要做的事裡頭最蠢的。讓自己擅長建立自信對你而言極其重要，因為你對自己能力的懷疑，會永遠折磨你。你還是新手設計師時會想：「我沒做過，我根本不知道現在自己在幹麼。」等你有了一點經驗，你會想：「我會的技術太少了，這個新遊戲完全不一樣。我上次可能只是運氣好而已。」等你資歷夠深以後，你會想：「世界變了，我搞不好已經跟不上時代了。」

丟掉這些沒用的想法吧，這對你沒有幫助。如果你有件事非做做看不可，就永遠不要考慮自己辦不辦得到。看看那些偉大的創作者，儘管他們各不相同，卻全都有一個共通點，那就是不怕被人嘲笑。有些偉大的革新之所以能夠誕生，是因為從事的人笨到不知道自己在做不可能的事。遊戲設計就是做決定，而做決定時一定要有信心。

但我是不是偶爾也會失敗？沒錯，你會一而再、再而三地不斷失敗。你經歷的失敗會比成功還要多出很多很多，但這些失敗是成功唯一的途徑。你會愛上這些失敗，因為每次失敗都會讓你離創造出真正的驚世大作更近一步。雜耍界有句話說：「沒失手過，就沒機會從中學習；沒機會學習，就成不了雜耍藝人。」設計遊戲也是同樣道理：沒有失敗，就是你不夠努力嘗試，算不上真正的遊戲設計師。

▍遊戲設計師需要什麼技能？

我把所有知識都看成我的研究領域。

——法蘭西斯・培根

簡單來說，你需要所有技能。凡是你能擅長的東西，對遊戲設計師都是有用的技能。我在這邊按英文字母順序列了一些特別有用的：

- 動畫：現代遊戲需要許多看起來生動的角色。「動畫」這個詞的原意就是「賦予生命」，了解角色動畫（character animation）的強項與局限，可以讓你打開大門，獲得前所未見的遊戲設計創意。
- 人類學：在受眾的自然生活環境中研究他們，試著找出他們的心之所向，你的遊戲才能滿足他們的欲望。
- 建築學：你要設計的不只是房子，還要設計整座城市、整個世界。熟悉建築的世界，就是了解人與空間的關係，這對你創造遊戲世界助益良多。
- 腦力激盪：你需要想出好幾十個，不，上百個新點子。
- 商業：遊戲產業畢竟也是一種產業。大部分遊戲的製作目的都是賺錢，你愈了解商業層面，就愈有機會做出夢想中的遊戲。
- 電影攝製：很多遊戲裡都有電影，而幾乎所有現代電玩裡都有個虛擬鏡頭。如果想帶給玩家扣人心弦的體驗，就需要了解電影攝製的藝術。
- 溝通：你會需要跟這裡所列出，甚至未列出的每一個專業領域交流。你需要解決爭端、溝通不良的問題，還要了解組員、客戶和受眾內心對你的遊戲作品的真實感受。
- 創意寫作：你需要創造一整個虛構世界還有生活於其中的人民，並決定裡頭發生了什麼事。
- 經濟學：許多現代遊戲都包含了複雜的遊戲資源（game resource）經濟，了解經濟學原理會出乎意料地有幫助。
- 工程學：現代電玩遊戲牽涉到一些當今世上最複雜的工程，有些作品的程式碼動輒上百萬行。新科技發明讓遊戲可以有新的玩法（gameplay），新時代的遊戲設計師必須了解每一種科技的長處與局限。
- 遊戲：熟悉遊戲對你的幫助當然很大，但你可不能只熟悉自己想創作的遊戲類型。從「釘驢尾」[2] 到《傳送門2》（Portal 2），了解每一種遊戲的運作方式能提供你創作新遊戲時所需的素材。
- 歷史：很多遊戲的設定都奠基在真實歷史上，就算背景設定在架空世界，你還是能從歷史中找到絕佳靈感。
- 管理學：只要團隊是為了共同目標而合作，就一定需要管理。但就算管理階層不

---

2 釘驢尾（pin the tail on the donkey）：一種兒童遊戲。先在牆上畫一隻驢子，再準備幾條尾巴。玩家要先矇上眼，原地轉圈以後出發將尾巴釘到正確的地方。──譯註

佳，優秀的設計師也可以暗中「向上管理」，成功搞定工作。

- **數學**：遊戲裡處處是數學、機率、風險分析和複雜的計分系統，更不要說電腦繪圖和電腦科學背後也通常都和數學有關。技術精湛的設計師絕不能害怕偶爾研究一下數學。

- **音樂**：音樂是靈魂的語言。如果你的遊戲要真正感動玩家，讓他們沉浸其中和身歷其境，就不能忽略音樂。

- **心理學**：你的目標是讓人類快樂，因此你必須了解人心的運作，不然你的設計就會像瞎子摸象。

- **公開演說**：你會經常需要向一群人表達你的想法，有時是為了獲得回饋，有時是要說服他們接受你的創見。無論目的是什麼，你都必須有自信、表達清楚、舉止自然、有趣，不然人們就會懷疑你根本不知道自己在幹麼。

- **音效設計**：音效是真正讓人們相信自己正身歷其境的要素，換句話說，耳聞才能為憑。

- **技術寫作**：你撰寫的文件要能清楚描述複雜的設計，不能有遺漏或落差。

- **視覺藝術**：你的遊戲會充滿圖像元素。你必須熟悉圖像設計的表達方式，明白怎麼用圖像設計在遊戲中創造你所期望的感覺。

當然，你要學的還有很多，很可怕對吧？怎麼可能有人能精通這一切？老實說沒有人辦得到。但就算不完美，只要你愈熟悉這些東西，就會愈有利，因為我們只有在超越極限的時候才能獲得成長，這也是遊戲設計師必須自信無畏的另一個原因。不過，有一個技能對所有人來說都是關鍵。

▍ 最重要的技能

比起上一段提到的所有技能，有個技能絕對更為重要，但很多人應該都會感到奇怪，所以我沒有把它放進清單。有些人會猜是「創意」，但我會說它可能只是第二重要的技能。既然遊戲設計是做決定的過程，有些人會猜應該是「批判思考」或「邏輯」。這些技能確實重要，但絕不是最重要。

還有人說是「溝通」，這就比較接近了。只可惜溝通的意義在經過幾個世紀後已經變得很廉價。「我有些事要跟你溝通」原本的意思是交換想法，但現在已經等於是單方面的傳達意見。傳達意見固然是重要的技能，但好的溝通和好的遊戲設計，都建立在一件更加基本，也更加重要的事情上：

聆聽。

聆聽才是遊戲設計師最重要的技能。

遊戲設計師要聆聽的對象可多著，不過可以分成五大類：團隊、受眾、遊戲、客戶和自己。本書大部分的內容都在討論怎麼聆聽這五種聲音。

這聽起來可能有點荒謬。聆聽也算是一種技能嗎？我們的耳朵又不像眼睛可以閉起來，要怎樣才會聽不到？

我說的聆聽不只是聽別人講什麼，而是更深入、細心地聽。比如說，你在工作的時候碰到朋友佛瑞德。你說：「嗨，老佛，還好嗎？」佛瑞德皺著眉低下頭，不自在地扭了一下，看起來是想要說什麼，接著他沒看向你的眼睛，小聲說：「呃，還好。」然後他才回過神來，深吸一口氣，堅定但不太有自信地看著你的眼睛，大聲了點說：「呃，我還不錯啊。你咧？」

那麼佛瑞德到底感覺怎麼樣？他嘴巴說：「還不錯。」所以，好，他還不錯。如果你只聽表面，就會得到這種結論，但如果你聽得更深入一點，專心觀察佛瑞德的肢體語言、細微的臉部表情、聲調和姿勢，就會聽出不同的訊息：「說真的，我不太好。我有個大麻煩想跟你聊聊，不過這算是私事，如果我不覺得你真的在乎我的麻煩，我是不會說的。要是你不想管，那我也不想打擾你，讓我裝沒事就好。」

佛瑞德的「還不錯」，要說的其實是這些。如果你深入去聽他要講什麼，就會聽見這些。清澈如鈴，明白若日，就像聽他自己說出來的一樣。遊戲設計師每天做出每個決定時，都必須像這樣聆聽。

當你細心聆聽，就會觀察到一切，並且不斷問自己：「這樣對嗎？」、「為什麼是這樣？」、「她真的這樣覺得嗎？」、「原來如此，但這是什麼意思？」

遊戲設計師布萊恩·莫里亞蒂（Brian Moriarty）指出，有一段時間我們用的說法不是「聆聽」（listen），而是「傾聽」（list）！這個說法是怎麼來的？這個嘛，我們聆聽的時候會做什麼？我們會把頭歪向一邊，像字面上的如同海上的船隻一樣傾斜（list）。而當我們歪向一邊，就是打破了自己的平衡——我們接受了自己有可能覺得不適。如果我們傾得更深來聽，就是讓自己處於更危險的境地。我們接受聽到的東西有可能讓自己覺得不適，也可能會否定我們所知的一切，但這是敞開心房的最高表現，也只有這樣才能知道真相。你必須像個孩子一樣接觸每件事物，不預設立場，觀察一切，像赫曼·赫塞（Herman Hesse）在《流浪者之歌》（*Siddhartha*）裡說的一樣：

以平靜的心境傾聽，以期盼和坦誠的心靈傾聽，沒有激情，沒有熱望，沒有判斷，也沒有見解。

五種聆聽

　　遊戲設計是張緊密交錯的網子，我們將會在本書中反覆討論和回顧這五種聆聽，並探索這些聆聽彼此的連結。

　　你會和**團隊**一起創造遊戲，並一起決定有關遊戲設計的重大決策，所以你需要聆聽團隊的聲音（在第26、27章）。記得那一大串技能表嗎？整個團隊加起來的話，也許就可以掌握所有技能。如果你深入傾聽你的團隊，認真和他們溝通，你們就能形同一體，彷彿每個人都共享同一套技能。

　　受眾會玩你的遊戲，所以你也需要聆聽他們的聲音（在第9到11章，還有第24、25及33章）。再怎麼說，如果他們玩得不開心，就是你的失敗。而唯一能知道他們要怎樣才會開心的辦法，就是深入聆聽，想辦法比他們更了解自己。

　　你還需要聆聽**遊戲**的聲音（本書的大部分章節都有提到）。這是什麼意思呢？意思是你要從裡到外全面了解自己的遊戲。就像技師光是聽引擎聲就能告訴你車子哪裡有毛病，你也要光是聽遊戲進行就能知道出了什麼問題。

　　你也需要聆聽**客戶**的聲音（在第30到32章）。客戶是花錢請你設計遊戲的人，如果你沒能給出他們想要拿到的東西，他們就會另請高明。只有深入聆聽，你才會知道客戶內心深處真正的需求。

　　最後，你需要聆聽**你自己**的聲音（在第1、7和35章）。這聽起來簡單，但對很多人來說是最難的一種聆聽。不過如果你能精通聆聽自己的方法，這就會成為極強大的工具，也是你非凡創意背後的祕密。

天賦的祕密

　　聽了這麼多專業術語，你的自信說不定又要沒了。你可能會懷疑自己是否真的適合設計遊戲，或許你還發現，精湛的遊戲設計師好像都有幹這一行的特別天賦。他們彷彿信手拈來、舉重若輕，而你雖然熱愛遊戲，但還是會懷疑自己有沒有足夠的天賦成為設計師。不過我要告訴你一個關於天賦的小祕密：天賦分成兩種。一種是先天擅長某種技能的天賦，這是比較次要的天賦。如果你有這種天賦，例如遊戲設計、數學或彈鋼琴，你可以不假思索輕鬆做到，但未必會感到享受。世上擁有這種次要天賦的人數以千百萬計，但他們雖有才能，卻從未憑這些實現什麼了不起的功業，因為他們缺了另一種關鍵天賦。

　　關鍵天賦就是對事物的熱愛。乍聽好像不太對，熱愛某種技能，怎麼會比技能本身更重要？理由很簡單：如果你有這種關鍵天賦，也就是熱愛設計遊戲，你就會用上

你所有的技能來設計遊戲，並且堅持下去。你對工作的熱愛會顯現，為你的作品注入不可思議的光輝，而這種光輝只會出自對工作的熱愛。經過不斷練習，你設計遊戲的技能會像肌肉一樣成長，變得更有力量，最後你的技能將會追上，甚至超越那些只有次要天賦的人。而人們會說：「哇，這人簡直是天生的遊戲設計師。」他們會以為你擁有次要天賦，但只有你自己知道這個祕密：你的才能來自更關鍵的天賦，那就是對事物的熱愛。

不過你可能也不確定自己有沒有關鍵天賦，不確定自己是否真的熱愛設計遊戲。我碰過很多學生開始設計遊戲的原因只是想看看這份工作是什麼樣子，後來才驚訝地發現自己其實熱愛設計遊戲。我也碰過有些人很肯定自己天生就是遊戲設計師，其中有些人甚至還擁有次要天賦，但體驗過真正的遊戲設計以後，他們就發現吃不來這行飯了。

要知道自己是否擁有關鍵天賦，只有一種方法，那就是走上這條路，看看你的心是否會發出共鳴。

唸出你的魔法咒語吧，我們要上路了！

我是一個遊戲設計師。

我是一個遊戲設計師。

我是一個遊戲設計師。

我是一個遊戲設計師。

延伸閱讀

- 《發掘你的太陽魔力》（天下文化出版），琳恩・何沃與約翰・貝肯著。這本精彩的小書能幫你找到自己的道路。
- 《Challenges for Game Designers》Brenda Brathwaite 與 Ian Schreiber 著。裡面蒐集了許多很棒的練習，等你準備好要伸展設計遊戲用的肌肉就可以派上用場。

2 設計師創造體驗
The Designer Creates an *Experience*

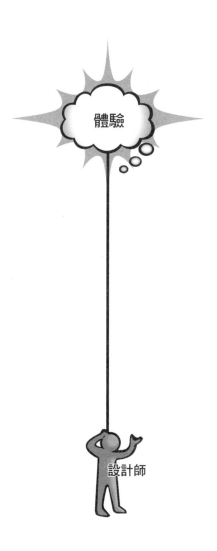

我已經知道結局
你的臉最後扁掉了
我不知道是什麼把你揍扁的
但電影的結局就是那樣。
——〈實驗電影〉，明日巨星合唱團（They Might Be Giants）

這麼多技法還有效果，能讓我用來打動心靈、神智或是靈魂，哪一種是我此時此刻所該選用？
——埃德加·愛倫·坡，《寫作的哲學》（The Philosophy of Composition）

在第一章，我們確定了一切都始於遊戲設計師，以及遊戲設計師需要哪些技能。接下來我們要開始討論，遊戲設計師該用這些技能做什麼，或者換個說法，我們要問的是：「遊戲設計師的目標是什麼？」答案乍看之下很明顯：遊戲設計師的目標就是設計遊戲。

但這麼想就錯了。

說到底，遊戲設計師根本不在乎遊戲，遊戲只是達到目的的手段。遊戲本身只是一種產品，也就是一堆硬紙板或位元而已。沒有人玩的話，遊戲一點價值都沒有。為什麼會這樣？人們玩遊戲的時候是發生了什麼魔法？

玩遊戲會產生體驗（experience）。設計師所在乎的就是這份體驗。沒有體驗，遊戲就沒有價值。

在這裡先警告你：我們正準備進入很難討論的領域，但原因並不是我們對它太陌生——事實正好相反，很難討論是因為我們對它太熟悉了。我們曾看過（看看夕陽！）、做過（有搭過飛機嗎？）、想過（天空為什麼是藍的？）或感覺過（雪也太冷了吧！）的一切都是體驗。從定義上來說，我們無法體會任何不是體驗的東西。人之為人，有很大一部分是由體驗所組成的，所以要加以思考非常困難（就連思考體驗也是一種體驗）。即便我們這麼熟悉體驗，還是很難形容。體驗看不見、碰不著、握不住，你甚至無法真正分享體驗。沒有哪兩個人對同一件事會得到相同的體驗，每個人對一件事的體驗都是獨一無二的。

這就是體驗的矛盾之處，既晦暗朦朧，卻又是我們所知的一切。不過就算它這麼棘手，遊戲設計師真正要關注的仍是創造體驗。我們不能迴避創造體驗，退縮到實質遊戲的具體元素裡。我們必須傾盡所有方法去領悟、了解、掌握人類體驗的本質。

遊戲不等於體驗

今天的水質不錯。　　什麼是水？

　　我們要先徹底釐清這點才能繼續討論：遊戲不等於體驗。遊戲能夠讓人體驗，但它不是體驗本身。有些人很難理解這個概念，有個古老的禪宗機鋒精準表達了這個概念：「假如一棵樹在森林裡倒下，而附近沒有人聽見，那它有沒有發出聲音？」這個問題討論太多次，已成了陳腔濫調，但這正是我們現在所討論的問題。如果我們對「聲音」的定義是空氣中的分子振動，那樹確實有發出聲音。如果我們對聲音的定義是「聽到聲音的經驗」，那答案就是沒有。只要附近沒有人，樹就不會發出聲音。我們身為設計師，真正在乎的並不是樹，也不是它怎麼倒下——我們只在乎聽到它倒下的體驗。樹只不過是達成目的的手段，要是沒有人在那附近，我們就一點也不在意。

　　遊戲設計師只在乎看起來存在的東西。玩家和遊戲都是真的，而體驗是虛幻的，但它是人們玩遊戲的理由，所以遊戲設計師能力如何，全都取決於這個虛幻事物的品質。

　　如果可以不用遊戲圖板（game board）、不用電腦、不用螢幕，不用借助任何媒介，直接用某種高科技魔法就能為人們創造體驗，我們就會採用這方法。某方面來說，這就是我們夢想用「人工實境」（artificial reality）辦到的事，創造出不受傳遞媒介所圍限的體驗。這個夢想很美，但也只是個夢，我們還是沒辦法直接創造體驗。或許在遙遠的未來可以靠難以想像的科技實現目標，但也只能讓時間去證明了。在我們目前生活的時代，我們只能創造規則集（rule set）、遊戲圖板、電腦程式等人工產物，讓玩家與其互動，便可能營造某些特定體驗。

　　這就是為什麼設計遊戲非常困難。就像在做瓶中船一樣，我們和我們嘗試要創造的東西之間距離非常遙遠。我們做出讓玩家與其互動的產物，然後祈禱互動產生的體驗能讓他們開心。我們從沒真正看到工作的成果，因為那是別人所感受到的體驗，而說到底，體驗是無法分享的。

　　這就是為什麼深入傾聽對設計遊戲這麼重要。

▌只有遊戲是這樣嗎？

　　你也許會問，比起其他體驗，遊戲有什麼特別的地方，需要我們深入挖掘這些注重情感體驗的玩意？老實說，遊戲某方面來說確實沒這麼特別。無論是書本、電影、戲劇、音樂還是遊樂設施，設計各種娛樂的人都得應付同樣的問題：要怎麼創造一種東西，讓跟它互動的人都能得到某種特定的體驗？

　　但比起其他娛樂，遊戲在產品和體驗之間的落差要明顯得多。這種差異的由來比較幽微——相較於設計線性體驗，遊戲設計師必須處理更多種互動。書籍作者和電影編劇創作的是線性體驗，從他們所創造的東西，到讀者或觀眾的體驗，這之中的映射（mapping）非常直接。但遊戲設計師的工作就沒那麼容易了，我們給了玩家很多權力去控制整場體驗中事件發生的步調與順序，甚至還要加上隨機事件！這使得遊戲產品和體驗之間的落差，比線性娛樂來得更為明顯。而且同時，這也讓我們更不容易確定，玩家的心裡到底會產生什麼體驗。

　　那我們為什麼要這麼做？遊戲體驗特別在哪，能讓我們放棄製作其他線性娛樂時所能夠享有的那些奢侈控制權？還是我們單純就是受虐狂，或只是在尋求挑戰而已？不。就像遊戲設計師要做的其他事一樣，我們設計遊戲也是為了會隨之而生的體驗。有些感受，比如選擇、自由、責任、成就、友誼等等，都只有在遊戲體驗裡才能得到。所以我們才要經歷這麼多麻煩，去創造除此之外無處獲得的體驗。

▌追逐彩虹的三種實用方法

> 我們這裡沒有什麼規則！我們只想完成一些東西！
> ——湯瑪斯・愛迪生（Thomas Edison）

　　好，我們已經確定我們需要做什麼了——創作一款遊戲，產生美好、引人入勝又難忘的體驗。要做到這件事，我們必須付出驚人的努力，探索人類神祕的心靈，找出人們內心的祕密。沒有哪個學科的研究曾完美地探勘這片領域（噢，門得列夫，你在哪？），但有幾個互異的學科確實成功描繪出一部分的地圖。其中有三個學科特別成功：心理學、人類學和設計。心理學家想要了解是什麼機制在驅動人們，人類學想要從整體人類的層級去了解人們，而設計師只想讓人們快樂。我們之後會借用這三個領域的方法，所以先讓我們看看這三者分別有什麼可以為我們所用。

■ 心理學

有誰比心理學家更適合幫助我們學習人類體驗的本質呢？這類科學家研究的可是主宰人類心理的機制，而且他們也確實找到了一些關於心靈的大發現，本書稍後會談到部分有用得不可思議的發現。老實說，搞不好你正期待心理學家擁有一切答案，讓我們探索如何創造強烈體驗的旅程可以在這裡結束。可惜事情並不是這樣，他們畢竟是科學家，別無選擇只能研究確實存在而且可證明的東西。在二十世紀初，心理學發生了一次分裂。戰場的一邊是行為學家，他們只關注可觀測的行為，用黑箱論[1]來研究人的心靈，最主要的工具是客觀的對照實驗。另一邊則是現象學家，他們研究的東西也是遊戲設計師最關心的：人類經驗的本質與「對事件的感受」。他們最主要的工具是內省法，也就是在體驗發生時加以檢驗。

但對我們來說不幸的是，行為學家贏了，而且理由非常充分。行為主義著重客觀、可重複的實驗，正經的科學就是需要這些。行為學家做了實驗、發表相關論文後，其他行為學家如果在相同的條件下重複這些實驗，幾乎也都會得到相同結果。另一方面，現象學家的方法必定是主觀的。經驗本身無法直接觀測，只能描述，而且這種描述並不完美。如果實驗發生在心裡，那要怎麼確定實驗條件是否受控？雖然對於研究我們自己內在的想法與感受，現象學十分有趣也很有用，但作為科學卻不太可靠。因此，現代心理學若要有更多進步，通常就得避開我們最關心的東西，也就是人類體驗的本質。

雖然心理學無法回答我們所有的問題，但仍提供了一些有用的答案，我們稍後會提到。除此之外，心理學也給了我們一些很有效的方法。遊戲設計師不必宥於嚴格的科學責任，而可以隨意使用行為主義的實驗和現象學的內省來找出我們需要的答案。因為我們畢竟是設計師，我們不在意客觀現實的世界裡有什麼絕對真理，只在乎主觀體驗的世界裡有什麼看起來像是真的。

但也許在行為主義和現象學的兩個極端之間，還有其他的科學方法也不一定？

■ 人類學

> 人類學是科學之中最人文的，也是人文學科中最科學的。
> ──阿爾弗雷德・路易斯・克魯伯（Alfred Louis Kroeber）

1　黑箱論（black box）：行為主義認為，人接受外在刺激，進而產生反應的過程中，內在的變化與機制就像裝在黑色箱子裡，無法觀測，只能觀察其行為。──譯註

　　人類學是研究人類和其思想行為的另一大分支，採用的方法比心理學更為全面，觀察對象包括生理、心理和文化，有關人類的一切事物。人類學非常重視研究世界上不同民族之間的相似與相異之處——而且不只是當代，是貫串整個歷史。

　　遊戲設計師特別感興趣的是文化人類學（cultural anthropology）的研究方法，這門方法大多是藉由田野調查來研究現在活著的人們如何生活。文化人類學家會和想了解的對象一起生活，試圖完全融入對方的世界。他們會盡可能客觀地觀察文化和習俗，但同時也會運用內省法，竭盡全力設身處地思考研究對象是怎麼想的。這樣能幫助人類學家想像，成為這些調查對象是「什麼感覺」。

　　我們可以從人類學家的研究中，知道一些有關人類本質的重要事物，但更重要的是把文化人類學方法用在玩家身上，訪問他們、盡可能了解關於他們的一切，並設身處地去思考，這樣我們就能獲得一些從客觀視角無法獲得的洞見。

■ 設計

　　第三個對人類體驗做出重要研究的領域並不令人意外，正是設計。音樂家、建築師、作家、電影人、工業設計師、網頁設計師、編舞家、平面設計師等等，從幾乎所有的設計師身上，我們都可以學到很多有用的東西。這些來自不同設計領域的各種「經驗法則」，完美提供了研究人類體驗的有用原理。可惜我們往往也很難運用這些原理——不像科學家，設計師發現什麼時很少會發表論文。各領域最優秀的設計師，對於其他設計領域在幹什麼時常一無所知。音樂家也許對節奏知之甚詳，卻可能沒想過怎麼將節奏的原理應用於小說和舞台劇等非音樂領域，即使這種應用或許既有意義又實際，畢竟音樂、小說和舞台劇最終都根植於同個東西——人類的心靈。所以要運用其他設計領域的原理，我們會需要織出一張彌天大網。一個人只要能創造出讓人體驗和享受的事物，就有可以學習之處，所以我們要盡可能欣賞不熟悉的人事物，從各種領域的設計師汲取規則與範例。

　　我們最好能找到方法，在心理學與人類學的共同基礎上，將各式各樣的設計原理串連起來。說到底，這兩者是所有設計的基礎。我們會在本書裡實踐其中一些，也許有一天，這三個領域能找出一種方法，統一其中所有原理。目前我們只得滿足於搭起幾座橋樑——但這三個領域很少跨界交流，所以也不是什麼小工程。甚至你會看到，有些橋樑還特別有用！遊戲設計這項任務是場艱難的挑戰，不容我們挑三揀四，選擇要從哪裡尋求知識。沒有單獨一種方法可以解決我們所有的問題，所以我們得混合搭配，試著像從工具箱中挑選工具一樣，恰到好處地使用。我們必須保持心胸開闊，同時也要腳踏實地——任何地方都能找到好點子，但只有能幫助我們創造好體驗的點子，對我們才有好處。

■ 內省的力量、危險與實踐

真正的科學家對於拿自己做實驗從不猶豫。
——芬頓・克雷普（Fenton Claypool）[2]

我們討論了幾個領域，可以在裡面找到有助於掌握人類體驗的好工具。現在我們要聚焦於三個學科都常用的一種工具：內省。這個方法看似簡單，卻能用來檢驗你的想法和感受，也就是你自己的經驗。雖然你永遠無法完全得知其他人經歷了什麼，但你肯定知道自己的體驗。某種意義上來說，體驗也是你僅知的一切。藉著深入傾聽內在的自我，也就是去觀察、評斷和描述自己的體驗，你就能快速而果斷地判斷東西適不適合放進遊戲，以及箇中原因。

你可能會說：「等一下，內省真的是好辦法嗎？如果這方法不太適合科學家使用，又為什麼適合我們？」好問題。使用內省確實有兩個危險。

■ 危險1：對於事實，內省可能導致錯誤結論

這是科學家拒絕把內省當成有效研究方法的主要原因。多年來一堆偽科學家都是靠著內省，才想出來那麼多瘋狂的理論。這種事情很常發生，因為我們個人經驗中看似為真的事，在現實中不見得為真。比方說，蘇格拉底曾指出每當我們知道了什麼新事物，感覺都像我們本來就知道，而當我們學習時，感覺就像是想起了某些我們早就知道卻已忘記的事情。這個觀察很有趣，而且多數人也能想起有過這種感覺的學習經驗。但蘇格拉底接下來就推論過頭了，他提出了一個複雜的主張，說既然學習的感覺像是找回記憶，那我們一定都有歷經輪迴的靈魂，在今生學習的時候才會想起前世學過的東西。

靠內省來對現實下結論就會碰到這種問題：一件事感覺像真的，不代表它就是真的。人們很容易掉進這種陷阱，建立出值得懷疑的邏輯架構來支持某些感覺一定真實的事物，而科學家受過訓練，知道要避開這種陷阱。內省法在科學裡仍有一席之地，它可以讓人們從單靠邏輯說不通的觀點來檢視問題。優秀的科學家會隨時使用內省，但他們不會從中得出科學結論。

我們很幸運，遊戲設計不是科學！雖然「關於現實的客觀真理」很有趣，有時也對我們很有用，但我們關注的主要還是「感覺上真實」的事。亞里斯多德給了我們另一個完美說明這件事的經典例子。他寫過各種主題的著作，包括邏輯、物理學、自然

2　美國兒童小說家史考特・柯比特（Scott Corbett）的作品《把戲》（*Trick*）系列中的主角之一。——譯註

史和哲學。他最有名的一點就是深入的內省，而人們在讀他的著作時發現了一件有趣的事，他對物理學和自然史的想法，到現代幾乎都被推翻了。為什麼？因為他太依賴感覺上的真實，且太少做對照實驗。內省讓他做出了各種現在大家都知道不對的結論，比方說：

- 重的東西掉得比輕的快。
- 意識的來源是心臟。
- 生命會自然發生[3]。

　　那為什麼我們會覺得他是天才，而不是神經病？因為他關於形上學、戲劇、倫理學和心靈的其他著作，到現在仍然很有用。在這些領域裡，感受上的真實比可以客觀證明的真實更重要，而他經過深入內省的大部分結論，都通過了往後數千年的檢視。

　　我們從這裡學到的很簡單：處理人類情感和心靈，以及試圖了解經驗和事物感受的時候，內省這件工具就有值得信任、不可思議的強大力量。身為遊戲設計師，我們不必太擔心這第一種危險。比起現實中的真實，我們更在乎感覺上的真實。因此，要對體驗的特質下結論時，我們可以抱持信心，相信自己的感受與直覺。

■ 危險2：對我為真的體驗對他人未必為真

　　我們需要認真看待的，是內省的第二種危險。我們是設計師，不是科學家，所以關於第一種危險我們還有張「免罪牌」[4]。但第二種危險，也就是過於主觀的危險，我們就沒辦法這麼容易避免了。許多設計師都會掉進這個陷阱：「我喜歡玩這個遊戲，所以它一定是個好遊戲。」這樣想有時候是對的，但要是受眾的口味和你不同，就大錯特錯了。有些設計師會用非常極端的態度面對這種危險，不是「我只為像我一樣的玩家設計遊戲，這樣我才能確保自己的遊戲很好」，就是「內省和主觀意見都不能信任，能信任的只有遊戲測試（playtest）。」兩者雖然都算是「安全」的態度，但各有其極限和問題：

　　「我只為像我一樣的玩家設計遊戲」的問題是：

- 遊戲設計師通常擁有不尋常的品味，像你一樣的玩家可能沒有多到足以讓你的遊戲變成划算的投資。
- 你不是自己一個人在設計或開發遊戲，如果其他團隊成員對什麼才是最好的遊戲有不同意見，事情就會很難解決。
- 你會排除掉很多種類的遊戲和受眾。

3　自然發生（spontaneous generation）：關於物種起源的一種理論，認為生命是從無生命的物質中產生。自然發生論在19世紀以前較為流行，但現在已被證明為誤。——編註

4　免罪牌（Get Out of Jail Free）：《地產大亨》裡一張可以讓玩家免除入監一次的機會牌。——譯註

「個人意見無法信任」也有這些問題：

- 你不能把每件事都交給測試去決定，特別是在開發早期根本還沒有遊戲可以測試，而這種時候總還是要有人提出個人意見，評斷什麼東西好，什麼東西不好。
- 在遊戲完全完成以前，測試員有可能排斥不尋常的點子。有時他們需要先看到完整的東西，才能真正體會這個作品的好。如果你不信任自己對好壞的感受，只聽測試員的建議，就可能會拋棄原本能變成美麗天鵝的「醜小鴨」。
- 遊戲測試只能偶一為之，設計師卻每天都有重要的遊戲設計決策得下。

要擺脫這種危險，但又不至於畫地自限，還是得靠傾聽。在遊戲設計裡，內省不只是傾聽自己，還要傾聽別人的聲音。觀察自己的經驗，接著觀察別人的，再嘗試為他人設身處地，你就能開始看清自己的經驗和他們有哪裡不同。一旦你對差異了然於胸，就可以像文化人類學家一樣，把自己放在受眾的立場，預測他們會喜歡哪些、不喜歡哪些體驗。傾聽是必須練習的精巧技藝，也會在練習中精進。

▌剖析感受

在無形的世界工作，困難絕不下於有形的世界。
——魯米（Rumi）

要知道自己的感受並不簡單。光是大略知道自己是否喜歡某個東西，對設計師來說還不夠。你必須要能清楚說出自己喜歡什麼、不喜歡什麼，還有為什麼。我有個大學時期的朋友在這方面就奇爛無比，我們常因為下面這種對話搞到雙方都快瘋掉：

我：你今天在自助餐吃了什麼？
他：披薩。超難吃的。
我：難吃？怎麼個難吃法？
他：就⋯⋯難吃啊。
我：你是說太冷、太硬、太濕、太苦、醬太多、醬不夠，還是太多起司？到底怎麼個難吃法？
他：不知道，就難吃啊！

他就是沒辦法清楚剖析自己的體驗。在這個例子裡，他知道自己不喜歡那些披薩，但他沒辦法（或不想花心思）分析體驗來提出有用的建議，說明披薩要怎麼改善才會變好吃。這種體驗剖析是你在內省時的主要目的，也是設計師必要的工作。玩

遊戲的時候，你必須能分析它讓你感覺如何、讓你想到什麼，還有讓你做了什麼。你還必須能夠用詞語表達，因為感受是抽象的，化成具體的詞語，你才能向其他人描述你想創造的體驗。不只是設計和玩自己的遊戲時，在玩其他人做的遊戲時也要這麼分析。實際上，你要能夠分析任何感受到的體驗。當你分析愈多自己的經驗，就能愈清楚構想出自己的遊戲要創造的體驗。

　　我們把這種從內心萌生的感受稱為「情感」（emotion）。邏輯思維會輕易把情感貶為無關緊要的東西，但情感卻是所有難忘的體驗的基礎。所以我們絕不該忘記情感對設計體驗的重要性，就讓我們用它來當作第一號鏡頭。

1 號鏡頭：情感

> 人們可能會忘記你說過什麼，但絕不會忘記你帶給他們什麼感覺。
> ——瑪雅・安吉羅（Maya Angelou），美國詩人

要確定你創造出的情感正是符合你預期的，就問自己這些問題：

- 我想讓玩家體驗到什麼情感？為什麼？
- （包括我在內的）玩家在玩的時候體驗到什麼情感？為什麼？
- 我該怎麼彌補玩家現在的情感和我想要他們產生的情感之間的落差？

圖：Rachel Dorrett

▍戰勝海森堡原理

　　但內省還有個更大的挑戰。既然觀察本身也是一種體驗，那我們要怎麼觀察自己的經驗而不產生干擾？我們常常碰到這個問題。試試看在敲鍵盤的時候觀察自己的手指，就算你還有辦法打字，也很快就會發現自己打字的速度變慢，錯字也變多了。如果試著觀察正在享受電影或遊戲的自己，享受的感覺很快就會消失。有些人把這叫做「分析癱瘓」（paralysis by analysis），也有人喜歡稱做海森堡原理，這個說法來自量子力學中的海森堡測不準原理（Heisenberg uncertainty principle），該原理表示我們無法在不影響粒子屬性的前提下觀測其屬性。同樣地，我們也無法在不影響體驗本質的前提下觀察體驗的本質。這下內省法聽起來好像沒什麼希望了，但雖然問題如此棘手，卻仍存

在著一些很有效的方法，只不過有的需要練習。由於我們不習慣開誠布公討論思考過程的本質，所以下列方法有些可能乍聽之下很怪。

■ 分析記憶

體驗的好處之一是我們會留下記憶。分析正在發生的體驗很難，因為我們心靈裡用來分析的那部分，通常這時都會聚焦在經驗本身。分析體驗的記憶就簡單得多。記憶雖不完美，但有記憶可分析總是比沒有好。當然，記得愈完整愈好，所以最好是找強烈經驗的記憶（這類型的記憶多半都能帶來最佳的靈感）或是最新的記憶來研究。如果你做過心智訓練，在體驗中（比如玩遊戲）使用也非常有用，但別打算在玩遊戲時分析體驗，而是要在玩完以後馬上分析遊戲體驗的記憶。光是打算在玩完後馬上分析的想法，就能幫你記下更多體驗的細節，而不會干擾體驗本身。你需要記得自己之後會分析體驗，但不要讓這個想法干擾體驗。很弔詭吧！

■ 瀏覽兩遍

有個以分析記憶為基礎的方法是把你的體驗檢視兩遍。第一次只要先體驗就好，不要停下來分析任何東西。接著從頭再來一次，這次就可以分析所有事物了，有時候暫停寫個筆記也無妨。如此一來，你心中會有一份新鮮純淨的體驗，而在第二次進行時，你能夠將它「喚醒」，也有機會停下來想想，思考自己感覺到了什麼和其緣由。

■ 偷窺

有沒有可能觀察自己的體驗，但不要破壞它？有，但這需要練習。說起來很奇怪，但如果你在體驗發生時「短暫偷窺」一下，經常就能夠做到清楚觀察，而不會造成嚴重的損害或是干擾。這有點像試著在公共場合看清楚陌生人的長相，偷看幾眼不會讓人發現，但看得太久就會引起對方的注意，讓他們發現你的目光。還好，你只要短暫「偷窺內心」幾次，就可以得知很多關於體驗的資訊。同樣地，這需要一些心智訓練，不然你會分析到忘我。如果有辦法養成偷窺內心的習慣，隨時都能不假思索地執行，那造成的干擾就會少很多。許多人發現，打斷連貫的思路或體驗的過程，其實都是內心的小劇場。如果你在腦子裡做了太多問答，體驗就會煙消雲散。「短暫偷窺」比較像是問自己：「夠刺激嗎？夠。」接著你就要立刻停止分析，回歸體驗，等待下次偷窺。

■ 安靜觀察

不過，最理想的情況下，你應該會想在體驗發生時就觀察自己的心裡發生了什麼事。不是短暫偷窺幾眼，而是持續不斷觀察。你會想彷彿靈魂出竅一樣觀看自己，但

又能比一般的旁觀者看到更多。你可以聽到所有的想法、感覺到所有的感受，當你進入這個狀態，就會像擁有兩個心靈：一個是投入體驗的動態心靈，一個是默默觀察的靜態心靈。聽起來也許很離奇，但確實辦得到，也很有用。要達到這個狀態很不容易，但確實可能達到。這有點像是禪宗的內觀，也很像冥想時試著覺察自己的呼吸週期。平常我們呼吸總是不假思索，不過偶爾也會有意識地去控制呼吸的過程，結果就會產生干擾。然而經過練習，你可以觀察到無意識下的自然呼吸，而不會擾亂呼吸。只不過這需要練習，就像觀察自己的體驗也需要練習。你隨時都可以練習觀察體驗，看電視、工作、玩遊戲，或是做任何事情的時候都行。一開始一定做不好，但只要持續體驗和練習，就會開始抓到竅門。你需要大量練習，但如果你真的想聆聽自己的內心、了解人類體驗的本質，你會發現這種練習值回票價。

▎精髓體驗

　　但以上種種關於體驗和觀察的討論，到底怎麼用在遊戲中？比方說，如果我要做個關於打雪仗的遊戲，分析我實地打雪仗的經驗，對我要做的雪仗遊戲會有影響嗎？我又沒辦法完美複製在真實世界裡用真實的雪跟真實的朋友打雪仗的體驗，做這種事的意義在哪？

　　重點在於，做出好遊戲不需要完美重現真實體驗，你只需要抓出這份體驗的精髓放進遊戲。不過「體驗的精髓」是什麼意思？每一份讓人難以忘懷的體驗都有一些決定性的特色使其獨一無二。比如說，當你瀏覽打雪仗記憶裡的體驗，可能會讓你想到很多事物。你可能會覺得其中某些部分就是這次體驗的精髓：「雪下太大，學校停課了」、「我們在大馬路上開打」、「雪質正好適合做雪球」、「天氣很冷，但很晴朗，天空很藍」、「到處都是小孩子」、「我們蓋了一個大堡壘」、「佛瑞德把雪球丟得超高——我抬頭往上看，結果他竟然往我頭上丟了一球！」、「我們笑到停不下來」。此外也會有一些體驗是你覺得沒那麼重要的，比如：「我穿著燈芯絨褲」、「我口袋裡有一些薄荷糖」、「有個遛狗的男人看著我們」。

　　身為嘗試設計體驗的遊戲設計師，你的目標是找出哪些精髓才能讓你想創造的體驗變得特別，並找到方法納入遊戲之中，這樣遊戲玩家就可以體驗到最精髓的元素。本書接下來大部分的篇幅會介紹各種製作遊戲的方法，好讓玩家得到你希望他們獲得的體驗。關鍵在於，精髓體驗可以藉由和真實體驗大不相同的方式傳遞。延續剛才打雪仗的例子，有什麼方法可以用雪仗遊戲傳達「我覺得好冷」這樣的體驗呢？如果是電玩遊戲，你可以用美術效果來呈現，讓人物吐出小小團霧氣，再給他們一些發抖的動畫，還可以加上一些音效，比如用風的呼嘯聲代表寒冷。或許你記憶裡那天沒有颳

冷風，但音效能抓到精髓，給玩家一種似乎很冷的體驗。如果寒冷真的很重要，你也可以更動遊戲規則。或許讓玩家可以不戴手套做出更強的雪球，但等到手真的太冷，就得把手套戴上。同樣地，這種事也不一定真的發生過，但規則能幫助傳達寒冷的體驗，使其成為你的遊戲裡重要的一部分。

有些人會覺得加進精髓體驗的方法很奇怪，他們會說：「就做出遊戲，看看會產生什麼體驗啊！」我想這也沒錯——反正如果你不知道自己要什麼，大概就不會在意自己得出什麼。但如果你知道自己要什麼，如果你能想像自己希望用設計出的遊戲帶給玩家什麼感受，就得考慮要怎麼傳達精髓體驗。這讓我們拿到了下一顆鏡頭。

2號鏡頭：精髓體驗

使用這顆鏡頭時，請停止思考你的遊戲，開始思考玩家的體驗。請你問自己這些問題：

- 我想給玩家什麼體驗？
- 這些體驗中最精髓的是什麼？
- 我的遊戲要怎麼抓到那個精髓？

圖：Zachary D. Coe

如果你想創造的體驗和真正創造出的體驗差別很大，就需要改變一下遊戲：你需要清楚確定自己想要的精髓體驗，並盡可能找出辦法植入遊戲中。

Wii Sports上有一款設計非常成功的棒球遊戲，正是善用精髓體驗鏡頭的絕佳範例。設計師原本打算盡量讓它玩起來像真正的棒球，所以加入了特殊設計，讓你可以像真的在揮球棒一樣揮舞遊戲控制器。不過在開發過程中，他們發現自己並沒有時間模擬打棒球的每一個面向，所以他們做了一個重大決定：既然揮舞遊戲控制器是遊戲最特別的地方，就要集中精力做好這部分的棒球體驗，他們覺得這才是精髓。接著他們決定其他細節，比如九局賽制、盜壘等等，都不屬於他們想創造的精髓體驗。

設計師克里斯・克盧格（Chris Klug）在設計桌上角色扮演遊戲（tabletop role-playing game）《007：詹姆士龐德》（*James Bond 007*）時也善用了精髓體驗鏡頭。克盧格在前幾次以特務為主題創作角色扮演遊戲時並不順利（比如TSR公司的《最高機密》〔Top Secret〕），因為玩起來太像戰爭遊戲了，但間諜電影的精髓並不在此。在這款龐德遊戲裡，克盧格絞盡腦汁設計了各種機制去體現詹姆士・龐德電影的刺激感。裡頭最傑出的一

個設計叫做「英雄點數」（Hero Point）。在傳統的角色扮演遊戲裡，每當玩家要做出有風險的行動，比如從窗戶跳上飛行中的直升機，遊戲主持人就要計算成功的可能性，讓玩家擲骰來決定發展。這讓主持人碰到遊戲平衡上的一個問題：如果危險行動的成功率太低，玩家就不會冒險；但如果成功機會太高，玩家就會都像超級英雄一樣嘗試各種不可能的壯舉，並成功完成。克盧格的解方是提供玩家一些英雄點數，讓他們可以在有風險的情境中按照心願改變擲骰的結果。由於每次冒險中，玩家只會拿到少量的英雄點數，所以玩家必須小心使用——可是一旦他們使用，就能演出壯觀的場面，掌握詹姆士‧龐德小說和電影的精髓。

很多設計師確實都沒有使用精髓體驗鏡頭，他們只是聽從自己的直覺，結果碰巧做出了能讓人享受體驗的遊戲架構，這麼做的危險性在於高度依賴運氣。從遊戲中分析出精髓的能力十分有用：如果你心裡對玩家經歷到的體驗，以及這些體驗來自遊戲的哪個部分了然於胸，就會更清楚該如何改進遊戲，因為你會知道哪些元素改動也不會出事，哪些又是動不得的。傳遞體驗是遊戲設計師的終極目標，如果你清楚了解心中理想的體驗和其精髓元素，你的設計就有了追求的目標。一旦沒了這個目標，就等於是在黑暗中摸索。

▌你的感受即一切真實

以上關於經驗的討論確實帶出了一些非常奇怪的概念。我們唯一能認知的現實就是體驗中的現實，但我們也知道自己的體驗「不是真的現實」。我們用感官和心靈過濾現實，而我們實際體驗到的知覺也是某種幻象，不是完全真實的現實，但對我們來說，這種幻象仍是一切現實，因為人就是由自身的經驗組成，也僅由此組成。哲學家一直為此頭痛，但這對遊戲設計師倒是至寶，因為這代表我們藉著遊戲所創造設計的體驗，在感覺上有機會和我們的日常經驗一樣真實，一樣有意義，有時甚至更有意義。

我們將在〈第10章：玩家內心〉裡進一步探索這些主題，但現在我們還是要把時間花在思考這些體驗究竟發生在何處。

3 | 體驗發生於場地
The Experience Takes Place in a *Venue*

平台如流沙

數位遊戲領域發生過無數有關遊戲平台的討論。玩家和設計師不斷爭辯電腦、主機、手機、平板、網頁、行動裝置、大型機台哪個比較好？哪個最賺錢？哪個最有趣？哪個最有可能三年後還存在？人性總想當然耳地認為，如果某個東西大受歡迎，就會保持相同樣貌永遠存在，但事實並非如此，有些東西會留下，有些則會消失。電視取代了大部分的廣播，但沒有取代電影。大型機台被電腦遊戲取代了，而電腦遊戲又被主機遊戲取代，接著電腦遊戲又重返市場，手機和平板遊戲也跟著興起。這些興衰是隨機事件嗎？絕對不是。特定科技在我們生活中來來去去的原因，和人性同樣歷久而彌新。這些科技雖然耀眼新穎，但也稍縱即逝，而我們一次又一次錯把太多心力聚焦在既有的新科技上，讓我們忘了另一項太過熟悉以至於時常被忽略的事物：我們生活中使用這些科技產物的空間。我喜歡把這類空間稱作「場地」（venue）。

我們需要改變一下心態，才能忽略我們所用的科技，轉而看見使用科技的模式，但這是很好的練習，能幫我們洞悉遊戲玩法的過去、現在及未來。我將會分享我如何用「遊戲場地」的系統來思考遊戲玩法。這個系統並不完美，有許多缺漏和重疊之處，但我仍持續發現這套系統非常適合用來思考哪種場所搭配哪種玩法能達到最棒的遊戲效果以及原因。

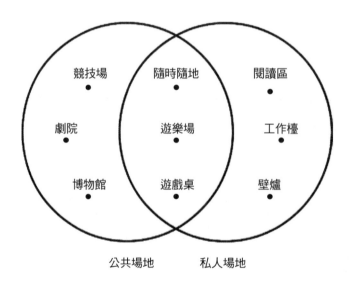

▌ 私人場地

　　獨處時常可以增進遊戲體驗。要冒著風險讓自己沉浸於幻想世界時，我們會想找個安全的地方，要不自己一個人，要不身邊都是認識且信任的人。家裡自然就成了最重要的遊戲空間之一。

■ 壁爐

　　能用來區分人類和其他動物的一項重要特徵，就是我們和火的關係。在學會用火以前，我們的生活和禽獸差不多。等到我們馴服、掌控火焰之後，文化、心理和生理也都隨之改變。火焰帶來光明、溫暖和安全，我們用火煮熟食物，消化系統因而簡化，腦部也隨之變大。照料火堆是份全天候的責任，於是家庭和更大社會團體的存在變得更加重要。現在點火取暖已經過時了，但蓋房子的時候仍會做個壁爐，因為沒有的話「感覺就是不對」。有些人類學學者發表理論說，盯著火焰時的出神狀態可能是演化出來的行為——如果持續盯著火焰幾個小時會讓你的心靈祥和平靜，你的生存優勢就比那些容易分心導致火焰熄滅的人要大了很多。

　　在現代人家中，電視螢幕取代了壁爐的位置，而且電視也是很適合的替代品，大小適中，會在黑暗中發光，閃爍的方式也很像，家庭成員也不用再圍著爐火說故事來娛樂彼此，這種現代壁爐自己就會說故事了。

　　所以毫不意外，壁爐也是玩遊戲的好地方。這裡顯然最適合多人同樂或是能娛樂旁觀者的遊戲。任天堂的 Wii 就是這種爐邊遊戲體系的佼佼者，裡頭很多遊戲不但可以全家同樂，用身體動作操控虛擬世界的玩法也很能娛樂旁觀的人。用壁爐這個角度來思考，任天堂下一代的 Wii U 會令人大失所望也就不足為奇了，因為玩家的注意力改放在獨立的手持螢幕上，但這種壁爐只有一個玩家能夠觀看享受。同樣地，《高歌巨星》（SingStar）和《舞動全身》（Dance Central）之類的歌唱和跳舞遊戲，本質上也適合當作爐邊遊戲，因為我們圍著火堆唱歌跳舞已有好幾百萬年了。

　　每當新科技出現，人們都會迅速產生壁爐時代將要完結的想法。新聞上常常高喊「電視時代終結」或「家用遊戲主機的時代結束」。當然，我們在家中壁爐旁享受故事、歌曲和玩遊戲的方式確實會一直改變、演進，但自從人類文明興起，壁爐就一直陪著我們，所以別預期它會多快消失。

■ 工作檯

　　很多人家裡都另外設有某種用來處理棘手問題的私密空間，不管是地下室裡真的用來做木工和修理物品的工作檯、製作和修補衣物的縫紉機，還是安靜角落裡做功課

和書寫的書桌，我都統稱為「工作檯」。這種地方往往比較僻靜，而且多半有點亂，因為工作本來就會把四周弄得一團亂，而且客人通常也不會到這種地方來。當電腦出現在人們家中，很快就在工作檯區域找到了自己的位置，因為電腦上的工作和遊戲往往都需要專注投入和單獨進行。找出工作檯遊戲和壁爐遊戲的差別很有趣，像《英雄聯盟》（*League of Legends*）這種多人線上戰鬥競技場遊戲（multiplayer online battle arena, MOBA）或《魔獸世界》（*World of Warcraft*）這種大型多人線上遊戲（Massively multiplayer online game, MMO）不管再怎麼受歡迎，也都傾向位於工作檯區域，而不是拿到壁爐區來玩。Valve公司的Steam平台之所以大獲成功，主要是因為索尼、微軟、任天堂和蘋果等其他遊戲平台都把重心放在其他場地，讓Steam主宰了工作檯。

工作檯遊戲通常比較困難，需專注投入，每次遊玩的時數也更長。這些遊戲通常不是供家人共玩，但可能會和同樣重視挑戰的其他線上玩家一起進行。截至2019年為止，頭戴式虛擬實境顯示系統似乎對於維持專注投入和不受干擾比較有幫助，因此也更適合放在家裡的工作檯，而非壁爐場地。

■ 閱讀區

閱讀對人類而言是種相對新的消遣，一直到最近幾千年才普及起來，但現在也已經有了深厚的基礎。拿著書本獨坐，心靈受它帶領走入異世界，見識刺激有趣的人們與地方，是件神奇的事情。雖然書可以隨身攜帶，讓我們在任何地方閱讀，但還是有某些地方更適合閱讀。除非一個人在家，否則大部分的人都不喜歡在壁爐前閱讀，因為那裡太吵而且充滿干擾。在工作檯閱讀也不是合適的選擇，那邊雖然安靜私密，但多半不太舒服。工作檯是個非常「前傾」的空間，而閱讀卻是一種「後仰」的活動。[1] 典型的閱讀區都在臥室裡，不然就是房子裡任何一個有椅子或沙發並遠離電視的房間。

但閱讀和玩遊戲有什麼關係呢？其中的連結不太明顯。電腦遊戲和遊戲主機都不適合放在閱讀區，當初蘋果發表iPad時，遊戲產業並未關注。這玩意不像手機一樣方便你在任何地方玩遊戲，也沒有控制系統能讓玩家獲得在壁爐和工作檯場地頗受歡迎的那種體驗，所以遊戲產業幾乎都忽略了iPad。但iPad後來卻成為閱讀和觀看影片的平台，也成為了遊戲中一股重要的勢力，為什麼？因為它是在閱讀區玩遊戲的完美平台。在床上、沙發上或某個安靜角落玩平板遊戲就像讀書一樣非常輕鬆安靜，而且在平板上獲得成功的遊戲，和電腦或遊戲主機上的成功作品大不相同。這些遊戲比較單純、簡單且能讓人放鬆，這正是適合閱讀區的遊戲類型。

---

1 當人採取前傾（lean forward）的動作，精神往往偏向集中專注；相對地，後仰（lean back）則代表放鬆。
——編註

▋ 公共場地

　　當然，並非所有遊戲都適合在家裡玩。世界是一個刺激的地方，到處都是刺激的人們、地方和東西值得一探。早在數千年前，人們就已經知道了實景娛樂（Location-Based Entertainment, LBE）的祕密。無論是經營旅店、劇場、餐廳、妓院、主題樂園還是電動遊樂場，規則都一樣：給人們在家裡無法取得的東西。

■ 劇場

　　劇場有種魔力。這種場地有許多不同的外表、規模和目的，但無論上演的是戲劇、電影、音樂會、運動賽事甚至太空劇場的影片，都有一個共通點：讓眾人聚在一起見證同一件事。當一群人同時關注一連串事件，就會發生一些神奇的效果，我們會不知不覺從其他觀眾身上獲得某些東西。我有時覺得，人們可以下意識感覺到其他人對表演有何感受，而這也有助於我們關注自己的感受。那麼多電視節目要用罐頭笑聲，原因或許就在這裡吧：共享同一份體驗會帶來某種滿足感。

　　但在劇場玩遊戲有一個困擾：人太多了。遊戲的本質就是互動，要能讓每個玩家都能從中獲得各自的獨特經驗。人們已經多次嘗試在所有觀眾的參與下創造戲劇體驗，但目前為止都沒有造成什麼長久的成功。互動的樂趣被稀釋的程度和入場人數成正比，最後創造出的體驗不是很快令人倦怠，就是只能在小到無利可圖的劇場演出。或許有誰可以利用科技，找出克服這種難題的方法，不過解方真的得非常高明才辦得到。

■ 競技場

　　數千年來，許多競技遊戲都在量身打造的場地舉辦，從雙輪戰車競技、拳擊到各式各樣的團隊運動等遊戲，都在競技場進行。大多時候，競技場都是占地廣闊、專為特定競賽所設計的戶外空間。棒球場、高爾夫球場、足球場、網球球場、賽馬跑道甚至法庭全都是某種競技場。除了專為特定競賽設計之外，競技場通常也是公共空間，讓其他人可以觀賞場內發生的事——換句話說，輸贏不是私下發生，而有公開紀錄。由於人們觀賞這些競賽時會非常興奮，因此競技場也會成為劇院形式的場地，創造出兩者合一的場地！

　　數位遊戲的玩法迄今對傳統的戶外運動賽事並沒有多少影響，但這並不妨礙數位遊戲吸收競技場式遊戲的特點。多人第一人稱射擊遊戲就是種競技場式遊戲：雖然嚴格說來玩家是人在工作檯或壁爐前，但心卻在競技場裡。同時，有愈來愈多的虛擬劇場是為了這些賽事而出現，也有愈來愈多人在YouTube或twitch上觀看彼此玩數位遊戲的線上實況或紀錄檔，電競（esport）錦標賽有時還會有上百萬玩家同時觀賞。傳統

和數位運動競技場的界線確實逐漸變得模糊，而我認為隨著新的行動裝置和擴增實境科技推陳出新，我們將會看到傳統運動競技場變得更加數位化。

■ 博物館

有時我們需要打破一下平凡的日常，而我們都知道，只要去體驗異國風情的事物和空間，就能補充一些我們渴求的變化，拓展我們對這世界的知識，而且更重要的或許是，我們會帶著新的觀點回家，讓身邊的尋常事物看起來煥然一新。當然，各式各樣的博物館都符合我所提出的博物館場地，但除此之外符合的東西還有很多。動物園和水族館也是某種博物館，而當我們去觀光，也是把那座城市當成某種博物館。甚至逛逛平常不會去的商店也算是某種博物館之行，因為我們會看到各種奇異的新玩意，並想像自己擁有的樣子。

遊戲對博物館來說似乎是某種不尋常的合作夥伴，但很多遊戲在博物館裡都如魚得水。愈來愈多真正的博物館結合遊戲體驗來向遊客介紹展示品，而走進電玩遊樂場，也有和參觀博物館時非常像的特徵，因為你會走過一個個遊戲，每一個都試試看，並思考自己最喜歡哪一個。

▋ 公私混合場地

有些場地介於住家的私密性和公共場合的公開性之間，或是找到方法同時存在於這兩種地方。正是這種可公可私的彈性，讓這些空間變得重要且有趣。

■ 遊戲桌

在桌上進行的遊戲有一點很特別：玩家像神明一樣俯瞰他們控制的玩具世界時，卻也有一種面對面特有的親密感。我們確實在家就可以玩遊戲，但多半都在客人來訪時才把這些遊戲拿出來，讓家裡變得比平常更公共。桌上遊戲也存在於更公共的空間，比如酒吧的撞球台或賭場的牌桌。桌上遊戲會在玩家之間創造一種特殊的緊張感，而且有趣的是，三明治和壽司捲雖然起源地非常不同，但都是在同個時期（十八世紀），由沉迷遊戲的桌上型遊戲玩家發明的，因為他們需要一種不用停下遊戲就能吃飯的方法。

桌遊、紙牌、擲骰遊戲一直是遊戲桌上的台柱。迄今除了少數實驗性的桌上遊戲之外，數位遊戲都無法在這個場地落地生根，或許原因是數位遊戲要依賴直立螢幕。隨著觸控螢幕變得愈來愈大且便宜，擴增實境眼鏡也進入市場，數位遊戲進入遊戲桌場地的新時代將有可能到來。

■ 遊樂場

身為熱愛遊戲的大人，我們有時會忘記玩遊戲主要還是小朋友的天下。雖然孩子喜歡在家玩不同的遊戲，有時也會在類似競技場的場地享受正規的運動比賽，但他們也喜歡在戶外場所跟朋友一起玩。當我們談到「遊樂場」（playground），第一個想到的概念多半是公園裡的遊樂設施。那確實也是一種遊樂場，但只要是孩子可以隨時聚在一起玩遊戲的地方，舉凡後院、馬路、空地，或森林裡的洞穴，都算得上是一種遊樂場。

大人很容易忘記在遊樂場玩是怎麼回事，因為我們通常都不那樣玩了，但小朋友會去，而且必須去，這對孩童的發展很重要。電玩遊戲產業目前幾乎都忽略了遊樂場，因為以前的遊戲設計師不太可能創造適合這些地方的遊戲，但隨著科技變得更靈活耐操，情況也有可能改變。

■ 隨時隨地

對一些遊戲來說，在哪裡玩並不重要。填字遊戲、數獨、找字遊戲這幾種遊戲都是典型「隨處可玩」的紙上遊戲，可以讓人在公車上或工作和學校的閒暇之餘打發幾分鐘時間。智慧型手機遊戲如雨後春筍般出現，當然徹底改變了此一場地，創造了更多且更豐富的隨身遊戲。不過值得一提的是，由於這些遊戲可以隨時中斷，又在小螢幕上執行，所以有些特別的性質。隨身遊戲通常適合以零碎步調進行，介面和劇情也比較簡單。此外，由於這類遊戲只用來打發日常生活中零碎的時間，玩家通常不會願意出很多錢購買，而是希望可以免費遊玩。在〈第32章：獲利〉中，我們會討論更多這類遊戲的細節和其商業模式的特色。

▎ 場地的混合搭配

用這套場地系統去分析，很容易會有漏洞和重疊。在餐廳玩彈珠台算是什麼場地？保齡球館又是哪種場地？賭場算是博物館、競技場、桌遊中心，還是完全不同的別種場地？任天堂Switch是了不起的平台，因為它在壁爐、閱讀區、遊戲桌，甚至隨時隨地的場地都表現優異。重點不在於找出完美的場地分類，而是要回顧各種遊戲和平台，這樣才能了解遊戲場地與其特性，因為遊戲和科技雖然持續改變，但場地的變化卻不多。要做好這件事，我這有顆鏡頭可以幫你看見真相。

3 號鏡頭：場地

玩遊戲的空間對於遊戲設計有著莫大的影響力，要確保自己不是與世隔絕地做設計，問自己這些問題：

- 我在做的遊戲最適合哪一種場地？
- 這個場地有什麼特徵性會影響我的遊戲？
- 我的遊戲裡有什麼元素適合這個場地？哪些元素不適合？

圖：Zachary D. Coe

我們已經談過體驗和體驗發生的地方，現在我們要面對更麻煩的問題：到底是什麼讓遊戲成為遊戲？

延伸閱讀

- 《建築模式語言》（六合出版），克里斯托佛‧亞歷山大等著。這本書探討人類與居住空間之間的關係，能帶來意想不到的啟發。我們會在〈第21章：空間〉再次看到這本書。

4 | 體驗來自遊戲
The Experience Rises Out of a *Game*

討論怎麼設計體驗很愉快，創造美好體驗也確實是我們的目標，但是我們沒辦法摸到體驗，也無法直接操縱體驗。遊戲設計師可以控制和下手的地方只有遊戲，遊戲就是你的黏土，你可以任意捏塑，創造各種美妙的遊戲體驗。

那麼，我們討論的是什麼類型的遊戲？這本書談的是所有遊戲：桌上遊戲、卡牌遊戲、運動比賽、團體遊戲、派對遊戲、博弈遊戲、解謎遊戲、大型電動機台、電子遊戲、電腦遊戲、電玩遊戲，還有其他你想得到的遊戲。我們也會看到，這些遊戲全都適用相同的設計原則。這麼說可能有點驚人，但儘管各種遊戲之間存在種種差異，我們還是全都當成同一種。也就是說，儘管各有不同，我們都還是憑直覺全部都叫做遊戲。

這些事物有什麼共通點？或者換個說法，我們是怎麼定義「遊戲」的？

▎定義之爭

在開始之前，我想說明為什麼需要探究定義。是因為這樣我們才知道，當我們在說「遊戲」的時候，指的是什麼？不對。當我們說「遊戲」的時候，大部分的人都知道我們是在討論什麼。確實「遊戲」（或是任何其他說法）的概念會因人而異，但大致上我們都還是知道遊戲到底是什麼。有時在討論中，大家會突然吵起某個東西算不算「真正的遊戲」，逼參加討論的人講清楚自己對遊戲的定義，等到釐清定義之後，討論又會繼續。就像什麼才算真正的「音樂」、「藝術」和「運動」一樣，每個人對於遊戲的恰當定義為何，還有什麼才算真正的遊戲，都有自己的看法，這並沒有錯。

不過有些人（大部分是學者）並不持這種觀點。他們認為遊戲設計缺乏標準化的定義是「一個危機」，會拖累這種藝術形式。通常，最關心此問題的人，距離實際設計和開發遊戲也最遙遠。那麼現實世界裡的設計師和開發者沒有標準化的詞彙要怎麼溝通？答案是跟其他人一樣：碰到歧義時，他們就會解釋自己是什麼意思。這樣會不會偶爾拖慢討論，進而影響設計過程？會，也不會。討論的確需要時間，設計師得停下來解釋自己在說什麼，有可能會讓工作變慢一點（而且只有一點）。不過另一方面，暫停下來釐清概念，長期而言反而能節省時間，因為之後設計師肯定會更清楚其他人想說什麼。

如果討論遊戲設計議題時有本權威辭典可以查找標準術語，會是最好的情況嗎？這樣確實很方便，但說不上有什麼必要性，而且實際上我們就算沒有這本辭典，也不會碰上什麼「障礙」或「危機」，而只會有一點點不便，因為我們會需要偶爾停下來思考彼此的意思，以及我們究竟想說些什麼。長遠來看，這麼做其實不會讓我們能力變差，反而能讓我們成為更好的設計師，因為我們被逼著要多想一點。況且，這本辭

典也不太可能是永恆的黃金標準，因為科技變遷會逼我們重新定義、思考過去的定義和術語，還有發明新術語，所以定義及重新定義的過程，很可能會永無止境，或者，至少只要遊戲相關的科技還有在進步就會發生。

還有人說遊戲設計界字彙量不足的「真正問題」，並不是出在沒有標準定義，而是出在根本沒有術語能討論設計過程中出現的某些複雜概念。因此，他們認為事關緊急，我們得趕快把每件事物都安上名字。但這樣就本末倒置了，我們真正碰到的問題不是缺乏詞彙來描述遊戲設計中的元素，而是沒有人把這些概念真正的意思給想清楚。遊戲設計師就和許多領域的設計師一樣，都憑著本能和感覺來判斷是什麼因素決定遊戲的好壞，有時也同樣很難清楚闡述某個設計的好壞——他們用眼睛看就知道了，所以才設計得出了不起的作品。你當然也可以用這種方式工作，最重要的是說清楚你所謂的好壞代表什麼，以及具體來說要怎麼改進。重點不在懂得多少遊戲設計語彙，而是了解遊戲設計的概念，前者對我們的意義不大。標準術語會隨著時間發展出來，這個過程急不來。設計師會留下他們覺得有用的術語，沿途拋棄沒用的術語。

也就是說，把重要的遊戲設計概念說明清楚，以及發明指稱這些概念的術語，這兩件事始終都在進行，本書也會介紹其中部分概念和術語。我無意把這些內容當作標準定義，只是我希望你能用這些詞語來清楚表達概念。如果你有更好的概念或更好的術語，就改用別的說法——如果你的概念和術語夠清晰有力，就會流行起來，並且幫助別人更清楚地思考和表達他們的真意。

有些概念我們必須模糊處理。比如每個人對「體驗」、「玩」和「遊戲」等用語的定義都不同，而既然這些詞彙所表示的概念經過了幾千年的思考和討論後也沒有清楚嚴格的定義，短期之內大概也生不出來。

所以我們就要放棄嘗試嗎？當然不是。定義事物會讓你不得不清楚、簡明地分析思考。一張寫滿術語和定義的清單對你不會有多少幫助，但踏上嘗試定義用詞的旅程，就算你想出的定義最後仍不夠完善，還是可以讓你學到很多，並增強你對設計的思考能力。因此，你大概會發現本章給你的問題比答案還多，但無所謂，本書的目標是讓你成為更好的設計師，而好設計師必須思考。

所以遊戲到底是什麼？

> 智慧始於定義詞彙。
> ——蘇格拉底

我們已經討論了為什麼要定義各種事物，現在就來試試看，先從我們有把握的遊

戲相關概念開始。來吧：

遊戲是拿來玩的東西。

我想應該沒有人會不同意，但訊息很有限。比如說，遊戲和玩具不一樣嗎？是的。遊戲比玩具複雜得多，而且所謂的玩也不一樣，甚至連用詞都不一樣：

玩具是拿來玩（play with）的。

OK，這就有趣了。既然玩具比遊戲單純，也許我們應該先定義玩具，看看我們有沒有辦法為玩具找出更好的定義。你可以跟朋友一起玩（play with），但他們不是玩具。玩具是物品。

玩具是你能拿來玩的物品。

嗯，有點眉目了，但我講電話的時候可能也會拿一捆膠帶來玩，這樣膠帶算是玩具嗎？理論上來說是的，但應該不是什麼好玩具。老實說，你能拿來玩的東西都可以歸類成玩具，所以也許我們該開始思考好玩具需要什麼條件。「樂趣」是想到好玩具時會浮現的第一個詞，事實上你可能會說：

好玩具是你拿來玩可以得到樂趣的物品。

不錯，但我們說的「樂趣」是什麼？我們的意思是不是快樂或趣味？樂趣有個樂字，但樂趣就代表令人快樂嗎？很多經驗都令人快樂，比如說吃三明治或躺著曬太陽，但要說這些經驗「有樂趣」就滿奇怪的。有樂趣的事應該有種特別的火花，而且能讓人感到某種特別的興奮才對。有樂趣的東西通常要令人驚奇，所以樂趣的定義應該是：

樂趣是令人驚奇的快樂。

這樣對嗎？有這麼簡單嗎？我們一輩子都在用這個詞，明明很確定意思，被問到時卻沒辦法清楚表達，這其實是很奇怪的事。有個檢驗定義的好方法是找到反例。你能不能想到什麼事情是有樂趣但不令人快樂的，或是不讓人驚奇的？反過來說，你能不能想到什麼令人快樂或驚奇的事是沒有樂趣的？驚奇和樂趣在所有遊戲設計裡都很重要，所以它們成了接下來的兩顆鏡頭。

4 號鏡頭：驚奇

驚奇這件事基本到我們常常會忘記。這顆鏡頭可以提醒你要在遊戲裡裝滿有趣的驚奇。問問自己這些問題：

- 我的遊戲有哪些元素會讓玩家感到驚奇？
- 我的遊戲故事讓人驚奇嗎？遊戲規則呢？美術風格呢？裡面的科技運用呢？

- 遊戲規則能不能讓玩家帶給彼此驚奇？
- 遊戲規則能不能讓玩家帶給自己驚奇？

驚奇是所有娛樂的關鍵要素，它是幽默、策略和解決困難的根本。享受驚奇是大腦的本能。在一個往受試者嘴巴噴糖水或白開水的實驗中，雖然各組吃到的糖水總量一樣多，但比起被固定模式噴水的受試者，被隨機模式噴水的受試者會覺得實驗比較有趣。而在另一個腦部掃描實驗裡，也發現即便是有驚無喜，也會觸發大腦的快樂中樞。

圖：Diana Patton

5 號鏡頭：樂趣

雖然樂趣有時無法分析，但幾乎在每個遊戲裡，樂趣都令人嚮往。要把遊戲的樂趣最大化，問問自己這些問題：

- 我的遊戲哪裡有樂趣？為什麼？
- 哪裡需要更多樂趣？

圖：Jon Schulte

那麼回到玩具的討論。我們說玩具是拿來玩的物品，而且如果你拿了好玩具來玩就會獲得樂趣。但什麼是玩？這個問題就難搞了。當我們看到有人在玩，我們就知道那是玩，但要表達清楚卻很難。很多人都試過要為玩下個定義，但似乎大多數人都在某些方面失敗了。我們也來試看看。

玩是無目標地釋放多餘精力。
——弗里德里希・席勒（Friedrich Schiller）

這個說法就是過時的「多餘精力」說，認為玩的目的就是消耗多餘的精力。綜觀歷史，心理學早期一直傾向過度簡化複雜的行為，這個看法只是其中一例。多數時候玩都有目的，但此觀點卻講得像是沒有一樣，還用了「無目標」這個說法。我們絕對

可以給出更好的定義。

> 玩所指涉的活動，伴有一種能產生更多愉悅、興奮、力量和積極主動感的狀態。
> ——瓊・巴納德・吉勒摩（J. Barnard Gilmore）

這個說法就全面多了。這些事物確實都和玩有關，不過還是不夠完整。玩也跟其他東西有關，比如想像、競爭和解決問題。同時，這個定義也太廣了。比如說，一個經理如果努力工作簽到合約，他也可能在過程中體驗到「更多愉悅、興奮、力量和積極主動感」，但把這叫做玩就很奇怪。我們得試試別的定義。

> 玩是在固定規則中的自由活動。
> ——凱蒂・沙倫（Katie Salen）、艾瑞克・齊默曼（Eric Zimmerman）

這個不尋常的定義來自《玩樂之道》（Rules of Play）一書，它嘗試為玩創造開放的定義，這樣就能涵蓋「在牆上玩弄光影」、「玩方向盤」之類的說法。雖然我們很難找出有什麼事也叫玩卻不符合這個定義，但要找出符合條件卻不是在玩的事情也很容易。比方說，被強迫擦廚房地板的小朋友也許很享受（這個詞可能不太對）在固定的規則（地板上）裡進行自由活動（愛擦哪邊都可以），但把這個活動說成是玩顯然很怪。儘管如此，從這個定義的觀點來思考遊戲還是很有趣。或許有另一個定義更能抓到玩的精髓。

> 玩是自發性且專為玩本身而做的行為。
> ——喬治・桑塔亞那（George Santayana）

這個說法很有趣。首先來談談自發性，玩通常都是自發性的。如果我們說什麼東西「好玩」，有部分的意思就是在說這個特性。但所有的玩都是自發性的嗎？不。比如說，有個人幾個月前就計畫了一場壘球賽，但等到這場球賽開始，仍然算是在玩。因此，自發性有時是玩的一部分，但並不總是如此。有些人認為自發性對於玩的定義極為重要，只要嘗試壓抑這種性質，就會讓一場活動不能算是在玩。伯納・莫根（Bernard Mergen）的觀點是：「在我的定義裡，遊戲，特別是要分輸贏的競爭遊戲並不能算是在玩。」這個觀點極端到顯得很荒謬——按這個邏輯，遊戲就是不能拿來玩的東西（而我們通常覺得遊戲是用來玩的）。但先不管這個極端主張，自發性顯然是玩很重要的一部分。

不過桑塔亞那定義的後半段「為其本身而做」呢？這句話的意思是「我們玩是因為我們喜歡玩」。聽起來沒什麼特別的，但這是玩很重要的一項特性。如果我們不喜歡的話，大概就不能算是玩了。也就是說，我們沒辦法把活動本身歸類成「工作行為」或「遊玩行為」，重點在於從事行為時的態度。就像《歡樂滿人間》裡瑪莉・包萍（Mary Poppins）用謝爾曼兄弟（Sherman brothers）的美妙歌曲〈加一匙糖〉（A Spoonful of Sugar）告訴我們的一樣：

每一件待辦差事
都有些好玩樂子
找到樂子，彈彈手指！
差事就變成樂事

但要怎樣才能找到樂子？心理學家米哈里・契克森米哈伊（Mihaly Csikszentmihalyi）有個關於工廠工人里可・梅德林（Rico Medellin）把差事變成樂事的故事：

每個產品來到他這一站時，他要在四十三秒內完成工作，同樣的工作每天會重複將近六百次。大部分的人很快就會厭倦這種工作，但梅德林在這裡工作了五年仍然樂在其中。原因是他用像奧運選手一樣的態度看待工作：我要怎麼樣破我自己的紀錄？

態度改變讓梅德林把工作變成了玩樂。這樣做對他的工作表現有什麼影響？「五年過後，他的最佳紀錄是整天平均下來，完成一個產品只要二十八秒。」而且他還是熱愛這份工作，他說：「沒有什麼比工作更有趣的了，這比看電視好玩多了。」

發生了什麼事呢？為什麼光是設定目標就突然把一般會被我們看成工作的行為，徹底變成了玩樂？答案顯然是他從事該行為的理由改變了。他做這件事是為了自己的個人理由，而不再是為了別人而做。桑塔亞那其實也詳細闡述了自己的定義，進一步審視後宣稱：

工作和玩樂……可以說就像是奴役和自由。

我們工作是因為不得不做。我們為了食物工作，因為我們是肚皮的奴隸；我們為了繳房租工作，因為我們是安全與舒適的奴隸。有的奴役是出於我們自願，比如我們自願賺錢照顧家人，但這仍然是奴役。我們這麼做是因為我們不得不做，而不是「我

們想要做」。一件事愈是不得不做，感覺就愈像工作。一件事愈不是不得不做，感覺就愈像在玩。換句話說，「所有玩樂都有個恆久不變的原則……凡是玩樂的人都是自由玩樂。必須玩樂的人，不是在玩樂。」

　　以此為基礎，我想分享我自己對玩的定義，雖然不像其他人的定義那麼完善，但也是個有趣的觀點。我常發現每當要試著為人類行為下定義時，少關注行為本身，多關注推動行為的想法和感受會有幫助得多。因此我不由得注意到，大多數玩樂行為好像都是在試著回答下列問題：

　　「轉這個開關會發生什麼事？」

　　「我們能打敗這一隊嗎？」

　　「我可以拿這塊陶土幹什麼？」

　　「我可以跳過這條繩子幾次？」

　　「完成這一關會發生什麼？」

　　如果你是不受拘束、出於自己的意志想找出問題的答案，而不是不得不這樣做，我們會說你很好奇。但好奇並不直接意味著你準備要開始玩，不，玩還包括了其他事——有意圖的行動，通常是意圖接觸或改變什麼的行動，或者你也可以說是要操作（manipulate）什麼。於是我得出了一個可能的定義：

　　玩是能滿足好奇心的操作。

　　當梅德林試著打破自己的組裝紀錄時，他就是想要回答「我能不能破紀錄？」這個問題。突然間，他行動的理由，就不再是要賺錢付房租，而是因為要滿足內心對這項個人問題的好奇了。

　　這個定義也會把某些我們一般不覺得是在玩的事歸類成玩，比如藝術家在畫布上的實驗。從另一個角度看，他可以說自己是在「玩顏色」。化學家如果想做實驗來驗證一個她感興趣的理論，這樣是在玩嗎？她可以說自己是在「玩味一個概念」。這個定義有些缺陷（你找得到嗎？），但我認為滿實用的，而且也是我個人最喜歡的一種玩的定義。這也是我們的第六號鏡頭。

6號鏡頭：好奇

　　使用這顆鏡頭時，要思考玩家真正的動機——不只是遊戲裡預先設定的目標，而是玩家想達成目標的原因？問自己這些問題：

- 我的遊戲對玩家內心提出了什麼問題？
- 我要怎麼做才能讓他們在乎這些問題？
- 我要怎麼做才能讓他們想出更多問題？

圖：Emma Backer

　　舉例來說，迷宮遊戲可能每個等級都有時間限制，而玩家會嘗試解答：「我能否在三十秒內找到走出迷宮的路？」要讓他們更在乎這個問題，可以在解決每個迷宮時播放有趣的動畫，這樣玩家可能就會問：「不知道下個動畫會是什麼？」

　　不是，說正經的，遊戲是什麼？

　　我們已經為玩具、樂趣想了定義，甚至認真討論過什麼是玩。接著該再來試試最一開始的問題了：該怎麼定義「遊戲」？

　　我們前面說「遊戲是拿來玩的東西」，雖然好像沒錯，但還不夠具體。就像玩一樣，很多人也嘗試過定義「遊戲」。我們來看看一些例子。

> 遊戲是種自願性的控制系統，其運作牽涉不同操控力間的競爭，並有規則限制，以產生失衡的結果。
> ——艾略特・埃佛頓（Elliot Avedon）、布萊恩・薩頓－史密斯（Brian Sutton-Smith）

　　哇，看起來超科學的！讓我們拆解一下這句話。

　　首先，「一種自願性的控制系統」意思是說，遊戲和玩一樣都是自願加入的。

　　再來，「操控力間的競爭」看起來是大多數遊戲的一部分。遊戲裡會有兩個或兩個以上的陣營在競爭優勢，某些單人遊戲不一定是這樣（你會說俄羅斯方塊是操控力間的對抗嗎？），但這一段講清楚了兩件事：遊戲有目標，還有衝突。

　　第三，「受規則限制」，這點很重要！遊戲都是有規則的，但玩具沒有。規則絕對是遊戲定義的一個重要面向。

　　第四，「失衡的結果」，脫離均衡這個說法很有趣。它的意思不只是「不均衡」，還暗示了在某個時候，局勢是均衡的，只是後來失衡了。換句話說，遊戲一開始是平手，但最後會有某個人勝出。絕大多數的遊戲的確都是這樣，只要你開始玩，不是輸就是贏。

　　這個定義指出了一些遊戲的關鍵特質：

Q1.遊戲需要自願加入。

Q2.遊戲有目標。

Q3.遊戲有衝突。

Q4.遊戲有規則。

Q5.遊戲有輸贏。

接著來看看另一個定義——這次不是學術界，而是設計界的定義。

（遊戲是）一種具有內生意義的互動架構，要求玩家為某個目標奮鬥。

——格雷格·柯斯特恩（Greg Costikyan）

這句話大部分都很清楚明瞭，不過「內生意義」到底是什麼意思？我們馬上就會知道了，但我們還是先像剛才一樣，從拆解句子開始。

首先是「互動架構」，柯斯特恩想要大家明白，玩家是主動而非被動的，而且玩家會和遊戲互動。遊戲確實是這樣，所有遊戲都有個架構（由規則決定），玩家可以據此和遊戲互動，反之亦然。

第二，「為某個目標奮鬥」。我們又再度看到了「目標」的概念，而奮鬥也意味著某種衝突。但此外，奮鬥也暗示更多——包括挑戰。在某個程度上，柯斯特恩似乎不只想要定義遊戲是什麼，還打算定義好遊戲是什麼。壞遊戲的挑戰不是太多就是太少，好遊戲則有恰到好處的挑戰。

第三是「內生意義」。柯斯特恩從生態學借來了內生（endogenous）這個絕妙的術語用在遊戲設計上，意思是「有機體或系統內部因素所造成的」或是「內在產生的」。那麼「內生意義」是什麼？柯斯特恩的重點是，遊戲中有價值的事物只在遊戲中有價值。《地產大亨》（Monopoly）的錢只在《地產大亨》的遊戲情境中才有意義，這個意義是由遊戲賦予的。當我們在玩這個遊戲時，這些錢就對我們非常重要，但離開遊戲以後，就完全不重要了。內生價值的概念對我們非常有用，因為很適合用來衡量遊戲到底有多引人入勝。輪盤（roulette）遊戲不需要用真錢來玩，玩家可以使用指示物（token）或遊戲貨幣，但這個遊戲本身產生不了多少內生價值，只有用真錢來賭，人們才會想玩，因為這遊戲本身實在算不上多誘人。遊戲的內生價值愈強烈，就愈讓人難以抗拒。有些大型多人角色扮演遊戲對玩家而言非常迷人，裡頭的虛擬道具甚至可以在遊戲外用真錢買賣。內生價值是十分有用的觀點，也是我們的第七號鏡頭。

7號鏡頭：內生價值

遊戲成功與否取決於玩家是否願意假裝它很重要。要使用這顆鏡頭，請你思考玩家對於遊戲中道具、目標和分數會有何感受。問自己下列這些問題：

- 我的遊戲裡什麼事物對玩家而言有價值？

- 我要怎麼讓它更有價值？

- 遊戲裡的價值和玩家的動機，兩者之間有什麼關係？

要記得，遊戲內道具和分數的價值，直接反映了玩家有多想在你的遊戲中勝出。藉著思考玩家真正在乎的是什麼、他們為什麼在乎，你就時常可以靈光一閃，知道如何改進遊戲。

圖：Melanie Lam

超級任天堂（Super Nintendo Entertainment System, SNES）和 Mega Drive（Sega Genesis）上的《大笨貓》（*Bubsy*）可以拿來當作內生價值鏡頭的應用範例。這是一款非常標準的平台遊戲[1]，玩家扮演一隻要想辦法抵達關卡終點的貓咪，並且要在一路上打倒許多敵人、避開各種障礙物，以及蒐集毛線球賺取額外分數。不過這些分數除了表示你蒐集了多少東西以外，就沒有任何用途了，賺再多分數也不會在遊戲中得到任何獎勵。大部分玩家一開始還會蒐集毛線球，期待這些東西有點價值，但玩過一會以後就會完全放棄，只專心打敗敵人、閃躲障礙物還有抵達終點。為什麼呢？因為玩家的動機（見6號的好奇鏡頭）只有破關而已。高分對破關沒有幫助，所以這些毛線球就沒有內生價值了。理論上來說，破完所有關卡的玩家可能會有新的動機：再破一次，而且這次要拿到更高分，但實際上，這個遊戲困難到真正全破的玩家其實非常少。

Mega Drive上的《音速小子2》（*Sonic the Hedgehog 2*）也是一個類似的平台遊戲，但就沒碰到這個問題。在《音速小子2》裡，你蒐集的是光圈而非毛線球，而玩家蒐集了多少光圈非常重要，所以這些光圈就有了很高的內生價值。為什麼？因為擁有這些光圈可以幫你抵禦敵人，而且每當你蒐集到一百個光圈，就會多得到一條命，進而增

---

1 平台遊戲（platform game）：指核心玩法為「在高低大小不同的平台之間跳躍、前進」的遊戲。《瑪利歐兄弟》（*Super Mario Bros.*）是此類遊戲中的代表作。——譯註

加全破的機會。結果《音速小子2》遠比《大笨貓》更能吸引玩家，原因之一就是遊戲機制的重要性藉著內生價值清楚地展現了出來。

柯斯特恩的定義讓我們可以再把三項特質加入清單：

Q6. 遊戲是互動性的。

Q7. 遊戲要有挑戰。

Q8. 遊戲能創造其內在價值。

再來看看一個遊戲的定義：

遊戲是一個封閉又合乎規則的系統，能吸引玩家參與有結構的衝突，並產生不平等的結果。

——崔西・富勒頓（Tracy Fullerton）、克里斯・史溫（Chris Swain）及史蒂夫・霍夫曼（Steven Hoffman）

這個定義的大部分內容都涵蓋在前一個定義中，但我仍想強調其中兩個部分：

第一，「吸引玩家參與」，這是個很好的點。如果玩家覺得遊戲很吸引人，就代表遊戲能讓玩家覺得「沉浸其中」。嚴格說來，我們可以說這是好遊戲的特質，雖然並非所有遊戲都能擁有，但這點仍然很重要。

第二，「封閉又合乎規則的系統」，這包括很多意思。「系統」代表遊戲裡的元素互有關聯、共同運作。「合乎規則」是在說這個系統清楚明確，也就是有規則。「封閉」則是這裡最有趣的地方，意思是這個系統和外在現實世界有條界線。儘管內生價值的概念確實有暗示這點，不過前面其他定義都還沒有清楚解釋過。這條界線由許多遊戲與現實的差別所組成，約翰・惠欽格（Johan Huizinga）稱這條界線為「魔法陣」，而它確實也存在一些不可思議的感覺。當我們的心思在「遊戲內」，我們會產生和「遊戲外」非常不同的想法、感受和價值觀，但遊戲只不過是一堆規則，為什麼能對我們施展魔法？要了解這件事，我們就得一探人類的心靈。

不過還是先讓我們看一下從不同定義裡挑出來的遊戲要素清單：

Q1. 遊戲是自願加入的。

Q2. 遊戲有目標。

Q3. 遊戲有衝突。

Q4. 遊戲有規則。

Q5. 遊戲有輸贏。

Q6. 遊戲有互動。

Q7. 遊戲有挑戰

Q8. 遊戲能創造自己的內在價值。

Q9. 遊戲能吸引玩家。

Q10. 遊戲是封閉又合乎規則的系統。

很多對吧？電腦科學家艾倫‧凱伊（Alan Kay）曾建議我：「如果你寫的軟體子程式有超過十個引數（argument），最好是重新想想。你可能想錯什麼了。」他的意思是，如果你需要一長串列表才能傳達你的想法，那你應該找個更好的方法來整理你想表達的概念。而且老實說，我們雖然列了十項，看起來還是不完整，也許還是漏了什麼。

玩遊戲這種簡單、有力、直覺的事竟然需要這麼笨重的定義，這很奇怪，但也許是我們的做法不對。我們不該從外向內探索遊戲體驗，而是要像一直以來的做法一樣，專注於遊戲和人如何產生連結。也許我們該從另一個角度來看：人們是怎麼跟遊戲產生連結的？

人們為什麼這麼喜歡遊戲？人們有很多只適用於某些遊戲，而非放諸所有遊戲皆準的答案：「我喜歡跟朋友玩」、「我喜歡活動身體」、「我喜歡感覺沉浸在別的世界」，族繁不及備載。但討論起玩遊戲，人們常見的回覆之中似乎有個答案可以通用於所有遊戲：「我喜歡解決問題」。

是不是有點怪？一般來說，我們都認為問題是負面的，但解決問題的確讓我們快樂，而且身為人類，我們也很善於解決問題。我們複雜的大腦比任何動物都更擅長解決問題，我們這個物種最大的優勢就在於此，所以人們會享受解決問題，應該也不足為奇。解決問題的樂趣應該是一種演化而來的生存機制，享受解決問題的人會去解決問題，也可能會更擅長解決問題，於是更容易生存下來。

但大部分的遊戲都有牽涉到解決問題嗎？我很難想到什麼遊戲沒有這個成分，凡是有目標的遊戲，實際上都給了你有待解決的問題。比如說：

- 找到方法贏得比另一隊更高的分數。
- 找到方法比其他玩家更快到達終點線。
- 找到方法破這一關。
- 找到方法在其他玩家消滅你以前消滅他們。

賭博遊戲乍看之下似乎有可能是例外。玩花旗骰（craps）的賭客真的有想解決什麼問題嗎？當然，他們的問題就是要怎麼正確計算出風險，盡可能贏更多錢。另一個棘手的例子是輸贏完全隨機的遊戲，比如小朋友玩的撲克牌遊戲「戰爭」（War）。雙方玩家各執一疊撲克牌，一起翻開牌堆最上面的一張牌，看誰的點數比較大。點數較大的玩家就贏了這一輪，可以把兩張牌都收走。如果平局，就要翻更多牌，贏家就能收走更多牌，直到其中一方收走所有撲克牌遊戲才結束。

這種遊戲怎麼會跟解決問題有關？遊戲結果早已決定，玩家沒有選擇可做，他們

只是一步步揭露誰會成為贏家。儘管如此，小朋友玩起來還是一樣開心，而且對他們來說，這個遊戲和其他遊戲沒什麼區別。這讓我困惑了好一陣子，所以我採取了文化人類學的觀點來研究。我跟幾個小孩一起玩，努力回想我小時候玩戰爭時的感受。答案很快就清楚浮現了，對小孩子來說，這確實是個解決問題的遊戲。他們試圖解答的問題是「我能不能控制命運贏得遊戲？」他們會用盡方法來解決問題。他們會許願、向命運祈禱、用各種瘋狂的方式來翻牌，試盡各種迷信的方式來贏得遊戲。最後，戰爭會教導他們：命運是無法控制的。他們會領悟這是無解的問題，從此戰爭就不再是遊戲，只是一種活動了，他們很快就會去找下一個有新問題的遊戲來解決。

有人可能會提出的另一種反對意見是，並非所有具遊戲性的活動，都是解決問題的活動。人們在遊戲中最享受的東西通常是社交互動或肢體活動，這些都與解決問題無關，但即便這些活動能讓遊戲更好玩，也並非遊戲的精髓。如果沒有問題要解決，遊戲就不再是遊戲，只是一項活動而已了。

所以，如果遊戲全都涉及解決某種問題，而解決問題又是人類的特色，也許我們可以更仔細觀察解決問題的心理機制，看看是否有哪些東西和遊戲的特性有關。

▌ 解決問題的第一課

我們來想想人在解決問題的時候會做什麼，而這些事又跟我們那一長串遊戲特性列表有什麼關係。

首先我們會辨認出要解決的問題，也就是決定明確的目標（Q2）。接著，我們會給問題一個框架，決定問題的界線和問題空間[2]的本質。我們也會確定自己有什麼方法能用來解決問題，也就是確定解決問題的規則（Q4）。不過我們很難描述自己的做法，這個過程不完全能用口頭表達。我們就像在內心建立了一個縮小、簡化版的內在現實，只包含了解決問題所需的相關事物。這就像是一個更精簡、更小的現實世界狀態，能讓我們更輕鬆地思考、進行操作或與問題互動（Q6）。在某個程度上來說，我們建立了有目標的封閉規則系統（Q10），接著我們會努力達成目標，而由於問題會包含某種衝突（Q3），因此通常是一份挑戰（Q7）。如果我們在乎問題，就會很快投入解決的過程（Q9）。如果我們專注於此，就多少會忽略現實世界，因為我們的注意力都放在內心的問題空間裡。問題空間並非現實世界，只是它的簡化版本，而解決問題又對我們很重要，所以要是問題空間裡的元素能讓我們更接近解決問題的目標，這些元

2　問題空間（problem space）：Chase, W. G. 和 Simon, H. A 在 1973 年提出的概念，指人們在解決問題時對問題的認知，包括問題的初始狀態、目標、中間可能的阻礙和解決方法。解決問題即是在初始狀態和目標之間的空間尋找正確方法的過程。——譯註

素就會很快產生內在的重要性，而且這種內在重要性不需要和問題脈絡以外的東西有關（Q8）。最後，我們會解決問題或是被問題打敗，分出個輸贏（Q5）。

現在，我們可以看出魔法陣到底是什麼了，它就是我們的內在解決問題系統。辨識出真貌不會讓魔法陣變得比較不神奇。我們的心靈能夠根據現實世界，創造微縮的現實。這些微縮現實非常有效地把現實中為了解決特定問題的必要元素提煉出來，因此我們對內在世界的一切操作，以及從中得出的結論，放在現實世界都是可行且有意義的。我們不太清楚此機制到底是如何運作，但它運作得非常非常好。

我們可以對遊戲下這麼簡單的定義嗎？

遊戲是解決問題的活動。

不對。這樣講也許沒錯，但是太廣泛了。很多解決問題的活動都不是在玩，有很多更像是工作，還有很多（「我們要怎麼把生產這些小東西的成本減少8％？」）根本就是工作。但我們已經確定，玩樂活動和工作活動的差別和活動本身無關，而是跟從事活動的動機有關。聰明的讀者會注意到，我們的問題解決分析過程只包含了十個特性之中的九個，最關鍵的特性「遊戲是自願參與的」（Q1）被漏掉了。所以，不，遊戲不可能只是解決問題的活動。玩遊戲的人必須有這種既特別又難以定義的態度，我們認為這種態度對玩的本質來說是不可或缺的。所以，包含十個特性的好定義應該是：

遊戲是一種要抱持玩樂態度去解決問題的活動。

這個定義簡單、優美，而且好處在於沒有華而不實的術語。無論你是否接受這個定義，把你的遊戲視為待解決的問題，都會是個有用的觀點——這就是我們的8號鏡頭。

8號鏡頭：解決問題

因為每個遊戲都有待解決的問題，要使用這顆鏡頭，請思考玩家要解決什麼問題才能在你的遊戲裡獲勝。問問自己這些問題：

- 我的遊戲要玩家解決什麼問題？
- 有沒有隱藏的待解決問題可以成為遊戲玩法的一部分？
- 遊戲要如何創造新問題吸引玩家不斷回鍋？

圖：Cheryl Ceol

▌努力的成果

我們已經完成了一趟定義術語的長途旅行，來複習一下我們想出了什麼：

- 樂趣是令人驚奇的快樂。
- 玩是能滿足好奇心的操作。
- 玩具是你能拿來玩的物品。
- 好玩具是你拿來玩能得到樂趣的物品。
- 遊戲是一種要抱持玩樂態度去解決問題的活動。

這些就是遊戲宇宙的奧祕了嗎？不。如果能讓你有所領悟，做出更好的遊戲，這些定義才有價值。如果可以的話，很好！如果不行，我們最好繼續找出有什麼能幫得上忙。你甚至可能會不同意上述定義——如果確實如此，那麼恭喜你！這代表你有在思考，請繼續思考！看看是否能想到比我更好的例子。定義這些術語的重點，全在於要獲得新的洞見，而我們努力的成果就是洞見本身，而非定義。或許你的新定義可以得到更新、更好的洞見，幫上所有人的忙。不過有件事我很確定：

> 在洞悉生命的一切真相以前，我們無法洞悉玩的一切真相。
> ——哈維・雷曼（Harvey C. Lehman）和保羅・威蒂（Paul C. Witty）

所以我們別在這磨蹭了，我們已經花夠多時間去思考遊戲是什麼，現在我們該看看遊戲是由什麼組成的。

延伸閱讀

- 《Man, Play, and Games》，Roger Callois 著。這本 1961 年出版的書一直是遊戲研究學者的心頭所好。儘管如此，本書讀起來很輕鬆，對於遊戲的本質也有許多引人思考的洞見。
- 《Finite and Infinite Games》，James P. Carse 著。這本短而精彩的著作對於生命與遊戲間的關係，有著迷人的哲學論述。
- 《Why We Play Games: Four Keys to Emotion without Story》，Nicole Lazzaro 著。這本書是一場對「樂趣」維度的激進探索。
- 《Rules of Play》，Katie Salen 與 Eric Zimmerman 著。第 7、8 章針對遊戲的定義有一些非常深入的思考。
- 《蚱蜢：遊戲、生命與烏托邦》（心靈工坊出版），伯爾納德・舒茲著。作者對遊戲本質的哲學檢驗非常發人深省。舒茲對「遊戲」的定義差點把我氣死，但我還是沒辦法反駁。

5 | 組成遊戲的四種元素
The Game Consists of *Elements*

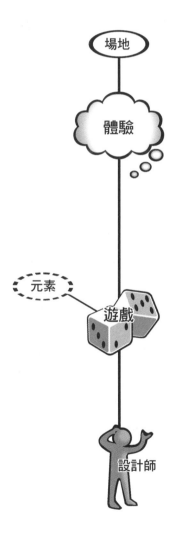

小遊戲是什麼做的？

　　某一天我三歲的女兒突然很好奇每樣物品是用什麼做的，她在房間裡跑來跑去，興奮地指著每個東西，想用各種問題難倒我：

「爸爸，桌子是什麼做的？」

「木頭。」

「爸爸，湯匙是什麼做的？」

「金屬。」

「爸爸，玩具是什麼做的？」

「塑膠。」

等她在找東西的時候，我也拿了一個問題反問她：

「那妳是什麼做的呢？」

她停下來想想，看著自己的手，把手翻過來研究，然後大聲說：

「我是皮膚做的！」

　　以一個三歲小孩來說，這個結論算很合理了。當然，隨著年歲漸增，我們會更知道人到底是什麼做的，知道骨骼、肌肉、器官和其他種種之間複雜的關係。成人以後，即使我們對人體解剖學的認識還是不夠完全（比如說，你有辦法指出自己的脾臟在哪，或是描述它的功能或運作方式嗎？），不過這對多數人都不算什麼大問題，因為一般來說知道這樣也就夠了。

　　但換成是醫生，我們就會期待他知道更多。醫生不只要知道，還要熟悉體內所有部位是如何運作、彼此的關聯，還有當某個地方出了差錯時，該怎麼找出問題來源並解決。

如果你過去都只是玩家，對遊戲的成分可能就沒思考過太多。舉個例子，想到電玩遊戲的時候，你可能會跟大多數的人一樣有個模糊的概念，覺得遊戲就是有個世界讓故事發生，再加上一些規則和藏在某處讓一切動起來的電腦程式。對多數人來說，知道這樣也就夠了。

不過你知道嗎？你現在是醫生了。你得知道，而且要很明確地了解是什麼造就了這個病人（遊戲），知道零件是怎麼兜在一起，又是什麼讓它動起來。要是有什麼出了差錯，你還需要看出真正的原因，想出最好的解方，不然遊戲一定會完蛋。如果這聽起來還不夠難，你還會有一件醫生永遠不用碰的任務：創造以前沒有人看過的新生物（全新的遊戲），並讓它們活起來。

本書大部分的內容都將致力於拓展這個根本認知。我們的解剖研究會從認識構成每個遊戲的四大基本元素開始。

▌遊戲的四大基本元素

拆解並分類遊戲元素的方法有很多。我發現了一種很有用的分類法，如下圖，稱作「四元素分類法」。我們來簡單看一下這四個元素，並簡談彼此的關係：

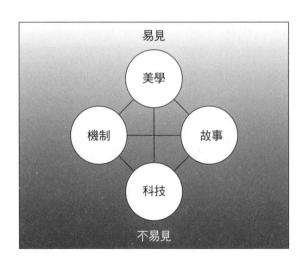

1. **機制**：這是遊戲的運作步驟和規則。機制描繪了遊戲的目標、玩家可以和不可以嘗試怎麼做來達成目標，以及他們的嘗試會導致什麼事情發生。如果你比較遊戲和其他較為線性的娛樂體驗（比如書籍和電影等等），就會發現雖然線性體驗也包含了科技、故事和美學等元素，但卻沒有機制。因此讓遊戲成為遊戲的，正是機制。選擇了一組機制作為遊戲的核心後，就需要選擇可以支持機制運作的科

技、能清楚凸顯機制的美學，以及讓玩家覺得你的遊戲機制合乎道理的故事（機制有時可能很奇怪）。我們會在第12到第14章詳細討論機制。

2. **故事**：故事是事件在遊戲中展開的順序。它可以是事先寫好劇本的線性故事，也可以是有許多支線的隨機發展。如果你在遊戲中有想敘說的故事，你必須選擇一個既能增加故事張力，又能讓劇情自然出現的機制。就像說書人一樣，你會想要使用能夠強化故事概念的美學，以及最適合讓特定故事在遊戲中展開的科技。我們會在第17、18章討論故事還有它與遊戲機制之間的特殊關係。

3. **美學**：美學是關於遊戲的色、聲、香、味和感受。美學在遊戲設計中的重要性難以估量，因為這個元素和玩家體驗的關聯最為直接。當你找到了某種想讓玩家體驗並沉浸其中的外觀和調性以後，你還要選擇適當的科技去呈現，甚至放大、強化美學。你也會想要選擇適當的遊戲機制，讓玩家覺得自己身處這種美學所描繪的世界裡。你還會想要選擇適當的故事，包含一連串事件，以恰當的步調展現美學，營造最大的影響力。第23章將會探問該如何選擇恰當的美學，來強化其他遊戲元素，創造真正難忘的體驗。

4. **科技**：這裡的科技並不專指「高科技」，而是任何能讓遊戲運作的材料和互動方式，比如紙筆、塑膠模型和高功率雷射。你選擇的科技能讓遊戲做到特定的事情，也會讓它無法做到其他事情。科技是美學呈現的媒介、機制運作的平台和訴說故事的管道。我們將在第29章詳細討論該如何為遊戲選擇適當的科技。

沒有哪個元素比其他元素更重要，這個觀念很重要。圖片中把四元素排列成菱型，不是為了呈現相對的重要性，而是為了強調「能見度的差異」。也就是說，科技通常是玩家最不容易看見的元素，美學則是最容易看見的，而機制和故事排在中間。不過要以別的方式排列也可以，比如說，如果要強調科技和機制是「左腦」元素，故事和美學是「右腦」元素，你可能就會把四元素排成正方形。如果要強調元素之間的強烈關聯，就可以排成四面體金字塔——怎麼做都可以。

最重要的事，是了解到四元素都很重要。無論設計什麼遊戲，都會做有關四元素的重要決定。沒有哪個元素比其他元素更重要，而且每一個都對其他元素有強烈的影響。然而我發現，要說服人相信四元素同等重要很困難。遊戲設計師傾向相信機制最重要，美術人員同樣傾向相信美學最重要，對工程師來說最重要的是科技，而腳本作者當然覺得故事最重要。我想，相信自己參與的部分最重要應該是人類的天性，但相信我，身為遊戲設計師，這些工作你全都要參與。每一種元素對玩家的遊戲體驗都同樣有重大影響力，因此你需要平等看待。在使用9號鏡頭時，這個觀點極其重要。

9號鏡頭：四元素

要使用這顆鏡頭，請清點一下遊戲真正的組成。分別考慮每個元素，再全部組合成一個整體來思考。

問自己下列的問題：

- 我的遊戲設計是否用上了四種元素？
- 強化一種或更多種元素能不能改進我的遊戲？
- 這四種元素是否和諧相處、彼此扶持，共同完成同一個主題？

圖：Reagan Heller

拿西角友宏的遊戲《太空侵略者》（*Space Invaders*，1978，太東）來說。你八成對這個遊戲不太熟，不過只要上網搜尋一下就能了解基本概念。我們會從四種基本元素的觀點來討論本遊戲的設計。

科技：所有新遊戲都需要在某個程度上有所創新，《太空侵略者》背後的科技就是為此遊戲量身打造。這是第一款讓玩家對抗軍隊不斷進逼的遊戲，而這件事能實現，都是因為有了專門為它製作的主機板。這項科技完全是為了本遊戲而發明，讓全新的遊戲機制得以成真。

機制：《太空侵略者》有全新的遊戲機制，這點往往很讓人興奮。但不只如此，它的遊戲機制還非常有趣而且平衡。玩家不只要開火擊退同樣不斷開火進逼的外星人，還可以躲到防護罩後面，不過防護罩也會被外星人擊破（或者玩家可以選擇自己破壞）。此外，擊落神祕的飛碟還能賺到額外分數。有兩件事會讓遊戲結束：玩家的飛船被外星人的炸彈摧毀，或是進攻的外星人終於抵達玩家母星，所以遊戲不需要時間限制。愈接近玩家的外星人就愈容易被射中，但分數也愈少，射中愈遠的外星人可以得到愈高的分數。更有趣的遊戲機制是，每擊落四十八個外星人，入侵的速度就會加快，這讓遊戲變得刺激，並能帶出一些有趣的故事。《太空侵略者》背後的遊戲機制可以說是非常縝密、平衡優良，在當時充滿新意。

故事：這個遊戲不需要故事。它本來可以是個抽象的遊戲，要玩家操縱一個三角形去射方塊，但故事讓遊戲變得更刺激也更好懂。其實《太空侵略者》的故事原本跟外星人入侵完全無關，原始版本是要讓你對來犯的人類軍隊開火，但太東公司認為這會傳遞負面訊息，所以故事變成外星人入侵，且基於以下原因，效果變得更好：

- 當時已經有了一九七六年的《海狼》（*Sea Wolf*）等戰爭主題遊戲，但關於太空戰

爭的遊戲在當時更新潮。

- 在戰爭遊戲中向人射擊會讓某些人反感，比如一九七六年的《死亡飛車》（*Death Race*）就讓電玩遊戲中的暴力成了敏感議題。
- 「高科技」的電腦繪圖非常適合未來主題的遊戲。
- 軍人必須在地面前進，代表遊戲必須使用俯瞰視角，但《太空侵略者》營造的感覺是外星人慢慢降落在你的星球表面，而你是向上對著他們開火。不知何故，這些盤旋飛行的外星人還滿可信的，故事也變得更戲劇性——「要是讓他們登陸，我們就完蛋了！」故事一變鏡頭視角也隨之改變，並大大影響了美學表現。

美學：《太空侵略者》陽春的遊戲畫面，現今看來也許會讓人啞然失笑，但設計師其實只下一點點工夫就造成很大的改變。首先外星人並非長得一模一樣，總共有三種不同設計，每一種的分數都不同，而且每種都有自己的兩幀「行軍」動畫，效果相當不錯。雖然螢幕沒辦法顯示彩色，但設計師只用一點簡單的技術就搞定了！由於玩家只能在螢幕底部活動，外星人在螢幕中間，最上面則是飛碟，所以只要在螢幕上貼三條顏色不同的半透明塑膠片，就可以讓你的飛船和護盾變成綠色，外星人變成白色，飛碟變成紅色。這種遊戲技術的簡單改變之所以有用，全是因為遊戲機制的本質，但同時也大幅改進了遊戲的美學呈現。聲音則是另一個重要的美學成分。逼近的侵略者會發出一種心跳般的音效，隨著他們加速，心跳聲也會加速，讓玩家覺得身歷其境。其他音效也有助於講述這個故事，最令人記憶深刻的，就是飛船被外星人的飛彈擊中時，機台會發出鳴響批評玩家。以上這些還不是遊戲中所有的美學要素！《太空侵略者》的機台設計得非常吸睛，對於講述邪惡外星侵略者的故事也很有幫助。

《太空侵略者》能成功，有部分關鍵是因為這四項基本元素為相同的目標通力合作，目標就是讓玩家體驗對抗外星軍團的幻想故事。每個元素都彼此兼顧，而且顯然即使一個元素不夠力，也會給予設計師靈感，調整其他的元素。當你用四元素鏡頭來觀察自己的設計，就有辦法獲得這類高明的洞見。

▌ 骨架與肌理

　　在這本書裡，我們還會繼續討論這四個基本元素，以及遊戲解剖學的其他面向。學習怎麼看穿遊戲的肌理（玩家體驗），直視其骨架（構成遊戲的元素）是件美妙的事，但很多設計師會碰到一個可怕的陷阱，你也必須小心不要踩進去。有些設計師會一直思考遊戲內在運作的細節，忘記了玩家的體驗。只了解各種元素和彼此的關聯還不夠，你必須隨時思考它們和體驗之間的關係，這是遊戲設計最大的難關之一：一邊要感受遊戲作品的體驗，一邊要了解是哪個元素和什麼元素互動造成了這種體驗，原因又是什麼？你必須同時看見骨架和肌理，如果只專注在肌理，你可以思考體驗帶來的感受，卻無法了解為何會有這種感受，或是如何改進。如果你只注意骨架，就會做出一個理論上精美，實際上可能是災難的遊戲架構。如果你可以同時兼顧兩者，就能同時感受遊戲體驗的力量，又明白這道力量如何運作。

　　在第2章，我們討論過觀察和分析經驗的重要性與挑戰，但這樣的挑戰還不夠，你必須能夠思考，是什麼遊戲元素產生了體驗。和第2章的觀察技術一樣，你需要練習才能掌握思考的方法，從根本上來說，你需要發展的技能是一邊觀察自己的體驗，一邊思考體驗潛在的成因。

　　這項重要技能稱為全像設計（holographic design），詳情請見10號鏡頭。

10號鏡頭：全像設計

要使用這顆鏡頭，你必須同時觀看遊戲的所有面向，也就是四元素、玩家體驗，以及這些因素的相互關係。在肌理和骨架間反覆切換關注焦點，是可行的做法，但如果能像全像攝影一樣檢視遊戲和體驗，更是再好不過。

問自己這些問題：

- 遊戲裡什麼元素能讓體驗變得令人愉快？
- 遊戲裡什麼元素損害了體驗？
- 我該怎麼調整遊戲元素來改進體驗？

圖：Zachary D. Coe

在後面的章節，我們會談更多遊戲的組成元素。現在我們先把注意力放回到這些元素需要互相配合的原因。

6 | 元素要能支持<u>主題</u>
The Elements Support a *Theme*

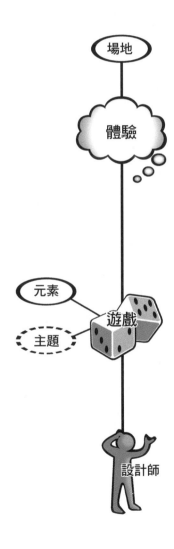

要寫一本了不起的書，就要先選個了不起的主題。
——赫曼・梅爾維爾（Herman Melville）

▌ 區區遊戲

文學和藝術鉅作常有偉大的主題和深沉的寓意，「區區」遊戲想要達成相同層次的偉大，會不會太狂妄了？

身為遊戲設計師，我們得面對一個傷人的真相：很多人覺得不管哪一類遊戲，都是微不足道的消遣。不過通常只要我極力勸說，就可以讓抱持這種觀點的人承認某些遊戲其實對他們非常重要。比如他們玩過或忠實收看過的運動項目、幫助他們和某個生命中的重要人物奠定關係的卡牌或桌上遊戲，或是故事和角色令他們深感認同的電玩遊戲。遊戲毫無意義，某個遊戲卻意義深遠——如果我指出其中的自相矛盾，他們就會解釋：「其實我喜歡的也不是遊戲，是玩遊戲時的體驗。」但就像我們前面所討論的，體驗和遊戲的關聯不是隨機出現的，而是要玩家和遊戲互動，才會發生。體驗中對人們有意義的各個部分，比如運動賽事中的戲劇性、橋牌玩家之間的同伴情誼，或是棋手之間的較量，都是來自遊戲設計。

有些人會說遊戲（特別是電玩遊戲）不可能有深度和意義，因為本質上太粗糙了。二十世紀初也有人這樣形容電影，當時的電影仍是黑白默片。但隨著科技進步，這些主張也消失了。同樣的事也發生在遊戲上，在一九七〇年代，電玩遊戲還很簡單，幾乎完全只有抽象畫面，但如今的電玩可以有文本、圖片、影片、聲音和音樂。隨著科技進步，愈來愈多人類生活和表達的面向都會被納入遊戲之中。沒有東西不能成為遊戲的一部分，你可以把畫作、廣播節目或電影都放進遊戲裡，但你卻不能把遊戲加入這些媒材之中。其他現有及未來的各種媒材都是遊戲下的子集合，只要技術許可，遊戲就能包含所有媒材。

真正的問題是，遊戲直到最近才成為嚴肅的表達媒材。世界還需要時間才能接受這個想法，但我們沒有理由要等，我們現在就可以創作主題動人的遊戲。但為什麼呢？為什麼要這樣做？是為了藝術表現的自私欲求嗎？不對，是因為我們是設計師。我們的目標不在藝術表現，而是創造有力的體驗。創作沒有主題或主題非常薄弱的遊戲當然是可能的，但是，如果我們創造的遊戲能以整合成一體的主題引發共鳴，就能創造更加有力的體驗。

▎整合為一體的主題

　　圍繞單一主題作設計最主要的好處，就是遊戲裡的所有元素都能彼此強化，為了共同的目標合作。有時候，最好的方法是在創作遊戲的過程中，讓主題自然浮現。愈快決定主題，其他事情就愈容易，因為你能用更簡單的方式判別某件事物是否屬於你的遊戲：如果這東西能強化主題，就留下；如果不行，就捨棄。

　　有兩個簡單的步驟可以增強遊戲體驗的力道：

　　第一步：想出主題是什麼。

　　第二步：盡可能利用所有方式強化主題。

　　聽起來簡單，但主題是什麼？主題就是你的遊戲和什麼有關。主題是將整個遊戲統合在一起的概念，所有的元素都要能支持主題。如果你不知道你的主題是什麼，遊戲就很可能沒辦法吸引許多人投入。大部分的遊戲主題都是以體驗為基礎，也就是說，遊戲的設計目標是將精髓體驗傳達給玩家。

　　設計師里奇・高德（Rich Gold）在他寫的《夠了！創意》裡面舉了一個簡單的例子來解釋什麼是主題。他小時候有一本關於大象的書，整本書的概念很單純：傳達一個經驗給小朋友，讓他們了解大象是什麼。某種意義上，你可以說這本書的主題就是「大象是什麼？」，這樣第一步就完成了。接著我們就能前進到第二步：盡可能利用所有方式強化主題。作者的做法很直覺，就是在書裡放滿有關大象的文字和圖片，但他們還多走了一步，把整本書從封面到內頁，都裁成大象的形狀。你需要隨時尋找機會，用巧妙且出人意料的方式來強化主題。

　　且讓我用之前為迪士尼設計的虛擬實境遊戲《加勒比海盜：沉落寶藏之戰》（*Pirates of the Caribbean: Battle for the Buccaneer Gold*）來進一步解釋。我們的團隊迪士尼VR工作室（Disney VR Studio）分配到的工作，是要將迪士尼樂園中的超人氣主題設施《加勒比海盜》改編成互動遊戲，所有迪士尼樂園都有很多類似裝置。我們知道這款遊戲會在迪士尼探險（〔DisneyQuest〕迪士尼樂園的虛擬實境中心）的電腦擴增虛擬環境（Computer Augmented Virtual Environment, CAVE）裡執行，這是個牆上有3D投影的小房間。還有，體驗長度必須抓在五分鐘左右，但除此之外並沒有預設的故事線和特定的遊戲目標。

　　我們已經有了一個初步主題：遊樂設施要跟海盜有關。這讓範圍縮小了不少，但我們希望還可以更明確。要用什麼觀點來看海盜呢？這些是我們可以採用的做法：

- 關於海盜的歷史紀錄片。
- 海盜船之間的戰鬥。
- 尋找埋藏的海盜寶藏。
- 海盜是必須打倒的反派。

我們心裡也有一些別的想法。你可以看到，就算範圍縮到了「海盜」，我們依然沒有明確的主題，因為從海盜這個想法出發，可以創造很多種體驗。於是我們開始做研究、尋找遊戲和美學上的靈感，希望能找到清晰、一體的主題。

我們讀了很多海盜的歷史，也玩了其他人做的海盜主題電玩，還跟當初參與創作遊樂設施的人討論。我們找到很多不錯的細節，但都還算不上主題。某天，我們終於前往迪士尼樂園，打算近距離研究那個遊樂設施。我們在遊樂園關門前玩了幾十次，瘋狂寫筆記和拍了一堆照片。整座設施有一大堆細節，令人嘆為觀止。我們知道細節非常重要，但故事呢？奇怪的是，《加勒比海盜》並沒有完整的故事，只有一些海盜生活的逼真場面。在某種意義上，它厲害的地方就在於把故事交給遊客自己去想像。

結果我們雖然在搭乘設施時發現了不少好東西，但還是沒找出主題。我們和遊樂園的員工聊過，也在遊樂園營業時間跟遊客聊了他們搭乘的感覺。我們蒐集到很多細節，包括遊樂設施的外觀、給人們的感受以及他們最喜歡什麼地方，但沒有一個能真的讓我們對主題產生確實的看法。

回程路上，我們討論了上千個觀察到的細節，對於當下仍一籌莫展感到有點煩躁。在枯坐苦思的同時，我們情不自禁哼起了那首在遊樂設施聽過幾十遍、琅琅上口的主題曲：「海盜生涯樂逍遙……」[1]突然間一切都清楚了！《加勒比海盜》的重點不是海盜，而是當海盜！整座設施的目的就是滿足人們拋棄一切社會枷鎖，下海為寇的幻想！雖然回頭看來跡象未免也太明顯了，但這次轉念讓一切都變得具體了起來。我們的遊戲不是要再現歷史，也不是要消滅海盜。我們要做的是滿足每個人內心翻湧的海盜幻想——有什麼會比沉浸式的互動體驗更適合創造出「身為海盜」的感覺呢？我們終於有了體驗得以奠基的主題：當海盜的幻想。

知道主題以後，第一步就完成了。接下來要進入第二步，盡可能用一切方法來強化主題，而且我們是真的會運用一切來達成。以下是一些例子：

- **CAVE的形狀**：以前CAVE有四方形和六角形兩種形狀，但我們又發明了一種更適合模擬海盜船的四螢幕CAVE。

- **立體投影**：CAVE體驗不一定都會使用立體投影，但我們選擇這麼做，因為立體投影可以營造空間感。眼睛聚焦在遠方有助於讓人覺得自己真的在海上。

- **特製3D眼鏡**：很多電影院用的現成3D眼鏡在邊框附近都有遮蔽物，以排除觀賞電影時令人分心的因素。不過我們知道人的動態感大幅受到周邊視覺（peripheral vision）的影響，鏡框遮蔽物會讓玩家無法充分體驗海上航行的感覺，從而妨礙我們的主題，所以我們要求供應商把遮蔽物拿掉。

---

1 Yo Ho (A Pirate's Life for Me)，George Bruns曲，Xavier Atencio詞，1963。——譯註

- **運動平台**：我們想要讓人感受到船上的翻騰顛簸，運動平台應該會是個好辦法，但要用哪一種平台？最後我們訂製了一座氣壓驅動的平台，因為感覺起來最像海上的船隻。

- **介面**：駕船和開砲都是海盜幻想裡重要的一部分，我們本來也可以使用操縱桿或其他現成的硬體，但這樣無法融入主題。所以我們改用舵輪來駕船，還裝了真正的金屬大砲給玩家瞄準開火。

- **視覺呈現**：我們必須讓畫面看起來很美。遊樂設施主打「超擬真」的畫面，和我們的主題完美搭配。我們用了高階繪圖硬體，還有大量的紋理和模型來達成逼真的畫面。

- **音樂**：經過一番波折，我們終於獲准使用遊樂設施裡的音樂。這些音樂非常切合主題，讓人在遊戲時回想到遊樂設施。

- **音效**：聲音設計師為我們特別設計了一套由十具揚聲器組成的音響系統，能夠從所有方位播放聲音，讓人覺得自己真的出了海。有些揚聲器是專門為了播放砲聲而設計，安裝在距離船身不遠不近的位置，能將聲波轟向你的肚腹，讓你不只是聽到，而是感覺到大砲開火。

- **自由感**：海盜幻想的精髓就是自由感。我們的遊戲機制設計是讓玩家能航向任何他們選擇的地方，但同時也確保玩家能享受刺激時光。這一切完成的過程將會在〈第18章：間接控制〉中詳細討論。

- **死了就沒有故事**：如何處理遊戲中的死亡是個大問題。有人會主張這是電玩遊戲，我們應該用電玩傳統的方式處理：死了會有懲罰，之後你可以復活再繼續。但這不適合海盜幻想的主題，因為在幻想裡，你是不會死的，就算會，也一定死得轟轟烈烈，不會再復活。而且，我們還要努力維持這五分鐘體驗裡的興趣曲線（〔interest curve〕將於第16章解釋）夠具有戲劇性，因為戲劇性也是海盜幻想的一環。如果玩家在遊戲中途死掉，會毀掉整場體驗。我們的解方是讓玩家在遊戲大部分的內容裡都不容易受傷，但如果他們被擊中太多次，船就會在大決戰的結局中戲劇性地沉沒。這打破了電玩遊戲的傳統，但主題比傳統重要多了。

- **寶藏**：尋找各種寶藏是海盜幻想中最重要的部分，可惜遊戲裡很難令人信服地呈現出一大堆金幣。我們想出了一種特別的技術，能讓平面的手繪寶藏看起來像是實心的三維物體，顯眼地堆在甲板上。

- **照明**：我們需要照亮玩家所在的房間。要怎樣才能結合照明和主題呢？我們用了特殊的濾光鏡，讓光線看起來像是水面的反光。

- **置物空間**：走上控制台的人需要有地方擺放包包等物品。當然我們可以擺個櫃子就好，但我們用魚網做了一些袋子，讓置物空間看起來像是船的一部分。

- 空調：當時負責遊戲室內設施的人想知道我們有沒有考慮過房間空調的出風口要開在哪邊？我們第一個想法是：「誰管這個？」但接著就想到：「空調能不能用來強化主題？」於是我們就把出風口放在船的正前方往後吹，玩家在駕船時就可以感受到海風了。
- 藍鬍子之眼：我們一直沒想到要怎麼把3D眼鏡融入主題。我們試過要把它弄得像海盜的帽子和頭巾，但效果不好。曾有個機智的先生建議要求玩家戴上眼罩，這樣就不需要3D效果了。最後我們放棄了，放任這個細節脫離主題，但等到去體驗實際裝設在迪士尼樂園的遊戲時，現場演出的工作人員的做法卻讓我們十分驚豔。他帶領我們登上甲板，然後宣布：「登上甲板之前，請務必戴上藍鬍子之眼。」太棒了，因為給演出人員的「官方劇本」上並沒有這句台詞。負責運作遊樂設施的人成功補救了我們的失敗，這個方法簡單、有效地將我們漏掉的細節融入主題，同時也清楚說明了，只要有整合為一體的強烈主題，團隊中每個人都能更容易做出有用的貢獻。

這串清單還很長。我們所作的每個決定、每一件事都著眼於是否能強化主題、傳達我們想給玩家的精髓體驗。你可能會覺得如果沒有高額預算，根本就無從負擔昂貴的主題，但很多將細節融入主題的方法真的都不貴，可能只需要一行字、挑個顏色或是加上音效。而且融入主題很好玩，只要習慣盡量把東西嵌入主題以後，就停不下來了。不過誰會想停下來？這就是我們的11號鏡頭。

11號鏡頭：一體性

使用這顆鏡頭時，要考慮背後的所有理由。問自己這些問題：

- 我的主題是什麼？
- 我有用上所有方法來強化主題嗎？

一體性鏡頭非常適合搭配第9號的四元素鏡頭。用這些分類來區別遊戲裡的元素，就更容易從整合主題的角度來加以檢視。

圖：Diana Patton

▋ 共鳴感

　　整合成一體的主題很棒，可以把設計聚焦在單一目的上。但有些主題就是比較好，最好的是那些能深深打動玩家、引起玩家共鳴的主題。「當海盜的幻想」是很有力的主題，因為無論男女長幼，在人生中某段時光都有過類似的幻想。或者也可以說，它和我們追求自由的欲望起了共鳴，因為我們都夢想過逃離義務、逃離擔憂顧慮，自由自在、為所欲為。

　　當你設法使用能引起共鳴的主題，你就可以掌握某些深沉有力、真正能感動人心的力量，給玩家一段大開眼界、昇華心靈的體驗。我們前面討論過，主題的基礎是經驗，意味著主題就是要能傳達某種特定的精髓體驗。如果這份經驗能和玩家的幻想或願望產生共鳴，就能迅速成為他們重視的體驗。但除了這種以經驗為本的主題，還有一種主題也能引起共鳴，甚至有過之而無不及。那就是以真理為本的主題。

　　記得電影《鐵達尼號》嗎？這部片深深感動了全世界的觀眾。為什麼呢？當然，這部片拍得很精美，特效很棒，也有很淒美（雖然有點煽情）的愛情故事，但很多電影都不遑多讓。這部片特別的地方在於電影中每個元素都在強化一個深沉而讓人共感的主題。那麼，這個主題是什麼呢？你的第一個想法也許是鐵達尼號本身及其悲劇。這確實是電影裡很重要的元素，其實你也可以說這是電影的主題之一，但並不是最重要的主題。《鐵達尼號》最重要的主題跟經驗無關，而是一句很簡單的話，表以言詞大概是：「愛比生命更重要，比死亡更強悍。」這是一句很有力的話，很多人內心深處都堅信不疑。當然，這不是什麼科學真理，但對很多人來說，卻是埋藏心中、很少出口的個人真理。

　　當時很多好萊塢的大人物都不相信這部片會大賣，畢竟觀眾都知道結局了。但若要講故事來演繹這個偉大主題，有什麼場景比一艘眾人皆知多數乘客都會死亡的船更加適合？電影裡昂貴的特效都有其必要，因為我們若要理解這個主題的意義，就得先覺得一切都是真的，就像我們人在船上，就像我們自己也將滅頂。

　　以真理為本的主題有時很難辨認。深沉的真理這麼有力，部分原因是它往往隱而不顯。設計師通常甚至不會有意識地察覺到，自己挑到了獨特的主題，就算知道也無法訴諸言語，單純只能感覺到體驗應是什麼樣貌。但探索自己對事物的感受，直到能夠明確將主題表達出來，絕對是值得的。你能更容易決定遊戲裡該出現什麼、不該出現什麼，並且讓你得以向團隊裡的成員輕鬆解釋下決定的理由。史蒂芬・金在寫他的大作《魔女嘉莉》（*Carrie*）時，一直到第二稿才察覺這是一篇關於血的小說——不只是恐怖電影裡的那種血，而是要探索血的諸多意涵，包括傷害、家庭羈絆、長大成人等等。他一了解這點，就發現還有很多空間能調整和強化故事。

　　羅布・達瓦（Rob Daviau）設計的圖板遊戲傑作《戰國風雲：傳奇之旅》（*Risk: Legacy*），就是個絕佳案例，示範了以真理為本的主題是怎麼回事。在這款獨特的遊戲中，達瓦做了一件桌上遊戲界史無前例的創舉：他創造的遊戲機制會讓玩家在遊戲中的選擇永遠改變整個遊戲。規則要求你把無法移除的貼紙黏在圖板上、用永久性的麥克筆劃定疆界、把遊戲中的卡片撕毀棄置，甚至永遠改寫遊戲規則書上。這些不尋常的遊戲機制固然十分新奇，但更重要的功能是強化遊戲的核心主題：「戰爭會改變世界」。

　　另一個以真理為本的例子和海克力士的故事有關，VR工作室團隊曾受命要把迪士尼版本的海克力士神話改編成一款遊戲。如果故事能像這樣流傳千年，被人不斷講述、演繹，其中一定藏了什麼蘊含真理的主題。海克力士確實強壯，但這沒有重要到足以讓人深深共鳴。我們讀了許多版本的故事，有趣的是，就算在遠古時代，海克力士的故事也沒有標準版本。有時他完成的是十項任務，有時是十二項，有時是二十項，但總會有一些相同的面向。在每個故事裡，海克力士都是高尚到能擊敗死亡的人。這個核心真理深藏在許多宗教中：如果人夠高尚，就能夠超越死亡。迪士尼的動畫師將主題具象化為海克力士與冥王黑帝斯之間的鬥爭。我們的遊戲延續了同樣主題，故事大部分發生在冥界，直到最後，你才會成功回到活人的世界，與黑帝斯在天空中展開決戰。遊戲裡當然還有一些子題，比如團隊合作的重要，但說到底，我們加入子題都是為了成就主題。

　　有時候，你一次只能弄清一部分的主題。接下來這個也是迪士尼的故事：剛開始做《卡通城 Online》（〔*Toontown Online*〕迪士尼的第一款大型多人線上遊戲）時，我們也抓不太到遊戲的主題。我們針對卡通城做了不少功課，研究電影《威探闖通關》（*Who Framed Roger Rabbit*）和迪士尼樂園裡的卡通城區域。奇怪的是，不管哪個卡通城都沒有詳細設定，但我們卻看得出來這地方很迷人。設定不詳細是因為每個人似乎都已經對卡通城有了大致的概念，大家似乎都很清楚，卡通人物不在螢幕上時會生活在一個特別的地方。這個（有點詭異的）事實提醒了我們，自己正在挖掘一些很基本的祕密。我們開始列舉自己心目中的卡通城會是什麼樣子，最重要的有三點：

1. 跟朋友一起玩
2. 逃離現實
3. 天真單純又超越俗世

　　第一點非常適合做成網路遊戲，我們也很愛這點。而第二點也很有道理——卡通是一種逃離現實的好方式。至於第三點（我們會在〈第19章：世界觀〉更詳細討論）基本上是說，卡通城裡的一切都比現實世界更單純，但在卡通城裡你也會比在真實世界裡更有力量。

　　這些都有助於釐清我們想在遊戲裡看見什麼，但沒有一個真的能樹立清晰的主

題，反而比較像是子題。不過有一天我們突然領悟到，這三件事加在一起就很有說服力地描述了第4章的內容——「玩」。玩是和朋友一起逃離現實找樂子，而遊戲世界也比現實世界更單純，但身處其中卻能擁有更多力量。只是我們不覺得玩本身能成為強烈的主題，還需要有更多刺激和衝突。於是我們想到，玩在本質上的對手就是工作。「工作 vs. 玩樂」顯然可以成為很有力的主題，說得更清楚一點，「工作想要消滅玩樂，而玩樂必須倖存下來」就是我們所找到以真理為本的主題。就像在第4章一樣，我們用「奴役」和「自由」代替了「工作」與「玩樂」，整個主題的力量又變得更清晰了，感覺這是正確的方向。我們想做一個供親子同樂的遊戲，所以主題要與雙方都有關係，那最適合的不正是用玩心去探索生活中最大的衝突嗎？所以我們就拍板定案，在《卡通城 Online》的故事裡，有一群叫做「齒輪」（the Cogs）的機器人經理人想要把七彩繽紛的卡通城變成黯淡的商業園區。卡通人物這一方要用笑話和惡作劇來對抗齒輪，而齒輪會用辦公用品回擊。這個故事怪到公司裡有些人抱持質疑，但我們相信可以成功，因為我們知道這種表達主題的方法能夠引起受眾共鳴。

　　如果主題能引起共鳴，你的作品就會從工藝昇華成藝術。藝術家能帶人前往他從未踏足的地方，而主題就是飛向彼處的翅膀。當然，並非每個主題都必須引起共鳴，但如果你找到一個能引起深層共鳴的主題，就值得好好利用。有的主題奠基於經驗，有的奠基於真理，但你永遠無法只憑邏輯知道哪個主題能引起共鳴——你必須打從內心深處感覺到共鳴。這是很重要的自我聆聽，同時也是第12號鏡頭。

12號鏡頭：共鳴

使用共鳴鏡頭時，你必須尋找隱而不顯的力量。
問自己這些問題：

- 我的遊戲有哪邊能帶來強烈、獨特的感受？
- 跟別人談起我的遊戲時，什麼地方能讓他們興奮？
- 如果沒有任何限制，我的遊戲會長成什麼樣子？

圖：Nick Daniel

- 我直覺知道這個遊戲該長什麼樣子。這些直覺是哪來的？

　　共鳴鏡頭是一件安靜、精微的工具，你可以用來聆聽自己和他人的聲音。我們會把一些重要的事物深藏心中，一旦有什麼引發共鳴，就會撼動整個內在。這些事物藏得愈深，力量就愈強，但也讓我們愈難找到。

▌回到現實

你可能會想，這些關於共鳴和主題的討論對遊戲設計來說，實在太高高在上了。某些遊戲或許是這樣沒錯。《憤怒鳥》（Angry Birds）也有什麼能引起深層共鳴的主題嗎？也許沒有，但它肯定有個能推動整體設計的一體主題。引人共鳴的主題能為你的遊戲注入強大的力量，但就算看起來沒有，整合為一體的主題也能讓體驗更清晰明確，強化整個遊戲。

有些設計師會排斥主題的概念，因為他們覺得「玩家才不會注意到」。玩家的確不一定能清楚說出深深打動他們的作品有什麼主題，但這是因為主題通常都在潛意識的層次發揮作用。玩家知道他們喜歡某個遊戲，但說不太上來為什麼，通常是因為遊戲元素所強化的主題對他們來說本來就是很有趣或很重要的。主題並不是設計師拼湊來隱藏祕密訊息的象徵符號，主題的意義是幫你把作品聚焦在對玩家有意義的東西上。

不同設計師在設計的過程中，會以不同的方法使用主題。接下來，我們該探討遊戲設計過程中眾多的其他面向了。

延伸閱讀

- 《夠了！創意》（馬可孛羅出版），里奇·高德著。在任天堂威力手套（Power Glove）設計者的智慧寶庫中，「融入主題」只是其中一小個篇章而已。

7 遊戲始於創意
The Game Begins with an *Idea*

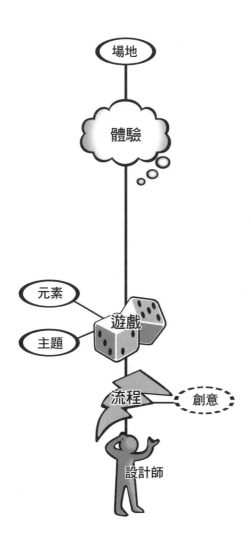

我希望這本書能鼓勵你嘗試設計自己的遊戲。剛開始設計（或許你已經動手了），你可能會覺得自己用的方式不正確，不是「真正的」遊戲設計師會用的方法。我猜你用來設計遊戲的方法應該是：

1. 想出一個創意
2. 做出來試試看
3. 不斷修改測試到看起來夠好為止

聽起來很業餘，但你知道嗎？真正的遊戲設計師都是這樣做事的。本章可以在這裡打住了，只不過，同樣是做一件事，有些方法就是比別的方法好。既然你已經知道要做什麼了，這章和下一章我們就來討論要怎麼做到盡善盡美。

▌ 靈感

前面講到我當過幾年專業的雜耍藝人。我第一次參加雜耍大會時差不多才十四歲，當時我還只會秀兩招而已。如果你沒去過雜耍大會的話，我得說那真是非常值得一看──整間大體育館到處都是技術水準和實力各異的雜耍藝人在討論、嘗試、分享新技巧。在那裡可以嘗試各種不可能的挑戰，失敗了也不丟臉。不過我自己第一次參加的感覺可不是這樣，我超級無敵緊張──畢竟我又不是「真正的」雜耍藝人。我一直走來走去、東張西望、雙手插口袋，深怕有人會指著我大叫：「嘿！他在那裡幹什麼？」這種事情當然沒發生。參加大會的人都跟我一樣是自學的，我適應氣氛後，就害羞地拿出沙包開始偷偷練習。我看著其他人的把戲並試著模仿，有時候還真做得出來。正當我四處尋找還有什麼技巧可以偷師，有個離大家遠遠的雜耍藝人吸引了我的目光。那是個穿著粉藍連身褲的老男人，他的把戲和其他人簡直有天壤之別。他的花招和節奏獨特，吸引人之處不在難度，單純就是賞心悅目。我看了很久才了解，他有些玩起來看似獨家的特別把戲其實都是我會的招數，只是在他手中風格和感覺就是與眾不同，就像全新的招數。大概偷看二十分鐘以後，他突然看向我說：「怎麼樣？」

「什麼怎麼樣？」我有點尷尬。

「你沒有要偷學我的把戲嗎？」

「我、我想我不懂要怎麼學。」我結結巴巴地回。

他笑了。「沒錯，他們也不懂。你知道為什麼我的把戲這麼特別嗎？」

「呃，勤勞練習嗎？」我猜。

「不是，每個人都會勤勞練習。你看他們！大家都練得很勤勞。不，我跟他們不同的地方是我學會把戲的方法。大家都會互相學習，這是好事，可以學到很多，只是永遠不會讓你脫穎而出。」

我想了一下，問他：「那你是從哪裡學來的？書上？」

「哈！看書也很好，但我不是看書學的。想知道我的訣竅嗎？」

「當然。」

「訣竅就是不要從其他雜耍藝人身上找靈感，要從別的地方找。」他又表演了一套很美的旋轉拋接，不斷轉著手臂，時不時再來個轉身。「這招是從紐約的一個芭蕾舞者那學來的，然後這個⋯⋯」他一邊把球拋上拋下，雙手一面巧妙地前後翻飛。「是跟緬因州一群從湖上起飛的鵝群學來的。」他又做了一個機器般的奇怪動作，讓球看起來彷彿以直角運動，「這招是從長島一台打洞機學來的。」他笑了一下，然後停了大約一分鐘。「人們都想模仿這些動作，但他們學不來。他們總是想要⋯⋯對，模仿同儕，你看那邊！」老人指著體育館對面一個綁著長馬尾的雜耍藝人，他正做起那個「芭蕾」動作，卻學得很笨拙。裡頭少了一些東西，但我說不上來是什麼。

「你瞧，這些傢伙可以模仿我的動作，但是他們學不到我的靈感。」他又表演了一個讓我想到雙股螺旋的花招，接著我聽到大會廣播宣布有一個初學者工作坊，所以跟他道謝後就跑走了。我沒有再見到他，但我再也忘不了他。真希望我知道他的名字，他的建議從此改變了我創作的方法。

13號鏡頭：無盡靈感

> 只要懂得聆聽，人人皆是上師。
> ——羅摩達斯（Ram Dass）

使用這顆鏡頭的時候，請停止關注你的遊戲，也停止關注類似的遊戲，改去觀察**其他各種東西**。

問自己這些問題：

圖：Sam Yip

- 我想要跟別人分享自己生命中的什麼經驗？
- 我有什麼小規模的方法可以捕捉到那份經驗的精髓，加入遊戲之中？

使用這顆鏡頭需要有開闊的心靈和豐富的想像力，你要探索自己的感受，觀察周遭的一切。要願意嘗試不可能的事——擲骰當然沒辦法傳達揮劍決鬥的興奮，電玩遊戲也沒辦法讓玩家害怕黑暗，對吧？用這顆鏡頭找出一些在遊戲之外，可以賦予你遊戲靈感的經驗，你可以用一個靈感來統籌不同的元素（科技、機制、故事和美學），也可以從不同的靈感去構築元素，再融合創造出全

新的成果。如果你混合了以現實生活為基礎的各種幻想，依循它去做出決定，創造出來的體驗就會強而有力、獨一無二，令人無法抗拒。

這顆鏡頭可以和2號的精髓體驗鏡頭完美合作。先用無限靈感鏡頭發現和探索美好的經驗，再用精髓體驗鏡頭將經驗帶進遊戲之中。

設計師克里斯・克魯格（Chris Klug）建議，每個設計師都要找出一種關鍵情感體驗，以之為中心製作遊戲，他將這種情感稱為「美術設計方向的情感核心」。此概念得到很多人的支持，凱爾・蓋布勒（Kyle Gabler）、凱爾・格雷（Kyle Gray）、馬特・庫契奇（Matt Kucic）和沙林・舍第罕（Shalin Shodhan）四名碩士生成功在一個學期內做出了五十個電玩遊戲，並寫下了一篇優秀的論文〈七天內做出遊戲雛型〉（How to Prototype a Game in Under 7 Days），說明他們所學到的東西。以下是論文的一段節錄：

我們發現蒐集富有個人意義的畫作及音樂來代替腦力激盪非常有效。人們認為許多類似《重力落差》（Gravity Head）和《下雨的日子》（On a Rainy Day）的遊戲創造了強烈的情緒，而且很有感染力，這絕非意外。在諸如此類的例子中，我們都是先讓配樂和美術概念創造出綜合感受，這些感受又催生出更多的遊戲決策、故事和美術定稿。

蓋布勒：「《黏黏塔》（Tower of Goo）的創意來自某一天我走路回家後，當時我正（因為某些原因）聽著阿斯托爾・皮亞佐拉（Astor Piazzolla）的《激情探戈》（Tango Apasionado）開場曲，這時一個模糊的畫面跑進我的腦中：城裡的人們都在傍晚時分離開家門，拿著椅子、桌子和其他可以帶出門的東西，到城市中間搭起巨大的高塔。我不知道為什麼，但他們都想要爬得更高、更高、更高，卻又都對土木工程沒什麼概念，所以你得出手幫忙。我最後做出來的雛型比較快樂一點，而且後來也把音樂換成皮亞佐拉另一首比較開朗的《自由探戈》（Libertango），但這就是個從初步情感目標出發，然後完成整個遊戲的例子。」

靈感是傑出遊戲最大的祕密之一，但要怎樣才能把靈感變成了不起的遊戲設計呢？

第一步就是承認你碰到了問題。

▌陳述問題

> 不要愛上解方，要愛你的問題。
> ——無名氏

　　設計的目的是解決問題，遊戲設計也不例外。在提出創意之前，必須先確定你為何要做這件事，而搞清楚的方法之一就是問題陳述。好的問題陳述可以讓你看到目標和限制，比如說，你一開始的問題陳述可能會是：

　　「要怎麼做出一個青少年會真正喜歡的網頁遊戲？」

　　這個陳述同時把你的目標（青少年會真正喜歡）和限制（必須是網頁遊戲）都說清楚了。把事情弄清楚的好處之一是，能讓你了解自己也許錯了，過度限縮了真正的問題。或許你想的是「網頁遊戲」，但實際上你完全沒有理由非做遊戲不可，只要青少年會真正喜歡，做個網頁玩具或活動也未嘗不可。於是你可能會用更廣泛的說法重新陳述問題：

　　「要怎麼做出一份青少年會真正喜歡的網路體驗？」

　　恰當的問題陳述很重要，如果說得太空泛，你提出的設計可能會不符合真正的目標；但如果你因為把心力都放在解方上而非問題上，結果陳述得太狹隘，就可能會因為認定只有某類方案才能有效解決問題，導致錯失其他高明的解方。能想出高明解方的人，幾乎都會花時間把真正的問題給想明白。愛上解方是令人著迷的危險誘惑，你不妨考慮改為愛上問題。

　　清楚陳述問題有三個好處：

1. 創意空間更寬廣。大部分的人都太快跳到解方，然後就開始創作過程了。如果你從問題著手，而非從既有的解方開始，就有更寬廣的創作空間可供探索，在沒人翻過的地方找出隱藏的解決方案。

2. 評估標準更清晰。你會有一份清楚的標準來評估提案的品質：這個方案有多適合解決問題？

3. 溝通更順暢。和團隊一起設計時，如果能清楚陳述問題，溝通就會容易許多。如果你沒把問題陳述清楚，團隊成員常會跑去嘗試解決完全不同的問題，卻對此一無所察。

　　有時候你會在了解「真正」的問題以前，就先探尋到一些點子。沒關係！只是在確定問題是什麼以後，要記得再回頭把問題陳述清楚。

　　完整的遊戲設計會包含科技、機制、故事和美學等四大元素。通常，問題陳述會限制你，讓你必須從至少一個元素的既有決定開始著手。當你嘗試陳述問題的時候，

從四元素的角度來檢驗陳述也頗有幫助，可以確定你在哪些方面有設計的自由，哪些方面沒有。看看下面四個問題陳述，試著回答它們在哪些元素上已經有了既定的決定：

1. 有什麼有趣的方法可以利用磁鐵的性質做出一款桌上遊戲？
2. 我要怎樣用一款電玩遊戲來講《糖果屋》（Hansel and Gretel）的故事？
3. 我要怎麼做一款感覺像超現實主義畫作的遊戲？
4. 我要怎麼改進《俄羅斯方塊》？

　　如果你奇蹟似地不受任何限制呢？如果你可以自由運用任何媒材，設計任何內容的遊戲呢？假設如此（雖然應該不太可能！），你就需要決定一些限制。你要選擇自己想完成什麼故事，或是想探索什麼樣的遊戲機制。選好以後，你就做出問題陳述了。把遊戲當成問題的解方是個很有用的觀點，同時也是我們的14號鏡頭。

14號鏡頭：問題陳述

　　要使用這顆鏡頭，請把遊戲想成是問題的解決方案。

問自己這些問題：

- 我真正要解決的是什麼問題？
- 我目前對遊戲所做的假設是否和真正的目標毫無關聯？
- 做成遊戲真的是最好的解決方案嗎？為什麼？

圖：Cheryl Ceol

- 我要怎麼知道問題已經解決了？

　　用問題陳述來為遊戲確定限制和目標，這麼做有助於讓你更快擬出清楚的遊戲設計。

▌如何睡覺

　　我們已經把問題講清楚，要開始絞盡腦汁了！至少等我們做好準備就會開始。睡眠對產生創意的過程非常重要，優秀的設計師會把睡眠的巨大力量發揮到最大限度。我認為沒有人比超現實主義畫家薩爾瓦多·達利（Salvador Dali）更適合說明這件事了，下文摘自他的著作《成為畫家的五十個神奇奧祕》（Fifty Secrets of Magic Craftsmanship），這是他的第三個奧祕：

要使用「拿著鑰匙睡覺」這招，你必須坐在一張扶手椅上，最好是西班牙風格的扶手椅，然後仰頭躺在富有彈性的皮革椅背上。你的雙掌必須垂在扶手外面，讓手臂枕在扶手上徹底放鬆……

保持這個姿勢，用左手的拇指和食指指尖輕輕捏住一把沉重的鑰匙，懸在空中。鑰匙下面的地上預先擺好一個倒扣的盤子。準備完成以後，你就只需要讓自己慢慢沉入平靜的午睡，就好像從身體這顆方糖，凝結出一滴靈魂的美酒。鑰匙從指間落下，掉在倒扣的盤子上那瞬間，你一定會被聲音吵醒，而這一段不知道是否真正睡著的短暫片刻就已經足夠了，因為這段剛好必要的休息就足以讓身心恢復活力，毋需花費更多時間。

▊ 沉默的夥伴

我們對主觀的意識太過著迷，受其圍限，結果忘了一個長久流傳的事實：上帝多半是靠夢境和異象來說話。
——卡爾·榮格（Carl Jung）

達利瘋了嗎？大家都知道一夜好眠的好處，但這種才幾秒鐘的打盹會有什麼好處呢？想想創意的來源，答案就清楚多了。我們大部分高明、優秀、有創意的想法都不是來自邏輯推論和理性論證。不，真正好的創意似乎都是憑空冒出來的。也就是說，它們來自意識表層以下的某處，被我們稱作潛意識的地方。我們還不怎麼了解潛意識，但這確實是大量（甚至是所有）創造力的來源。

想想夢境，就知道潛意識的力量是真的。從我們出生以前，潛意識就不斷創造這些迷人的悲喜短劇，一夜三場，其趣各異。夢境不只是一系列隨機的畫面，大部分的人很常做意義深遠的夢，很多重要的問題也都是在夢中獲得解決。最有名的故事之一就是化學家弗里德里希·馮·凱庫勒（Friedrich Von Kekule），他一直想拼出苯（C_6H_6）的化學結構，但不管人們怎麼嘗試，就是無法把這些原子鏈兜在一起。沒有一種辦法行得通，有些科學家甚至懷疑這是否代表我們對分子鏈的本質有著根本的誤解。後來他夢到了：

原子再次在我的眼前跳舞。過去的經驗磨利了我的心靈之眼，讓我能辨別出不同形式的更大結構和長鏈，現在緊密結合在一起。它們都在動，像蛇一樣轉動和扭動。但那到底是什麼？有一條蛇咬住了自己的尾巴，這個畫面在我眼前不斷旋轉。接著一道閃電劃過，我就醒了過來。

　　醒來以後,他知道了苯的結構是環形。現在聽了這個故事,你會說凱庫勒是自己想出解方的嗎?從他的描述聽來,他是看到解方出現在眼前,辨認出這就是解方。這就像是夢境的作者解決了問題再給凱庫勒看而已,但誰才是這些夢境的作者呢?

　　在某方面來說潛意識是我們的一部分,但另一方面來說又彷彿截然二分。把潛意識比做另一個人的說法會讓有些人覺得不舒服,確實這說法聽起來有點瘋狂,但創作就是很瘋狂的事,所以我們不該被這丁點事嚇到──老實說,我們應該要因此獲得勇氣才對。所以為什麼不把潛意識當作另一個實體呢?你又不需要讓人知道,可以是你自己的小祕密。雖然聽起來滿奇怪的,但把潛意識當作另一個人來對待其實很有用,因為我們人類喜歡把事物擬人化,這樣就能用熟悉的模式來思考、互動。你不會是唯一這麼做的人,幾千年來的創作者一直都如此。在《史蒂芬·金談寫作》(On Writing)一書中,史蒂芬·金這麼描述他安靜的夥伴:

> 繆斯(傳統上,繆斯是女性,但我的是男性。我們恐怕得接受這件事)不會飛進你的寫作房,把創造力的仙塵灑在你的打字機或電腦主機上。他是個住在地底下的蘭居族,你必須往下走到他住的地方,而且一旦你走下去,你就必須提供一間公寓房間供他生活,還要為他打理一切生活起居。換句話說,繆斯坐在那裡抽雪茄,欣賞他的保齡球獎盃,還假裝沒看到你的時候,你得完成所有枯燥乏味的工作。你覺得這樣公平嗎?我覺得滿公平的。那個繆斯長得可能不怎麼樣,也不怎麼健談(除非他開始工作,不然我的繆斯幾乎只會對我發出暴躁的咕噥聲),但他手上有靈感。你絕對應該負責所有苦差事,然後挑燈夜戰,因為這個抽雪茄的小翅膀男人有一整袋魔法,裡頭的東西可以改變你的人生。
>
> 　　相信我,因為我知道。

　　好,如果我們假裝那個有創意的潛意識是另一個人,那他會是什麼樣子?你心裡可能已經浮現樣貌了。多數人的創意潛意識似乎都有下列特徵:

- **不會說話**,或者至少不願意說話。總之不是用言語來說話,他們傾向用意象和情緒來溝通。
- **衝動**。傾向不預先計畫和活在當下。
- **情緒化**。潛意識會受你當下的感受所影響(包括開心、憤怒、興奮、恐懼),而且他的感受似乎比意識更深入、更有力。
- **愛玩**。他總是懷抱好奇心,喜歡文字遊戲和惡作劇。
- **不理性**。潛意識不受邏輯和理性的拘束,常會想到毫無道理的創意。要登上月亮?一支長梯可能會有用。這些想法有時只是無用的干擾,有時卻是你苦思已久

的聰明觀點——比如說有誰會聽說過環狀的分子呢？

我有時覺得馬克思兄弟（Marx Brothers）系列電影裡的哈波·馬克思（Harpo Marx）之所以人氣不輟，是否就是因為他幾乎完美符合上述創意潛意識的種種形象——而這大概也是他能引起觀眾共鳴的主題。哈波不會（或是不打算）說話、很衝動（看到什麼吃什麼、四處追求女生、頻頻捲入爭端）、很情緒化（總是在大笑、大哭或是生氣）、愛玩而且確實很不理性。然而，他解決問題的瘋狂辦法常能挽救危機，而且在安靜的時候，他還會彈奏天使般悅耳的音樂——不是為了取悅他人，只是自娛自樂。我喜歡把哈波想成是創意潛意識的守護神（見下圖）。

但有時候，和創意潛意識合作會讓人覺得腦袋裡住了一個煩人的四歲小孩。如果不靠理智設定計畫和預防措施，讓一切各就各位，這傢伙就會把自己害死，因此很多人都習慣忽略潛意識的建議。要納稅的時候，這樣做或許不錯。但如果要做有關遊戲的腦力激盪，這個安靜的夥伴就比你厲害多了。別忘了從你出生以前，他就每個晚上都在為你創造好玩的虛擬世界，而且他熟悉體驗精髓的程度，也遠勝你的潛力。下列訣竅可以幫你從這段不尋常的創意夥伴關係中獲得最多幫助。

■ 潛意識訣竅 1：給予關注

「我們應該留心夢境嗎？」約瑟問，「我們能不能解夢？」

大師看著他的雙眼，簡短地說：「我們應該注意一切，因為我們可以了解一切。」

——赫曼·赫塞（Herman Hesse），《玻璃珠遊戲》（*The Glass Bead Game*）

關鍵和之前一樣，都是聆聽，這次聆聽的對象（基本上）是你自己。潛意識和其他人沒什麼不同，如果你習慣忽視它，它就不會繼續提出建議了；如果你習慣聆聽，

認真思考它的想法，並在得到好建議時表達感謝，它就會提供更多更好的建議。要怎麼聆聽不會說話的東西呢？你必須更仔細注意你的想法、感受、情緒和夢境，因為這些都是潛意識溝通的方法。聽起來雖然很奇怪，但這樣做真的有用。你愈關注潛意識要說什麼，它就幫你做得愈多。

比如你正在腦力激盪，尋找一款衝浪遊戲的靈感。你正在思考遊戲要設定在哪座海灘，還有哪一種攝影機系統最適合衝浪遊戲。突然間，你有了一個模糊的想法：「用香蕉當衝浪板怎麼樣？」當然這聽起來瘋瘋的，而且這想法是打哪來的？你可以告訴自己：「別蠢了，拜託回到現實來好嗎？」或者你可以花點時間認真思考一下：「好，用香蕉當衝浪板怎麼樣？」接著腦中又跑出了另一個想法：「讓猴子來用香蕉衝浪。」突然間，這點子就沒那麼蠢了——或許這隻香蕉衝浪猴可以成為與眾不同的新遊戲，可能比一開始計畫中較寫實的遊戲還打到更多受眾。就算你最後駁回了這個想法，你的潛意識也會因為你花在一連串建議上的時間而覺得比較受尊重，往後更認真參與激盪的過程。除了安靜沉思個幾秒鐘，這對你又沒什麼負擔。

■ 潛意識訣竅 2：記下想法

你會在腦力激盪會議的時候把想法寫下來，那為什麼不隨時動筆呢？畢竟人類的記憶力很糟。寫下你的創意後會發生兩件事，首先你會得到一份筆記，寫著許多你不記下來就會忘掉的創意，另外你還可以把腦子空出來思考別的東西。如果你想到一個重要的創意卻沒寫下來，想法就會在腦中咚咚亂竄，占用空間和心力，因為你的腦子認為這份創意很重要而不想忘記。一旦你寫下來，魔法就會發生——腦子會覺得不用再繼續惦念了。我發現這方法可以讓我覺得內心澄淨空明，不再凌亂狹窄。日本人把這種狀態叫做「水の心」，意思是「心如止水」，讓你可以隨心所欲地認真思考今天要設計的東西，不會被沒有記下的雜亂要事給絆住。價格合理的錄音機或錄音 app 對遊戲設計師來說是寶貴的工具，每當有趣的想法冒出來，就可以錄下來，之後再處理。雖然你得養成定期將錄音檔謄寫成紀錄的習慣，不過只要付出這點小小的代價，就可以換來大量的靈感收藏和清靜的心靈工作空間。

■ 潛意識訣竅 3：（謹慎）管理潛意識的欲望

老實說，潛意識也有欲望，有些欲望還很原始。欲望似乎是潛意識職責的一部分，而理智的職責則是決定餵養哪些欲望比較安全，還有要用什麼方法餵養。如果潛意識對欲望的感受太強烈，就會變得執著。一旦執著起來，它就做不出品質良好又富創意的工作了。如果你正忙著為一款即時戰略遊戲（real-time strategy game）構思新意，卻滿腦子都是糖果棒、離開的戀人、或是可恨的室友，你就沒辦法把工作做好了。因為擾

人的想法會讓你分心,而負責主要重擔的潛意識既是其源頭,也會跟你一樣罷工。之後在〈第11章:動機〉會討論到馬斯洛的需求層次論,正完美說明了這個現象:如果沒有食物、安全和健康的人際關係,就很難從事自我實現的創意工作。所以請把搞定基礎欲望當成首要任務,找出折衷的辦法滿足潛意識,這樣它才能把時間花在想出天才創意。當然,你還要有良好的判斷力,有些危險的欲望需要壓抑,不能餵養;如果餵養它們長大,長期而言只會讓一切變得更糟。這麼多創意工作者都有自我毀滅的傾向,可能就是因為和潛意識的關係親密卻管理不善所致。

■ 潛意識訣竅 4:睡覺

> 睡眠大會徹夜商討後,夜裡的難題都在白天迎刃而解,這類經驗想必人人都有。
> ——約翰·史坦貝克(John Steinbeck)

薩爾瓦多·達利說,睡覺很重要,但只拿著鑰匙打盹是不夠的。我們以前認為睡覺是要讓身體休息,但現在我們知道,睡覺最主要是為了心靈。大腦似乎會趁我們睡覺時執行一些不可思議的分類、歸檔和重組工作。至少在睡眠週期的某個部分(夢境發生的時候),潛意識顯然會保持清醒活躍。我和我的創意潛意識已經熟到我有時可以分辨出它是「在」還是「不在」,而且我很確定如果我睡眠不足,它就不會在。這感覺就像是如果我(還是我們?)睡得不夠,或是當潛意識不常參與我的工作時,它就會跑去打盹,而它缺席也會影響我的工作。我曾多次在原本沒什麼貢獻的腦力激盪會議上,突然感覺到潛意識「出現」,接著好點子就像洪水一樣爆發出來。

■ 潛意識訣竅 5:別逼得太緊

> 現在,你必須用腦子勞動,你必須克制行動,看看偉大的靈魂會顯現什麼。
> ——拉爾夫·沃爾多·愛默生(Ralph Waldo Emerson)

> 想法不為你所有,它們準備好時才會讓你知道。
> ——史蒂芬·魔法特(Stephen Moffat)

你曾不曾在聊天的時候想到某個人,也許是你認識的人,也許是哪個電影明星,總之你確定你知道他的名字,但就是想不起來?於是你瞇起眼睛,試圖從內心擠出答案,但不管怎樣都想不出來。最後你只好放棄,繼續聊些別的,幾分鐘過後,答案

才突然躍上心頭。你覺得答案是從哪裡來的？也許是潛意識趁你繼續做其他事情的時候，在你背後忙著思考問題，找出那個名字，等它找到答案就會告訴你。再多的專注和壓力都無法加速這個過程，實際上似乎反而會減慢找到答案的速度，畢竟當背後有人盯著時，還有誰能好好工作？需要創意的工作也是這麼一回事。不要期待潛意識會馬上提供答案，你只要把問題丟給它解決就好了（這是另一個把問題陳述清楚的好處！），重要的是釐清問題，剩下就交給潛意識去做。答案也許會來得很快，也許會很慢，甚至可能完全不會出現，但嘮叨和緊盯也沒辦法加快速度，只會拖慢進度。

■ 獨特的關係

你可能會覺得自己跟潛意識的關係，和我這裡形容的不太一樣。的確會有這種現象，因為每個人的心靈各有不同的工作方式。重點在於找到對自己最有效的技巧並著手嘗試，而唯一能找到的方式就是聽從你的直覺，也就是來自潛意識的提示，它會告訴你什麼最能帶來創意。有的做法一定很怪，像捏著鑰匙睡覺就很奇怪，但是對達利有用。把潛意識當成你全天候的室友也很奇怪，但是對史蒂芬・金有用。想發揮潛力成為優秀的遊戲設計師，你必須找出適合你的技巧，而且沒有人可以告訴你是哪些，你必須自己去發掘。

▌十六種快速有效的腦力激盪訣竅

創造力屬於一開始想不出好點子的人。
——無名氏

你和沉默的好夥伴都準備好開始解決問題。好玩的部分來了：腦力激盪開始！不過你要想得出點子才好玩，否則就可怕了！那麼，要怎樣才能保證點子會出現呢？

■ 腦力激盪訣竅1：寫下答案

你已經陳述過問題了，現在開始寫下解決方案吧！為什麼要寫下來呢？為什麼不坐著思考，等厲害的點子自己來找你就好？因為你的記憶力糟透了！你會想要混合、拼湊即使不是幾百個也有幾十個的零碎創意，要全部記下來是不可能的。更糟的是，就像前面討論的一樣，如果你的腦子裡有一堆零碎的想法，就會堵住新的創意。把空間騰出來！你是否曾經很氣一個人，所以決定寫封充滿惡意的信給他（不過可能永遠不會寄出），然後馬上就覺得好多了？把想法付諸文字就會發生奇蹟，所以快寫！

■ 腦力激盪訣竅 2：手寫還是打字？

用哪一種方式記錄想法比較好？答案是對你最有用的那種！有些人偏愛打字，有些人喜歡手寫。漫畫家兼作家琳達・貝瑞（Lynda Barry）堅持，揮動的筆有魔法，用筆將內心的想法寫下來是鍵盤打字無法比擬的，我也傾向同意她。

我自己喜歡在無格線的紙上書寫，這樣比較方便表達和揮灑創意，比如你可以把想法打圈、畫些小草圖、用箭頭串起想法、把東西劃掉等等，之後隨時可以把好東西打進電腦裡。

■ 腦力激盪訣竅 3：草圖

不是每個想法都能輕易用文字表達，所以畫些圖吧！不會畫畫也沒差，就試看看嘛！把想法視覺化不只會讓你更容易記住，圖片還會引發更多點子。所以試看看，你會驚訝這方法有多好用。要做一款有關老鼠的遊戲嗎？先畫一些老鼠，簡單就好，一些粗糙的老鼠輪廓就行，我保證你的腦子裡會冒出好些一分鐘之前還不存在的點子。

■ 腦力激盪訣竅 4：玩具

把問題視覺化以便內心處理的另一個方法是在桌上放一些玩具。挑幾個跟你的問題有關的玩具，再挑幾個毫無關係的！你覺得為什麼 Friday's 等等餐廳要在牆上掛那些奇奇怪怪的東西？只是為了裝飾嗎？不，當人們看到這些物品，就會想到有什麼話題可以聊，而想到可以聊的話題愈多，就會愈享受用餐體驗。這招對餐廳老闆有效，對你也有效。玩具不只在視覺上激發你的創意，也能在觸覺上激發創意，還有更棒的東西——為什麼不用一大團陶土或是培樂多（Play-Doh）黏土，來把你的想法做成一個個小雕像？聽起來傻傻的，但創意本來就傻傻的。

■ 腦力激盪訣竅 5：換個觀點

這本書裡所有鏡頭的最大意義就是協助你用不同的觀點審視遊戲，但你為何不更進一步？不要只坐在椅子上激盪腦力，站在椅子上看看，一切都會變得不一樣！去不同的地方，沉浸在不同的事物裡。在公車上、海邊、大賣場或玩具店，倒立來激盪腦力，任何能激發想像力、讓你想到新東西的方法都值得一試。

■ 腦力激盪訣竅 6：沉浸在問題裡

你已經陳述過問題了，現在來沉浸其中吧！去在地商店裡看看你的目標受眾，他們在買什麼？為什麼？偷聽他們說話，他們在聊什麼？他們重視什麼？你需要非常熟悉這些人。你是否已經決定要用什麼科技？盡可能學習相關的一切（把你家牆壁貼滿

說明書），找出它以前沒人注意到的祕密潛力。主題或故事線已經敲定了嗎？找些類似故事的改編版本，好好閱讀或觀賞。需要在舊的遊戲機制上增添一點新意嗎？玩遍你所能找到所有使用相同機制的遊戲，還有一些不同機制的遊戲！

■ 腦力激盪訣竅 7：說個笑話

有些人很介意拿正經的工作來說笑，但腦力激盪的時候，笑話有時恰恰可以搞定一切。笑話（怎麼把大象放進冰箱？）可以放鬆心情（一人做事一人當，小叮做事小叮噹），讓我們從之前看漏的角度觀察（葡萄點名……葡萄柚！），而且從新的角度還能發現了不起的創意！不過小心！笑話可能會讓話題脫軌，特別是在團體討論的時候。不過偶爾脫軌一下沒關係（好點子可能不在軌道上），只要你記得負起責任把方向拉回正軌就好。腦力激盪的準則之一就是：「誰脫軌，誰就負責回到正軌」。

■ 腦力激盪訣竅 8：不省小錢

打從小時候，我們就被教訓不要浪費資源：「不要用新的白板筆！」、「不要浪費紙！」、「不要浪費錢！」但腦力激盪的時候不該節儉。不要讓物質條件阻擋創意，你要想辦法找到價值上百萬的創意，不能讓幾毛錢的紙張或墨水阻擋你。在腦力激盪的時候，我喜歡用昂貴的筆和厚磅的紙張，而且只在單面上寫字，字還要寫得很大。為什麼？一部分是因為我可以把整張紙鋪在桌上或地上，然後就可以在需要的時候隔一段距離檢視所有點子；一部分是因為這樣可以讓過程有某種莊重感；但也有一部分是因為這樣感覺才對！腦力激盪時，做事情的感覺一定要對，每一件能讓你在創造時更舒服的事，都會讓你更有機會想到很棒的點子。而某個人感覺對的事情，並不會讓每個人感覺都對，你得一直實驗才能找到最好的方法。但如果弄不到你喜歡的材料，也不要一直抱怨，拿到什麼就用什麼！因為你還有工作要做！

■ 腦力激盪訣竅 9：寫在牆壁上

比起用紙，你可能會更喜歡用白板，要是如此就用吧！如果你要跟團隊一起腦力激盪，就需要某種方法讓每個人都能同時看到。有些人喜歡用索引卡寫下創意，貼在布告板上，這種方法的好處是容易調整位置，但缺點是如果點子很「大」，卡片就會太小了。我發現我比較喜歡用特大號（60公分×75公分）的便利貼（很貴，但我們不省小錢！）或是用無痕膠帶來黏牛皮紙。這個辦法可以讓我們在牆上列出清單，如果空間不夠也可以輕易調整位置。更棒的是，你可以把紙撕下、堆疊、捲起、收納。一年過後，如果有人說：「欸，去年那些機器人遊戲的點子長怎樣？」你就可以把紙張抓出來貼在牆上，像是從未中斷一樣繼續你們的腦力激盪會議。

■ 腦力激盪訣竅 10：空間會記得一切

這句箴言來自湯姆・凱利（Tom Kelley）的《創新的藝術》（*The Art of Innovation*）。把東西貼在牆上還有一個原因：我們的腦子不擅長記清單，但對於身邊的東西擺在哪總是記得很清楚。把你的創意四處擺在房間裡，就更容易記清楚其位置。這點非常重要，因為你要想辦法在幾十個不同的想法之間找出關聯，而且你需要任何能取得的協助——假如腦力激盪會議有很多場的話就更是如此。這個方法非常有效，把一堆點子貼在牆上，即使你離開幾個禮拜，回來後已經忘掉一大半，再回到每個點子各就各位的房間，感覺就會像從來沒離開過一樣。

■ 腦力激盪訣竅 11：寫下一切

> 找到好點子的妙方就是找很多點子。
> ——萊納斯・鮑林（Linus Pauling）

你已經拿出你的高級紙、筆、咖啡、一些玩具和模型黏土，還有一切你覺得能讓你發揮創意的東西了。現在你只要等待超棒的點子自己出現……錯了！不能等，你一想到跟問題稍微有點關係的東西，就要直接動筆寫下來。寫下腦中每一個愚蠢的點子，雖然大部分都真的很蠢，但好點子開始出現以前，你得先清掉那些蠢點子。而且有時蠢點子也會啟發一些天才創意，所以要全部都寫下來。不要審查自己的想法，你必須不怕犯錯和犯蠢。大部分的人都很難辦到，但經過練習還是可以學會。如果你是和別人一起腦力激盪，也絕對不要審查他人的想法，因為他們的蠢想法就跟你的蠢想法一樣好！

■ 腦力激盪訣竅 12：把清單加上編號

腦力激盪時大部分都會列清單，當你在列清單的時候記得寫上編號！這樣做有兩個效果：第一點是討論會比較容易（「3 號到 7 號想法我都很喜歡，但我最愛的是 8 號！」），第二點則比較奇妙，就是如果清單有編號，清單上面的項目會看起來更像樣。比較一下這兩個清單：

1. 雞高湯	▪ 雞高湯
2. 雨傘	▪ 雨傘
3. 風	▪ 風
4. 鍋鏟	▪ 鍋鏟

編號清單上的東西是不是看起來比較重要一點？如果有一個項目突然不見，你也會比較容易注意到。這份重要感也會讓你（和其他人）更認真看待清單上的想法。

■ 腦力激盪訣竅 13：顛覆假設

我是從羅布・達瓦那學到這個祕訣的。把你對遊戲的所有設想列成一張清單，比如：「我預計這會是室內遊戲」、「我預計玩家要看著螢幕」和「我預計玩家只會用一隻手指來碰觸螢幕」。這張清單可能會很長，因為我們會有很多設想。等你把清單列好，請看過每一個項目，思考如果這些設想不成立，遊戲該怎麼運作。多數情況下這些設想都必須保留，但有時拿掉一個設想能帶來絕佳的洞見。達瓦說《戰國風雲》的設計發想，就是在考慮是否打破桌上遊戲的預設時出現的，那就是：「下一場遊戲不會受到這一場影響」。

■ 腦力激盪訣竅 14：混合和拼湊類型

完整成形的遊戲創意像雅典娜一樣從你的頭裡蹦出來，感覺確實很棒，但事情不會每次都這麼順利。在不同類型裡激盪腦力，是個協助創意匯集的好辦法。四元素分類法在這裡非常好用，比如說，如果你決定要設計一款針對青少女的遊戲，你可能會列出幾張清單，然後像這樣開始混合或組合：

科技創意
1. 智慧型手機遊戲
2. 頭戴式 VR 遊戲
3. 個人電腦
4. 結合即時通訊軟體
5. 遊戲主機

機制概念
1. 《模擬市民》(Sims) 類型遊戲
2. 文字冒險遊戲
3. 贏家能交到最多朋友
4. 散播關於其他玩家的謠言
5. 盡可能嘗試幫助更多人
6. 《俄羅斯方塊》類型遊戲

故事概念

1. 高校青春劇
2. 主題是學校生活
3. 扮演愛神
4. 扮演電視明星
5. 主題是醫院
6. 主題是音樂
   a. 扮演搖滾明星
   b. 扮演舞者

美學概念

1. 卡通渲染（Cel shaded）風格
2. 日本動漫畫風格
3. 所有角色都是動物
4. 用R&B音樂定調遊戲
5. 用前衛搖滾／龐克定調氛圍

等你像這樣列完清單（不過你的每張清單應該都會有十幾項！），就可以開始自由混合拼湊各種創意──也許是一個所有角色都是動物的醫院主題《俄羅斯方塊》類型手機遊戲⋯⋯或者是日本動漫畫高校風格的《模擬市民》類型主機遊戲？這些列著一部分點子的清單讓你輕鬆組合混搭，你從未想過的完整遊戲創意也許就會一個個到處蹦出來，開始各自成長。有需要的話，儘管發明新的類型也沒關係！

■ 腦力激盪訣竅 15：自言自語

自言自語承受了很多社會污名，但很多人都發現，自己一個人腦力激盪的時候，這麼做真的很有用──比起在腦內空想，大聲講出口更能讓想法變得真實。找個你可以放心自言自語，不會引人側目的地方吧。還有一個妙招：如果你要在公共場合進行腦力激盪，就把手機拿起來自言自語，雖然很蠢但很有用。

■ 腦力激盪訣竅 16：找個搭檔

跟別人一起腦力激盪，和自己一個人來大不相同。找到對的同伴可以改變一切──兩個人合作有時會遠比各自奮戰更快，就找到傑出的解決方案，因為你們的創意可以互相交鋒，讓彼此的想法更完整。單單是找個人大聲說出想法，就算對方一句話

都不說，有時也能加速整個過程。不過要注意，拉更多人進來不一定有幫助。通常小組最好不超過四個人，而且團體工作最適合處理單純而非廣泛、開放的問題。老實說，大部分團隊腦力激盪的方法都錯了。研究顯示，一群人聚在房間裡針對單一想法腦力激盪，多半是浪費時間。比較好的做法是每個人先各自進行腦力激盪，再開會分享、組合、拼湊創意，最後一起解決問題。另外，某些人也很不適合一起做腦力激盪，比如喜歡雞蛋裡挑骨頭，或是興趣狹隘的人。最好要避開這些人，沒了他們你會更有生產力。團隊腦力激盪可以帶來很多好處，卻也可能造成很多災難，細節將會在〈第二十五章：團隊〉更進一步討論。

看看這些創意！接下來呢？

這一章的目標是「想出點子」，做完一點腦力激盪以後，你應該已經有一百個點子了！遊戲設計師就該這樣，你必須每個題材都能想出幾十個創意。練習愈多，你就能在愈短的時間裡想出愈多、愈好的點子。但這還只是設計過程的開始而已，接下來我們要把這份廣泛的創意清單縮小範圍，用來做點有用的事。

延伸閱讀

- 《What It Is》和《Picture This》，Lynda Barry 著。這兩本傑作完美融合了文字和畫作，用創作過程的殘酷現實同時給你打擊和鼓勵。
- 《Fifty Secrets of Magic Craftsmanship》，Salvador Dali 著。這本書不太有名，卻能帶我們一窺天才創作者的內心。
- 《Prototyping a Game in 7 Days》，Kyle Gray、Kyle Gabler、Matt Kucic 和 Shalin Shodhan 著。這篇小論文裡滿滿都是關於快速做出優秀遊戲雛型的絕佳建議。
- 《The Origin of Consciousness in the Breakdown of the Bicameral Mind》〈第一章〉，Julian Jaynes 著。這本備受爭議的著作會讓你反思意識的本質，還有你和潛意識的關係。
- 〈Groupthink: The Brainstorming Myth〉，Jonah Lehrer 撰，刊於《紐約時報》2012 年 1 月 30 日。本文精彩概述了腦力激盪的過去、現況和未來。
- 《大衛‧林區談創意》（遠流出版），大衛‧林區著。這本知名導演所寫的小書提供創意活動的絕佳速寫。
- 《創意思考玩具庫》（究竟出版），麥可‧邁查克著。如果你在找一套簡單的腦力激盪工具，這本書就是為你而寫的。

8 改進遊戲的疊代法

The Game Improves through *Iteration*

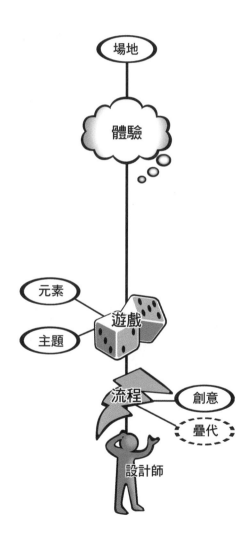

▌ 挑個創意

一旦下定決心，整個宇宙都會來幫助你實現。
——愛默生

　　經過一段痛快的腦力激盪，想必你面前已經躺著一長串創意清單了，大部分的設計師都會卡在這裡。讓人鍾愛的創意實在太多了，實在很難決定要選哪一個，不然就是不上不下的創意一堆，但卻沒有哪個比較吸引人，所以還是不知道該如何選擇。結果他們就一直在優柔寡斷的迷霧中舉棋不定，希望再等久一點，「正確的點子」會突然變得清晰。

　　但只要你挑了一個點子，決定付諸實行，魔法就會發生。如同史坦貝克在《人鼠之間》(*Of Mice and Men*) 所說的：「計畫就是現實。」一旦你下定決心：「沒錯，我要做這個。」先前沒想到的優缺點就會突然浮現。就像用擲硬幣做決定一樣——硬幣一落下，你就會頓悟自己真正想要的是什麼。我們的內心存在某種機制，讓我們在做決定前及決定後以不同方式去思考，所以我們可以好好利用這個人性中的開關——迅速決定要怎麼設計，努力堅持下去，並且立刻開始思考你剛下的決定會帶來什麼結果。

　　但如果做決定那瞬間的頓悟，讓你了解自己選錯了呢？答案很簡單：準備好在發現錯誤時推翻決定。很多人會覺得很困難，一旦決定好怎麼設計，放手就會讓他們覺得很不舒服，但是你不能這麼感情用事。創意不是精緻的高級瓷器，而是做起來不花多少成本的紙杯，破裂的時候只要換一個就好了。

　　快速決定又驟然推翻的做法會讓有些人不安，但這樣做最能有效發揮決策能力，而遊戲設計就是在下決定——你需要盡可能快點做出最好的決定，而這種有點異乎尋常的行為模式正好幫得上忙。早點選定要用哪個點子總比拖拖拉拉好，比起浪費時間考慮其他可能的選項，這樣更能快速做出好決定。千萬不要沉迷於自己的決定，要做好準備在行不通的時候推翻。

　　那麼你到底該怎麼挑選呢？某種意義上，答案其實就是：「猜準一點，蘇魯先生。」[1]說得更符合邏輯一點，意思是創意在萌芽階段時，你就要考慮許多因素。在挑選創意的種子以前，就牢記要讓它長成什麼樣子，如此一來你就能得到更多收穫。

---

[1]　蘇魯・光是《星艦奇航》系列中企業號的舵手。這句台詞出自《星艦奇航記 II：星戰大怒吼》(*Star Trek II: The Wrath of Khan*)，當時艦上的相位器無法鎖定，因此寇克艦長要蘇魯憑直覺開火。——譯註

八道過濾程序

你最後完成的設計必須通過八項測試，就像是經過八道過濾程序一樣。要通過所有程序，才算是「夠好」的設計。只要有一項測試無法通過，就必須變更設計，再次進行所有測試（過濾程序）。因為即使更動某處能讓成品通過一道過濾程序，卻可能在另一道程序卡關。某種程度上來說，整個設計過程主要包括問題陳述、找到初步的點子，並找出方法讓成果通過八道過濾程序。

以下是八道過濾程序的內容：

過濾程序1・藝術衝動：這是最個人化的一道程序。基本上你要以設計師的身分，問自己這個遊戲對你來說「感覺對不對」，對的話就能通過測試，如果不對就是有地方要改。你的直覺和團隊的直覺都很重要，直覺雖不一定正確，但其他程序會負責平衡這一點。

關鍵問題：「這款遊戲的感覺對不對？」

過濾程序2・客群調查：你的遊戲應該有一群預期的受眾，也許是某個年齡層、性別或是某個特殊的客群（比如「高爾夫球愛好者」）。你必須考慮遊戲設計是否適合你設定的目標客群。〈第9章：玩家〉將會更仔細討論客群。

關鍵問題：「目標受眾會喜歡這款遊戲嗎？」

過濾程序3・體驗設計：在這道過濾程序，你需要考慮所有關於創造美好體驗的方法，包括美學、興趣曲線、讓人共鳴的主題和遊戲平衡等。本書中的很多鏡頭都和體驗設計有關——要通過這道過濾程序，遊戲必須禁得起所有鏡頭仔細檢查。

關鍵問題：「這款遊戲設計得好嗎？」

過濾程序4・創新：如果你要設計一款新遊戲，就需要有一些玩家之前沒看過的新東西。遊戲新不新穎固然很主觀，卻是非常重要的問題。

關鍵問題：「這款遊戲夠新穎嗎？」

過濾程序5・商業行銷：遊戲也是一門生意，設計師若希望遊戲大賣，就得考慮商業現實，整合進遊戲設計之中。這牽涉許多問題：消費者會不會喜歡這個主題和故事？遊戲是否能簡單解釋，讓人看簡介就了解內容？從遊戲類型來看，消費者對這款遊戲會有什麼期待？相較於市場上其他類似的作品，這款遊戲的特色是什麼？製作成本會不會高到無利可圖？商業模型合理嗎？種種問題的答案都會影響到你的設計。諷刺的是，原本推動初步設計的新創意，用這道過濾程序檢視後，可能會變得站不住腳。〈第三十二章：獲利〉將會詳細討論這一部分。

關鍵問題：「這款遊戲會賣嗎？」

過濾程序6・工程技術：遊戲創意在完成以前都只是一個想法，而想法不需要受限於

可行性。要通過這道過濾程序，你就必須回答：「我們要怎麼把遊戲做出來？」你有可能會發現，技術限制讓你的創意無法按照原本設想的實現。新手設計師常常因為工程技術對設計造成的限制而感到氣餒，然而，這道過濾程序也常能讓遊戲往新的方向發展，因為在檢核的途中你可能會發現工程技術可以實現某些你原本沒有想到的遊戲特色。在這道過濾程序中浮現的點子或許格外有價值，因為你可以確定全都具有可行性。〈第二十九章：科技〉將會討論更多工程和科技方面的問題。

關鍵問題：「這款遊戲技術上做得出來嗎？」

過濾程序7．社交／社群：有時候，遊戲光好玩還不夠。有些設計的目標會需要很強的社交成分、廣泛傳播的能力，或是以遊戲為中心形成的活躍社群。遊戲設計會大幅影響這些因素。我們將在第24、25章詳細討論。

關鍵問題：「這款遊戲是否有達成我們的社交和社群目標？」

過濾程序8．遊戲測試：一旦遊戲開發至可以玩的程度，你就需要進入遊戲測試，這個過濾程序可以說是最重要的一道。想像遊戲玩起來怎麼樣是一回事，實際玩起來是另一回事，而看你的目標客群玩遊戲又是另一回事。你會希望遊戲盡快進入可遊玩的階段，因為只有當你真正看到遊戲運作，才能看出該做哪些重要的變更。隨著你更加了解遊戲的機制和目標受眾的心理，這道程序不只會修改遊戲本身，也常會改變並調整其他過濾程序。有關遊戲測試的細節將會在第28章討論。

關鍵問題：「測試員很享受這款遊戲嗎？」

有時在設計過程中，你可能會需要改動其中一道過濾程序——也許你一開始的目標是某個客群（比如18至35歲的男性），後來卻意外發現某些部分更適合另一個客群（比如50歲以上的女性）。只要設計條件允許，改動過濾程序就沒有問題。無論是要改動設計，還是要改動過濾程序，重要的是你必須能找到辦法通過八道程序。

在往後的遊戲設計和開發過程中，你會不斷用上這套過濾程序。剛開始挑選要嘗試的點子時，預先評估哪個點子更容易雕塑和修改，並在一連串測試中撐下來，這是很合理的做法。八道過濾程序的觀點，對於評估你的遊戲非常有幫助，所以我們要設定成第15號鏡頭。

15號鏡頭：八道過濾程序

要使用這顆鏡頭，你必須思考自己的設計應該滿足哪些條件。唯有等到不必修改就能通過八道過濾程序，設計才算是完成了。

- 問自己這八個關鍵問題：
- 這款遊戲的感覺對不對？
- 目標受眾會喜歡這款遊戲嗎？
- 這款遊戲設計得好嗎？
- 這款遊戲夠新穎嗎？
- 這款遊戲會賣嗎？
- 這款遊戲技術上做得出來嗎？
- 這款遊戲是否有達成我們的社交和社群目標？
- 測試員很享受這款遊戲嗎？

圖：Chris Daniel

有時你也可能會用到更多過濾程序，比如說一款教育性質的遊戲就必須回答「這款遊戲有沒有傳授了預先設定的內容？」等問題。如果你設計的遊戲需要更多道過濾程序，請不要忽略。

迴圈法則

整個第七章加上本章的第一部分全都單單在推敲「（1）想出創意」這步，實在是有點嚇人，但從另一方面來說，創意是設計的根源，而創意如何產出又幾乎像魔法一樣不可思議，因此要花這麼多篇幅來討論這一步，或許也不足為奇。

現在，你已經想了非常多點子，並且從中挑出了一個，現在該往下一步：「（2）試看看」了。很多設計師和開發者會直接一頭栽進遊戲測試中，如果是卡片、桌遊或非常陽春的電腦遊戲等等簡單的遊戲，又有很多時間可以一次次測試和改動直到遊戲成熟的話，直接投入或許也沒問題。

但如果你沒辦法在一、兩個小時內設計出可行的遊戲雛型呢？如果你想像中的遊戲需要花好幾個月做美術和寫程式才有辦法測試呢？碰到這種情況（也就是許多現代電玩遊戲設計的情況），你就必須謹慎進行。遊戲設計和開發的過程必定會經過疊代（iteration）或是迴圈（loop），你不可能準確規劃出這款遊戲在通過八道過濾程序並「做得夠好」以前，要經過多少次迴圈。所以遊戲開發的風險才會這麼高，這是一場要用固定預算讓遊戲通過八道測試的賭局，而且你完全不知道有沒有可能賭贏。

現今仍有許多設計師會選擇硬是拼湊出一個遊戲並抱持樂觀態度，這個策略非常天真幼稚。雖然有時行得通，但萬一不管用，你就得面對一團混亂了。最後不是得交出一款不夠好的遊戲，就是得在遊戲做好之前持續投入開發經費，這些額外的時間和

成本常常會讓整個專案變得無利可圖。

實際上，幾乎所有軟體專案都有這個問題。軟體專案非常複雜，導致很難預測需要多少時間才能完成，而且開發過程一定會出現bug，找出所有bug並清除的時間同樣不易預估。最重要的是，遊戲還有一個額外的負擔，就是必須有趣——遊戲開發者可是有好幾個過濾程序得過關，非遊戲軟體開發者則無需擔心這些。

我們遇上的真正問題是迴圈法則（Rule of the Loop）。

迴圈法則：測試和改進設計的次數愈多，遊戲就會愈好。

迴圈法則不在我們的鏡頭之列，因為這不是一種觀點，而是絕對的真理。迴圈法則沒有任何例外，未來在擔任遊戲設計師時，你多少會想找理由逃避，比如告訴自己：「這次的設計很好，不必進行測試和改進了。」或是「我們真的別無選擇，只能盡量往好處想。」但這些理由每次都會讓你倒大楣。電腦遊戲可怕之處在於測試和調整系統時，需要投入的時間和金錢都遠遠多過傳統遊戲，代表電腦遊戲開發者不得不少做幾次迴圈，但這麼做的風險卻高到可怕。

如果你真的要著手設計一款「測試與改進」迴圈週期較長的遊戲，就需要回答下列兩個問題：

迴圈問題1：我該如何讓每次迴圈都有意義？

迴圈問題2：我該如何盡可能加速迴圈？

過去四十年間，軟體工程師對這兩個問題思考多次，並想出了一些有用的技巧。

▎軟體工程簡史

■ 危險，前有瀑布，退後

在1960年代，軟體開發仍是相對較新的領域，沒有太多正式的開發流程。程式設計師對於開發會花多少時間只能盡量猜準一點，然後就開始編碼。他們常常猜錯，很多軟體專案都因此嚴重預算超支。到了1970年代，很多開發者試著讓難以預料的過程變得有跡可循一點（通常是因為非技術管理人員提出要求），因此紛紛採用了「瀑布模型」（waterfall model），這個模型將軟體開發的過程分為七個有先後次序的步驟，看起來大概像右頁圖這樣子：

這個過程看起來十分賞心悅目！七個步驟依序排列，完成一步就可以邁出下一步——「瀑布」的名稱暗示無需疊代，因為瀑布是不會往上流的。

瀑布模型的優點是鼓勵開發者在貿然開始編碼以前花更多時間計畫和設計，但除此之外毫無意義，因為它違背了迴圈法則。管理職覺得瀑布模型很討喜，但程式設計師知道這很荒謬。線性流程對複雜的軟體來說並不管用，甚至連溫斯頓・羅伊

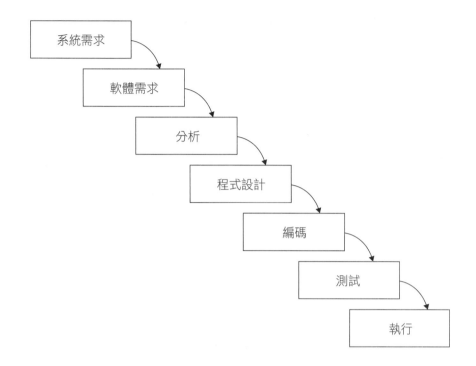

斯（Winston Royce，瀑布模型就是以他的論文為基礎）也不贊同一般人對瀑布模型的理解。有趣的是，他的論文原本是要強調疊代和回溯先前步驟的能力有多重要，而且他甚至沒用過「瀑布」這個詞！但大學和企業卻都在傳授這套線性方法，這些人往往不需要親手打造一套系統，卻到處傳播他們一廂情願的想法。

■ 貝瑞·畢姆祝福你

接著，貝瑞·畢姆（Barry Boehm）在1986年更仔細地就軟體開發的實際狀況，提出了不同的模型。這個模型通常會畫成一個令人卻步的複雜圖表，「開發」從中央開始，呈順時針螺旋反覆繞過四個象限。

雖然此模型有很多複雜的細節，但我們不需要一一深究。我們主要著重在三個概念：風險評估、製作雛型和迴圈測試。簡單來說，這個模型建議你做到以下事項：

1. 提出基本設計
2. 找出設計中最大的風險
3. 製作能減輕上述風險的雛型
4. 測試雛型
5. 從測試結果提出更仔細的設計
6. 回到步驟2

整個過程基本上就是重複這個迴圈，直到系統完成。因為螺旋模型緊扣著迴圈法

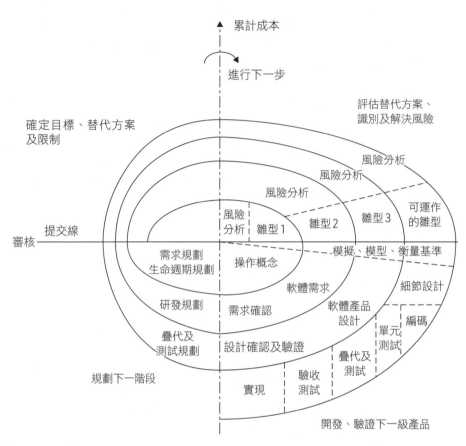

軟體開發的螺旋模型

則,所以能勝過瀑布模型,同時也回答了我們前面的問題:

- 迴圈問題1:我該如何讓每次迴圈都有意義?
  螺旋模型的答案:評估並減輕風險。
- 迴圈問題2:我該如何盡可能加速迴圈?
  螺旋模型的答案:盡量製作更多粗略雛型。

螺旋模型有各種衍生版本,不過目前為止擴散最廣的是敏捷開發(agile development)。

敏捷宣言

2001年,一群軟體工程師在猶他州的滑雪聖地雪鳥(Snowbird)起草了《敏捷宣言》(*Agile Manifesto*),這是決定現代遊戲設計和開發樣貌最為重要的事件。他們承襲了貝瑞・畢姆的脈絡,試著提出是什麼價值和原則讓傑出的軟體能夠誕生。宣言內容和十

二條主要原則如下：

個人與互動重於流程與工具
可用的軟體重於詳盡的文件
與客戶合作重於合約談判
回應變化重於遵循計畫
雖然後者的項目也有價值，但我們更重視前者的項目。
我們會遵循這些原則：

1. 我們的最高原則是快速並持續交付有用的軟體以滿足客戶。
2. 即便在開發後期，我們也歡迎變更需求。敏捷流程要運用變更來為客戶謀取競爭優勢。
3. 以數週到數個月的頻率，頻繁交付可用的軟體，且時間愈短愈好。
4. 業務和開發人員在專案期間必須每天一起工作。
5. 以積極進取的人為中心規劃專案。給予他們需要的環境與支援，信任他們能完成任務。
6. 當面溝通是向開發團隊提供資訊及團隊內交換資訊最有效、最快速的方式。
7. 可用的軟體是衡量進度的首要指標。
8. 敏捷流程提倡永續開發。出資者、開發者和使用者應該不斷維持穩定的步調。
9. 持續追求卓越的技術和優良設計，以提升敏捷性。
10. 精簡為本，減少非必要的工作。
11. 最佳的架構、需求與設計皆出自能夠自行組織起來的團隊。
12. 團隊應定期反思該如何更增進效率，並據此調整及修正做法。

　　這些原則被轉譯成許多實踐方式，形式和名稱各異，最有名的一種叫做「scrum」。敏捷宣言和scrum對軟體界的影響巨大，對電玩遊戲開發者的影響更是深遠，後者格外熱中採用這些原則。根據我的觀察，目前有超過80％的電玩遊戲開發者表示自己會使用某種敏捷開發流程。看看敏捷開發的本質，就不難理解原因。

　　本書不會完整描述敏捷開發的方法和流程，但多數開發者用到的核心元素包括：

- **有彈性的目標**：敏捷哲學的中心思想是，我們無法確切知道自己會有時間去創造什麼。如果能以一系列較有彈性的目標為中心來制定計畫，且不僅是應付計畫的變動，還要有計畫地改變計畫，團隊就能適應開發過程中的新想法和新資訊。

- **排好輕重緩急的待辦清單**：敏捷開發團隊不會以達成一整套固定的功能特性（feature）為目標，而是依特性的輕重緩急來決定先後，建立工作的待辦清單。每當有人對一項特性提出新的想法，就會被加入待辦清單之中。在每次衝刺期（sprint），團隊都會重新檢視待辦清單，重新安排特性的優先順序，愈重要的排在愈前面，愈不重要的排在愈後面。這能讓人更容易決定接下來的工作——只要看看最優先的待辦事項是什麼就好了。不過你必須理解一件重要的事：有了待辦清單並不保證所有事項都會完成，只能保證在可用時間內，最重要的事項會優先完成。

- **衝刺期**：敏捷開發者不會制定要集中工作長達數個月的目標，而會規劃一系列分別只有幾週的「衝刺期」，並在每次衝刺期完後交出具體的衝刺成果。雅達利（Atari）創辦人諾蘭・布希內爾（Nolan Bushnell）說過：「死線能激發極致的靈感」。這話說得真好，死線能以特別的方式讓事情發生，而這也正是衝刺背後的哲學：死線愈多，就能完成愈多工作。

- **scrum 會議**：採用敏捷開發的團隊不會每個禮拜開一場「進度會議」，而是每天開一場更精簡有效的「scrum 會議」。這些會議一般只有10到15分鐘，而且為了強調這種會議簡短的本質，通常都是站著開會。會議上每個團隊成員只能報告三件事：昨天完成了什麼、今天預計完成什麼，以及目前面對的問題，問題的解決方案則會在會後與適合的團隊成員一項一項討論。在此制度下，每個團隊成員都會知道其他人在做什麼，並有機會從其他成員那邊獲得協助。

- **演示日（Demo day）**：每段衝刺期的最後一天，所有人會聚在一起，面對面觀看和測試工作結果。團隊將以此為新的基線（baseline）進行風險分析，並共同計畫下一段衝刺期。

- **回顧**：在每段衝刺結束後，團隊還會舉行「回顧會議」，會議內容不是關於製作中的產品，而是目前的工作流程。團隊能趁機討論哪些做法正確，哪些錯誤，以及該在下次衝刺期中如何調整流程。

最重要的是謹記，敏捷開發是一種哲學，而非規定明確的方法論，而且不同開發者的實際用法都大不相同。雖然方法各有出入，但設計的目的都是盡可能規劃更多迴圈，並讓每個迴圈都有意義。當然，每一種方法都以風險評估和製作雛型為核心。

風險評估與製作雛型

■ 範例：《泡泡城的囚徒》

假設你和團隊決定要製作一款關於跳傘進城的電玩遊戲，並用四元素分類法簡短描述了遊戲設計：

◆《泡泡城的囚徒》：設計簡述

- **故事**：你是一隻叫做「笑笑」的傘兵貓咪，泡泡城的好人都被一個邪惡巫師困在自己家裡。為了擊敗巫師，你必須不斷跳傘進城，滑下煙囪拜訪居民，獲得線索找出阻止巫師的方法。

- **機制**：空降進城時，你要想辦法抓到城裡飄起的魔法泡泡，然後用泡泡的能量發出射線阻止邪惡的禿鷹弄破泡泡或是你的降落傘。同時，你還必須設法降落在城裡一座目標建築上。

- **美學**：卡通風格的畫面和氛圍。

- **科技**：使用第三方引擎的跨平台3D主機遊戲。

你可以選擇直接開始製作遊戲。寫代碼、設計詳細關卡、製作角色動畫，等到你把所有元素組合在一起，再看看實際成果如何。但這做法可能會很危險，假設這個專案需時十八個月，你也許會有長達六個月的時間沒有任何成果可以做遊戲測試。如果到時才發現這個遊戲點子不好玩，或是遊戲引擎無法勝任怎麼辦？這樣你的麻煩就大了。專案已經進行了三分之一，你卻只能完成一次迴圈！

正確的做法應該是坐下來和團隊一起進行風險分析，你們要把所有可能對專案造成損害的事情都列成清單。這份清單可能會長得像下面這樣：

◆《泡泡城的囚徒》：風險清單

風險1：蒐集泡泡和射擊禿鷹的機制可能沒有我們想的好玩。

風險2：遊戲引擎可能無法同時讓整座城市、所有泡泡和禿鷹順利顯現。

風險3：我們目前認為需要30棟不同的房子，遊戲才會完整，但我們的時間可能不夠設計所有房子的內部造型和角色動畫。

風險4：我們不確定玩家是否會喜歡角色和故事。

風險5：發行商可能會要求修改遊戲主題，配合一部關於特技跳傘的暑期新片。

在現實中，你可能會碰到更多風險，但拿我們的例子來說，先考慮這些就好。那麼，你該怎麼處理這些風險？你當然可以祈禱事情不會發生，或者也可以採用一個聰明的對策，叫做風險減輕（risk mitigation）。風險減輕的概念是盡快降低或排除風險，常見的做法是製作小規模的雛型。我們來看看該如何減輕前述的風險：

◆《泡泡城的囚徒》：風險減輕

風險1：蒐集泡泡和射擊禿鷹的機制可能沒有我們想的好玩。

遊戲機制通常可以精簡成簡單的形式來做遊戲測試。我們可以讓程式設計師做一個非常抽象的版本來測試遊戲機制，比如省掉角色動畫，只用2D畫面和幾何圖形。

大約一、兩週就可以得到一個能運作的遊戲，讓我們知道到底好不好玩。如果不好玩，你可以快速調整簡化的雛型，做到好玩為止，再開始設計更精緻的3D版本。這樣你就可以更快開始進行多次迴圈，妥善利用迴圈法則。你可能會心生排斥，認為花時間幫一個玩家永遠看不到的2D雛型寫程式是浪費時間，但長遠來看，這可以節省時間，因為你可以快點開始幫正確的遊戲寫程式，不會一直編寫和修改錯誤的遊戲。

風險2：遊戲引擎可能無法同時讓整座城市、所有泡泡和禿鷹順利顯現。

如果你想等所有美術圖都做出來再確定答案，你可能會陷入一個可怕的處境：假如遊戲引擎處理不來，你要麼得要求美術人員重做以減少遊戲引擎的壓力，要麼得要求程式設計師花更多時間想辦法讓一切更有效率（或者更有可能的狀況是，你會對雙方都提出要求）。要減輕這個風險，可以立即製作一個簡單的雛型，只在螢幕上顯示數量大致相同的物件，看看引擎有沒有辦法處理。這個雛型不需要遊戲性，單純用來測試技術限制。如果可以，很棒！如果不行，你也不用等美術圖畫好，現在就可以開始思考解決方案了。同樣地，這個雛型用完就可以丟掉了。

風險3：我們目前認為需要30棟不同的房子，遊戲才會完整，但我們的時間可能不夠設計所有房子的內部造型和角色動畫。

如果你開發到一半才發現資源不夠做出所有的美術，你就完了。你應該先找個美術人員做一棟房子和一個角色動畫，了解這些工作會花多久。如果需要的時間超出你所能負擔，就要馬上更改設計——也許少幾棟房子，或是重複利用某些內部造型和角色。

風險4：我們不確定玩家是否會喜歡角色和故事。

假如你真的很在乎這件事，就不能等角色和故事都放進遊戲以後才來考慮。那這裡需要製作什麼雛型呢？答案是美術雛型，而且可能不必用到電腦，只要一塊布告欄就好了。請美術人員為角色和設定畫幾張概念圖，或是做一些測試圖像，也畫幾張分鏡圖呈現故事的發展。拿到以後你就可以秀給人們看，當然最好是給目標客群裡的人看，並且評估他們的反應。弄清楚他們喜歡什麼、不喜歡什麼，還有為什麼。或許他們喜歡主角的外表，但是討厭他的態度；或許反派很讓人興奮，但故事卻很無聊。這些問題大部分都可以獨立於遊戲之外解決，你每做完一次測試與調整，就是完成了一次迴圈，離做出好遊戲更進一步了。

風險5：發行商可能會要求我們修改遊戲主題，配合一部關於特技跳傘的暑期新片。

這個風險聽起來很荒唐，但其實一天到晚都在發生。要是發生在專案進行的半途中會很恐怖，而且你還不能無視這些事——你必須慎重考慮每一個會威脅到專案的風險。那有什麼雛型可以幫上忙呢？大概沒有。要減輕這種風險，你可以依賴管理階層，要他們盡快下定決心，或你也可以下定決心做一款更容易配合電影主題的遊戲。你甚

至可能會計畫做兩款不同的遊戲——關鍵在於馬上把風險納入考量並採取行動，確保不會危害到你的遊戲。

　　風險減輕是很好用的觀點，因此成了第16號鏡頭。

16號鏡頭：風險減輕

是以聖人猶難之，故終無難矣。
——《道德經》

要使用這顆鏡頭，請放下樂觀的想法，開始認真思考有什麼事情會嚴重危害你的遊戲。

問自己這些問題：

- 什麼因素會讓這個遊戲表現變糟？
- 我們要怎麼阻止這些事發生？

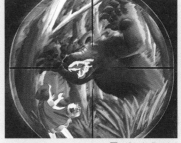

圖：Chris Daniel

　　風險管理很難，因為你要面對自己最想逃避的問題，並且馬上解決。但如果你能訓練自己做好這些，就能進行多次大有助益的迴圈，最後獲得表現更佳的遊戲。忽略潛在的問題、只處理你最有信心的部分，這的確很吸引人，可是你必須抗拒誘惑，專心處理有危機的部分。

大量製作有用雛型的十個訣竅

　　大家都知道快速製作雛型才能擁有優良的遊戲開發過程。以下訣竅可以幫助你為遊戲做出最好、最有用的雛型。

雛型製作訣竅1：回答問題

　　每個雛型的設計都是為了回答一個問題，有時也不只一個，所以你必須先把問題陳述清楚，如果沒有陳述清楚，製作雛型就很可能從原本應節省時間的實驗，變成浪費時間的徒勞。以下是雛型可以回答的幾個問題範例：

- 我們的技術能在一個場景中支援多少角色動畫？
- 我們的核心玩法有趣嗎？樂趣能維持得夠久嗎？
- 我們的角色和設定在美學上能相得益彰嗎？
- 遊戲的一個關卡應該要多大？

記得要忍住誘惑，別把雛型做得太大，專心回答重要問題就好。

■ 雛型製作訣竅 2：別管品質

各領域的遊戲開發者都有一個共通點：以自己的技藝為傲。於是，「做個快速粗糙的雛型」這件事，自然會讓很多人生厭。美術人員常花太多時間來畫前期概念圖，程式設計師也常花太多時間把用完即丟的軟體程式寫得盡善盡美，但製作雛型的時候，能不能解答問題是唯一重要的事情。雛型能愈快回答問題愈好，甚至只是勉強能用或看起來非常粗糙也無所謂。老實說，修飾雛型反而會把事情弄得更糟。因為比起精緻，粗糙的外觀更容易讓測試員和其他同事指出問題。既然你的目的是要立刻找出問題以便盡早解決，精緻的雛型就會掩飾真正的問題，妨礙目的達成，並哄騙你落入虛假的安全感陷阱。

你無法迂迴避開迴圈法則。無論能夠回答問題的雛型有多不美觀，都還是愈早做出來愈好。

■ 雛型製作訣竅 3：不要眷戀

佛瑞德・布魯克斯（Fred Brooks）在《人月神話》（*The Mythical Man Month*）中有句名言：「準備好拋棄它吧，你遲早得這麼做。」這句話的意思是，無論你喜不喜歡，第一版系統都只是在開始打造正確的系統前就必須捨棄的雛型，不會變成最終的產品。實際上，你要拋棄的雛型非常多。經驗不足的開發者常常很難辦到，他們會因此覺得自己很失敗。但製作雛型前，你必須做好心理準備，接受這階段是暫時的，唯一重要的只有回答問題。試著把每個雛型都當成學習的機會，當成是在練習做出真正的系統。當然，你不會真的拋棄所有東西，而是會到處保留真正能用的部分，再組合起來變成更好的作品。過程很艱難，但就像設計師妮可・艾普斯（Nicole Epps）所說的：「你必須學會鞭答自己的孩子。」

■ 雛型製作訣竅 4：安排先後順序

列出風險清單的同時，你也會發現自己需要一些雛型來減輕眼前的所有風險。這時該做的事情是像敏捷開發者一樣，把風險按優先順序排列，才能先處理最大的風險。另外你也要考慮到相依性（dependence）——如果某個雛型的結果有可能讓其他雛型變得毫無意義，這個會「逆流上溯」的雛型絕對該列為第一優先。

■ 雛型製作訣竅 5：有效地同步使用雛型

有個好辦法可以讓你進行更多迴圈，就是同時進行好幾個迴圈。系統工程師用雛

型回答技術問題的同時，美術人員可以操作美術雛型，設計師也可以研究遊戲玩法的雛型。擁有多個小而獨立的雛型有助於更快回答更多問題。

■ 雛型製作訣竅 6：不一定要做數位雛型

你的目的是盡可能頻繁進行有用的迴圈，因此如果可以的話，為什麼不把軟體先放到一邊？只要你夠聰明，精緻繁複的電玩遊戲也可以用簡單的桌遊來當作雛型，有時我們會稱為**紙上雛型**（paper prototype）。為什麼要這樣做呢？因為做桌上遊戲的速度快得多，而且通常能模擬相同的玩法，讓你更快找出問題——雛型製作流程大部分都是要找出問題並思考如何解決，因此紙上雛型可以省下很多時間。如果你的遊戲是回合制，那就更簡單了。《卡通城 Online》的回合制戰鬥系統就是用簡單的桌上遊戲來當作雛型，讓我們可以小心地平衡各種類型的攻擊和連續技。我們用紙或白板來追蹤血量，並在一次又一次的遊玩中增加或減少規則，直到遊戲看起來足夠平衡才開始試著寫程式。

就算是即時遊戲也可以用紙上雛型來測試，有時把遊戲玩法改成回合制也能夠模擬，有時你也可以採即時制或類似的方法，最好是找其他人來幫忙。以下討論兩種範例。

▌《俄羅斯方塊》：紙上雛型

假設你準備要做一個《俄羅斯方塊》的紙上雛型，你可以剪一堆小片的厚紙片，再找個人隨機拿出紙片，從「圖板」（你在紙上畫的草圖）上方滑下來，而你負責接住並旋轉至定位。要消掉一排方塊時，你可以在腦中想像，或是暫停遊戲，拿筆刀把方塊割掉。這算不上完美的《俄羅斯方塊》體驗，不過也許夠類似，讓你了解目前準備的方塊形狀是否恰當，也對方塊落下的速度有個概念，而做完這些也許只要十五分鐘。

▌《最後一戰》（*Halo*）：紙上雛型

第一人稱射擊遊戲有沒有可能做成紙上雛型？當然！你只需要有不同的人來扮演不同的遊戲角色和玩家角色。在一大張方格紙上畫出地圖，然後用一些小模型來表示玩家和敵人。你需要一個人來扮演玩家，另一個人扮演敵人，接著你可以寫一些回合制的規則，說明該如何移動、射擊，或者你也可以使用節拍器！網路上可以輕鬆找到免費的節拍器app，把節拍器設定成五秒一拍，再設下規則，規定每一拍可以在方格紙上移動一格。如果對方在視線中，就可以向玩家或怪物開火，但每一拍只能發射一

次。這樣會營造一種慢動作進行遊戲的感覺，但這是好事，因為你會有時間邊遊玩邊思考遊戲中什麼可行、什麼不可行。你也可以了解地圖應該畫得多大、走廊和房間長成怎樣才有趣、武器應具備什麼性能，以及很多其他的東西——而且一切都能在電光石火之間辦到！

■ 雛型製作訣竅7：雛型不一定要能互動

不需要把所有雛型都數位化，甚至不需要能互動。對於遊戲性的問題，簡單的草圖和動畫也許就大有裨益。《波斯王子：時之沙》（*Prince of Persia: Sands of Time*）裡那些新穎的跳躍和時間倒流機制，在最初的雛型裡都只是用非互動性的動畫來呈現設計師想像中不可思議的特技動作，卻反而讓團隊更容易觀察、思考和討論如何做出互動性的系統來把想像化為真實。

■ 雛型製作訣竅8：選擇能「加速迴圈」的遊戲引擎

傳統的軟體開發方法和烤麵包有點像：

1. 寫程式
2. 編譯和連結
3. 執行遊戲
4. 推進到想要測試的部分
5. 進行測試
6. 回到步驟1

就算你不喜歡自己做出來的麵包（測試結果），你也沒得選，只能重新走一遍整個流程。這樣會花費漫長的時間，大型遊戲的話還會更離譜。選擇有適當腳本系統的引擎，就可以在執行遊戲時修改程式，你可以像捏黏土一樣不斷改變整個遊戲：

1. 執行遊戲
2. 推進到想要測試的部分
3. 進行測試
4. 寫程式
5. 回到步驟3

一面執行遊戲一面重新編碼，你每天可以執行更多的迴圈，遊戲品質也會同樣跟著提升。我用過的程式語言包括Scheme、Smalltalk和Python，不過任何一種晚期繫結（late binding）語言都能搞定這些任務。目前的遊戲引擎裡，Unity是靠JavaScript或C#來達成目的，而虛幻引擎（Unreal Engine）則是選用能和C++語言協作的藍圖（Blueprints）拖放式（drag and drop）腳本系統。腳本語言的執行速度比Assembly和C++等低

階語言慢，卻能幫助你充分利用迴圈法則，進行更多次疊代來改進遊戲，相較之下這些額外的計算時間根本只是九牛一毛。

■ 雛型製作訣竅9：先做出玩具

我們在第四章區分過玩具和遊戲的不同。玩具本身就很有趣，相較之下，遊戲包含了目標，還有以解決問題為基礎的豐富體驗。不過我們也不該忘記，很多遊戲都是以玩具為基礎發明的。球是玩具，而棒球則是遊戲；一個會跑會跳的人形是玩具，而《大金剛》（Donkey Kong）則是遊戲。你應該先確定玩具本身就很有趣，再以它為中心設計遊戲。當你真的做出玩具以後，你會發現它的有趣之處可能會令你驚豔，進而想出全新的遊戲點子。

遊戲設計師大衛・瓊斯（David Jones）說他在設計《百戰小旅鼠》（Lemmings）時，團隊就用了這一套方法。他們覺得打造一個小世界，讓小動物走來走去、做些不同的事情會很有趣。他們不確定遊戲會是什麼樣子，但這樣的世界聽起來很好玩，所以就動手製作了。等到這個「玩具」真的可以玩了，他們才開始認真討論可以用來做怎麼樣的遊戲。瓊斯還說了另一個類似的故事，是關於《俠盜獵車手》（Grand Theft Auto）的開發：「《俠盜獵車手》一開始的設計並不是這樣。剛開始這只是一個媒材，我們覺得做一個栩栩如生的城市會很有趣。」等到「媒材」開發完畢，團隊才知道這是個很有趣的玩具，接著決定要用它來做什麼樣的遊戲。他們覺得這座城市就像迷宮一樣，所以從一些不錯的迷宮遊戲借用了機制。瓊斯解釋：「《俠盜獵車手》的靈感來自《小精靈》。那些豆子是一般大眾，我開著一輛黃色的小車，後面的鬼魂則是警察。」

先做出玩具再想遊戲可以大幅提升遊戲的品質，因為在雙重層次上遊戲都會變得很好玩。更進一步來說，如果你用玩具最有趣的部分來設計遊戲，這兩個層面就能發揮各自的長處來彼此支持。遊戲設計師經常會忘記從玩具的角度來思考，為了記得這件事，我們要把它做成第17號鏡頭。

17號鏡頭：玩具

要使用這顆鏡頭，請停止思考遊戲好不好玩，開始思考拿它來做別的事會不會好玩。

問自己這些問題：

- 如果遊戲沒有目標，還有什麼好玩的地方？如果沒有的話，要怎麼修正？

圖：Camilla Kydland

- 如果有人看到我的遊戲，在知道遊戲該怎麼玩之前會不會手癢？如果不會，要怎麼修正？

  玩具鏡頭有兩種用法，一種是用來觀察已經完成的遊戲，思考要怎麼加入更多類似玩具的性質，也就是如何讓它操作起來更親切有趣。但第二種更大膽的用法，是在想到能用來玩什麼遊戲之前，就先發明創造新的玩具。如果你有進度要趕，這樣做會很冒險。但如果沒有，這個玩具就是很棒的「水脈探測棒」，幫助你找到一些你從未發現的好遊戲。

■ 雛型製作訣竅10：抓住機會進行更多迴圈

　　遊戲開發的過程中發生的改變，有時能讓你獲得更多時間。有些遊戲產業裡成功的大作之所以能夠誕生，就是因為發生了出乎意料的事件，讓開發者有時間進行更多次迴圈。比如《最後一戰》原本是要在蘋果麥金塔電腦上發行，但後來公司跟微軟簽約，代表遊戲將改到個人電腦上發行，團隊也藉這個機會放棄了行不通的部分，針對他們認為不錯的部分進行更多次疊代。而第二個意外之喜則是微軟要求他們將遊戲移植到新發售的 Xbox 主機上！因應技術變更而額外追加的時間，也讓團隊有餘裕能進行更多次疊代和改進遊戲玩法。由於設計師精明地利用了計畫之外產生的迴圈，遊戲品質便達到了巔峰。

▌完成迴圈

　　製作完雛型後，接下來要做的就只剩測試，然後利用測試所得的資料重新開始整個過程。讓我們回憶一下之前提到的非正式流程：

非正式迴圈

1. 想出創意。
2. 試看看。
3. 持續修改和測試，直到成果看起來夠好。

　　我們現在有了比較正式的迴圈流程：

正式迴圈

1. 陳述問題。
2. 想出一些可能的解方。
3. 選擇一個解方。

4. 列出使用此解方的風險。

5. 製作雛型來減輕風險。

6. 測試雛型。如果夠好，就可以停止測試。

7. 陳述待解決的新問題，並回到步驟2。

你會發現每完成一輪雛型製作與測試，問題的陳述都會變得更詳細。比如說，假設你接下任務，要製作一款競速遊戲，其中需有新奇有趣的成分。以下是開發過程中可能會出現的幾次迴圈摘要。

■ **迴圈1：「新型競速」遊戲**

- 問題陳述：想出一個新型的競速遊戲。
- 解方：潛水艇競速（可以發射魚雷！）
- 風險
  □ 不確定水底賽道該長什麼樣子。
  □ 感覺還不夠原創。
  □ 技術可能不足以搞定所有的水體特效。
- 雛型
  □ 美術畫出水底賽道的概念圖。
  □ 設計師用紙上雛型或破解既有的賽車遊戲，設計出新奇的效果，比如潛艇可以離開水面飛行、導引飛彈、深水炸彈、水雷雷區競速等等。
  □ 程式設計師測試簡單的水體特效。
- 結果
  □ 在水裡加上「發光路標」以後，水底賽道看起來還不錯。水底隧道很酷！潛水艇飛天時跟著路標進出水面也很讚！
  □ 如果潛水艇速度夠快又容易操作，那初期雛型會滿有趣的，所以這些潛水艇必須設計成「競速潛艇」。潛艇結合飛行和潛水的感覺很新潮，飛行時應該要比在水裡快，所以我們要找個方法限制潛艇待在空中的時間。經過簡單的遊戲測試，我們清楚了解到這款遊戲必須支援多人連線。
  □ 有些水體特效特別容易模擬，水花看起來不錯，水底氣泡也是。不過如果整個螢幕上都是水，會占用太多CPU，也會令人分心。

■ **迴圈2：「競速潛艇」遊戲**

- 新問題陳述：設計一款潛艇可以飛的「競速潛艇」遊戲。
- 詳細問題陳述

- 不確定「競速潛艇」該長怎樣，我們得決定潛艇和賽道的外觀。
- 需要想辦法平衡遊戲，潛艇待在水裡和空中的時間才會合理。
- 要找到支援多人連線的辦法。

- 風險
  - 如果競速潛艇看起來「太卡通」，年長玩家可能會卻步。如果看起來太擬真，這種玩法就可能會很蠢。
  - 在搞清楚該如何分配水裡和空中的時間以前，我們無法設計關卡或是設計場景美術。
  - 我們團隊沒有做過多人連線的競速遊戲，不太確定能不能成功。

- 雛型
  - 美術人員會畫幾艘不同風格的潛艇：卡通風格、寫實風格、動物造型的超級寫實主義風格。團隊將會投票表決，我們也會對目標客群做非正式調查。
  - 程式設計師和遊戲設計師會一起製作非常粗糙的雛型，以便實驗水裡和空中的時間分配，以及測試不同的控制機制。
  - 程式設計師要打造簡略的多人連線架構，此架構要能處理這類遊戲中所需的各種訊息。

- 結果
  - 大家都喜歡「恐龍潛艇」的設計。製作團隊和潛在客群間都有強烈的共識，一致認為「會游泳的恐龍」是最適合本遊戲氛圍的造型。
  - 經過幾次實踐，我們確定在大部分的關卡中，應有60％的時間在水裡，20％在空中，另外20％在水面附近。在水面吃到增強力量道具的玩家可以飛到空中，取得速度優勢。
  - 初期的連線實驗顯示，多人遊玩的情境中，問題多半不會出在競速。如果不採用快速連射的機槍，多人遊玩會變得容易許多。

■ 迴圈3：「飛行恐龍」遊戲

- 問題陳述：設計一款恐龍能飛天遁水的「飛行恐龍」遊戲。
- 詳細問題陳述
  - 我們需要知道能否為需用到的所有恐龍動畫安排製作進度。
  - 我們需要為遊戲開發數量「剛好」的關卡。
  - 我們需要想出遊戲中有哪些能增強力量的道具。
  - 我們需要決定遊戲應該支援哪些武器（而且因為連線的限制，要避免出現快速連射的機關槍）。

請注意問題陳述是如何在每次迴圈中逐步發展、變得更具體，還有為何棘手的問題可以快速浮現──如果團隊沒有及早嘗試各種不同的角色設計，會發生什麼事？如果已經設計完，也做好了三個遊戲關卡，才有人注意到該控制玩家的滯空時間呢？如果在發現機關槍系統會破壞連線程式以前，機關槍系統就完成，而且成為遊戲機制的核心的話，怎麼辦？這些問題之所以能快速解決，都是因為有初期的多次迴圈。雖然看起來只有兩次完整的迴圈，加上剛開始的第三次迴圈，但由於妥善運用了同步作業，實際上已經進行了六次設計迴圈。

也請注意整個團隊如何參與重要設計決定，這些決定不可能只靠一個設計師完成──大部分的設計都是由技術和美學來決定的。

做多少才夠？

……儘管為時已晚，但我也得知，在計算成本、好好評斷自己有多少能力完成之前就開始工作是多麼愚昧。
──《魯賓遜漂流記》

你可能會好奇，在遊戲完成前到底需要多少次迴圈。這個問題很難回答，也是遊戲開發會這麼難安排進度的原因。迴圈法則暗示，多一個迴圈就能讓遊戲更好一點，所以正所謂「作品永遠不會完成，只會被放棄」，重點是確保在所有開發預算用完之前，為你自豪的遊戲進行夠多次的迴圈。

那麼在第一次迴圈開始時，是否就有可能精準估算出何時能做出一款完整的優質遊戲呢？沒辦法，就是不可能。經驗夠豐富的設計師也許能猜得比較準一點，但大多數的遊戲不是發行時間比原先承諾的晚，就是品質不及原先的承諾，這就證明了沒有方法可以預知開發時程。為什麼會這樣呢？因為在第一次迴圈剛開始時，你根本還不知道自己要做些什麼！隨著迴圈一次次進行，你才會對遊戲真正的樣貌有更具體的想法，也才比較能準確地估算。

遊戲設計師馬克・塞爾尼（Mark Cerny）曾描述過一套遊戲設計和開發的體系，他稱之為「方法論」（The Method）。這個體系毫不令人意外也包含了疊代和風險減輕，但「方法論」有趣之處，在於塞爾尼借用好萊塢的術語，把所謂的「前製」和「製作」區分開來。他主張在完成兩個具備一切所需要素、可公開發行的關卡之前，遊戲都屬於前製期。換句話說，在完成兩個完整的關卡以前，你都還在思考遊戲的基本設計。過了完成兩個關卡的魔幻時刻，就進入了製作階段。這表示你已經夠清楚遊戲的內容，可以放心安排後續開發。塞爾尼表示，到了這個時刻，通常已經花費了30%的必要

預算,所以如果你花了一百萬才抵達魔幻時刻,之後大概還需要兩百三十萬才能真正完成整個遊戲。這是個很實際好用的經驗法則,或許也是最能精準安排遊戲發行日的方式。問題在於,在你花掉所需成本的30%以前,你無法確切得知遊戲將花掉多少成本,也無法得知何時能夠完成。所以說真的,這個問題無法避免。「方法論」只能引導你在現實條件許可下,盡快讓進度接近可以預測的程度。

這些年來,我也發展出兩套自己的經驗法則,能在時限和預算之內將遊戲完成,我取名為「預先削減法則」和「50%法則」。

預先削減法則:在擬定計畫時,先確保就算被裁掉了50%預算,你還是能做出一款可發行的遊戲。這條法則會強迫你精簡系統,也能保證如果有哪裡出問題(其實一定會出問題),你不得不捨棄某些遊戲特色時,還是能做出一款可發行的遊戲。

50%法則:所有最重要的遊戲元素都應該在時程表的前半部分就做到完整能玩,這樣代表你會用一半的時間讓遊戲動起來,另一半則用來提升品質。遊戲開發者常常會計畫用80%的時間讓遊戲成形,然後花20%的時間改良。當然,總是會有地方出問題,結果這20%也被吃掉,最後你只能做出一款延後發行的劣質遊戲。如果你計畫在50%的時候就把整套系統做到可以玩,就算有什麼地方出問題,也會有時間進行能夠改善遊戲的重要迴圈。

屬於你的祕密能源

本章大部分的內容都非常分析取向,這是勢在必行,因為仔細的分析很有幫助,讓你能確保遊戲的設計和開發都得以達到最佳成效。但是做這麼多分析,很容易就會讓人忘記你選擇實行這個主意的初衷。

18號鏡頭:熱情

每次做完雛型、小心減輕風險並計畫下次迴圈以後,都別忘記用這些問題檢視自己對遊戲的感受:

- 我對這款遊戲有多棒是否還懷抱著激烈的熱情?
- 如果已經失去了熱情,我有辦法再重獲熱情嗎?

圖:Rachel Dorrett

- 如果熱情回不來了，我是不是該做點別的東西？

  每次衝刺期結束，當你正在研究雛型和計畫下一步時，記得也要做一次「熱情篩檢」。潛意識會用你還熱不熱情當標準，告訴你當初對這款遊戲的興奮是否還在。如果熱情消逝，一定是有哪邊出了問題。如果你找不出問題在哪，遊戲就很可能會在做好前就完蛋了。熱情也有危險之處，畢竟這是一種不理性的情緒，但你必須認真看待，因為它多半能幫你克服阻礙，讓遊戲取得成功。

  現在我們説完了該怎麼製作遊戲，接下來我們要討論該為了誰製作遊戲。

延伸閱讀

- 《Sketching User Experiences》，Bill Buxton 著。本書橫跨各種學科，仔細推敲了草圖的概念（雛型也是一種草圖），結果令人大開眼界。

- 〈Have Paper, Will Prototype〉，Bill Lucas 發表。這段演講舉了一系列的案例研究，介紹要如何成功製作電腦介面的紙上雛型。

- 《The Kobold Guide to Board Game Design》，Mike Selinker 著。這本書是討論如何設計優秀桌遊的神作。

- 〈Less Talk, More Rock〉，Superbrothers 著。這篇文章主張遊戲是一種行動媒材，而非話語媒材，並且堅決主張討論太多設計會有致命的後果。

- 〈敏捷軟體開發〉。維基百科關於敏捷軟體開發的條目寫得很好，如果你想更深入了解敏捷開發，條目中也附上了優秀的參考資料。

- 〈The 4Fs of Game Design: Fail Faster, and Follow the Fun〉，Jason Vandenberghe 撰。這篇基於馬克·勒布朗（Marc LeBlanc）理念所寫的文章將設計遊戲大作的流程簡化為許多清晰的基本元素。

9 | 遊戲要服務玩家

The Game Is Made for a *Player*

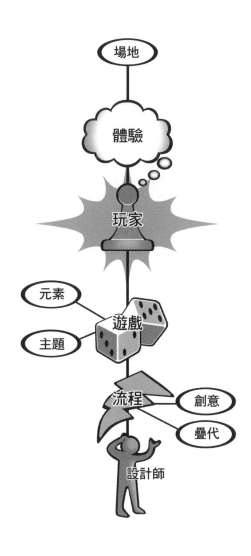

愛因斯坦的小提琴

愛因斯坦在他的職業生涯中，曾受一間地方的小型機構邀請擔任午餐會的榮譽嘉賓，發表演講談談他的研究。愛因斯坦同意了，午餐會的氣氛很愉快。到了演講時間，主持人緊張地宣布大科學家愛因斯坦將會談談他的狹義及廣義相對論。愛因斯坦站上台，環顧了一下聽眾，這些人大部分都是老太太，跟學術圈也沒什麼關係。他告訴大家，要談自己的工作當然可以，但內容其實有點無聊，或許在座聽眾會比較想聽他拉小提琴。主持人和聽眾都覺得這個主意聽起來不錯，於是愛因斯坦開始演奏幾首熟悉的曲子，讓全場聽眾都有了一段足以終身回味的美好體驗。

愛因斯坦之所以能創造值得回味的體驗，是因為他了解聽眾。儘管他喜歡思索和討論物理學，但他也知道聽眾並不是很有興趣。他們確實是請他來談物理沒錯，但這是因為他們覺得這樣最能享受到自己真正想要的事：和有名的阿爾伯特‧愛因斯坦來場親密接觸。

要營造美好的體驗，你必須像愛因斯坦一樣了解受眾喜歡和不喜歡什麼，而且必須比他們更清楚。你也許以為要知道人們喜歡什麼很簡單，但事實並非如此，很多時候他們自己也不知道。他們或許以為自己知道，但他們以為自己想要的，和他們真正會喜歡的，常常是兩回事。

和遊戲設計中的每件事一樣，關鍵也是聆聽。你必須學會仔細且深入地聆聽玩家，你必須親近他們的想法、情感、恐懼和欲望，其中有些東西隱密到連玩家自己都沒有意識到，但正如我們在〈第6章：主題〉討論的一樣，這些東西往往是最重要的。

設身處地

那麼該如何深入聆聽呢？其中一個絕佳的方法是運用同理的力量（細節會在〈第

10章：玩家內心〉中討論），設身處地為他們想。1954年，迪士尼樂園正在興建時，華特・迪士尼會經常在遊樂園中走動檢查進度。常常有人看到他走一段路後停下來，突然蹲在地上凝視遠方，接著他會站起身、走幾步再蹲下。有幾個設計師看到他不斷持續同樣行為，便問他在做什麼？是不是背不太舒服？迪士尼的回答很簡單：不這樣做要怎麼知道小孩子眼中的迪士尼樂園長什麼樣子？

從後見之明看來，答案很明顯：從不同的高度看出去，事物就會不一樣，而在迪士尼樂園中，孩童的觀點即使不比成人的觀點重要，至少同樣重要。而且光是改變身體的視角還不夠，你也必須採用他人內心的視角，努力把自己投射到玩家的內心裡。你必須努力嘗試成為他們、看見他們所看見的、聽見他們所聽見的、想到他們所想到的。設計師很容易被自以為全知的心智給困住，忘記和玩家易地而處——這需要時時警覺注意，但只要嘗試就能辦到。

如果你曾經是目標受眾的一分子（比如說，你是為少女做遊戲的女性），你可以回想自己在那個年紀的想法、愛好和感受，這會是一項優勢。人們總是非常容易忘記年輕時感受到的事物是什麼樣子，但身為設計師的你可不能忘記，你要努力找回那些陳年記憶，使其再度鮮活、穩固。好好保存陳年記憶，這是你最寶貴的工具之一。

但如果你手上產品的目標客群是你從未成為，搞不好也無法成為的呢（比如為中年女性設計遊戲的年輕男性）？那你就需要不一樣的策略——你必須努力找出認識的人裡面，有誰屬於目標族群，並像他們一樣思考。就像文化人類學家一樣，你需要花時間和目標客群相處、聊天、觀察他們、想像成為他們是什麼感覺。每個人天生都有這種能力，但如果你刻意練習，就會做得更好。如果你的心思可以轉換成任何一類玩家，就能為遊戲大幅開拓受眾，因為你的設計能照顧到其他設計師忽略的人群。

▌ 客群結構

> 歲月並不像有些人說的一樣，會把我們變得幼稚，而只是發現我們一直都是孩子。
> ——歌德

我們知道每個人都很特別，但如果要創造能讓一大群人開心的作品，就需要考量這群人的相同之處。這件事叫做客群結構（groups demographic），有時也叫做市場區隔（market segment）。區分客群並沒有一套「標準」方法，不同行業會為了不同的理由，以不同的方式區分，而遊戲設計師最主要使用的客群結構變項是年齡和性別。隨著年紀漸長，我們玩的遊戲也會漸漸改變，而自古以來，男性和女性不管在什麼年齡，玩的遊戲都不一樣。以下是一些遊戲設計師必須考慮的典型年齡客群結構分析。

- **0到3歲，嬰幼兒**：這個年紀的孩子對玩具很有興趣，但遊戲中要解決的問題和複雜的規則對他們來說都還太難。遊戲控制器之類的抽象介面會超出他們的認知，不過觸控螢幕等直接介面對他們會有很大的吸引力。

- **4到6歲，學齡前**：孩子通常在這個年齡初次顯露對遊戲的興趣。這個年齡的遊戲非常簡單，主要的玩伴通常是父母，因為父母知道如何變更規則讓遊戲保持好玩有趣。

- **7到9歲，兒童**：七歲一直被認為是「懂事的年紀」，這個年紀的孩子已經開始上學，通常有了閱讀能力，並且能仔細思考和解決困難的問題。當然，他們也會對玩遊戲非常感興趣。在這個年紀，孩子也開始會分辨自己喜歡和不喜歡什麼樣的玩具及遊戲，不再對父母挑選的東西照單全收。

- **10到13歲，少年或「前青春期」**：最近才開始有行銷專家指出，這個族群跟「兒童」和「青少年」之間應該有所區別。這個年紀的孩子正經歷急遽的神經成長，思想突然變得比幾年前更加深入細膩。這個年紀有時也被稱作「執念時期」，因為孩子開始會開始沉迷於自己的興趣。尤其是男孩子，而他們的興趣常常都是遊戲。

- **13到18歲，青少年**：青少年的任務是為成年做好準備，在這個年紀，我們可以發現男性和女性的興趣有了顯著的差異。不過所有青少年都對嘗試新的體驗很感興趣，有些體驗也會來自遊戲。

- 18到24歲，青年：這是第一個屬於「成人」的客群年齡，也象徵了重要的改變。成人玩的遊戲通常比孩子少，大部分成人會繼續玩遊戲，但青春期的實驗心在這個年紀已經遠去。他們也養成了特定的遊戲和娛樂品味。青年通常有錢有閒，這讓他們成為重要的遊戲消費者。

- 25到35歲，壯年：到了此時，時間開始變得愈來愈珍貴。這也是「成家立業」的年紀，隨著成年後的責任不斷增加，大多數這個年紀的成人都只能當個休閒玩家，偶爾玩玩當作消遣，或是陪年幼的子女玩。但另一方面，這個年紀的「核心玩家」，也就是以玩遊戲為主要嗜好的人，卻是重要的目標市場，因為他們會買很多遊戲，而且對自己喜歡與否直言不諱，可能連帶影響他們所處社群的購買決策。

- 35到50歲，中年：有時也被稱為「家庭成熟」階段，多數這個年紀的成人都在工作和家庭責任中蠟燭兩頭燒，只能當休閒玩家。不過隨著孩子逐漸成長，這個年紀的成人也常是負責決定高額遊戲消費的人。可以的話，他們會盡量物色能讓全家同樂的遊戲。

- 50以上，老年：這些成年人通常正經歷空巢期，生活中突然多出了很多時間——子女搬出家門，而且不久之後他們自己就準備要退休了。有些人會重溫年輕時喜歡的遊戲，還有一些人會尋求變化，轉向新的遊戲體驗。這個年紀的成人對於社交成分濃厚的遊戲，比如高爾夫球、網球、橋牌和多人線上遊戲特別感興趣，社群網路遊戲（online social game）在此年齡層特別受歡迎。他們的手眼不像過去那麼敏捷，所以如果遊戲要用到小螢幕或是精細複雜的操作，就會讓他們感到挫折。

年齡區隔還有別的方式，但這九組分類是遊戲業最常用的，因為此分類方式反映了遊玩模式的變化。思考將每個年齡層與下一層區隔開來的轉折經驗也很有意思，大部分年輕族群，都是以心智發展階段來區隔，而年長族群則是以家庭變遷。

為任何年齡層創作遊戲都要記得一件重要的事：所有玩的行為都和童年有關，因為童年生活的核心就是玩耍。因此，要為某個年齡層的人創作遊戲，就必須熟悉他們小時候流行的遊戲和主題。或者換個說法：要與人真誠溝通，就要會說他們小時候的語言。

遊戲媒體會輕蔑女性嗎？

> 彼得潘：我們不是過得很開心嗎？我教了妳怎麼飛翔和打架！還有什麼比這更好玩的？

温蒂：還有很多很多。

彼得潘：什麼？很多什麼？

温蒂：我不知道。我想等你長大就會知道了。

某些類型的遊戲「屬於男性」，某些則「屬於女性」，已經是種過時的刻板印象了，更何況在這個時代，連性別（gender）[1]的本質都已經備受質疑。沒有哪種性別概論可以概括所有個體。儘管如此，如果我們從比較大的群體來看，仍會發現不同性別對遊戲的偏好存在著清楚的模式差異。某些遊戲的女性玩家就是比男性多，反之亦然。這個話題很敏感，因為當我們說出「男性傾向偏好……」或是「女性傾向偏好……」，就會排除一些不符合這種傾向的人。

有些人寧願迴避遊戲中的性別問題，假裝大型族群的不同分布模式並不存在，但這就是逃避現實，而且對設計師來說非常危險，因為分布模式和傾向確實存在。玩《決勝時刻》（Call of Duty）的男性比女性多，玩《Candy Crush》的女性則多於男性，這是因為男性和女性天生有什麼不同嗎？還是在社會中耳濡目染的結果？我們並不知道。但知道並了解這些刻板印象的模式對設計師很有用，因為可以讓你網羅到更多玩家。

舉例來說，我曾經設計過一款家庭同樂的射擊遊戲。這款遊戲的目的就是要玩起來輕鬆簡單，所以理所當然地，我們也設計了一套單純的計分系統。不過有天，另一個設計師聯絡我，表示我們的計分系統有性別歧視的問題。我覺得聽起來不太可能，畢竟不同年齡的男女在焦點團體測試中對這個主題的反應都非常好。但是她說對了，我們看了遊戲測試數據發現，整體而言，男人和男孩的分數比女人和女孩來得高。重新檢查遊戲測試的紀錄影片後，我們發現了原因：男性傾向快速射擊，而女性偏好的戰術是仔細瞄準。

至於解決方法呢？我們把計分系統改得比較複雜一點。最後的分數會有兩個數字：總分和命中率。測試的效果很好，舉例來說，第一組測試員是一對年長的已婚伴侶。遊戲結束時，丈夫自豪地喊說：「我的分數最高！」而他妻子則露出得意的微笑：「是沒錯啦……但我打得比較準。」

這就是刻板印象的倒反之處。雖然它會讓不合平均值的人感到被排擠，但如果用得好，也可以變成包容差異的工具，創造出足以回應更多玩家族群的興趣與動機的遊戲模式。因此，我們不需要厭惡地拒斥刻板印象，反而可以剖析並仔細研究，從而得到顯著好處。概論和刻板印象永遠無法真確描述單一個體，但如果要為大批受眾設計遊戲，這些都可以用來吸引更多樣的玩家。

1　心理認同和社會形象上的性別。本書中提及性別之處皆為此義。——譯註

■ 關於男性喜歡在遊戲裡看到什麼的五種刻板印象

如果你身為女人而搞不懂男人，可能是因為太認真思考了。
——路易・拉梅（Louis Ramey）

1. **掌握**：男性喜歡掌握各種事物，不需要是什麼重要或有用的東西，只要有挑戰性就可以了。女性則傾向對掌握有意義的事感興趣。
2. **競爭**：男性喜歡與他人競爭，以此證明自己最厲害。對女性來說，輸掉遊戲（或是害其他玩家輸掉）的不快感，常常超過獲勝所帶來的正面感受。
3. **破壞**：男性喜歡破壞東西。很多東西。小男生玩積木時最讓他們興奮的常常不是蓋好高塔，而是在蓋好以後推翻。電玩遊戲本質上就適合這類玩法，因為在虛擬世界能造成遠比現實世界更巨大的破壞。
4. **空間謎題**：研究顯示男性在空間推理上的表現通常優於女性。因此需要在三維空間活動的謎題也很容易吸引男性，但女性有時會玩得很挫折。
5. **試錯**：女人常笑男人討厭看路標，這觀點倒有幾分屬實。男性往往偏好從試誤中學習，某種程度上，這代表為男性設計操作介面比較容易，因為他們有時候其實比較偏愛需要做些實驗才能了解操作方法的介面，這也和他們喜愛掌握主導權有關。

■ 關於女性喜歡在遊戲裡看到什麼的五種刻板印象

女性想要可以探索情感和社會的體驗，以便在生活中應用。
——海蒂・丹格梅爾（Heidi Dangelmeier）

1. **情感**：女性喜歡能探索人類豐富情感的體驗。對男性來說，情感是有趣的體驗要素，但很少是目的。有個比較粗暴但生動的例子可以說明這個對比，就是「浪漫關係媒體」的光譜兩端。光譜一端是羅曼史小說（消費者買的小說有三分之一都是羅曼史小說），這些作品主要著重浪漫關係中的情感層面，而購買的幾乎都是女性。另一端則是色情出版品，這些作品主要著重浪漫關係中的肉體層面，購買的人主要是男性。金・羅登貝瑞（Gene Roddenberry）創作電視劇《星艦奇航記》（*Star Trek*）時就故意將情感豐富的故事線和動作場景交織在一起，增加全家人一起觀看的可能性。同樣地，《闇龍紀元：異端審判》（*Dragon Age: Inquisition*）能比一般的動作角色扮演遊戲爭取到更多女性玩家，遊戲角色之間豐富的情感關係應該有不

少貢獻。

2. **現實世界**：女性偏好的娛樂往往和現實世界存在有意義的關聯。如果去看小女孩跟小男孩玩的遊戲，會發現女孩比較常玩跟現實世界有關的遊戲（辦家家酒、獸醫遊戲、換裝遊戲等等），而男孩比較常扮演幻想角色。《芭比時裝設計師》（*Barbie Fashion Designer*）是設計給女孩的電腦遊戲中最長銷的遊戲之一，能讓玩家為真實世界的芭比娃娃設計、列印、縫製服裝。相比之下，《長髮公主芭比》（*Barbie as Rapunzel*）則是一款奇幻世界冒險遊戲。雖然主角都是芭比，但這款遊戲缺乏現實世界的要素，也沒那麼受歡迎。

這個趨勢會延續到成年以後——如果事物和現實世界存在有意義的連結，女性通常都會比較感興趣。有時產生連結的是內容（比如《模擬市民》的內容是模擬普通人的日常生活，該系列的女性玩家就比男性更多），有時則是遊戲的社群面向。社群網路遊戲之所以廣受女性歡迎，似乎一項遊戲特性有關：以朋友名單為中心。和虛擬人物玩遊戲「只是假的」，但和真正的玩家一起玩可以建立真正的關係。

3. **照顧**：刻板印象告訴我們，女性喜歡照顧他人。女孩子喜歡照顧嬰兒娃娃、玩具寵物和比她們小的孩子。女孩為了幫忙比較弱的玩家而犧牲自己在競賽遊戲中的領先優勢，這現象並不罕見，或許是因為玩家之間的關係和感受比遊戲本身來得重要，但有部分也是因為照顧而得的喜悅。農場模擬和養寵物遊戲之所以能獲得各年齡層女性的青睞，主要就是因為照顧的機制。在《卡通城 Online》的開發過程中，戰鬥系統中需要有「治療」機制。我們觀察到，女性玩家和我們討論遊戲時，很受「治療其他玩家」這件事吸引，而我們又希望男性和女性同樣喜愛我們的遊戲，於是我們做了一個不尋常的決定：在大多數角色扮演遊戲裡，玩家雖然可以去補別人的血，但大部分情況是自己幫自己補血。不過在《卡通城》裡面，你不能治療自己，只能治療別人。《卡通城》的玩家可以把治療變成遊戲的主要行動，擁有治療技能的玩家因而變得更有價值，照顧別人的玩法也獲得了鼓勵。

4. **對白和文字解謎**：常有人說女性雖然空間能力較差，但她們的語言能力比較強。女性買的書比男性多，填字遊戲愛好者也幾乎都是女性。廣受歡迎的手機遊戲《填字好朋友》（*Words with Friends*）的玩家中，女性玩家占了大多數（2013年為63％）。

5. **靠範例學習**：男人傾向跳過說明，喜歡靠試誤來學習，但女人傾向依靠範例學習。她們非常喜歡清晰仔細、一步一步來的教學流程，這樣如果遇到難關，也會知道該如何應對。

性別刻板印象當然還有很多。比如說，許多人認為男性偏愛一次專注於一件任務，但女性卻可以輕鬆地同時兼顧好幾個任務，且不會忘記任何一個。《模擬市民》

或《農場鄉村》（*FarmVille*）都需要同時處理大量任務，兩者的玩家裡女性也都占了大多數。「益智尋寶圖」（Hidden picture）類型的遊戲也廣受女性歡迎，有些人推測這類遊戲和原始的採集行為有關，而有些人相信女性的大腦比男性更擅長採集。女性是否因此真的更擅長玩尋找人事物的遊戲，這點雖然仍有爭議，但這類遊戲在女性客群中大獲成功倒是毋庸置疑。

一邊思考性別刻板印象，一邊仔細檢視自己的遊戲作品，有時也能找到了不起的發現。拿孩之寶（Hasbro）的無線手持電玩《P-O-X》來說，設計團隊一開始就知道遊戲包含了社交體驗，所以他們認為遊戲中應該有男孩女孩都喜歡的特色。他們觀察遊樂場的小孩時，卻發現一件有趣的事情：女孩在大團體中通常不會主動提出要玩遊戲。乍看之下這種現象有點奇怪，因為女性通常比男性更擅長社交，所以一般都會預期需要眾人一起參加的遊戲會比較吸引她們。問題似乎出在解決衝突的方式，一般來說，男孩玩遊戲時如果起了什麼爭議，他們會停下遊戲，進行（有時比較激烈的）討論，然後解決爭議。這有時可能會造成男孩哭著跑回家，不過即使如此，遊戲仍然會繼續。但女孩玩遊戲時如果起了爭議，就完全不一樣了。大部分的女孩會在爭議中選邊站，導致問題沒辦法馬上解決，遊戲會中斷，而且通常無法繼續。如果正式組了隊，女孩可以好好進行團隊運動，但非正式的分隊似乎會對她們的個人人際關係造成太多壓力。孩之寶的設計師發現，雖然他們製作的遊戲以社交為核心，但也還是有競爭性質，所以最後他們決定以迎合刻板印象中男性的遊玩模式為主。

數位科技的運用也讓遊戲裡的性別產生更明顯的差異。以前的遊戲大多有很強的社交性，需要跟現實世界的真人一起玩，但價格合理的電腦問世後產生了新型態的遊戲，這些遊戲：

- 移除了遊戲中的社交成分
- 移除了遊戲中的語言和情感成分
- 和現實世界區隔相當明顯
- 通常難以從中學習
- 可以在虛擬世界中恣意破壞

有了這些要素，我們也就不感到意外，為何早期電腦和電玩遊戲都以男性為主要受眾。隨著數位科技發展到了能讓電玩遊戲展現角色情感、講述豐富故事，並讓人可以隨時和真正的朋友一起玩，電玩遊戲的男女玩家數量終於大致相等了。希望有一天，我們可以看到遊戲開發社群的組成也達到類似的平衡，且所有人都擁有相當的代表性。

無論你的考量是年紀、性別還是其他因素，重點都在於為玩家設身處地著想，才能仔細思考怎麼樣的遊戲最讓他們感到有趣。這個重要的觀點就是第19號鏡頭。

19 號鏡頭：玩家

要使用這顆鏡頭，請停止思考遊戲本身，改為思考玩家的事。

問自己這些關於遊戲目標玩家的問題：

- 整體來説，他們喜歡什麼？
- 他們不喜歡什麼？為什麼？
- 他們會期待在遊戲中看到什麼？
- 如果我是他們，我會期待在遊戲中看到什麼？

圖：Nick Daniel

- 我的遊戲中有什麼東西會讓他們特別喜歡或是特別不喜歡？

優秀的遊戲設計師應該隨時把玩家放在心上、為其發聲。熟練的設計師會合併使用玩家鏡頭和 10 號的全像設計鏡頭，同時考慮玩家、遊戲體驗和遊戲機制。思考玩家的想法很有用，但更有用的做法是看著他們玩你做的遊戲。你觀察得愈多，就愈容易預測他們會喜歡什麼。

為迪士尼室內探索世界（DisneyQuest）開發《加勒比海盜：沉落寶藏之戰》時，我們需要研究形形色色的客群結構。許多電玩遊樂場和互動式室內主題遊樂設施所設定的客群都有點狹隘：只針對青少年男性。但迪士尼室內探險世界設定的客群結構和迪士尼主題樂園一樣，差不多是所有人，特別是家庭。此外，迪士尼室內探險世界還想要讓全家人一起玩，每個家庭的技術水平和興趣差別很大，因此這是很大的挑戰。但仔細研究每一種潛在玩家的興趣後，我們還是找到了可行的辦法。我們用下列方法大略區分玩家：

男孩：我們不太擔心男孩子會不會喜歡這個遊戲，畢竟這是刺激的「冒險與戰鬥幻想」遊戲，可以讓玩家駕駛海盜船、操作威力強大的大砲。早期測試顯示，男孩很喜歡這個遊戲，並偏好具攻擊性的玩法，他們會想辦法擊沉每一艘找到的海盜船。男孩之間也會有一些交流，但內容幾乎總是集中在如何更有技巧地擊潰敵人。

女孩：我們對於女孩是否會喜歡這個遊戲不太有信心，因為她們通常對「打敗壞人」沒那麼熱中。所以我們很高興看到女孩也顯得很投入，不過玩法相當不同。她們的玩法一般比較傾向防禦——她們更關心保護自己的船免於攻擊，而不是追擊其他船。注意到這一點後，我們就在來犯的敵船數目和可追擊的敵人數量之間求取平衡，

以提供進攻和防禦兩種遊戲方式。女孩似乎對蒐集寶藏很有興趣，所以我們在甲板上放了一大堆琳瑯滿目的財寶，還做得十分炫目。另外，我們還在最終戰裡設計了會衝向甲板搶奪寶藏的飛天骷髏，這讓射擊骷髏的任務對女孩來說變得更重要也更值得。她們似乎也比男孩更享受遊戲的社交部分——她們會一直大聲警告、互相建議，有時也會聚在一起開「戰術會議」來分配任務。

男人：我們有時候會開玩笑說男人只是「有信用卡的大男孩」。他們玩這款遊戲的方式跟男孩差不多，只不過傾向玩得稍微保守一點，常會謹慎思考遊戲的最佳玩法。

女人：我們對成年女性（特別是母親）能不能享受遊戲沒什麼信心。母親在遊樂園的體驗通常和家裡其他人不太一樣，因為她們最關心的多半不是自己開不開心，而是其他成員玩得有多快樂。在海盜遊戲的早期測試中，我們注意到女人，特別是母親，傾向往船隻後方移動，而剩下的家庭成員則會集中在船隻前方。這代表其他家庭成員多半會控制大砲，而母親常負責掌舵，因為船舵位於船隻的後方。一開始，這看起來像是大災難的前兆——我們以為母親玩起遊戲可能沒什麼自信，而船開得不好很可能毀了大家的遊戲體驗。

但後來的發展並非如此。因為母親希望讓每個人都有一段愉快時光，所以她們突然就會很有興趣想盡力把船開好。由於舵手的視野最開闊，她可以看見每個人、將船開往有趣的地方，或是在家人太累的時候放慢節奏。此外，她站的位置也很適合調度船員，警告他們危險來襲，並下達能讓每個人都玩得開心的命令（柔柔！那邊給妳弟玩一下！）。這是個能讓媽媽真正在乎遊戲結果的好辦法。

母親比男孩、女孩或父親更常掌舵，這個事實代表我們必須把操縱船隻的方法設計得更符合直覺，讓不常玩動作遊戲的人也能開得好，但為了納入這一群關鍵受眾，代價真的很小。我們常能聽到孩子在走出遊樂設施時說：「哇，媽媽，妳剛剛開得真好！」

藉著仔細觀察目標客群的欲望和行為，我們才得以調整遊戲平衡，讓它適合所有人。一開始，我們只覺得遊戲很難對這四個族群同樣有吸引力，但仔細製作雛型和遊戲測試後，我們才發現一些可以解決困難的方法。我們仔細觀察所有客群會怎麼玩我們的遊戲，然後修改遊戲來符合每個族群的遊玩風格。

▌心理變數

當然，潛在玩家的分類方式不只有年齡和性別而已，還有很多特徵可以用。客群分析通常會使用外顯特徵，比如年齡、性別、收入、種族等等，這些方式有時在區分受眾時很有用。不過其實當我們用外顯特徵來區分族群時，也會觸及一些內在特徵，

也就是每個族群各自覺得什麼事情有趣。更直接的方法是減少關注玩家展現出什麼，多關注他們內心想些什麼。這個做法叫做心理變數（psychographic）。

有的心理變數分析是依「生活方式」的選擇來分類，比如「愛狗人士」、「棒球迷」或「硬派第一人稱射擊玩家」。這些分類方式很好理解，因為都牽涉了具體的行為。如果你要做的遊戲和狗、棒球或是在競技場裡朝人開槍有關，當然就會仔細觀察這類生活方式族群的偏好。

但還有些心理變數並未直接對應到具體活動，而是跟一個人最享受什麼事物比較有關，也就是他們玩遊戲（實際上，做任何活動都算）時是在追求哪一種喜悅。這一點很重要，因為許多人類行為的動機最終都能回溯到追求某種喜悅。世界上有各種喜悅，而且沒有人會只追求一種，所以分辨喜悅的任務並不容易，但每個人毫無疑問都有自己偏愛的喜悅。遊戲設計師馬克・勒布朗（Marc LeBlanc）曾列過一張清單，提出他心目中八種最主要的「遊戲喜悅」。

■ 勒布朗的遊戲喜悅分類學

1. **官能**：官能的喜悅需要用到你的各種感官。看見美麗的事物、聽見音樂、碰觸絲綢、嗅聞或品嚐美食都屬於官能的喜悅。遊戲最主要是靠美學傳遞這類喜悅。說到感官，格雷格・柯斯特恩曾說過這個故事：

   《軸心與同盟》（*Axis & Allies*）這款桌上遊戲很適合用來說明僅僅是感官就能帶來差別。我第一次買這款遊戲時，它是由新星遊戲（Nova Games）發行的，那是一家名不見經傳的桌上遊戲公司。遊戲圖板畫得非常俗豔，還用很醜的紙板標記（counter）來代表軍事單位。我玩了一次以後就覺得很無聊，從此束之高閣。幾年以後，這款遊戲被米爾頓・布萊德里（Milton Bradley）買下重新發行，這次新圖板非常精美，還有好幾百個飛機、船艦、戰車和士兵造型的塑膠零件——我買了以後玩了很多次，光是在圖板上調度軍隊模型的觸感，就讓這個遊戲變得很好玩。

   官能的喜悅通常來自玩具（請見17號的玩具鏡頭）。這種喜悅無法把爛遊戲變成好遊戲，但通常可以把好遊戲變成更好的遊戲。

2. **幻想**：想像中的世界，以及想像自己成為不一樣的存在都很有趣。我們會在第19和第20章討論這種喜悅。

3. **敘事**：勒布朗所說的敘事喜悅，指的並不盡然是安排好的線性故事，而是一連串戲劇性的事件發展，但發生的方式不拘。這些將會在第16和第17章討論。

4. **挑戰**：某種意義上，挑戰可以說是玩遊戲最核心的喜悅，因為每個遊戲的核心都

有待解決的挑戰。對某些玩家來說，有這種喜悅就夠了，但其他人還需要更多。

5. **情誼**：勒布朗的意思是友誼、合作和社群中令人享受的一切。對某些玩家而言，這毫無疑問是玩遊戲最大的吸引力。我們將會在第24和第25章討論這些主題。

6. **探索**：探索的喜悅非常廣泛，只要你開始尋找並找到了某些新東西，就算是探索。這種喜悅有時來自在遊戲世界中探險，有時來自發現隱藏的遊戲元素或更聰明的遊玩策略。探索新事物毫無疑問是遊戲中很關鍵的一項喜悅。

7. **表現**：這是關於表現自我和創造事物的喜悅。以前的遊戲設計師幾乎都忽略了這項，但現在，很多遊戲都允許玩家設計自己的角色，還有打造和分享自己設計的關卡。「表現」通常和達成遊戲中的目標沒什麼關係，設計新的角色外觀在大部分遊戲中也都不會帶來什麼優勢，但對某些玩家來說，這卻是玩遊戲的重要理由。

8. **歸順**：這個說法有點怪怪的，但意思是進入魔法陣的喜悅——遠離現實世界，進入一個更好玩，而且存在規則和意義的新世界。某個程度上來說，所有遊戲都包含了歸順的喜悅，但進入某些遊戲世界就是比進入其他世界更快樂有趣。有的遊戲會強迫你停止懷疑，而另一些卻能不費吹灰之力就讓你不再懷疑，你的心就這麼輕易走入遊戲世界、佇足其中。這些遊戲讓歸順成了一種真正的喜悅。

檢視這幾種喜悅很有用，因為不同的人對各種喜悅抱持不同的價值判斷。遊戲設計師理查·巴特爾（Richard Bartle）曾花了多年設計多人地下城遊戲（Multi-User Dungeon, MUD，中文圈有時也簡稱泥巴）和其他網路遊戲，他觀察到玩家可以根據在遊戲中偏愛的喜悅來分成四大族群。巴特爾的四大類型很好記，因為很適合用撲克牌的花色來幫助記憶。至於為什麼撲克牌花色能代表這四個類型，就請各位讀者自行琢磨。

■ 巴特爾的玩家分類

1. ♦成就型玩家想要達成遊戲目標。他們最主要的喜悅是克服挑戰。

2. ♠探索型玩家想要了解遊戲有多豐富。他們最主要的喜悅是探索。

3. ♥社交型玩家感興趣的是和其他人的關係。他們主要追求情誼之樂。

4. ♣殺手型玩家感興趣的是競爭和擊敗其他人，這一類型和勒布朗的分類不太吻合。大多數的時候，殺手型玩家的喜悅似乎混合了競爭和破壞，但有趣的是，巴特爾指出他們最感興趣的是「對他人施加影響」，並且把樂於助人的玩家也歸為此類。

巴特爾還畫了一張很棒的圖表（下頁圖），說明這四種類型如何各占一席之地：成就型玩家感興趣的是影響世界，探索型玩家想要和世界互動，社交型玩家喜歡和玩家互動，而殺手型玩家則偏好影響其他玩家。

■ 更多喜悅：更多！

用這麼簡化的方式來把複雜的人類欲望分類時一定要很小心。如果仔細檢查，勒布朗和巴特爾的分類法（以及其他類似的列表）其實都有一些斷層，而且如果誤用的話，之前在性別刻板印象中論及的「破壞」和「照顧」等容易被漏掉的微妙喜悅，就會遭到忽略。以下是其他值得我們思考的喜悅：

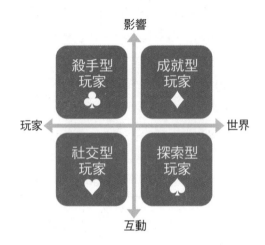

- **期待**：如果知道有份喜悅即將到來，那等待本身也會是一種喜悅。
- **完成**：完成任務的感覺很棒。很多遊戲都會用到完成的喜悅——凡是你需要「蒐集所有寶藏」、「消滅所有壞人」或是「全破關卡」的遊戲，都利用了這種喜悅。
- **幸災樂禍**：一般來說，這份喜悅來自不義的人遭遇報應。在競爭型遊戲裡，這是很重要的一個面向。德國人還有一個詞「schadenfreude」，專指這份喜悅。
- **送禮**：送出驚喜禮物讓別人開心也是種獨特的喜悅，我們還會透過包裝禮物讓驚喜更強烈。這份喜悅不只是因為對方感到開心，更是因為讓他們開心的人是我們自己。
- **幽默**：兩件無關的事物突然因為心念一轉被連在一起[2]，雖然很難言表，但我們總能領會其中興味。奇妙的是，我們常能因此爆出笑聲。
- **有選擇權**：這種喜悅是因為你知道可以自由從眼前的選項裡挑選。逛街或吃自助餐時最容易體驗到這種喜悅。
- **成就感**：這種喜悅可以在實現成就以後繼續維持很長一段時間。意第緒語[3]裡頭

---

2 此處作者描述轉化時使用的詞彙為典範轉移（paradigm shift）。典範轉移是科學哲學家孔恩（Thomas Kuhn）描述科學革命時提出的概念，描述科學社群因為異常事例而懷疑過去的研究方法，並接納新方法的過程。典範轉移通常需要很長的時間才會發生，而非只是觀點的轉換。——譯註

3 意第緒語（Yiddish）：德國西部萊因蘭（Rheinland）地區一種主要使用者為猶太人的語言。

有個詞「naches」，指的就是這種令人開心的滿足感，通常用來表達對子女或孫輩感到驕傲。

- **驚奇**：正如4號鏡頭告訴我們的，大腦喜歡驚奇。
- **戰慄**：雲霄飛車設計師之間有一句話：「恐懼減去死亡等於喜悅。」戰慄就是這一種喜悅──在安全的環境裡體驗恐怖。
- **反敗為勝**：這份喜悅來自於完成一件你知道勝率很低的事。一般還會伴隨勝利的高呼。義大利人把這種喜悅叫做「fiero」。
- **驚奇**：我們會被令人敬畏的奇觀折服。這種感受時常會引起好奇心，這正是驚奇之所以為奇的原因。

除此之外還有很多種喜悅。我列出這些前述概略分類中沒有提及的喜悅，只是為了告訴大家喜悅的範疇有多豐富。這份清單可以當成方便的經驗法則，但請勿忘記對不在清單上的喜悅保持開放心態，也請記得喜悅的情緒非常講究脈絡。在一個情境中有趣的事情（比如在派對上跳舞），換到別的情境中可能會讓人尷尬得要死（在面試時跳舞）。這個重要的觀點給了我們第20號鏡頭。

要做出玩家喜歡的遊戲，關鍵就是深入了解你的玩家，而且比他們更了解自己。我們會在第10章繼續深入了解玩家。

20號鏡頭：喜悅

要使用這顆鏡頭，請思考你的遊戲打算提供哪些喜悅，又不提供哪些。

問自己這些問題：

- 你的遊戲要提供玩家哪些喜悅？喜悅有辦法增強嗎？
- 你的遊戲體驗中缺少哪些喜悅？為什麼？可以添加進去嗎？

圖：Jim Rugg

畢竟，遊戲的任務就是提供喜悅。檢查已知的喜悅清單，並思考你的遊戲提供得充不充分，就可以知道你要怎麼調整遊戲，才能讓玩家玩得更開心。也請隨時留心大部分遊戲中缺乏的獨特、未歸類的喜悅，因為有些或許正好能賦予遊戲所需的獨到特色。

延伸閱讀

- 《Designing Virtual Worlds》，Richard R. Bartle 著。這是本綜觀虛擬世界發展史的傑作，作者是個深思熟慮的人，善於設計虛擬世界。

- 《Pleasures of the Brain》，Morten L. Kringelbach 和 Kent C. Berridge 編。這本關於尋找快樂機制的研究選集由許多心理學家和神經科學家共同完成。如果你不習慣讀科學論文，本書可能會有點可怕，但對於有耐心的讀者卻是一座充滿洞見的珍貴寶庫。

- 《Understanding Kids, Play, and Interactive Design: How to Create Games Children Love》，Mark Schlichting 著。成人很容易忘記當個孩子是怎麼回事。馬克不但沒有忘記，還帶我們回去尋訪童年的奇境。

- 《Diversifying Barbie and Mortal Kombat: Intersectional Perspectives and Inclusive Goals in Gaming》，Yasmin B. Kafai、Gabriela T. Richard 與 Brendesha M. Tynes 編。遊戲中性傾向與性別的議題雖然有了長足進步，但仍是條漫漫長路。這本書從許多深入的觀點探索了包容性的議題。

10 體驗存於玩家內心

The Experience Is in the *Player's Mind*

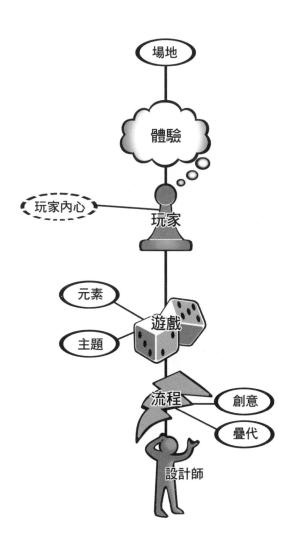

我們已經討論過，設計師最終創造的是體驗，而體驗只會發生在一個地方：人們的腦中。要逗樂人類的大腦很難，因為腦子非常複雜，是已知的宇宙裡最複雜的東西。

更難的是，腦子大部分的功能都不為人所知。

讀到這個句子之際，你有意識到自己的腳是什麼姿勢、呼吸有多快，或是視線如何掃過書頁嗎？甚至你有意識到你的視線掃過書頁嗎？你是一行一行慢慢讀，還是跳著讀？連這種問題都沒辦法清楚回答，這麼多年來你是怎麼讀書的？你說話之前真的知道自己準備要說出什麼嗎？不知道為什麼，開車的時候你就是看得出馬路的彎度，在腦中換算出過彎角度，再打方向盤轉過去。真是不可思議，背後的計算到底是誰在進行的？在你的記憶裡，你曾經特別注意馬路的曲率嗎？還有光是聽到「想像你在吃一個夾了酸黃瓜的漢堡」這句話時，嘴巴就開始流口水，又是發生了什麼事？

看看下面的圖案：

說不來為什麼，你就是知道下一個是什麼圖形，但這個結論是哪來的？你是用邏輯推論，或者是直接「看到」答案？如果是看出來的，你看到了什麼？又是誰畫出你所看到的圖形？

再來試試看這個實驗：找一個朋友，要他們做這三件事：

1. 重複說五次「羊奶」。「羊奶、羊奶、羊奶、羊奶、羊奶。」
2. 算一下「羊奶」有幾筆畫。「十三。」
3. 回答問題：「乳牛喝什麼？」

你朋友八成會回答「牛奶。」乳牛喝的是水，不是牛奶。如果跳過前面兩個步驟，大部分的人都會說出正確答案，但先用「羊奶」塞滿大腦，「牛奶」就會變得更像是乳牛會喝的東西了。我們一般都覺得，回答「乳牛喝什麼？」這種問題是屬於意識的工作，但實際上潛意識對我們的一言一行幾乎都有超乎想像的掌控力。潛意識通常滿聰明的，可以把事情做得還不錯，而且讓我們覺得是「自己」在做這些事——不過它三不五時也會犯一些好笑的錯誤，同時透露出它真正能掌控的程度。

腦內發生的大部分事件，我們的意識都一無所知。雖然心理學家正慢慢理解潛意識是怎麼運作的，但整體而言，我們還是不清楚真正的活動方式。心靈的運作大多超出我們的理解，也超出我們的掌控，但心靈卻是產生遊戲體驗的地方，所以我們必須盡力了解裡面可能發生了什麼事。在〈第7章：創意〉裡，我們討論過怎麼善用創意

潛意識的力量來成為更好的設計師，現在我們必須思考玩家內心的意識與潛意識究竟如何互動。我們對人類心靈所知的一切可以寫滿好幾本百科全書，不過我們只會針對有關遊戲設計的關鍵因素進行考察。

　　要能玩遊戲，需有四種主要的心智能力：建模、專注、想像和同理。我們會依序討論，並探究每個玩家潛意識中隱藏的優先順序。

▋ 建模

　　現實複雜得不可思議，心靈要能應付，唯一的方法就是將現實簡化到可以理解的程度。因此，我們的心靈並非直接處理現實，而是處理現實的模型。我們大多時候都不會注意到這件事，因為建模發生在意識的下方。意識不過是幻象，讓我們以為內心的經驗是現實，但實際上經驗只是不完美的模擬，而我們也許永遠無法真正了解經驗所模擬的對象。這種幻象通常表現良好，但有時我們會遇到一些內在模擬失敗的情況。其中有些例子非常清晰可辨，比如這張圖片：

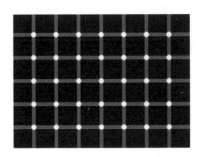

　　實際上，這些點並不會隨著我們視線移動改變顏色，但我們的大腦卻讓情況看起來像是這麼一回事。

　　也有些例子必須多想一下才能弄懂，例如可見光的光譜。從物理學的觀點來看，可見光、紅外線、紫外線和微波都是同樣的電磁輻射，只是波長不同而已。我們的眼睛只看得見這道平滑光譜中的一小段，稱其為「可見光」。如果我們能看見其他的光，那一定很有用。比如說，看見紅外線能讓我們輕易在黑暗中發現獵物，因為所有活物都會散發紅外線。可惜的是，我們眼球內部也會散發紅外線，所以如果我們能看見紅外線，很快就會被自己發出的光閃瞎。因此雖然電磁輻射光譜中可見光波段外存在著大量有用的資訊，卻都不屬於我們能感知到的現實。

　　不僅如此，甚至連可見光都被眼睛和大腦用奇怪的方式篩選過了。由於眼睛的構造，可見光的波長看起來似乎有明確的區別，也就是所謂的顏色。當我們看到從稜鏡

散出的彩虹時，有辦法畫線把顏色區分開來。不過顏色其實只是視網膜運作機制下的產物，實際上，顏色之間並沒有清晰的分別，波長變化的幅度其實不大。我們會覺得正藍色和淺藍色的差別比淺藍色和正綠色來得小，都是因為眼睛的關係。我們演化出這種眼睛結構，是因為將波長打散重新分類有助於認知世界。「顏色」只是一種幻覺，並非真實世界的一部分，卻是一種很有用的真實世界模型。

現實充滿了我們日常建模中完全不存在的面向。比如說，我們的身體、住家、食物都充斥著微小的細菌與蟎蟲，很多是單細胞生物，但也有些大到肉眼可見，像是住在我們眼睫毛、毛孔和毛囊裡的毛囊蠕形蟎（*Demodex folliculorum*）就可以長到0.4公釐長。這些小生物到處都是，但通常都不存在於我們的心智模型內，因為一般來說我們都不需要，或是不會想知道牠的存在。

要掌握心智模型有個好方法可用：尋找那些我們深思過之前總覺得習以為常的事物。比方這張查理·布朗的圖，乍看之下好像沒什麼不尋常的地方，就是個小男生而已，但仔細想想，他看起來一點也不像真人。他的頭跟身體差不多大欸！而且手指只是幾個小肉球而已！最違和的是，他是由線條組成的。看看你身邊，沒有什麼是由線條組成的，每個東西都有體積。但直到我們有意識地思考以前，都沒注意到查理·布朗不符現實的地方。這給了我們一些線索，去觀察大腦是如何建模的。

© United Features Syndicate 授權使用。

查理·布朗雖然看起來不像任何一個我們認識的人，卻還是像個人，是因為他符合某些我們內心的模型。我們接受他有顆巨大的頭，是因為人類臉上有太多關於感受的資訊，使得心靈要儲存的頭部和臉部資訊遠多過身體其他部位。如果他的頭很小但腳很大，看起來就會很荒謬了，那並不符合我們內心的模型。

那麼線條呢？要看著場景區分出哪些物件和其他物件是分開的，對大腦其實是個挑戰。當潛意識在處理訊息時，腦內的視覺處理系統會畫出個別物件的輪廓線。我們的意識從來不會看見這些線條，但還是感覺得出場景裡的每件事物彼此有別。當我們看到一張畫好輪廓線的圖片，就等於是有人完美配合我們腦內的建模機制，先「消化」了場景中的資訊，替大腦省下許多工作。這也是人們覺得看卡通和漫畫很紓壓的原因——這些作品不用花太多腦力就可以理解。

舞台魔術師也會利用和打破我們的心智模型，以此創造驚奇。在我們的心中，模型才是現實，所以我們以為自己看到魔術師做出了不可能的事情。在魔術表演的高潮，觀眾發出的嘆息就是他們心智模型粉碎的聲音。我們只能相信「這一定是戲法」，

才能合理相信魔術師沒有超能力。

　　為了將複雜的現實歸納為便於記憶、思考、操作的簡化心智模型，大腦需要完成的工作非常多。不只視覺物件如此，舉凡人際關係、風險收益評估和決策也都同理。我們的心靈會觀察複雜的情境，試著將之簡化為一系列簡單的規則和關係，以便讓我們在內心操作。

　　我們遊戲設計師非常注重心智模型，因為遊戲簡單的規則就像查理・布朗一樣，都是預先消化好，方便我們輕鬆理解和操作的模型。這也是為什麼玩遊戲能讓人放鬆，因為遊戲世界大大降低了現實世界的複雜性，讓我們的大腦不需要像在現實世界那樣做那麼多事。圈圈叉叉（tic-tac-toe）或雙陸棋（backgammon）等抽象的策略遊戲幾乎都只剩下模型。而其他遊戲，比如電腦RPG遊戲，則是在簡單模型外裹了一層美學的糖衣，讓消化模型的過程變得更有意思。這和現實世界天差地遠，現實世界裡連搞清楚遊戲規則都得花一番心力，要照規則玩得好則更費心思，甚至還沒辦法確定自己這樣做對不對。正因如此，遊戲有時很適合用來演練現實，這也是為什麼西點軍校現在都還要教學生下西洋棋。遊戲有助於我們鍛鍊出消化和試驗簡單模型的能力，然後一步步進階到複雜如現實世界的情況，並在準備就緒後讓我們有能力應付。

　　重點在於要理解我們所經歷和思考的一切都是模型而非現實。現實是無法理解和體悟的，我們能理解的只有自己內心的小小現實模型。有時模型會破損，我們就必須修補。我們所經驗的現實只是幻覺，但這些幻覺是我們唯一能了解的事。身為設計師，如果你能了解玩家內心的幻覺，並學會控制怎麼讓幻覺成形，就能創造逼真的體驗（甚至比現實更逼真）。

▌專注

> 時間有時快得像飛鳥，有時慢得像蝸牛。但不覺時間快慢的時候，才是人最快樂的時候。
> ──伊凡・屠格涅夫（Ivan Turgenev）

　　大腦理解世界的技巧中，最重要的是選擇性集中注意力的能力。這讓我們得以忽視某些東西，把心力投注在其他事物上。大腦在這方面的表現非常驚人，「雞尾酒會效應」就是一例：就算整個房間的人都在講話，我們還是能專心把一段對話聽得很清楚。即便有這麼多對話的聲波同時撞上我們的耳朵，我們也有辦法「聽進」其中一段，把其他對話給「濾除」掉。心理學家為了研究這個現象，發明了一種「雙耳分聽實驗」。在實驗中受試者會戴上耳機，接著兩側耳機會送出不同的聽覺經驗。比方說左耳是朗

讀莎士比亞的聲音，而右耳則是報出一連串數字。儘管兩邊的聲音不太一樣，但如果受試者被要求專心聽其中一個聲音，並複述自己聽到什麼，通常表現都不錯。接著再問他們另一個聲音說了什麼，受試者通常都沒什麼概念。這是因為大腦選擇了要對其中一邊集中注意力，過濾掉其他資訊。

　　潛意識的欲望和意識的意願決定了我們在特定的時間內會把注意力放在什麼東西上。創作遊戲時，我們的目的是創造有趣的體驗，盡可能長時間抓住玩家的注意力，而且讓他們注意力越集中越好。如果有東西能長時間擄獲我們的注意力和想像力，我們就會進入一種有趣的心智狀態，超脫外物，心中不存一絲雜念，只想著我們手上在做的事，完全忽略時間的流動。這種持續的專注、愉悅和享受稱作「心流」，吸引了米哈里・契克森米哈伊等眾多心理學家投入研究。心流的一種定義是「心懷享受與滿足，積極地全心專注在一個活動上所產生的感受」。心流值得遊戲設計師仔細研究，因為我們正是希望玩家在玩遊戲時享受這種感受。要打造能讓玩家進入心流狀態的活動，以下是一些必備的關鍵：

- **清晰的目標**：如果目標清晰，我們就很容易專心執行任務。如果目標很曖昧，我們就無法確定當前的行動是否有用，也就沒辦法「投入」任務。
- **沒有干擾**：干擾會奪走我們對任務的專注力。無法專注就不會產生心流，也就是說，遊戲必須讓玩家心手合一。無需思考的雜務會讓思緒散亂，靜坐空想則會讓雙手發癢。這種「癢癢的」感覺都是干擾。
- **直接回饋**：如果每次做出行動，都要等待才能知道行動的後果，那我們很快就會被打擾，無法對任務保持專心。但如果有即時的回饋，就很容易保持專心。〈第15章：介面〉將會更進一步討論回饋。
- **持續挑戰**：人類熱愛挑戰，但必須是我們覺得自己有辦法克服的挑戰。如果我們開始相信自己無法克服，就會感到挫折，而我們的心智就會開始尋找有什麼活動更容易獲得回報。另一方面，如果挑戰太簡單，我們也會感到無聊，而心智同樣會開始找些回報更大的活動。〈第13章：平衡〉將會有更多關於挑戰的討論。

　　活動要引發心流，必須恰好維持在無聊和挫折之間的挑戰窄廊內，因為這兩種令人不快的感覺都會讓我們的注意力轉移到其他活動上。契克森米哈伊將這條窄廊稱作「心流渠道」。毫不意外地，他舉了遊戲為例來說明什麼是心流渠道：

> 假設下圖代表一種特定的活動，比如說網球比賽。圖的縱軸和橫軸分別代表理論上最重要的兩個維度：挑戰和技巧。字母A代表亞力，這個男生正在學打網球。圖中是四個不同時間點的亞力。剛開始打網球時（A_1），亞力還不會任何技巧，他唯一的挑戰就是要把球打過網。這不太難，但他應該滿喜歡的，因為這件事的

難度正適合他的基本技巧，此時他可能會處於心流之中。但他不會停得太久，如果他持續練習，一陣子過後技巧就會進步，讓打球過網的行為慢慢變得無趣（A_2）。或者他也可能遇到更熟練的對手，就會發現除了打高吊球以外還有更難的挑戰，也會因為表現不好心生焦慮（A_3）。

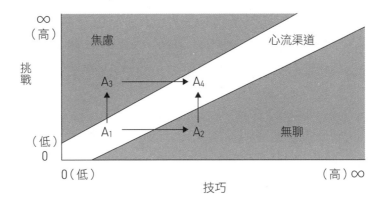

無聊和焦慮都不是什麼正面體驗，這給了亞力想要回歸心流狀態的動機。但要怎麼做才行呢？再看看圖表，我們可以發現如果亞力覺得無聊（A_2），想要再次回到心流裡的話，基本上只有一個選擇：面對更難的挑戰。（還有另一個選擇是直接放棄網球，A 就會直接從圖表上消失。）亞力只要設定一個比較難但符合目前水準的新目標，例如比現在回擊更多對手打來的球，就可以回到心流裡了（A_4）。

如果亞力處於焦慮狀態（A_3），想回到心流就要增進技巧。理論上他也可以降低目前面對的挑戰難度，回到一開始的心流狀態（A_1），但實際上只要人意識到挑戰，就很難忽略其存在。

圖表中的 A_1 和 A_4 都代表亞力進入了心流之中。雖然兩者同樣有趣，狀態仍相當不同，因為 A_4 的體驗比 A_1 要複雜多了，因為前者既有更多挑戰，也需要更好的技巧。

不過雖然 A_4 比較複雜有趣，但也不是可以一直維持的狀態。只要亞力繼續打球，就會因為只能遇到同等級的對手而感到無聊，或是因為實力不足而焦慮挫敗。於是，想要再次享受網球的動機會促使他再度回到心流渠道，但也會讓他進步到比 A_4 更複雜的新階段。

這種動態解釋了為何能引發心流的活動也會帶來成長和發現。長時間做同一件事而沒有進步無法令人快樂，人要麼厭倦，要麼感到挫折，接著尋求快樂的欲望就會再次敦促我們提升技巧，或是尋找運用技巧的新機會。

　　你可以看到，待在心流渠道顯然需要精巧的平衡，因為玩家的技巧很少會滯留在同一個程度。隨著他們的技巧成長，你也需要給他們相應的挑戰。傳統遊戲的挑戰主要來自尋找更強的對手，而電玩遊戲的挑戰通常是一連串逐步升級的關卡。關卡難度不斷提升的模式，是種優秀的自我平衡——技巧精湛的玩家通常能快速通過低等級的關卡，抵達對他們有挑戰性的關卡。技巧和破關速度之間的關聯，可以預防技巧傑出的玩家覺得無聊。不過，願意堅持不懈、征服所有關卡的玩家還是少數。大部分玩家玩到某個關卡就會因為花了太多時間而陷入挫折，最後放棄遊戲。這件事是好是壞仍未有定論，有些人不喜歡讓大量玩家感到挫敗，另一些人則認為只讓技巧好、有毅力的玩家抵達終點，成功才會顯得特別。

　　許多設計師也會很快指出，雖然待在心流渠道很重要，但溯流而上的方法也有優劣之分。像這樣順渠而上……

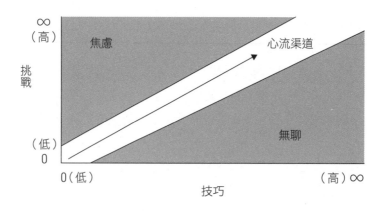

　　絕對比在焦慮或無聊中結束遊戲來得好。但不妨想像下圖這樣的遊玩體驗：

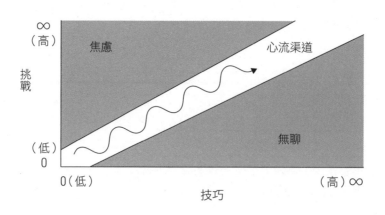

　　這個重複加強挑戰，接著給予獎勵的循環模式，或許會讓玩家更感到有趣。挑戰

的獎勵通常是更強的力量，讓玩家接下來會有一段難度較低的輕鬆階段。不久後，挑戰難度又會再次上升。比如說遊戲裡有一把槍只要擊中三次就可以消滅敵人，隨著遊戲進行，敵人會愈來愈多，挑戰也愈來愈難。但如果我努力迎戰，打倒夠多敵人，就可以得到一把新的槍，只需要擊中兩次就能消滅敵人。這個獎勵不錯，遊戲瞬間變得比較簡單了，但輕鬆的時光不會持續太久，因為很快又會出現就算用新槍，也要三、四發子彈才能打倒的敵人，讓難度變得更高。

各種設計裡都有這種「一鬆一緊」的循環，人類似乎天生就喜歡這種模式。繃得太緊我們會疲乏，太輕鬆又會無聊。如果在兩者之間來來回回，我們就會同時覺得既刺激又放鬆，而擺盪也能帶來變化和期待的樂趣。

心流和心流渠道的概念在討論和分析遊玩體驗時非常有用，能成為我們的21號鏡頭。

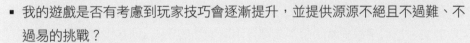

21號鏡頭：心流

要使用這顆鏡頭，請思考什麼能讓玩家保持專注。

問自己這些問題：

- 我的遊戲目標是否清晰？如果不是，該如何解決？
- 玩家目標是否和我的期望一致？
- 遊戲中是否存在足以令玩家忘記目標的干擾？如果有，是否能減輕這些干擾，或是將之與遊戲目標連結起來？
- 我的遊戲是否有考慮到玩家技巧會逐漸提升，並提供源源不絕且不過難、不過易的挑戰？
- 玩家提升技巧的速度是否與我的期待一致？如果沒有，該如何改變？

圖：Diana Patton

心流很難測試，只玩個十分鐘是不會出現心流的，你必須觀察玩家更長一段時間。更棘手的是，遊戲也可能在前幾次引發心流，之後卻變得無聊或令人挫敗。

觀察玩家時，很容易看漏心流，因此你必須學會辨認。心流不見得會伴隨外顯情感，反而更常出現安靜的抽離。在單人遊戲中進入心流的玩家常會變得安靜，還有可能自言自語。由於太過專注，他們聽到你的問題時可能會反應遲鈍或是惱火。而在多人遊戲中進入心流的玩家，有時會激動地和別人對話，並一直專心玩遊戲。一旦注意

到玩家在遊戲中進入心流，你就需要仔細觀察了，因為他們不會一直留在此狀態中。請務必注意他們離開心流渠道的關鍵事件，這樣你才可以想辦法在下一次的遊戲雛型裡避開同樣問題。

最後提醒：別忘了把心流鏡頭轉向自己！你會發現，進入心流時，可以完成最多工作，所以一定要好好安排自己的工作時間，才能經常進入這種特別的狀態。

同理

身為人類，我們擁有將自己投射於他人立場的奇妙能力，此時我們會盡自己所能去以對方的方式思考和感受。能做到這點就證明了我們有能力了解他人，這是玩遊戲必備的能力之一。

有個好玩的劇場練習，是把一群演員分成兩組。第一組的每個演員要選擇一種情緒（快樂、悲傷、憤怒等等），接著在舞台上走來走去，嘗試用姿態、步伐和臉部表情來展現自己所選的情緒。第二組人則不會選擇情緒，他們只要隨意在第一組周圍走動，試著對上另一組的目光。第一次這麼做時，第二組的演員就發現自己的行為極其驚人——每當他們的目光對上另一個正在展現情緒的人，就會不由自主產生相同的情緒、做出一樣的表情。

同理的力量就是這麼強，毋須刻意嘗試，我們就能成為另外一個人。看到開心的人，我們會覺得彷彿是自己在開心；看到人悲傷，我們也能感到切身之痛。表演藝術家正是利用了同理的力量，讓我們覺得自己身在他們所創造的世界裡。更奇妙的是，同理可以在眨眼之間，從一個人轉到另一個人的身上，我們甚至也能同理動物。

你曾不曾注意過，比起其他動物，狗的臉部表情更豐富多變？牠們就像我們人類一樣，能用眼眉表達情緒（見下頁上圖）。狼（狗的祖先）的臉部表情就不及馴化的狗那麼豐富。這似乎是狗為了生存而演化出來的技能，因為狗只要有辦法做出正確的表情，就能擄獲我們的同理心；而我們如果能感覺到牠們的感受，就更對牠們付出更多關心。

當然，大腦都是用心智模型來完成這些事——老實說，我們同理的對象並非真正的人或動物，而是同理他們在我們心中的心智模型。這代表我們很容易上當，會感受到實際上並不存在的情感，照片、圖畫或是電玩遊戲的角色，全都能輕易使我們心生同理。電影攝影師深知箇中道理，他們很擅長讓我們的同理心在一個個角色之間轉移，操縱我們的感受與情緒。下次看電視時，你可以隨時注意自己的同理轉到了誰身上，又為什麼會轉過去？

　　遊戲設計師利用同理的方法和小說家、圖像創作者和導演一樣，不過我們也另有一套新方法能利用同理進行互動。遊戲的重點是解決問題，而同理的投射正好是解決問題的好方法。若能站在他人的立場上思考，我們就更容易知道別人會做什麼來解決問題。此外，在遊戲裡，你不只把感情投射在角色身上，也投射了你下決定的整套思維能力。你以其他非互動性媒體無法辦到的方式，成為了角色本身。〈第20章：角色〉將會再討論這些細節之間的關聯。

▎想像

> 只有靠想像，才能進入最美的世界。
> ——海倫・凱勒

　　靠著「讓遊戲進入玩家」，想像力讓玩家進入了遊戲。
　　談到玩家的想像力時，你大概以為我的意思是他們的創造力和編織夢幻世界的能力，但我說的其實是更平凡的事物。我所謂的想像力是一種人人習以為常的超凡力量，人們天天都在用這種想像力來溝通和解決問題。打個比方，如果我告訴你一句「郵差昨天偷了我的車」，雖然我告訴你的事不多，但你大概心裡已經有畫面了，而且妙的是，你心裡的畫面會充滿我講的話裡沒有提過的細節。看一下你腦中的畫面，回答這些問題。

- 郵差的外表是什麼樣子？
- 他偷我的車時，車是停在怎樣的地方？

- 車子是什麼顏色？
- 他是在什麼時間偷的？
- 他怎麼偷的？
- 為什麼他要偷車？

雖然我沒告訴你這些事，但你那不可思議的想像力已經編出了一堆細節，讓你可以更輕鬆描繪出我告訴你的事。現在，要是我突然告訴你更多資訊，比如「不是真的車，而是一輛很貴的模型車」，你又會迅速重組想像中的畫面，以符合剛剛聽到的資訊，而上述問題的答案也會隨之變化。這種自動填空的能力和遊戲設計密切相關，代表遊戲不需要給出所有細節，玩家就可以自行填補空位。使用的訣竅在於你要分辨出該向玩家展示哪些資訊，又要把哪些東西留給玩家自行想像。

仔細想想，這種能力真是不可思議。大腦只會處理簡化後的現實模型，代表我們可以毫不費力地操作這些模型，甚至創造現實中不可能的情境。看著一張扶手椅，我可以想像它如果換個顏色或尺寸會是什麼樣子，想像如果它是麥片做的，或是如果它可以自己走來走去的話，又會是什麼樣子。我們能用想像力解決很多問題，如果我要你不靠梯子換燈泡，你就會馬上開始想像有什麼可能的解方。

想像力有兩個重要功能：第一個是溝通（通常用來說故事），第二個則是解決問題。鑑於這兩者是遊戲最大的特色，遊戲設計師必須了解要怎麼利用玩家的想像力幫忙說故事，以及分辨哪些問題是想像力能解決的，哪些則否。

人類的心靈著實是我們所知最迷人、奇妙、複雜的東西。我們或許永遠無法揭開它的祕密，但心靈是一切遊戲體驗產生的地方，所以我們知道得愈多，就愈有可能為心靈創造絕妙的體驗。而且別忘了！你自己也有心和腦。你可以運用自己的建模、專注、同理和想像，來了解玩家內心如何運用這些力量。如此一來，聆聽自己就成了聆聽受眾的敲門磚。下一章，我們就要聆聽一下自己，以此來了解是什麼動機讓大腦使用這些力量。

延伸閱讀

- 《心流：高手都在研究的最優體驗心理學》（行路出版），米哈里·契克森米哈伊著。本書由心流領域最知名的研究者撰寫，深入淺出地探索了心流的本質。

11 驅動玩家內心的是動機

The Player's Mind Is Driven by the *Player's Motivation*

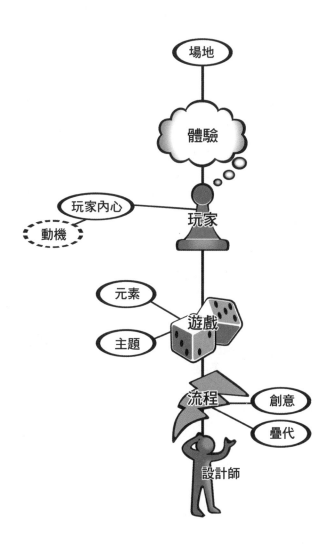

在本章開始之前，我們要先面對一個痛苦的真相：

遊戲根本不重要。

當然，我們是喜歡玩遊戲沒錯。玩遊戲讓人興奮，也帶給我們值得回憶的美好體驗。但在生活大局裡總是有些更重要的事情得做，而且說實話，每一種娛樂都是這樣。如果要說所有娛樂性體驗的目標，都是把無關緊要的小事（比如把球投進籃框、關於幻想動物的故事，或是這張牌是K還是A）弄得好像真有那麼重要，也不算言過其實。這算是什麼騙局嗎？不是。畢竟，我們一直都知道它「不過是場遊戲」，但在玩遊戲時，內心會有些東西讓我們覺得遊戲不只是遊戲，它推動我們、驅使我們在乎這些瑣碎的體驗，彷彿這是什麼生死攸關的大事，這就是動機的魔力。自有哲學以來，我們就開始自問，為什麼我們會如此行動？不過遊戲設計師似乎對人類的動機特別有見地，這點倒是沒什麼好懷疑的。

遊戲設計師實際了解的現實其實有點模糊，也是這種模糊讓遊戲設計充滿挑戰性。說真的，大多數設計師想創造一套能引發動機的系統時，很少會先熟習複雜的心理學，反而大多憑藉直覺和實驗，偶然達到成功。然而，任何有關動機的觀察，都有可能派得上用場，更何況這還是心理學研究中少見和我們設計目標一致的領域。所以我們就從這裡開始吧。

▍需求……

1943年，心理學家亞伯拉罕‧馬斯洛發表了一篇名為〈人類動機的理論〉（A Theory of Human Motivation）的論文，提出了人類的需求層次。這個理論通常會畫成一座金字塔（見下頁）：

需求層次的概念是，如果低階需求沒有獲得滿足，人就沒有動機追求高階的需求。比如說，人快餓死的時候，填飽肚子就比安全感更優先；如果感覺不到安全，就不會認真追求人際關係；如果缺乏愛與社會歸屬感，就不會想要提升自尊；如果沒有自尊，人就沒辦法發揮才華（還記得最開始的關鍵天賦嗎？），實現自己的「天職」。

也許仔細思考的話，你也可以找出一些馬斯洛金字塔的例外，但整體而言，在討論遊戲中的玩家動機時，這套理論已經算十分有用了。同時，思考不同的遊戲活動屬於哪個層次也滿有趣的。許多遊戲中的活動都和追求成就和取得掌控權有關，這些需求屬於第四層的自尊。但有些遊戲活動能滿足較低層次的需求，從這個觀點來看，多人遊戲這麼誘人又容易留住玩家的原因，就突然顯而易見了──這些遊戲所滿足的需求比單人遊戲更基礎，所以我們也就不必驚訝許多玩家都更有動力玩多人遊戲。

你想得到有什麼遊戲活動滿足的層次更低，甚至能滿足第一、第二層的需求嗎？

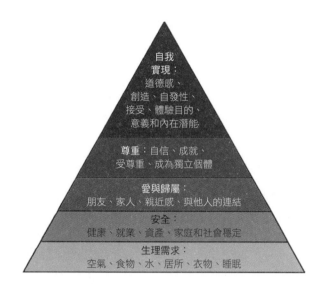

或是能滿足第五層需求的活動呢？《當個創世神》（*Minecraft*）這麼成功，可以說就是因為它涵蓋了整座需求金字塔。遊戲的幻想背景設定包含了最低兩層的需求（你要蒐集資源建造安全的居所），而涉及掌握和創造的多人遊戲模式則涵括了上面三層。

當遊戲能讓你和他人產生連結，就能帶來某種成就感，加上如果能讓你在其中建立和創造東西來表現自我，這個遊戲就能滿足第三、四、五層的需求。從這個觀點來看，就可以理解為什麼遊戲如果有線上社群和內容創作工具（content creation tool），就能長盛不衰。不同的需求層次如何互相增益，也是一個有趣的題目，不過我們還有其他思考需求的方式。

▌ ……以及更多需求

在需求問題上，許多現代心理學家都提出了和馬斯洛一樣有意思的新觀點。其中和遊戲最相關的，是愛德華·德西（Edward Deci）和理查德·萊恩（Richard Ryan）的研究，他們對「自我決定論」（self-determination theory）的發展貢獻良多。別被駭人的名字嚇到了，這個理論只不過是在談人類除了生理需求之外還有心理需求——這些需求不只是「想要」或「渴望」，而是真切的「需求」。如果沒能滿足這些需求，我們的內心就會失去健康。令人驚訝的是，萊恩和德西還精確地提出了三大心理需求：

1. **能耐**：我們需要覺得自己擅長某些東西。
2. **自主**：我們需要有決定怎麼做事的自由。
3. **關聯**：我們需要和他人相連結。

這三大需求看起來簡單得驚人，但其正確性卻有大量證據支持，而且不可忽略的

是，遊戲似乎的確能滿足這三大需求。遊戲的設計目的就是給人掌握感，讓玩家能自由決定用什麼玩法進行遊戲。不只如此，既然只是遊戲，玩家也可以隨時自由退出不玩。當然，大多數遊戲也都設計成允許和他人遊玩，這也有助於形成社交連結和紐帶。在後續的章節中，我們還會找到分別對應能耐、自主和關聯的鏡頭，但也別忘記需求本身的重要性，所以請收下這顆鏡頭吧。

22號鏡頭：需求

要使用這顆鏡頭，先停止思考遊戲本身，開始想想它能滿足哪些人類基本需求。

問自己這些問題：

- 我的遊戲會落在馬斯洛金字塔的哪一層？
- 我的遊戲是否滿足了能耐、自主和關聯三種需求？
- 該如何讓我的遊戲比現在滿足更多基本需求？

圖：Chuck Hoover

- 我的遊戲現在已滿足的那些需求，怎麼做可以精益求精？

說遊戲能滿足人類的基本需求，聽起來可能很奇怪，不過人類做的每一件事，都是在以某種方式滿足需求。另外也別忘了，各個遊戲滿足需求的能力不同，所以你的遊戲不能只是滿足需求，還要讓玩家感受到滿足感。如果玩家本來以為，玩你的遊戲會讓他感覺更好，或是更了解他的朋友，結果你的遊戲卻沒能滿足這些需求，他就會去玩可以令他滿足的遊戲。

內在與外在動機

還有一種考量動機的方式，是看看動機來自哪裡。這和遊戲設計師特別有關，因為遊戲會用上各種動機來維持玩家的興趣。這個問題表面上聽起來很簡單：如果是我自己想要做某件事情，就可以說我的動機來自內在；而如果有人付錢叫我做某件事情，那動機就來自外在。但在遊戲現實中，兩者很快會變得模糊不清。我玩《小精靈》的理由，是為了享受在迷宮中追趕競逐時引發內心的驚險刺激（內在動機），還是因為遊戲會給我分數（外在動機）？如果我其實是為了獲得高分時所產生的興奮感呢？這算是內在還是外在動機，或者兩者皆是？假如百事公司做了一款遊戲，裡面累積的

分數和獎勵可以換到激浪汽水，這顯然是一個外在動機系統。但如果這款遊戲變成了我和朋友之間的樂子，我們會比賽誰能贏得更多積分和獎勵，並從社交體驗中獲得內在的樂趣，又是哪種動機呢？有些人傾向把外在動機醜化為「廉價」的設計，但精明的設計師知道，任一種動機都會像藤蔓一樣爬上棚架，衍生出新的動機。

一些心理學家曾試著用漸變表來表述內在與外在動機有多複雜：

外部	外在	外在動機	為了報酬
		內攝動機	因為我說了我會做
		認同動機	因為我覺得這很重要
		整合動機	因為我就是這種人
內部	內在	內在動機	因為我就是為了做而做

他們最關鍵的想法是，「內在」與「外在」並非截然二分，而是愈貼近「真正的自我」，就愈接近內在動機。了解遊戲中不同的動機到底有多內在或是多外在，對於遊戲設計師而言至關重要，因為動機之間並非平等，彼此的交互作用有時也出乎意料之外。有個著名研究是這樣的：兩組小孩被要求各自畫畫，第一組畫的每張圖都會得到報酬，但第二組不會。相信動機愈多愈好的人可能會期待有拿報酬的一組會畫得更多、更好，這個想法只對了一半：他們確實畫得更多，但品質卻比較差，畫出來的東西都不夠有趣、缺乏內涵。更驚人的還在後面：畫畫時間結束後，研究人員會要兩組小孩暫停，然後離開房間。沒有拿報酬的小孩看著面前的紙和蠟筆，就自然而然地拿起來繼續畫畫。但有拿報酬的小孩卻不會這麼做，他們會放下蠟筆，等待研究人員回來。從這個研究看來，動機並不會單純地疊加。對已經有內在動機的行為增添外在動機，會讓整體動機沿著漸變表滑向外在，反而導致內在動機流失！對那些相信只要加上積分、獎章和獎勵，就能把任何行為都輕鬆「遊戲化」的人來說，這項發現能帶來相當大影響。

▎想要與必須

在〈第4章：遊戲〉裡，我們討論過改變心態就能把工作變成遊戲，而且反之亦然，這點毫無疑問跟動機有關。想想那個工廠工人每天都努力突破自己的工作紀錄，結果動機和參與感大大提升的例子。到底發生了什麼事呢？當然，我們可以說他的動機已經變得比較內在。他變得沒那麼在乎工作本身的外在獎勵（薪水），而是專注於更內在的東西，也就是打破自己的個人紀錄。這是出於他自己的意願，於是他的行動動機

也就更加關乎自我了。

但其中還是有別的因素，只是我一直不確定是什麼。直到我讀了一本神經科學的書，得知在我們的大腦裡追求愉悅和逃避痛苦是兩個不一樣的系統，我才弄懂這回事。從痛苦到愉悅不是一段漸變，而是兩套不同的動機迴路。我們常常把追求愉悅和逃避痛苦綁在一塊，當成所謂的「動機」，不再多加思考。但如果分別思考兩者，就會發現一些有趣的事。

以下的例子會告訴我們，這和遊戲到底有什麼關係。想像一下我開了一間新的軟體公司：紅色大按鈕軟體公司，第一個產品是一種新的報稅軟體。我們寄了一封郵件給你，裡面有一個大大的紅色按鈕。你按了下去，然後砰！稅單馬上就好了，保證你可以拿到合法的最高退稅。我猜你應該會同意這是個很棒的軟體產品，我也很高興你喜歡它，因為我們已經準備好推出下一個產品：一款叫做《憤怒鳥》的遊戲。我們又寄給你一封有紅色按鈕的郵件，這次你也按了下去，砰！你立刻就贏了！

但這個遊戲軟體就沒這麼令人讚嘆了對吧？老實說，這可能是有史以來最糟的遊戲。為什麼這兩個程式有這麼大的差別？簡單來說就是：我「必須」要報稅，但我「想要」玩遊戲。報稅是關於逃避痛苦，我做這件事不是因為有趣，也不是因為有人付錢給我，而是因為如果不報稅，我就會被罰一大筆錢，甚至要進監獄。但玩遊戲卻是在追求愉悅，不玩也不會有什麼損失，我玩只是因為我喜歡玩而已。這與活動本身無關，而是關於我們對活動抱持什麼心態。我有個朋友很喜歡填稅單，玩遊戲反而讓他覺得無聊。對他來說，報稅反而是他「想要」做的行為，而打電玩卻是「必須」做的事情。

那麼為什麼要注意這些事呢？因為很多玩遊戲的動機雖然都跟追求愉悅有關，但並非所有動機都是如此，也有很多是為了逃避痛苦。當你試著躲開敵人並「想辦法不要死掉」時，就進入了逃避痛苦的模式。當你蒐集金色星星打出超強連續技時，則是進入了追求愉悅的模式。兩者都是很有用的動機，也可以配合得很好，不過兩者的結合有時也會失去平衡。「基本免費遊戲」一開始常常完全聚焦於追求愉悅：大量獎勵、意外回報、刺激的動畫效果，但隨著時間過去，遊戲裡必須完成的「作業」就會愈來愈多，比如要在指定時間回來不然就會失去分數、邀請更多朋友不然就沒有獎勵。這些遊戲訴求的動機，逐漸從追求愉悅變成逃避痛苦。它們會逼你一直玩，但你卻不見得會感到開心。雪莉・格拉納・雷（Sheri Graner Ray）對這種模式的評論是：「人們最後不是單純離開遊戲，而是跟它離婚。」很多《魔獸世界》的玩家也有類似的經驗，他們一開始會玩是因為裡面有太多好玩的事可做，像是加入公會、經營友誼和享受團隊合作中的同伴情誼等。但有時候公會團長太渴望成功，就逼成員花費超出他們意願的時間來玩遊戲。玩家想要避免對公會感到歉疚的痛苦，不得不一直上線，遊戲也慢慢變成了他們「必須」做的事情。

有個有趣的觀點可以用來檢視遊戲裡的動機。請畫兩條軸線，一條代表內在／外在動機，另一條則代表必須／想要，並嘗試將每一種動機放入座標裡。這張圖可以讓我們看出，人類的動機是多麼豐富有趣。

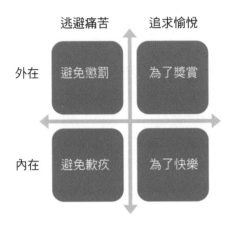

有些人會告訴你人類的動機很簡單，請提防這種人，因為如果忽略動機有多麼複雜，付出代價的還是你自己。23 號鏡頭可以幫助你記得這件事。

23號鏡頭：動機

每個遊戲都是一個複雜的動機生態系。若要更仔細研究動機，問自己這些問題：

- 玩家出於什麼動機在玩我的遊戲？
- 哪些動機最內在？哪些最外在？
- 哪些是追求愉悅？哪些是逃避痛苦？
- 哪些動機會彼此增益？
- 哪些動機彼此衝突？

圖：Dan Lin

新意

世上最流行的東西無疑就是新意。
——馬克・吐溫

在遊戲設計的領域，新意這個動機的重要性再怎麼強調也不為過。人類是天生的探險家，我們對新的事物永遠都充滿好奇。如果品質是第一要求，那書店裡應該會擺滿經過時間考驗的經典作品。然而，經典作品總是被擺在最後面的書架生灰塵，絕大多數擺出來賣的書都是全新的作品。遊戲就更是如此了，主宰遊戲討論的都是新發行和即將發行的作品。渴望新意向來都是玩家購買遊戲最大的動機，今天售價幾百元的遊戲和系統，明天在拍賣網站上就能用幾分錢買到。而追求新意也是讓玩家持續遊玩的一大動機，相信下一關會有新東西，是讓人打完這一關的強烈誘因。

遊戲中有種極為強大的新意，是能夠徹底翻轉思維的新意。《傳送門》（Portal）就是一個好例子，它的遊戲機制非常奇妙，讓人可以把彼此相連的「洞」射到天花板、牆壁和地面上。此遊戲的宣傳文案「開始思考怎麼開門（Now you're thinking with portals）」說得恰如其分，因為遊戲機制讓你學會了全新的思考方式。即便世界和從前無異，你也發展出互動的新方式。這種方式也許從未出現在你的腦海中，因為它似乎不太可能發生，但是突然之間，它不只成為可能，還催促著你依照這種新方式行動。新穎的思維能舒展我們的大腦，帶來難以置信的收穫。

不過請記得，新穎過頭也會變成問題。每個成功的遊戲都揉合了新奇和熟悉的事物，很多迷人的遊戲之所以失敗，都是因為太過超前時代。更危險的狀況是你的遊戲雖然有新意，但其他地方的品質卻不足以留住玩家。所以請小心，不要傻到以為只有新意便已足夠。新意有助於宣傳和初期銷量，但如果遊戲本身不夠實在，玩家就來得快，去得也快。

你很輕易就能感嘆社會追求新意多過品質，但人類一直都是靠著追尋和抓住新意去探索可能性，並追求更好的世界。所以不要糾結於人們對新意的胃口永不滿足，請你擁抱它，並給出玩家想要的東西，也就是他們從未體驗過的事物。只要確定當新意退去，整個遊戲還有值得繼續玩的地方就好了。下面的鏡頭可以讓你記得這件事。

24號鏡頭：新意

與眾不同的東西未必更好，但更好的東西必定與眾不同。
——史考帝·梅爾策（Scotty Meltzer）

要駕馭追求新意的強烈動機，問自己這些問題：

圖：Zachary D. Coe

- 我的遊戲有何新意？
- 新意是否貫串整個遊戲，還是只限於開頭？
- 新意和熟悉感結合得怎麼樣？
- 當新意退去，玩家還會喜歡我的遊戲嗎？

▌評斷

馬斯洛金字塔的第四層「自尊」是和遊戲最直接相關的一項需求，但為什麼？每個人心中都有一個深切的共通需求，就是受到評斷。聽起來好像不太對，人應該會討厭被評斷啊？不對，人們只是討厭受到不公平的評斷而已，但我們內心深處都想知道自己有多少斤兩。如果不滿意他人對我們的評斷，我們就會更加努力，以取得期待中的評斷。而遊戲其實是種絕佳的客觀評斷系統，這也是它們受歡迎的理由之一。

本章只粗略提了一下有關遊戲的人類動機本質，但不要擔心，我不會就這麼丟下這個主題。好遊戲創作過程中的每個面向，到頭來都要回歸人類的動機。所以請把這一章當作起點，我們會在這個基礎上，一步一步理解做每件事的理由。接下來，我們就要研究讓遊戲運作起來的機制了。

25 號鏡頭：評斷

要知道遊戲是否能正確評斷玩家，問自己這些問題：

- 你的遊戲會對玩家做哪些評斷？
- 遊戲如何傳達這些評斷？
- 玩家覺得這些評斷公平嗎？
- 他們在乎這些評斷嗎？
- 這些評斷會讓他們想進步嗎？

圖：Joseph Grubb

延伸閱讀

- 《Glued to Games》，Scott Rigby 和 Richard M. Ryan 著。本書解釋了自我決定論和遊戲運作之間的關係，頗有見地。
- 《Punished by Rewards》，Alfie Kohn 著。本書清楚綜觀了許多有關外在獎勵的缺陷的研究。
- 《Understanding Motivation and Emotion》，Johnmarshall Reeve 著。如果你已經無法滿足於基本概念，想要更了解動機與情緒的機制，這本大學課本充分介紹了心理學界對此題目的研究。

12 有些元素屬於<u>遊戲機制</u>
Some Elements Are *Game Mechanics*

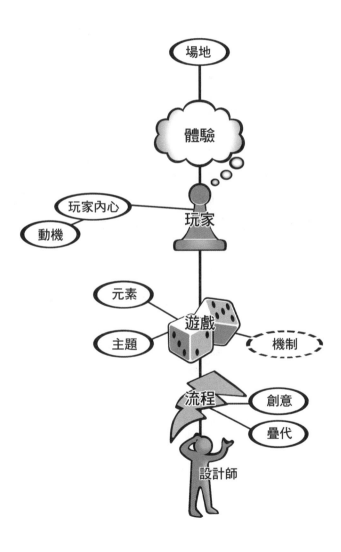

我們前面已經談過很多關於設計師、玩家和遊戲體驗的事情，現在該來談談實際組成遊戲的細節了。遊戲設計師必須知道如何用他們的Ｘ光透視遊戲的表象，了解由機制所構成的骨架。

不過機制到底是什麼高深莫測的東西？

遊戲機制是遊戲的核心本體，除去美學、科技和故事以後，剩下的互動與關聯就是機制。

跟遊戲領域的其他事物一樣，我們也沒有一套舉世皆準的遊戲機制分類學。其中一個原因是，就算是很簡單的遊戲，機制仍然非常複雜、難以解析。想要把複雜的機制簡化成完美的數學判斷，就會變成一堆明顯不完善的描述系統。經濟學中的「賽局理論」（game theory）就是一例。聽到「賽局理論」，你可能會以為對遊戲設計師很有用，但其實這套理論只能處理非常簡單的系統，在真正設計遊戲時幾乎派不上用場。

但造成遊戲機制分類論不完善的原因也不僅如此。某方面來說，遊戲機制是一套非常清楚客觀的規則。但從另一方面來看，遊戲機制也包含了一些比較神祕的成分。我們之前討論過大腦如何把遊戲分解成方便操作的心智模型，遊戲機制的某些部分必然涉及描述心智模型的架構。由於這些架構大部分都藏在幽邃的潛意識之中，所以要找出一套定義清晰的方法來分析、分類其運作十分不易。

但這不代表我們就不用嘗試了。有些學者會用非常學術的觀點來研究此問題，但他們關心的是這套分析方法是否在哲學上滴水不漏，而不是能否讓設計師實際運用。我們掉不起這種書袋，為學問而做學問固然是好事，但我們感興趣的是如何拿學問來做出好遊戲，所以就算分類論有些灰色地帶也不要緊。話都這麼說了，我就來談談我的遊戲機制分類論吧。我這套分類論將機制分成七組，每一組都能為遊戲設計提供有用的洞見。

▌機制1：空間

每個遊戲都是在某種**空間**裡進行的，這個空間就是遊戲的「魔法陣」。它定義了遊戲中存在的各個場所，以及場所之間有何關係。在遊戲機制中，空間是一種數學架構。我們需要剝下所有視覺和美學效果，只觀察遊戲空間的抽象結構。

沒有任何制式的規則可以描述這些不加修飾的抽象遊戲空間。不過整體來說，遊戲空間：

1. 要不是離散的，要不就是連續的
2. 有一定數量的維度
3. 有相連或不相連、具界線的區域

比如說，圈圈叉叉這種遊戲的空間就是一塊離散的二維圖板。不過「離散」是什麼意思？這個嘛，雖然圈圈叉叉的圖板一般都長這樣：

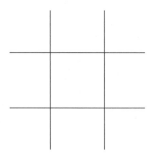

但它其實不是連續的空間，因為圖板上的重點是界線，而非格子內的空間。無論你把X畫在……

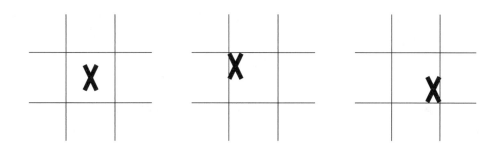

都不重要，這些畫記在遊戲裡的意義都一樣。但如果你把X畫在這裡：

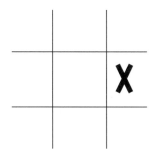

就完全是另一回事了。所以說，即便在這個連續的二維空間上，玩家有無限的地方可以畫記，但其實真正對遊戲有意義的，只有九個離散空間而已。換句話說，我們實際上擁有的是九個零維格子，這九個格子在二維圖板上像這樣彼此連接：

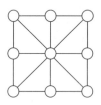

每個圓圈代表一個零維空間，線條則顯示了空間之間的連結。在圈圈叉叉這種遊戲裡，空間和空間之間不會有什麼東西移動，但相鄰關係（adjacency）非常重要。少了相鄰關係的話，就只剩下九個不相連結的點。相鄰關係讓它們變成了一個有明確界線的離散二維空間，亦即一個三格長、三格寬的空間。西洋棋棋盤的空間也很類似，只不過它是8×8的空間。

炫目的美學設計可以讓你誤以為遊戲裡的功能空間（functional space）比實際上更加複雜。《地產大亨》（*Monopoly*）的圖板就是個範例。

乍看之下，你會以為地產大亨的圖板是像棋盤一樣的離散二維空間，只不過拿掉了大部分中間的格子。但它只需要用一維空間就能呈現了，因為這種圖板其實是一條線，首尾相接，上有四十個離散點。當然，圖板上四個角落的格子比較大，所以看起來比較特別，但功能並沒有差別，因為每個格子都是一個零維空間。雖然同一個格子能放好幾個遊戲零件，但裡頭的相對位置並沒有意義。

不過並非所有遊戲空間都是離散的。撞球檯就是一個連續二維空間的例子，它有固定的長寬，球可以在檯面上自由滾動、被壁面彈開或是落入固定位置的球袋。大家應該都同意這是一個連續平面，不過真的算二維嗎？畢竟有些厲害的撞球選手能讓球彈起來，跳過其他球，所以你也可以主張這是一個三維遊戲空間。某些時候，這樣思考也確實很有意義。抽象功能空間該如何描述，並沒有硬性規定。設計新遊戲時，把空間想成二維或是三維，都各有能派上用場的時候，連續與離散也是一樣的道理。將遊戲拆解為功能空間的目的是為了方便思考，不會因為美學或是現實世界分心。如果你構思的是要如何修改足球場上的界線，你應該就會把球場想成一個二維連續平面。

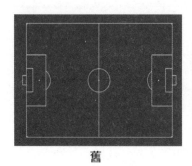
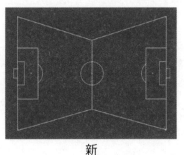

舊　　　　　　　　　　新

但如果你構思的是調整球門高度、改變球可以踢多高的規定，或是在球場上加入地形起伏，那麼把球場想成是一個連續三維空間可能就比較有用。

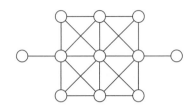

甚至有時候你也可以把球場想成離散空間，比如拆解成九個主要活動區域，然後在左右另外加上代表球門的區域。如果你要分析場上不同區塊裡的不同玩法，這種思考方式也許就會有用。重點在於，將遊戲空間化為抽象模型，能幫你更了解遊戲中的相互關係。

■ 巢套空間

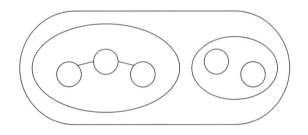

很多遊戲空間都比我們此處所舉的例子更複雜。一種常出現的情形是「空間裡的空間」，也可以稱之為巢套空間（Nested Space）。電腦上的奇幻角色扮演遊戲就是一個好例子，這些遊戲大部分都有著二維連續的「戶外空間」，遊走在空間裡的玩家會看到代表城鎮、洞穴或城堡的小圖示，他們可以進入這些完全獨立的空間，但這些空間並不真正和「戶外空間」相連，而是透過門的圖示進入。當然，這種表現方法在地理上並不符合現實，卻符合我們對於空間的心智模型。當我們身在室內，我們在意的是建築內的空間，很少會考慮它與戶外空間的關係。因此，這些「空間內的空間」通常很適合簡單地表現複雜的世界。

■ 零維空間

所有遊戲都在空間中進行嗎？像「二十問」（Twenty Questions）這個遊戲，一個玩家想著一件物品，另一個玩家只能靠著問是非題來猜出謎底。這類遊戲完全沒有圖板

和動作，只有兩個人在講話。你可能會覺得這個遊戲並沒有涉及空間，但另一方面，你可能也會發現，下圖的三環空間非常適合進行這個遊戲。

回答者內心　　　　　　問答空間　　　　　　提問者內心

回答者內心想著一個物品但不說出來，提問者內心則不斷評估先前的答案，而所有資訊都在兩人之間的問答空間交流。每個遊戲都有某些資訊或是「狀態」（見稍後的機制2），而且這些資訊必須存在於某個空間。因此，就算遊戲是在零維的單點內進行，把遊戲所在的情境想成是一個空間也很有用。為這些空間看似並不重要的遊戲構思一個抽象模型，可能會讓你得到令人驚喜的洞見。

能夠以功能性的抽象觀點來思考遊戲中的空間，對設計師非常重要，這也是我們的26號鏡頭。

26號鏡頭：功能空間

要使用這顆鏡頭，請思考在拿掉所有可見元素後，你的遊戲實際上在什麼空間中進行。問自己這些問題：

- 遊戲的空間是離散還是連續？
- 遊戲空間有幾個維度？
- 遊戲的界線為何？
- 有沒有「子空間」？子空間之間如何連接？
- 有沒有更多將遊戲做成抽象模型的好方法？

圖：Cheryl Ceol

思索遊戲空間時，很容易被美學干擾。遊戲空間可以用很多方式呈現，只要對你有用的就是好方法。用純粹的抽象形式來思考遊戲空間，可以幫助你忘記現實世界的既有概念，集中注意力在你想要在遊戲中看見的互動方式。當然，一旦你對抽象空間的操作規劃感到滿意，就會開始想要考慮美學元素。功能空間鏡頭和10號的全像設計鏡頭可以巧妙配合，如果你可以同時看到抽象的功能空間和玩家將會體驗到的美學空間，也看出兩者之間的關聯，你就可以信心十足地決定遊戲世界的形貌了。

機制2：時間

在現實世界裡，**時間**是最神祕的維度。無論意願為何，我們只能不斷隨之前行，無法停止、回頭、放慢或加快腳步。於是在遊戲的世界裡，我們將世界填滿玩具，在裡頭像神一樣支配時間，以彌補這種缺憾。

■ 離散與連續時間

就像遊戲中的空間一樣，時間也有離散和連續之分。我們稱計算離散時間的單位為「回合」。一般來說在回合制遊戲裡，時間沒有那麼重要。每個回合都是離散的時間單位，而就遊戲本身，回合與回合之間並沒有時間存在。舉例來說，《拼字棋》（Scrabble）這款拼字遊戲就是一系列動作，沒有人會去記每個動作花了多少時間，因為實際時間和這個遊戲的機制一點關係也沒有。

當然，有很多遊戲不是回合制，而是在連續時間下進行的。多數動作類電玩遊戲都是這樣，大部分的運動也是如此。還有一些遊戲會混合不同的時間系統，例如西洋棋比賽雖然是回合制遊戲，但每位選手旁邊會放上棋鐘，增加時間限制。

■ 計時與競速

許多遊戲裡有各式各樣的計時機制，為一切設下絕對的時間限制。《拼字骰》（Boggle）的沙漏計時器、美式足球的計時鐘，甚至《大金剛》系列中瑪利歐跳躍的時間，都算是各式各樣的計時機制，目的也都是用絕對的時間度量來限制玩法。就像巢套空間一樣，時間有時也可以用巢套的方式計算。舉例來說，籃球通常有一個計時器負責限制比賽總長度，再用另一個比較短的「投籃計時鐘」，來確保球員必須冒險出手投籃，維持比賽的樂趣。

另一種計時方式比較相對，我們通常稱作「競速」。競速中沒有固定的時間，比賽的壓力是來自要比其他選手更快。競速規則有時一目了然，賽車就是很好的例子，不過也有些競速規則比較難捉摸，像是在《太空侵略者》裡，玩家就要在外星人成功登陸以前消滅所有敵人。

當然，在很多遊戲裡，時間的目的不是要施加限制，但仍是有意義的要素。好比說棒球就沒有限制一局應該多長，但如果比賽拖太久，投手也會筋疲力盡，於是時間也成了比賽中重要的因素。在〈第13章：平衡〉裡，我們會討論不同的遊戲要素如何控制遊戲進行的長度。

■ 控制時間

　　遊戲讓我們有機會做到現實世界中不可能的事：控制時間。我們可以用多種不同的有趣方式做到這點，有時我們可以完全讓時間停止，比如在運動比賽中喊停，或是在電玩遊戲中按下暫停鍵。有時候，我們也可以讓時間加快。在《文明帝國》（*Civilization*）這類遊戲裡，我們可以看到許多年的時間在幾秒內飛逝而過。但最常見的還是讓時間倒流——每當你在電玩遊戲中死掉，回到上次存檔的地方時，時間就會回溯。還有些遊戲，比如獨立平台遊戲《時空幻境》（*Braid*）就直接把操控時間變成核心機制。

　　由於時間看不到又無法停止，因此很容易被忽略。這顆鏡頭可以幫你記住它。

---

27 號鏡頭：時間

　　俗話說「時間就是一切」。身為設計師，我們的目標是創造體驗，而體驗如果太長太短、太快太慢，都很容易搞砸。用這些問題來確保你有把體驗控制在合宜的長度：

- 什麼決定了我的遊戲活動長度？
- 玩家會不會因為遊戲太快結束而感到挫折？我該如何修正？
- 玩家會不會因為遊戲拖得太久覺得無聊？我該如何修正？
- 計時或競速能讓遊戲玩起來更刺激嗎？

圖：Sam Yip

- 時間限制有可能讓玩家覺得煩躁，如果沒有時間限制會不會比較好？
- 分層的時間架構，也就是幾個小回合組成一個大回合，能讓我的遊戲更好嗎？

　　要把時間要素調整得恰到好處很困難，卻能決定遊戲的好壞。通常只要聽從以前雜耍藝人的話：「讓他們永不饜足」，就不會有錯。

▌機制 3：物件

　　空間裡面如果沒有東西，那就只是空間罷了，你的遊戲空間裡面一定會有**物件**（object）。角色、道具、指示物、記分板，以及任何遊戲中看得到、可操作的東西，都算是物件。物件是遊戲機制裡的「名詞」，技術上來說，你有時會需要把空間本身也想成是一種物件，但通常空間和其他物件的差別會大到需要分別討論。物件通常會有一個或多個**屬性**（attribute），其中之一就是它當前在遊戲空間裡的位置。

屬性指的就是關於物件的各種資訊。比如說，在賽車遊戲裡，車子的最大時速和當前時速都是屬性。每一個屬性都有一個當前狀態（state），「最大時速」屬性的狀態也許是每小時240公里，而「當前時速」屬性則是每小時120公里，代表了現在的車速有多快。除非你升級車子的引擎，不然最高時速不是一個會經常變動的狀態。至於當前時速，則會在遊戲進行中不斷變化。

如果物件是遊戲機制中的名詞，屬性和屬性的狀態就是形容詞了。

有些屬性是靜態的（比如西洋跳棋的棋子顏色），靜態屬性在遊戲中不會改變；有些則是動態的（西洋跳棋的「移動模式」屬性可能會有三種狀態：「未成王」、「成王」、「被吃掉」），而我們感興趣的主要是動態屬性。

以下是兩個例子：

1. 在西洋棋裡，國王的「移動模式」屬性有三個重要的狀態（「自由移動」、「將軍」和「將死」）。

2. 在《地產大亨》裡，圖板上的每一塊地產都可以視為一個物件，其動態屬性包括了「房子數量」的六種狀態（0、1、2、3、4、旅館），還有「抵押」的兩種狀態（是、否）。

那是不是每次狀態有變都要告知玩家呢？不一定。有些狀態變化最好藏起來，不過其他的變化就有必要讓玩家知道了。有個不錯的經驗法則可以參考：如果兩個物件做了相同的行為，看起來就要相同；如果做的行為不同，看起來就要不同。

電玩遊戲的物件有大量的屬性和狀態，很容易讓設計師暈頭轉向，如果物件要模擬的對象是有智能的角色更是如此。你可以為每個屬性建構一份狀態圖表，這樣做能幫助你了解狀態之間的連結，以及什麼因素會觸發狀態變化。用遊戲程式的術語來說，就是用「狀態機」（state machine）來呈現屬性的狀態，這麼做有助於簡化複雜的內容，除錯也會比較容易。下圖是一個狀態圖表的範例，描述的是《小精靈》裡頭鬼魂的「移動」屬性。

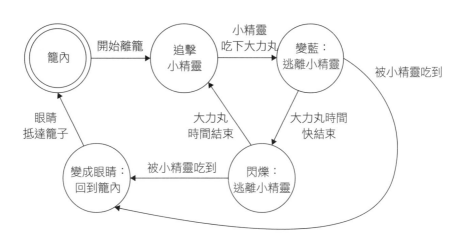

　　寫著「籠內」的圈圈是鬼魂的初始狀態（初始狀態一般用雙圈表示），每個箭頭都暗示了一種可能發生的狀態變遷（transition），還有什麼因素會觸發狀態變遷。這樣的圖表在設計遊戲裡的複雜行為時非常有用，它可以逼你認真思考物件可能發生的所有事情，以及發生的契機。當這些狀態變遷以電腦代碼實現後，你自然可以預先阻止非法變遷（比如從「籠內」直接跳到「變藍」）[1]，減少莫名其妙的錯誤。這種圖表可能會變得非常複雜，甚至有時還會變成巢套。舉例來說，在《小精靈》真正的演算法裡，「追擊小精靈」其實還有一些附屬的狀態，比如「搜尋小精靈」、「尾隨小精靈」、「穿過隧道」。

　　哪個物件會有什麼屬性和狀態完全取決於你，同一件事通常有很多表示方法。比如說在撲克牌的遊戲裡，你可以把玩家的手想成是一個有五張紙牌物件的空間，或者你也可以不要把紙牌想成物件，而是把手想成物件，有著五個不同的紙牌狀態。就和遊戲設計的其他原則一樣，思考一件事情的「正確」方法，就是思考哪一種方法在當前最有用。

　　如果玩家需關注的狀態太多（太多單位可以操作、每個角色有太多狀態值），遊戲就會令人傻眼困惑、應接不暇。在〈第13章：平衡〉中，我們會討論什麼技巧最能有效地增加玩家所需應對的狀態數量。嚴格地把遊戲想成一系列狀態不斷變化的物件和屬性，是一種很有用的視角，也是我們的28號鏡頭。

28號鏡頭：狀態機

　　要使用這顆鏡頭，請思考你的遊戲中有哪些資訊會改變。

　　問自己這些問題：

- 我的遊戲中有哪些物件？
- 這些物件有哪些屬性？
- 每個屬性有哪些可能的狀態？
- 哪些事情會觸發屬性的狀態改變？

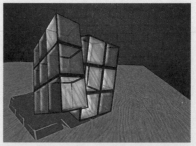

圖：Chuck Hoover

　　玩遊戲就是在做決定，而做決定需要有資訊當作基礎。決定不同的屬性、屬性的狀態，以及有什麼因素會讓它們改變，就是遊戲機制的核心。

1　非法（illegal）在資訊通信中，是指（1）電腦無法識別其意義或含有無效運算碼，未在作業系統（Operting Systems）內定義好的。（2）牽涉到使用者不能隨便更動或修改部分的。——譯註

■ 祕密

關於遊戲屬性和屬性狀態，有個至關重要的決定是：誰能觀察到哪些屬性？在很多圖板遊戲中，所有資訊都是公開的，也就是說每個人都知道這些資訊。在西洋棋裡，雙方玩家都能看到棋盤上的每一顆棋子，還有每顆被吃掉的棋子。除了棋手的思維以外，棋盤上沒有祕密。在卡片遊戲中，藏匿（hidden）或隱密（private）的狀態是遊戲裡重要的部分。你知道自己手中有什麼牌，而對手的手牌則是等待破解的謎題。比如說撲克牌這種遊戲有很大一部分是要想辦法一邊隱藏自己手中的牌，一邊猜測對手手中有什麼牌。一旦你把哪些資訊改成公開、把哪些改成隱密，遊戲就會變得徹底迥異。在標準的「換牌撲克」（draw poker）裡，所有狀態都是隱密的，其他玩家只能根據你下的注來猜你手上有什麼牌。而在「梭哈」（stud poker）裡，你的手牌有些會保持隱密，有些則會公開。對手因此有了更多關於他人現狀的資訊，這就讓遊戲玩起來變得非常不同。而像《海戰棋》（Battleship）或《西洋陸軍棋》（Stratego）這些桌上遊戲，遊玩的內容就是猜測對手的隱密屬性。

在電玩遊戲中，我們又碰到了新的問題：有些狀態只有遊戲本身才會知道。這衍生出一個問題，從遊戲機制的角度來看，虛擬對手應該算是玩家，還是遊戲的一部分呢？有個故事可以說明這個問題：1980年，我爺爺買了一台 Intellivision 主機，還有一張《賭城撲克與二十一點》（Las Vegas Poker and Blackjack）的遊戲卡帶。他玩得很開心，但我奶奶就不願意玩，她一直認為「電腦作弊」。我告訴她這樣想很傻，電腦就是台計算機，是要怎麼作弊？她的理由是：「它知道我有什麼牌，還有牌堆裡的所有牌！這怎麼不是作弊？」我得承認，解釋電腦下決定的時候「不會看那些牌」，其實沒什麼說服力。但這指出了在那款遊戲中，知道不同屬性之狀態的遊戲者其實有三個：我爺爺知道自己手牌的狀態、虛擬對手的演算法「知道」它手牌的狀態，最後則是遊戲本體的演算法，它知道雙方玩家的手牌、牌堆裡面的牌，以及有關遊戲的一切。

因此，從公開／隱密屬性的觀點來看，把虛擬對手看成和玩家對等的遊戲者是有道理的。至於遊戲本體，則是地位特殊的另一個遊戲者，因為它雖然正在做出讓遊戲得以成立的決策，但它並沒有真正在玩遊戲。切莉亞・皮爾斯（Celia Pearce）指出了另一種資訊，它對我們目前提過的遊戲者來說都是隱密資訊——就是擲骰結果等隨機生成的資訊。但如果你對天意注定的看法不同，可能會說這種資訊在生成和被揭示以前並不存在，所以把它歸類為隱密資訊有點荒謬，但它確實很符合下面的文氏圖。我把這種圖表叫做「知情層級圖」（hierarchy of knower），它可以幫忙將公開和隱密狀態間的關係視覺化。

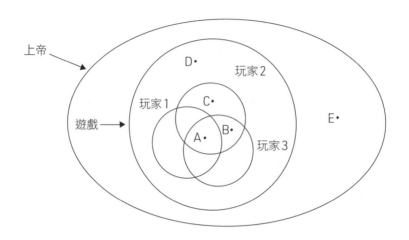

　　上圖中的每個圓圈都代表一個「知情者」。「知情者」包含上帝、遊戲、玩家1、玩家2、玩家3。每個點都代表遊戲中的某些資訊，也就是每個屬性的狀態：

- A是完全公開的資訊，比如棋子在棋盤上的位置，或是翻開的牌。每個玩家都知道這些資訊。

- B代表玩家2和玩家3之間共享，但不讓玩家1知道的狀態。或許玩家2和玩家3都曾有機會看到覆蓋的牌，但玩家1沒有。或者也可能玩家2和玩家3都是玩家1的虛擬對手，且演算法讓他們能分享資訊，聯合起來對付玩家1。

- C是屬於單一玩家的隱密資訊，在這裡，單一玩家是指玩家2，隱密資訊就好比他拿到的牌。

- D是遊戲知道，但玩家並不知道的資訊。在一些用到力學結構的桌上遊戲中，這類狀態會存在於遊戲的實體結構中，但玩家並不知情。《Stay Alive》就是經典的例子，它的圖板上有一根根塑膠滑條，移動過後才會揭露出圖板上的洞。《Touché》則是另一個有趣的例子，它在圖板的每個格子下，都放了一塊磁極不明的磁鐵。只有遊戲本身才「知道」這些狀態，玩家們無法得知。另一個例子是桌上角色扮演遊戲，遊戲中的「地下城主」或「遊戲主持人」不會加入玩家，而且因為他可以說是遊戲機制的執行者，所以很多遊戲狀態只有他知道。大多數電腦遊戲也有大量玩家所不知道的內部狀態。

- E則是隨機生成的資訊，只有命運或上帝之類的存在才會知道。

　　祕密具有魔力。29號鏡頭可以幫你引導這股魔力，讓遊戲變得超級好玩。把它收好，不要告訴別人。

29號鏡頭：祕密

改變什麼人可以知道哪些資訊，就徹底改變了你的遊戲。要使用這顆鏡頭，請思考「誰」該知道「什麼」，還有「為什麼」？

問自己這些問題：

- 有什麼是只有遊戲才知道的？
- 有什麼是所有玩家都知道的？
- 有什麼是只有某些或某個玩家才知道的？
- 改變什麼人可以知道哪些資訊，我的遊戲會不會變得更好？

圖：Lilian Qian

玩遊戲就是在做決定，而做決定需要有資訊當作基礎。決定不同的屬性、屬性的狀態，以及誰知道這些資訊，是遊戲機制的核心。稍稍改變誰知道什麼資訊，就可以徹底改變一款遊戲，不過有時是變好，有時卻會變壞。「誰知道什麼屬性」這件事，甚至也能在遊戲過程中改變——突然公開一項重要的隱密資訊，是讓遊戲變得戲劇化的絕佳妙方。

▌ 機制4：行動

下一個重要的遊戲機制是**行動**。行動是遊戲機制中的「動詞」，我們可以從兩種觀點來看行動，或者換句話說，「玩家能做什麼？」，有兩種方式可以回答這個問題。

第一種是**基礎行動**，也就是玩家可以執行的所有基本行動。舉例來說，在西洋跳棋裡，棋手可以做的基礎操作只有三種：

- 移動棋子前進
- 吃掉對手的棋子
- 讓棋子後退（只有國王可以）

二種則是**策略行動**。這些行動和玩家如何利用基礎行動達成目標有關，它們只對遊戲的大局有意義。策略行動的清單通常比基礎行動的還要長很多，比如說西洋跳棋中可能的策略行動就有：

- 移動後方的棋子來保護前方棋子不要被吃。
- 逼迫對手選擇不想走的棋步。
- 犧牲一枚棋子來欺敵。

- ▪ 「搭橋」（bridge）保護後排棋子。
- ▪ 將一枚棋子移入「底線」（king row）成王。

■ 創發玩法

　　策略行動通常牽涉到遊戲內的微妙互動，一般都是極具戰略性的動作。這些行動本身多半不屬於規則的一部分，而是從遊玩中自然創發（emerge）的行動與策略。大多數遊戲設計師都同意，好遊戲會讓玩家發明有趣的創發行動。因此，有意義的策略行動和基礎行動之間的比例，很適合用來衡量遊戲中有多少創發行為。一款設計精細的遊戲，應該要讓玩家能用很少的基礎行動做出很多的策略行動。不過這個判準多少有點主觀，因為「有意義」的策略行動到底有多少，仍是見仁見智的。

　　設計「創發玩法」，也就是設計有趣的策略行動，就像是打理花園一樣：創發出來的事物有自己的生命，但同時也很脆弱，禁不起打擊，而且容易被破壞。如果你注意到遊戲中出現了某種有趣的策略行動，一定要學會辨認，並盡你所能促進它的發展，使其有機會繁茂昌盛。但這些行動一開始是如何長出來的呢？絕不只是靠運氣，有些方法確實能增加「有趣的策略行動」出現的機會。以下五個訣竅可以讓你用來打理遊戲的土壤，埋下創發的種子。

1. **加入更多動詞**：也就是加入更多基礎行動。策略行動來自於基礎行動和彼此、物件以及遊戲空間的互動。當你加入愈多基礎行動，互動並引起創發的機會就愈多。一款可以讓人在裡面奔跑、跳躍、射擊、買賣、駕駛和建造的遊戲，會比只能奔跑和跳躍的遊戲更有可能引起創發。不過要注意，加入太多基礎行動，特別是沒辦法和其他行動有效互動的基礎行動，會讓遊戲變得虛胖臃腫、令人困惑而且不夠精緻。要記得，策略行動和基礎行動的比例，比基礎行動的絕對數量更重要。加入一個優良的基礎行動，好過加入一堆平庸的基礎行動。

2. **讓動詞適用於多數受詞**：要做出一款精緻又有趣的遊戲，這或許是最強而有力的方法。如果你給玩家的槍只能用來射擊壞人，遊戲就太單調了。但如果槍可以射掉門上的鎖、打破窗戶、獵捕食物、射破輪胎，或是在牆上留下訊息，就能讓玩家進入一個充滿可能性的世界。你還是只有「射擊」一個基礎行動，但射擊後會產生效果的事物增加了之後，有意義的策略行動也就隨之增加了。

3. **達成目標的方法不只一種**：給玩家許許多多能和各種受詞互動的動詞，讓他們能在遊戲中做各種不同的事情，這雖是好事，但如果達成目標的方法只有一種，玩家就沒有理由要尋找特別的互動方式和有趣的策略了。繼續沿用剛才「射擊」的例子，如果讓玩家什麼都可以射，但遊戲的目標卻只有「射死大魔王」，那玩家就只會拿槍來射他了。不過要是玩家可以對魔王開槍，也可以射斷支撐吊燈的鐵

鍊讓吊燈砸在他身上，或者完全不開槍，而是用其他非暴力方式阻止他的話，這麼多的可能性就會產生千變萬化的豐富遊戲性。這個做法的難處在於遊戲會變得難以平衡，因為要是有個選項明顯比其他做法更容易，玩家就每次都會選擇這個選項，使其成為主流策略。〈第13章：平衡〉將會進一步討論這個問題。

4. **增加主詞**：如果西洋跳棋的規則不變，但只剩一顆紅棋和一顆黑棋，那遊戲一定有趣不起來。就是因為棋手有很多棋子可以操作，而且棋子之間可以彼此互動、合作和犧牲，遊戲才會好玩。這個法則顯然不適用於每一個遊戲，卻會在一些意想不到的地方發揮妙用。策略行動的數量似乎大致等於主詞、動詞和受詞的數量相乘，因此加入更多主詞，就有機會增加策略行動的數量。

5. **改變限制條件的副作用**：如果每次你採取行動，都會產生副作用，改變你或是對手所受的限制條件，就有可能產生非常有趣的玩法。讓我們再次回到西洋跳棋的例子，每次移動棋子時，你不只是改變了可能被對手吃掉棋子的格子，也同時改變了對手（和自己）可以移入的格子。在某種意義上，無論你是否有此意圖，你每走一步都是在改變遊戲空間的本質。想想看，如果好幾顆棋子可以共存於同一格內，西洋跳棋會變成什麼樣子？只要勉力使遊戲的各方面隨每個基礎行動一起改變，你就很有可能讓有趣的策略行動突然出現。

30號鏡頭：創發

要讓遊戲具備潛力，能產生有趣的創發行動，問自己這些問題：

- 玩家有多少動詞可用？
- 每個動詞能適用於多少受詞？
- 玩家有多少方法達成目標？
- 玩家能控制多少主詞？
- 行動產生的副作用如何改變限制條件？

圖：Reagan Heller

遊戲和書籍、電影相比起來，最明顯的差別之一就是動詞的數量。遊戲通常會將玩家可做的行動限制在非常小的範圍內，但在故事裡，人物可以採取的行動卻百百種。這是理所當然的副作用，因為在遊戲裡，行動和其所有效果都必須同時快速模擬，但故事裡的行動和後果則全都可以事先設想如何發展。在〈第18章：間接控制〉裡，我們將會討論到該如何在玩家心中弭平這道「行動鴻溝」，才能把基礎行動的數量限

制在可控範圍內，又讓他們感受到無限的可能性。

　　千篇一律的遊戲之所以這麼多，是因為裡頭的行動都是同一套。只要檢視那些被認為是跟風的遊戲，就會發現它們用的行動集都和舊遊戲一模一樣。再觀察人們認為有原創性的遊戲，你會發現它們都給了玩家新穎的基礎和策略行動。《大金剛》剛推出時就顯得與眾不同，因為裡頭的奔跑和跳躍在當時都是全新的行動。《牧場物語》（*Harvest Moon*）是一款農場經營遊戲，《塊魂》（*Katamari Damacy*）是一款滾動黏球的遊戲。玩家能做什麼行動會重要到成為決定遊戲機制的關鍵，因為只要改變一個行動，遊戲就會變得完全不同。

　　有些設計師的夢想是做出讓玩家心中任何動詞都能成真的遊戲，這的確是個美夢。有些大型多人遊戲正朝這個方向前進，提供各種關於戰鬥、製作物品和社交互動的動詞。在某個程度上這算是種復興──七、八〇年代，文字冒險遊戲大受歡迎的賣點就是有幾十個、上百個可行的動詞。直到更視覺化的遊戲興起，動詞數量才突然減少，因為這類遊戲要支援這麼多種行動實在不太可行。文字冒險遊戲的衰落（或是冬眠期？）常被歸咎於大眾渴望看到漂亮畫面，但或許從行動的角度來看，還可以有其他解讀。現代3D電玩遊戲中提供給玩家的基礎行動十分有限，玩家通常都知道他們可以嘗試的每一種行動。但在文字冒險遊戲中，沒有人清楚整個基礎行動集有多大，而探索有哪些行動可做也是遊戲的一部分。很多時候，解決棘手謎題的方式就是輸入一個不尋常的動詞，比如「旋轉魚」或是「搔猴子」。雖然這樣玩很有創意，但也經常令人挫敗──為了從遊戲支援的幾百個動詞中找到一個，就要試過幾千個不支援的動詞，所以玩家其實並不擁有文字冒險介面假裝提供的「完全自由」。文字冒險遊戲之所以失去人氣，挫敗感的影響很可能比其他因素都還要大。

　　你選擇哪些行動，會大幅決定遊戲的結構，所以行動是我們的31號鏡頭。

31號鏡頭：行動

　　要使用這顆鏡頭，請思考你的玩家可以做什麼、不能做什麼，還有為什麼。

　　問自己這些問題：

- 我的遊戲中有哪些基礎行動？
- 策略行動又是什麼？
- 我想看到什麼樣的策略行動？該如何調整遊戲讓這些行動有可能出現？

圖：Nick Daniel

- 我對策略和基礎行動的比例滿意嗎？
- 有哪些行動是玩家在我的遊戲中想做卻做不了的？我能讓這些成為基礎或策略行動嗎？

　　沒有行動的遊戲就像是沒有動詞的句子，等於不會有任何事發生。決定遊戲中的行動，是遊戲設計師要做的決定中最根本的。行動只要稍有變化，就會連帶大幅影響遊戲，有可能創發出驚人玩法，也可能讓遊戲變得太好猜和冗長枯燥。所以要小心選擇行動，學習傾聽遊戲和玩家的聲音，才會知道你的選擇可以達成什麼效果。

機制 5：規則

　　規則是最根本的機制。它決定了空間、時間、物件、行動、行動的結果、行動的限制以及目標。換句話說，是規則讓我們目前所見的所有機制實現，並加上讓遊戲之所以成為遊戲的決定性要件——目標。

帕萊特的規則分析

　　遊戲史學者戴維·帕萊特（David Parlett）對各種遊戲中的各類不同規則提出了絕佳分析，如下圖所示：

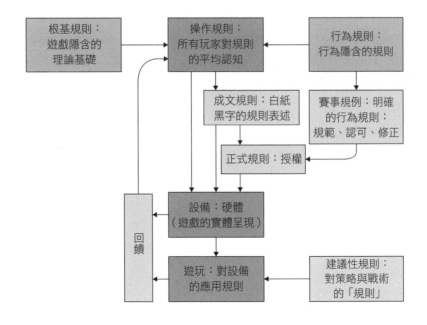

這張圖表顯示了我們會碰到的各種規則之間有何關聯，接下來讓我們逐一討論吧。

1. **操作規則**：這些是最容易理解的規則，基本上就是「玩家會在遊戲裡做什麼」。玩家一旦理解操作規則，就可以開始玩遊戲了。

2. **根基規則**：根基規則是遊戲裡的隱藏架構。操作規則說的可能是「玩家投擲一顆六面骰，並獲得對應數量的能量碎片。」根基規則會更為抽象：「玩家的能量值會根據1到6的隨機數字增加。」根基規則以數學來表述遊戲狀態和它改變的方式與時機，而圖板、骰子、碎片、生命計量表等東西都只是用來記錄基礎遊戲狀態的運算方法。正如帕萊特的圖表所示，根基規則構成了操作規則。根基規則目前仍未有標準的表述方式，而且這些規則是否能被完整表述，也還是個問題。實際工作時，遊戲設計師只會按需求查看根基規則，很少需要將整套根基規則以完全抽象的方式記錄下來。

3. **行為規則**：這些規則暗示了遊戲的玩法，大多數的人會自然而然將其理解為「運動家精神」。舉例來說，下西洋棋的時候，不可以在對方思考如何落子時搔他癢，也不可以想一步棋想五個小時。這些規則很少講清楚，是因為通常都屬於常識，其存在指出了遊戲是一種玩家之間的社會契約，同時也為操作規則提供了依據。史蒂芬‧史尼德曼（Steven Sniderman）寫過一篇優秀的論文，解釋行為規則是一種「不成文規則」。

4. **成文規則**：這些規則是「遊戲隨附的規則書」，玩家必須閱讀這些文件，才能了解操作規則。當然現實中，只有少數人會讀這些文件，大部分的人都是聽別人解釋，才知道遊戲該怎麼玩。為什麼呢？因為要把遊戲進行中錯綜複雜的非線性細節訴諸文字非常困難，要解讀這種文件也同樣不易。現在的電玩都漸漸揚棄了成文規則，改用互動式教學在遊戲中教玩家如何進行遊戲。這種實作教學法效率好很多，但設計和執行都很花時間又頗具挑戰性，因為互動式教學需要多次疊代，而這些疊代必須進行到開發最終階段才能完成。每一個遊戲設計師都必須準備好答案來回答這個問題：「玩家該如何學會玩我的遊戲？」因為如果學不會怎麼玩，他們就不會玩了。

5. **賽事規例**：這些規則只在嚴肅的競爭情境裡才會出現。因為在這類情境中，要不是利益關係重要到需要明文訂定符合運動家精神的詳細規則，就是正式的成文規則需要釐清或修改。這類規則也常常被稱作「競賽規則」，因為嚴肅的競賽最需要這種正式的規則說明。就拿2005年便士街機遊戲博覽會（Penny Arcade Expo，PAX）的格鬥遊戲《鐵拳5》（*Tekken 5*）比賽規則來說：

a. 單淘汰制。

b. 可攜帶自己的遊戲控制器。

    c. 標準對戰模式。

    d. 100％血量。

    e. 隨機場地。

    f. 限時60秒。

    g. 每場五局三勝。

    h. 每局三戰兩勝。

    i. 禁用木人（Mokujin）。

這些規例的大部分內容都只是在說明比賽中會使用哪些遊戲設定。「可攜帶自己的遊戲控制器」是為了「公平競爭」的正式決定。最有趣的規則是「禁用木人」，木人是《鐵拳5》裡面可以選擇的角色之一，不過大部分的玩家都覺得木人的招式「震懾」（stun）太強，所以選木人的玩家會比較容易獲勝，讓比賽變得沒有意義。所以這個「規例」的目的是為了改善遊戲，確保比賽平衡、公平、有趣。

6. **正式規則**：如果有一群玩家對遊戲認真到覺得需要統合賽事規例和成文規則，正式規則就產生了。隨著時間演進，正式規則也會變成成文規則。在西洋棋裡，當玩家走的棋把對手的國王逼入被將死的危險時，玩家有義務喊「將軍」警告對手。這原本只是一條賽事規例，而非成文規則，但現在已經成了正式規則的一部分。

7. **建議性規則**：這些規則常稱為「策略規則」，目的只在提示玩家如何玩得更好，從機制來看並非真正的「規則」。

8. **房規**（house rules）：帕萊特並沒有清楚描述這類規則，但他確實指出當玩家在進行遊戲時，可能會發現需要調整操作規則來讓遊戲更好玩。這就是圖表中的「回饋」，因為一般來說，玩家都是在玩了幾次以後，發覺規則有缺漏，才會發明房規。

■ 模式

很多遊戲在遊戲中的不同部分規則各異。換了模式常常就徹底換了一套規則，幾乎是完全不同的遊戲了。有一個令人難忘的例子是賽車遊戲《進站時刻》（Pitstop）。大多數時候，這都是一款典型的賽車遊戲，只有一點點不同——如果你沒有定期停下來換輪胎，車子就會爆胎。車一停下來，遊戲就徹底改變了，比的不再是開車，而是換輪胎的速度，遊戲介面也完全不一樣。如果你的遊戲模式轉變得這麼劇烈，讓玩家知道他們現在處在哪個模式就非常重要。太多模式會讓玩家搞混，很多遊戲會有一個主要模式，加上幾個子模式，這種分層方法很適合用來整合不同的模式。遊戲設計師席德‧梅爾（Sid Meier）曾提出一個傑出的經驗法則：玩家在子模式中所花的時間，不該長到讓他們忘記主要模式中該做什麼。在〈第15章：介面〉中，我們會討論更多關於模式的細節。

■ 執行規則者

電玩遊戲和比較傳統的遊戲之間，最大的差別在於由誰來執行規則。在傳統遊戲裡，規則主要是由玩家自己來執行；在運動比賽等利害極大的遊戲中，則會有公正的裁判；而在電腦遊戲中，規則變得可以（有時也必須）由電腦來執行。除了方便以外，這也讓設計師有辦法創作比傳統遊戲更複雜的作品。因為玩家不再需要記下所有的規則，才能知道什麼可行或不可行，只需要在遊戲中嘗試各種行動，看看哪些有用、哪些則否就好，再也不需要記憶或查詢規則了。某種程度上，原本的「規則」現在變成了遊戲世界中的物理限制。如果作品不允許某種移動方式，那就不能那樣移動。許多遊戲規則都是藉著空間、物件和行動的設計來實施，像《魔獸爭霸》（*Warcraft*）之類的遊戲當然可以做成桌上遊戲，但會有太多規則需要記，還有一堆狀態得追蹤，導致遊戲體驗變得沉悶乏味。把執行規則的無聊工作丟給電腦以後，遊戲的複雜、精妙、豐富性才能如此深刻，除此之外別無他法。不過要注意的是，如果電玩遊戲的規則複雜到玩家甚至無法概略理解其運作，他們還是會感到困惑和無法忍受。電玩遊戲縱然可以有複雜的規則，但要讓玩家有辦法自然發現和理解，而不需要死記。

■ 可不可以作弊

遊戲之所以需要有人負責執行規則，是為了防止作弊。違反規則當然不符合玩家精神，不過就像歷史告訴我們的一樣，有些玩家就是會為了獲勝不顧一切。玩遊戲的時候，你當然會希望確保別人沒有作弊，但作弊還有個更隱微的禍害，就是無論實情如何，萬一玩家開始認為你的遊戲可以作弊，你努力培植的內生價值就會一去不復返。玩家會認為自己為了獲勝付出這麼多努力，其他人卻可以作弊，自己根本就是個傻子。如果有作弊的可能，就會造成這種危險——當玩家覺得遊戲是可以作弊的，就會有人嘗試作弊，讓更多人再也玩不下去。

■ 最重要的規則

包括如何移動、可以和不能做什麼在內，遊戲有非常多的規則，但有一條規則是所有規則的基本：遊戲的目標。遊戲的核心是達成目標，所以你必須要能陳述遊戲的目標，而且要陳述得很清楚。遊戲的目標常常不只一個，而是有一連串的目標，你需要清楚陳述每一個目標，以及它們彼此之間的關聯。如果遊戲的目標陳述太難懂，會讓玩家一開始就卻步。如果他們沒有完全理解行動的目的，就無法有把握地繼續行動。剛接觸西洋棋的人常常會感到寸步難行，因為人們解釋遊戲目標的方法往往很笨拙：「你的目標是將死對手的國王……就是把棋子走到他不移開國王就會被將軍的地方，也就是說，呃，你有可能可以用一顆棋子吃掉他，除非，嗯，這樣違反吃國王的

規則。」我小時候常常好奇，這遊戲看起來這麼優雅，為什麼目標會如此缺乏美感。下了好幾年棋以後我才領悟到，西洋棋的目標其實很簡單：「吃掉對手的國王」。其他「將」來「將」去的廢話，都只是在禮貌性地警告對手，他們有危險了。奇怪的是，只要你用這簡單的七個字，把西洋棋的目標告訴想學下棋的人，他們就會興趣大增。這個道理在其他遊戲同樣適用，玩家愈容易了解目標，就愈容易看見自己達成目標的景象，也更容易想要玩你的遊戲。

只要玩家心裡有了目標，就會有強烈的動機去實現它。目標或任務的說明清楚、結構完整，是讓玩家持續投入、保持動機的關鍵。好的遊戲目標要像這樣：

1. **具體**：玩家了解並且能清楚說明自己應該完成什麼。
2. **可達成**：玩家需要認為自己有機會達成目標。如果目標看起來不可能達成，他們很快就會放棄。
3. **獎勵**：多花心力會讓完成目標變得有意義，如果挑戰的難度恰到好處，那達成目標本身就是一種獎勵。但為什麼不多給一點？你可以給玩家一些有用的東西，讓達成目標變得更有價值——拿出20號的愉悅鏡頭，找出不同的方法來獎勵玩家，讓他們真心以自己的成就為豪。另外，雖然獎勵達成了目標的玩家很重要，但在達成以前，讓玩家覺得目標值得達成也很重要，甚至更重要，如此一來才會刺激玩家努力去達成。但不要讓他們的期待過高，因為如果他們對實現目標的獎勵感到失望，就不會再玩了！我們會在下一章討論更多有關獎勵的事。

另外，雖然遊戲中每個目標都應該有上述的特質，但也別忽略遊戲目標的平衡，兼顧長期和短期目標。目標之間的平衡會讓玩家覺得自己知道當下該做什麼，而且最終會完成重要而偉大的成就。

我們很容易就會過於關注遊戲中的行動，結果忘記了目標。為了記得目標的重要性，我們要把這顆鏡頭放進工具箱裡。

32號鏡頭：目標

要確保遊戲的目標適切和平衡，問自己這些問題：

- 我的遊戲的終極目標是什麼？
- 這個目標對玩家而言清楚嗎？
- 如果有一系列的目標，玩家們了解嗎？
- 不同目標之間存在有意義的連結嗎？

圖：Zachary D. Coe

- 目標是否具體、可達成而且有獎勵？
- 短期和長期目標之間的平衡好不好？
- 玩家有沒有機會決定自己的目標？

同時拿玩具鏡頭、好奇鏡頭和目標鏡頭來觀察遊戲各個方面如何互相影響，就可以看到發人深省的結果。

■ 總結規則

規則是所有遊戲機制中最根本的一環。規則不只決定了遊戲，遊戲就是它自己的規則。從規則的觀點審視遊戲很重要，這也是我們的33號鏡頭。

33號鏡頭：規則

要使用這顆鏡頭，請深入觀察你的遊戲，直到你看見最基本的結構。問自己這些問題：

- 我的遊戲最根本的規則為何？和操作規則又有何不同？
- 遊戲開發過程中有任何的「賽事規例」或「房規」嗎？是否應該直接加進遊戲？
- 遊戲裡是否有不同的遊玩模式？這些模式是讓遊戲變得更簡單還是更複雜？減少模式能否讓遊戲更好？增加模式又是如何呢？
- 規則由誰執行？
- 規則是容易理解還是令人困惑？如果令人困惑，我是不是要修改規則，或是解釋得更清楚些？

圖：Joshua Seaver

常有人誤會遊戲設計師只要坐著寫下一套規則就能做出遊戲，但事實多半不是如此。遊戲規則是逐步且經由實驗完成的，設計師的心思多半放在「操作規則」這一塊，思考如何修改和改進遊戲時，才偶爾會轉向關注「根基規則」，而「成文規則」通常要等到最後遊戲可以玩的時候才會寫好。設計師的工作有部分是要確認每個情況都有規則來處理，所以在遊戲測試時請仔細寫筆記，因為測

試過程可以看到遊戲規則的漏洞，如果只是快速補上但沒有抄下筆記的話，同樣的漏洞不久之後又會出現。遊戲就是它自己的規則，所以在上頭付出時間和心力絕對值得。

機制6：技巧

In virtute sunt multi ascensus.
（傑出有很多種度量。）
——西塞羅（Cicero）

　　每個遊戲都需要玩家練習特定的**技巧**，因此技巧機制的重點，就從遊戲來到了玩家身上。如果玩家的技巧等級和遊戲難度旗鼓相當，就會感覺有挑戰性，並持續留在心流渠道裡（如〈第10章：玩家內心〉裡的討論）。

　　大多數遊戲需要的技巧都不只一種，而是要結合不同的技巧。在設計遊戲時就將遊戲要求玩家具備的技巧列成清單，會是很值得做的一件事。就算玩遊戲可用的技巧有上千種，但大致上不脫這三大類：

1. **體能技巧**：這些技巧包括力氣、靈敏、身體協調和耐力。體能技巧在大部分運動裡都是重要的環節，有效操作遊戲控制器也是一種體能技巧。有很多電玩遊戲（比如利用了攝影機的跳舞遊戲）需要玩家掌握更多種體能技巧。

2. **心智技巧**：這些技巧包括記憶、觀察和解謎的能力。雖然有些人碰到太講究心智技巧的遊戲會退避三舍，不過很少有遊戲完全不涉及心智技巧，因為遊戲最好玩的時候往往就是做出有趣決定的時候，而做決定就是一種心智技巧。

3. **社交技巧**：這類技巧包括判讀對手（猜測他們在想什麼）、欺敵和團隊合作等等。一般來說，我們都把社交技巧想成是交朋友或影響他人之類的能力，但遊戲中會用到的社交和溝通技巧可不只於此。撲克牌多數情況下都是社交遊戲，因為玩法大部分都和隱藏自己的想法，並猜出別人的想法有關。運動的社交性也非常強，因為運動很講求團隊合作和「壓制」對手的氣勢。

■ 現實技巧和虛擬技能

　　有件重要的事得說清楚：談遊戲機制時，技巧指的是玩家在現實世界的**現實技巧**。而在電玩遊戲裡遊戲角色所用的，我們把它稱為**虛擬技能**。[2] 你也許聽過其他玩

家說：「我的戰士剛升了兩級劍術技能！」但「劍術」並不是玩家所需要的現實技巧，玩家只是在正確的時機，按下正確的控制按鍵而已。在這個脈絡下，劍術是一種虛擬技能，玩家只是假裝自己擁有這些東西。它有趣的地方在於，就算玩家的現實技巧沒有進步，虛擬技能還是可以成長。玩家可能只是跟以前一樣拿著遊戲控制器亂按一通，但只要亂按得夠久，還是會獲得更高等的虛擬技能，讓角色成為更靈敏強悍的劍術家。很多「基本免費遊戲」都有一整套以購買虛擬技能為基礎的營利策略。

　　虛擬技能是讓玩家感受到力量的絕佳手段，但用過頭就會讓人覺得空虛。有些人批評大型多人遊戲太著重虛擬技能，不夠看重現實技巧。遊戲好玩的關鍵，常常就在正確調配虛擬技能和現實技巧的比重。很多新手設計師會把兩者混為一談，所以在心裡將之清楚區別，是非常重要的。

■ 列舉技巧

　　把你的遊戲需要的所有技巧列出來會非常有用。你可以列一張大略的清單：「我的遊戲需要記憶、解決問題和模式比對（pattern matching）的技巧。」或者你也可以列得鉅細靡遺：「我的遊戲需要玩家能夠快速辨認，在腦中轉動特定二維形狀，並解決以方格表現的裝箱問題[3]。」列舉技巧可能會很不容易，任天堂紅白機（Nintendo Entertainment System, NES）上的賽車遊戲《RC Pro Am》就是一個有趣的例子。在遊戲中，玩家要用左手拇指按遊戲控制器來操控賽車的方向，並用右手拇指按A鍵加速和B鍵向對手發射武器。要精通這款遊戲，需要兩種意想不到的技巧──第一個是解決問題的技巧。玩紅白機遊戲時，通常一次只會按一顆按鍵，如果要按B鍵，就要把拇指從A鍵移開。在《RC Pro Am》裡，如此操作就會是場災難──若發射火箭彈時（按B鍵）就得放開車子的加速鍵（A鍵），很快就看不到對手的車尾燈了！要怎麼解決問題呢？有些玩家嘗試用拇指按一顆鍵，並用其他手指按另一顆鍵，但這樣玩起來很彆扭，而且遊戲也很難進行。最好的解方似乎是調整遊戲控制器的拿法：拇指按在A鍵邊邊，需要按B鍵時，只要輕輕壓過去就可以了，不需要放開加速鍵。解決問題以後，玩家就要開始練習這項體能技巧了。當然，這款遊戲還會用到很多技巧，比如分配資源（免得沒有飛彈和地雷可用）、記住賽道資訊、應對急轉彎和預料之外的道路狀況等等。重點在於，即便遊戲看似簡單，也可能需要玩家擁有很多不同的技巧。身為設計師，你必須了解到底需要哪些技巧。

2　技能和技巧的英文皆為 skill，此處將玩家的能力稱為技巧，遊戲人物的則稱為技能，以利閱讀。──譯註

3　裝箱問題（packing problem）：一種關於如何利用有限空間的數學問題，可以簡單理解為「如何用小箱子把大箱子裝滿」，常用於物流、裁切等領域。──譯註

你很容易騙自己遊戲只需要一種技巧，忽視其他更重要的技巧。表面上看來，許多動作遊戲的重點都是快速對敵人做出反應，但實際上卻需要很多解謎能力，來想出該做什麼反應，以及很多記憶能力，來讓你在往後的關卡不會再次突然受驚嚇。遊戲設計師常會失望地發現，他們原以為需要快速決策思考的遊戲，其實都只要記得哪種敵人何時會衝出來就好了，而這對玩家來說也是大相逕庭（而且無聊得多）的體驗。玩家需要花時間練習的技巧，有助於決定玩家體驗的特性，所以你必須知道他們到底得用上什麼樣的技巧。學會用這種觀點來審視遊戲，就是我們的第34顆鏡頭。

34號鏡頭：技巧

要使用這顆鏡頭，請先把眼光從遊戲移開，開始研究你需要玩家掌握哪些技巧。

問自己這些問題：

- 我的遊戲需要玩家擁有哪些技巧？
- 遊戲是否缺了某大類的技巧？
- 最重要的技巧是什麼？
- 這些技巧能創造我想要的體驗嗎？
- 是否有些玩家比其他人更擅長這些技巧？會不會讓人覺得遊戲不公平？
- 練習能否讓玩家的技巧進步，讓他們找到手感？
- 遊戲要求玩家具備的技巧水平合宜嗎？

圖：Emma Backer

練習技巧可以帶來快樂，這也是人們喜歡遊戲的原因之一。當然技巧本身也要有趣和值得練習，而且挑戰等級在「太簡單」和「太困難」之間取得平衡，才會讓人快樂。只要用虛擬技能妝點，並提供難易適中的挑戰，就算是無聊的技巧（比如按按鈕）也可以變得有趣。請用這顆鏡頭來一窺玩家的體驗，由於技巧大大決定了體驗的樣貌，所以技巧鏡頭也很適合和2號的精髓體驗鏡頭搭配使用。

機制7：機率

機率是第七類，也是我們的最後一類機制。放到最後來談，是因為機率牽涉到前述空間、時間、物件、行動、規則和技巧等六種機制的交互作用。

機率是遊戲樂趣的精華所在，因為機率意味著不確定性，而不確定性就意味著驚

奇。正如同我們之前在4號驚奇鏡頭中的討論，驚奇是人類愉悅感的重要來源，也是樂趣的祕密原料。

接下來的部分，我們必須戒慎小心，機率是難以捉摸的，你不能視其為理所當然——機率的數學很難，而且我們對它的直覺經常出錯。但優秀的遊戲設計師必須精通機率與可能性，用自己的意志來捏塑，創造出總是充滿挑戰性的決定和有趣驚奇的體驗。了解機率有多困難，從機率數學被發明的故事就可以看得出來——毫不意外，它是為了設計遊戲而被發明的。

■ 機率的發明

他是個好人，只可惜不懂數學。
——布萊茲·帕斯卡（Blaise Pascal）向皮埃爾·德·費馬（Pierre de Fermat）評安托萬·貢博（Antoine Gombaud）

1654年，法國貴族梅黑爵士（Chevalier de Méré）安托萬·貢博[4]提出了一個問題。這傢伙是個大賭徒，他一直在玩一種擲骰遊戲，連續擲一顆骰子四次，只要丟出一次六，就算他贏。他靠這遊戲賺了不少，他的朋友們輸得一敗塗地，再也不想跟他玩這個遊戲了。為了要繼續敲朋友竹槓，他又想了一個自認勝率差不多的新遊戲。新遊戲改為投擲一對骰子，只要二十四次裡丟出一次十二，就算他贏。他的朋友一開始很擔心，但不久後就愛上了這個遊戲，因為爵士開始大輸特輸了！他很不解，因為照他的計算，兩個遊戲的機率應該一樣才對。爵士的推理如下：

第一個遊戲：投擲一顆骰子四次，只要至少有一顆六，則爵士獲勝。

他認為，單一擲骰出現六的機率是1/6，因此擲一顆骰子四次表示勝率是

$4 \times (1/6) = 4/6 = 66\%$，這解釋了為何他很容易贏。

第二個遊戲：投擲一對骰子二十四次，如果至少出現一次十二，則爵士贏。

爵士知道丟一對骰子出現十二（兩個六）的機率是1/36。既然這樣，那投擲骰子二十四次就代表機率應該是

$24 \times (1/36) = 24/36 = 2/3 = 66\%$。跟前一個遊戲應該一樣才對！

4　貢博其實並非貴族，梅黑爵士是他的筆名。——譯註

他不想輸錢輸得不明不白，於是寫了一封信給數學家布萊茲·帕斯卡（Blaise Pascal）尋求建議。帕斯卡覺得這個問題很有意思，因為當時還沒有人提出過數學方法來解答這類問題，所以他又寫信向父親的朋友皮埃爾·德·費馬（Pierre de Fermat）求助。帕斯卡和費馬就這個及其他類似的問題，開始了長期的通信，後來不但找到了解決方法，還建立了機率論此一新數學分支。

所以爵士的遊戲，真正的機率到底是多少？我們得算一下數學才能解答。別緊張，這是大家都會的簡單數學。設計遊戲不必完全搞定數學（而且這也不是本書的目的），不過知道一點基礎會很有幫助。如果你是數學天才，可以跳過這一段，或是沾沾自喜地讀一下就好了，接下來的部分是寫給其他人看的：

■ 每個遊戲設計師都該知道的十個機率法則

◆ 1號法則：分數＝小數＝百分比

如果分數和百分比一直很讓你頭痛，現在也該是時候面對和處理它們了，因為這正是機率所用的語言。壓力不用那麼大，你隨時可以拿出計算機，沒有人監考。首先你必須知道，分數、小數和百分比都是一樣的東西，而且可以互相轉換。換句話說，1/2=0.5=50%。三者並非不同的數字，而是同個數字的三種不同寫法。

把分數轉換成小數很簡單。想知道33/50對應的小數是什麼嗎？只要在計算機上輸入33÷50，就會得到0.66的答案。那百分比呢？也很簡單。翻翻字典裡面「百分比」的解釋，你會看到它其實就是「一百份中的幾份」。所以，66%指的就是100份中的66份，或是66/100，或是0.66。看一下爵士之前計算的結果，就知道我們為什麼需要常常這樣來回轉換了——人類喜歡使用百分比，或是「六次裡面有一次機會」這種說法，所以我們需要有辦法在這些形式之間轉換。如果數學會讓你感到焦慮的話，請試著放鬆一點，在計算機上多按幾下，很快就可以搞懂了。

◆ 2號法則：從〇到一，如此而已！

這點也不難懂。機率只會分布在0%到100%之間，也就是0和1之間（見1號法則），不多不少。你可以說某件事情發生的機率是10%，但世上絕無 -10% 或110%的機率這種東西。一件事的發生機率如果是0%，代表它不會發生，而100%則表示一定會發生。這個陳述聽起來有點廢話，但指出了爵士算式的問題出在哪邊。想想看第一個擲骰四次的遊戲，他認為擲骰四次的話，就有4×(1/6)，也就是4/6，或者0.66，或是66%的機率丟出一個六。但如果他擲骰七次呢？他就有7×(1/6)，也就是7/6，或者1.17，或是117%的機會獲勝了！這當然算錯了，擲骰七次是很有可能至少丟出

一次六，但並不保證如此（實際上，機率大約是72%）。只要你算出超過100%（或是低於0%）的機率，就肯定有哪邊算錯了。

◆ 3號法則：「想要的」除以「可能結果」等於機率

前兩條法則是基本認知，接下來我們要討論機率到底是什麼。答案其實非常簡單，只要把會出現你「想要的」結果的次數，除以所有可能出現的結果的總數（假設每種結果出現的機會都一樣多），就可以算出機率了。那麼擲骰丟出六的機率是多少呢？可能的結果全部有六種，其中只有一種是我們想要的，所以丟出六的機率就是1÷6，或1/6，或是大約17%。擲骰丟出偶數的機率是多少呢？偶數有三個，所以答案是3/6或50%。從撲克牌裡抽到人頭牌的機率呢？人頭牌總共有十二張，整副牌則有五十二張，所以抽到人頭牌的機率就是12/52，大概23%。只要知道這些，你就對機率有些基本概念了。

◆ 4號法則：列出來！

你是不是在想，3號法則聽起來這麼簡單（真的很簡單），那為什麼機率還這麼難搞？原因在於我們需要的兩個數字（「想要的」結果和可能結果的總數）都不見得一目了然。比如說，如果我問你投一枚硬幣三次，至少擲出兩次人頭的機率是多少？這情況下我們「想要的」結果有幾個呢？如果你不用動筆就能算出答案，我會很驚訝。要找出所有可能結果共有多少，列舉法是一個好方法：

1. 頭頭頭
2. 頭頭字
3. 頭字頭
4. 頭字字
5. 字頭頭
6. 字頭字
7. 字字頭
8. 字字字

總共有八種結果。哪些是至少兩次人頭朝上的呢？1、2、3、5，總共是八種可能中的四種，所以答案是4/8，或是50%的機率。那麼，為什麼爵士不這樣為他的遊戲算算數呢？第一個遊戲裡總共要擲骰四次，這代表有6×6×6×6，也就是1296種可能性。列出可能性的過程很無聊，但如果花上差不多一個小時（清單可能會像這樣：1111、1112、1113、1114、1115、1116、1121、1122、1123⋯⋯），就可以列出擲出有一個六的組合有多少（671個），接著再除以1296就是答案了。只要有時間，列舉

法幾乎可以解決所有機率問題。至於第二個遊戲：擲兩顆骰子二十四次！兩顆骰子的可能結果共有三十六種，所以要列舉二十四次擲骰的結果，就要寫下 3624（共有 37 位數）種組合。就算他有辦法一秒寫一種組合，把清單寫完的時間也足夠與天地同壽。列舉法雖然好用，但實在太花時間，所以你需要抄點捷徑，這就是其他法則的用途了。

◆ 5 號法則：在某些情況，「或」代表「加」

很多時候，我們會想知道「這個『或』那個」發生的機率。比如說從一副撲克牌中抽到人頭牌「或」Ace 的機率是多少？當我們討論的兩個事件互斥，也就是不可能同時發生的時候，就可以把它們個別的機率相加，來得到整體機率。舉例來說，抽到人頭牌的機率是 12/52，抽到 Ace 的機率則是 4/52。由於兩個事件互斥（每次抽牌只會發生其中一種），所以我們可以把兩個數字加總：12/52+4/52=16/52，大約是 31%。

但如果換個問題，比如說抽到 Ace 或是抽到方塊的機率呢？如果把機率相加的話，我們會得到 4/52+13/52（一副牌有 13 張方塊）=17/52。但如果用列舉法，就會發現答案錯了，其實是 16/52 才對。為什麼？因為這兩個事件並不互斥，我也有可能抽到方塊 Ace！由於並不是互斥的情況，所以「或」並不代表相加。

再來看看爵士的第一個遊戲。他應該是想用這個法則來計算骰子機率，所以把四個機率加在一起：1/6+1/6+1/6+1/6。但他的答案錯了，因為這四個事件並不互斥。加法法則很方便，但你得確定相加的事件之間是彼此互斥的。

◆ 6 號法則：在某些情況，「和」代表「乘」

這條法則幾乎和前一條相反！如果我們要找出兩個事情同時發生的機率，可以把它們的機率相乘，但「前提」是兩個事件不能互斥！我們用擲兩顆骰子來思考，如果我們要找到兩顆骰子都丟出六的機率，可以把兩個事件的機率相乘：第一顆骰子擲出六的機率是 1/6，第二顆也是 1/6，所以擲出兩個六的機率就是 1/6×1/6=1/36。當然，你也可以用列舉法來找出答案，但前者算起來快多了。

我們試過用 5 號法則找出從一副牌抽出 Ace「或」方塊的機率，結果法則不管用，因為兩個事件並不互斥。那如果我們要找的是抽出 Ace「和」方塊的機率呢？換句話說，抽出方塊 Ace 的機率是多少？直覺告訴我們是 1/52，但既然我們知道這兩個事件不互斥，那就可以用看看 6 號法則。抽到 Ace 的機率是 4/52，抽到方塊的機率則是 13/52。兩者相乘，就是 4/52×13/52=52/2704=1/52。所以這條法則管用，也符合我們的直覺。

我們知道的規則能夠解決爵士的問題了嗎？先來試試看第一個遊戲：

第一個遊戲：投擲一顆骰子四次，如果至少出現一次六，就算爵士贏。

我們已經知道可以用列舉法算出答案是671/1296，但這得花上一個小時。用我們現在知道的法則有沒有辦法快一點？

（先警告一下，這部分比較繁瑣。如果你不是真的很想知道，就不要頭痛了，跳到7號法則吧。不過要是你在意的話，就繼續，你會發現這些功夫是值得的。）

如果問題是擲骰四次皆為六的機率，那就是四個事件不互斥的「和」問題，所以可以使用6號法則：$1/6 \times 1/6 \times 1/6 \times 1/6 = 1/1296$。但我們要知道的不是這個。這是四個事件並不互斥的「或」問題（爵士的四次擲骰有可能丟出多個六）。那麼要怎麼做呢？一個做法是把它拆成互斥事件再加總，另一個方法是將這個遊戲表達為

投擲四顆骰子，擲出

a. 四個六，「或」

b. 三個六，一個非六，「或」

c. 兩個六，兩個非六，「或」

d. 一個六，三個非六

的機率為何？

聽起來有點複雜，但這樣的話就是四個不同的互斥事件，只要我們能算出每一個的機率，再加起來就是答案了。我們已經用6號法則知道了（a）的機率是1/1296。那（b）呢？（b）其實有四種互斥的可能：

1. 6、6、6、非六

2. 6、6、非六、6

3. 6、非六、6、6

4. 非六、6、6、6

擲出六的機率是1/6，擲出非六的機率是5/6，所以每一個的機率都是$1/6 \times 1/6 \times 1/6 \times 5/6 = 5/1296$。如果我們把四個都加起來，就是20/1296，因此（b）的機率就是20/1296。

（c）呢？和前一個一樣，只是組合不同。要想出兩個六和兩個非六的組合有幾種不太容易，不過答案是六種：

1. 6、6、非六、非六

2. 6、非六、6、非六

3. 6、非六、非六、6

4. 非六、6、非六、非六

5. 非六、6、非六、6

6. 非六、非六、6、6

每一個的機率是$1/6 \times 1/6 \times 5/6 \times 5/6 = 25/1296$，六種組合加總的結果是150/1296。

最後的（d）其實就是把（b）顛倒過來：

a. 非六、非六、非六、6

b. 非六、非六、6、非六

c. 非六、6、非六、非六

d. 6、非六、非六、非六

　　每一個的機率是5/6×5/6×5/6×1/6=125/1296，四種組合加總為500/1296。

　　我們現在已經算出四個互斥事件的機率了：

a. 四個六：1/1296

b. 三個六和一個非六：20/1296

c. 兩個六和兩個非六：150/1296

d. 一個六和三個非六：500/1296

　　四個加起來（按照5號法則）的總和就是671/1296，約為51.77％。因此，我們可以看得出來，這對爵士來說會是個好遊戲。他贏的次數會超過50％，所以很有可能獲利，但機率又接近到會讓他朋友相信自己有機會贏回來——至少會相信一陣子。不過這個結果和他自己相信的66％勝率還是差很多！

　　這個做法效果和列舉法一樣，但速度快多了。不過我們做的其實也和列舉有點像——只不過相加和相乘的法則讓我們能更快算出每個事件的機率。那爵士的第二個遊戲是不是也能這樣求出答案呢？當然，但要計算兩顆骰子擲二十四次，還是得花超過一小時！。雖然這樣已經比列舉法快多了，但還是有辦法可以算得更快——是時候介紹7號法則了。

◆ **7號法則：一減「是」＝「不是」**

　　這個法則更為直覺。如果一件事情發生的機率是10％，那不發生的機率就是90％。為什麼這個會有用呢？因為找出一件事發生的機率通常很難，但找出它「不」發生的機率卻很簡單。

　　比如爵士的第二個遊戲。要計算二十四次擲骰中至少出現一次兩個六的機率，簡直是場惡夢，因為你得把一大堆不同的可能事件加在一起（1個六一對、23個非六一對；2個六一對，22個非六一對，依此類推）。但如果換個問法：丟一對骰子二十四次，沒有得到任何一對六的機率是多少？這下就是一個「和」的問題了，因為所有事件都不互斥，我們可以用6號法則來回答了！但首先，我們要先用兩次7號法則，看好了。

　　每次投擲兩顆骰子，出現一對六的機率是1/36。所以根據7號法則，擲不到一對六的機率是1–1/36，或是35/36。

　　使用6號法則（乘法）的話，擲骰二十四次都沒有一對六的機率，就是把

「35/36×35/36……」這樣乘上二十四次，也可以寫成（35/36）24。你不會想用手算的，不過使用計算機就會知道答案大約是0.5086，或是50.86％。這是爵士輸的機率，我們可以用7號法則來知道他贏的機率：1–0.508=0.4914，大約49.14％。這下他顯然要輸了！由於輸掉的機率很接近平手的機率，所以他很難預估自己會贏還是輸，不過玩夠多場的話，他就幾乎輸定了。

雖然所有機率問題都可以用列舉法來解，不過7號法則更是方便的捷徑。而且，爵士的第一個遊戲也可以用同樣的法則來解喔！

◆ 8號法則：多個線性隨機選擇之和不等於一個線性隨機選擇！

別怕，雖然聽起來很難，但其實這條法則很簡單。「線性隨機選擇」（linear random selection）就只是所有結果發生機率都一樣的隨機事件，擲骰就是線性隨機選擇的好例子。但增加骰子的數量後，所有可能出現的結果發生的機率就**不會**相等。比如說擲兩顆骰子的時候，丟出總和為七的機率就非常高，而丟出十二的機率則很小。列舉所有可能以後就知道為什麼了：

	1	2	3	4	5	6
1	2	3	4	5	5	7
2	3	4	5	6	7	8
3	4	5	6	7	8	9
4	5	6	7	8	9	10
5	6	7	8	9	10	11
6	7	8	9	10	11	12

看看7的組合有多少，而12的組合只有一個！我們可以用常態分布曲線（probability distribution curve）（見下圖）將每一種擲骰結果的機率視覺化。

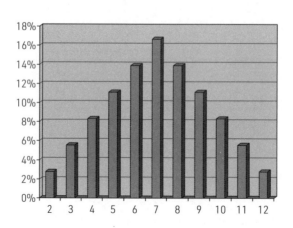

　　8號法則看似再明顯不過，但我發現新手設計師常犯的錯，就是把兩個隨機選擇的機率加在一起，沒有考慮到結果。但有時候結果會正是你預期想達成的，在《龍與地下城》（*Dungeons and Dragons*）中，玩家會用三顆六面骰來決定虛擬技能屬性，數值會介於3到18之間。擲完骰以後，你會發現很多屬性值都是10或11，3或18很少，而這正是設計師想要的結果。如果玩家只丟一顆十二面骰來決定屬性，遊戲會變得怎樣呢？

　　想在遊戲中利用機率機制的話，遊戲設計師就必須知道自己想要怎樣的常態分布曲線，以及要如何達成。只要多加練習，常態分布曲線就會變成你的工具箱中非常有價值的工具。

◆ 9號法則：擲骰

　　我們目前所討論的所有機率都是**理論機率**，也就是數學理論上應該發生的事情。除此之外，還有一種用來衡量已發生事件的**實際機率**。舉例來說，擲一顆骰子丟出一個六的理論機率是完美的1/6，大約16.67％。如果要知道實際機率，我可以投擲一顆六面骰一百次，記錄下我丟出了幾次六。最後的紀錄也許是一百次中丟出了二十次，這個情況下，我的實際機率就是20％。和理論機率並沒有差太多。當然，我測試的次數愈多，就能預期實際機率愈接近理論機率。這個做法被冠以賭城之名，叫做「蒙地卡羅方法」。

　　蒙地卡羅方法的妙處在於，想知道機率並不需要複雜的數學，只要不斷重複測試，記下每次結果就好。這種方法有時候也比理論機率更有用，因為它計數的是真正的事件。如果你的數學方法沒有考慮到某些因素（比如骰子六的那面稍重），或是你的例子所用的數學複雜到你想不出來該怎麼用抽象理論理解，蒙地卡羅方法可能就是解決之道。爵士的問題其實很容易就能找到答案，他只要一次又一次投擲骰子，計算贏的次數再除以測試次數就好了。

　　到了電腦時代，如果你懂一點點程式設計（或是認識懂的人——請見10號法則），就可以在幾分鐘之內輕鬆模擬上百萬次。遊戲模擬的程式並不難寫，而且可以幫一些機率問題找出有用的解答。比如說，玩家在《地產大亨》裡最常走到哪些格子？這個問題幾乎不可能靠理論機率解出來，但只要叫電腦丟個骰子再拿棋子在圖板上走個幾百萬次，就能用簡單的蒙地卡羅模擬找出答案。或者，你也可以使用喬里斯·多曼（Joris Dormans）做的Machinations系統，這是一個專門設計來為遊戲系統建模的工具，可以藉由重複模擬找出規律。

◆ 10號法則：極客都愛現（貢博定律）

　　這是所有機率法則中最重要的一條。就算你把其他都忘了，只要記得這一條就不

會有事。我們不會在此深入探討很多機率困難的面向，碰到這些問題時，最簡單的方法是找那些自認是「數學天才」的人幫忙。一般來說，這些人只要碰到有人真正需要他們的專長，就會使出渾身解數來幫忙。我靠著10號法則解決過一堆遊戲設計中的機率問題，要是你身邊沒有專家的話，就把問題放到論壇上，或是寄群組信出去吧。如果你真的想快點得到回覆，開頭就這樣寫：「這題應該難到沒人會解，不過我還是姑且問問看好了」。很多數學專家都喜歡靠解決別人以為不可能的問題，來滿足自己的虛榮心。某種程度上，你的難題就是他們的遊戲，所以為何不用遊戲設計的技術，盡量讓問題變得誘人一點呢？

你可能還會幫極客一個大忙呢！我喜歡把10號法則叫做「貢博定律」來紀念梅黑爵士安托萬‧貢博。他察覺到這個原理的同時，不只解決了自己賭博時的問題（也可以說是數學問題啦），也在無意間促成了機率論出現。

有人可能會害怕自己問出蠢問題而不敢使用10號法則，如果你有這種想法，可別忘了帕斯卡和費馬還欠梅黑爵士一個大人情。因為少了他的蠢問題，他們就不會有這輩子最偉大的發現了。你的蠢問題也許會走出一條通往偉大真理的路，但除非問出口，不然你也不知道會不會。

■ 期望值

設計中有很多地方會用到機率，不過最常見的用途是計算**期望值**。當你在遊戲中做出行動時，通常會有一個或正或負的數值，比方說點數、指示物或金錢的得失。在遊戲裡，一次數值異動（transaction）的期望值，就等於所有可能產生的數值的平均。

舉例來說，某個桌上遊戲可能有一條規則是當玩家移入綠色地塊時，可以投擲一顆六面骰，決定會得到多少能量點數。這次事件的期望值，就是所有可能結果的平均值。由於此案例中所有結果的機率都相同，所以要知道平均值，可以把所有可能的擲骰結果相加再除以六：1+2+3+4+5+6=21，21÷6=3.5。知道玩家每次移入綠色地塊時，平均可以得到3.5個能量點數，對遊戲設計師來說非常有用。

但並非每個例子都這麼簡單，有些結果會牽涉到負數，而且每個結果的機率也不見得均等。就拿玩家需要擲兩顆骰子的遊戲來說，假設他們如果擲到7或11就能贏五塊錢，擲到其他數字就會輸一塊錢。那這個遊戲的期望值該怎麼算呢？

擲出7的機率是6/36。

擲出11的機率則是2/36。

使用8號法則的話，擲出其他數字的機率就是1-8/36，也就是28/36。

所以，要計算期望值的話，只要把機率乘上每個結果所贏的金額，再像這樣加總起來就是了：

結果	機率 × 金額	數值
7	6/36×5美元	0.83美元
11	2/36×5美元	0.28美元
其他結果	28/36×−1美元	−0.78美元
期望值		0.33美元

看得出來這是個值得玩的遊戲，因為長時間下來，你每次平均會贏三十三分美元。但是，如果我們改變規則，只有擲出7才會贏，讓11變成跟其他數字一樣會輸錢呢？期望值也跟著變了：

結果	機率 × 金額	數值
7	6/36×5美元	0.83美元
其他結果	30/36×−1美元	−0.83美元
期望值		0.00美元

期望值為0代表遊戲長期玩下來就跟擲硬幣一樣，輸贏會完全平衡。那如果我們再改一次，變成只有11會贏呢？

結果	機率 × 金額	數值
11	2/36×5美元	0.28美元
其他結果	34/36×−1美元	−0.94美元
期望值		−0.86美元

哎唷！看得出來吧，這個遊戲最後必輸無疑啊。平均來說，你每玩一次就會輸掉八十六分錢。當然，只要增加擲出十一的報酬，這還是可以變成一個公平，甚至是能贏錢的遊戲。

■ 小心考慮數值

我們下一章即將要討論遊戲平衡，而期望值正是遊戲平衡的好工具。不過，如果你沒有仔細考慮結果的實際價值，就會造成嚴重的誤導。

比如一款奇幻角色扮演遊戲有以下三種招式：

招式名稱	命中率（%）	傷害值
風擊術	100	4
火球術	80	5
閃電箭	20	40

這三個招式的期望值會是多少呢？風擊術很簡單，它可以固定造成4點傷害，所以這種攻擊的期望值就是4點。火球術的命中率是80％，失手率則是20％，所以期望值就是（5×0.8）＋（0×0.2）＝4點，和風擊術一樣。閃電箭不太容易打中，但是一旦打中就效果絕佳。它的期望值是（40×0.2）＋（0×0.8）＝8點。

有人可能會根據這些數值得出結論，認為玩家會一直使用閃電箭來攻擊，因為它的平均傷害是其他攻擊的兩倍。如果你打的敵人有500滴血，這樣做可能沒錯。但如果敵人只有15滴血呢？大多數玩家這時候都不會用閃電箭，而會改選擇較弱但更為可靠的招式。為什麼會這樣？因為就算閃電箭可以造成40點傷害，這時也只有其中的15點傷害能發揮效果——對只有15滴血的敵人，閃電箭真正的傷害期望值是（0.2×15）＋（0.8×0）＝3點，比風擊術和火球術還低。

遊戲設計師必須小心處理遊戲行動的實際價值。如果某個東西雖有好處但玩家無法使用，或是藏有缺點，請一定要一併計算。

■ 人性因素

一定要記得，即便算出了期望值，也算不準人類會有什麼行為。你可能會期待玩家總是選擇期望值最高的選項，但往往不是這麼回事。有時是因為無知，因為玩家並不知道真正的期望值。比方說，如果沒有告訴玩家風擊術、火球術和閃電箭的命中機率各是多少，而是讓他們自己靠試誤來探索，就會發現玩家如果試了幾次閃電箭卻沒有打中，將得出「閃電箭根本打不中」，所以期望值是0的結論。玩家經常像這樣對事件的發生頻率預估錯誤，你必須注意玩家會評估出什麼「感知機率」（perceived probability），因為這會決定他們的玩法。

但有時候，就算有完善的資訊，玩家也不會選擇期望值最高的選項。丹尼爾‧康納曼（Daniel Kahneman）和阿摩司‧特沃斯基（Amos Tversky）兩位心理學家做過一個有趣的實驗，他們問了訪談對象以下兩個遊戲比較想玩哪一個：

遊戲A：

　　有66％的機率可以贏2400美元

　　有33％的機率可以贏2500美元

　　有1％的機率不會贏錢

遊戲B：

　　有100％的機率可以贏2400美元

這兩個遊戲都值得玩！但有哪個比較好嗎？如果計算一下期望值：

遊戲A的期望值是0.66×2400美元＋0.33×2500美元＋0.01×0美元＝2409美元。

遊戲B的期望值則是：1.00×2400＝2400美元。

遊戲A的期望值明顯比較高。但只有18%的訪問對象選了A，另外82%都選了遊戲B。

為什麼？因為計算期望值並沒有算到一個重要的人性因素：悔恨。人類不只會尋找能創造最大愉悅感的選項，還會迴避造成最多痛苦的選項。如果你玩了遊戲A（假設只能玩一次），結果不幸成為一毛錢都沒有的那1%，感覺一定很嘔。為了減少悔恨的可能性，人們通常都願意像保險業務說的一樣，「花錢買個安心」。除了花錢避免悔恨，人們也願意承擔風險。所以輸了一點小錢的賭客常常會冒更大的風險嘗試把錢贏回來，對於這種傾向，特沃斯基的評論是：「當獲利需要冒險，人們就會變得保守。他們會選擇穩穩入袋的獲利，而非不穩定的獲利。但我們也發現，如果要在小額的必然損失，和高額的可能損失之間選擇的話，人們就會賭一把。」這似乎就是「基本遊玩免費遊戲」《龍族拼圖》（*Puzzle & Dragons*）成功的一大原因。玩家會在穿越地下城的途中經歷一系列謎題並累積財寶，不過有時候，他們也會在地下城裡死掉，這時遊戲會立刻顯示：「喔，糟糕，你要死掉了。看看你即將失去的寶藏，你確定不要花點現金留住這些心血嗎？」很多人的回答都是花點現金來迴避小額的必然損失。

在一些情況下，人類的心靈會不成比例地嚴重放大某些風險。特沃斯基曾在一個研究中要求人們估計各種死因發生的可能性：

死因	估計機率（％）	實際機率（％）
心臟病	22	34
癌症	18	23
其他自然死因	33	35
意外	32	5
他殺	10	1
其他非自然死因	11	2

十分有趣的是，訪問對象在估計時，普遍低估了最高的三類死因（自然死亡），並嚴重高估了最低的三類（非自然死亡）。這種扭曲現實的估算似乎反應了訪問對象的恐懼。這跟遊戲設計有什麼關係呢？身為設計師，你不只要找出遊戲事件發生的實際機率，還要掌握感知機率，兩者可能會因為一些因素而有巨大落差。

計算期望值的時候，也需要同時考慮實際機率和感知機率。期望值能提供很多有用的資訊，所以它是我們的35號鏡頭。

35號鏡頭：期望值

要使用這顆鏡頭，請思考你的遊戲中不同事件的發生機率，以及這些機率對玩家的意義。

問自己這些問題：

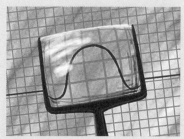

圖：Nick Daniel

- 特定事件發生的實際機率為何？
- 感知機率又是如何？
- 這個事件的結果有何價值？該價值可以量化嗎？這些價值有沒有什麼無形面向是我沒有考慮到的？
- 當我把所有可能產生的結果加總起來，每個玩家可採取的行動都會有不同的期望值。我對這些數值滿意嗎？它們能給予玩家有趣的選擇嗎？獎勵或懲罰會不會太多？

分析遊戲平衡時，期望值是最有用的工具之一。使用這項工具的難關在於要找出方法，用數字量化玩家會遭遇的一切。獲得和失去金錢很容易量化，但一雙可以讓角色跑更快的「加速靴」，或是能跳過兩個關卡的「傳送門」，該如何用數字量化其價值呢？要完美量化很難，但不代表你不能用猜的。正如我們下一章會看到的一樣，隨著無數的遊戲測試疊代，並且不斷調整遊戲參數與數值，你也會一直調整自己對不同結果數值的估計。量化這些比較抽象的元素很有意義，能讓你更具體思考哪些東西為什麼對玩家有價值，這種具體的認知能讓你控制好遊戲的平衡。

■ 技巧和機率的糾纏

實際價值跟感知價值之間的差異和機率本身都很難應付，而機率作為遊戲機制，又藏了更多玄機。儘管我們很想把機率和技巧視作完全不相關的機制，但兩者之間的互動還是重要到無法忽視。以下五個技巧和機率的重要互動，是遊戲設計師最應該思考的。

1. **評估機率是一種技巧**：在很多遊戲裡，玩家熟不熟練的分別就在於他們預測下一步發展的能力，這通常都需要計算機率。比方說二十一點就完全是在計算機率，有些玩家甚至會練「算牌」——這是一種持續觀察哪些牌出現過的功夫，因為每出現一張牌，就會改變後面的牌出來的機率。玩家擅不擅長估計機率，可能會讓他們在遊戲中的感知機率有很大差距。

2. **技巧也有成功機率**：有人可能會很天真地認為，像西洋棋或棒球這些完全靠技巧的遊戲，就不存在隨機或風險了，但從玩家的角度來看，這當然是錯的。每個行動都有某種程度的風險，玩家需要不停判斷期望值來決定何時穩紮穩打，何時險中求勝。這些風險可能很不好量化（成功盜壘，或是不讓對手注意到我做了陷阱要吃掉皇后的成功率是多少？），但風險終究是風險。設計遊戲的時候，你需要像平衡抽牌或擲骰等「純機率」的遊戲元素一樣，確保這些風險都是平衡的。

3. **評估對手的技巧也是種技巧**：玩家能否找出特定行動的成功率，很大一部分取決於他們評估對手技巧的能力。很多遊戲的樂趣，都包含了試著騙對手相信你的技巧比他高上一籌，阻止他嘗試太大膽的行動，並讓他開始懷疑自己。有些遊戲正好相反，讓別的玩家覺得你比他們弱才是好策略，這樣他們就不會發現你巧妙的策略，並且有可能開始嘗試對熟練玩家來說太過冒險的行動。

4. **預測純粹機率**（pure chance）**是一種只存在於幻想中的技巧**：人類會有意無意地尋找規律，以方便預測接下來會發生什麼事，這種規律狂熱常常讓我們去尋找根本不存在的規律。最常見的兩種錯誤機率就是「手氣謬誤」（我連贏了好幾場，所以下一場也會贏）和相反的「賭徒謬誤」（我輸了好幾場，差不多該贏了）。你當然可以嘲笑這些想法無知，但玩家的想法比什麼都重要，在他們心中，尋找這些虛假規律就像在練習真正的技巧一樣。而身為設計師，當然要想辦法利用這點。

5. **控制純粹機率也是一種只存在於幻想中的技巧**：我們的大腦不只會積極尋找規律，還會拚命地積極尋找因果關係。純粹機率的結果是沒有辦法控制的，但這不會讓大家停止用特定的方法擲骰、配戴幸運符或是搞些迷信的儀式。感覺自己也許有辦法控制命運，也是博弈遊戲令人興奮的原因之一。理智上我們都知道不可能，但當你高喊「十八啦！」丟出骰子的時候，就會感覺好像真的有辦法控制命運，特別是你剛好走運的時候！如果玩純粹機率遊戲的時候，完全拋開自己可以影響結果的想法和行為，遊戲大部分的樂趣就會不見了。我們嘗試控制命運的天性，會讓靠運氣的遊戲感覺起來像是靠技巧的遊戲。

機率很難搞，因為它揉合了困難的數學、人類心理學和所有基本遊戲機制，但也正是這種難搞讓遊戲變得豐富、複雜而且有深度。機率是七類基本遊戲機制中的最後一個，也是我們的第36號鏡頭。

36號鏡頭：機率

要使用這顆鏡頭，請把重點放在你的遊戲中牽涉隨機性與風險的部分，並記

得這兩者並不是同一回事。

問自己這些問題：

- 我的遊戲中有哪些部分是真正隨機的？哪些部分只是感覺起來隨機？
- 這種隨機性會帶給玩家正面的興奮和挑戰感，還是負面的無望和失控感？
- 修改常態分布曲線能改進遊戲嗎？
- 玩家是否有機會在遊戲中面對讓人覺得有趣的風險？
- 機率和技巧在我的遊戲中有何關係？有沒有辦法讓隨機元素感覺更像是在發揮技巧？有沒有辦法讓運用技巧的感覺更像是在冒著風險？

圖：Joshua Seaver

風險和隨機性就像香料一樣，放得少了，遊戲會索然無味，但如果放得太多，就會蓋過其他的一切，所以要恰到好處，才能提升遊戲的風味。但要用在遊戲裡，可不能只是撒上香料就好了。你必須仔細研究你的遊戲，看清哪些地方會自然湧生出風險和隨機性，以及要怎樣才能把它們馴得服服貼貼。不要誤以為機率這個元素只會來自擲骰或隨機生成數值，相反地，任何玩家遭遇未知的地方都和機率有關。

我們終於討論完了七個基本遊戲機制。接著，我們會進入以它們為基礎的進階機制，比如謎題和互動故事架構。不過首先，我們需要先研究有什麼方法能夠平衡這些基本元素。

延伸閱讀

- 《Game Mechanics: Advanced Game Design》，Ernest Adams 和 Joris Dormans 著。這本書深入討論各種遊戲機制互動間精彩的實用細節，也介紹了怎麼用強大的《Machinations》系統來模擬你的遊戲設計。
- 《The Oxford History of Board Games》，David Parlett 著。內有更多帕萊特規則分析的細節，並且談了一些前幾世紀裡驚人卻鮮為人知的桌上遊戲。
- 《Uncertainty in Games》，Greg Costikyan 著。一本討論遊戲中機率與不確定性的驚人著作。我每次讀都有新的收穫。
- 《The Unfinished Game: Pascal, Fermat, and the Unfinished Letter that Made the World Modern》，Keith Devlin 著。如果想知道更多關於機率誕生故事的細節，就一定要讀這本。

13 遊戲機制必須平衡
Game Mechanics Must Be in *Balance*

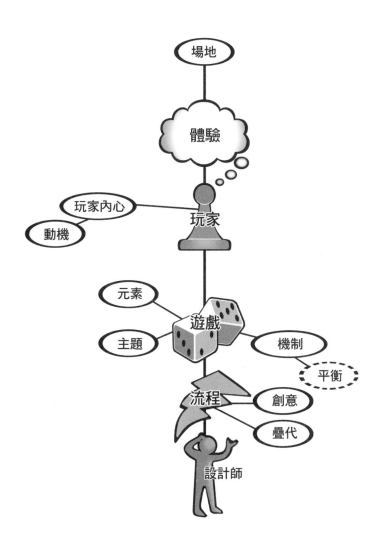

上主深惡假秤。
——《箴言》十一章第一節

你曾不曾滿心期待一款遊戲，相信它絕對超級好玩，最後卻大失所望？遊戲的故事聽起來很有趣，玩法操作也是你喜歡的，還有先進的科技和漂亮的美術，但不知怎麼回事，玩起來就是單調乏味、令人困惑和洩氣。這是因為遊戲失去了平衡。

對新手設計師來說，遊戲平衡這檔事看起來有點神祕，不過實際上，平衡遊戲不過就是調整遊戲的元素，直到可以傳達你想要的體驗。平衡遊戲不像科學，儘管通常牽涉一些簡單的數學，但整體而言它其實是遊戲設計裡最需要技藝的部分，因為你要做的是了解各個遊戲元素間關係的精微差異，知道要調整哪些、調整多少，還有哪些可以放著不管。

遊戲平衡之所以困難，部分原因是世上不存在兩個一模一樣的遊戲，每個遊戲都有不同的要素需要平衡。身為設計師，你必須分辨遊戲中有哪些元素需要平衡，然後不斷實驗修正，直到產生你希望玩家獲得的體驗。

這件事就像研發新食譜一樣——決定需要什麼食材是一回事，決定每個食材用多少、如何搭配，又是另一回事。有些決定需要奠基於困難的數學（每一‧五匙泡打粉可以發一杯麵粉），但其他部分，比如該用多少糖，常常只是個人口味的問題。就像手藝精湛的大廚可以用最簡單的配方做成珍饈，技藝純熟的遊戲設計師也能把最簡單的遊戲變成傑作，兩種人的共通之處，都在於了解如何平衡素材。

遊戲平衡的形式有很多種，因為不同遊戲有不同的項目需要平衡，不過這份工作仍有些常見的規律。要平衡一款遊戲，重點就在於仔細檢視，所以這一章會有很多很多顆鏡頭。

遊戲平衡常見的十二種類型

平衡類型1：公平

不公平的戰鬥哪有什麼樂趣。
——卡佛太太（Mrs. Cavour），出自電影《媽媽市場》（*Trading Mom*）

◆ 對稱的遊戲

玩家在遊戲中通常都會尋求公平，他們需要覺得自己所對抗的力量沒有強大到無法擊敗。要在遊戲中確保這點，最簡單的方法之一就是讓你的遊戲對稱，也就是給所

有玩家相同的資源和能力。大多數傳統的桌上遊戲（比如西洋跳棋、西洋棋和《地產大亨》），以及幾乎所有運動，都是用這個方法確保沒有任何玩家擁有不公平的優勢。如果你預期玩家的技巧水準大致差不多，並且想讓玩家之間直接競爭，那對稱的遊戲就是個好選擇。這些遊戲最適合用來決定哪個玩家最厲害，因為遊戲中的一切事物都是均等的，差別只有每個玩家在遊戲中發揮的技巧及策略。但這些遊戲也不是總能完美對稱，因為「誰先下」或是「誰開球」這些小問題，常讓其中一方得到一些小優勢。不過一般來說，這些問題靠丟硬幣或擲骰之類的隨機選擇就可以解決。雖然有一方玩家能得到些許優勢，但只要多玩幾場，這種優勢就會平均分布了。在某些狀況裡，也可以把優勢判給技巧較差的一方，來修正不對稱的局面，比如「最年輕的玩家先下」這種簡練的做法就利用了遊戲先天的不平衡，來協助平衡玩家之間的技能水準。

◆ 不對稱的遊戲

給對手不同的資源和能力不僅可行，很多人也會希望採用這個做法。如果你打算如此操作，就要準備應付一大堆影響重大的平衡問題了！即使如此，還是有一些理由會讓你選擇創作不對稱的遊戲：

1. **模擬現實情境**：如果遊戲的重點是模擬二戰中的軸心和同盟國勢力，把遊戲做得對稱就不合理了，因為現實世界中的衝突並不對稱。

2. **讓玩家有其他方法能探索遊戲空間**：探索是遊戲中的一大樂趣來源，玩家通常都喜歡在同一個遊戲中用不同能力和資源探索各種可能性。比如說，在格鬥遊戲裡，如果有十個角色可以給兩名玩家挑選，每個都有不同的能力，那就有十乘十種組合，每一種都需要不同策略來操作——實際上，你已經把一個遊戲變成了一百個遊戲。

3. **個人風格**：在遊戲裡，不同的玩家會使用不同的技巧，如果你讓玩家可以選擇最符合自己技巧的能力和資源，會讓他們感覺自己更強大，因為他們可以塑造遊戲，更加凸顯自己喜歡的玩法。

4. **讓場上局勢更均衡**：有時候，對手跟你的技巧程度就是不一樣，如果對手由電腦控制的話情況更加明顯。以《小精靈》為例，如果追逐小精靈的鬼魂不是四個，而是只有一個的話，遊戲固然會比較對稱，但玩家就很容易獲勝，因為說到走迷宮，人要贏過電腦實在太容易了。但在《小精靈》裡，玩家要一次贏過四個電腦控制的對手，於是遊戲變得平衡得多，電腦也有了擊敗玩家的公平機會。有些遊戲在這方面可以自訂難度，比如說高爾夫球的「差點」[1]就能讓不同程度的球員在

1　差點（handicap）：選手平均桿數和標準桿數的差距，在業餘比賽中須將桿數扣除差點。比如差點15的A選手打了88桿，就算做73桿。——譯註

雙方都能享受挑戰的等級上競爭。要不要引入這類平衡機制，取決於遊戲的目的是要成為衡量玩家技巧高下的標準，還是為所有玩家提供挑戰。

5. **創造有趣的情境**：在已問世的遊戲作品所組成的無垠宇宙中，不對稱遊戲遠比對稱遊戲來得多。讓不對稱的勢力互相爭鬥，會比較難看出能獲勝的正確策略是什麼，所以通常會比較有趣，且更容易讓玩家思考。玩家自然會好奇是否有一方比較占優勢，也會經常花大量時間和心力，想知道遊戲是否真的公平。尼泊爾虎棋（Bhag-Chal，尼泊爾的國民桌遊）就是絕佳的範例。在這個遊戲裡，玩家不只勢力不均等，連目標也不同！一個玩家執五顆虎棋，另外一方則有二十顆羊棋。虎方要贏需要吃掉五隻羊，而羊方則需要擺放羊棋讓老虎無法移動。雖然對經驗豐富的玩家來說，這個遊戲非常平衡，但新手都會花大量時間討論是否有一方特別占優勢，並且玩了一次又一次，想找出最好的策略和反制之計。

適當調整不對稱遊戲中的能力與資源，來讓玩家覺得勢均力敵並非易事。最普遍的方法是在分配每一種資源或能力的數值時，確保兩邊的總和相同。請見下一段的例子。

◆ 雙翼戰鬥機大戰

想像一款關於雙翼機纏鬥的空戰遊戲。每個玩家都要從下列戰鬥機中選擇一台：

戰鬥機	速度	機動性	火力
食人魚	中	中	中
復仇者	高	高	低
駱駝式	低	低	中

這些戰鬥機是否有做到平衡呢？很難說。不過第一眼上去，我們可能會把三個等級評為：低=1，中=2，高=3。這樣我們就有了新的資訊：

戰鬥機	速度	機動性	火力	總值
食人魚	中（2）	中（2）	中（2）	6
復仇者	高（3）	高（3）	低（1）	7
駱駝式	低（1）	低（1）	中（2）	4

　　這樣看來，開復仇者的玩家和其他玩家相比，優勢似乎就高得不公平了。但玩了一下後，我們發現食人魚和復仇者似乎大致平手，但開駱駝式的玩家幾乎都輸了。這讓我們猜測，火力也許比其他數值更重要，也許重要性高達兩倍。換句話說，火力一欄應該改成，低 =2，中 =4，高 =6。新的表就會長這樣：

戰鬥機	速度	機動性	火力	總值
食人魚	中（2）	中（2）	中（4）	8
復仇者	高（3）	高（3）	低（2）	8
駱駝式	低（1）	低（1）	中（4）	6

　　這就完全符合我們對實際遊戲的觀察了。現在我們有了一個模型可以告訴我們要如何平衡遊戲才會公平。為了測試這個理論，我們可以把駱駝式的火力改為高（6），那麼新的表格會是：

戰鬥機	速度	機動性	火力	總值
食人魚	中（2）	中（2）	中（4）	8
復仇者	高（3）	高（3）	低（2）	8
駱駝式	低（1）	低（1）	高（6）	8

　　如果模型正確，三種戰鬥機應該就可以平衡了。但這只是理論而已，要知道實情還是必須靠遊戲測試才行。如果玩過以後證實無論用哪一台戰鬥機都大致公平，模型應該就正確。但如果玩了以後發現駱駝式還是一直輸呢？我們就需要重新猜測、變更模型、重新調整平衡，然後再次測試了。

　　要記得，調整平衡和開發模型來研究如何平衡，這兩者要攜手並進。因為調整的過程中，你會發現更多遊戲內的交互關係，並做出更好的數學模型來表現這些關係。修改模型的同時，你也會更知道該如何為你的遊戲調整平衡。模型可以指導平衡，平衡也可以指導模型。

　　另外也別忘了，要等遊戲可以玩了才有辦法開始調整遊戲平衡。許多遊戲在市場上失利都是因為把時間全花在讓遊戲動起來，沒有分配足夠的時間給平衡，就草草上市。有個古老的經驗法則是說，做出可運作的完整版本以後，還得花六個月的時間來

平衡遊戲。不過依照遊戲的類型和規模大小，確切所需的時間會相差甚遠。我個人的規則是要留一半開發時間來平衡遊戲，當然，遊戲裡有愈多新的遊戲性元素，就要花愈多時間才能達到適當的平衡。

◆ 剪刀石頭布

還有個簡單的方法可以讓遊戲元素達到公平，那就是確保遊戲中的某個東西可以剋另一個東西，同時也會被別的東西所剋！這種做法常稱為「環狀平衡」，最有代表性的例子就是「剪刀石頭布」了，在這個遊戲裡

- 石頭敲斷剪刀
- 剪刀切開布
- 布包住石頭

每個元素都可以被另一個元素打敗，沒有哪個是無敵的。這個方式很容易就能確保每個遊戲元素都有強項和弱點。格鬥遊戲最常使用這種技術，確保沒有哪個玩家選擇的可操控角色所向無敵。

讓遊戲感覺公平，是最基本的一類遊戲平衡。在創作任何遊戲時，你一定都會想使用這顆公平鏡頭。

37 號鏡頭：公平

要使用公平鏡頭，請從每個玩家的觀點來仔細思考。考慮每個玩家的技巧程度，想辦法讓每個玩家都有贏的機會，他們才會覺得公平。

問自己這些問題：

- 我的遊戲應該做得對稱嗎？為什麼？
- 我的遊戲應該做得不對稱嗎？為什麼？
- 以下兩者，哪件事比較重要？遊戲是要成為可信的指標，判斷出哪個玩家的技巧最高超，還是要提供所有玩家有趣的挑戰？
- 如果要讓程度不同的玩家一起玩，該用什麼方法讓每個人都覺得遊戲好玩又有挑戰性？

圖：Nick Daniel

要掌握公平並不容易。在某些情況下，一方明明比另一方更具優勢，但遊戲仍然顯得公平。有時候是因為遊戲允許程度不同的玩家共襄盛舉，但也可能有其他原因。比如說在遊戲《異形戰場》（*Alien vs. Predator*）裡面，大家普遍認為

在多人模式時，終極戰士比異形更強。然而，玩家卻不覺得有什麼不公平的，為這符合《異形戰場》的故事世界觀。他們都接受操作異形的那方會比較不利，需要額外的技巧來彌補。在玩家之間，能操作異形而獲勝是種值得驕傲的勳章。

■ 平衡類型 2：挑戰與成功

我們來回顧一下〈第 10 章：玩家內心〉裡的這個圖表。

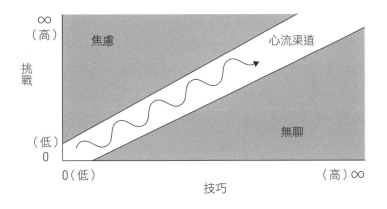

我們希望讓玩家持續待在心流渠道裡，如果遊戲的挑戰太難，玩家會覺得挫折；但如果太容易成功，玩家就會覺得無聊。把玩家留在中間，意味著要讓挑戰和成功的兩種體驗維持適當平衡。這可能會非常困難，因為玩家的技巧程度各不相同。同一件事有的玩家會覺得無聊，有的玩家卻覺得有挑戰性，還有的人會感到挫折。要達成適當的平衡，以下是一些常見的技巧：

- **在每次成功後提升難度**：這個模式在電玩遊戲裡十分常見——每一關都比前一關更難。玩家要為了闖過關卡磨練自己的技巧，然後繼續面對下一關的挑戰。當然別忘了像先前提過的一樣，使用一緊一鬆的模式。
- **讓玩家快速通過容易的部分**：如果你的遊戲會逐漸提升難度，讓技巧嫻熟的玩家快速通過他們可以輕鬆征服的關卡，也是幫你自己一個大忙。如此一來，屬害的玩家可以早點通過簡單的關卡，迅速進入有趣的挑戰，而比較弱的玩家也會在前期的關卡就遇上挑戰，讓每個玩家都能快速玩到有挑戰性的部分。如果你不採用此方針，而是不論玩家技巧如何，每一關都要花上他們一小時，那屬害的玩家可能很快就會因為缺乏挑戰而感到無聊。
- **做出「挑戰層級」**：遊戲中有個常見的模式，會在每一關或每個任務結束後用分

數或星星評分。如果玩家拿到 D 或 F，就得重打一遍，要拿到 C 以上的分數才能進入下一關。這種模式會讓玩法更有彈性，新手玩家只要拿到 C 就可以開心解鎖後續關卡。等他們經驗變多，解鎖所有關卡以後，可能就會給自己新的挑戰，想要在之前的關卡拿到 A 甚至 A+！

- **讓玩家選擇難度等級**：讓玩家選擇「簡單」、「中等」、「困難」模式，也是一個經實驗證明有效的方法。有些遊戲（比如許多「雅達利 2600」〔Atari 2600〕主機上的遊戲）甚至可以讓你在遊戲進行中變更難度。這個做法的好處是玩家可以找到符合自己技巧程度的挑戰等級，缺點則是你必須製作好幾個版本的遊戲並且平衡難度。此外，這也會減少遊戲的「真實性」，玩家會爭論哪個版本才是「真正」的體驗，或是不確定哪一個難度才是「真的」。

- **找各種玩家測試**：很多設計師都會掉進一個陷阱，就是只找有在持續接觸這款遊戲的人來測試，最後做出讓新手感到挫折的遊戲。另一種相反的陷阱則是只找從來沒玩過的人來測試，最後設計出的遊戲很快就讓有經驗的玩家感到無聊。聰明的設計師兩種玩家都會找，好確定遊戲從開始到結束都能維持樂趣。

- **讓輸家喘口氣**：《瑪利歐賽車》（Mario Kart）最有名的特色，就是特別的道具系統。領先的玩家很少會獲得道具，而落後的玩家容易拿到好用的道具，讓他們可以往前超車。此系統在遊戲中發揮得很好，因為它能讓遊戲感覺更公平，也讓大家更有參與感。落後的玩家需要專心，因為扭轉局面的道具隨時會出現，而領先的玩家也不能大意，因為隨時可能會遭「藍色龜殼」擊中。這個巧妙的系統會讓所有玩家不敢鬆懈，時時刻刻都保持在心流渠道之中。

遊戲平衡最困難之處，就是決定隨著時間進行，遊戲要變得多難。很多設計師都怕玩家太輕易征服整款遊戲，結果把難度做得太高，導致 90％ 的玩家最後都因為挫折感而放棄。這些設計師希望增加挑戰來延長遊玩時數，而他們會這麼想也有道理，因為如果你花了 40 個小時破完前九關，就很可能會願意更努力破完第十關。不過實際上，玩家還有很多其他的作品可以玩，因此在遲遲難以獲勝的情況下，他們大多會沮喪地選擇放棄。另一方面，如果你製作的是基本免費遊戲，後期的挫折感可能正是你想要的，這樣才能刺激玩家為了全破而花錢購買額外資源。身為設計師的合理做法，是先問自己：「我希望有多少比例的玩家可以全破？」再以此為目標去設計。

同時也不要忘了，光是學會怎麼玩也是一種挑戰！因此，遊戲的第一或第二個關卡通常都會簡單得不可思議。玩家面對的挑戰就只有搞懂「控制和目標」而已，其他額外的挑戰都只會讓他們感到挫折。更不要說，初期的幾次成功很能協助玩家建立自信，有自信的玩家會更不容易放棄遊戲。

挑戰是遊戲性的核心元素，偏偏又很難平衡，所以值得有一顆屬於自己的鏡頭。

38號鏡頭：挑戰

挑戰幾乎是所有遊戲玩法的核心，甚至可以說，目標和挑戰決定了一個遊戲。在檢視遊戲中的挑戰時，問自己這些問題：

- 我的遊戲有什麼挑戰？
- 這些挑戰會不會太簡單、太難，還是剛剛好？
- 遊戲的挑戰是否能容許技巧程度不同的玩家都可遊玩？
- 玩家成功時，關卡難度會如何提升？
- 挑戰的種類夠不夠多？
- 遊戲中最高難度的挑戰是什麼？

圖：Reagan Heller

■ 平衡類型3：有意義的選擇

遊戲裡有各種給予玩家選擇的方法。給玩家有意義的選擇會讓他們自問這些問題：

- 我該去哪？
- 我該如何使用資源？
- 我該練習什麼？又該試著精通什麼？
- 我該怎麼裝扮我的角色？
- 我該快速還是小心地玩完遊戲？
- 我應該著重進攻還是防禦？
- 這種情形我該用什麼策略？
- 我該選什麼能力？
- 我該保守還是大膽地玩？

好遊戲會給予玩家有意義的選擇，不是隨隨便便的選擇，而是真正能影響接下來會發生什麼事以及遊戲結果的選擇。很多設計師會陷入給玩家無意義選擇的陷阱。比如在賽車遊戲裡，玩家也許有50台車可以選，但如果開起來都一樣，那就等於沒有選擇。還有些設計師會陷入另一種陷阱，也就是給出沒有什麼好挑的選擇。如果你給一個士兵十把不同的槍，但其中一把很明顯比其他更好，那就跟沒有選擇是一樣的。

玩家的選擇中如果有一個明顯比較好，這個選擇就是**優勢策略**（dominant strategy）。一旦有人發現優勢策略，遊戲就不好玩了，因為遊戲的謎底已經被揭開，再也沒有選

擇好選。如果你在正進行設計的遊戲裡發現了優勢策略，就一定要改變規則（調整遊戲平衡），不讓該策略繼續保持優勢，有意義的選擇才會重新回到遊戲之中。前面提到的雙翼戰鬥機大戰就是一個例子，設計師在做的就是要去除優勢策略，重新提供玩家有意義的選擇。隱藏的優勢策略如果被玩家發現，就會成為「祕技」（exploit），被玩家用來當作設計師從未想過的破關捷徑。

遊戲開發的前期會有很多優勢策略存在於遊戲中，隨著遊戲持續發展，才開始被調整平衡而失效。矛盾的是，新手設計師卻也因此恐慌起來：「昨天我還知道遊戲的正確玩法，可是加進新的調整以後，我就不懂了！」他們感覺彷彿失去了控制自己遊戲作品的權力，但這其實代表你的遊戲向前跨出了一大步！裡面再也沒有優勢策略，終於可以做出有意義的選擇了。不要害怕這個時刻，而是要珍惜，利用這個機會看看自己能否弄懂為什麼現在的規則和數值會讓你的遊戲趨於平衡。

但這又導致另一個問題：該給玩家多少有意義的選擇？麥可·馬提斯（Michael Mateas）指出，玩家想要多少選擇，取決於他們想要的東西有多少：

- 如果選擇＞想要的東西，玩家會應接不暇
- 如果選擇＜想要的東西，玩家會感到挫敗
- 如果選擇＝想要的東西，玩家會感到滿足和不受拘束

因此，要決定恰當的選擇數量，你需要設法知道玩家想要做的事情有哪些、有多少。在某些時候，玩家想要的有意義選擇其實很少（在岔路口選擇向左走還是向右走很有趣，但如果有三十條可以選就讓人頭痛了）。另一些時候，他們會想要有大量的選項（比如《模擬市民》中的買衣服介面）。

有意義的選擇是互動性的核心，因此有一顆專門用來檢視的鏡頭會很有幫助。

39號鏡頭：有意義的選擇

做出有意義的選擇會讓我們覺得所做的事情有意義。要使用這顆鏡頭，問自己這些問題：

- 我要求玩家做的選擇是什麼？
- 這些選擇有意義嗎？多有意義？
- 我給玩家的選擇數量正確嗎？多一點會不會讓他們覺得自己更有力量？少一點會不會讓遊戲更易懂？
- 我的遊戲裡有沒有優勢策略？

圖：Chuck Hoover

◆ 三角困境

對玩家來說，最刺激有趣的選擇就是決定要穩中求進，還是以小搏大。如果遊戲平衡做得好，這個選擇就會很困難。我發現因為遊戲雛型「就是不好玩」而來找我幫忙的案例裡，大概十個有八個是因為遊戲缺乏這種有意義的選擇。你可以稱之為「平衡的不對稱風險」（balanced asymmetric risk），因為你是要在低風險低報酬，和高風險高報酬之間做出平衡。不過這個說法有點拗口，這類問題也經常出現且很重要，所以我喜歡用一個更簡短的說法：**三角困境**（triangularity）。三角形的三個頂點分別是玩家、低風險選項和高風險選項。

《太空侵略者》就是三角困境做得很好的例子。遊戲中大部分時間，你都在打那些靠近太空船、價值10、20、30分的外星人。他們的動作很慢，很容易打中，而且射擊他們也可以阻止他們的炸彈擊中你，讓你比較安全。不過每隔一段時間，就會有紅色的小飛碟飛過螢幕頂端。它不會造成威脅，對它開火也很困難與危險，因為它會不斷移動、距離很遠，而且瞄準它的時候你要把視線從太空船上移開，導致你有可能被炸彈擊中。可是命中紅色小飛碟的話就可以獲得100到300分！少了這些飛碟，《太空侵略者》會變得無聊，因為你沒什麼選擇，就只能一直射射射而已。飛碟讓玩家不時面臨困難而有意義的選擇——是要注重安全，還是冒險搶高分呢？三角困境的重要性使之成了一顆鏡頭。

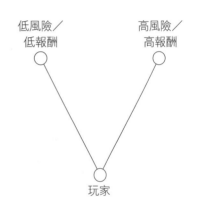

低風險／
低報酬　　　高風險／
　　　　　　高報酬

玩家

40號鏡頭：三角困境

讓玩家在低風險低報酬和高風險高報酬之間做選擇，是讓遊戲刺激好玩的好方法。要使用三角困境鏡頭，問自己這些問題：

- 我現在有營造出三角困境嗎？沒有的話要怎麼做？
- 我嘗試的三角困境平不平衡？換句話說，報酬和風險相當嗎？

圖：Nick Daniel

一旦開始在遊戲中尋找三角困境，你就會發現到處都有。再怎麼單調無聊的遊戲，只要加入些許三角困境，很快就會變得讓人興奮又滿足。

史蒂芬·列維（Steven Levy）的《黑客列傳：電腦革命俠客誌》（歐萊禮出版）書中舉了一個經典的三角困境範例。有個麻省理工學院的工程師駭進自動販賣機，給了每個來用販賣機的人兩個選擇：用原價購買販賣機裡的零食，或是賭賭看，投擲一枚虛擬硬幣，決定這包零食是要價兩倍還是完全免費。

要確定三角困境能保持平衡，就要使用35號的期望值鏡頭。大型機台遊戲《Qix》就是一個用期望值維持遊戲平衡的有趣例子。[2]在遊戲裡，你要試著在空白的遊戲畫面上畫出矩形的地盤。同一時間，會有一團叫作「Qix」的線條在畫面上隨機漂浮。如果在還沒畫完一塊矩形前就被Qix碰到，你就死了。但如果你畫完了矩形，這塊矩形就是你的地盤。只要占領75%的畫面，就可以贏得這一關。

遊戲設計師給玩家的選擇非常清楚，每次畫矩形的時候，你可以選擇全速移動（畫藍色矩形），或是半速移動（畫橘色矩形）。用半速移動的危險是兩倍，所以畫出來的矩形分數也是兩倍。這個設計之所以成功，原因是假設成功用全速畫出藍色矩形的機率是20%，而一個矩形價值100分，那麼期望值就是每個矩形100×20%=20分。我們知道用半速來畫的話，成功的機率就會減半，於是得到下面這張表：

速度	成功率（%）	分數	期望值
快（藍）	20	100	20
慢（橘）	10	?	20

我們希望遊戲能夠平衡，所以期望值要維持不變。這樣很容易就可以看出來，如果要讓遊戲保持平衡，用半速畫相同面積的矩形，分數就應該要是200分。困難之處在於弄清楚成功率（通常只能估算），但這部分也可以靠「模型指導雛型」和「雛型測試指導模型」的良性循環，讓模型最終趨於正確，並且讓遊戲變得平衡。

《瑪利歐賽車》也是一支和諧的三角困境交響曲。它一而再、再而三地帶給玩家高／低風險的選擇和適當的報酬。比如下面這些例子：

- 手動甩尾還是自動轉彎？前者需要更多技巧，但用得好的話，速度會更容易提升。
- 卡丁車還是摩托車？卡丁車的基礎速度比較快，但如果翹孤輪的話，摩托車速度就會比卡丁車更快，不過風險是翹孤輪時無法轉彎。
- 要（冒著撞車的風險）搶道具嗎？還是要放棄？
- 要（冒分心的風險）使用道具嗎？還是要放棄？
- 要不要留著現在的道具？還是要丟掉換新的？
- 要使用加速板嗎？它們可以讓你速度更快，但一般都出現在危險的位置。
- 要提早踩油門嗎？如果在起跑線時提早踩油門，時機對的話就能領先一步，但如

果抓錯時機，反而會在原地打轉，起步會慢得令人沮喪。

- **走左邊或右邊？** 很多賽道都會分成低風險和高風險兩條路，而高風險的那條當然也比較多機會可以加速。

■ 平衡類型4：技巧與機率

在第12章，我們仔細討論過了技巧和機率的機制。實際上，任何遊戲設計都存在這兩股對立的力量。機率成分太多會減少玩家技巧對遊戲的影響，反之亦然。這個問題沒有什麼簡單的解答，有些玩家比較喜歡盡量減少機率成分的遊戲，有些人的偏好則相反。靠技巧的遊戲比較像體育競賽，由裁判系統來決定哪個玩家比較優秀；機率主導的遊戲則偏向輕鬆、休閒性質，因為大部分的結果都取決於機率。想要達成平衡，就必須使用19號的玩家鏡頭，來了解遊戲的受眾想要多少技巧和多少機率成分。偏好的差異有時也取決於年齡和性別，甚至也跟文化有關。舉例來說，德國桌上遊戲玩家似乎比美國玩家更偏愛把機率的影響壓低到最小的遊戲。

要在機率與技巧間求取平衡，有個常見的方法，就是在遊戲中交替使用這兩者。舉例來說，發牌是純粹的機率，但選擇怎麼出牌則是純粹的技巧。擲骰看自己能走多遠是純粹的機率，決定要怎麼移動棋子則是純粹的技巧。這樣的組合可以創造鬆緊交替的模式，讓玩家玩得非常開心。

設計師大衛・佩里（David Perry）提出，要讓人對你的遊戲上癮，關鍵在於遊戲設計要讓玩家持續發揮技巧、承擔風險和使用策略。每當玩家承擔風險時，某種意義上就是在對抗機率。

選擇要怎麼在技巧和機率間取得平衡，就是在決定你遊戲的性質。用這顆鏡頭來仔細研究吧。

41號鏡頭：技巧與機率

要決定遊戲中如何在技巧與機率間取得平衡，問自己這些問題：

- 遊戲的玩家是想接受評定（技巧）還是承擔風險（機率）？
- 靠技巧過關通常比碰運氣更需要認真遊玩，那麼這款遊戲是認真還是休閒取向？
- 我的遊戲有沒有哪個部分太枯燥？若有，可以加進什麼機率元素以改善？

圖：Nathan Mazur

- 我的遊戲有哪個部分太隨機嗎？如果有，要不要用一些技巧或策略元素取代機率，讓玩家更有控制感？

■ 平衡類型 5：手與腦

這一類的遊戲平衡很直觀，就是遊戲中有多少挑戰需要身體活動（比如操縱方向、投擲或靈敏地按按鈕），又有多少需要思考？兩件事的差異並不像表面看來那麼大，很多遊戲都需要在不斷擬定策略和破解謎題的同時發揮速度和靈巧，還有些遊戲則是輪番使用這兩種玩法來增添多樣性。比如在「動作平台遊戲」的類型裡，玩家在關卡中，有時需要靈敏地操作自己的化身（avatar）躍過障礙物，有時也許要射擊敵人或是停下來解決妨礙你破關的謎題。關卡最後通常會有「大魔王」，讓遊戲更緊張，而要打倒大魔王，就得解決一連串的謎題（啊！我要先跳到牠尾巴上，牠才會暫時把防護罩撤掉一秒！），並且施展靈活的操作（我只有一秒可以往隙縫裡射一箭！）。

不過，了解你的目標客群偏好在遊戲中思考還是動手十分重要，而讓你的遊戲清楚傳達你選用哪種平衡也同樣重要。Mega Drive 上出過一款非常獨特的遊戲《小精靈2：新冒險》（*Pac-Man 2: The New Adventures*）。作品的名字暗示了這會是款帶有一點策略的動作遊戲，就像原本的《小精靈》一樣，但遊戲包裝的第一印象卻不是如此。它看起來是款像《超級瑪利歐兄弟》（*Super Mario Brothers*）或《音速小子》一樣的2D平台遊戲，也就是帶有一點解謎成分的動作遊戲。但實際上，遊戲玩起來卻完全不一樣！雖然它看起來像款動作平台遊戲，實際上卻是款奇怪的心理學解謎遊戲，你需要操縱小精靈進入不同的情緒狀態，才能讓他通過不同的障礙。期待動作為主、思考為輔的玩家很失望，而它看起來像「動作遊戲」的外觀，又讓想找解謎遊戲的玩家不太會去玩它。

《Games》雜誌在評論電玩遊戲時，會用一條評分滑尺來打分數，滑尺的一端是「手指」，另一端則是「腦子」。我們很容易就會忘記，就算遊戲有很多按鍵要按，還是可以用到很多心思和策略。你可以用34號的技巧鏡頭來了解遊戲中不同的技巧，再使用以下這顆鏡頭來加以平衡。

42號鏡頭：手與腦

洋基隊捕手尤吉・貝拉（Yogi Berra）曾說：「棒球有90％得靠腦子，剩下的另一半才是用身體來打。」要確保遊戲內的身體和心智元素平衡更加合理，就

要使用手與腦鏡頭。問自己這些問題：

- 我的玩家尋求的是無腦動作遊戲還是智力挑戰遊戲？
- 加入更多解謎橋段會讓我的遊戲變得更有趣嗎？
- 有沒有哪些部分是玩家可以放鬆大腦，不必深思就能玩？
- 有沒有辦法讓玩家選擇，是要運用高超的敏捷反應，還是找到幾乎不用體能技巧的聰明策略來成功破關？
- 如果「1」代表徹底的體能取向，而「10」是完全的心智取向，我的遊戲會得到幾分？

這顆鏡頭如果搭配19號的玩家鏡頭一併使用，效果會格外顯著。

圖：Lisa Brown

■ 平衡類型 6：競爭與合作

競爭與合作是基本的動物本能。所有高等動物都會出於求生以及在社群內建立地位的動力而互相競爭。但相反地，互相合作也是一種本能，因為團隊有更多對眼睛和雙手，以及成員各自不同的能力，無論如何都比單獨個體更為強大。競爭和合作對我們的生存極其重要，為了熟悉這兩招，也為了了解我們的家人朋友，我們必須時時嘗試運用，才能更清楚誰擅長什麼，以及如何合作。遊戲給了我們一條在社交上很安全的途徑，去探索身邊的人在壓力下會做出什麼行為，這也是我們喜歡和別人一起玩遊戲的祕密原因。

談到遊戲，競爭遊戲往往比合作遊戲更普遍，但也有人創作了一些非常有趣的合作遊戲。《煮過頭》（*Overcooked*）需要玩家合作做出料理，才能拯救世界。另一個絕佳的例子是桌上遊戲《瘟疫危機》（*Pandemic*），玩家在遊戲中完全不競爭，而是要通力合作，試圖整個團隊一起獲勝。

有些遊戲找到有趣的方式來融合競爭和合作模式。大型機台遊戲《鴕鳥騎士》（*Joust*）有單人和雙人模式，單人模式中玩家要對抗許多電腦控制的敵人，而雙人模式則會讓玩家在同一個場地裡共同對付敵人。遊戲中的競爭和合作張力非常有趣：從競爭的角度來看，玩家得到的分數取決於打倒多少敵人，如果玩家想要的話也可以彼此競爭。但從合作的角度來看，玩家如果協力攻擊並保護彼此，就能得到更高的分數。要嘗試贏過對方（獲得比較高的分數）還是試著贏過電腦（獲得最高總分），都看玩家的決定。遊戲還刻意強化了這股張力：有些關卡設計成「團隊關」，如果兩人都能

活過這一關,就可以獲得3000分的獎勵;另一些關卡則設計成「對戰關」,先打敗對方的玩家可以多獲得3000分。這種競爭與合作之間的有趣切換,讓遊戲產生許多變化,也能讓玩家發現自己的隊友是比較喜歡合作還是競爭。

雖然競爭和合作是相反的兩個極端,但也可以方便地結合起來,兼具兩者的優點。怎麼做呢?當然就是團隊競爭!這個設計在運動裡很常見,不過連線遊戲的興起也讓團隊競爭在電玩遊戲世界中蓬勃發展。

競爭和合作非常重要,我們需要三顆鏡頭來檢驗。

43號鏡頭:競爭

想知道誰最擅長做某件事,是人類的本能之一,而競爭遊戲可以滿足這項本能。請用這顆鏡頭來確保你的競爭遊戲會讓人想得勝。問自己這些問題:

- 我的遊戲中,評量玩家技巧的標準是否公平?
- 人們會想在我的遊戲中取勝嗎?為什麼?
- 在遊戲裡勝出是否值得驕傲?為什麼?
- 新手能在我的遊戲裡進行有意義的競爭嗎?
- 老手能在我的遊戲裡進行有意義的競爭嗎?
- 老手是否通常會有把握能打敗新手?

圖:Elizabeth Barndollar

44號鏡頭:合作

靠團隊合作贏得成功能帶來一種特別的愉悅,還可以創造長久的社交羈絆。這顆鏡頭可以用來檢查遊戲中的合作面向。問自己這些問題:

- 合作需要溝通。我的玩家有足夠的機會溝通嗎?要如何提升溝通的品質?
- 我的玩家彼此是朋友還是陌生人?如果是陌生人,該怎麼協助他們破冰?
- 玩家合作的時候,會互相加成(二加二等於五),還是互扯後腿(二加二等於三)?為什麼?

圖:Sam Yip

- 玩家扮演的角色都一樣嗎？還是各有各的職務？
- 當個人沒有辦法獨力完成整個任務時，合作的價值就會大大提高。我的遊戲裡有這種任務嗎？
- 強迫交流的任務能刺激合作。我的遊戲裡有沒有任務會強迫交流？

45號鏡頭：競爭與合作

要調整競爭與合作的平衡，有很多有趣的方法可用，請用這顆鏡頭來判斷兩者在你的遊戲中是否平衡。問自己這些問題：

- 如果「1」代表競爭，「10」代表合作，我的遊戲會得到幾分？
- 有沒有辦法讓玩家選擇要競爭還是合作？
- 我的受眾偏好競爭、合作還是混合？
- 團隊競爭在遊戲中有意義嗎？團隊競爭和各自競爭，哪種模式在我的遊戲裡比較好玩？

圖：Diana Patton

從休閒線上雙人西洋棋競賽到大型千人線上角色扮演遊戲的競爭公會戰，隨著愈來愈多遊戲可以連上網路，不同類型的競爭和合作也有更多機會可以實現。但是讓我們享受競爭和合作的心理動力從來沒有改變——愈清楚了解和愈平衡這些動力，你的遊戲就會變得愈有力。

■ 平衡類型7：長與短

遊戲長度的平衡對每個遊戲都很重要。如果遊戲太短，玩家就沒機會發明和運用有意義的策略。但如果遊戲拖得太長，玩家可能會無聊，或是覺得少碰為妙，免得投入太多時間。

決定遊戲長度的因素通常也很微妙。比如說，《地產大亨》如果照著正式規則來玩，通常會在九十分鐘左右結束。但很多玩家覺得規則太嚴苛，所以就加入了獎金房規[3]，並放寬了對於何時必須購入地產的限制。副作用就是遊戲會拖得太長，通常會超

3　有種常見的房規是玩家每次走到特定的格子，都能拿到一筆獎金。——譯註

過三個小時。

輸贏條件是決定遊戲何時結束的主要因素，調整條件就可以大幅改變遊戲長度。大型機台遊戲《間諜獵車手》（Spy Hunter）的設計師就想出了一套非常有趣的系統來平衡遊戲長度。在《間諜獵車手》裡，你會開著車在高速公路上奔馳，用機關槍對敵人開火。在早期雛型中，如果車子被破壞三次，遊戲就會結束。這款遊戲挑戰性很高，對新手來說尤其困難。設計師發現玩家的遊玩時間都很短，而且覺得十分挫折，於是他們加入了一條新規則：遊戲開始的九十秒內，玩家擁有無限台車，如此一來他們就不會在這段時間內輸掉遊戲。時間一到，他們就會只剩幾台而已，一旦車子都被打爆，遊戲就結束了。

《米諾陶》（Minotaur）的設計師（後來做了《最後一戰》）則用了另一個有趣的方法來平衡遊戲長度。《米諾陶》是一款連線遊戲，遊戲中的迷宮最多能容納四個玩家。他們會在裡面四處活動蒐集武器和法術，想辦法消滅其他玩家，唯有剩下最後一個玩家時，遊戲才會結束。設計師發現了一個問題：如果玩家沒有遇上彼此，遊戲就可能會陷入僵局，令人感到無聊。有個解決辦法是設下時間限制，時間到了就由積分系統宣告誰是贏家，但他們想出來的辦法更加簡練。他們創了一條新規則：二十分鐘後，鐘聲響起，接著「末日大戰」就會開始。所有還活著的玩家會瞬間被傳送到一個充滿怪物和危險的小房間，任何人都沒辦法在裡頭撐太久。如此一來，遊戲就一定能在二十五分鐘以內結束，不但戲劇化得多，也仍然會有一個玩家成為贏家。現在的「大逃殺」類型遊戲也都遵循同樣的模式，場地會隨著規定時間慢慢縮小，逼倖存的玩家相互對決。

■ 平衡類型 8：獎勵

> 王公大人，賞必速，罰必緩。
> ——奧維德（Ovid）

人為什麼會花這麼多時間打電動，就為了得到高分呢？之前我們討論過遊戲是如何成為評斷的架構（structures of judgment），以及人們為何想受到評斷。但人們想要的不只是受到評斷，而是想受到好評。給予獎勵就是遊戲在告訴玩家「你做得很好」。

遊戲有好幾種不同的常見獎勵，這些獎勵都有一個共通點——滿足玩家的欲望。

- **讚美**：這是最簡單的獎勵，遊戲只需要用一個清楚的標語、一個特殊音效，甚至是藉遊戲角色之口來清楚告訴玩家「你做得很好」。以上方式都代表一件事：遊戲評斷並且認可你了。任天堂遊戲最有名的就是在玩家得到獎勵的同時，都會附加聲音和動畫來表現讚美。

- **分數**：在很多遊戲裡，分數都沒有特別的用途，只能用來衡量玩家的成功，不論是靠技巧還是運氣得到的。有時候分數是獲得其他獎勵的途徑，但通常光是衡量玩家有多成功就已足夠——特別是如果其他人可以在排行榜上看到玩家分數的話。

- **延長遊戲時間**：很多遊戲（比如彈珠台）的遊戲目標都是盡可能拿資源（彈珠台裡的彈珠）搏取更多分數，並且不要失去賭上的資源（其他凹槽裡的彈珠）。在有「幾條命」機制的遊戲裡，對玩家最寶貴的獎勵就是多一條命。其他有時間限制的遊戲則會給予額外的遊玩時間作為獎勵，這跟多一條命是同一回事。玩家會希望延長遊戲是因為這樣可以取得更高分，同時也是成功的指標，不過這同時也利用了我們人類的求生本能。現在的基本免費遊戲則稍做改變，把遊戲時間換成了「能量模式」。能量一用完，遊戲就要暫停，如不想等幾個小時才能繼續，就要多花點錢。

- **入口**：除了被稱讚以外，我們也有探索的欲望。有些遊戲的成功獎賞是讓你移動到遊戲中的新區域，就能滿足玩家的這種基本本能。玩家每次進到新關卡，或是贏得鑰匙打開上鎖的門，都是拿到「入口」這種獎勵。

- **奇觀**：我們喜歡享受有趣美麗的事物，遊戲常常會用音樂或動畫當作簡單的獎勵。《小精靈》第二關結束的「過場動畫」，或許是電玩世界裡最早的例子。這種獎勵本身不太容易讓玩家滿足，所以往往會搭配其他類型的獎勵。

- **自我表現**：很多玩家喜歡在遊戲中用特別的服裝或裝飾來表現自我。即便這通常跟遊戲目標沒關係，還是能滿足人們想在世界上留下腳印的欲望，所以對玩家來說非常有趣。

- **能力**：每個人都想在現實生活中變強，而在遊戲裡，變強也有可能讓遊戲對玩家的成功給出更高評價。當作獎勵的能力可以用各種形式表現：在西洋跳棋中「成王」、在《超級瑪利歐世界》（*Super Mario World*）裡變大、在《音速小子》裡加速，或是在《決勝時刻》（*Call of Duty*）裡拿到特殊武器。而所有能力的共通處是可以讓你比之前更快達成目標。

- **資源**：賭場遊戲和樂透是用真錢來獎勵玩家，而電玩遊戲更常用只有遊戲中才用得到的資源，比如食物、能量、彈藥或生命值來獎勵玩家。也有的遊戲不直接給資源，而是給虛擬貨幣，讓玩家選擇怎麼使用，通常可以用來購買資源、能力、更多的遊戲時間或是表現自我的方式。當然，基本免費遊戲會模糊這種分別，讓你花真錢買虛擬貨幣（但幾乎都不能反過來出售虛擬貨幣）。

- **地位**：排行榜高名次、特殊成就或是其他能提升玩家社群地位的方法也是很有吸引力的獎勵，對競爭心強的玩家更是如此。

- **完結**：完成所有遊戲目標會讓人感到一股特別的寬慰情緒，這是在現實中解決問

題時很少會出現的感受。在很多遊戲裡，這都是最終的獎勵——當玩家抵達這一步，繼續玩這個遊戲通常就沒有意義了。

遊戲中會獲得的獎勵大部分都至少會屬於上述分類之一，不過這些分類也常常能以有趣的方式結合在一起。很多遊戲會用分數獎勵玩家，不過當分數累積到某個數字，玩家就會多得到一條命（資源、延長遊戲）。或者玩家也會得到特殊物品（資源），讓他們可以做些新的行動（能力）。有些遊戲會讓獲得高分（分數）的玩家輸入自己的名字或是畫一張圖（自我表現）。還有些遊戲會在解鎖所有區域（入口）後，在結局（完成）播放特殊動畫（奇觀）。

但獎勵該如何維持平衡？換句話說，該給多少獎勵，又該給哪一種？這個問題很難，幾乎每個遊戲都有不同的答案。不過一般來說，遊戲裡的獎勵類型愈多愈好。心理學有兩條關於獎勵的經驗法則：

- 得到的獎勵愈多，人們就愈傾向習慣拿到獎勵。於是一個小時前算得上是獎勵的事物，之後就不算什麼了。很多遊戲會用一個簡單的辦法來克服這一點，就是隨著遊戲進程逐步增加獎勵的價值。某種程度上這是很廉價的招數，但是卻很管用。就算你知道設計師正在這麼做，也知道他為什麼要這麼做，但當你在遊戲進展到新的階段時突然拿到更大的獎勵，還是感覺很賺。

- 上千個心理學實驗也證明，多變的獎勵比固定的獎勵更強而有力。舉例來說，如果每打倒一個怪物都能拿到 10 分，遊戲很快就會變得沒有驚奇、索然無味，但如果每打倒一個怪物都有 2/3 的機率拿不到分數，1/3 的機率拿到 30 分，就算平均得到的分數一樣，玩家感覺有獲得獎勵的時間還是會維持更久。這就像在公司發甜甜圈一樣，如果你每個禮拜五都發送甜甜圈，大家就會期待那天，並把得到甜甜圈視作理所當然。但要是你隨機找日子發送，就可以每次都帶給同事驚喜。三角困境給玩家的樂趣，一部分也是因為它和多變的獎勵有關。

46 號鏡頭：獎勵

每個人都喜歡被稱讚做得很好。用這些問題來判斷你的遊戲是否在正確時機給了正確數量的正確獎勵：

- 我的遊戲現在用什麼當獎勵？可以給別的嗎？
- 玩家在遊戲中會因為獎勵而興奮，還是覺得無聊？為什麼？
- 拿到無法理解的獎勵就跟沒有拿到一樣。遊戲的玩家是否能理解他們拿到了什麼獎勵？

- 遊戲中的獎勵會不會給得太規律？能用更多變的方式來給予獎勵嗎？
- 遊戲中的獎勵之間有何關聯？能不能讓各個獎勵的關係更緊密？
- 遊戲中獎勵累積的速度如何？太快、太慢還是剛剛好？

圖：Sam Yip

每個遊戲平衡獎勵的方式都不一樣。你要顧慮的不只是如何給予正確的獎勵，還要考慮在正確的時機給出正確的數量。試誤是唯一能知道正確與否的手段，但結果也未必適用於每個人。獎勵的平衡很難做到完美，只能試著做到「夠好」。

■ 平衡類型 9：懲罰

遊戲會懲罰玩家，這句陳述聽起來可能有點怪——遊戲不是應該要好玩才對嗎？不過矛盾的是，如果適當運用懲罰，反而能讓玩家從遊戲中獲得更多樂趣。遊戲懲罰玩家的理由有：

- **懲罰可以創造內生價值**：我們討論過在遊戲內創造價值的重要性（見7號的內生價值鏡頭）。如果遊戲內的資源有可能被奪走，它的價值就會更高。
- **承擔風險讓人覺得刺激**：如果可以獲得和風險相稱的獎勵就讓人更覺得刺激了！但只有存在負面後果或懲罰時，風險才會隨之存在。要是讓玩家有機會挑戰極高的風險，成功也會更加甜美。
- **合理的懲罰可以增加挑戰性**：前面討論過挑戰玩家的重要性——如果玩家失敗，遊戲會給予懲罰，遊戲的挑戰性就會增強。增加失敗帶來的懲罰，也是一種增強挑戰性的方式。

遊戲中常用的懲罰有好幾種，很多都只是反獎勵之道而行。

- **羞辱**：這是稱讚的反義詞，只要告訴玩家他們打得很爛就可以了。可以是直白的訊息（比如「Miss!」或「你被擊敗了！」），或是播放讓人洩氣的動畫、音效和音樂。
- **失去分數**：這種懲罰對玩家來說很心痛，所以電玩遊戲中相對少見，甚至傳統遊戲和運動亦然。或者也可能不是心痛的問題，而是如果分數會掉，那得分就會變得廉價。不會失去的分數非常有價值，而走錯一步就會被扣掉的分數，內生價值就沒這麼高了。
- **縮短遊戲時間**：「掉一命」是這種懲罰的一個例子，有些以馬錶計時的遊戲也會

直接扣除時間來縮短遊戲。

- **結束遊戲：**老兄，你死了。

- **倒退：**這個懲罰就是在你死後遊戲會把你送回關卡起點或上個存檔點。在以抵達終點為目標的遊戲裡，倒退是非常合邏輯的懲罰。設定平衡的難關在於搞清楚要把存檔點放在哪，懲罰才會顯得有意義而非不合理。

- **失去能力：**設計師做這件事的時候必須很小心，因為玩家很重視他們贏得的能力，能力被奪走可能會讓他們感到不公平。在《網路創世紀》（*Ultima Online*）裡，戰鬥中死掉的玩家會變成鬼魂。要復活則必須先找到回神殿的路。如果花太久才回到神殿，就會失去花好幾個禮拜才拿到的寶貴技能點，很多玩家都覺得這種懲罰太嚴苛。暫時奪走玩家的力量會是比較公平的做法，有些遊樂園有一種碰碰戰車（bumper car battle tank）設施，可以互相發射網球。戰車的每一側都有標靶，如果其中一個靶被對手的網球擊中，你的戰車就會有五秒不能動，這段時間裡大砲也沒辦法發射。

- **損失資源：**失去金錢、寶物、彈藥、防護罩或生命值都算在這一類。這是遊戲中最常見的懲罰。

心理學研究告訴我們，獎勵向來比懲罰更能強化動機。如果要鼓勵玩家去做某件事，就盡量使用獎勵，避免使用懲罰。暴雪公司（Blizzard）的遊戲《暗黑破壞神》（*Diablo*）裡的食物採集就是一個好例子。很多遊戲設計師多少都曾想到要加入食物採集系統，讓遊戲更「真實」。如果沒有蒐集食物的話，角色就會因為飢餓而能力減弱。暴雪嘗試了這個做法，卻發現這個設定對玩家來說很煩人——玩家得因此做一堆無聊至極的活動，不然就會遭受懲罰。所以暴雪決定反其道而行，讓玩家在遊戲中不會感到飢餓，但如果吃了食物，能力就會暫時提升，玩家也比較喜歡這種方式。將懲罰換成獎勵，原本讓人感到負面的活動也會變得正面。

不過，如果懲罰有其必要的話，下手該多重就是個複雜的問題了。我們開發《卡通城Online》的時候，就面臨一個問題：要為兒童開發一款輕鬆好玩的MMORPG，最嚴厲的懲罰該做到什麼程度？最後我們決定把《卡通城》裡的「死亡」變成一堆輕微懲罰的結合，改叫作「傷心」。因為這個遊戲的風格很輕鬆愉快，玩家甚至沒有血條（life meter），只有「笑條」（laff meter）；敵人的目標也不是直接殺死玩家，而是要讓他們傷心到當不成卡通人物。《卡通城》的人物在笑條歸零時會發生這些事：

- 你會被從戰場傳送回遊樂場（倒退）。這種倒退很輕微，只要一分鐘就可以走回去。
- 你身上所有的物品都會消失（損失資源）。這也很輕微，因為這些物品並不貴重，大概玩十分鐘就能重新賺回來。
- 角色會難過得垂頭喪氣（羞辱）。

- 大概在三十秒的時間內，角色會難過地慢慢踱步，此時無法離開遊樂場，也不能參與任何有意義的遊戲內容（暫時失去力量）。
- 笑條（血量）降到零（失去資源），玩家可能會想要等待回復（留在遊樂場裡面會增加），再重新出去冒險。

這些小懲罰結合起來，就足夠讓玩家在戰鬥中小心留意了。我們試了幾個更輕微的版本，都讓戰鬥因為缺少風險而變得無趣。我們也試過更嚴重的版本，但都會讓玩家在戰鬥中太過謹慎。最後我們才找到適當的組合，在鼓勵玩家小心和冒險之間達到平衡。

讓玩家能夠理解及預防遊戲中的一切懲罰也很重要。如果懲罰感覺像是隨機而無法抵禦的，玩家就會覺得完全失去控制感，這種糟糕的感覺會讓玩家馬上把遊戲貼上「不公平」的標籤。演變成這樣，玩家就會不太願意碰這款遊戲了。

玩家理所當然不會喜歡懲罰，你必須仔細思考玩家是否有什麼可以逃避懲罰的伎倆。理查德‧蓋瑞特（Richard Garriott）的遊戲《創世紀 III》（Ultima III）雖然很受歡迎，但裡頭的懲罰卻很嚴厲。這款遊戲全破需要長達幾百個小時，如果你的四個角色在遊戲中死亡，遊戲紀錄就會全部消失，而玩家得從頭開始遊戲！玩家通常會覺得這很不公平，所以常有人在角色快死掉的時候，趁遊戲還沒把紀錄刪掉前趕快關掉電腦，藉此有效躲過懲罰。

值得一提的是，的確有一群玩家愛死了這種難到沒天理，懲罰又重得要命的遊戲（《黑暗靈魂》〔Dark Souls〕，講你啦），因為全破這種高難度的遊戲會讓他們非常自豪。不過這些玩家算是邊緣族群，而且就算是他們也有個極限。要是找不到辦法可以預防懲罰，他們也很快就會說遊戲「不公平」。

47 號鏡頭：懲罰

懲罰必須小心使用，因為再怎麼說，玩家都是憑自己的自由意志來玩遊戲的。懲罰的平衡調得好，可以讓遊戲中的一切更有意義，一旦玩家在遊戲中成功，也會更有真實感。要檢查遊戲中的懲罰，問自己這些問題：

- 我的遊戲裡有什麼懲罰？
- 為什麼我要懲罰玩家？我想用懲罰達到什麼目的？

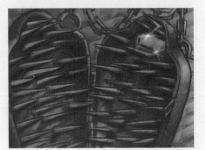

圖：Chris Daniel

- 我的懲罰看起來對玩家公平嗎？為什麼，或為什麼不？
- 把懲罰換成獎勵有沒有辦法達成相同（甚至更好）的效果？
- 我的嚴重懲罰是否有相稱的重大獎勵來平衡？

■ 平衡類型10：自由與受控體驗

　　遊戲裡存在互動，而互動的重點在於讓玩家獲得自由，或能夠控制體驗。不過要能控制到什麼程度？讓玩家控制一切，不但會大幅增加開發者的工作量，也會讓玩家感到無聊！說到底，遊戲的意義不是要模擬現實生活，而是要比現實生活好玩──有時這意味著去除無聊、複雜、不必要的決定與行動。每個設計師都應該考慮到的一種簡單遊戲平衡，就是要在何處給玩家自由，又要給多少。

　　開發《阿拉丁魔毯VR冒險》（*Aladdin's Magic Carpet VR Adventure*）時，我們在「奇蹟洞穴」（Cave of Wonders）的最後一個場景碰到了難題。為了要盡量讓玩家和反派角色賈方（Jafar）的衝突更驚險刺激，我們需要拿回攝影機控制權，同時我們又不想犧牲玩家在這個場景裡的自由感。但觀察過參加測試的玩家後，他們想要的都是同一件事：飛到賈方所站的山頂上。經過幾番實驗，我們大膽決定在這個場景奪走玩家的自由，以便把他們飛上山頂對付賈方的旅程做到完美。這和玩家在其他部分可以無拘無束恣意飛翔的體驗大相逕庭，不過在遊戲測試上，沒有任何一個測試員注意到我們拿走了他們的自由，因為遊戲已經讓他們相信，他們可以去任何自己想去的地方，而這個場景的安排恰恰讓每個目睹場景的人都想做同一件事。我們認為在這種情況下，遊戲平衡應該注重受控體驗而非自由體驗，因為受控體驗更適合玩家。

■ 平衡類型11：簡單與複雜

完美的境界不是再也沒有東西可以增加，而是再也沒有東西需要減少。
──安托萬・德・聖修伯里（Antoine de Saint-Exupery）

　　遊戲機制的簡繁有時看起來很矛盾。說一個遊戲「簡單」可能是種批評，比如「簡單到讓人無聊」。但也可能是種稱讚，好比說「簡練單純！」。複雜有時也是雙面刃，遊戲可能會被罵「太過複雜難懂」，也可能會被稱讚「豐富而深奧」。要確保遊戲的簡單或複雜沒有「做壞掉」，而是「做得好」，我們需要先看看遊戲的簡單與複雜本質為何，以及如何在兩者之間取得平衡。

　　許多經典因為優美簡潔而備受盛讚，可能會讓你覺得把遊戲做得複雜不是好主意。不過還是讓我們先研究一下不同的複雜特質：

- **先天性複雜：**如果遊戲規則本身就很複雜，我稱之為先天性複雜，這類型的遊戲通常臭名遠播，成因若不是設計師試著模擬複雜的現實情境，就是因為遊戲需要添加額外的規則來維持平衡。如果你看到規則集有一大堆「例外情形」，那這個規則集多半就是先天性複雜。這類遊戲很難學會怎麼玩，但總是會有人喜歡精通複雜的規則集。

- **創發性複雜：**這是人人稱讚的複雜特質。就像H_2O的精簡結構能化作千變萬化的雪花一樣，圍棋的規則集非常簡單，卻能推衍出上億種精妙繁複的遊戲局勢。我們把這種複雜稱為創發性複雜：如果遊戲被稱讚是既簡單又複雜，受讚揚的原因正是這種創發性複雜。

　　創發性複雜很難實現，但值得一試。理想上的確可以做出一套簡單的規則集，從中創發出每個遊戲設計師都努力想實現的東西——平衡的驚喜。如果你設計了一款簡單的遊戲，卻能像工廠一樣源源不絕湧出平衡的驚喜，人們就會玩上好幾百年。要知道自己是否能達成這個目標，唯一的方法就是重複遊玩和調整遊戲，直到驚喜開始湧現。30號的創發鏡頭當然也幫得上忙。

　　可是如果創發性複雜這麼厲害，為什麼有人要做先天性複雜的遊戲呢？這個嘛，有些時候你需要先天性複雜來模擬真實情境，比如說重現歷史戰役。還有些時候，你會添加更多先天性複雜讓遊戲變得更平衡一點。西洋棋裡兵的移動方式就是種先天性複雜：兵前進的時候通常只能往前一步走進無人占據的格子，除非是第一步，第一步可以走一格或兩格。還有個例外是，即便是第一步，兵要吃其他棋子時只能往斜前方走一格。

　　這條規則先天上有些複雜（跟先天性複雜相關的關鍵字包括：除非、以外、除了、但是、即便），但這是為了讓兵的行動變得平衡有趣，而慢慢演化出來的。而且老實說，這些規則有其價值，因為一點點先天性複雜就能引發更多的創發性複雜（特別是直走向前、斜走吃子的規則），兵因而能在棋盤上組成豐富的陣型，要是規則簡單就沒辦法這樣了。

48號鏡頭：簡明與複雜

　　要在簡單與複雜之間找到平衡很困難，而且平衡需要出於正確的理由。這顆鏡頭能幫助你的遊戲從簡單的系統中孕育出有意義的複雜性。問自己這些問題：

- 我的遊戲裡有什麼先天性複雜元素？
- 有沒有辦法把先天性複雜轉化成創發性複雜？
- 我的遊戲中會產生創發性複雜嗎？沒有的話，是為什麼？
- 我的遊戲裡有沒有太簡化的元素？

圖：Tom Smith

◆ 自然與人工平衡

然而，在遊戲中加入先天性複雜的元素來嘗試調整平衡時一定要小心。加進太多規則來達成你希望玩家出現的行為，有時也稱作「人工平衡」；相反地，如果這些效果是從遊戲互動中自然產生，則稱為「自然平衡」。我們再看看《太空侵略者》，這款遊戲的平衡絕佳，難度提升的過程非常自然。入侵者遵循的規則非常簡單——數量愈少，移動就愈快。這一點就讓遊戲衍生出非常理想的特徵：

1. 遊戲一開始步調比較慢，隨著玩家成功會慢慢加速。
2. 一開始要擊中目標很簡單，但隨著玩家打中愈多，就會愈來愈難命中。
3. 兩者都不是先天規則造成的結果，而是一條簡單規則建構出的巧妙平衡。

◆ 簡練

簡單的系統如果在複雜的情況下仍能穩定運作，就可以稱得上是簡練。簡練對於任何遊戲都非常理想的形容，因為這代表玩家容易學會玩法和理解內容，遊戲卻又充滿有趣的創發性複雜。雖然簡練聽起來有些難以言明、不易表述，但其實只要計算遊戲裡的一個元素有多少用途，就可以輕易得知簡練的程度。舉例來說，《小精靈》裡的豆子就有以下用途：

1. 給予玩家短期目標：「吃掉附近的豆子」。
2. 給予玩家長期目標：「吃光畫面上的豆子」。
3. 讓玩家在吃豆子之後速度稍微變慢，創造優良的三角困境（重視安全的玩家會走沒有豆子的走道，愛冒險的玩家會走有豆子的）。
4. 給予玩家分數，衡量他們有多屬害。
5. 給予玩家分數，讓他們可以換取更多條命。

只是一個簡單的豆子，就有五種用途！這個設計當然非常簡練。想像一下有另一個版本的《小精靈》，裡面的豆子沒辦法做到上述所有事，比如說不會讓玩家變慢、

不會有分數或多一條命的獎勵。當它的用途沒這麼多，遊戲系統也就沒這麼簡練了。好萊塢有句老話：「要是劇本裡有一句話沒辦法做到兩件事，就該刪掉。」很多設計師每當發現遊戲裡有什麼地方不對，都會先想：「嗯⋯⋯還可以加些什麼？」但這樣問通常會更好：「可以拿掉什麼？」我很喜歡從自己的遊戲裡找出只有單一用途的事物，然後思考要怎麼相互結合。

在開發《加勒比海盜：沉落寶藏之戰》時，我們一開始預計會有兩個角色，一個是遊戲開頭的友善主持人，他只負責解釋該怎麼玩；另一個則是反派，只會出現在結局的精彩決戰。迪士尼樂園裡一個只有五分鐘的小遊戲，還要花時間介紹兩個角色，感覺實在不對勁，而且要把兩個人物都做好，開發時間跟預算也都是壓力。我們開始討論該砍掉遊戲初始的教學，還是結局的大戰，可是對於完整的遊戲來說，兩者都很重要。接著我們想到了，如果讓一開始的主持人在結局變成大壞蛋呢？不只可以省下開發時間，也可以節省遊戲時間，因為我們只需要介紹一個角色就行了。而且像這樣欺騙玩家也讓這個角色變得更有趣、更像海盜，讓劇情有了驚人的轉折！讓一個角色負責好幾個用途以後，我們就覺得遊戲架構著實簡練多了。

49 號鏡頭：簡練

大部分的「經典遊戲」都可以說是簡練的傑作。用這顆鏡頭，盡可能讓你的遊戲更加簡練。問自己這些問題：

圖：Joshua Seaver

- 我的遊戲裡有哪些元素？
- 每個元素的用途何在？統計一下，幫每個元素打個「簡練分數」。
- 只有一、兩個用途的元素，能不能合併起來或是一口氣拿掉？
- 至於已經擁有好幾個用途的元素，能不能再負擔更多呢？

◆ 個性

不過簡練雖然重要，也不要矯枉過正。雖然比薩斜塔的傾斜只是個意外的缺陷，沒有什麼特別的用途，但如果遵照簡練鏡頭的指導解決問題，把它扶正變回一座直挺挺的比薩塔的話，誰還會想來參觀？「比薩直塔」也許簡練，但一定很無聊，一點個性都沒有。想想看《地產大亨》裡的小棋子，有帽子、鞋子、狗、雕像和戰船。這些東西和房地產遊戲一點關係都沒有，照理來說應該要設計成一群小地主吧。但沒有人

會想這樣做,因為會剝奪《地產大亨》的個性。瑪利歐又為什麼是水管工?這和他做的事情,或是他生活的世界一點關係也沒有,但違和感卻讓他很有個性。

50號鏡頭:個性

簡練和個性彼此對立,兩者的抗衡就像小型的簡單與複雜,同樣必須保持平衡。要確保遊戲裡的呢討喜又有特色,問自己這些問題:

- 我的遊戲有沒有奇怪的地方會讓玩家興奮討論的?
- 我的遊戲中有沒有好玩的地方讓它與眾不同?
- 我的遊戲中有沒有什麼玩家喜歡的缺點?

圖:Kyle Gabler

■ 平衡類型12:細節與想像

第10章討論過,遊戲並非體驗本身——遊戲只是一種能促使玩家內心產生心智模型的結構。為了達到此目的,遊戲要做到某種程度的詳盡,但也得留下部分讓玩家自行填空。如何決定要提供哪些細節,要留哪些地方給玩家想像,又是另一種不同的重要平衡。以下是達成平衡的一些訣竅。

- 只做你能做好的細節:玩家的想像力非常豐富仔細,如果你要呈現的事物比玩家想像的品質差,那就不要做出來,讓想像力去突破難關吧!比方說,如果你想為整個遊戲錄製對白,卻沒有預算請優秀的配音員,或是沒有容量來放對白,工程師可能會建議你使用合成語音,讓電腦替角色發聲。畢竟這樣比較便宜又不占容量,聲音也可以調到聽起來像是不同角色在說話,對吧?建議都沒說錯,但別忘了,這會讓每個人聽起來都像機器人。除非你要做的是機器人主題的遊戲,不然玩家就會覺得很假。更便宜的做法是使用字幕,有些人可能會覺得這樣不就完全沒聲音了嗎!並不會。玩家會用想像力來配音,比你用模擬做出來的好多了。同樣的概念也適用於遊戲中的每個部分:布景、音效、角色、動畫和特效。如果做不好,就試試看放給玩家的想像力接手。

- 提供想像力可以利用的細節:玩家剛接觸新遊戲時有很多東西需要學習,任何能讓遊戲更容易理解的清晰細節,他們都十分歡迎。以西洋棋為例,這個遊戲可以說相當抽象,但一些有趣的細節彌補了問題。遊戲背景設定在中古時期,雖然可以把棋子標上數字,或是做成抽象形狀就好,遊戲卻賦予其中世紀宮廷的角色。

但也沒有講太細，比如說國王沒有名字，我們也不知道他統治什麼王國、施行什麼政策，反正這些並不重要。說實話，如果西洋棋真的要模擬兩個王國的軍隊，那走棋和吃子的規則就完全不合理了！國王棋和國王的關係只在於這顆棋子高度最高，移動方式稍微讓人聯想到真正的國王而已——他很重要、必須慢慢移動，還需要小心保護。其他任何細節，都可以任由玩家用想像力填補。同樣地，把騎士做成馬的形狀，也有助於我們記得它跟其他棋子不同，可以在棋盤上跳來跳去。用細節來協助想像力掌握棋子的功能，遊戲就會更親民。

- **人們熟悉的世界不需要太多細節：**如果你要模擬玩家可能已經非常熟悉的東西，比如城市裡的街道或房子的內裝，就不太需要模擬出每個小細節。因為玩家已經知道了，只要提供一點點相關細節，他們很快就能用想像力補完。但如果遊戲的重心是要帶玩家前往一個他們從沒去過的地方，想像力就沒什麼用了，你必須填入大量的細節。

- **使用望遠鏡效應：**觀眾帶望遠鏡去看歌劇或運動比賽時，多半只會在節目剛開始拿出來，好看清楚每個球員或演員。等這些人的特寫留在腦中，望遠鏡就會被放到一旁，讓想像力開始運作，替遠處的人影貼上特寫畫面。電玩遊戲就一直在利用這個效果，在遊戲一開始秀出角色的特寫，而在之後的內容裡，他就只是個一寸法師。這個辦法可以輕易用一點點細節，釣出大量想像力。

- **提供能刺激想像的細節：**西洋棋又成了一個絕佳範例。指揮整支王師成了玩家心中迅速產生的幻想——當然這確實只是幻想，但只須些微線索就可以和現實產生連結。給玩家一個容易幻想的情境，想像力就會展翅高飛，各種想像出來的細節也會迅速環繞設計師提供的一點引子成形。

在〈第20章：角色〉，我們會進一步討論細節和想像的平衡。因為說到遊戲裡的角色，決定什麼地方該交給想像力處理，是非常關鍵的問題。由於玩家的想像力是產生遊戲體驗的地方，所以想像鏡頭是顆重要的工具。

51號鏡頭：想像

每個遊戲都有想像元素，也有和現實連結的元素。這顆鏡頭可以幫你找到細節和想像的平衡。問自己這些問題：

- 玩家在我的遊戲裡有什麼必須了解的事？
- 加一些想像元素能讓他們更容易了解嗎？

圖：Elizabeth Barndollar

- 我們可以在遊戲裡提供什麼高品質的逼真細節？
- 哪些細節提供了以後會讓品質變差？落差能靠想像力填補嗎？
- 有沒有可以讓想像力一再重複利用的細節？
- 我提供的細節有哪些能刺激想像力？
- 我提供的細節有哪些會妨礙想像力發揮？

▌遊戲平衡的方法論

我們討論了很多遊戲裡可以平衡的部分，接下來的重點是，有什麼通用的方法可以廣泛適用於各種類型的平衡中。你會發現，這些方法有的可以合併使用，有的卻彼此牴觸，這是因為不同設計師喜歡的方法相異。你得試過才知道哪一種適合你。

- **使用問題陳述鏡頭**：我們之前討論過，在挑出解決方案以前，先清楚陳述設計問題很重要。遊戲失去平衡是一個問題，而把問題陳述清楚會有很大的好處。許多設計師最後把遊戲做得一團亂，都是因為還沒有想清楚問題到底是什麼，就一頭栽進去試圖解決平衡問題。

- **加倍和減半**：

　　不知何謂多餘，焉知何為充足。
　　——威廉・布雷克（William Blake）《地獄的箴言》（*Proverbs of Hell*）

- 加倍和減半規則的建議是，當你在調整遊戲數值時，微調只會浪費時間，正確的做法是一開始先朝需要的方向加倍或減半。舉例來說，如果你覺得火箭彈造成100點傷害太多了，請不要10點、20點地扣，而是要直接扣到50點，看看效果如何。如果太低，就試試看75。把數值拉到超過你的直覺判斷，良好平衡的界線才會快點清晰起來。

- 這條規則會出現，通常公認是設計師布萊恩・雷諾斯（Brian Reynolds）的功勞。我找他問過這件事，他告訴我：

　　我的確平常都在使用，而且也很推崇這個原則，但真正提出它的不是我，是了不起的席德・梅爾（Sid Meier）。我很愛告訴別人一個故事：九〇年代初，我還是個跟著他做《殖民帝國》（*Colonization*）的小設計師，我敢說他一定是發現我每次都

10％、10％地調整數值，才把我抓到一旁曉以大義。可能是因為我一直講這故事，大家才把功勞算到我頭上。這個規則的重點是，調整事物的時候要調到你真的可以馬上感覺出哪裡不一樣。這會讓你更清楚剛剛調的變項是怎麼運作的，免得你老是在迷惘，懷疑自己的做法到底有沒有用——也許還更糟，因為用了一系列不尋常的隨機數字，結果整個調整都沒達成什麼效果。

- 用精準猜測（guessing exactly）來訓練直覺：你設計的遊戲愈多，直覺也會愈敏銳。你可以練習精準猜測，把直覺鍛鍊得更善於遊戲平衡。舉例來說，如果你覺得遊戲中某個拋射體每秒移動10呎實在太慢，那就專心思考確切的數字大概是多少。直覺也許告訴你13呎還是太慢，但14呎就有點太快。「13.7嗎？不，或許13.8。沒錯，13.8感覺才對。」直覺一告訴你答案，就放進遊戲裡試看看。也許還是太慢或太快，但也可能剛好正確。無論如何，你的直覺已經得到了一筆很棒的數據，可以在下次猜測時派上用場。微波爐也可以讓你累積相同的經驗。要知道加熱剩菜確切需要多少時間很難，如果你只是隨便猜個三十秒，那你猜測的能力永遠不會進步，但如果每次把食物放進微波爐都試著猜準一點（1分40秒？太熱了……1分20秒呢？太冷了……1分30呢？嗯……不對，應該是1分32秒），等到幾個月過後，你就會猜得奇準無比，因為屆時直覺已經受不少訓練了。有些人相信，人體準確在特定時間起床的奇妙能力，其實跟潛意識偷偷進行運算的能力有關。
- 把模型記下來：在調整個種平衡時，你應該記下自己是怎麼思考這些事物的關係。這可以幫你澄清思緒，並給你一個框架來記錄平衡實驗的結果。
- 邊調整遊戲邊調整模型：正如本章開頭「不對稱遊戲」那段提到過的一樣，當你在實驗遊戲平衡時，也是在為遊戲中的事物和遊戲有何關聯，發展一套更完善的模型。在每次平衡實驗中，你應該注意的不只是遊戲是否改善，還要注意實驗與遊戲機制相關的模型是否一致。如果不符合你的預期，模型就該修正。把你的觀察和模型寫下來，可以幫上很多忙！
- 平衡計畫：你知道自己準備要開始為遊戲調整平衡了。設計遊戲時，你心中也許已經對哪些地方需要平衡有點概念。好好利用這些概念，有系統地安排，會讓那些預期中需要平衡的數值更容易調整。如果可以一邊執行遊戲，一邊調整數值的話，那就更棒了。如果能用內容管理系統（content management system），讓遊戲發行以後還是可以持續調整平衡，那更是妙不可言。迴圈法則在調整遊戲的時候影響最大，而在這個遊戲都線上販售的現代世界，就算遊戲已經發行，你還是可以（也必須！）持續進行迴圈。
- 交給玩家：每隔一陣子都會有設計師想到這個天才點子：「讓玩家來做遊戲平衡

吧！這樣他們就可以選擇自己要的數值了！」理論上聽起來還不錯，誰不希望遊戲裡的挑戰都量身打造，符合自己的個人程度呢？但實際上，這方法通常會因為玩家的利益衝突而失敗。玩家固然期待遊戲帶來挑戰，但他們同時也想要盡可能輕鬆過關啊！如果所有數值都可以調（看我有一百萬條命欸！），那就沒有挑戰可言了，遊戲樂趣很快就會被沖散，變得無聊乏味。最糟的是，要放棄這種濫強模式，回去玩平衡合理的遊戲，就跟戒海洛因沒什麼兩樣——少了力量，普通的遊戲就讓人覺得綁手綁腳、食之無味。《地產大亨》又是個好例子：有條常見的自創規則是，只要走到「免費停車」那格就會有一筆獎金。採用這條規則的玩家常會抱怨遊戲拖得太久，但如果你說服他們照正式規則來玩，也就是不發放獎金，他們又會抱怨跟之前比起來沒那麼讓人興奮。有時候讓玩家來調整遊戲平衡確實是好主意（通常是用設定難度的方式），但大多數時候，平衡還是由設計師來負責比較好。

遊戲經濟的平衡

在任何遊戲裡，「遊戲經濟」都是一種更具挑戰性的平衡。遊戲經濟的定義很簡單，前面討論過如何平衡有意義的決定，這正好也是經濟學的重點——說穿了就是兩個有意義的決定：

- 要怎麼賺錢？
- 賺來的錢要怎麼花？

只不過這個脈絡下的「錢」可以是任何能拿來交易的東西。如果你的遊戲是讓玩家賺取技能點，然後花在不同技能上，這些技能點就是錢了。重要的是玩家要能決定上述的兩件事，才能構成經濟。要做出有意義的遊戲經濟，這兩個選擇就需要有深度和意義。兩者通常也會形成迴圈，因為玩家花錢的成果通常能幫他們賺回更多錢，讓他們有更多花錢的機會，如此不斷循環。這種賺錢花錢的交替循環對玩家很有吸引力，並且能以很多形式出現。兩者前後交錯有如某種棘輪，也像人用雙腳行走一樣，帶領玩家往前邁進。

經濟平衡不易辦到，玩家之間可以互相交易的大型多人線上遊戲裡又特別困難，因為這需要一口氣平衡多種前面討論的項目：

- **公平**：玩家會不會藉著買進特定的東西，或用特定的方式賺錢，取得不公平的優勢？
- **挑戰**：玩家買到的東西會不會讓遊戲變得太簡單？賺錢買自己想要的東西難不難？

- **選擇**：玩家是否有夠多賺錢的方法？花錢的方法呢？
- **機率**：賺錢是仰賴技巧還是機率？
- **合作**：玩家能用有趣的方法蒐集資金嗎？遊戲經濟中有沒有可以勾結利用的「漏洞」？
- **時間**：賺錢需要的時間會不會太長，或是太短？
- **獎勵**：賺錢到底值不值得？花錢值得嗎？
- **懲罰**：懲罰對玩家賺錢和花錢的能力有什麼影響？
- **自由**：玩家能否用自己想要的方式賺錢和花錢？

　　從控制遊戲會創造出多少錢，到控制賺錢和花錢的不同手段，還有很多手法可以平衡遊戲的經濟。但其目標就和平衡別的遊戲機制一樣，都是要確保玩家可以享受到有趣、富挑戰性的遊戲。

52 號鏡頭：經濟

　　幫遊戲創造經濟體系，能讓遊戲產生驚人的深度和自己的生命。但就像所有的生物一樣，它也很難控制。用這顆鏡頭來讓經濟保持平衡，問自己這些問題：

- 我的玩家要怎麼賺錢？要加入其他方法嗎？
- 我的玩家有什麼可以買？為什麼？
- 賺錢會不會太簡單？還是太難？要怎麼調整？
- 賺錢和花錢的選項有意義嗎？
- 遊戲中的貨幣要使用通用貨幣，還是分成不同幣別？

圖：Sam Yip

▎動態遊戲平衡

　　愛做夢的年輕設計師常會說，他們想要做一個能「在遊戲過程中配合玩家程度調整」的系統。也就是說，如果遊戲太簡單或太難，就會自己發現並修改難度，直到挑戰難度恰好能配合玩家的程度。這是個很美的夢想，但會產生很多令人意外的問題。

- **破壞世界的真實感**：某種程度上，玩家需要相信他們在真實的遊戲世界裡遊玩。如果他們知道所有敵人都沒有絕對的能力值，而是會隨玩家技巧調整的話，就會破壞「對手是固定的挑戰，需要提升技巧才能征服」的幻想。

- **容易被濫用**：如果玩家知道表現不佳遊戲就會比較簡單的話，他們就會選擇玩爛一點，讓接下來的關卡比較好破，徹底搞砸自我平衡系統的美意。
- **玩家需要鍛鍊才會進步**：PS2上面的《無敵浩克》（*The Incredible Hulk*）曾引起一些爭論，因為玩家被擊敗一定次數後，敵人就會變弱。很多玩家覺得這是種羞辱，還有玩家覺得很失望——他們想要的是不斷練習來征服挑戰，而遊戲卻奪走了這項樂趣。

我提出這幾點的意思並不表示動態遊戲平衡是條死路，我只是想指出，這種系統實行起來沒那麼直觀。我猜要在這方面有所進展，可能需要一些非常機智又違背常理的概念。

▌全局

無論深度還是廣度，遊戲平衡都是個很大的題目。我已經試著盡可能涵蓋多數主要的重點，但每個遊戲都有些獨有的地方需要平衡，所以不可能真的包羅萬象。要是碰到其他我漏掉的平衡問題，請使用這顆平衡鏡頭。

53號鏡頭：平衡

遊戲平衡的類型很多，每一類都很重要。然而，我們很容易就會見樹不見林，忘記思考全局。用這顆簡單的鏡頭來走出泥淖，問自己一個最重要的問題：

- 我的遊戲感覺對不對？為什麼？

圖：Sam Yip

延伸閱讀

- 《Game Mechanics: Advanced Game Design》，Ernest Adams 和 Joris Dormans 著。我在上一章提過這本書，但這裡還要再提一次，因為裡頭有很多實用的遊戲平衡技術。
- 〈Design in Detail: Changing the Time between Shots for the Sniper Rifle from 0.5 to 0.7 Seconds for Halo 3〉，Jaime Griesemer 主講。這是 Jaime 在 2010 遊戲開發者大會（Game Developers Conference, GDC）上的演講。驚人的事實證明，微小的數值平衡也會對遊戲玩法造成巨大改變。

14 遊戲機制要支援謎題
Game Mechanics Support *Puzzles*

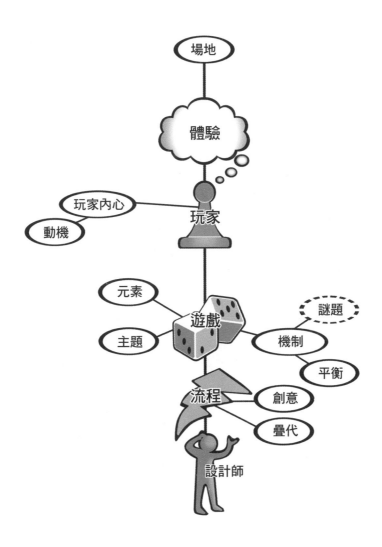

謎題是很神奇的機制，也是很多遊戲的關鍵。謎題有時很明顯，有時則深藏在遊戲中毫不露面，但所有謎題都有個共通點，就是會讓玩家佇足思索。用42號的手與腦鏡頭來檢視的話，謎題肯定是屬於「腦」的那邊。只要玩家在遊戲中停下來思考，就可以說是在解謎。謎題和遊戲之間的關係很複雜，在〈第4章：遊戲〉時，我們討論過為什麼遊戲是「帶著玩心解決問題的活動」。謎題同樣是解決問題的活動，這樣的話，解謎也算是遊戲嗎？在這一章，我們會探討要如何做出好謎題，將其加入遊戲時最好的做法又是什麼。但首先，我們還是要先停下來，釐清謎題與遊戲之間的關係。

▌謎題之謎

很多人討論過謎題算不算「真正的遊戲」。當然，謎題經常是遊戲的一部分，但這就代表它們是遊戲嗎？某種程度上，謎題就是「好玩的問題」。如果你翻回去再看一遍第4章，就會驚訝地發現，「好玩的問題」符合許多我們為遊戲定義所列出的性質。那麼，或許每個謎題都算是一個遊戲了？

但要說謎題是遊戲，還是讓人覺得有點怪怪的。拼圖感覺不太像是遊戲，填字遊戲也不像。你會說魔術方塊是遊戲嗎？不會吧。那麼謎題是少了什麼，才會讓我們傾向從遊戲的定義中將其排除呢？首先，大多數的謎題都只需要一個玩家，不過這算不太上是反對理由。例如撲克牌接龍（solitaire）和《Final Fantasy》[1]等都只需要一個玩家，但我們會馬上把它們歸作遊戲。因為這些遊戲還是存在衝突，只不過衝突是發生在玩家與系統，而非玩家與玩家之間。

遊戲設計師克里斯・克勞佛（Chris Crawford）年輕時發表過一項大膽的宣言，他說謎題不會主動回應玩家，所以甚至不算有真正的互動性。這段話值得商榷，部分是因為有的謎題確實會回應玩家，特別是電玩遊戲裡的謎題。有些人認為，凡是有結局，而且只要輸入相同指令，就一定會得到相同結果的遊戲，實際上都算是謎題而非遊戲。這代表很多以故事為基礎的冒險遊戲，比如《魔域》（Zork）、《薩爾達傳說》（Zelda）或《秘境探險》（Uncharted）都算不上遊戲，只是謎題而已了，但這聽起來很不對勁。

或許謎題算是某種類似企鵝的東西。第一個發現企鵝的人一定很吃驚，大概也不知道怎麼把牠們分門別類，想說：「嗯，牠們看起來有點像鳥，但不會飛，所以肯定不是鳥。一定是別的東西吧。」但進一步研究還是會得到結論：企鵝真的是鳥，只不過是不會飛的鳥。那麼，有什麼事情是謎題辦不到的呢？

1　早期未有中文版時，《Final Fantasy》的慣用譯名為《太空戰士》，並在後來繼續沿用，直到2016年《Final Fantasy XIII》才改為《最終幻想》，但台灣的官方新聞稿皆傾向使用《Final Fantasy》。——譯註

謎題大師史考特・金（Scott Kim）說過：「謎題很好玩，而且有正確答案。」諷刺的地方是，一旦你找出正確答案，謎題就不好玩了。愛蜜莉・狄金生也說過：

容易解出的謎
很快就被厭棄
還有什麼東西比昨天的驚喜
更加無趣

真正讓人沒辦法將謎題認定為遊戲的原因，似乎是它們無法一玩再玩。一旦你想出最好的策略，就每次都能解出謎題了，這樣一點都不好玩。遊戲通常模式不同，大多數的遊戲都有足夠的動態元素，讓你每次玩的時候都會碰到新的問題要解決。有時候是因為對手也是有智慧的人類（西洋跳棋、西洋棋、西洋雙陸棋等遊戲），有時是因為遊戲可以用不斷升級的目標（設定更高的得分紀錄）或是某種足以產生豐富挑戰的機制（接龍、魔術方塊、《俄羅斯方塊》等遊戲），產生一大堆新的挑戰。

在〈第13章：平衡〉裡，我們把能夠在遊戲中屢戰屢勝的狀況叫作「優勢策略」。就算遊戲有了優勢策略，也不會稱不上是遊戲，只不過不是什麼好遊戲而已。小孩子都喜歡玩圈圈叉叉，但等到他們發現這個遊戲有優勢策略，就不會再喜歡了。此時圈圈叉叉的謎題就已經被破解，遊戲也變得不再有趣。一般來說，我們會認為內含優勢策略的遊戲是爛遊戲，當然如果遊戲本身的重點就是找出優勢策略，那就另當別論了。於是謎題的定義變得很有趣：

謎題就是存在優勢策略的遊戲。

從這個觀點來看，謎題就是重玩時不有趣的遊戲，就像企鵝是不會飛的鳥一樣。這也是為什麼謎題和遊戲的核心都是解決問題——因為謎題就是以找出優勢策略為目標的小型遊戲。

▌謎題已死？

每當我和學生討論謎題的重要性，都會有人問我：「謎題不是老古董了嗎？我是說，二十年來它都是冒險遊戲的一部分，可是現代電玩遊戲的重點應該是動作，不是謎題吧？而且網路上有那麼多攻略，每個人都能輕鬆找到謎底，那謎題還有什麼用？」

我能理解這個看法。冒險遊戲（比方說《魔域》、《迷霧之島》（*Myst*）、《猴島小英雄》（*Monkey Island*）、《國王密使》（*King's Quest*）之類）在八〇到九〇年代初期很受歡迎，這些遊戲的解謎要素多半都很明顯。隨著遊戲主機興起，遠離光譜「腦」側、傾向

「手」側的遊戲愈來愈受歡迎。但謎題就此消失了嗎？沒有。要記得，任何讓人停步思考的東西都是謎題，而心智挑戰可以為動作遊戲添加很多變化。隨著遊戲設計師更加老練、遊戲的控制方式變得更流暢和連續，謎題也交織進入遊戲玩法的構造裡，變得較不明顯。現代遊戲的謎題不再是讓遊戲徹底停止，要求玩家拼完一塊塊拼圖才能繼續，而是把謎題融入遊戲環境之中。

比如1992年以解謎為賣點的暢銷遊戲《第七訪客》（The 7th Guest），雖然玩起來有趣，卻常有莫名其妙之處。在宅邸裡走來走去時，你會在櫃子上找到一些罐頭，需將其重新排列，把上頭的字母湊成一個句子。接著你會突然發現一個巨大的棋盤，告訴你要推進遊戲的話，必須想辦法把黑白子的位置全部對調。你還要透過望遠鏡看出去，解決一個畫線把行星連起來的謎題。

相比之下，《薩爾達傳說：風之律動》（The Legend of Zelda: The Wind Waker）雖然也有很多謎題，但全都自然地融入了遊戲環境之中。碰到岩漿河時，你要想辦法把水壺丟到正確的位置才能過河。在某個地下城裡，門的開關由一系列的複雜機關控制，必須想辦法使用地下城裡找到的雕像等物品來控制機關，才能成功通過所有的門。有的謎題相當複雜，比如說地下城裡有些敵人被光線照到的時候會陷入麻痺。要打開門，你必須把敵人引到正確的機關上，將火焰箭射到附近麻痺他們，讓門一直開著才能逃出房間。這些謎題各不相同，但都是遊戲環境的一部分，解決謎題也是玩家角色的直接目標。

謎題之所以從顯眼、格格不入逐漸變得隱微、絲絲入扣，主因不是遊戲受眾的品味改變，而是因為遊戲設計師安排謎題的技巧愈來愈熟練。用49號的簡練鏡頭來檢視《第七訪客》和《薩爾達傳說》，你會發現相較於高調的謎題，低調的謎題的用途更多。

前面兩個例子都是冒險遊戲，其他類型的遊戲也有謎題嗎？當然。當你在格鬥遊戲中不得不停下來思考什麼策略對某個對手最有效時，就是在破解謎題。當你在賽車遊戲中試著想找出該在賽道上哪個地方打開渦輪推進器，才能在一分鐘之內跑完全程，也是在破解謎題。當你在第一人稱射擊遊戲中想著要按什麼順序射擊敵人，才能讓自己受最少傷害，同樣是在破解謎題。

那麼上網找攻略這件事呢？難道沒有就此毀掉電玩遊戲裡的謎題嗎？沒有。下個段落就會讓我們知道為什麼。

好謎題

OK，謎題到處都是。我們真正在乎的是，要怎麼做出好謎題來改進遊戲。以下

十個設計謎題的原則在任何遊戲類型中都很有用。

■ 謎題原則 1：目標要淺顯易懂

要讓玩家對你的謎題感興趣，得先讓他們知道自己該做什麼。看看這個謎題：

光看外觀，謎題的目標並不明顯。是要配對顏色嗎？要拆開它？還是要裝回去？實在不好懂。跟這個謎題相比：

就算有人之前沒看過，也幾乎每個人都看得出來，謎團的目標是要從中間的軸上拆下圓盤。目標非常明確。

同樣的道理也適用於電玩遊戲。如果玩家不確定自己應該做什麼，就會很快失去興趣。除非找出謎題的目標本身就很有趣，而這也確實是很多謎題的一部分。但你必須小心處理，因為一般來說，只有最硬派的解謎愛好者才會喜歡這種挑戰。看看孩之寶的玩具「彩虹魔梯」（Nemesis Factor）的命運就知道了，解謎狂非常推崇這款益智玩具的創意、趣味和挑戰性——它有一百個逐步提升難度的謎題供玩家挑戰，設計很驚人。孩之寶公司原本寄望這款玩具可以成為他們公司的魔術方塊，可惜卻賣得不好。為什麼呢？因為它違反了謎題的第一條原則，目標不夠明確。古怪的階梯設計讓人第一眼看到時很難猜得出目標，甚至猜不到該怎麼玩。就算有人買了，遊戲對於該做什麼仍然沒有太多提示。玩家必須自己想出每一個謎題的目標才能嘗試解謎，而且一百個謎題，每目標全都不一樣。這就是硬派解謎狂會超愛，但一般大眾只會玩得很挫折的東西，因為它的問題範圍太廣，又沒什麼回饋來讓人知道自己做得對不對。

設計謎題時，請一定要用32號的目標鏡頭來檢查，並且確定你有清楚告訴玩家，你希望他們知道哪些跟謎題目標有關的事物。

■ 謎題原則2：讓開頭容易上手

一旦玩家理解謎題的目標就會開始解謎。有些謎題把如何開始說得很清楚，比如薩姆・勞埃德（Sam Loyd）的名作「十五數字推盤」（15 Puzzle），目標就是把1到15的數字方塊按順序排好。

雖然解決謎題的步驟並不容易看出來，但開始操作的方法對大多數玩家都很明顯。下面這個謎題正好相反，目標是想出每個字母代表什麼數字：

它的目標跟十五數字推盤一樣清楚，可是大多數玩家對於該如何開始解決謎題都一籌莫展。硬派解謎玩家可能會進行一長串的試誤，來弄清楚該怎麼解決，但多數玩家都會因為「太難」而放棄。

史考特・金也提出過另一個忠告：「要設計好謎題，先做個好玩具。」設計謎題時17號的玩具鏡頭的確是個合理的參考，因為好玩具都很容易看出該怎麼操作。除此之外，它們也會吸引玩家動手。魔術方塊如此成功的原因之一，就是即使人們沒有打算要嘗試解開謎題，也會想知道它摸起來、拿起來還有轉動起來的感覺如何。

54號鏡頭：親民

把謎題（或是任何類型的遊戲）呈現給玩家時，都需要做到一眼便能看出該如何開始。問自己這些問題：

圖：Karen Phillips

- 人們會如何開始解決我的謎題或玩我的遊戲？我需要解釋，還是它可以不教自明？

- 我的謎題或遊戲的運作是否和玩家之前看過的東西雷同？如果是的話，我要怎麼吸引他們留意相似之處？如果不是，要怎麼讓他們了解玩法？

- 謎題或遊戲是否能吸引人，或是讓他們想要摸摸看、操作看看？如果沒辦法，我該怎麼調整才能擁有這種吸引力？

■ 謎題原則3：給予進步感

謎語和謎題差在哪裡？大多數時候，最大的差別就是過程是否有進步。謎語只是一個要求答案的提問，而謎題雖然同樣要求答案，但常常牽涉到某些操作，因此你可以看到自己離解答愈來愈近。玩家喜歡這種進步感，會讓他們希望自己終將找到答案。謎語就不是這樣，只會讓你想了又想，也許還會開始亂猜，反正不是對就是錯。早期的電腦冒險遊戲裡，玩家常常會碰到謎語，因為要在遊戲中放進謎語很簡單。然而謎語也是一道令玩家掃興的高牆，因此現在的冒險遊戲幾乎已經看不到謎語了。

但是謎語也可以變成謎題──「二十問」遊戲就是這樣：一個玩家要想著某個東西或某個人，另一個玩家則要用是非題來想辦法猜出謎底。

二十問的卓越之處，在於玩家能從中獲得進步感。藉著用問題一步步縮小可能答案的範圍，就能離正解更進一步── 2^{20} 算下來已經超過了一百萬，也就是說只要二十個精心設計的是非題，就能從一百萬個可能中找出一個答案。如果玩家在二十問中感到挫折，是因為他們覺得自己可能沒有辦法接近正解。

進步感也是玩家會持續嘗試破解魔術方塊的一種原因。新手玩家總能慢慢把相同的顏色轉到其中一面，然後登登！一整面就大功告成！這種明確的進步會讓玩家非常自豪！接下來只要把同樣的事情再做五次就好了，對吧？

當然，明顯的進展不只在謎題裡很重要，在遊戲中的每個面向，甚至在生活中都很重要。研究顯示，能否看見進展，是帶動工作場所氣氛的首要因素。再想想通貨膨

脹，物價和工資為什麼會往往會隨著時間上漲？原理不在於經濟學，而在心理學：人們期望薪水年年成長，才感受得到進步。但錢總是得從某個地方生出來，所以物價最後也會跟著上漲。

明顯的進展對謎題和遊戲設計很重要，所以成了我們的下一顆鏡頭。

55號鏡頭：明顯的進展

解決難題時，玩家需要知道自己正在進步。要確保他們能獲得這項回饋，問自己這些問題：

- 在我的遊戲或謎題中，取得進步代表著什麼？
- 遊戲中有夠多設計可以讓玩家感受到進展嗎？有沒有辦法在成功的過程中加入更多中途階段？
- 哪些進展是可見的，哪些又被隱藏了？有沒有辦法揭露隱藏的進展？

圖：Nick Daniel

■ 謎題原則4：給予可解決感

和進步感相關的因素是可解決感。如果玩家開始懷疑你的謎題根本無法解決，就會害怕自己是在無望中浪費時間，於是放棄這個謎題。你必須說服他們，謎題是有辦法解決的。提供明顯的進展是個好方法，但直接說清楚謎題真的有答案也是個辦法。魔術方塊用了一個很簡練的方式來告訴玩家，這是一個有辦法解決的謎題——玩家買下的時候它就已經是謎題破解的狀態，反而要等玩家轉個幾十次把次序弄亂後才會變成謎題。誰都看得出來它有辦法破解，只要把弄亂的步驟倒著做回去就可以了！不過當然，很多玩家都要轉得比弄亂時更久，才能把魔術方塊轉回去。但就算覺得氣餒，也不會有人懷疑它到底可不可解。

■ 謎題原則5：逐步提升難度

在第38號的挑戰鏡頭，我們已經討論過遊戲的難度應漸進提升，謎題要成功也同樣適用這條準則。但謎題的難度要怎麼提升呢？難道不是只有解得了跟解不了嗎？多數謎題都需要一系列的行動才能破解，通常需一小步一小步達成一連串的目標，最後才解決謎題，所以要逐步提升難度的就是這些行動。在最經典的拼圖裡，這一系列步驟的平衡就相當自然。玩家嘗試完成拼圖時，並不是馬上就把每一片拼起來，他們

一般會依循以下順序：

1. 把所有拼圖翻成有圖案的那面朝上（簡單無腦）。

2. 找出四個角落（非常簡單）。

3. 找出邊邊（簡單）。

4. 把邊邊拼成一個框（有點挑戰性，但完成時也有成就感）。

5. 按色彩整理剩下的拼圖（簡單）。

6. 拼上明顯相鄰的部分（中等挑戰）。

7. 拼上那些不知道該歸哪的（重大挑戰）。

　　拼圖的樂趣能歷久不衰，原因之一就是難度會像這樣逐步提升。偶爾也有人會推出號稱比普通產品更難的拼圖，這些作品通常都變更了拼圖的特性，拿掉了第1到第6步中的某些（或所有）步驟。

　　下面的《超難拼圖》（*One Tough Puzzle*）就是這種例子，雖然它的創意很有趣，但唯一有趣之處也只在於起頭超難。原本讓拼圖歷久不衰的原因，也就是逐步提升難度的趣味本質，在此完全消失了。

　　有一個簡單的辦法可以確保難度漸進提升，就是讓玩家控制解題步驟的順序。拿填字遊戲來說，玩家手邊有一堆問題需要回答，每答出一個就會給其他未解開的問題一些提示。玩家自然會被最容易回答的問題吸引，然後慢慢自己找到方法回答更難的問題。給予玩家這種選擇稱為平行路線（parallelism），除此之外，平行路線還有另一個很棒的特性。

■ 謎題原則6：平行路線讓玩家可以休息

　　謎題會讓玩家停下來思考，但玩家有可能找不到方法破解謎題，導致無法取得進展，最後就完全放棄遊戲了。這是真正的危機，要預防此狀況，同時提供好幾個相關的謎題是不錯的辦法。這樣一來，如果玩家厭倦了為某個謎題費盡心思，就可以先換另外一個試看看。在轉換的過程中，他們可以先暫時逃離第一個謎題，用這段休息期

間重新充電，準備再試一次。有句老話說「轉變益如休息」，正好是完美的註腳。填字遊戲或數獨等遊戲都能自然而然做到這點，但電玩遊戲也能辦到。RPG很少會一次只給玩家一個謎題和挑戰，絕大多數的時候都會一次給出兩個以上的平行挑戰，玩家才不會容易感到挫敗。

56號鏡頭：平行路線

平行路線能為玩家體驗帶來另外的增益。要使用這顆鏡頭，問自己這些問題：

圖：Nick Daniel

- 玩家如果沒有解決特定挑戰，是不是就無法通過遊戲設計中的瓶頸？如果是的話，我能不能加入平行挑戰，讓玩家在卡關時可以轉而研究？

- 如果平行挑戰太類似，平行路線的效果就不會太好。我的每個平行挑戰之間是否存在足夠的差異，能增加玩家體驗的多樣性？

- 我的平行挑戰之間能不能互相連結？如果一個挑戰有了進展，會不會讓別的挑戰比較容易解開？

■ 謎題原則7：金字塔結構能延續興趣

平行路線還可以用在金字塔式的謎題結構上，把解開大謎題的線索，放在一系列的小謎題裡頭。報紙上常見的糾字遊戲（Jumble）就是經典的例子。

這個遊戲可以做得更簡單，要玩家糾正這四個字的拼寫就好，但它還加了一題更難的片語，你每糾正一個字，就會知道其中幾個字母，讓遊戲同時結合了短期和長期目標。除了難度逐步增加外，金字塔最重要的是有頂點：這個遊戲就有一個清晰且意義重大的目標，也就是猜出漫畫表現的笑話金句。

57號鏡頭：金字塔

金字塔結構讓人著迷是因為它有一個最高的頂點。要讓你的遊戲像古老的金字塔一樣迷人，問自己這些問題：

- 謎題中的每個環節，是否都能用在最後的挑戰中？

- 大金字塔常由小金字塔所組成，我有沒有辦法用漸進式更具挑戰性的謎題元素，堆成一個通往最終挑戰的金字塔？

- 金字塔頂端的挑戰是否清晰、有趣、引人入勝？人們會想要努力爬到那裡嗎？

圖：Sam Yip

■ 謎題原則8：提示能延續興趣

我可以聽到你大吼：「提示？有提示的話還要謎題幹麼？」這個嘛，當玩家正心灰意冷地準備放棄你給的謎題時，適時的提示可以重新點燃他們的希望與好奇心。雖然這樣多少會讓解謎的體驗「貶值」，但靠提示解開謎題，總比解不出來好。孩之寶的彩虹魔梯聰明的地方就是加進了提示系統，它上面有個「提示」按鈕，只要壓下去，就會得到一、兩個字的提示，比如「樓梯」或「音樂」，來幫忙解決目前的謎題。如果按兩下，還可以得到沒那麼模糊的提示。為了遊戲平衡，要求提示會扣一點點分數，不過一般來說，玩家都願意接受一點懲罰換取提示，不會直接放棄整個謎題。有些手機上的「逃脫遊戲」更進一步利用了這個邏輯——遊戲免費，提示要錢。

如今幾乎每個遊戲都能在網路上找到攻略，所以你可以說比較難的電玩謎題已經不需要提示了。但你可能還是會想要有提示，因為靠提示解決謎題，還是比從別人那邊抄答案好玩多了。

■ 謎題原則9：公布答案！

欸不是，你聽我講完。你捫心自問一下：是什麼讓解開謎題令人愉悅？多數人會

說是想出答案時那個「欸嘿！」的感覺。但有趣的是，引發這份體驗的不是解決謎題，而是看到謎底。沒錯，自己解決謎題會更開心一點，但如果你有認真思考問題，負責解決問題的大腦就會準備好感受看到或聽到答案那一刻的快感。想想偵探小說，他們就是寫成書的大謎題。有時讀者會提早猜到結局，但更多時候是會大吃一驚（哇！原來是管家幹的！我現在懂了！），而其中的愉悅仍和自己想出答案不相上下，甚至莫名地更勝一籌。

那麼該如何實際應用這一點呢？到了網路時代，這也許不勞你費心——如果你的遊戲紅了，謎底很快就會被公布上網。不過為什麼不幫玩家省掉這個麻煩，讓他們萬一真的被難倒，也能在遊戲裡找出謎題的解答呢？

■ 謎題原則10：知覺轉移是把雙刃劍

思考一下這題：

你能用六根火柴棒排出四個全等三角形嗎？

不是，我說真的，想一下。我說想一下的意思是試著解開它，別擔心，我會等你。

如果你試過了，我想會有幾種可能的結果。可能是（A）你之前就看過這題了，所以解開的時候完全沒有那種「欸嘿！」的愉悅，雖然可能有一點得意。或是（B）你做了「知覺轉移」（perceptual shift），也就是你的假設發生過一場大躍進，讓你想出正確答案而且非常興奮。或是（C）有人告訴你答案，讓你除了「欸嘿！」之外，還因為不是自己想到的，所以覺得有點丟臉。或是（D）你灰心地放棄，覺得有點丟臉。

我想說的是，這種涉及知覺轉移，「想不到就沒轍」的謎題是把很容易出問題的雙刃劍。如果玩家能做到知覺轉移，解決謎題的同時也會得到很大的成就感。但如果做不到知覺轉移，就什麼也得不到。這類型謎題幾乎沒有進步的可能性，難度也幾乎不可能循序漸進，玩家只能死盯著它等著靈感浮現。這方面跟謎語差不多，而且你會發現，不管在電玩遊戲，還是其他玩家會期待持續獲得進步感的媒材上，這種謎題都應該盡量少用。

▎最後一塊拼圖

本章整理了十個設計謎題的原則，當然一定還有其他原則，但這十招就很夠你在設計的路上走跳好一陣子。謎題可以豐富任何遊戲的心智層面，在前進下個主題以前，最後我要給你一顆好用的鏡頭，讓你用來檢視自己的遊戲裡有沒有夠多適當的謎題。

前面幾章裡，我們的重點都放在遊戲內部，接下來我們將要研究遊戲介面這個外部元素。

58號鏡頭：謎題

謎題能讓玩家佇足思索。要確定你的謎題能否實現所有你期望塑造的玩家體驗，問自己這些問題：

圖：Elizabeth Barndollar

- 我的遊戲裡有什麼謎題？

- 謎題該多還是該少？為什麼？

- 這十條謎題原則，有哪條適用於我的每個謎題？

- 有沒有哪個謎題不搭調？能不能讓它更巧妙地融入遊戲？（使用49號的簡練鏡頭來協助你達成這個目標）。

延伸閱讀

- 〈What is a Puzzle?〉Scott Kim 撰。謎題設計師史考特·金寫的這篇文章思考非常深入。
  http://www.scottkim.com/thinkinggames/whatisapuzzle/

- 〈Designing and Integrating Puzzles into Action Adventure Games〉，Pascal Luban 撰。本文整理了許多實用的訣竅。
  http://www.gamasutra.com/view/feature/2917/designing_and_integrating_puzzles_.php

15 玩家遊玩需要<u>介面</u>

Players Play Games through an *Interface*

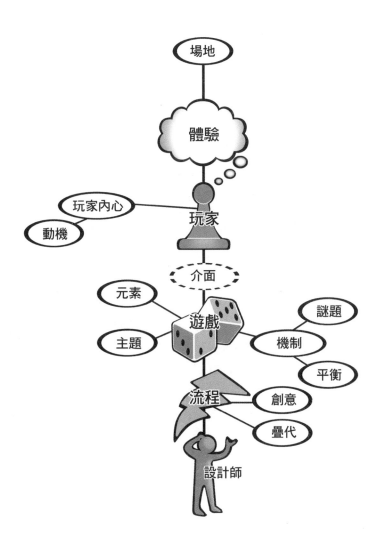

陰陽之間

　　還記得我們在第 10 章討論過人和遊戲之間的奇妙關係嗎？準確來說，是關於玩家的意識會進入遊戲世界，但遊戲世界實際上只存在於玩家意識中的那一段。我們所在乎的這種魔幻情境，是因為遊戲介面讓玩家和遊戲交會才得以實現。介面是一層非常薄的膜，分隔了「白色／陽／玩家」和「黑色／陰／遊戲」。玩家與遊戲互動所產生的細微火花，在介面崩潰時會突然熄滅。因此，了解遊戲介面如何運作，並盡可能使其運作得可靠、有力、不著痕跡，是至關重要的。

　　然而繼續討論以前，我們應該先思索好的介面需要達成什麼目標。雖然「漂亮」和「流暢」都是很重要的品質，不過重要的並不是這些。介面的目標是讓玩家覺得可以控制自己的體驗。這個觀念非常重要，我們應該用一顆鏡頭來時時檢視玩家是否覺得自己有控制權。

59號鏡頭：控制

　　實質的控制乃是沉浸式互動的根本，所以這顆鏡頭的用途不單只有檢視介面。使用這顆鏡頭前，請問自己下列問題：

圖：Nathan Mazur

- 玩家使用時，介面能不能達成他們的期待？如果不能，原因是什麼？
- 操作方法符合直覺的介面能讓玩家覺得好控制。你的介面好不好控制？
- 玩家是否覺得自己能對遊戲結果帶來重大影響？如果沒有，要怎麼改變？
- 覺得自己力量強大，就等於覺得自己擁有控制能力。玩家覺得自己力量強大嗎？有沒有辦法讓他們更加覺得力量強大？

拆解

　　如同設計遊戲時會碰到的很多事物一樣，介面也無法輕易單純地描述。「介面」可以指稱任何東西，諸如遊戲控制器、顯示裝置、虛擬角色的操縱系統、遊戲向玩家

傳達資訊的方式……。為了避免混淆，正確理解，我們需要把介面分成幾個部分。

讓我們從外往內來談。首先，我們知道有一個玩家和一個遊戲世界。

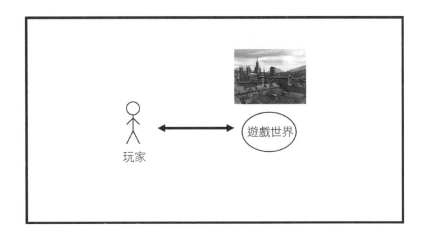

從最簡單的層次來看，介面就是兩者之間的所有東西。那麼，介面裡有些什麼呢？介面能讓玩家靠著碰觸物件，讓遊戲世界發生改變。可能是操縱遊戲圖板上的零件，或是使用遊戲控制器、鍵盤和滑鼠，這稱作**物理輸入**（physical input）。同樣地，玩家也有些方法可以看到遊戲世界中發生了什麼，可能包括看著遊戲圖板，或是有能夠播放音效或其他感官輸出的顯示螢幕，這可以稱為**物理輸出**（physical output）。於是我們就會得到這張圖：

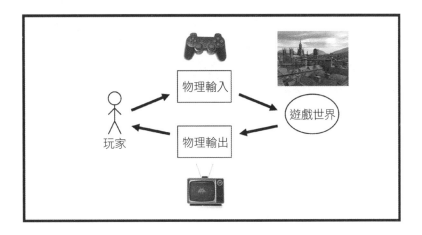

看起來很簡單，大部分的人也都是把遊戲介面想得這麼單純，但這張圖遺漏了一些很重要的東西。雖然有時物理輸入和輸出會直接連結到遊戲世界中的元素，但某些時候也存在著中介的介面。《小精靈》畫面上方顯示的得分板並不是遊戲世界的一部

分，而是介面的一部分。同樣地，滑鼠操作介面的按鍵和選單，或是敵人遭到十點傷害後身上所浮現的數字「10」，也都是介面的一部分。在大部分的3D遊戲裡，你不會看見整個世界，只看得到虛擬攝影機所擷取的部分空間，而這台攝影機就位在遊戲世界的虛擬空間裡。這一切都屬於物理輸入／輸出和遊戲世界之間一層抽象中介的一部分，通常稱做**虛擬介面**（virtual interface），上面同時有著輸入（比如讓玩家點選的虛擬選單）和輸出（比如得分板）的元素（見下圖）。

有時候，虛擬介面的存在感會低到難以察覺，但有時資訊又會很密集，到處都是虛擬按鈕、情報提示和協助玩家進行遊戲的選單，不過這些都不屬於遊戲的世界。處理虛擬介面必須小心翼翼，因為如同設計師丹尼爾・伯爾文（Daniel Burwen）所說，介面不能太抽象，我們才會對內容產生更多情感連結。

我們已經了解遊戲介面中主要元素的大致樣貌了，但我們還忘了遊戲介面設計中一件很重要的事：**映射**（mapping）。下圖右邊的每道箭頭都代表發生了一些特別的事，資料（data）不僅只是單純地流動，而是根據軟體設計經過了特殊的轉換。遊戲那端的每道箭頭都代表了一種不同的電腦編碼。而這些箭頭合在一起如何表現，就決定了遊戲的介面是什麼樣子。

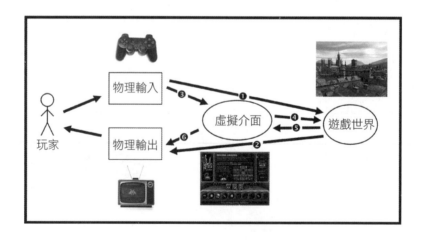

圖中六道箭頭如何涵蓋這幾種邏輯，以下有幾種簡單範例：

1. **物理輸入→遊戲世界**：如果推類比搖桿可以讓玩家的化身移動，1號箭頭映射的就是角色能跑多快，還有放開搖桿後要多久角色才會慢下來。如果推得更用力，角色會不會跑更快？角色會隨時間加速嗎？迅速推動搖桿兩次會不會讓角色急奔？

2. **遊戲世界→物理輸出**：如果沒辦法一口氣看見整個遊戲世界，那可以看見的是什麼部分？看起來如何？

3. **物理輸入→虛擬介面**：在使用滑鼠的選單介面上，點擊的效果為何？雙擊呢？介

面的各部分能不能四處拖曳？

4. **虛擬介面→遊戲世界**：玩家在操作虛擬介面時，會對遊戲世界產生什麼影響？如果他們選擇了世界裡的一件物品，並用彈出式選單對其採取某個行動，該行動是會立刻還是稍後生效？

5. **遊戲世界→虛擬介面**：遊戲世界中的變化如何在虛擬介面上呈現？分數和能量條什麼時候會改變？遊戲世界中的事件會否跳出特殊視窗或選單，或是改變介面模式？玩家進入戰鬥時，會不會出現特殊的戰鬥選單？

6. **虛擬介面→物理輸出**：玩家會看到哪些資料，這些資料又會出現在螢幕的哪邊？是什麼顏色？字型呢？血量太低的時候會不會有震動或音效？

我們有兩顆鏡頭可以用來仔細檢驗這六種連結。

60號鏡頭：物理介面

玩家會以某種方式和遊戲進行實體互動。但照搬既有的物理介面，是一種設計師很容易落入的陷阱。請用這顆鏡頭來檢查以下問題，確保你的物理介面和遊戲得以完美搭配：

- 玩家會拿起和碰到什麼東西？這件事可以更有趣嗎？
- 玩家的動作如何映射到遊戲世界裡的行動？映射有沒有辦法更直接？
- 如果無法為遊戲特別設計專用的物理介面，那麼你會用什麼比喻（metaphor）[1]，將輸入的指令映射到遊戲世界之中？

圖：Zachary D. Coe

- 用17號的玩具鏡頭來檢視物理介面，結果如何？
- 玩家要如何觀看、聽聞和碰觸遊戲世界？能不能加入什麼物理輸出設備，讓玩家更活靈活現地想像遊戲世界？

電玩界有時會經歷枯燥期，這時設計師會以為設計專用物理介面是不可能的。但市場上總是有蓬勃的實驗與新意，老遊戲可以因特製的物理介面重獲新生。

1　設計介面時，會利用取名、圖形、操作方式等手段，將功能與比喻為現實世界中的事物連結，以降低使用者的認知門檻。見後文的「介面設計訣竅7」。──譯註

61 號鏡頭：虛擬介面

設計虛擬介面可能是個棘手任務，做得不好就會變成擋在玩家和遊戲世界之間的高牆；做得好則能放大玩家對遊戲世界的影響力與控制力。用以下問題來確定你的虛擬介面能盡量提升玩家體驗：

- 哪些玩家需要接收的資訊，是無法一眼從遊戲世界看到的？
- 玩家何時需要這些資訊？隨時？偶爾？還是關卡結束後？
- 要怎麼將這些資訊傳遞給玩家，才不會打擾他們和遊戲世界的互動？
- 有沒有遊戲元素是比起直接互動，更適合用虛擬介面（比如彈出選單）與其互動？
- 怎樣的虛擬介面和物理介面最契合？比如說，彈出式選單跟遊戲控制器就很不合。

圖：Chris Daniel

當然，這六種映射都無法獨立設計，必須湊在一起才做得出優秀的介面。但在繼續之前，我們必須先談完兩種重要的映射，也就是從玩家出發、和回返到玩家身上的那兩道箭頭——或者說仔細點，這兩者是來自玩家想像。當玩家深深沉浸在遊戲裡，他們就不再只是按著按鈕、看著螢幕，而是真的在奔跑、跳躍和揮劍了。這從玩家的用詞就可以聽得出來。玩家通常不會說：「我操縱著角色跑向城堡，然後按下紅鍵讓她拋出鉤爪，接著連擊藍鍵讓角色爬上去。」不，玩家會這樣描述遊戲過程：「我跑上山丘，拋出鉤爪，接著爬上城堡的牆壁。」玩家會把自己投射到遊戲裡，除非介面突然變得令人不解，不然他們某種程度上還會完全忽略介面的存在。人類有種驚人的能力，可以把意識投射到自己所控制的任何東西上。但只有當介面對玩家來說已習慣成自然，玩家才會發揮這項能力；而這也給了我們下一顆鏡頭。

62 號鏡頭：透明

無論介面有多漂亮，少一點總是比較好。
——愛德華·塔夫特（Edward Tufte）

理想的介面要從玩家眼前消失，讓他們的想像力完全沉浸在遊戲世界之中。想要讓介面透明隱形，請問自己這些問題：

- 玩家想要什麼？介面能不能讓玩家隨心所欲？

- 介面是否夠簡單，讓玩家只要經過練習，就能不費心思地使用？

圖：Jesse Schell

- 新玩家能憑直覺使用介面嗎？如果不行，有沒有辦法做得更符合直覺？讓玩家自行設定控制方式會有益還是有害？

- 介面是否能成功應對所有情境？還是有些地方（牆角或高速移動中等等）的表現會讓玩家感到困惑？

- 玩家能否在高壓情境下順利使用介面？還是壓力會讓他們的操作變得笨拙，或是遺漏重要資訊？如果發生這種事該如何改進？

- 有什麼事物會讓玩家對介面一頭霧水嗎？問題發生在哪一道箭頭上？

- 玩家使用介面時是否有沉浸感？

以電玩為主題的網路漫畫《零錢玩家》（*Penny Arcade*）發表過一篇戲謔的模仿作品，裡頭的這個介面應該就不太透明。

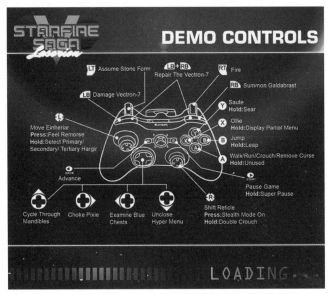

（來源：www.penny-arcade.com 授權使用）

▌互動迴圈

　　資訊會從玩家流向遊戲，再從遊戲流回玩家，如此不斷往復來回，就像是水流推動著水車，一面旋轉一面產生體驗一樣。但不是隨便什麼資訊都會流進來。遊戲回饋給玩家的資訊會大幅影響玩家接下來的行為。而**回饋**的品質則會強烈影響有多少玩家能理解並享受遊戲中發生的一切。

　　我們很容易忽略良好回饋的重要性。籃球框的籃網就是個例子，那圈網子對遊戲沒有影響，但會減緩球從框中落下的速度，於是只要有球進籃，球員就可以清楚看到甚至聽到。

　　另一個不那麼明顯的例子是 Swiffer 乾濕兩用拖把（上圖），它的設計比傳統的掃把加畚斗更適合清理地板。有些人試過重新設計掃把跟畚斗，但設計方法只是調整既有的做法，比如在畚斗上加個掃把夾、把掃把的刷毛做堅固一點，或是幫畚斗加個蓋子等。Swiffer 的設計師顯然用過第 14 號的問題陳述鏡頭，才能發明全新的工具。我們先來看看掃把加畚斗的方案有什麼問題：

- 問題 1：不可能把所有灰塵都掃進畚斗
- 問題 2：畚斗很難站著用。掃把又很難彎著腰用
- 問題 3：掃把無法把所有灰塵都掃起來
- 問題 4：把灰塵掃進畚斗時會弄髒手
- 問題 5：把畚斗裡的灰塵倒進垃圾桶有可能會灑得到處都是
  Swiffer 用免洗抹布漂亮地解決了這些問題：
- 解方 1：無須畚斗
- 解方 2：使用 Swiffer 無須彎腰
- 解方 3：Swiffer 的抹布比掃把更容易抓住灰塵
- 解方 4：雙手可以保持乾淨
- 解方 5：抹布很容易丟棄

Swiffer能解決這麼多問題，自然成了很討喜的產品。但除了實用性之外，它還有另一個魅力，就是擁有強烈的心理吸引力，說白了就是用起來很好玩。為什麼呢？因為Swiffer的設計解決了一堆多數人根本不會說是問題的問題，比如說：

- 問題6：對於地板掃得多乾淨，使用者能獲得的回饋太少。

除非地板很髒，不然光看地面其實很難知道有掃沒掃差在哪裡。你可能會覺得誰在乎這個？重要的是掃得多乾淨吧？但缺乏回饋其實會讓人覺得整件工作有點徒勞，這代表使用者不太會享受掃地工作，掃地頻率就不高。換句話說，回饋愈少就等於地板愈髒。但Swiffer巧妙地把這問題處理掉了：

- 解方6：完成掃除後，你可以在抹布上清楚看到掃起來的灰塵。

這種回饋清楚呈現了地板會變得那麼乾淨，使用者功不可沒。這還觸動了各種愉悅感——做了有用的事帶來滿足感、打掃乾淨讓人舒服，甚至是知道別人看不見的祕密也令人愉悅。而且既然這份回饋要到工作結束才會出現，使用者就會開始期待看到大功告成的證據。

63號鏡頭：回饋

玩家從遊戲可以獲得很多種回饋：評斷、獎勵、指導、鼓勵和挑戰。用這顆鏡頭來確定回饋迴圈能創造你想要的體驗。請時時刻刻在遊戲中問自己這些問題：

- 玩家這時需要知道什麼？
- 玩家這時想要知道什麼？
- 你這時希望玩家感受到什麼？要怎麼給予回饋來創造這些感覺？
- 玩家這時想要感受到什麼？有沒有機會讓他們創造一個情境來感受到這些？
- 玩家這時的目標是什麼？怎樣的回饋能幫助他們往目標前進？

圖：Nick Daniel

使用這顆鏡頭很費力，因為遊戲中的回饋雖然綿延不絕，卻需要依情境而有所不同。在遊戲中隨時使用這顆鏡頭需要很多心力，但很值得花時間去做，因為這有助於確保遊戲玩法清晰、具挑戰性和有回饋。

　　缺乏回饋的體驗會令人沮喪和困惑。美國很多斑馬線旁都有按鈕，行人只要按下就能讓行人號誌從紅燈變綠燈，便能安全過馬路。但按鈕並不會馬上改變燈號，不然就會交通大亂。於是可憐的行人常常要站在路旁等個一分鐘，才知道按下去有沒有用。結果人們按按鈕時會出現各種奇怪行為：有些人會按住好幾秒才放開，有些人則會為了保險起見連按好幾下。按鈕的舉動全程都有種不確定感，行人常常會擔心自己沒按對，於是緊張地端詳號誌，想知道燈號到底會不會變。

　　我去英國的時候發現，有些地方的斑馬線按鈕會有立即的回饋，這就讓人舒服多了！我一按按鈕，寫著「停」的燈號就會亮起來，等可以通行的時間結束又會自動熄滅（下圖）。只要加上一點點簡單的回饋，原本讓行人覺得沮喪的經驗，就變得讓人有信心和控制感了。

有用的回饋

大體上來說，可以參考一個還不錯的經驗法則：如果介面沒有在十分之一秒內給玩家回饋，玩家就會開始覺得介面有哪邊不對勁。如果你做了個人物可以跳躍的遊戲，就很容易碰上這個典型問題。如果做跳躍動畫的動畫師剛接觸電玩遊戲，就很可能在動畫中加入「上發條」或是「預備」的動作，讓角色屈身準備起跳，而這大概會占用四分之一到半秒鐘。這樣的畫面動作很合理，但由於違反了十分之一秒定律（我按了跳躍鍵，但角色要快半秒以後才跳到半空中），就會讓玩家煩到受不了。

▌豐沛

回到掃地的例子：Swiffer給使用者的回饋不只是髒抹布而已。想想看掃把和畚斗還有什麼問題是大部分的人不太會提到的？

- 問題7：掃地很無聊。

喔，當然啦！問題就是掃地！但無聊是什麼意思呢？我們要講得仔細一點。具體來說：

- 掃地要不斷重複同樣的動作。
- 掃地需要對毫無驚喜的事情全神貫注，如果不盯著那一小堆灰塵，就會弄得到處都是。

那Swiffer是怎麼處理這項挑戰的呢？

- 解方7：使用Swiffer很有趣！

這可能是Swiffer最大的賣點。Swiffer廣告裡的人都一邊掃地，一邊開心地手舞足蹈；有的廣告則是讓人單純出於好奇心拿起Swiffer，接著就像小朋友玩玩具一樣，開始邊掃地邊玩起Swiffer。從17號的玩具鏡頭看起來，Swiffer做得很好，它確實很好玩……可是，為什麼呢？不就只是條黏在桿子上的抹布而已嗎？某種程度上來說沒錯，但Swiffer的底座，也就是固定抹布的地方，是用特別的鉸鍊跟拖把柄連在一起，所以就算你只是輕輕轉動手腕，固定抹布的底座也會跟著大幅轉動。只要輕輕動一下手腕就能輕鬆、流暢、有效地清潔地板，用最小的力氣就能準確掃到你要掃的地方，感覺簡直像在自己家地上開魔法賽車。抹布底座所呈現的動作是**二階動作**（second-order motion），也就是玩家行動所衍生的動作。如果一個系統能呈現很多二階動作，讓玩家能輕易控制並得到許多力量與回饋，就可以視為**豐沛**的系統。豐沛的系統就像熟透的桃子一樣，只需一點點互動就會不斷湧出美味的回饋。豐沛是遊戲中常被忽略的重要性質。為了避免忽略，請使用這顆鏡頭。

64號鏡頭：豐沛

用「豐沛」來形容介面可能有點怪，不過回饋太少的介面倒是常被形容為「枯燥」。豐沛的介面從接觸的第一刻起就很有趣。要讓介面極盡豐沛，請問自己這些問題：

- 我的介面能不能源源不絕地回饋玩家的行動？不行的話原因是什麼？
- 二階動作是來自玩家的行動嗎？這些動作是否有力又有趣？
- 豐沛的系統能一口氣用很多方式回饋玩家。我在提供玩家回饋時，同時用了多少種方式？可以找到更多方法嗎？

圖：Patrick Mittereder

我們在第4章討論過工作和玩樂的差別只在於態度。用Swiffer這個無關遊戲的例子來說明，就是因為它的回饋很有力，能把工作變成玩樂。如果辦得到，做出好玩的介面很重要，因為遊戲就是要好玩，萬一你用的介面令玩家覺得枯燥惱人，就有可能妨礙原本該有的樂趣，讓遊戲產生充滿內在矛盾和適得其反的體驗。記住，樂趣就是驚奇加上愉悅，所以如果你的介面有趣，應該兩者都可以提供。

原始

有一種介面特別容易和豐沛的樂趣有關，那就是手機和平板電腦的觸控介面。觸控介面在很短的時間裡，就大幅改變了遊戲世界。年紀小的孩子使用觸控介面似乎格外容易上手。原因為何？最明顯的回答是「符合直覺」。但這個答案其實很模糊，因為「直覺」的定義就是「容易理解」。所以問題就變成「為什麼觸控介面這麼容易理解？」答案是：它很原始。

在觸控電腦問世以前，所有電腦介面都需要工具才能使用。我要和某些實體工具（鍵盤、滑鼠、按鍵控制面板、打孔卡等等）互動，才會產生一些疏離（不在手邊發生）的回應。就像所有工具一樣，我們也漸漸學會並習慣了用法。但工具不夠原始，我說的原始是指符合動物的行為模式。大約從三百萬年以前，人類才開始使用工具，這是件好事；但動物憑著本能碰觸物品的時間可久遠得多，差不多三、四億年。當然，我

們的大腦也是從其他動物的腦子演化而來的。如果把人腦想成一個三層結構，事情就更清楚了——最低的一層是「爬蟲腦」，這部分的大腦能執行碰觸動作，但使用工具大概要有皮質，也就是最高層次的腦子才辦得到。[2]

這樣想的話，就很容易理解為何觸控比滑鼠或遊戲控制器更符合直覺了。當然這又引起了一個更大的問題：我的遊戲裡哪些地方比較原始，哪邊又需要比較高等的腦部功能？看起來顯然是遊戲用到或牽涉愈多原始的腦區，就會愈直覺有力。這能解釋為什麼有相當多遊戲都包含了以下元素：

- 探集像是果實的物品。
- 對抗有威脅的敵人。
- 找出辦法逃離不熟悉的環境。
- 克服障礙找到伴侶（「拯救公主」的科學說法）。

要確切了解每個行為牽涉到哪些腦區，需要像腦科學家一樣做核磁共振（MRI）研究，但如果只是要靠證據推論介面和遊戲活動是否牽涉到最低等的原始行為，只要想想動物能不能做出這些行為就好了。如果可以，很可能就利用到了原始本能的力量。

65號鏡頭：原始

有些行動和介面非常符合直覺，動物從好幾億年前就一直在做。要掌握原始的力量，請問自己這些問題：

- 我的遊戲裡有沒有哪裡是原始到連動物也會玩的？為什麼？
- 有哪邊可以做得更原始？

圖：Astro Leon-Jhong

▌ 資訊傳遞途徑

任何介面都有一個重要的目標，就是交流資訊。遊戲最適合用什麼方法來和玩家

2　美國神經科學家 Paul D. MacLean 在 1990 年出書發表三重腦理論（Triune brain），探討脊椎動物的前腦發展與行為演化的關係。此理論將腦依層級與功能分為爬蟲腦、古哺乳動物腦、新哺乳動物腦，爬蟲腦主掌與原始的生存本能相關的行為，而新哺乳動物腦則讓人類擁有語言與抽象思考等能力。比較神經解剖學在二十世紀初的發展證明三重腦理論過於簡化而不正確，但此理論尚可為人們提供粗淺的框架，理解腦部結構與功能有關。——編註

交流必要資訊，需要經過悉心設計，因為遊戲內常會有大量的資訊，而且這些資訊時常會同時派上用場。要找出什麼方法最適合在遊戲中呈現資訊，可以嘗試下列步驟。就244頁的資料流圖表來說，我們主要討論的會是箭頭5（遊戲世界→虛擬介面）和箭頭6（虛擬介面→物理輸出）。

■ 步驟1：列舉資訊並排序

遊戲有很多資訊需要呈現，但資訊的重要性並不相等。比如說，如果我們要為一款和紅白機經典《薩爾達傳說》類似的遊戲設計介面，我們可能會先列出所有玩家需要知道的資訊。沒有排列優先順序的清單可能會像這樣：

1. 紅寶石數量
2. 鑰匙數量
3. 血量
4. 目前環境
5. 遠方環境
6. 其他物品
7. 目前武器
8. 目前道具
9. 炸彈數量

接著，我們按重要性重新排列：

隨時都必須知道的：

4. 目前環境

遊戲中三不五時要確認的：

1. 紅寶石數量
2. 鑰匙數量
3. 血量
5. 遠方環境
7. 目前武器
8. 目前道具
9. 炸彈數量

偶爾才需要知道：

6. 其他物品

■ **步驟2：列出途徑**

資訊傳遞途徑只是傳達資料流的方式。每個遊戲實際用來傳遞資訊的途徑都有所不同，該如何選擇其實有很多彈性。可能的途徑包括：

- 螢幕中央
- 螢幕右下角
- 玩家化身的角色
- 遊戲音效
- 遊戲音樂
- 遊戲畫面邊緣
- 來襲敵人的胸口
- 角色頭上的對話框

列出自己有哪些途徑可以利用是個好做法。在《薩爾達傳說》裡，設計師主要選用的資訊傳遞途徑有

- 主要顯示區
- 螢幕上方的資訊欄

另外，他們也決定讓玩家可以按下「select」鍵，切換成資訊傳遞途徑不太相同的另一種模式（本章稍後會討論切換模式）：

- 輔助顯示區
- 螢幕下方的資訊欄

■ **步驟3：將資訊映射於途徑**

困難的任務來了，我們現在要把各種資訊映射到不同的途徑上。這件事做起來通常是半靠直覺半靠經驗，而且大部分都在試錯──畫一堆小草圖思考一會，然後再重畫，直到畫出值得實驗看看的東西。在《薩爾達傳說》裡，映射是這麼做的：

主要顯示區：

4. 目前環境

螢幕上方的資訊欄：

1. 紅寶石數量
2. 鑰匙數量
3. 血量
5. 遠方環境
7. 目前武器
8. 目前道具

9. 炸彈數量

輔助顯示區：

6. 其他物品

看看下圖的主畫面和子畫面，會發現還有其他有趣的選擇。

資訊欄對遊戲很重要，所以需要持續顯示在主畫面和子畫面上。資訊欄裡的內容其實包含了七種不同的資訊傳遞途徑，請注意設計師怎麼劃分區塊：「生命值」很重要，所以占了介面的三分之一。紅寶石、鑰匙和炸彈的功能雖然不同，但三者都是以兩位數來表示，所以可以放在一起。手上拿的武器和道具也很重要，需要兩個方格來容納。「A」和「B」則提醒玩家要按哪個鍵才能使用這些物品。

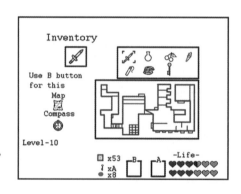

紅白機的《薩爾達傳說》
子畫面。

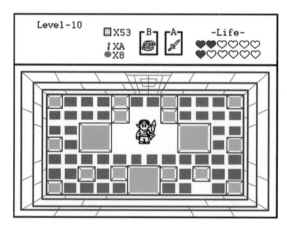

紅白機的
《薩爾達傳說》
主畫面。

另外也請注意設計師如何用道具畫面的額外空間來提示玩家該如何使用道具。

你可以看到，相較於更現代的遊戲，這個介面雖然比較陽春，但設計師還是對規畫配置下了許多決定，這些決定對遊戲體驗都產生很大的影響。

■ 步驟4：檢查維度的應用

遊戲裡的資訊傳遞途徑可能有好幾種維度。舉例來說，如果你決定以「敵人身上跑出數字」來映射「對敵人造成的傷害」，就有好幾種維度可以處理這個途徑，這些途徑包括：

- 顯示數字
- 數字顏色
- 數字大小
- 數字字體

接著你必須決定要使用哪些維度。當然你一定會用到第一個，也就是數字。但顏色有沒有特別意義呢？或許你也會用到其他維度來**強化資訊**── 50以下的數字是小型白字，50到99的數字是中型黃字，100以上的數字則會是非常大的紅字，還會用特殊字體來強調傷害數值。

除了利用同一途徑的多個維度來強化資訊，讓資訊變得更為清晰（以及豐沛），也可以採用不同手法，在不同維度中放入不同資訊。舉例來說，你可能會決定用數字顏色來表示敵人（紅色）或友方（白色）。接著再用數字大小表示角色還差多少會被打敗──小字可能表示角色還有很多血，而大字則意味著角色快死了。這種做法可以非常簡潔有效。只要一個數字，就可以傳達三項資訊。但這種做法的風險是你必須教育玩家，讓他們知道同個途徑的不同維度各自代表什麼，有的玩家可能不容易了解或記住。善用傳遞途徑和維度可以做出布局合宜的簡潔介面，所以我們要特別用鏡頭加以檢視。

66號鏡頭：傳遞途徑與維度

選擇要如何運用途徑和維度來映射遊戲資訊，是設計遊戲介面的核心問題。用這顆鏡頭來確認自己的想法夠不夠周延。請問自己下列問題：

- 玩家需要從遊戲取得哪些資料、遊戲又需要玩家回饋哪些資料？
- 哪些資料最重要？
- 我有哪些途徑可以用來傳遞這些資料？
- 哪些途徑最適合哪些資料？為什麼？
- 不同途徑各有哪些維度？
- 我該如何利用這些維度？

圖：Elizabeth Barndollar

■ 模式

介面模式是什麼？簡單來說就是變更介面圖表裡的其中一道映射箭頭（1到6）。比方說，如果按下B鍵能改變遊戲控制器的功能分布，讓玩家化身不再是四處走動，而是用水管瞄準目標，這樣就是變更模式，讓箭頭1（物理介面→遊戲世界）的映射發生改變。改變六道箭頭中的任一道，都可以造成模式變更。

模式是為遊戲添加變化的好方法，但使用起來必須非常小心，因為如果玩家沒有意識到模式變更，就可能墮入五里霧中。以下幾個訣竅可以防止介面模式造成麻煩。

◆ 訣竅1：模式以少為佳

模式愈少，玩家困惑的機率愈低。介面擁有多個模式並非壞事，但增加模式的時候要小心，每個模式都是玩家必須學習了解的新東西。

◆ 訣竅2：避免模式重疊

就像遊戲設計師有途徑能向玩家傳遞資訊，玩家同樣有途徑能向遊戲傳遞資訊。每個按鍵或搖桿都是傳遞途徑；比方說，你的遊戲也許能在行走模式（用搖桿控制方向）和投擲模式（用搖桿控制準心）之間切換。接著，你又決定加入駕駛模式（用搖桿控制車子）。如果玩家在駕駛中切換成投擲模式會發生什麼呢？或許你可以試試看把兩個模式合在一起（駕駛和投擲）。但就算這麼做成功了，要用搖桿同時控制行車和瞄準兩個介面，大概還是會很災難。如果物理介面有第二個搖桿，把瞄準的功能交給它也許會比較明智。區分模式並且避免功能重疊，可以幫助你避開麻煩。如果真的需要讓模式重疊，請確定模式各自使用不同的途徑來傳遞資訊。舉例來說，你可以用搖桿處理兩種移動模式（飛行或行走），用按鍵處理兩種射擊模式（發射火球或閃電），這些模式占用的維度不同，所以即使重疊也很安全——切換火球和閃電時仍可以行走或飛行，不會產生混淆。

◆ 訣竅3：盡量凸顯模式之間的差異

換句話說就是用63號的回饋鏡頭和62號的透明鏡頭來檢查各模式。玩家如果不知道自己進了哪個模式，就會感到困惑和灰心。Unix作業系統上的古早文件編輯軟體vi（唸作V.I.）就是這種為難人模式的大合集。一般人會覺得，文件編輯軟體一打開就要進入可以輸入文件的模式。但vi卻不是這樣設計，鍵盤上的按鍵要麼是用來輸入「刪除行」之類的指令，要麼是用來切換到其他模式。而且就算按了按鍵，還是不會有任何回饋讓你知道現在處於哪個模式。如果你真的要輸入文件，必須先按「i」，才會進到輸入模式，而且看起來跟剛開始的指令模式根本一模一樣。你完全不可能靠自

己搞懂現在要幹麼,甚至連熟練的使用者有時也搞不懂自己到底在哪個模式。

有一些方法可以幫你區分不同模式:

- **大幅改變一些螢幕上看得到的事物**:在《最後一戰》和大多數的第一人稱射擊遊戲裡,更換武器的畫面都很清楚。除此之外,這款遊戲還用了有趣的途徑來讓你知道還有多少彈藥——就寫在槍的後面。
- **改變玩家化身的動作**:在經典的機台遊戲《叢林之王》(*Jungle King*)裡,你會從澀索模式切換到游泳模式。因為玩家化身所做的事情很明顯不同,模式變更也就很明顯,甚至連髮色都會改變——當然這有點過頭了。
- **改變螢幕上的資料**:在《Final Fantasy》和大多數角色扮演遊戲裡,進入戰鬥模式時會出現很多戰鬥數據和選單,模式變更也就十分明顯。
- **改變攝影機視角**:這個提示常常被忽略,但其實能非常有效地告知玩家模式變更。

67號鏡頭:模式

任何複雜的介面都需要有不同模式。請問自己下列問題,來確定各個模式都能讓玩家感覺自己強而有力、擁有控制權,而且不會迷惘或是不知所措:

- 我的遊戲裡需要什麼模式?為什麼?
- 有沒有哪些模式可以拆開或合併?
- 有哪些模式重疊了嗎?如果有的話,能不能使用不同的輸入途徑?
- 玩家如何知道遊戲模式變更了?能不能用超過一種方法來告知遊戲模式變更?

圖:Patrick Collins

■ 其他介面設計概念

OK,我們已經聊過介面的資料流、回饋、資訊傳遞途徑、維度和模式了。這是個好開始。但以介面設計為主題的書已經夠多了,我們還有很多有趣的東西要談;該往前了!只不過在繼續之前,還有一些觀念可以幫你做出好的遊戲介面。

◆ 介面設計觀念1:偷取

禮貌一點的說法應該是「由上而下的」介面設計方法。如果你正在為動作或平台遊戲之類既有的遊戲類型設計介面,可以先從該領域知名的成功作品開始,再配合自己作品的獨特之處修改。這樣可以省下很多時間,另一個好處則是你的使用者也熟悉

這個介面。當然，如果你的遊戲沒什麼新東西，介面就會像是複製品；不過令人吃驚的是，剛開始的一點點改變，常會導致一連串改變，最後在你注意到之前，複製來的介面已經變成了完全不一樣的東西了。

◆ 介面設計觀念2：訂製

這個方法是偷取的反面，也可以說是由下而上的方法；你需要像我們之前講的一樣，從列出資訊、傳遞途徑和維度開始設計介面。這個做法很適合設計外觀獨特，為特定遊戲量身打造的介面。如果你的遊戲玩法很新潮，就會發現這或許是唯一可行的路徑。但就算整個遊戲沒有什麼新東西，你在試著由下而上設計介面的時候也會驚訝地發現，自己可能發明了全新的玩法。因為你不像其他人只是抄襲成功的作品，而是認真檢查過問題，然後想辦法做得更好。

◆ 介面設計觀念3：以物理介面為中心設計

電玩開發領域的一大特徵是不同的平台會有截然不同的介面：觸控介面、體感（motion）介面、滑鼠鍵盤、遊戲控制器甚至混合實境（mixed reality）頭盔。製作可以在所有平台上執行的遊戲很有吸引力，這樣就可以賣給更多人。但實際上，想要設計一款不依賴任何特定介面的遊戲，多半都會做出無聊的遊戲。拿《憤怒鳥》來說，這款遊戲大為成功的部分原因是把觸控介面用得淋漓盡致。還記得玩具鏡頭嗎？如果遊戲核心的互動方式正好利用了物理介面的獨特性，創造出獨一無二的玩法，吸引到的注意力就值得你放棄其他平台。

◆ 介面設計訣竅4：介面要有主題

介面和遊戲世界的美術，通常由不同的人負責設計。在〈第六章：主題〉裡，我們討論了賦予一切主題為何重要，遊戲介面自然也不在話下。請用11號的一貫性鏡頭來檢視介面的每一吋，看看有沒有辦法能和其他體驗連結在一起。

◆ 介面設計訣竅5：聲音能映射觸覺

一般而言，思考遊戲中如何運用聲音時，我們想的都是創造聲景（soundscape）帶來臨場感（草地上啾啾叫的鳥兒）、讓動作感覺更真實（玻璃破掉時聽到破碎聲），或是讓玩家的遊戲過程有些回饋（撿起寶物響起悅耳的滑音）。但聲音還有個和介面直接相關的面向常常被忽略：人的內心很容易會把聲音映射到觸覺上。這點的重要性在於，當我們操作現實中的事物時，觸覺是相關回饋裡很重要的成分。觸覺很少從虛擬介面獲得任何資訊（應該說幾乎不會），但播放適當的聲音就可以模擬觸覺，就像是

你在觸控螢幕的鍵盤上打字時發出的咔咔聲一樣。首先，你必須思考如果介面是實體的話觸感會是如何？接著再決定什麼樣的音效能創造那種觸感。如果做得好，你的介面用起來就會令人讚嘆，卻難以表以言辭。我非常希望未來的介面能夠更成功地呈現觸覺回饋，不過在那之前，聲音還是最好的選擇。

◆ 介面設計訣竅6：用分層來平衡多元與精簡

設計介面時會遇到兩個矛盾的欲望：想要盡可能給玩家更多元的選項，以及想要盡可能把介面做得更精簡。就像遊戲設計中許多情況一樣，關鍵還是在於達成平衡。有種好辦法可以實現平衡——用不同的模式和子模式把介面分層。把介面的優先順序安排好，對於想出該怎麼分層是個不錯的起點。電玩遊戲中最典型的例子，就是用「start」等不常用的按鍵來處理開啟道具和設定選單等功能。

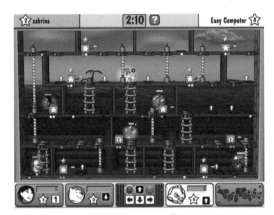

《玩具天堂》（*ToyTopia*）的控制畫面。一個「下」的指令剛傳給小熊維尼。
（迪士尼公司提供及授權使用）

◆ 介面設計訣竅7：利用比喻

要讓玩家了解介面如何運作，有一條捷徑是用玩家以前看過的東西來比喻。舉例來說，設計《玩具天堂》時，我們團隊有個非常不尋常的限制。在遊戲裡，玩家要用鍵盤向發條玩具小隊下命令（向上走、向右走等等）。因為這是同步（synchronous）[3]的多人遊戲，我們計畫要在玩家發出指令和玩具收到指令之間加進一段延遲，遊戲才能保持同步。這樣一來，由於本機（local）上的人為延遲時間，會和訊號傳輸到另一台電腦時不可避免的網路延遲等長，我們就可以讓遊戲在不同玩家的電腦上保持同步。

3　在程式設計裡，同步是指發出指令後必須等其他指令處理完，才可以執行下一步；非同步則是每個指令各自處理。——譯註

可惜（也不意外）的是，這讓玩家一頭霧水，他們已經習慣按下按鈕就會馬上有動作了，無法適應要等半秒才看得到發生什麼事。團隊在意識到我們要放棄整個規劃時很洩氣，但後來有人想到，我們可以從虛擬按鍵上，朝玩具發射一段無線電訊號的動畫，再加上一段「無線電傳送」的音效，這樣也許能幫助玩家更了解遊戲機制。結果還真的有用！在新系統中，無線電傳送的比喻清楚解釋了動作為何延遲，也給了立即的回饋，讓玩家知道現在發生了什麼事。而且如果用11號的一貫性鏡頭來檢視，這個改變也有助於強化「用無線電控制玩具」的主題。

67½ 號鏡頭：比喻

遊戲介面常常會模仿玩家熟悉事物的介面。要確定你的比喻能幫助玩家理解，而不是讓他們錯亂，請問自己這些問題：

- 我有沒有用介面當成其他東西的比喻？
- 如果介面是個比喻，我有沒有好好利用這個比喻？還是比喻反而礙事？
- 如果介面不是比喻的話，使用比喻會符合更直覺嗎？

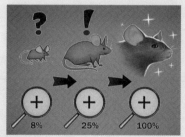

圖：Derek Hetrick

◆ 介面設計訣竅8：看起來不一樣，動起來就要不一樣

遊戲開發者常會違反這一點，掉入名為視覺多樣性的陷阱。舉例來說，如果他們正在做一款射擊飛碟的遊戲，有人可能會為了讓畫面更豐富，想到加入紅、紫、綠等五顏六色的飛碟。玩家看到這些飛碟肯定會期望功能各不同，例如預期不同色的飛碟有不同的移動速度或分數價值。如果他們發現差別只有顏色，玩家一定會大失所望又困惑不解。

設計師也常犯下相反的錯誤，讓兩種外觀一樣的東西擁有不同效果。比方說，你可能先做了一個「X」鍵，只要按下去就會關閉部分介面。接著你又碰到另一個地方，需要一個按鍵讓玩家可以刪除遊戲中的物品，這時用「X」來代表刪除似乎也很合理。但要是同個「X」一下代表「刪除」，一下代表「關閉視窗」，就很有可能讓玩家感覺混亂和挫折。

◆ 介面設計觀念9：測試、測試、測試！

沒有人可以一次就把介面做對。新遊戲就需要新介面，你必須找人來測試，不能

理所當然覺得新介面會清楚、有趣還能給玩家力量。請盡可能早點開始測試，愈常測試愈好。在完成可玩的遊戲以前，就要先做出介面雛型。用紙張和厚紙板做出目前按鍵和選單系統的雛型，然後找人來做出玩遊戲和使用介面的動作，以便看出哪邊有問題。最重要的是，像這樣用人類學家的方式和玩家合作，你會隨著時間累積，開始更清楚他們的意圖，在設計介面時有更多情報可以做決定。

◆ 介面設計訣竅 10：打破規則協助玩家

由於很多遊戲都是現存主題的變種，所以很多介面設計也都是抄來抄去，這種狀況普遍到幾乎每類遊戲都出現了特定的經驗法則。法則有時很有用，但設計師也很容易盲目跟隨，毫不思索對該遊戲的玩家是否真是好主意。像電腦遊戲利用滑鼠的方式就是一個例子。滑鼠左鍵一般被認為是主按鍵，有的遊戲會選擇把別種功能分配給右鍵。於是有條經驗法則認為，除非進入滑鼠右鍵有其他用途的特別模式，否則通常右鍵什麼都不該做。然而，設計師常過度重視這條規則，結果在兒童遊戲等簡單的遊戲裡，設計師就傾向無視右鍵，只需左鍵就可以一路玩到底。但小孩子用滑鼠時常常會因為手太小而按錯鍵。聰明的設計師會打破這條規則，讓左右鍵都映射相同的功能，不管按到哪邊都有用了。說真的，為什麼不把所有只需要一顆按鍵的遊戲都做成這樣呢？

遊戲介面是遊戲體驗的大門。接下來我們要走進大門，更仔細窺看體驗本身。

延伸閱讀

- 《設計＆日常生活》（遠流），唐納・諾曼著。這本書寫得直截了當、腳踏實地，裡頭精挑細選了很多例子，呈現現實生活中的物品和系統是好設計或壞設計。令人驚訝的是，書中的智慧在遊戲設計中也很適用。
- 《Game Feel》，Steve Swink 著。這本獨特的著作著重在遊戲介面設計的細微之處，仔細剖析了是什麼成就了遊戲暢快的體驗。非讀不可。
- 《The Visual Display of Quantitative Information》，Edward Tufte 著。這本書和塔夫特的另外三本著作幾乎是圖像介面設計的聖經（至少算是舊約），就算只是略讀一番都能給你深刻的洞見。

16 體驗的高下標準是<u>興趣曲線</u>

Experiences Can Be Judged by Their *Interest Curves*

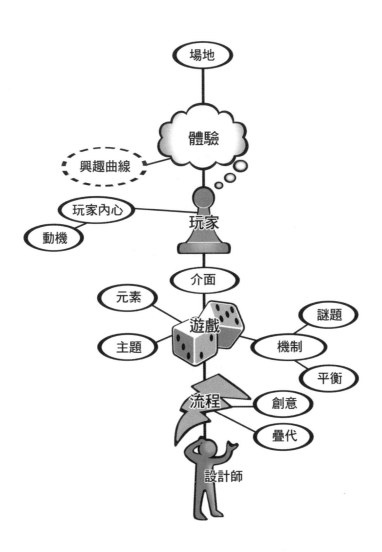

我的第一顆鏡頭

　　十六歲那年，我找到了第一份在娛樂產業的工作，加入當地遊樂園的表演團。我本來希望能用練習許久的雜耍技巧上場表演，但最後我的工作內容變得五花八門：木偶戲、穿浣熊裝、後台混音，以及主持與觀眾互動的喜劇秀。不過，有天擔任表演團長的魔術師馬克・崔普（Mark Tripp）來找我，他說：「聽著，東邊的新舞台已經快蓋好了，我們會把音樂滑稽劇搬到那裡，我打算有個魔術秀。不過放假時我的缺需要有人填補。你可以跟湯姆一起表演雜耍嗎？」

　　我跟湯姆每次逮到機會都會一起練習，希望可以有機會開一場自己的秀，所以我當然很興奮。我們一起討論並安排了粗略的腳本，簡單描述我們可以表演的各種把戲，還有串場用的順口溜和笑話，一直練習到我們覺得準備好試試身手了。過了幾天，大日子終於到來，我們可以看看觀眾對表演的反應了。首先開場的是平衡雜技，接著是拋接環、拋接棒，然後是雙人拋接，最後再用我們覺得最難的五球拋接做結。能有自己的秀真是太痛快了。我們向觀眾答謝，興高采烈地回到後台。

　　馬克就在後台等著我們。「老闆，你覺得怎樣？」我們得意地問。

　　他說：「還不錯，不過很多地方還可以更好。」

　　「更好？」我很驚訝，「但我們什麼東西都沒失手啊！」

　　「對，」他回，「但你們有聽到觀眾的聲音嗎？」

　　我回想了一下。「嗯……我覺得他們氣氛熱得有點慢，但他們真的很喜歡雙人拋接那一段！」

　　「沒錯，但五球拋接那招，就是你們的壓軸？」

　　我們得承認那邊的反應不如預期。

　　「讓我看一下你們的腳本。」他說。他仔細地讀，偶爾點點頭，偶爾瞇起眼睛。想了一會過後，他說：「你們的表演有些地方不錯，但節奏不太對。」我和湯姆面面相覷。

　　「節奏？」我問。

　　「對啊，」馬克拿起一支鉛筆，「你看，你們的表演現在大概是這個形狀。」他在腳本背面畫了這個形狀：

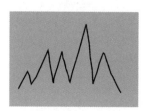

接著他繼續。「觀眾通常比較喜歡這種形狀的表演。」

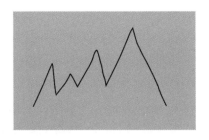

「懂了嗎？」

我不懂。但我覺得自己看到的東西非常重要。

「簡單來說，你的開場要先有一個爆點來抓住觀眾的目光。然後你放鬆一下，表演一些小把戲，給他們有機會放輕鬆跟認識你。接著你就可以一步一步用更厲害的招數堆疊情緒，最後再拿出一個超乎觀眾期待的大結局。如果你把拋接環放在第一個，雙人拋接放最後一個的話，表演應該就會精彩很多。」

第二天，我們再次試演，除了順序以外幾乎沒有什麼改變──結果完全被馬克說對了。觀眾一開始就非常熱烈，隨著節目進行，慢慢變得更興奮投入，最後在我們的雙人拋接中達到高潮。就算這場表演我們掉了幾次道具，觀眾的反應還是比第一場熱烈兩倍，結尾高潮的時候還有幾個人跳起來尖叫。

馬克在後台等候我們，這次他臉上帶著微笑：「今天似乎好多了。」湯姆回答：「聽你的建議修改表演以後，看起來的確好多了。真奇怪，我們之前竟然沒注意到。」

「一點都不奇怪，」馬克說，「準備表演的時候，你要思考表演的細節，還有怎麼串接。這需要徹底換個角度，超越表演本身，從觀眾的位置俯瞰整場演出。不過真的有差對吧？」

「當然！」我說，「我想我們還有很多要思考的地方。」

「這個嘛，不急著現在想，你們兩個五分鐘之後還要演木偶劇咧。」

▌興趣曲線

在那間遊樂園工作以後，我一次次用這個技巧設計遊戲，而且一直都滿有用的。但這些圖到底是什麼呢？讓我們花點時間來仔細檢視一下。

首先要了解，任何娛樂體驗都是一連串的片刻。有些片刻比較澎湃有力，我們基本上就是把最有力的片刻給畫成圖。以前在迪士尼幻想工程（Imagineering）工作的時候，每當我們把新遊樂設施的點子呈給迪士尼的執行長，幾乎都會被問到這個問題：

「告訴我，你們的體驗裡最讚的十個片刻是什麼？」我們需要很多思考和準備才能好好回答這一題，但如果回答得不夠清楚，提案會議就結束了。畫出興趣曲線就是在思考如何安排體驗中最美好的片刻，要是不清楚這些片刻是什麼，就不可能辦到這個任務。這就是片刻鏡頭如此重要的原因。

68號鏡頭：片刻

興趣曲線就像星座一樣，由讓人難忘的片刻所形成的星星所組成。要畫出最重要的片刻，請問自己這些問題：

- 我的遊戲有哪些關鍵片刻？
- 我要如何盡可能讓每個片刻都很強大？

圖：Kim Kiser

找出重要的片刻以後，該如何變換成圖表呢？要衡量娛樂體驗的品質，可以注意整串系列事件展開的過程能引起顧客多少興趣。我說「顧客」而非「玩家」，是因為這個說法不但適用遊戲，也適用於更普遍的體驗。我們可以在興趣曲線上標出體驗過程中的興趣高低。下圖就是一條興趣曲線的例子，說明了什麼是成功的娛樂體驗。

當顧客從A點開始這份體驗時，一定帶著某種程度的興趣，不然也不會來這裡了。這份初始興趣是因為對體驗的娛樂性有所期待。根據體驗的類型不同，影響期待的因素可能包括了包裝、廣告、朋友推薦等等。雖然我們希望盡可能提高初始興趣，好吸引顧客上門，但初始興趣過度膨脹，也可能讓整場體驗變得較不有趣。

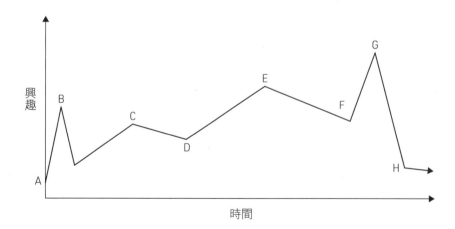

接著體驗就開始了，很快我們就來到B點，這裡有時也叫做「引鉤」（hook）。引鉤才是真正抓住你、讓你對體驗興奮期待的地方。如果是音樂劇，引鉤就是開場曲。在披頭四的歌曲〈Revolution〉裡，就是那段尖銳的吉他重複樂句（riff）。到了《哈姆雷特》，就是鬼魂登場。而在電玩遊戲裡，則多半是遊戲開始前的小電影。優秀的引鉤非常重要，會提示顧客接下來要上演什麼戲碼，將興趣掀起一道不錯的浪尖，而且因為體驗正準備展開，當時尚未發生太多事件，比較無趣，引鉤也有助於幫顧客維持專注。

引鉤結束，我們才進入真正的內容。如果體驗設計得好，顧客的興趣會持續上升，時而湧上C、E這樣的波峰，時而像D、F一樣落下，接著又準備再次湧升。

最後，故事會在G達到高潮，然後在H有了結局，讓顧客得到滿足，體驗也跟著結束。我們希望顧客在離開時還能保有一些興趣，或許甚至比進場時還更多一點。這就是表演行家所說的「讓觀眾渴求更多」。

當然，並不是所有美好的娛樂體驗都完全遵循這條曲線。但大部分成功的娛樂體驗，都包含本圖所示「良好興趣曲線」的某些元素。

相反地，下面這張圖中的興趣曲線，就是比較不成功的娛樂體驗。不好的興趣曲線可能有很多種，但這是最壞的一種，而且其實比人們希望的更常見。

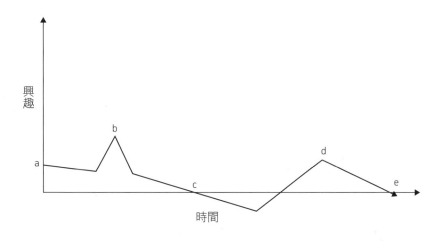

跟我們所顯示的良好曲線一樣，顧客在a點帶著某種程度的興趣進場，但馬上就感到失望了，而且因為沒有好的引鉤，顧客的興趣也跟著一路下跌。

終於，顧客等到了一些有趣的發展，這固然不錯，但卻無法持續；顧客的興趣在b點到達高峰，接著持續衰落，在c點跌破底線。事到如今，顧客就會對體驗興趣缺缺，開始轉台、離場、闔上書本，或是關掉遊戲。

這種沉悶乏味不會天長地久，到了d點終究會發生一些有趣的事；但也不會維持多久，甚至還不會通往高潮，而是一路拖到e——幸好這也不重要了，因為顧客多半

也早已放棄苦撐下去。

在創作娛樂體驗時，興趣曲線可以成為十分有用的工具。只要標出整場體驗中預期的興趣起伏，有問題的地方通常就會變得很清楚而且容易修正。此外，在觀察顧客如何享受體驗時，把從他們身上所觀察到的興趣程度，和你這個娛樂工作者所期望的程度拿來相比，也會非常有用。畫出不同客群的不同曲線，也是很棒的練習。有的體驗可能對某些客群很棒，對某些客群卻很無聊（比如「哥們電影」和「少女電影」），當然你設計的體驗也可能適合「闔家同樂」，這代表在不同的客群裡，都可以畫出不錯的興趣曲線。

▍模式中的模式

一旦你開始用興趣曲線來思考遊戲和娛樂體驗，就會發現其實好的興趣曲線模式俯拾即是，無論是在好萊塢的三幕劇結構中，或是流行音樂的前奏（intro）、主歌（verse）、副歌（chorus）、主歌、副歌、橋接（bridge）、尾奏。亞里斯多德說，每齣悲劇都有糾葛（complication）和收場（denouement），其中也能看到興趣曲線。喜劇演員說的「三翻四抖」（rule of three）裡同樣有著興趣曲線。只要是有趣、引人入勝或是好笑的故事，都一定會有這樣的結構；如同這個女生發表在青少年雜誌的「尷尬時刻」專欄上的〈跳水驚魂記〉（High Dive Horror）：

> 當時我跟朋友們在室內游泳池，他們賭我不敢從最高的跳水台上跳下來。我有懼高症，可是還是爬上去了。我往下看，想叫自己跳下去，結果我的腸胃開始翻攪，我吐了，就吐在泳池裡！更慘的是，我還吐在一群帥哥頭上！我馬上盡全力爬下來躲到浴室裡，可是所有人還是都知道我做了什麼！
> ——〈跳水驚魂記〉，節錄自《發現女孩》（Discovery Girls）

你甚至也能從雲霄飛車發現這個明顯的模式。當然，遊戲裡也有。我在幫迪士尼製作《阿拉丁魔毯VR冒險》第二版的時候，第一次發現自己用了興趣曲線。當時團隊裡有些人反覆提到，雖然遊戲體驗十分有趣，但某個地方似乎有點拖泥帶水，所以我們就討論該怎麼改進。我靈機一動想到，把遊戲的興趣曲線畫出來應該是個好主意。當時我畫的形狀大概像這樣：

　　我馬上就明白真正的問題出在平坦的那一段。不過還不太確定該怎麼解決。加入更有趣的片段可能還不夠，因為如果興趣程度太高，可能會減損後面的樂趣。最後我了解到，把平坦那段從遊戲裡全部刪去，可能才是最適當的方法。不過跟表演導演提起後，他非常反對，因為他覺得我們花了太多心力，現在不該刪除；當時開發流程的確已經到了非常後期，我可以理解他的想法。於是他提議在那段曲線平坦的體驗開頭放個捷徑，玩家如果想要的話就可以略過那個部分。我們加進了捷徑，是個商隊的帳篷，飛進去就可以神奇地穿梭到城市中心，而知道這點的玩家顯然比較喜歡這樣走。遊戲安裝後，經常可以看到原本盯著螢幕觀察玩家進度的遊戲操作員，會突然靠向玩家耳邊低聲說「進入帳篷！」我第一次看到時，詢問操作員為什麼要說出提示，她的回答是：「呃……不知道，感覺他們那樣走好像會比較有趣。」

　　不過「魔毯冒險」的體驗時間比較短，只有五分鐘而已。能用在五分鐘體驗上的模式，換到了長達好幾個小時的體驗上是否還有意義？這樣的問題很合理。有史以來評價最高的遊戲之一，《戰慄時空2》（*Half-Life 2*）可以證明興趣曲線模式仍然適用。《戰慄時空2：首部曲》的平均破關時間是五小時又三十九分，下圖是玩家在遊戲中的死亡次數。

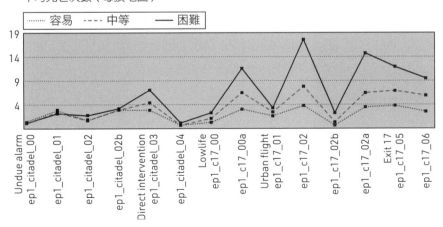

（2008年Valve Corporation授權使用。）

　　三條線代表不同的遊戲難度，有沒有覺得這些形狀很眼熟？玩家的死亡次數絕對是很好的挑戰強度指標，同時也關係到體驗究竟多有趣。

　　那麼時間更長、玩家會玩上數百個小時的多人遊戲體驗又如何呢？同樣的模式怎麼可能支撐起五百小時的遊戲體驗？答案有點讓人吃驚：興趣曲線模式可以是碎形的（fractal）。

　　換句話說，興趣曲線上的每一道浪峰，如果從更近的距離檢視，裡頭都可能包含著一道與整體模式相仿的結構。

碎形的
興趣曲線

　　當然，你要多深入觀察都可以。典型的電玩遊戲模式大致可分為三層：

1. **整體遊戲**：前導影片，接著是一系列不斷提升興趣的關卡，最後結局是玩家全破遊戲的大高潮。
2. **個別關卡**：玩家會在開頭碰到新穎的美學風格或挑戰，接著遇到一系列不斷提升興趣的挑戰（戰鬥、謎題等等），最後以某種「魔王戰」結束。
3. **個別挑戰**：玩家碰到的每個挑戰，理想上都應該有各自的興趣曲線和有趣的挑戰介紹，以及在努力解決的過程中難度逐步增強的挑戰。

　　多人遊戲必須提供更大的結構給玩家，這點我們會在〈第二十五章：社群〉討論。

　　在你的遊戲設計師生涯中，興趣曲線會是最有用也最萬用的工具，所以一定得放進工具箱。

69號鏡頭：興趣曲線

　　俘虜人類意識的事物常常因人而異，但對每個人來說最迷人的模式倒是驚人相似。要看清楚玩家的興趣如何在你的遊戲體驗中變動，請問自己這些問題：

- 如果把這份遊戲體驗畫成興趣曲線，大概會是什麼形狀？

- 興趣曲線有引鉤嗎？
- 樂趣是否逐步上升，並且斷斷續續穿插一些休息時間？
- 遊戲體驗的大結局是否比全作中的一切都還要有趣？
- 怎麼修改會讓興趣曲線更漂亮？
- 興趣曲線中有碎形結構嗎？應該要有嗎？

圖：Chris Daniel

- 我直覺認為的興趣曲線，和觀察玩家所得的興趣曲線是否吻合？如果讓遊戲測試員來畫興趣曲線，會長什麼樣子？

由於每個玩家都不一樣，如果同時搭配19號的玩家鏡頭，你就能利用興趣曲線鏡頭，為遊戲想觸及的各種玩家畫出一道獨有的興趣曲線。

興趣的成分是什麼？

說到這裡，你可能會發現你負責分析的左腦驚訝得大喊：「我喜歡這些圖表，但我要怎麼客觀評估對別人來說一個東西有多有趣？這太感性了吧！」確實非常感性。很多人會問「興趣的單位」是什麼。不過這問題沒什麼好答案，我們還沒發明以「毫玩」為單位的測量儀器。但是沒關係，因為興趣的絕對程度不太重要，我們在乎的其實是興趣的相對變化。

為了判斷興趣程度，你必須先全心全意地體驗過，運用自己的同理心和想像力，還要同時用上左右腦的技能。不過我想你的左腦還是會想要知道，興趣其實可以進一步拆解成其他因素。拆解的方法不少，不過我喜歡用這三種：

■ 成分1：先天趣味

有些事件就是比較有趣。一般來說，風險會比安逸有趣，花俏會比平淡有趣，特別也比普遍有趣。戲劇化轉折和其發生的可能性永遠都很有趣。因此，跟鱷魚摔角的男人，大概會比吃三明治的男人更有潛力成為一個有趣的故事。我們內在本來就有一種動力，讓我們對某些事情更有興趣。把第6號的好奇鏡頭拿來評估先天趣味很好用，不過這個概念也值得有顆以它為名的鏡頭。

70號鏡頭：先天趣味

> 戲劇就是交織著不確定感的期待。
> ──威廉·亞契爾（William Archer）

有些東西就是有趣。要用這顆鏡頭來確定你的遊戲有沒有先天趣味，請問自己下列的問題：

- 我的遊戲有哪些面向能立即抓住玩家的興趣？
- 我的遊戲能讓玩家見其所未見、為其所未為嗎？
- 我的遊戲能針對哪些基本的本能引起人們的興趣？有辦法引起更多種嗎？
- 我的遊戲能針對哪些層級較高的本能引起人們的興趣？有辦法引起更多種嗎？
- 我的遊戲裡有沒有戲劇性轉折，以及對這些轉折的期待？要怎麼做得更有戲劇性？

圖：Patrick Mittereder

不過，事件無法獨自存在，而是會交互建立，創造出所謂的故事弧線（story arc）。事件的先天趣味有部分仰賴彼此之間的關聯。比方說，在〈金髮女孩與三隻熊〉（Goldilocks and the Three Bears）這個故事裡，大部分的事件都不太有趣：金髮女孩吃了麥片粥、坐在椅子上，然後打了小盹。但正是這些無聊的事件，才讓之後三隻熊發現自己家被闖入的故事變得好玩。

■ 成分2：表現的詩意

詩意在這邊指的是娛樂體驗的美學。藝術技巧所呈現的體驗愈美，顧客就愈容易覺得體驗有趣迷人，這點不論是在寫作、音樂、舞蹈、戲劇、喜劇、電影攝影、平面設計，還是別的領域都一樣。如果是把原本就具有先天趣味的東西呈現得美麗，當然就再好不過了。我們會在〈第二十三章：美學〉進一步討論這件事，但還是先把這個好用的觀念放進工具箱吧。

71號鏡頭：美感

美是很神祕的東西。比如說，為什麼美麗的東西都帶著一點哀愁？要用這顆鏡頭來端詳遊戲中美感的奧祕，請問自己這些問題：

- 我的遊戲由哪些元素組成？如何把這些元素雕琢得更美麗？
- 有些事物本身並不美麗，但組合起來就有了美感。我的遊戲中的元素要如何組織，才會有詩意和美感呢？
- 在我的遊戲的脈絡裡，「美麗」代表什麼意義？

圖：Kyle Gabler

■ 成分3：投射

投射指的是你促使顧客運用同理心和想像力，來投入體驗的程度。這個因素對於理解故事和遊戲玩法之間的共通性至關重要，所以我會多解釋一點。

以中樂透為例，這件事天生就具備趣味。如果中樂透的是陌生人，你聽到時應該只會有一點感興趣。但如果是你的朋友，感覺就有趣多了。而要是中樂透的是你自己，你的興趣肯定會高到對這件事全神貫注。發生在自己身上的事件，總是比發生在別人身上更有趣。

你可能會覺得，這對講故事的人比較不利，因為他們說的都是別人的故事，這些人你多半不是沒聽過，就是根本不存在。然而，講故事的人了解顧客擁有同理的力量，能夠用這份能力設身處地。講故事這門藝術有個很重要的環節，就是要創造顧客可以輕易同理的角色，因為顧客對角色愈能感同身受，發生在角色身上的事件就愈有趣。幾乎每一個娛樂體驗的開頭，角色都是陌生人。但隨著你逐漸認識角色，他們會變成你的朋友，讓你開始關心他們身上發生了什麼事，對牽涉到他們的事件也會更感興趣。有時你的內心甚至站在他們的角度思考，進入投射的境界。

在嘗試建立投射時，想像力和同理心一樣重要。人類同時存在於兩個世界：一個是向外的知覺世界，一個是向內的想像世界。每一份娛樂體驗都是在想像中創造獨特的小世界。這個世界無須仿效現實（雖然可以），但其內在的邏輯必須一致。當虛構世界具備一致性和說服力，就能填滿顧客的想像空間，帶領心靈進入這個世界。我們常說顧客是「沉浸」在想像世界裡，這樣的沉浸會強化投射，大幅提升顧客的整體興趣。顧客會暫時停止懷疑，沉入故事的世界。不過說實在，這種狀態很脆弱，只要一

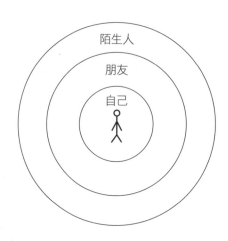

點點違和感，就能讓顧客回到現實，從體驗中「出戲」。

肥皂劇、情境喜劇和連載小說之類分集式的娛樂，都是藉著貫串每一份體驗的角色與世界觀來利用投射的力量。老主顧對於這些固定班底和設定都已經非常熟悉，他們每體驗完一集，投射感就會加強，讓整個幻想世界變得「更加真實」。不過要是創作者沒能仔細維持角色和世界設定，分集的手法很快就會弄巧成拙。如果為了新劇集的故事情節，而讓世界新面向和之前建立的面向相互矛盾，或是讓固定角色的言行「不符角色設定」，那麼不只這一集，貫穿整個幻想世界的過去、現在、未來每一集的完整性，都會跟著被拖下水。從顧客的角度來看，一集拍爛就可以毀了整個系列，因為從矛盾的地方開始，已背離過去經驗的角色和設定就會顯得虛假，讓人難以繼續投射。

另一個讓玩家對你所創造的世界建立投射的方式，是提供多個進入世界的入口。很多人覺得熱門電影或電視劇的周邊玩具和遊戲，只不過是想搭成功娛樂體驗的順風車，好多賺幾塊錢的詭計。但這些玩具和遊戲卻能成為兒童接觸既有的幻想世界的新管道。玩具能讓他們在幻想世界裡花更多時間，而想像自己身處幻想世界的時間愈長，兒童就會對世界和角色產生愈多投射。〈第十九章：世界觀〉將會進一步討論這個概念。

說到投射，互動式娛樂有個極為顯著的優勢，就是顧客可以當主角。事件會實際發生在顧客身上，而變得更加有趣。除此之外，不像聽故事時世界只存在於顧客的想像之中，互動式娛樂中知覺和想像高度重疊，顧客可以直接操縱和改動故事的世界。這也是為什麼電玩遊戲就算先天趣味或詩意比較低，仍然對顧客很有吸引力。先天趣味和詩意若不足，通常都可以透過投射來彌補。

〈第二十章：角色〉會討論玩家的化身，屆時我們將進一步討論投射的概念，不過現在還是先介紹怎麼用這顆新鏡頭來檢視遊戲吧。

72號鏡頭：投射

人們是否享受體驗的關鍵指標之一，就是有沒有把自己的想像投射其中。若有，體驗會更加愉快，兩者會形成某種正向循環。要檢視遊戲是否能促使玩家投射，請問自己這些問題：

- 我的遊戲裡有什麼能和玩家產生連結？還可以加入什麼？
- 我的遊戲中有什麼能引起玩家的想像力？還可以加入什麼？
- 遊戲中有沒有什麼玩家總是嚮往的地方？
- 玩家能否化身自己想成為的角色？
- 遊戲中是否有玩家會想認識或窺看的角色？
- 玩家是否能實現自己無法在現實生活中實行的憧憬？
- 遊戲中有沒有什麼活動是玩家一旦開始就很難停下來的？

圖：Kyle Gabler

▌ 興趣成分的案例

為了讓幾種影響興趣的成分相互關係更明確，我們來比較一下幾種不同的娛樂體驗。

一些大膽的街頭藝人會拋接運轉中的電鋸來吸引關注。這個事件先天就具有趣味，在你周圍發生時，想要不看一眼都很難。不過其中展現出來的詩意通常滿有限的。這個表演也會引起一些投射，很容易讓我們想像要是接錯頭的話會怎麼樣。當親眼看到表演，投射還會更強烈。

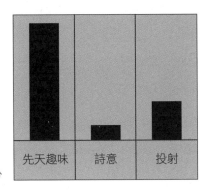

先天趣味　詩意　投射

拋接電鋸的興趣成分

那麼小提琴演奏會呢？這個事件（拿兩根棒子互相摩擦）先天上沒那麼大的趣味，投射通常也沒那麼強。這種時候體驗就要靠詩意撐起來了。如果演奏得不好，整場表演就不會多有趣。不過還是有例外，如果音樂演奏得好，或是當晚的節目安排得好，就可以建立先天趣味。如果音樂讓你覺得自己身處異地，或是對音樂家產生了特別的移情，也可能會產生強烈的投射，但這些畢竟是例外。大多時候，詩意本身就足以撐起優美音樂的趣味了。

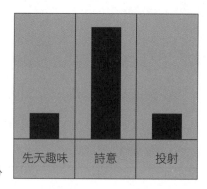

小提琴演奏的興趣成分

再來談談非常受歡迎的電玩遊戲《俄羅斯方塊》。這個遊戲多數時間是在排列不斷落下的方塊，其中沒有什麼先天趣味或是表現詩意的空間，不過投射感卻很強烈。玩家要負責所有決定，成功失敗完全取決於他的表現。傳統的講故事方式無法利用這條捷徑。就有趣的娛樂體驗來說，強烈的投射感填補了此處分量不足的詩意或先天趣味。

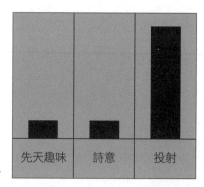

俄羅斯方塊的興趣成分

▍總結

有些人覺得把自身體驗中不同時刻的種種趣味量化很有用，就能知道在不同的時間點，是哪一種趣味維持了顧客的興趣。畫成圖表的話就像這樣：

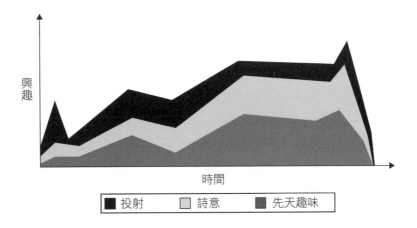

　　無論你怎麼做，檢視玩家在遊戲中獲得的趣味，都可以衡量你創作的體驗的品質，而且是最棒的檢證方法。人們對於興趣曲線的形狀怎樣最好，有時意見各有分歧，但如果沒有拉開距離幫自己的體驗畫條興趣曲線，就有見樹不見林之虞。不過如果養成畫出興趣曲線的習慣，就可以獲得易被忽略的設計觀點。

　　但這樣還是會有個問題：遊戲是非線性的，不一定會遵循相同的體驗模式。如此一來興趣曲線有什麼用呢？為了妥善解決問題，我們必須先花點時間討論最傳統的線性娛樂體驗。

延伸閱讀——

- 《Magic and Showmanship》，Henning Nelms 著。還記得開頭那個關於雜耍表演興趣曲線的故事嗎？後來馬克給了我這本介紹興趣曲線的書。任何需要上台的人都該讀讀這本書。

17 有種體驗就是故事
One Kind of Experience Is the *Story*

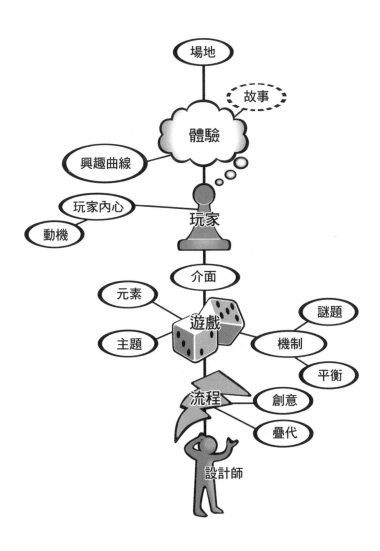

上帝此生未曾寫過一齣好戲。

——寇特・馮內果（Kurt Vonnegut）

▎故事／遊戲的二象性

　　二十世紀之初，物理學家注意到一個奇怪的現象。他們發現電磁波和次原子粒子這兩種一直被認為是很容易理解的現象，竟會以出乎意料的方式交互作用。經過多年來不斷有人提出理論、實驗、再提出更新的理論，最後得出了一個奇異的結論：波和粒子是相同的東西，只是同一個現象的兩種呈現。這種「波粒二象性」（wave-particle duality）挑戰了當時人們對物質與能量所知的一切，也說明了我們並不像自認為的那般了解宇宙。

　　如今我們已經來到下一個世紀，講故事的人也遇到了相仿的難題。隨著電腦遊戲的出現，故事和遊戲性兩種規則大不相同的領域，也出現了類似的二象性。面對這種新媒體，就像當年的物理學家無法肯定電子會走哪條路徑一樣，講故事的人也變得無法肯定自己的故事該循何路徑發展。兩群人都只能靠機率來判斷。

　　在歷史上，故事一直是讓單一個人享受的單線體驗，而遊戲則有許多可能結果，適合多人同樂。單人模式電腦遊戲出現後這個範例就受到了挑戰。早期電腦遊戲仍是井字棋或西洋棋這類的傳統遊戲，只不過是由電腦擔任對手。到了七〇年代中期，有故事情節的冒險遊戲開始出現，讓玩家能夠成為故事的主角。結合故事與遊戲性的實驗開始像雨後春筍一樣冒了出來。有些使用電腦和電子產品，有些則是用紙筆。有的大獲成功，有的一敗塗地。這些實驗都證明了一件事：同時囊括故事與遊戲性元素的體驗確實做得出來，這個事實嚴重質疑了故事及遊戲性分別受不同規則支配的假設。

　　故事和遊戲性之間的關係仍有許多論辯。有些人極其重視故事，相信加入遊戲性絕對會毀了一個好故事。另一些人的想法完全相反，他們認為遊戲的故事元素要是太強就會變得廉價。還有些人則偏好中庸之道。像遊戲設計師鮑伯・貝茲（Bob Bates）就跟我說過：「故事和遊戲性就像油跟醋。理論上是不合沒錯，但只要倒進瓶子裡充分搖晃，灑在沙拉上就會很美味。」

　　如果不管理論，仔細審視那些深受喜愛的遊戲作品，故事毫無疑問都能提升遊戲的表現，因為大部分遊戲都有某些強烈的故事元素，完全不含故事元素的遊戲十分罕見。有些遊戲具有豐厚的史詩故事，比如《Final Fantasy》系列都精心安排了數十個小時的故事；有些則是極其含蓄隱密。比如西洋棋可以做成徹頭徹尾的抽象遊戲，但實際上並沒有，而是披了一層故事的薄紗，敘述兩個中世紀國家的爭霸。就算是沒有

內建故事的遊戲，也傾向鼓勵玩家自己編故事來為遊戲內容賦予意義。我最近就跟一些剛開始上學的小朋友玩了《吹牛骰》（*Liar's Dice*），這就是個完全抽象的骰子遊戲。孩子們很喜歡這個遊戲，但幾個回合以後就有人說：「我們來扮演海盜吧——為了我們的靈魂而戰！」他的提議獲得了全桌的熱烈贊同。

當然，到頭來我們在乎的並不是創作故事還是遊戲，而是創造體驗。故事和遊戲都可以只當作是協助創造體驗的機器。在這一章，我們會討論故事和遊戲可以怎麼結合，還有哪些技術最適合創造只靠故事或只靠遊戲無法產生的體驗。

▋ 被動娛樂的迷思

在我們進一步討論之前，我想先處理一個積年累月的迷思，就是「互動敘事（interactive storytelling）和傳統講故事完全不同」的迷思。我本來希望在這個時代，有故事的遊戲都已經可以每年賺數十億美元了，這種陳舊的錯誤觀念也會跟著過時、被人遺忘，可悲的是，似乎還是在新一代新手遊戲設計師的心中蔓生。此一主張聽起來通常是像這樣：

> 互動故事和非互動故事根本上就有差，因為在非互動故事裡，你是完全被動的，只能坐在那邊看著故事發展，有沒有你都沒差。

這時候，論者通常會翻個白眼、吐個舌頭，然後口沫橫飛地強調：

> 相反地，在互動故事裡，你會主動參與，持續做出決定。你有在做事，而不是被動看著事情發生。實際上，互動敘事根本是一門全新的藝術形式，所以互動體驗的設計師幾乎沒辦法從傳統的講故事的人那裡學到多少東西。

傳統的講故事機制來自人類固有的溝通能力，如果說它會莫名其妙因為互動性而失靈，實在是太荒謬了。如果故事無法促使聽眾思考和做決定，只是因為講得不好而已。不管是不是互動性的，只要一投入故事，人就會開始不斷做決定：「接下來會發生什麼事？」、「英雄該怎麼做？」、「兔子要去哪裡？」、「別開門！」。差別只在於參與者有沒有能力做出行動而已。兩者都會引起想要行動的欲望，還有隨之而生的情緒。技藝精湛的講述者知道要如何在聽眾內心創造這種欲望，也明白何時該（與不該）用何種方法滿足欲望。這些技巧都可以用在互動媒體上，只不過更加困難，因為講故事的人必須預測、解讀、回應和順暢整合參與者的行動，使之融入體驗之中。

換句話說，雖然互動敘事比傳統說故事更具挑戰性，但兩者絕無根本差異。而且由於故事在許多遊戲設計中都占了很重要的部分，所以遊戲設計師應該要盡力學習傳統的說故事技巧。

夢想

我聽到你大喊：「欸等一下！我有個關於互動敘事的夢想，我希望它可以超越遊戲性，用完全互動的方式說一個美好的故事，讓玩家覺得自己身在一部有史以來最偉大的電影裡，卻還是有全然的行動、思考和表達的自由！如果我們繼續模仿過去的故事和遊戲玩法，這個夢想就無法實現了！」

我承認這個夢想很美，很多迷人的互動敘事實驗都是因為它的刺激才誕生的。目前為止還沒有人可以企及這個夢想。但人們也不會因此停止創作真正美妙、有趣、難忘的互動敘事體驗，雖然這些體驗的結構和玩家自由都多少有些限制。

等一下我們就會討論這個夢想為什麼沒有成真，或許也不太可能成真。不過還是先來談談真正可行的東西吧。

現實

■ 有真實感的世界設計方法1：珠串

對各種關於互動敘事的遠大夢想來說，有兩種方法支配了遊戲設計的世界。第一種方法稱做「珠串法」，有時也稱做「河川湖泊法」，在電玩遊戲界占了主導地位。之所以如此稱呼，是因為如果視覺化會成為下圖：

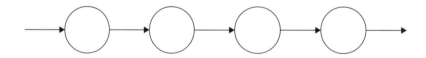

珠串的概念是，完全沒有互動的故事（串繩）以文本、插圖或過場動畫的方式呈現，接著玩家會有一段時間可以自由控制行動（珠子）並完成一定的目標。一旦完成目標，玩家就會順著串繩跑完下一段沒有互動的過場，抵達下一顆珠子；換句話說就是：劇情畫面→遊戲關卡→劇情畫面→遊戲關卡。

很多人批評這個方法「沒有真正的互動性」，但玩家確實玩得很開心。說真的，這也沒什麼好奇怪的，珠串法所營造的體驗能讓玩家享受精心設計的故事，又有互動和挑戰穿插其中。至於挑戰成功的獎勵呢？當然就是更多故事和新挑戰了。雖然有些

自命不凡的傢伙會嗤之以鼻，但這個精緻的小系統運作起來非常順暢，也在遊戲性和說故事之間取得了不錯的平衡。有些老遊戲可能手法比較笨拙，但《迷霧古城》（*Ico*）、《陰屍路》（*The Walking Dead*）、《最後生還者》（*The Last of Us*）這些比較新的遊戲都展示了如何把串繩和珠子串得巧奪天工。

■ 有真實感的世界設計方法2：故事製造機

為了理解這個方法，必須先思考什麼是故事。故事其實就是一連串把人和人繫結起來的事件。「口香糖吃完了，所以我去商店」就是個故事，只不過不太有趣。然而，好遊戲往往能產生有趣的系列事件，而且會有趣到讓人想告訴別人發生了什麼事。從這個點出發，好遊戲就像是一台故事製造機，能夠生產出一系列非常有趣的事件。想想看，棒球遊戲或高爾夫遊戲所創造的數千個故事。雖然這些遊戲的設計師在設計遊戲時並沒有想到故事，遊戲還是產生了這些故事。奇怪的是，設計師在遊戲中加入的指示愈多（像是珠串法那樣），產生出來的故事就愈少。有些電玩遊戲，比如《模擬市民》（*The Sims*）或《當個創世神》（*Minecraft*）就是刻意設計成故事製造機，而且在這方面的確成果豐碩。有人批評這些遊戲不算是真的「互動故事」，因為這些故事沒有作者。但我們在意的不是這點，而是創造美好的體驗——如果有人覺得自己體驗到了美好的故事，沒有作者難道會減少體驗的力度嗎？當然不會。事實上，這是個有趣的問題：創作一個優秀的故事，和創造一個系統讓人們與之互動時產出優秀的故事，何者比較有挑戰性呢？無論何者，這都是互動敘事相當有效的方法，絕不該忽略或視為理所當然。YouTube 和 Twitch 上面一大堆的遊戲直播影片就證明了人們喜歡分享這些故事。請用這顆鏡頭來判斷如何把你的遊戲變成一台更好的故事製造機。

73號鏡頭：故事製造機

好遊戲是一台會在遊玩中產生故事的機器。為了確保你的故事製造機有絕佳的生產力，請問自己這些問題：

- 玩家在達成目標的過程中挑了不同選項，就會出現不同的新故事。該怎麼加入更多這類的選項呢？

- 不同的衝突會帶出不同的故事。要怎麼讓我的遊戲中出現更多類型的衝突？

圖：Jim Rugg

- 如果玩家可以將角色和設定個人化，就會更在乎故事的結果，就算類似的故事，感覺也會變得非常不同。該如何讓玩家將故事個人化？
- 好故事會有漂亮的興趣曲線。我的規則能產生興趣曲線漂亮的故事嗎？
- 可以講述的故事才是好故事。玩家可以向誰講述讓對方會在乎的故事呢？

就互動敘事的方法來說，這兩個方法已經涵蓋了99％現有的遊戲了。有趣的是兩者簡直是南轅北轍。珠串法需要預先創作一個線性故事，而故事製造機法最好盡量縮小預先創作的故事。我聽到有夢想家在大喊：「但一定有什麼方法可以各取所長吧！這兩個方法都沒有實現互動敘事的理想！第一個方法就是線性路徑而已，第二個甚至沒有說在故事，只是設計遊戲而已！我的精美分支故事樹才屬害，裡面有滿滿的AI角色，以及數十個令人滿意的結局，讓參與者想一玩再玩，你覺得聽起來怎麼樣？」

這是個好問題。為什麼願景沒有成真呢？為什麼沒有成為互動敘事的主流型態？該負責的並不是保守的發行商、資質駑鈍的受眾或懶惰的開發者等等常聽到的嫌疑犯。這個願景之所以沒有成真，是因為充滿了各種尚不能解決的艱難問題，而且或許永遠也無法解決。這些問題很實際也很嚴肅，值得我們仔細思考。

問題

■ 問題1：好故事有一貫性

其實做一棵互動故事樹很簡單。只要讓一個選項接著更多選項，然後再接著更多選項就可以了。這樣做就能得到每一種故事。但這些故事中有多少個會討喜呢？興趣曲線會長成什麼樣子？我們知道好故事有個要點，就是強烈的一貫性——故事前五分鐘所出現的問題會成為一股驅力，其意義將一路貫串首尾。想像一下《灰姑娘》如果是個互動故事：「灰姑娘，後母要妳把壁爐清理乾淨，妳會（1）照做；還是（2）打包走人？」如果灰姑娘一走了之，還去找了一份行政助理的工作，這就不是灰姑娘的故事了。之所以讓灰姑娘的處境這麼可憐，是因為只有如此她才能出乎意料、戲劇化地突然逃脫困境。你不可能為灰姑娘的故事寫出另一個相配的結局，因為這整個故事是一貫性的創作，開頭和結局完全是一體的。故事如果有二十個結局，卻只有一個開頭，還要完美呼應每一個結局，創作起來可說是充滿挑戰。所以大部分有好幾條分支的互動故事，最後結局都讓人覺得有些平淡、薄弱、鬆散。

■ 問題2：組合爆炸

我害怕現實有太多種。
——約翰・史坦貝克，《查理與我》（*Travels with Charley*）

故事樹乍聽之下很簡單：這個場景給玩家三個選項，下個場景再三個，以此類推。但假設你的故事總共有十層選項，若是每個選項都會連結到一個特別的事件，這個事件又有三個選項，就需要為玩家決定選項準備88,573種不同的結果。若是你覺得十層選項聽起來太少，想要整個故事從頭到尾共有二十次三選一的機會，那你就得寫5,230,176,601種結果了。這些天文數字會讓任何一棵有意義的故事樹都變得窮盡有生之年也玩不完。而且悲哀的是，大部分的互動敘事者，為了應付這種令人費解的過剩情節線（plotline），都會開始把結果混在一起，就像下圖一樣：

這樣確實會讓說故事的過程變得比較易於掌控，但看看變成了什麼樣子。玩家擁有那麼多選項（雖然這裡沒那麼多），最後卻都走到了同個地方。如果最後都通往同一個結論，再多選項又有什麼意義？組合爆炸很讓人洩氣，因為它得用OK繃來修補妥協，然後再用妥協來掩蓋OK繃，最後寫出一個薄弱的故事。而你要寫的場景還遠多過玩家會看到的。

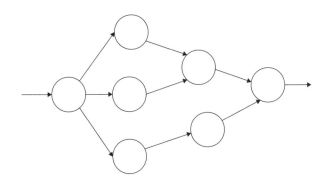

■ 問題3：多重結局令人失望

互動敘事者很喜歡幻想一個故事如果有多重結局會有多美好，玩家可以一玩再玩，每次都可以有不同體驗！但就跟許多幻想一樣，現實多半令人失望。很多遊戲都實驗過讓遊戲的故事能有多重結局。而玩家在玩到其中一個結局時，幾乎全都會產生下列其中一個想法：

1.「這個是真結局嗎？」換句話說，就是「最快樂的結局」或是與故事開頭最一致的結局。我們都喜歡幻想自己可以找到辦法，把結局寫得同樣合理，但這幾乎不

可能成功，因為好故事需要有一貫性。一旦玩家開始懷疑自己走錯路線，就會停止體驗故事，開始想應該要怎麼改變做法，而這就會破壞說故事的任何意圖。此時就可以看出珠串法的好處——玩家永遠都知道自己是在正確的遊戲路線上，任何解決問題的行動都一定會通往某個有意義的結局。

2. 「是不是要重玩整個遊戲才能看到另一個結局？」換句話說，多重結局和故事的一貫性並不相容。雖然我們很喜歡幻想當玩家做了不同選擇，遊戲性也會大不相同，但其實幾乎不會發生，玩家反而因此要重複跋涉來探索整棵故事樹，整件事可能很枯燥乏味，也不值得花費那麼多力氣，而且為了不讓組合的數量爆炸，第二次遊玩時很多內容可能都是重複的，在4號的驚奇鏡頭下看起來就很糟糕。有些遊戲試著用一些新奇的手法來解決問題。惡名昭彰的遊戲《異能偵探》（*Psychic Detective*）（某篇評論的總結是「史上最糟的遊戲之一，同時也是部名作」）每段體驗都會持續三十分鐘，最後的高潮都是一場與反派的超能力對決，而玩家的力量有多強大則取決於遊戲中選擇的路線。因此要掌握這款遊戲，你必須一而再、再而三地重玩。由於整個遊戲大部分的內容都由影片構成，遊戲樹有些重大瓶頸每次都得重新經歷，所以設計師攝製了好幾個版本，對白雖然各自不同，傳達的資訊還是一樣。縱使設計師很努力要解決內容重複（以及其他許多）的問題，玩家多半還是覺得一直重複這些互動故事有點乏味。

當然例外也存在。《星際大戰：舊共和武士》（*Star Wars: Knights of the Old Republic*）就給了玩家一種全新的選擇——玩家想玩原力的「光明面」還是「黑暗面」，也就是要追尋善良或邪惡的目標？根據你選擇的路途，你會經歷不同的冒險和任務，最後走向不同的結局。你也可以說這其實不是同一個故事有兩個不同的結局，而是兩個完全不同的故事，所以才會一樣合理。至於嘗試選擇中道（呃，算是原力的灰色面？）的玩家多半覺得體驗讓人不盡滿意。

■ 問題4：動詞不夠

電玩遊戲的角色花時間所做的事情，相較於電影和書本的角色相當不同。

電玩遊戲動詞：跑步、射擊、跳躍、攀爬、丟擲、施展、出拳、飛行

電影動詞：談論、詢問、談判、說服、爭執、大喊、請求、抱怨

如果一件事需要發生在脖子以上，電玩角色的能力就十分局限。故事裡發生的事件大部分都跟溝通有關，而到目前為止，電玩遊戲還無法支援。遊戲設計師克里斯·史溫曾指出，當科技進步到玩家可以和電腦控制的遊戲角色進行有智慧的口語對話，就會帶來類似引進有聲電影時的影響。原被視為是娛樂新玩意的媒體，霎時間就會變成最主要的文藝敘事形式。但在那之前，電玩遊戲中可用的動詞不足，還是嚴重妨礙

我們把遊戲當成敘事媒體。

■ 問題 5：時間旅行讓悲劇出局

互動敘事面臨的問題中，最後這一個或許最常被忽略，但也是最難解、最具破壞性的。常有人問：「為什麼遊戲不會讓我們哭出來？」而這或許就是答案。悲劇故事通常被認為是最嚴肅、最重要也最動人的故事類型，但不幸的是，似乎超出了互動敘事的能力範圍。

無論哪種互動故事，最令人興奮的部分之一就是自由度和控制權，但卻有個巨大的代價：講故事的人必須放棄必然性。有力的悲劇故事往往會有一個時刻，讓你看到可怕的事即將發生，你可以感覺到自己冀盼、祈求、希望不要發生，卻沒有能力阻止這條道路通往必然的命運。這種被拖著朝命中劫數狂奔的感覺，是電玩遊戲的故事力有未逮的，因為遊戲的每個主角彷彿都有台時間機器，不管發生了什麼災厄都可以撤銷。想想看，你要怎麼把《羅密歐與茱麗葉》改編成遊戲，還用莎士比亞的結局（劇透警告：他們都自殺了）當作遊戲的「真」結局呢？

當然，並非所有好故事都是悲劇。不過，任何符合互動虛構夢想的體驗，都應該至少具備變成悲劇的潛力。然而，當遊戲角色死亡，我們卻只會聽到《波斯王子：石之砂》的敘事者的那句沉吟：「等等，這不是實際上發生的……」自由和命定是對立的兩極。所以想解決這個問題，一定要有非常聰明的辦法。

▌夢想重生

互動敘事的夢想所產生的問題並非微不足道。或許有一天，故事和遊戲體驗中可以出現逼真到無法和真人區別的人工人格，但就算如此也無法解決前面提到的所有問題──就連一團主持很好的《龍與地下城》，即便每個角色背後都有人類智慧在操控，也沒辦法完全解決。似乎沒有什麼神奇的辦法可以一口氣解決這五個問題。但也不必因此絕望；這個夢想無法成功，是因為有個弱點，那就是太糾結在故事，而非體驗，但體驗才是我們真正在乎的。過於專注故事結構卻犧牲了體驗，跟過於專注科技、美學和玩法架構卻犧牲了體驗，是同樣的錯誤。這意味著我們該放棄夢想嗎？不，我們只需要改進。只要我們把夢想改變成創造新穎、有意義、開拓心靈的體驗，並謹記這些體驗需要利用非傳統的手法，揉合傳統的故事和遊戲架構，那麼這個夢想每天都能夠成真。我們周遭就是一片故事之海，只是大部分剛開始說故事的人都會發現比想像中困難許多。以下的訣竅和〈第十八章：間接控制〉提供了一些有趣的方法，讓你可以盡可能把遊戲中的故事元素變得有趣且引人入勝。

十一個遊戲設計中的故事訣竅

故事訣竅1：尊重故事堆砌

如果想讓開發中的遊戲有個扣人心弦的故事，從寫故事而非做遊戲開始著手，會是個很誘人的想法。創造一個角色迷人、事件刺激的故事確實有其誘人之處，新手設計師很容易就會被吸引，而且會發現要勾勒一個故事概念，比處理遊戲機制與心理學的複雜性要簡單多了。但這條路徑其實充滿凶險，毀掉的遊戲比我所知的任何錯誤都還要多。我也曾經掉進這個陷阱，在裡頭浪費時間、資源，差點毀了一部我很重視的遊戲。所幸傑森・凡登博格（Jason VandenBerghe）教了我故事堆砌（story stack），我把這個訣竅列為第1號故事訣竅，正是因為相關陷阱極其危險。

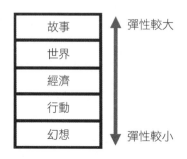

上圖畫的就是偉大的故事堆砌。這不算什麼複雜的概念，只不過是列出了組成一個有故事的遊戲所需的五大元素而已。但這些元素的排列順序很重要：彈性最小的「幻想」位在最底層，最上層則是彈性最大的「故事」。我們會從最明智的地方開始依序探討這些元素，以及它們彼此的關聯。

幻想：稱說幻想是五個元素中最缺乏彈性的，聽起來不太對勁。幻想難道不是比任何東西都有彈性嗎？我可以幻想任何事物！雖然這也沒錯，但幻想還是有某些地方彈性少得驚人。對於玩家來說，一個幻想不是討喜，就是不討喜，沒有中間地帶。一個講超級英雄飛來飛去的故事遊戲會有意義，因為很多人都有這種幻想。但如果是扮演專業的洗碗工呢？你得花很多時間來維持人們的興趣，因為多數人都不會幻想這件事。從強而有力的幻想開始設計很重要，畢竟人們玩遊戲最主要的原因之一，就是要滿足幻想。如果你的幻想無法讓玩家產生共鳴，剩下的整個創作過程都會是場艱鉅的戰鬥。清楚宣告遊戲的核心幻想，才能在磐石上搭建壯闊的作品。

行動：一旦把你的幻想清楚表達以後，接下來要思考的就是哪些玩家行動最適合加以實現。在開發《仙子樹屋》（Pixie Hollow Online）這款部分依據迪士尼電影《奇妙仙子》（Tinkerbell）改編的線上遊戲時，我們從原作裡擷取了許多行動讓玩家執行。他們

可以幫助動物、從自然採收道具、做禮物給其他仙子、幫助有名的仙子解決人際問題，還有其他很多事。我們得意地把這個設計拿給一群小女生，也就是給我們的重點族群看，想要估計她們的興趣所在。結果滿尷尬的，她們說：「看起來很好玩……可是我真正想做的是飛起來！」我們忽略了飛行也是個重要的行動，因為飛行在電影劇本中的地位相當邊緣，只不過是在不同活動之間移動的方式而已。因此我們的設計裡，飛行只會出現在劇情畫面中。但我們退了一步想就恍然大悟，要滿足成為仙子小叮噹（Tinkerbell）的幻想，最重要的遊戲行動當然是飛行了。幸好這些女孩把我們拉回正軌的時候，我們還有時間進行修改。在最終版本的遊戲裡，玩家不管從事什麼活動，都會一直飛行；我們也特別留意了飛行的感覺，好讓幻想能夠愉快地實現。

經濟：有了一系列行動來確實滿足美好的幻想之後，就需要一套流程系統讓行動得到獎勵，特別是獎勵那些最能滿足幻想的行動。如同我們在〈第十三章：平衡〉討論的內容，遊戲經濟的定義其實就是賺取和花費。最簡單的遊戲經濟就是賺取——不管是分數、前往下一關，還是勝利。但遊戲中也很容易獎勵失誤。比如說，你可能做了一款核心幻想是當忍者的遊戲，然後選擇透過投擲忍者飛鏢、偷偷接近敵人、用忍者刀襲擊敵人等行動，來實現幻想。然而，如果你不小心把一些關卡設計成玩家意圖求勝，就必須死記哪邊藏有陷阱，這種獎勵方式無疑違背了當忍者的幻想。在《仙子樹屋》的例子裡，我們想讓玩家可以從許多不同的任務獲得進展，並且能用他們賺到的報酬獲得新服飾，幫自己的仙子換造型。可是……仙子應該用錢嗎？「得到幾仙錢」聽起來跟仙子幻想超級不搭。以物易物之類的系統感覺會比較合適……於是我們選擇讓系統內有多種貨幣。仙子商店的標價可能是拖鞋賣五根松針、髮帶賣兩顆藍莓，連衣裙則賣六片百合花瓣。這創造出一個符合仙子幻想的經濟體系，也能鼓勵我們期望的行動：想要這些道具的玩家會飛出去尋寶，找出《仙子樹屋》裡哪些地方會有他們想要的東西。

世界：當幻想、行動和經濟各就各位，就需要一個世界觀讓一切合理。我們之後就會在〈第十九章：世界觀〉詳加討論，不過簡單來說就是，你需要創造一個地方，裡頭的法則必須要讓你所創造的經濟說得通。如果你做的遊戲裡，玩家都在跑跑跳跳、蒐集星星換魔法道具，那你就多少該解釋一下這些星星是從哪來的，還有為什麼魔法道具商會想要星星。還有魔法道具又是哪來的？這些關於世界如何運作的法則並非故事——故事是一系列的事件。而世界則是循特定法則運作的地方。如果世界的法則和經濟規則不合，那麼遊戲中的一切都會顯得空洞虛假。

故事：終於，我們來到堆砌的上層了。現在有了穩固的幻想、讓幻想實現的行動、讓行動得到獎勵的經濟、讓經濟合理化的世界觀，我們終於可以開始發展故事了。故事應當讓我們創造的世界合乎道理，還要讓玩家的行動與進展都有重要性。而就如我

們在下個訣竅會看到的一樣，故事的彈性幾乎無窮無盡，哪怕最離奇的情境也可以顯得尋常易懂。不過儘管故事擁有彈性，仍然總是必須擺在堆砌的最上層。當故事為所欲為時，就會奴役整個遊戲的設計過程。故事不應成為遊戲的主人，而是要成為忠實的僕役，盡全力運用偌大彈性創造出燦爛的遊戲體驗。如果你發現自己或團隊裡，有人說出「不可以這樣做……這樣會違背故事」，這就是故事正在欺騙你、困住你，並接管整個遊戲的警訊。

這就是尊重故事堆砌的重要性。無論設計從哪裡開始，都是在建立堆砌的地基。但是從故事開始堆砌其實有點傻──堆砌的上層經常需要變動，如果你把缺乏彈性的幻想擺在上層，會妨礙你發揮。另一方面，如果你先堆砌強大卻缺乏彈性的幻想，再增加其他元素，就可以輕鬆雕琢故事，說明堆砌的原因。這就引導出了故事訣竅2。

■ 故事訣竅2：善用故事！

我們在〈第五章：元素〉討論過，從四元素分類中的故事、遊戲性、科技或美學任何一角開始設計都是可行的，而很多設計都是從故事開始。犧牲其他元素盲目地跟隨故事，是種很普遍也很笨的錯誤，因為故事在某種程度上來說，是所有元素中最容易變通的！故事元素通常只要幾句話就能修改，修改遊戲機制的元素可能需要好幾週來做平衡，而修改科技的元素則要花好幾個月重寫程式。

我曾聽一款3DO主機遊戲的開發者談論他們頭痛的一些難題。他們的遊戲中需要太空船飛過星球上空並擊落敵艦。遊戲是3D的，為了要維持性能，他們無法畫出遠方的地形。為了不讓地形映入眼簾時看起來太奇怪，他們打算拿出老招數，把整個世界打上一層霧。但由於3D硬體有一些問題，他們唯一做得出的濃霧，是一團詭異的綠色，看起來毫無真實感。一開始團隊認為只能放棄這個方案，但突然之間，故事拯救了一切！有人想到可能是邪惡的外星人占領星球之後，用毒氣覆蓋了整顆星球。只是稍微更動故事，瞬間就實現了支援理想中遊戲機制的技術途徑，同時也可謂順便改進了故事，讓外星人占領星球變得更戲劇性。

我在開發自己的桌上遊戲《莫達克的復仇》（Mordak's Revenge）時也有類似經驗。一開始的遊戲玩法設計要求玩家穿越圖板蒐集五把鑰匙。集齊五把鑰匙後，還要前往邪惡巫師莫達克的堡壘，打開城門與他作戰。一進入遊戲測試階段，我很快就發現如果莫達克可以用某種方式找上蒐集到鑰匙的玩家，遊戲機制就會更好，因為這樣更直接，而且玩家和莫達克之間的戰鬥就可以發生在不同的地形上。但我也因為故事不合理而備感困擾。結果拯救一切的還是故事！如果改成莫達克有一座誰也找不到的祕密堡壘，而且玩家要蒐集的不是鑰匙，而是蒐集五顆召喚石怎麼樣呢？一旦集滿五顆魔石，莫達克就會立刻從堡壘中被召喚出來作戰，不論當時玩家身處的地形為何。這樣

簡單更動故事，就讓理想中的遊戲玩法成真。而且這樣也比我原本設定的老掉牙劇情「反派躲在城堡中」新穎得多。

千萬別忘記故事可以有多靈活、彈性又強大——不要害怕為了你心中最理想的遊戲玩法而塑造故事！

■ 故事訣竅3：目標、阻礙與衝突

好萊塢編劇的老座右銘說，故事的主要原料就是（1）一個有目標的角色，和（2）阻止他達成目標的阻礙。

當角色嘗試克服阻礙，特別是與另一個角色的目標互相牴觸時，就會產生有趣的衝突。這個簡單的模式可以帶出許多非常有趣的故事，因為角色必須交手解決問題（而我們會覺得非常有趣），也因為衝突會導致無法預測的結果，換句話說就是驚奇（而我們會覺得非常有趣），而且隨著阻礙愈大，戲劇性轉折的潛力也就愈大（而我們會覺得非常有趣）。

這些因素在創造電玩遊戲故事時也有幫助嗎？確實是，或許還能幫上更多忙。我們在32號的目標鏡頭談過，主角的目標會成為玩家的目標，而且如果你選擇創作珠串式的故事，這也會成為玩家沿著珠串前進的驅動力。角色所遇到的阻礙，就是玩家要面對的挑戰。如果你想要遊戲有個完整一致的故事，安排組織這些事物就很重要；如果你給玩家的挑戰和角色所面對的阻礙毫無關係，就只會大幅弱化遊戲體驗。但如果你能有辦法讓遊戲中的挑戰有意義，並且為主角安排戲劇性的阻礙，你的故事和遊戲架構就能融為一體，絕對有助於讓玩家覺得自己是故事的一部分。我們已經有了編號32的目標鏡頭，而下列這顆是它的姊妹鏡頭。

74號鏡頭：阻礙

沒有阻礙的目標不值得追求。請用這顆鏡頭確保你的阻礙會讓玩家想要克服。

圖：Sam Yip

- 主角和目標之間有何關係？主角為什麼會在意這個目標？
- 角色與目標之間有何阻礙？
- 阻礙背後有對立角色（antagonist）存在嗎？他和主角之間有何關係？
- 阻礙的難度是否逐步提升？
- 有人說「阻礙愈大，故事愈好。」你設下的阻礙夠大嗎？可以更大嗎？
- 好的故事常涉及主角為了克服阻礙而改變。你的主角如何改變？

■ 故事訣竅4：力求真實

> 了解你的世界，如同上帝了解這個世界。
> ——羅伯特・麥基（Robert McKee）

　　想出故事情節、角色清單和設定幻想世界的法則是一回事；讓內心想像宛如現實世界，又是另一回事。為了達到這個境界，你必須不斷想像自己是生活在那個世界中的角色。迪士尼樂園設計的遊樂設施有個祕密：無論「幽靈公館」（Haunted Mansion）還是「飛濺山」（Splash Mountain），裡面的體驗都有一段精心打造卻不為大眾所知的背景故事，只有設計師知道，用來維持世界觀的穩固。托爾金（Tolkien）也不是某天一坐下來就寫出了《魔戒》（*The Lord of the Rings*）；反而花了很多年的時間想像並記錄下中土大陸（Middle Earth）世界的歷史、人民和語言，然後故事才開始成形。你通常不必如此詳盡規劃，但如果無法回答你的世界的歷史和角色的動機等基本問題，作品就會顯得空洞無趣，而且人們也看得出來。千萬記得，如果對你而言不夠真實，對其他人而言也不會真實。

■ 故事訣竅5：簡明與卓越

　　遊戲世界和幻想世界都傾向讓玩家同時體驗**簡明**（遊戲世界比現實世界更單純）與**卓越**（玩家在遊戲世界比在現實世界更強大）。這種強而有力的結合解釋了為什麼以下這些故事世界觀，在遊戲中會再三出現：

- **中世紀**：武力與魔法的世界觀似乎是股永不停歇的潮流。這些世界比我們所認識的世界更單純，因為科技還很原始。但這些世界也很少精準模擬中世紀，裡頭總加入了某種魔法而帶來卓越性。此一類型歷久不衰，源自於以原始的方式結合了簡明與卓越。

- **未來**：很多遊戲和科幻故事都設定在未來，不過極少發生在基於現實、我們比較有可能見到的那種未來——郊區持續蔓延、車子更安全、工時更長、手機資費方案更複雜。反之，遊戲和科幻的未來通常更像是在世界末日之後；換句話說，在核爆過後，或某個陌生的邊疆星球上，整個世界也更單純。當然，我們可以使用非常先進的科技——從卓越性的角度觀察，就像《2001太空漫遊》的作者亞瑟・克拉克（Arthur C. Clarke）所指出的，這些科技跟魔法沒有兩樣。

- **戰爭**：戰爭之中的一切都更為單純，因為所有常態下的規則與法律都停擺了。而戰爭的卓越性則來自玩家可以使用強大的武器，像神明一樣決定生死。這在現實中很恐怖，但在幻想裡卻能讓玩家感到強烈的簡明與卓越。

- **現代**：現代是遊戲故事中少見的設定，除非玩家突然得到了超乎日常的驚人力量，這可以透過很多方式來達成。《俠盜獵車手》系列利用犯罪生涯營造簡明（不遵守法律的生活比較簡單）與卓越（不遵守法律的人也更強大）。《模擬市民》則把人類生活簡化成娃娃屋，並讓玩家擁有卓越的神力來控制角色。
- **抽象**：《當個創世神》這樣的抽象世界不只是比現實更單純，甚至比一般的電玩遊戲還要單純！就像設計師馬庫斯・佩爾松（Markus Persson，外號Notch）發現的一樣，當創造與破壞的神力結合了簡明，就能做出非常成功的遊戲。

　　簡明與卓越的強大組合也很容易弄巧成拙。請用這顆鏡頭來確保組合的方式正確無誤。

75號鏡頭：簡明與卓越

為了確保簡明與卓越完美結合，請問自己這些問題：

- 我的世界如何比現實世界更單純？是否可以透過其他方式變得更單純？
- 我給予玩家哪種卓越的力量？如何給予更多力量卻不會失去挑戰性？
- 我的遊戲中簡明與卓越的結合是否有勉強之處，還是能讓玩家感到一種特別的如願以償？

圖：Nick Daniel Insert

■ 故事訣竅6：參考英雄旅程

　　1949年，神話學家約瑟夫・坎伯（Joseph Campbell）出了一本書《千面英雄》（*The Hero with a Thousand Faces*）。書中描述了一種多數神話故事共通的潛在架構，稱為「單一神話」（monomyth）或是「英雄旅程」（hero's journey）。他鉅細靡遺地說明了這個架構如何構成摩西、佛陀、基督、奧德修斯、普羅米修斯、歐西里斯等眾多神話的基礎。許多作家和藝術家都從坎伯的作品得到了深刻的啟發。最有名的就是喬治・盧卡斯（George Lucas），《星際大戰》（*Star Wars*）便使用了坎伯所提出的架構，獲得了空前成功。

　　1992年，好萊塢製片人兼作家克里斯多夫・佛格勒（Christopher Vogler）出版《作家之路》（*The Writer's Journey*）一書，就是關於運用坎伯所說的原型來寫故事的實用指南。佛格勒的書不像坎伯的文字那般學術，但其中的指南對於想用英雄旅程做為寫作架構的作家來說更為實用。創作出《駭客任務》（*The Matrix*）的華卓斯基姊妹（The

Wachowskis），據說就用了佛格勒的書作為指導，而該故事也很明顯遵循了英雄旅程的模式。英雄旅程就如字面一樣容易理解，所以常被詬病過於公式化，把太多故事都硬套進單一公式中。不過，很多人還是覺得英雄旅程的理論對於英雄故事的結構提供了有用的洞見。

這麼多電玩都圍繞著英雄的主題打轉，最合邏輯的解釋就是對於撼動人心的遊戲故事來說，英雄旅程的架構非常合適。由於已經有一些書籍和過多的網站在教導如何用英雄旅程來建構故事，我在此只會稍微帶過。

◆ 佛格勒的英雄旅程概要

1. **平凡世界**：用幾個場景說明我們的英雄是個過著平凡生活的普通人。
2. **冒險召喚**：英雄遭遇擾亂了大家日常生活的挑戰。
3. **拒絕召喚**：英雄找藉口解釋為何無法參與冒險。
4. **遇見導師**：某個有智慧的人物給予了忠告、訓練或協助。
5. **跨越門檻**：英雄（通常是在壓力下）離開平凡世界，踏入冒險世界。
6. **考驗、盟友、敵人**：英雄碰到次要的挑戰、結識盟友、遭遇敵人，並學會了冒險世界如何運作。
7. **接近洞窟**：英雄遭遇挫敗，需要嘗試新的方針。
8. **考驗**：英雄面臨人生巔峰或生死交關。
9. **獎勵**：英雄存活下來、克服恐懼並贏得獎勵。
10. **回家的路**：英雄回到平凡世界，但問題尚未完全解決。
11. **復活**：英雄碰到更大的危機，必須用上所學一切。
12. **帶回靈藥**：旅程真正大功告成，英雄的成功改善了平凡世界中每個人的生活。

你不需要囊括英雄旅程中的十二個步驟，加減幾步或調動順序也可以說出很好的英雄故事。

順帶一提，使用69號的興趣曲線鏡頭來觀察英雄旅程，也是很有意思的練習，你可以從中看到相仿的形式。

「靠公式能說出好故事」概念會觸怒某些講故事的人。但英雄旅程不太算是能保證產生有趣故事的公式，而是許多有趣故事所採用的形式。你可以把它想成是骨骼。就像是人人雖同有208塊骨頭，一樣米卻能養百樣人；英雄的故事縱然有些內在架構相通，但仍會有千萬種樣貌。

大部分講故事的人似乎都同意，使用英雄旅程做為寫作的起點並非好主意。鮑伯‧貝茲就說：

英雄旅程不是一個可以解決任何問題的工具箱，而比較像是電路測試器的工具，可以夾在故事出問題的引線上，檢查有沒有足夠的神話電流通過。如果電流不夠充沛，它可以幫你指出問題的源頭在哪邊。

比較好的做法是先寫出故事，如果發現哪邊和單一神話有共通點，再花點時間思考能不能用下列的典型架構和元素來改進你的故事。換句話說，就是把英雄旅程當作一顆鏡頭。

76號鏡頭：英雄旅程

很多英雄的故事都有相似的架構。使用這顆鏡頭來確保你沒有忽略任何可以改進故事的元素。請問自己這些問題：

- 我的故事中有沒有能成為英雄故事的元素？
- 如果有的話，有多符合英雄旅程的架構？
- 加入更多典型元素能不能改進我的故事？
- 我的故事會不會太符合這種形式而顯得老套？

圖：Chris Daniel

■ 故事訣竅7：維持故事的世界觀一致

有句法國諺語是這麼說的：

往一桶污水加一杓酒，
會得到一桶污水。
往一桶酒裡加一杓污水，
會得到一桶污水。

從某個角度來說，故事的世界觀就跟那桶酒一樣脆弱。世界的邏輯只需要有一點不一致，整個世界的真實感就會永遠崩壞。好萊塢把「灑狗血」稱為「跳過鯊魚」（jumping the shark），就是用來形容一部電視劇已經糟到無法讓人認真看待了。這個說法來自七〇年代廣受喜愛的電視劇《快樂時光》（Happy Days）。在某一季的結局裡，編劇讓劇中最受歡迎的角色方吉（Fonzie）騎著摩托車跳過一台校車，那集不但爆紅還獲得了極高的評價。接著在下一季，製作方想要複製成功經驗，順便調侃《大白鯊》的

流行，就讓方吉滑水跳過了一條鯊魚。這場戲不但荒謬也大幅偏離了方吉的角色設定，結果讓粉絲十分反感。某一集的題材荒謬還不算是最大的問題，真正的問題是角色和他所處的世界永遠沾上了污點，再也沒有人會認真看待。還有一個例子是《質量效應3》（*Mass Effect 3*）發行後不久，就有很多玩家抱怨這個三部曲的結局令人失望。製作公司隨即回應他們將釋出軟體更新修改結局——結果反而起了嚴重爭議。這也證明了故事的品質其實沒有幻覺的真實感來得重要。一致性只要出一點差錯，就可以讓整個世界分崩離析，破壞世界的過去、現在、未來。

如果你有一套規範世界萬物如何運作的法則，就要堅持並認真看待。比方說，在你的世界裡可以把微波爐放進口袋，雖然這可能有點奇異，但或許在這世界裡，口袋是有魔法的，可以放進任何東西。之後如果有玩家想把燙衣板塞進口袋，卻被告知「這東西太大無法攜帶」，他就會覺得挫折，並且不再認真看待你的故事世界，也不會繼續投射他們的想像力。剎那之間，你的世界就會不知不覺從一個栩栩如生的地方，變成一件可悲的壞掉玩具。

■ 故事訣竅8：讓你的故事世界平易近人

儒勒・凡爾納（Jules Verne）1865年寫了他的經典作品《從地球到月球》（*From the Earth to the Moon*），內容是關於三個男人搭著大砲發射的太空船前往月球。儘管書中對大砲的科學如數家珍，這個題材從現代人的眼光看來還是很荒誕，因為大砲火力如果大到能發射太空船，肯定會殺死太空船的乘客。從經驗中我們得知，火箭是把人送上月球更為實際且安全的方法。有人可能以為凡爾納不在故事中使用火箭，是因為還沒發明火箭，不過實情並非如此。在當時已經普遍使用火箭來作為武器了；1814年作曲的美國國歌《星條旗》（*The Star-Spangled Banner*）中「火箭的紅光閃爍」歌詞，就是一個例子。

因此，凡爾納當然知道火箭，而且似乎也有足夠的科學智識，能理解有比大砲更合理的方式把飛船送上太空。那為什麼他還要這麼寫呢？答案可能是這樣對他的讀者來說更簡單易懂。

我們來看看十九世紀的軍事科技發展過程。首先看看火箭：

1812年：威廉・康格里夫（William Congreve）的火箭：長約2公尺，重19公斤，射程約3.2公里

1840年：威廉・哈爾（William Hale）的火箭：跟康格里夫相同，但較為精準

在接下來的三十年裡，火箭也沒有多少進步，只有稍微改良。

再來看看大砲：

1855年：達爾格倫砲（Dahlgren's gun）：彈重45.4公斤，射程4.8公里

1860年：羅德曼級哥羅比亞德砲（Rodman's Columbiad）：彈重454公斤，射程9.6公里

僅僅五年之間，大砲的砲彈重量就增加了十倍！別忘了，南北戰爭在1865年成為了世界頭條，當時的人只需稍稍放飛想像力，就能想見未來幾年會有更大更猛的大砲問世——也許會大到足以把砲彈射到月球。

凡爾納當然知道火箭是最有可能成為人類登月的方法，但他是講故事的人，不是科學家，所以他很清楚在講故事的時候，事實並不一定是盟友。玩家所相信和喜歡的，比精確物理學更為重要。

我在製作《加勒比海盜：沉落寶藏之戰》時，就碰到了幾個能體現此一原則的例子。其中一個是關於船隻行駛的速度——我們原本盡力讓海盜船的航速符合現實，但馬上就發現那樣太慢了（或者從我們離水面的高度看起來太慢），玩家很快就會覺得無聊。所以我們索性把現實拋到九霄雲外，只求船的速度令人覺得真實刺激，雖然這根本完全不符合真實。另一個例子則清楚顯示在這張遊戲截圖上：

（迪士尼公司提供及授權使用。）

看看這兩艘船，你覺得風是往哪個方向吹？看起來像是很奇異地來自每艘船的正後方。的確如此。在一款動作遊戲裡，要求玩家了解如何捕風航船實在太過，而且從來也沒有玩家想要我們做這個；他們都認為駕駛帆船就跟汽車或汽艇一樣，因為那才是他們所熟悉的東西。另外還有一個小細節。看看桅杆頂端的旗子，它們所受的風向跟帆相反！船隻模型師原本讓旗子都朝向正確的方向，但測試員卻覺得看起來很怪，因為他們比較習慣看到汽車天線上而非船隻桅杆上的旗子。玩家常問為何旗子的方向不對，然後我們還要解釋：「沒有不對，你想想，風是從船的後面吹來的……」然後他們才恍然大悟：「喔……嗯……原來這樣才對。」但不久過後我們就懶得解釋了，直接讓旗子往反方向飄，大家也就停止問東問西，因為這看起來很「正常」。

不過有時候，你的故事會需要一些玩家從來沒看過、原本就不太常見的怪東西。

在這些情況下，全神貫注讓玩家了解那是什麼及如何運作就非常重要。我曾教過一群學生，他們做了一款小遊戲，內容是兩隻寵物店的倉鼠墜入愛河卻無法見面，因為牠們被關在不同的籠子裡。遊戲要玩家用一架倉鼠大砲把公倉鼠發射到母倉鼠的籠子裡。我告訴他們，由於倉鼠大砲這種東西並不存在，所以整個故事會有點奇怪、難以取信於人。有個解決方法是把大砲換成其他可以發射公倉鼠的東西，比如倉鼠滾輪；不過這個團隊想要保留大砲，所以採用了另一個方案。在寵物店的建立鏡頭[1]中，他們特別強調了一個寫著「號外！倉鼠大砲特價中！」的標語。這不只是誘人的引鉤，會讓玩家想體驗看看倉鼠大砲是什麼玩意，也向他們介紹了這個超奇怪的東西，於是等倉鼠大砲登場就一點也不奇怪了——它只不過是不尋常的世界中，再自然不過的一部分。超現實元素在遊戲中絕不稀奇，重要的是學會如何不著痕跡地整合進去。利用這顆鏡頭就可以輕鬆做到這點。

77號鏡頭：不可思議的玩意

　　在故事裡放些不可思議的玩意有助於為不尋常的遊戲機制賦予意義，不僅可抓住玩家的興趣，也能讓你的世界顯得特別。不過，如果有過多太稀奇的玩意，故事又會變得難以理解且無法進入。為了確保你的故事怪得漂亮，請問自己這些問題：

- 我的故事裡最不可思議的東西是什麼？
- 如何確保不可思議的玩意不會讓玩家感到困惑或有隔閡？
- 如果遊戲中有很多不可思議的玩意，是否應該拿掉或合併一部分？
- 如果故事裡沒有不可思議的玩意還會有趣嗎？

圖：Reagan Heller

■ 故事訣竅9：審慎運用陳腔濫調

　　電玩遊戲的故事似乎有個難以逃避的批評，就是過度使用陳腔濫調或老哏。畢竟，從邪惡外星人手中拯救地球、用魔法對抗邪惡巨龍，或是拿霰彈槍對抗滿地牢的殭屍這些事，只要多玩幾次就會膩。於是一些設計師開始避開有人用過的設定及主

1　建立鏡頭（establishing shot）：電影攝製術語，意指介紹每個場景時用來協助觀眾建立空間感的鏡頭。
　　——譯註

題，而且偶爾會把故事和設定寫得太另類，令玩家根本無法理解或體會。

雖然陳腔濫調非常容易被濫用，但還是有個極大的好處，就是玩家十分熟悉，而熟悉的東西就會親民易懂。前面也說過，每一款成功的電玩遊戲，都有辦法結合熟悉和新奇的東西。有些設計師從來不做忍者遊戲，因為忍者已經被做爛了。但如果故事是關於一名孤獨的忍者、軟弱的忍者、忍犬、機器忍者，或祕密身分是忍者的小學三年級女生呢？這些故事情節都有潛力成為與眾不同的作品，同時仍然連結到那個早已理解的世界。

過度使用陳腔濫調當然不行，但把這東西全都丟出工具箱也同樣不可取。

■ 故事訣竅 10：地圖有時能讓故事栩栩如生

說到寫故事，我們通常會想到文字、角色和故事情節。但故事也可以來自意想不到的場合。羅伯特‧路易斯‧史蒂文森（Robert Louis Stevenson）寫出他最負盛譽的作品《金銀島》（*Treasure Island*），完全是誤打誤撞。他在雨水連綿的假期，有義務逗一個男孩開心，一起輪流畫畫。史蒂文森一時興起，畫了一幅幻想島嶼的地圖，接著地圖就有了自己的生命：

> ……我的目光停頓在這張「金銀島」的地圖上，未來的書中角色就浮現在幻想的森林之中；他們在這幾十平方公分的地圖上為了尋寶而廝殺奔走，棕色的臉和閃亮的武器在意想不到的地方若隱若現。我記得我做的下一件事，就是找出紙把章節給列出來。

大部分的電玩遊戲都不是發生在文字的世界裡，而是在具體可見的地方中。畫出此地的草圖與圖像，故事常常就會自然成形，因為你不得不思考有誰住在那裡、他們會做什麼，還有為什麼。

■ 故事訣竅 11：驚奇與情緒

寫故事很難，讓故事從遊戲中浮現更難。但一般說來，如果故事很無聊，都是因為缺少驚奇或情緒（或者，糟糕，兩個都沒有！）。如果發現你的故事很無聊，請拿出你的老朋友 1 號情緒鏡頭和 4 號的驚奇鏡頭，從故事裡頭找出驚奇或情緒，因此所獲得的幫助可能會讓你自己也感到驚訝和情緒激動。

關於故事，可以說的東西還有很多，我們在此不可能包羅萬象。但無論你創作出的，是只鑲上主題和設定的抽象遊戲，還是有上百個詳細角色的壯闊史詩冒險，都應該盡可能讓遊戲的故事元素充滿意義與力量。所以在本章最後，我們要加上一顆多功

能鏡頭，在研究遊戲四元素中這個非常重要的象限時，此工具可以幫得上任何遊戲的忙。

78號鏡頭：故事

請問自己這些問題：

- 我的遊戲真的需要故事嗎？為什麼？
- 玩家為什麼會對這個故事感興趣？
- 故事如何支撐其他三個元素（美學、科技、遊戲性）？它可以做得更好嗎？
- 其他元素如何支撐故事？它們可以做得更好嗎？
- 如何把故事寫得更好？

圖：Diana Patton

延伸閱讀

- 《Character Development and Storytelling for Games》，Lee Sheldon 著。謝爾頓曾幫幾十部遊戲和電視劇寫過劇本。本書集結了他這輩子說故事的經驗，非常實用。
- 《Interactive Storytelling for Video Games》，Josiah Liebowitz 與 Chris Klug 著。這兩位經驗豐富的專業人士，對互動敘事提供了更多絕佳的建議。
- 《故事的解剖》（漫遊者文化），羅伯特・麥基著。這本書清晰易懂，充滿優秀的建議，是許多好萊塢編劇的聖經。
- 《作家之路：從英雄的旅程學習說一個好故事》（商周出版），克里斯多夫・佛格勒著。本書常被批評過於公式化，但也把許多有力的概念解釋得很容易理解，並且為許多偉大的編劇提供了強大的洞見。
- 《Digital Storytelling: A Creator's Guide to Interactive Entertainment》。這本書中有滿滿的範例和竅門，更不用說還深入採訪了許多互動敘事業界的講述者。
- 《Writing Fiction: A Guide to Narrative Craft》，Janet Burroway 著。這本書已經出到了第十版，適合所有認真想成為偉大講故事的人和作家的讀者。第一頁的〈第一章：只須管用〉就已經說服我了。

18 巧妙結合故事與遊戲架構的間接控制

Story and Game Structures Can Be Artfully Merged with *Indirect Control*

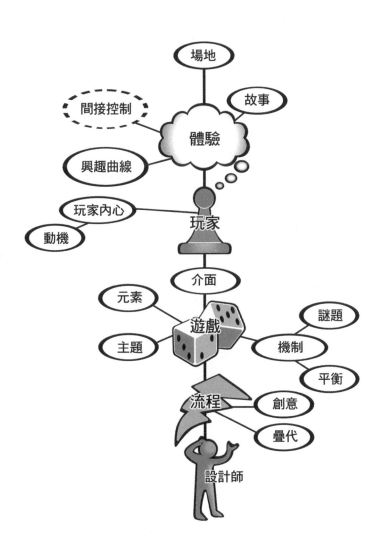

　　1966年底，約翰·藍儂受倫敦茵底嘉畫廊（Indica Gallery）之邀，出席一場名為「未完畫作與物件」（Unfinished Paintings and Objects）的藝展。他原本對前衛藝術不是特別有興趣，也沒有聽過這個叫做小野洋子的藝術家。不過到場後，一件特別的作品吸引了他的目光，那是房間中央的一支折疊梯。上方的天花板掛著一塊看似空白的畫布，旁邊還有鏈條掛著一支放大鏡。藍儂疑惑地看著這件詭異的集合藝術——該不該上去看看？畫布看起來是空白的，但這樣的話為什麼會有放大鏡？他鼓起勇氣爬上搖晃的梯子，在不穩的頂端小心平衡身軀，拿起放大鏡，往上引頸看向那方白色畫布。一開始，他以為畫布真的是空白的，只是藝術家對虛無的某種闡釋。然後他看到了那個微小的字，微小到不用放大鏡根本看不見，卻永遠改變了他的一生。

　　那個字是「YES」。

▋ 自由感

　　在前面幾章，我們提及了故事與遊戲性的衝突，其核心是一場關於自由的衝突。遊戲和互動體驗的美妙之處，是玩家所感受到的自由，這份自由賦予玩家美好的控制感，又讓他們可以輕易在你所創造的世界中投射自己的想像。自由感在遊戲中是如此重要，值得有一顆屬於自己的鏡頭。

79 號鏡頭：自由感

自由感是遊戲和其他娛樂形式有所區分之處。為了確保玩家盡可能感受自由，請問自己這些問題：

圖：Nathan Mazur

- 玩家什麼時候有行動的自由？那時他們會感覺自由嗎？
- 玩家什麼時候會受到拘束？那時他們會感覺受到拘束嗎？
- 有沒有地方能讓他們感覺比目前行動更自由？
- 有沒有地方會讓他們因為太自由而不知所措？

那麼，就算給予玩家美妙的互動和控制感，會讓興趣曲線變得非常難以控制，還是必須給予他們自由，對嗎？

錯了。

我們不必讓玩家隨時都擁有真正的自由，只需要讓他們**感覺**自由就好了。就像前面討論的一樣，感受到的才是真的——即便選擇很少，甚至完全沒有選擇，聰明的設計師還是能讓玩家覺得很自由，這樣一來魚與熊掌便可兼得：玩家得到了美妙的自由感，設計師也得以設法有效率地創造出興趣曲線及事件安排都很理想的體驗。

但該如何才辦得到呢？怎麼有辦法在自由非常有限、甚至完全不存在的情形下，營造出自由感？說到底，設計師還是無法控制玩家進入遊戲以後會做什麼，不是嗎？

不，不是這樣。設計師確實無法直接控制玩家會做什麼，但只要用些巧妙的手段，就可以間接控制玩家的行動。這種間接的控制或許是我們所有任務中最精湛、棘手、巧妙，也最重要的技巧了。

想知道我在說什麼，就先來看看一些間接控制的方法吧。這類方法很多，不但隱微細膩，而且還千變萬化，不過最有效的大致上有六種。

間接控制方法 1：限制

試著思考看看下列兩個要求的差異：

要求 1：選擇一個顏色：＿＿＿＿＿＿

　　要求2：選擇一個顏色：a.紅色 b.藍色 c.綠色

　　兩個要求都可以自由選擇，要求的事情也都一樣。但兩者確有很大的不同，因為要求1可以從上百萬種不同顏色中挑選——「消防紅」、「青花菜藍」、「風暴褐灰」、「粉天藍」、「不，你來挑色」，老實說隨便什麼顏色都可以。

　　但要求2的答案只有三個選項。作答者仍有自由，可以任意挑選，但我們也順利把幾百萬個選項縮限成了三個！而且從紅、藍、綠裡頭選擇的作答者，也不會注意到有什麼不同。而比起要求1，其他人也會比較喜歡要求2，因為太多自由會強迫想像力加倍努力，反而變得很可怕。我在遊樂園打工的時候，有時會在糖果店負責販售六十種古早味的糖果棒。每天都會被進來的人問個好幾百次：「你們還有什麼口味？」一開始，我會自作聰明地把六十種口味都背出來——每當我這麼做，顧客都會睜大害怕的雙眼，在大約第三十二種口味時大喊：「好了！好了！夠了！」這麼多種選擇讓他們完全不知所措。過了一陣子，我想到了新辦法。只要他們問有什麼口味，我就會說：「你想得到的口味都有。講一個你喜歡的口味吧，我保證找得到。」

　　一開始，這麼不設限的自由會讓他們驚訝。但接著他們會皺起眉頭努力思考，然後說：「嗯……櫻桃？等等，我不想吃那個……欸……薄荷？不對……啊，算了。」然後就掃興地走出去。最後，我終於想出一個可以賣掉很多糖果棒的招數。每當有人進來問糖果口味的事，我就會說：「你想得到的口味都有，不過最受歡迎的是櫻桃、藍莓、檸檬、麥根沙士、冬青和甘草。」他們很滿意擁有自由感，但又只有少數幾個吸引人的選項。老實說，大多數顧客都只會選擇所謂的「六大暢銷款」，只不過整份名單都是我編的，而且我會經常更換，以確保其他口味不會在櫃子上放到過期。這就是間接控制的實例——我藉著限制選項，讓他們更容易做出選擇，而且不是任意的選擇，是我引導他們去挑的選擇。儘管我用這招限制了他們的選項，他們還是會覺得自己可以自由挑選，或許還覺得更自由，因為眼前的選項比起沒有我引導時來得更清晰了。

　　遊戲隨時都在使用限制來進行間接控制。如果遊戲把玩家放在有兩扇門的空房間裡，幾乎可以肯定他們一定走進其中一扇。我們不一定知道是哪一扇，但他們一定會走進一扇門，因為門就是一個「打開我」的訊息，而且玩家本來就很好奇。畢竟他們也沒別的地方可以去。如果問玩家是否有選擇，他們會說有，就算二選一也是選擇。除非有其他間接控制的方式，不然如果把玩家放在空曠的野外、城裡的街道或是購物中心裡，他們會去哪、會做什麼都會更具開放性、難以預料。

▍間接控制方法2：目標

　　遊戲設計中，最普遍且直觀的間接控制就是透過目標。如果玩家有兩扇門可以走

進去，就無法知道他們會走哪一扇。但如果給他們目標「找出所有香蕉」，而且其中一扇門的後面擺明有香蕉的話，就能把他們的走向猜得很準了。

我們前面講過建立好目標的重要性，這樣玩家才有理由在乎遊戲。一旦建立了清楚而且有辦法達成的目標，你就可以利用這一點，以目標為中心打造整個世界，因為玩家去哪裡和做什麼事，都是因為他們覺得有助於實現目標。如果你的賽車遊戲是要穿過城市抵達終點線，就毋須畫出完整的街道圖，因為只要清楚標示出最快的路徑，大家幾乎都會跟著走。你或許可以加上幾條小巷子（特別是如果還有捷徑的話！），營造一些自由感，但你設定的目標還是會間接控制玩家不要把每一條小巷子都探索一遍。創作玩家看不到的內容不會讓他們有更多自由，只會浪費開發資源，讓你無法改進玩家看得到的地方。

玩家的自信與目標之間的重要互動，是你需要特別留意的事。如果玩家對自己的目標和達成的能力很有信心，間接控制的強大效果就會加成，因為玩家會自信十足地跟隨自己的直覺。然而，萬一玩家對自己的目標感到困惑，或是懷疑自己與這個世界互動的能力，間接控制的效果就會大幅減弱，因為玩家會質疑自己該做什麼和怎麼做的直覺。

阿姆斯特丹史基浦機場（Schiphol Airport）的男廁，是個現實世界中使用間接控制技巧的有趣實例。使用小便斗的人很快就會注意到上面有蒼蠅。不過不是真的蒼蠅，而是蝕刻的圖案。為什麼？當初設計師想要解決「槍法不好」的問題，否則廁所會需要更常清潔。而蝕刻的蒼蠅給了男性一個暗示性的目標——射中蒼蠅。在小便斗中心刻上蒼蠅過後（並且稍微偏了一邊好讓入射角變鈍），廁所變得乾淨多了。「玩家」的自由並沒有稍減，只是被間接控制後做出了設計師認為最好的行為。

▌ 間接控制方法 3：介面

我們說過回饋、透明、豐沛都是好介面的重要面向。不過關於介面還有一個考量：間接控制。因為玩家希望介面是透明的，所以只要辦得到，就不會多想介面的存在。換句話說，他們期待遊戲中什麼可以做和不能做，是根據介面而定。如果你的「搖滾巨星」遊戲的物理介面是一把塑膠吉他，玩家可能就會預期要彈吉他，而不會想到做別的事情。如果給他們的是遊戲控制器，他們就會好奇能不能玩到其他樂器，甚至是舞台跳水以及其他搖滾巨星會做的事情。但塑膠吉他會悄悄偷走這些選項，暗中限制玩家只能做一件事。當我們把木頭舵輪和14公斤的鋁製旋轉砲裝在海盜船VR設施上之後，就沒有遊客問遊戲裡面能不能擊劍了——他們根本沒想到這種選項。

而且不只物理介面有這種力量，虛擬介面也有。就連玩家操控的化身也是虛擬介

面的一部分，可以用來間接控制玩家。如果玩家控制的是人類冒險者，會試著做特定的事情。如果他們控制的是蜻蜓、大象或雪曼坦克，則會試著做非常不同的事情。化身的選擇有部分關係到玩家的認同，但也會暗中限制玩家的選項。

▌間接限制方法 4：視覺設計

空憑眼視，不以目見

便會輕信謊言。

——威廉・布萊克（William Blake）

在視覺藝術領域工作過的人都知道，布局會影響顧客看向何處。在互動體驗中這點就變得非常重要，因為顧客傾向前往吸引他們目光的地方。因此，如果你可以控制某人看向何處，就能控制他們前往何處。下方圖片就是個簡單的例子。

只要看著上圖就很難不讓視線被吸引到本頁中央。當顧客在互動體驗中看到這個畫面，就很可能先端詳中間的三角形，然後才開始細究周圍。下圖則是鮮明的對比。

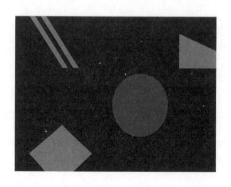

這張圖將顧客的目光拉向了畫框四周和之外。如果這個畫面是互動體驗的一部分，就能想見顧客將會試著找出物件邊緣外還有什麼，而不會太在意畫面中間的圓形。如果有可能的話，他們很有可能會試著把尋找的範圍拓展超過螢幕的邊界。

這兩個雖然是抽象的例子，但現實世界也有很多例子可以說明同一件事。比方說拼布被的設計師就花了很多心思來吸引目光。一般認為，拼布被要能讓人的視線在上面不斷流轉，絕不停於一處，才算是好的設計。

布景設計師、插畫家、建築師和電影攝影師，都是利用這些原則來引導人們的視線，間接控制他們的注意力。迪士尼樂園中央的城堡就是個好例子。華特‧迪士尼知道，遊客剛走進遊樂園時，很有可能在入口處閒晃，不確定自己該去哪裡。但城堡可以在遊客走入迪士尼樂園的那一瞬間，就馬上吸引遊客的目光（如左頁上圖），他們的雙腳便會朝其走過去。接著，遊客會抵達迪士尼樂園的中心，看見各個方向都有吸引他們目光的視覺地標（如左頁下圖）。華特‧迪士尼能夠間接地控制顧客照他的期待行動：快速走進迪士尼樂園的中央，然後隨意往園區各處分散。當然，遊客們很少會注意到此操作手法，畢竟不曾有人告訴他們該往哪裡去。遊客只知道不需要多想且自己完全可以自由決定去向，就走到某個好玩的地方，享受有趣的娛樂體驗。

迪士尼甚至替這種操作手法取了名字，稱做「視覺香腸」（visual weenie），背景源自一種在電影場景中有時會用來控制狗的方法：馴犬師會把熱狗或肉拿在空中，四處移動來控制狗的視線，因為沒有東西比食物更能吸引狗的注意了。

讓玩家的視線毫不費力地帶領他們度過關卡，是設計好關卡的關鍵之一。這樣能讓玩家有控制感，並且沉浸在世界中。了解什麼能夠吸引玩家目光，會讓你對玩家想做的選擇擁有莫大的控制權。迪士尼VR工作室在製作《阿拉丁魔毯VR冒險》第二版時，碰到了一個大難題。有個非常重要的場景發生在宮殿裡的王座廳，畫面如下：

（迪士尼公司提供及授權使用。）

　　動畫總監希望能讓玩家飛進這個房間，接著飛到大象雕像底部的小王座上方，坐一下聆聽蘇丹的話，再繼續進行遊戲。我們本來希望光是小蘇丹穿著白衣在王座上跳來跳去，就足以吸引大家飛過去聽他講話了──但實際上並沒有如我們所願。畢竟玩家搭著飛天魔毯啊！他們想要飛上天花板、在柱子間穿梭、隨心所欲四處翱翔。快樂飛翔才是他們內心的目標，聽蘇丹在那嘮嘮叨叨不在計畫之中。我們一時想不到其他選擇，於是準備加進一個系統拿走玩家的控制權，把人拖過王座廳，拉到定點等蘇丹講完話。沒有人喜歡這個主意，我們都知道這樣會從玩家手中搶走寶貴的自由感。

　　不過後來美術總監想到了一個主意。

　　他在地面上畫了一條像這樣的紅線：

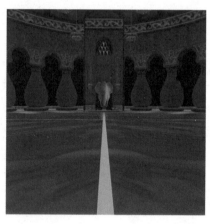

（迪士尼公司提供及授權使用。）

　　他認為客人應該會遵循這條紅線，我們都有點懷疑，不過反正這件事要做成雛型很容易。結果大出我們所料，遊客還真的照做了！進到房間以後，他們沒有像之前所見一樣飛來飛去，而是像碰到牽引光束（tractor beam）一樣跟隨紅線前進，到達蘇丹的王座前。蘇丹一開口（這時遊客已經到了他附近），他們也停在那邊乖乖聽他想說什麼！當然這招不是每次都管用，但九成的時候有效，對遊戲體驗來說已非常足夠了。最驚人的是，在遊戲測試後的訪談裡，我們問玩家為什麼在王座廳會遵循紅線前進，他們卻說：「什麼紅線？」他們的意識根本對此毫無記憶。

　　一開始我覺得這完全說不通：一條簡單的紅線為什麼就能打消玩家在房間裡四處飛翔的想法？接著我意識到，玩家是看到了圓柱和吊燈才有如此想法。而紅線在這個場景中實在太醒目，讓他們無法留意到其他東西，因此也不會想到做其他事情。

　　有趣的是，在遊戲的第三版，我們遇到了這個問題的新版本。在第三版，同時會有四個玩家，而我們不希望所有人都跑到蘇丹面前。我們希望他們四散到不同地方，有些人拜訪蘇丹，有些人飛往房間左邊和右邊的門。但這條專橫的紅線硬把四個玩家

都拖到蘇丹面前。我們又開始討論如何迫使玩家分散，不過接著我們有了不同的主意——能不能修改一下紅線就達成目標？我們試著這樣做：

（迪士尼公司提供及授權使用。）

效果非常好。在大部分的情況下，會有兩個玩家前往王座，一個玩家沿線前往左邊的門，另一個玩家沿線轉向右邊的門。

間接控制方法5：角色

間接控制玩家有個很簡單好用的方法，就是利用遊戲中由電腦控制的角色。如果你能夠善用自己講故事的能力，讓玩家真心在乎角色，意即願意聽從、保護、協助或是毀滅角色，突然之間你就會有一個絕佳的工具，可以控制玩家將會和不會嘗試做的事情。

威廉·卡斯特爾（William Castle）在1961年執導的一部早期互動電影《獵屍人》（*Mr. Sardonicus*），就以十分特殊的手法實現了這個效果。敘事者解釋，觀眾可以決定電影的結局，也就是反派將得到懲罰還是原諒。每個觀眾都會拿到一張「拇指朝上／朝下」牌子，放映師可以由舉牌的結果得知該放哪一個膠片。卡斯特爾很有自信觀眾絕對不會選擇「原諒」的結局，所以甚至沒拍「原諒」的帶子，而觀眾也沒有注意到。

在遊戲《動物森友會》（*Animal Crossing*）系列裡，有個叫做「快樂家協會」（Happy Room Academy, HRA）的神祕組織會定期評估你房子裡的裝潢，根據表現給予獎勵分數。玩家會很努力賺取分數，有部分是因為這就是遊戲目標，不過我想還有一部分原因是，就算只是虛擬世界，有人來你家參觀內部以後嫌惡地搖頭，還是令人很難堪。

在《迷霧古城》遊戲中，你的目標是保護一起旅行的公主。設計師在遊戲裡放了一個很聰明的計時機制——如果你待在一個地方太久，邪靈就會現身襲擊公主，試圖

把她抓進地穴之中。我也發現，就算邪靈得花些時間把公主抓進地穴後才能傷害她，我還是會在他們出現時立即行動，因為他們每碰公主一次，我都覺得自己讓她失望。

要影響玩家的選擇以及他們做出選擇後的感受，遊戲角色是很適合操作的工具。不過前提是你必須讓玩家在乎這些虛構人物的感受，一旦達成這點，就很容易激發玩家採取某些行動，因為人性有個奇妙的面向，會深切渴望幫助我們能同理的對象。這個概念如此有用，應該放進工具箱裡。

80號鏡頭：幫助

在內心深處，每個人都想幫助他人。為了把互助精神引入遊戲之中，請問自己這些問題：
- 在遊戲的脈絡下，玩家正在幫助誰？
- 我能否讓玩家和需要幫助的角色產生更多連結？
- 我能不能把故事講得更清楚，說明為何達成遊戲目標會對某人產生助益？
- 受到幫助的角色如何表達謝意？

圖：Astro Leon-Jhong

間接控制方法6：音樂

當設計師想到要在遊戲中加入音樂時，想的多半是自己希望在遊戲中創造什麼樣的氛圍。不過音樂在影響玩家的行為上也有奇效。

餐廳隨時都在使用這個方法。節奏快的音樂會讓人吃得更快，所以在午餐時段，很多餐廳都會播放激昂的舞曲，顧客吃得愈快就可以帶來愈多利潤。當然，在下午三點之類悠閒的時段，就會放相反的音樂。因為餐廳空無一人通常代表品質不佳，為了讓用餐者待久一點，就會播放緩慢的音樂，讓用餐的速度減緩，也讓顧客會考慮多點杯咖啡或點心。顧客當然不會知道有這回事——他們都以為自己是完全自由地做出行動。

如果對餐廳經理來說這招行得通，對你也行得通。想想看該播放什麼樣的音樂讓玩家：
- 到處尋找隱藏的事物
- 不放慢速度，毫不保留摧毀一切

- 知道自己走錯方向
- 小心放慢速度
- 擔心波及周遭無辜人士
- 頭也不回跑得愈遠愈好

音樂是靈魂的語言，能讓玩家的內心深處聽見，深到足以改變情感、欲望和行動，當事人甚至不會發現。

這六種間接控制的方法能在自由和說出好故事之間取得非常有效的平衡。不過要注意，你的設計也可能對玩家施予意料之外的控制。九〇年代時，我曾帶一個朋友去玩迪士尼樂園的驚悚設施「外星奇遇」（Alien Encounter，後來被改得沒那麼可怕，更適合全家同樂），那是一個室內圓型劇場，有一堆奇怪的椅子，讓人產生幻覺，彷彿在黑暗的場地中有一頭掙脫束縛的兇惡外星怪物輕掠過你，在你的後頸呼氣。那遊玩體驗如此獨特和刺激，我覺得我朋友一定會喜歡，但結束以後他看起來卻非常困惑。我問他覺得怎麼樣，他說：「還可以，只是我看到椅子排成圓形，還把我們固定起來，我還以為劇場會旋轉起來。結果我們只有坐在那邊。我的意思是，還可以，只是跟我預期的不一樣。」

為了確保你的體驗中間接控制的效果得當，請使用這顆鏡頭。

81 號鏡頭：間接控制 ━━━━━━━━

每個設計師都會預想玩家需要採取什麼行動，才能達成理想的遊戲體驗。為了確保玩家會依據自己的自由意志做出這些事，請問自己這些問題：

- 理想上，我希望玩家做什麼事？
- 施加一些限制能讓玩家做出這件事嗎？
- 訂立的目標能讓玩家做出這件事嗎？
- 介面能讓玩家做出這件事嗎？
- 視覺設計能讓玩家做出這件事嗎？
- 遊戲角色能讓玩家做出這件事嗎？
- 音樂或音效能讓玩家做出這件事嗎？

圖：Cheryl Ceol

- 有沒有其他方法可以用來迫使玩家做出
  理想中的行為，卻又不會使他們覺得自由受到妨礙？
- 我的設計是否會讓玩家產生什麼我希望他們不要有的欲望？

▋合謀

設計《加勒比海盜：沉落寶藏之戰》讓我們遇到了一個重大的挑戰。我們需要在僅僅五分鐘之內，創造出強烈的互動體驗。興趣弧線必須很漂亮，因為一個四口之家為了玩一次這個遊戲，得花20塊美金。不過同時，我們也知道這不能只是一個線性體驗，因為當海盜的本質就是包括無窮無盡的自由感。從之前的經驗，我們知道這裡是動用一些間接控制的好機會。

我們在早期的遊戲雛型就已清楚明白，如果把玩家放在一片汪洋上跟敵人對打，樂趣的高峰大概會維持兩分二十秒。接著他們的熱情就會消退，有時候還會問：「呃……我們要做的就這些嗎？」這樣的興趣弧線很明顯行不通。玩家想要更多的鋪陳。當時我們想到的達成手段之一是加入一些比較有趣的情節。我們想把這些情節置入在玩家能到達的鄰近島嶼，這樣也很適合引導他們前往有趣事件的發生地——就像迪士尼樂園的城堡引導遊客一樣。於是我們畫了張初始地圖：

（迪士尼公司
提供及授權使用。）

玩家會從中心點出發，我們期待他們會對付一些敵人，然後希望他們能夠航向其中一座島嶼；每座島嶼都設計得很有趣，並且在遠處就看得到。前往哪一座島嶼都是隨他們的心意——他們有選擇的自由，因為每座島嶼上都有不同類型的遭遇。在一座島嶼上邪惡海盜正圍攻失火的城鎮。另一座島嶼的火山那側有著驚人的採礦作業。第三座島嶼上的皇家海軍正在運送大量黃金，並用投石機發射火球守衛堡壘。我們很確定這些島嶼能吸引許多玩家的興趣。

老兄，我們錯了。看看下頁圖片，就知道問題出在哪了。

　　玩家得知他們的目標是擊沉海盜船，而他們正被掛著潔白船帆、巨大駭人的海盜船包圍。放眼遠方那可憐的小火山，根本很難看得到，也跟玩家的目標毫無關聯！

　　我們馬上就知道這招沒用了，所以開始思考把海盜船排成一條航道，指引他們前往島嶼。但接著我們想到一個好玩的主意：如果敵對海盜船不是依據自己最大的利益來行動呢？目前為止，我們花了很多時間寫出精美的演算法，讓敵船用有趣聰明的戰術發動攻擊。而我們的新主意則是把這些都作廢，改變敵船的邏輯。在新系統裡，玩家一開始會在開闊的海洋上碰到其他海盜船，並遭到攻擊，接著這些船會逃之夭夭。這時玩家已認定自己的目標是摧毀敵船，就會開始追擊。我們試著計算時間，好讓玩家在消滅敵船時，也正好抵達了其中一座（隨機選出的）島嶼。隨著海盜船沉沒，玩家會發現自己身處一個有趣的島嶼場景。他們會在此處作戰，新的船會攻擊他們又再度逃跑。逃去哪呢？當然是逃去玩家尚未造訪的島嶼。

（迪士尼公司提供及授權使用。）

　　這個策略的效果奇佳，玩家不但能感受到毫不減損的自由，也會得到結構完整的體驗：開場先是一場刺激的戰鬥，接著是一小段情節，然後打場新的海戰，接著又是一小段新的情節。我們知道必須有個大結局，但無法確定玩家會往何處去。所以大約四分鐘過後，大結局就會找上他們——幽靈海盜會在突如其來的濃霧中襲擊玩家，帶來一場史詩大決戰。

　　這一切能夠實現，是因為我們做了不尋常的決定，讓遊戲中的角色同時有兩個目標。一個目標是把玩家捲入戰鬥的挑戰之中。另一個目標則是帶著玩家前往有趣的地方，維持整場遊戲的最佳體驗。我把這原則稱為合謀（collusion），因為遊戲角色正和設計師合謀讓玩家獲得最佳體驗。這種形式的間接控制很有趣，把目標、角色和視覺設計的運用結合起來，達成了單一的統整效果。

　　有些證據指出，像這樣透過合謀來進行間接控制，可能會是未來互動敘事的核心。安德魯‧史騰（Andrew Stern）和麥可‧瑪蒂亞斯在遊戲《門面》（Façade）所帶來的

迷人體驗，就把這個概念提升到了全新的高度。在《門面》中，玩家扮演一名晚餐宴會上的賓客，主人則是葛瑞思和崔普夫妻。遊戲介面主要透過打字來對話，賦予玩家極大的自由和彈性。在遊戲進行中，玩家很快就會注意到自己是唯一的客人，而且詭異的是，今晚還是他們的週年紀念日。這頓飯吃得非常不舒服，因為兩人不斷爭吵，而且每次都要你在爭執中選邊站。這個遊戲體驗的特異之處在於，其目標更像是一本小說或一齣電視劇，而不是一款電玩遊戲。

此外還有其他不尋常的地方。這個遊戲似乎每次玩都不一樣——每次聽到的對白中，大概只有10％是預先錄好的。這不是珠串法的結構，甚至也不是故事樹結構，而是在模擬葛瑞思和崔普這兩個各有目標想達成的人工智慧角色。只要有了感測器（sensor）傳來的刺激，就能用相當標準的AI模型，根據不同目標決定行為（behavior）（見下圖）。

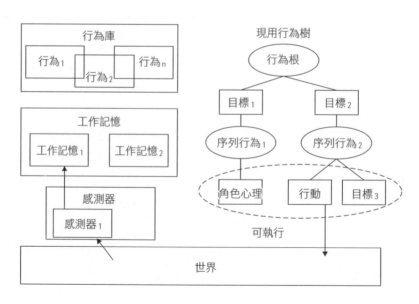

不過就像我們那些狡猾的海盜船，葛瑞思和崔普也不只是在試圖達成自己的目標。他們還很清楚自己是故事的一部分，所以也該試著讓故事更有趣。他們在選擇該說、該做什麼時，有部分也考慮了如何才符合此處的張力；為此設計師編排了時間軸，讓遊戲隨著時間行進有適合的張力（見下圖）。

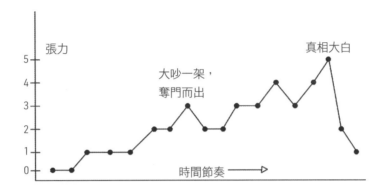

這張圖是不是很眼熟？藉著讓葛瑞思和崔普依循這份張力圖做決定，同時努力滿足身為故事角色的目標，他們的行為不只合理，還能讓玩家對整個事件進展保持興趣。

對於巧妙運用合謀可以達成哪種類型的體驗，我們似乎只能簡單討論到這邊為止。如果你想思考如何在遊戲中運用合謀，請使用這顆鏡頭。

82號鏡頭：合謀

角色應發揮他們在遊戲世界中的作用，不過如果有可能的話，也可以成為遊戲設計師的部下，努力推進設計師的終極目的，也就是確保體驗能讓玩家全心投入。為了確保你的遊戲角色負起這份責任，請問自己這些問題。

- 我想要玩家體驗到什麼？
- 角色要如何協助實現這份體驗，又不會損及他們在遊戲世界裡的目標？

圖：Nick Daniel

中國哲人老子寫道：

功成事遂，百姓皆謂：「我自然！」

但願你能找到巧妙的間接控制技巧，來引導玩家投入體驗，同時讓他們有控制、掌握和成功之感。

不過，這些令人投入的體驗又將在何處發生呢？

延伸閱讀

- 《圖像語言的秘密：圖像的意義是如何產生的？》（大塊文化），莫莉‧班著。
  班是個有名的童書插畫家，這本簡單的指南是我所找到最好的視覺間接控制指南。

19 故事和遊戲發生於<u>世界觀</u>

Stories and Games Take Place in *Worlds*

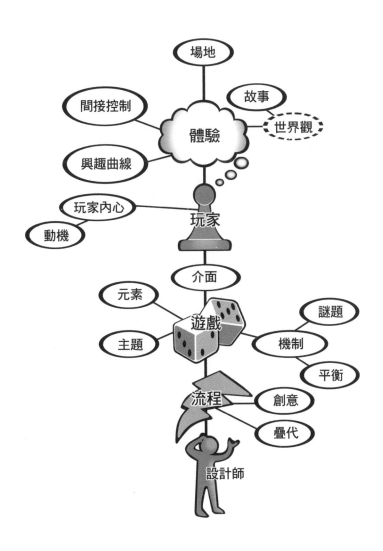

▌跨媒體世界

　　1977年五月，《星際大戰》正式首映。本片出乎意料廣受不同年齡層的歡迎，不過最主要還是年輕人。特別是小孩子會重複看好幾遍。製作以電影角色為原型的玩偶，花了肯納玩具（Kenner Toys）幾乎一整年的時間。不過電影上映了一年過後，這些玩具依然大賣，幾乎是一出廠就售罄，且持續熱賣了好幾年。除了玩具，市面上還有其他星戰周邊商品——海報、拼圖、睡袋、免洗餐盤，以及你想得到的任何東西，但沒有一樣像原型玩偶那般成功。

　　有些人認為周邊商品只不過是趁熱潮大賺一筆的手法，電影最終會因此變得廉價。我的意思是，對照電影，這些玩具看起來確實有些庸俗。

　　那麼為什麼肯納還能賣得出這麼多原型玩偶？有些人覺得它們是很酷的裝飾品，可以一邊觀賞，一邊回憶電影。但對大部分的小孩子來說卻不只是如此——玩偶是通往《星際大戰》的入口。

　　如果你觀察過孩子怎麼玩這些玩具，就會注意到非常奇怪的現象。和成人的預期不同，孩子們很少會演出電影的場景，反而會用這些角色自己編故事，而且和電影情節的關係並不緊密，因為原本的故事相當複雜，對兒童來說很難完全理解。這可能會讓你推論，受歡迎的是《星際大戰》的角色而非故事。但你也常會看到，當世界各地的孩子們在臥室和後院裡上演由這群角色領銜主演的戲碼時，角色的名字和關係也會跟電影完全不同。

　　那麼，如果孩子們喜歡的不是情節線或角色，又會是什麼呢？答案是，《星際大戰》的世界才是迷人之處，玩具只是另一道通往那個世界的入口。某方面來說，那個世界比電影更棒，因為人們可以和它互動、參與其中，世界靈活變化，還有社交功能。不過奇怪的是，對孩子們而言，這些玩具不但不減損反而還增加了星際大戰世界的意義。因為這些玩具讓他們有辦法造訪、雕塑、改變那個屬於自己的世界。隨著《星際

大戰》續集問世，人們抱持高度的期待，但這份期待有多少是想要聽到新故事的欲望，又有多少是出自可以再訪星戰世界的興奮之情？

亨利・詹金斯（Henry Jenkins）發明了「跨媒體世界」（transmedia world）一詞，指的是能夠從印刷物、影像、動畫、玩具、遊戲等不同媒體進入的幻想世界。這個概念非常實用，幻想世界的確就像是存在於支撐它的媒體以外。這個概念也讓一些人覺得不可思議，他們認為書籍、電影、遊戲和玩具是不一樣的東西，彼此互不相干。但實際上，創作而成的產品已經漸漸不單純是個故事、玩具或遊戲，而是一個世界觀。只不過世界觀是賣不掉的，所以才要有各式各樣的商品來作為世界觀的入口，而每個入口都通往世界觀的不同角落。如果世界觀建構得好，那訪客只要走過愈多入口，想像中的世界就會愈真實牢固。但如果這些入口彼此矛盾，或是提供的資訊並不一致，那世界觀就會很快崩塌化作齏粉，各項產品也將變得一文不值。

原因是什麼？為什麼我們會覺得幻想世界那麼真實，甚至比承載幻想世界的媒體還要真實呢？答案是因為我們的內心有部分希望，這些幻想世界不只是書中的故事、一套規則、銀幕上的演員，而是真實存在，甚至或許有一天我們可以找到前往的道路。

這也是為什麼，人們可以輕易丟棄雜誌，要丟漫畫前卻會三思——畢竟其中可是有一個世界觀。

寶可夢的魔力

寶可夢可說是有史以來最成功的跨媒體世界之一。從問世以來，所有寶可夢產品總計已經售出了900億套，是古往今來最賺錢的電玩系列，僅次於瑪利歐系列。雖然很多人曾經想要把寶可夢遊戲貶為一種短時間的熱潮，但十五年過後，它始終都停留在暢銷排行榜上。了解寶可夢的歷史，能讓我們更了解其跨媒體世界觀的魔力。

寶可夢一開始是任天堂掌上主機Game Boy的遊戲。設計師田尻智小時候熱愛蒐集昆蟲。1991年，他注意到Game Boy可以用「遊戲連線」（game link）功能，在兩台主機之間傳輸訊息，於是想到了透過連線傳送昆蟲的點子。他向任天堂提出想法，接著和團隊花了五年的時間開發作品並改良至完善。1996年，《精靈寶可夢》[1]發行了紅、綠兩個版本。本作基本上屬於傳統RPG，跟《創世紀》或《Final Fantasy》沒有什麼不同，唯一差別是可以捕捉被你打敗的怪物，把牠們變成團隊裡的一員。

遊戲畫面和動作不算精緻，更談不上先進，但互動性卻豐富有趣，因為整個開發團隊花了五年的時間來好好平衡遊戲。你得明白遊戲畫面真的很簡陋原始，最早的

---

1 《精靈寶可夢》（*Pocket Monsters*）中文版於2016年統一譯名，此前台灣的官方譯名為《神奇寶貝》。

Game Boy 畫面上只有四種深度的橄欖色，對戰中的寶可夢基本上只會面對面站著，等玩家從陽春的選單上選好攻擊方式以後才會動個兩下。

但《精靈寶可夢》的市場反應卻獲得顯著成功，漫畫和動畫的製作計畫馬上就展開了。很多電視劇跟原著遊戲之間僅有一點鬆散的關係（例如，漢娜巴伯拉動畫公司〔Hanna Barbera〕糟透的《小精靈》卡通），但寶可夢節目不同，仔細呈現了遊戲的複雜精細規則，主角的冒險也直接改編自 Game Boy 遊戲的探險途徑，所以動畫清楚反映了遊戲機制，收看節目的玩家可以更了解遊戲中使用的策略。

不過最重要的是，電視節目讓玩家有了另一個入口可以進入寶可夢宇宙，而且還能看到有劇情動畫和聲音的全彩寶可夢。當觀眾回到 Game Boy 上，原本生動的影像還是會留在腦海中，Game Boy 粗糙的畫面和音效都變得無關緊要了。我們在〈第十三章：平衡〉談過，此現象又稱「望遠鏡效應」，類似用望遠鏡觀看運動比賽或歌劇。沒有人會用望遠鏡看完整場秀，而只會在一開始用望遠鏡來看清楚遠處的人物。一旦看過這些人物的放大特寫，就可以在視覺想像中，把他們的影像映射在舞台上。

遊戲和動畫的兩個入口會相輔相成，產生強烈的效果──玩家想在遊戲中成功的願望提供了看電視節目的理由，而看了動畫又會讓遊戲更逼真刺激。

只有這樣還不夠，1999 年，任天堂又跟《魔法風雲會》（Magic: The Gathering）集換式卡片遊戲（collectible card game）的發行商威世智（Wizards of the Coast）合作，推出了以寶可夢世界為基礎的集換式卡片遊戲。這款遊戲就和電視節目一樣盡可能重現了 Game Boy 遊戲裡的核心機制。玩家們又有第三種方法可以進入這個世界，而且還同時具備了流通性和高度社交性。雖然 Game Boy 遊戲的特色就是連線交換寶可夢，但實際上玩家不太常用到這個功能，大部分時間仍然是單人冒險。卡片遊戲可不同了──價格不高、容易購買，還利用了同儕競爭的趣味，也巧妙融合了寶可夢的口號「成為寶可夢大師！」因此在兒童（特別是男孩子）之間十分受歡迎。

三個管道彼此互補，形成牢固的世界觀，寶可夢系列成為無法抵擋的力量。不了解寶可夢宇宙的人會一頭霧水：這不就是個遊戲或者卡通嗎？難不成故事好到值得小孩把錢都花在上面？1999 年，我曾有幸能和一間大型娛樂公司的負責人參加一場圓桌會議。有人問他怎麼看「寶可夢熱潮」，他的回答是：「它的電影再過幾個月會上映，到時候熱潮就結束了。」他當然錯了，因為他完全沒搞懂跨媒體世界觀的概念，還深陷在好萊塢古早時候看待故事世界觀的那一套裡──好萊塢大片定義幻想世界，玩具、遊戲和電視節目接著模仿。對於來自掌上電玩規則集的世界觀，或是可以隨新媒體類型增加而強化的世界觀，他完全沒有頭緒（後來也沒有再繼續掌管那間公司了）。

寶可夢的強項並非只來自遊戲概念，更是因為小心且一致地運用各種媒體搭成入口，讓人們可以走進一個單一且定義明確的世界。

跨媒體世界的特性

跨媒體世界的趣味來自於幾個特性：

■ 跨媒體世界充滿魔力

成功的跨媒體世界能對粉絲產生強大的影響，且影響力遠勝於粉絲對於好故事的喜愛。那就像世界觀變成他們幻想造訪的某種個人烏托邦。有時候，這些幻想是短期的，但大多時候都是長期的，會持續一生。有些人會三不五時投向這些長期幻想，就像某種心靈假期一樣。在家裡擺著變形金剛（Transformer）玩具的成人就是個好例子。這個玩具提供了很方便的心靈入口，讓他們能偶爾造訪變形金剛的世界。

不過對於有些人而言，對這種個人烏托邦的熱情變成他們每天認真投入的事物。史考特・愛德華・納爾（Scott Edward Nall）就是這種人，他在三十歲生日那天正式把名字改成了柯博文（Optimus Prime）──變形金剛宇宙裡的機器人領袖之一。事實上，如果你研究一下任何類型虛構作品的「鐵桿粉絲」，就會發現在幾乎所有情形中，擁有最多忠實粉絲的系列，都具有最強大的跨媒體世界特性。《星艦奇航記》、《星際大戰》、《變形金剛》、《魔戒》、漫威漫畫（Marvel Comics）、《哈利波特》（*Harry Potter*）等超高人氣的系列，核心都是一個幻想世界。比起享受好的故事情節或是欣賞有趣的角色，想要進入幻想世界的欲望才是驅使粉絲採取極端行為的原因。就像我們在〈第十七章：故事〉討論的一樣，幻想在遊戲中是如此重要的概念，通常成為世界觀的錨點。為了確保你會記得掌握幻想的神力，請收下這顆鏡頭。

83號鏡頭：幻想

每個人都有些祕密的願望和欲望。為了確保你的世界可以滿足願望和欲望，請問自己這些問題：

- 我的世界能滿足什麼幻想？
- 玩家幻想成為什麼樣的人？
- 玩家會幻想在那個世界做些什麼？

圖：Ryan Yee

跨媒體世界歷久不衰

跨媒體世界如果建構得好，就會長壽得驚人。《超人》（*Superman*）出現於七十五年

前，《007》也有了大約六十年，《星艦奇航記》和《神祕博士》（Doctor Who）經過了五十年仍然人氣不墜。華特・迪士尼剛開始發展漫畫書時，就領悟到了跨媒體的力量能讓他的動畫作品永保青春，打造迪士尼樂園也是為了同樣目的。他進行這項不尋常的風險投資（venture）時，最有力的論點之一，就是提供另一個進入迪士尼電影世界的入口，會有助於維繫大眾對於迪士尼電影的興趣。1998 年的《著作權年限延長法案》（Copyright Term Extension Act）把公司的版權年限從 75 年延長到了 95 年，主要的刺激就是因為有些仍然非常賺錢的智慧財產（比如早期的米老鼠卡通）即將進入公共領域。姑且不論對錯，有些人認為這項法案通過的原因之一，就是如果讓一個認真經營、廣受喜愛的世界觀落入了錯誤的人手中，會使人感覺大錯特錯。

有個好理由可以說明為何要發展有力的跨媒體世界觀：如果經營得好，利潤也就長久。這似乎特別適用於那些受到兒童喜愛的世界——兒童長大成人以後，常常會想跟自己的子女分享這些幻想世界，形成長久延續的循環。

■ 跨媒體世界觀隨時間演進

幻想世界並不會恆久不變，而是會隨時間演進。細想一個超過百年（仍然十分受歡迎）的跨媒體世界：夏洛克・福爾摩斯的世界。今日我們想到福爾摩斯，總會想到他的招牌獵鹿帽和特大號的葫蘆煙斗。不過如果你讀原著故事，會發現文本根本沒提到這些。獵鹿帽起初出現在插畫家西德尼・佩吉特（Sidney Paget）畫的插圖中，那是他本人喜歡戴的帽子。後來，演員威廉・吉列特（William Gillette）在一系列改編劇本中，讓福爾摩斯戴上了這種不尋常的帽子，又給了他一把特大號煙斗，這樣坐在劇院後排的觀眾才容易分辨和看見主角。這些戲大受歡迎，以致於後來福爾摩斯故事的插畫家都拿吉列特的照片作為範本。奇特的是，煙斗和帽子成了福爾摩斯的註冊商標；創造他的亞瑟・柯南・道爾爵士從來沒想到這些東西。然而跨媒體世界就是如此，只要有新媒體提供這個世界新的入口，世界本身（或是人們對它的認知，對想像世界來說都是同一回事）也會跟著改變來適應新的入口。

另一個出色的例子來自歷史更久遠、更受喜愛的跨媒體世界：聖誕老人的世界。如果有哪個幻想烏托邦是人們最希望成真的，那肯定是聖誕老人的世界了——每年都有一個慈祥的人物會仔細考量你的心願，只要你值得獲取獎勵就可以美夢成真。想想可以進入這個世界的許多路徑：除了故事、詩、歌曲、電影，你還可以寫信給他，甚至親自見到聖誕老人本人！想想看，一個虛構人物來到你家，吃了你的餅乾，然後留下一堆珍貴的禮物！我們都渴望這樣的世界真的存在，所以每年都有數百萬人用大筆金錢和巧妙的騙術讓小孩相信，這是毋庸置疑的現實。

但聖誕老人世界的作者是誰呢？如同所有存在已久的跨媒體世界，這是眾人合作

的成果。講故事的人和藝術家一直為聖誕老人的世界增色。有些人成功了，比如克萊門特·摩爾（Clement Moore）在1823年創造了聖誕老人的馴鹿，羅伯特·梅伊（Robert L. May）在1939年創造了紅鼻子馴鹿魯道夫。不過也有很多人失敗，就連《綠野仙蹤》（Wizard of Oz）作者富蘭克·鮑姆（Lyman Frank Baum）這等講故事大師也沒有成功。他在1902年寫的《聖誕老人的冒險人生》（Life and Adventures of Santa Claus）是場慘敗，故事試著把聖誕老人的出身寫成是凡人，由寧芙、地精與惡魔所組成的議會賦予了永生。

誰決定哪些新特徵可以加入跨媒體世界、哪些被排除在外呢？某種程度上，這是我們集體意識的一部分。每個人都在某種無聲的民主程序中，決定某個特徵是否適合，而虛構世界則會悄悄地改變適應。過程沒有正式決議，就自然而然發生了。受人喜愛的故事特徵會生根，不討喜的就會消逝。長期而言，幻想世界是由造訪者所統治的。

成功的跨媒體世界觀的共通點

成功的跨媒體世界觀不僅強大也深具價值，那麼有什麼共通點？

- **傾向根植於單一媒體**：雖然這些作品登上了各種不同類型的媒體，但最成功的跨媒體世界，最初都是從一種媒體爆紅的。《福爾摩斯》是連載小說，《超人》是漫畫，《星際大戰》是電影，《星艦奇航》是電視影集，寶可夢是掌機遊戲，變形金剛是玩具。這些作品後來都以不同的形式發行，但最有魅力的還是原本的媒體形式。

- **直覺的**：在迪士尼線上遊戲《卡通城Online》的研究階段，我竭盡所能去深入了解卡通城這個幻想世界。不過研究《威探闖通關》以後，我才發現裡面其實沒有提到多少關於卡通城的事。這部電影不需要對卡通城描述太多，因為每個人早就知道它的存在。雖然我們沒有人明確說過，但共同的認知就是，所有卡通人物都住在與我們完全不同的卡通宇宙中。超人和蝙蝠俠的作者肯定沒有想過，讓這些角色和其他超級英雄共享世界，但對漫畫讀者來說，這些角色住在同一個世界是很直覺的設定——所以現在他們就住在一起了。

- **有一個核心創作者**：大多數成功的跨媒體世界觀都出自某一個人的想像力和美學風格。華特·迪士尼、宮本茂（Shigeru Miyamoto）、富蘭克·鮑姆、田尻智、吉姆·亨森（Jim Henson）、J·K·羅琳（J.K. Rowling）和喬治·盧卡斯都是案例。有時關係緊密的小團隊也能創造出成功的跨媒體世界，但確實很少有大型團隊能創造成功的世界觀。由同一個人提出的整體世界觀，才會有足夠的力量、穩固、完整及美感，以抵擋不同媒體入口所帶來的考驗。

- **適合講述很多故事**：成功的跨媒體世界不會只圍繞單一情節線，而是穩固且相互聯繫，禁得起更深入的探索，留下續集發展和客人想像自己故事的空間。

- **從每個管道入門都能理解**：所有電影最怕得到的評語就是「你如果有看原著就會懂」。你無法預料客人會先從哪一個入口進入，所以必須確保所有入口都門檻不高和有吸引力。寶可夢是最成功的例子，它的電視節目、漫畫、電子和卡片遊戲都易懂好玩。這些媒體都可能成為客人進入寶可夢世界繼而接觸其他作品的首站。

　　在《駭客任務》世界觀的一些嘗試則是反例。遊戲《駭客任務：重裝上陣》（*Enter the Matrix*）改編自同名的第二集電影，採取了新穎的手法，不講述電影的故事，而是和電影交會的平行故事，結果飽受批評。這個敘事手法很有趣，但沒看過電影的人打開遊戲只會一頭霧水。《駭客任務立體動畫特集》（*Animatrix*）的一系列短篇動畫，同樣只有已經很熟悉《駭客任務》宇宙的觀眾才看得懂。這種「接觸過所有作品才會懂」的手法可以激起少數人的好奇心，但會讓大多數人感到隔閡。

- **通常和探索有關**：這一點的道理在於，探索成分會促進受眾從各種管道造訪。
- **和滿足願望有關**：想像出一個幻想世界需要花很多功夫，這個世界必須是玩家的心之所嚮，必須滿足他們內心深處重要的願望，他們才會願意來訪。

　　跨媒體世界觀是娛樂產業的未來。專心在單一媒體上創造美好的體驗已不足夠。設計師愈來愈常被要求創造通往既有世界觀的新入口，但這個任務並不容易。所以只要有人能創造這種入口，用新的角度和樂趣吸引玩家走入既有的幻想世界，就會變得很搶手。但更搶手的人才則能了解受眾的祕密願望，從而發明成功的跨媒體世界。如果你想要創造或改進跨媒體世界，請用這顆鏡頭。

84號鏡頭：世界

　　遊戲世界是一個獨立存在的世界。遊戲只是一扇門，通往玩家幻想中的魔法國度。為了確保你的世界完整有力，請問自己這些問題：

- 我的世界如何勝過真實世界？
- 我的世界能從多重入口進入嗎？這些入口有什麼差別？這些入口如何互相強化？
- 我的世界是圍繞著一個單一故事，還是能再展開很多故事？

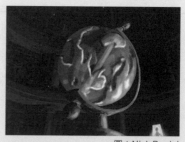

圖：Nick Daniel

　　引人入勝的跨媒體世界絕非空無一物，其中的趣味有很大一部分是來自住在裡面的人。這就是我們接下來要關注的重點。

20 世界中有<u>角色</u>

Worlds Contain *Characters*

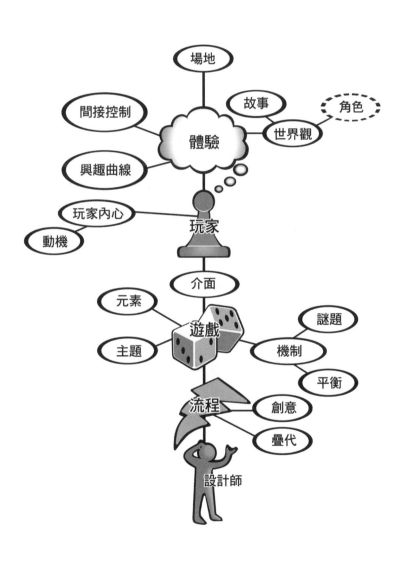

▌遊戲角色的本質

如果想做一款故事動人的遊戲，故事中就一定會有令人難忘的角色。所以這個問題就很重要：遊戲中的角色和其他媒體中的角色有什麼不一樣？如果把不同媒體的虛構角色放在一起檢視，就能看得出一些差異。我從二十世紀最優秀的小說、電影和電玩遊戲找了一些例子：

■ 小說角色

霍爾頓・考菲爾德（Holden Caulfield）：《麥田捕手》（*The Catcher in the Rye*）。荷頓是個青少年，努力與成人世界的虛偽醜陋搏鬥。

亨伯特・亨伯特（Humbert Humbert）：《蘿莉塔》（*Lolita*）。亨伯特是一個成年男子，對一名少女懷有無法自拔的淫慾。

湯姆・約德（Tom Joad）：《憤怒的葡萄》（*The Grapes of Wrath*）。湯姆是個前科犯，努力想幫助失去農場的家人。

雷爾夫（Ralph）：《蒼蠅王》（*Lord of the Flies*）。雷爾夫和其他孩子困在一座島上，努力想從這座島和彼此的手中活下來。

塞絲（Sethe）：《寵兒》（*Beloved*）。塞絲和女兒逃離黑奴生涯後，努力重建生活。

■ 電影角色

瑞克・布萊恩（Rick Blaine）：《北非諜影》（*Casablanca*）。瑞克必須在最愛的人與拯救愛人丈夫的性命之間做出抉擇。

印地安納・瓊斯（Indiana Jones）：《法櫃奇兵》（*Raiders of the Lost Ark*）。這名考古冒險家必須從納粹手中救出舊約中的聖物法櫃。

蘿絲・狄威特・布克特（Rose DeWitt Bukater）：《鐵達尼號》（*Titanic*）。這名年輕女子在命運多舛的鐵達尼號上墜入愛河。

諾曼・貝茨（Norman Bates）：《驚魂記》（*Psycho*）。這個男人患了一種特殊的思覺失調（schizophrenia），想盡辦法要掩蓋他犯下的多起謀殺罪。

唐・洛克伍德（Don Lockwood）：《萬花嬉春》（*Singin' in the Rain*）。一名努力轉型拍有聲片的默片演員。

■ 遊戲角色

瑪利歐：《超級瑪利歐兄弟》。這名卡通水管工要對抗敵人，從魔王手中拯救公主。

固蛇（Solid Snake）：《潛龍諜影》（*Metal Gear Solid*）。這名退伍軍人要潛入一座核武處置

設施，解除恐怖分子的威脅。

克勞德・史特萊夫（Cloud Strife）：《Final Fantasy VII》。一群反抗軍打算擊垮邪惡巫師
所經營的超級企業。

林克（Link）：《薩爾達傳說》。這名青年必須找回神器，從反派手中拯救公主。

戈登・弗里曼（Gordon Freeman）：《戰慄時空2》（Half-Life 2）。實驗失控後，這名物理學
家必須和外星人作戰。

檢視這些名單後，我們看到了什麼模式？

- **心理→體能**。小說裡的角色都有深沉的心理掙扎，這點理所當然。因為在小說
  裡，我們大部分時間都在傾聽角色內心深處的想法。電影角色的身心都會面臨衝
  突，須要對話和行動雙管齊下才能解決。考慮媒體性質，這同樣也說得通：我們
  聽不見電影角色的思緒，但是可以看見他們說了什麼、做了什麼。最後，遊戲角
  色所涉入的幾乎都是體能方面的衝突。這一樣很有道理，因為遊戲角色幾乎沒有
  想法，偶爾才有機會講話，負責思考的都是玩家。這三種角色的表現，都是由其
  媒體所決定的。

- **現實→幻想**。小說傾向以現實為基礎；電影傾向基於現實但通常有比較多幻想元
  素；遊戲的世界則幾乎都是幻想。而角色也反映相同道理，畢竟他們是其所在世
  界的產物。

- **複雜→簡單**。由於一些原因，從小說到遊戲，無論劇情複雜性還是角色深度都會
  逐漸減少。

單看這些，你可能會以為遊戲大都只能注定讓簡單的幻想角色去做些體力活。這
當然是條很輕鬆的路徑。畢竟，遊戲跟小說電影的不同之處，就是遊戲可以只靠動作
戲就過關。但這不代表遊戲無法擁有更多深度、更多心理衝突，和更多有趣的角色關
係——只不過這確實是種挑戰。上面提到的遊戲裡，比如《Final Fantasy VII》就是在
簡單的遊戲玩法架構上，添加了相當複雜的角色關係，而玩家愈是投入愈會希望得到
更多如此複雜的關係，他們都希望遊戲的角色和故事情節能夠更豐滿深沉。本章主要
探討的是，其他媒體的說書人會用什麼方法來塑造角色，並思考我們該怎麼借用這些
方法，塑造迷人的遊戲角色。

讓我們從一個非常特別的角色開始——玩家的化身。

玩家化身

玩家在遊戲裡所控制的角色擁有神奇之處，如此神奇所以我們賦予這個角色特別
的名稱：化身。化身一詞譯自梵文的「अवतार」，意思是天神下凡所用的神奇形態。這

個名稱用在遊戲角色上再恰當不過，因為玩家用化身進入遊戲世界，也是一種類似的
神奇變化。

　　玩家和化身之間的關係很奇怪。有時玩家會和化身保持距離，但有時玩家的心
理狀態又會完全投射在化身上，當化身受傷或是遭遇威脅，玩家甚至會跟著倒抽一口
氣。不過這也沒那麼令人意外，畢竟我們本來就幾乎能朝任何自己所控制的東西投射
自我。比方說開車時，我們會對車子投射自我，讓它彷彿成為我們的延伸；打量停車
位時，我們會說「我覺得我進不去。」而如果有台車擦撞我們的車，我們不會說「你
撞到我的車了！」而會說「你撞到我了！」所以，我們會對自己直接控制的電玩角色
產生投射，也就不足意外。

　　設計師常爭論第一人稱和第三人稱視角，何者比較能令人沉浸其中。有人主張螢
幕上看不到化身的第一人稱視角，可以做到更強烈的投射。然而同理心的力量非常強
大，當玩家在操控可見的化身時，也常在化身中招時幻想其所受的痛楚而縮起身子，
或是因為看到化身倖免於身體傷害而鬆了一口氣。對玩家來說，化身就像是某種有動
覺的巫毒娃娃一樣。另一個例子是當保齡球沿著球道衝向球瓶時，打保齡球的人也會
出現很多肢體語言，這些動作大多是因為擲球者在潛意識中把自己投射到球上的關
係。此時，保齡球就是擲球者的化身。

　　如同使用工具一樣把自己投射到化身上是一回事，但如果我們真的和角色產生某
種關聯，投射的體驗就會更加強大。那麼，哪一種角色最適合讓玩家產生投射呢？

■ 理想型

　　第一種優秀的化身，就是玩家一直想要成為的人。像是武藝高強的戰士、法力深
厚的巫師、魅力四射的公主、風度翩翩的特務等角色，都很能吸引人心，因為我們內
心那股自我督促的動力，會渴望把自己投射到一個理想化的形象之上。雖然這些角色
和現實中的自己大不相同，卻是我們不時夢想成為的人。

■ 白紙型

　　第二種適合成為化身的角色，是史考特‧麥克
勞德（Scott McCloud）所提出的「圖示化角色」（iconic
character）。麥克勞德在《漫畫原來要這樣看》（*Under-
standing Comics*）裡提出了一個有趣的觀點，認為角色
的細節愈少，讀者就愈有辦法對他們產生投射。

　　麥克勞德進一步指出，在漫畫中如果要讓角色
或環境顯得陌生、異常或是詭異，就要加上更多細

透過傳統的寫實
畫風，漫畫家可
以讓讀者看見外
在的他人——

——而透過卡通
畫風，則可以呈
現內在的自己。

（Harper Collins 出版社提供及授權使用。）

節，因為愈多細節會讓畫面顯得愈疏遠。如果把圖示化角色放在刻劃細微的世界裡，就會產生下圖的強烈組合：

這種組合能讓讀者戴上角色的面具，
安全走入充滿感官刺激的世界。

一組線條是要讓你看見，另一組則是要讓你身在其中。

（Harper Collins
出版社提供
及授權使用。）

這個觀念在漫畫領域以外同樣適用，電玩遊戲裡就能見到相同的現象。一些人氣最高、最迷人的化身都非常圖示化。想想看瑪利歐：他不算是理想型角色，卻很單純，幾乎沒有台詞，而且人畜無害，所以很容易就能讓人產生投射。

理想型和白紙型角色也常會結合在一起。比如說蜘蛛人（Spider-Man）就是一個理想型，因為他是一個勇敢強悍的超級英雄，但臉被面具遮住又讓他變成徹底圖示化的白紙——人人都可以是蜘蛛人。

有時會出現一些要花招的系統，讓你拍自己的照片，然後貼在化身上。我聽過有人把這種系統吹捧成是「所有遊戲玩家的終極夢想」。但這些系統雖然饒有新意，卻總撐不了太久，因為人們玩遊戲不是想要當自己，而是想變成自己希望成為的人。

在〈第十六章：興趣曲線〉裡，我們講解過如何用72號的投射鏡頭，來檢視玩家在遊戲的幻想世界中投射有多深。現在我們要再加上一顆更特定的鏡頭，來檢視他們對自己化身的投射有多深。

85號鏡頭：化身

化身是玩家進入遊戲世界的入口。為了確保化身能盡全力讓玩家產生認同感，請問自己這些問題：

- 我的化身是玩家會有共鳴的理想型角色嗎？
- 我的化身有沒有圖示化的特質，好讓玩家產生投射？

圖：Cheryl Ceol

▌創造動人的遊戲角色

化身對遊戲的重要性，就像主角對傳統故事的重要性一樣。不過我們也不能忘了其他角色。市面上有好幾打編劇和講故事的論著，可以教你如何寫出有力且動人的角色。此處整理的只是我認為最適合發展遊戲角色的方法。

■ 角色訣竅1：列出角色功能

作者常會在創作故事的過程中，因應故事情節需求來構思角色。但如何因應遊戲需求來構思角色呢？有個非常有用的技巧是在構思遊戲角色名單時，先列出有什麼功能需要角色來滿足，再列出想要放進遊戲中的角色，看看兩者如何配對。舉例來說，如果你製作的是動作平台遊戲，名單看起來可能像是這樣：

角色功能：

1. 英雄：進行遊戲的角色
2. 導師：給予建議和有用的道具
3. 助手：偶爾給予提示
4. 教導者：解釋遊戲怎麼玩
5. 最終魔王：最終戰的對手
6. 爪牙：壞蛋
7. 三個小魔王：不好對付的強敵
8. 人質：需要拯救的對象

發揮一下想像力，你可能曾經看過這些角色：

a. 老鼠公主：美麗、堅強、一絲不苟
b. 睿智老梟：充滿智慧但健忘
c. 銀鷹：憤怒且復仇心重
d. 毒蛇煞美：是非不分，還有詭異幽默感
e. 巨鼠軍團：數百隻生著邪惡紅眼的巨鼠

接著，你必須把這些角色與功能配對。這也是發揮創意的好時機。傳統的故事會讓老鼠公主成為人質。但為什麼不來點變化，讓她當導師、英雄？甚至是最終魔王！巨鼠軍團似乎是當爪牙的命，但誰說一定得這樣？也許牠們長著邪惡的紅眼睛，是因為被邪惡的老鼠公主抓住並催眠了，牠們才是人質！嗯……不過這樣的話，我們的角色似乎就不夠滿足所有八個任務——我們可以設計更多角色，或是讓某些角色身兼不同任務。如果讓睿智老梟同時擔任導師和最終魔王呢？這會是個出乎意料的轉折，也可以省下寫新角色的功夫。或許毒蛇煞美也可以身兼助手和教導者呢？或是讓銀鷹成

為人質，牠從被關押的地方用心靈感應傳訊，成為你的導師。

只要把角色的功能和視角分開，就可以更清楚地思考，確保遊戲裡必要的職務都有角色負責；另外，有時把這些職務疊在一起，也會讓一切更有效率。這個方法是顆很好用的鏡頭。

86號鏡頭：角色功能

為了確保角色做到遊戲所需的一切，請問自己這些問題：

- 我需要這些角色發揮什麼功能？
- 我想出了哪些角色？
- 哪個角色最適合哪個任務？
- 有沒有角色能做好一個以上的任務？
- 需不需要修改角色以更符合任務？
- 需不需要新角色？

圖：Sam Yip

■ 角色訣竅 2：設定並運用角色特質

假設我們為你筆下的女英雄莎卜和她的跟班萊斯特寫一段簡單的說明對白，來協助建立下一個關卡。像是：

萊斯特：莎卜！

莎卜：怎麼了？

萊斯特：有人偷了王冠！

莎卜：你知道這代表什麼嗎？

萊斯特：不知道。

莎卜：這代表黑矢回來了。我們得阻止他！

這段對白有夠無聊的。雖然我們從中得知了情境（王冠遺失）和反派（黑矢），卻對莎卜和萊斯特一無所知。角色的言行必須使他們面貌分明，一如真實的人物。為了達到目的，你必須知道他們有哪些特質。

要決定角色特質有很多方法。有些人會建議寫一本「角色寶典」，列出定義角色時可能需要思考的所有事物，包括他們的愛恨情仇、衣食品味、成長環境等等。這是很有用的訓練。不過你最後也許還是會想把這些提煉成更純粹的精華，將每個角色各自濃縮成一張小小的特質清單。你會選擇能在各種情境中保持一致的特質，因為這些特

質決定了他們是怎麼樣的人。有時這些特質會有點相互矛盾，但現實中的人也會有彼此矛盾的特質，虛構角色當然也可以有。我們來幫莎卜和萊斯特加上這些特質看看：

　　莎卜：值得信賴、脾氣差、英勇、激情似火

　　萊斯特：自大、講話很酸、有信仰、衝動

　　現在，我們用這些特質把對白重寫一遍吧──而且最好一次要多用幾個（還記得49號的簡練鏡頭嗎？）：

　　萊斯特：（闖進房裡）諸神在上！莎卜，我有壞消息！（衝動和有信仰）

　　莎卜：（遮住身體）你竟敢闖進我的房間！（脾氣差）

　　萊斯特：隨便啦。看來妳不在乎王冠被偷囉？（自大、講話很酸）

　　莎卜：（看向遠方）這代表我該履行承諾了……（值得信賴和英勇）

　　萊斯特：毘濕奴保佑，拜託不要又跟妳的老相好有關……（萊斯特：有信仰、講話很酸；莎卜：激情似火）

　　莎卜：閉嘴！黑矢傷了我、還有我妹妹的心──我答應她，要是他有膽回來，賭上這條了命也要宰了他。準備好我的戰車！（脾氣差、激情似火、值得信賴、英勇）

　　這樣處理以後，改善的不只是對話。你為角色所選擇的行動，還有他們如何執行，都展現了角色的特質。角色如果鬼鬼祟祟，會呈現在他們的跳躍動畫上嗎？角色如果很憂鬱，他們奔跑時看得出來嗎？或許憂鬱的角色根本不該跑，只該用走的。列出並使用特質清單其實沒有神奇之處，只是代表你很懂你的角色。

87號鏡頭：角色特質

　　為了確保角色的言行展現其特質，請問自己這些問題：

- 哪些特質決定了我的角色內涵？
- 這些特質如何體現於角色的用詞、行為和外表？

圖：Nick Daniel

■ 角色訣竅3：使用人際環狀圖

　　角色不會是獨行俠，他們會彼此來往。凱瑟琳・伊比斯特（Katherine Isbister）從社會心理學中借用人際環狀圖（interpersonal circumplex）作為遊戲設計的工具。我們可以利用這個圖表，把角色關係做成視覺圖像。這個圖表有兩條軸線：友善（friendliness）

和支配（dominance）。以下複雜的圖解顯示了這個圖表中各種特質的位置：

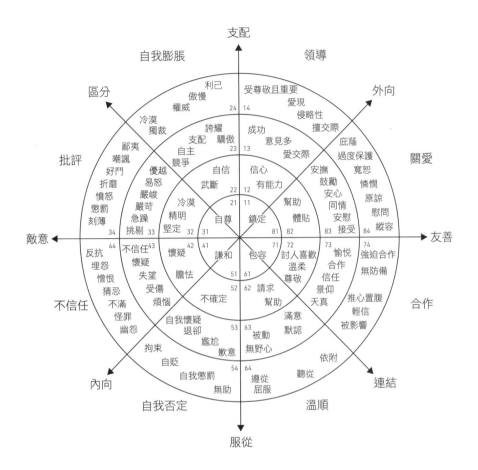

這個工具雖然看起來有點複雜，不過用起來其實很簡單。我們來看看《星際大戰》的韓索羅（Han Solo）與其他角色的關係。因為友善和支配都是相對的個性，需要考慮到特定角色才有意義，所以韓索羅的角色關係圖大概會長得像是

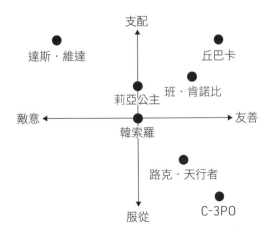

　　像這樣在圖上標出角色，就可以清晰看出他們的關係。你會看到達斯·維達（Darth Vader）、丘巴卡（Chewbacca）和C-3PO的位置都很極端，這種極端也是他們有趣的原因。另外，跟他交流最多的人，在圖上也跟他距離最近。我們又該怎麼理解為什麼在韓的圖上，左下象限完全沒有人呢？另外，路克·天行者（Luke Skywalker）或達斯·維達的圖又會長怎樣？

　　環狀圖並非包山包海的萬能工具，但所反映的問題讓它很適合用來思考角色關係。所以我們也要把它放進工具箱裡

88號鏡頭：人際環狀圖

　　了解角色之間的關係很重要。畫出「敵意／友善」和「服從／支配」兩條軸線，把要分析的角色放在中間，是個不錯的方法。標出其他角色和欲分析角色的相對位置，並問自己這些問題：

圖：Kwamé Babb

- 圖表上有沒有空隙？為什麼會出現這些空隙？填上空隙會不會比較好？
- 圖表上有沒有「極端角色」？沒有的話是不是該加上去？
- 這個角色的朋友們是都在同一個象限，還是分布於不同象限？怎樣做比較好？

■ 角色訣竅4：整理角色網絡

　　人際環狀圖很適合把角色關係視覺化，但角色之間的關係可能存在著很多要素。角色網絡（character web）就很適合拿來探索每個角色對彼此有何感受，以及感受的成因。這個訣竅的概念很簡單：若要分析一個角色，就寫下他對其他角色的想法。以下用漫畫《河谷鎮》（Archie）為例：

◆ 亞契

- 薇蘿妮卡：亞契迷戀她的美貌和氣質。雖然她很有錢，不過亞契在意的不是這個。
- 貝蒂：亞契的真愛，不過她很沒有安全感，一直對亞契釋放混亂的訊號，讓亞契不敢放膽追求。
- 雷吉：亞契不該信任雷吉，不過因為他老是想當好人又容易輕信他人，所以常常

上當。

- 賈格赫德：亞契的死黨。兩個人的共通點為都是弱者。

◆ 薇蘿妮卡

- 亞契：薇蘿妮卡覺得亞契很有吸引力，但有時她跟亞契約會只是為了打擊貝蒂，因為在亞契身邊可以讓她有優越感。
- 貝蒂：薇蘿妮卡信任貝蒂，因為她們是從小到大的朋友。財富和出身總讓薇蘿妮卡得意自己高貝蒂一等，不過貝蒂比她更善良，這又讓薇蘿妮卡很懊惱。
- 雷吉：雷吉是個有魅力的小丑，而且為金錢著迷。但薇蘿妮卡很失望他其實並不尊重也不愛她。
- 賈格赫德：噁心的怪咖——薇蘿妮卡不懂亞契為什麼把他當朋友。薇蘿妮卡常用美食賄賂他幫自己做事。

◆ 貝蒂

- 亞契：她的真愛。不過貝蒂的自尊心低到羞於表露自己的真心。
- 薇蘿妮卡：好姊妹。她有時很差勁又太愛錢，但朋友永遠就是朋友，貝蒂跟她還是很要好。
- 雷吉：貝蒂害怕他的家世和平常在班上招搖的行徑。她覺得自己應該要喜歡他，心中卻偷偷排斥他。
- 賈格赫德：貝蒂覺得他很可愛又好玩，很高興自己的真愛能有這樣的好友。

◆ 雷吉

- 亞契：雷吉的死對頭。雷吉無法理解怎麼有人覺得這個蠢蛋人很好。有時候雷吉會嫉妒亞契的人氣，而且老是在想些小花招贏過亞契。
- 薇蘿妮卡：雷吉覺得她迷人又有錢——他喜歡的是她的財富。
- 貝蒂：雷吉覺得她很可愛，雖然自尊低到讓人掃興，但只要可以贏得她的芳心，就代表他比亞契厲害多了。
- 賈格赫德：雷吉覺得他就是個欠人欺負的人生失敗組，誰叫他還是亞契的朋友。

◆ 賈格赫德

- 亞契：賈格赫德最好的朋友，只有他了解和欣賞自己對美食的熱愛。
- 薇蘿妮卡：亞契喜歡的刻薄女孩。
- 貝蒂：亞契喜歡的好女孩。

- 雷吉：惡霸。

　　雖然要花一點時間，但這點努力顯然很值得，因為角色網絡能讓你想到關於角色之間，有哪些問題是之前沒注意到的。這顆好用的鏡頭可以讓你的角色更有深度。

89號鏡頭：角色網絡

　　為了讓角色之間的關係更加有血有肉，請列出你的角色並問自己這些問題：
- 具體來說，每個角色對彼此的感受如何？
- 有沒有哪些連結還不清楚？我該如何利用這些連結？
- 類似的連結會不會太多？如何讓連結擁有更多變化？

圖：Diana Patton

　　電視影集《LOST 檔案》（*Lost*）和《宅男行不行》（*The Big Bang Theory*）的成功，就是因為深入探索了角色網絡。很少遊戲會認真整理角色間的關係，所以特別值得一試。

■ 角色訣竅5：運用地位

　　目前我們看到的角色訣竅大多來自作家。但對於如何創造有力的角色，有一個職業的知識也不下於作家，那就是演員。很多人都發現，互動敘事和即興戲劇同樣有著難以預料的性質，而即興表演的技巧在設計遊戲時的確也很有用。這些技巧種類繁多，也有一些專書討論。不過在我看來，有一個技巧特別重要，其實不完全是一個技巧，而是一顆鏡頭。凱思・約翰斯頓（Keith Johnstone）在他的經典著作《即興》（*Impro*）裡鉅細靡遺地解釋了「地位」這顆鏡頭。

　　每當人們見面或是互動，都有一場祕而不宣的談判正在進行。我們通常都不會特別意識到，因為這比我們說話的能力還更早出現。我所說的就是地位高下的談判，也就是眼前這場互動由誰來主導？地位的重點不在於你是誰，而是你所做的事。約翰斯頓用了一段對白，清楚呈現這一點：

　　流浪漢：嘿，妳要去哪？
　　女公爵：抱歉，我沒聽清楚……
　　流浪漢：妳是聾了又沒長眼嗎？

你可能會假設流浪漢的地位非常低，但他在這卻採取了高地位者的態度。在任何情境裡，只要有超過兩個人在互動，無論他們的敵友、競合、主僕關係為何，都會發生地位談判。這場談判以姿勢、聲調、眼神接觸以及無數細緻的行為進行，而且幾乎都發生在潛意識之中。最驚人的是，這些行為的意義不分文化都是一致的。

- 典型的低地位行為包括坐立不安、避免眼神接觸、摸自己的臉還有緊張的態度。
- 典型的高地位行為包括放鬆自持、堅定的眼神接觸，另外還有個特別的地方是講話時頭會動也不動。

典型的即興練習會把演員分成兩組，然後混在一起練習——第一組（低地位的人）的眼神接觸只有一瞬，接著就會把視線移開，而第二組（高地位的人）則會彼此進行長久且堅定的眼神接觸。大多數嘗試演練的演員都會很快發現，這場練習不只是在假裝表演而已。低地位組的演員很快就會發現自己覺得低人一等，開始不自覺地呈現其他低地位的特徵。而高地位組的演員則會產生優越感，做出高地位的行為。即便你只有一個人，試著練習在講話時不要搖頭晃腦，或是相反的，在說話時頻頻轉頭，看看兩種感覺如何；你很快就會明白這個概念了。

地位對於個人而言，都是相對而非絕對的。達斯·維達面對莉亞公主（Princess Leia）時會出現高地位行為，但面對西斯大帝時就會採取低地位。

有很多令人驚奇的手法可以用來傳達地位。比如說《無敵金剛》（*The Six Million Dollar Man*）、《駭客任務》和無數的洗髮精廣告裡，都用慢動作來顯示高地位。角色占用空間的方式也能透露地位。低地位角色會前往比較不會遇到別人或是被人注意到的地方。高地位角色則會處在房間裡最重要的位置。

地位就像某種我們擅長到不知自己正使用的密語。問題在於地位是如此的下意識，我們在創造角色時不會想到要讓他們採取這些行為，因為我們通常都不會注意到自己會做這些事。但如果你讓角色如此行動，很快就會發現他們能用一種其他電玩角色不懂的方式了解彼此。

《蒙克歷險記》（*Munch's Oddysee*）就是在遊戲中加入角色地位互動的典範。在遊戲中，你可以控制兩個不同的角色，一個是奴隸，另一個則是坐輪椅的人（低地位）。在整個遊戲裡，你會碰到一堆傲慢（高地位）的敵人，並從追隨你的奴隸（低地位）獲得幫助。觀看這些角色的互動很有趣，追隨者對蒙克或敵人等意料之外的地位翻轉也帶來了許多笑點。雖然表現粗糙，這個遊戲的角色光是能意識到彼此存在，就比很多遊戲厲害了。

互動娛樂幾乎未曾探索過地位的因素。我第一次得知地位的概念，是因為布蘭達·哈哲（Brenda Harger），她是一名傑出的即興演員，也是卡內基美隆大學娛樂科技中心（Entertainment Technology Center）的研究員。她跟學生曾完成過一件了不起的研究，

創造了一個人工智慧角色，能意識到自己和其他角色的地位，並自動採取合宜姿態、行動和個人空間。在目前的電玩裡，無論周圍是誰，大部分角色的行為看起來都一個樣。但下個世代的互動遊戲角色很有可能會看起來更栩栩如生，因為他們都能意識到自己的地位。

在〈第十六章：興趣曲線〉中，我們討論了為何發生戲劇變化的重要的事物具有先天趣味。地位也是重要事物之一。人們會在爭執之中競逐最高的地位（無論想辦法提升自己的地位或是打擊對手的地位），而爭執的有趣之處，正是在於這種地位蹺蹺板。

總之，地位不只是對白而已，還包括了動作、眼神接觸、占據空間，和其他角色的行為。地位是一種看世界的方式，所以我們也該把它放進工具箱裡。

90號鏡頭：地位

人們互動時會依據地位高低而採取不同的行為。為了讓角色更加意識到彼此的存在，請問自己這些問題：

- 在我的遊戲裡，角色之間的相對地位如何？
- 他們如何能夠做出合乎地位的行為？
- 地位衝突很有趣，我的角色是如何競逐地位的呢？
- 地位變動也很有趣，這會在遊戲中的哪裡發生？
- 如何提供玩家展現地位的機會？

圖：Chris Daniel

當然，了解地位不只能幫你洞悉如何創造逼真的角色，也能幫你了解並掌控現實生活中的狀況，比如往後章節將討論到的設計會議和客戶會談。

■ 角色訣竅6：利用聲音的魔力

人聲有著不可思議的力量，能影響我們的潛意識深處。這就是為什麼有聲電影會讓電影從新奇事物，提升成為二十世紀的主導藝術形式。一直到幾年以前，科技才終於進步到在電玩裡加入認真的聲音演出。即使到了現在，遊戲的聲音演出和電影強大的表現能力相比，還是小巫見大巫。

部分原因出自遊戲開發者通常沒有多少機會跟優秀的聲音表演者合作。調度配音員是種很細緻的藝術，需要相當的本領和多年練習才能做得好。但遊戲的聲音表演這

麼薄弱還有另一個原因，就是我們都做好遊戲才來配音。動畫電影會先寫好劇本，接著配音員就開始錄音。錄音的同時台詞會產生變化，也會出現即興創作，然後好的內容會加入劇本中。錄音就位後才會開始設計角色（通常會配合演員的臉部表情），之後才是製作動畫。而我們做電玩遊戲則是反方向，先設計角色和模型，再寫劇本，接著創造基礎動畫，聲音表演總是放在最後一步。這讓配音員的魔法無從發揮，因為他們必須試著模仿從影片上看到的，無法好好呈現自己覺得手上角色會有何行止。配音員變成遊戲創作過程的邊緣而非中心，使得聲音的魔力大打折扣。

那麼為什麼我們進行的流程是反方向呢？因為遊戲開發的過程難以掌控，用聲音為主軸創造角色並配合修改劇本，成本實在太高了。但願隨著時代更迭，我們可以發展出新的科技，讓配音員在遊戲角色的設計中扮演更核心的角色，重新發揮聲音的魔力。頑皮狗工作室（Naughty Dog）就很認真看待這個概念——《祕境探險》系列和《最後生還者》的整個製作期間都進行了好幾十場錄音，而讓配音員參與疊代，顯然也使得這些遊戲的情緒渲染力非同凡響。

■ 角色訣竅 7：利用臉孔的魔力

在所有動物之中，人類的表情最為複雜生動，我們的大腦也有很大一部分是為了處理臉部表情而設計的。就拿眼白來說好了，其他動物都沒有那麼明顯的眼白，而人類似乎是為了溝通而演化出這種特徵。此外，我們也是唯一會臉紅和哭泣的動物。

儘管如此，電玩遊戲卻很少給臉部動畫相應的分量。遊戲設計師關注的都是角色動作，對於情緒很少多想。如果一款遊戲在臉部動畫花了心思（像是《薩爾達傳說：風之律動》），通常都會獲得大量關注。古早 3D 聊天室「OnLive Traveler」的設計師群在繪製角色時，能用的多邊形數量受到很嚴格的限制。每次製作和測試雛型時，他們都會問用戶：「角色還需要更多細節嗎？」每次得到的答案都是：「當然，臉上還要更清楚。」五、六回合以後，角色的身體漸漸縮小到看不見了，只剩下一個怪裡怪氣的大頭；不過用戶卻很喜歡，因為聊天是表達自我的活動，而人臉則是世上最適合表達的工具。

臉部動畫不一定要花很多錢，光是讓眉毛和眼型動起來，就會有很大的效果。但是讓玩家看到角色的臉確實有必要。大部分的化身都不會讓玩家看到臉。《毀滅戰士》（Doom）的設計師群想到的解決辦法，是把化身臉部的小圖片放在畫面下方。比起數字，我們更容易注意到眼角餘光裡的臉部表情，設計師很聰明地讓表情呼應血量，如此一來玩家不必從敵人身上分心，就可以從表情得知自己傷得有多重。

別忘了要把重點放在角色的眼睛，這是表情最重要的部分。我們都說眼睛是靈魂之窗，但電玩角色的眼睛卻常常像死魚一樣呆板。只要讓眼睛活過來，整個角色都會

活靈活現。想讓反派一看就很邪惡嗎？重點也是眼睛。想讓殭屍看起來詭異嗎？那就給它詭異的雙眼。想讓企鵝顯得可愛嗎？好好做一雙可愛的眼睛。關於眼睛還有一件趣事——眼睛會透露人際關係。舉例來說，看看卡通《辛普森家族》（The Simpsons），裡面只要是同一家人眼睛都差不多。眼睛還有很多祕密。好好琢磨一下眼睛，就會看到角色活起來。

■ 角色訣竅8：有力的故事會改變角色

> 人不會變，只是很少流露真心而已。
> ——安妮‧恩萊特（Anne Enright）

好故事的特色之一是角色的轉變。可惜電玩遊戲設計師很少考慮這點。遊戲角色有種定型化的傾向，反派永遠是反派，英雄天生就是英雄。這樣只會寫出很無聊的故事。有些遊戲，比如《神鬼寓言》（Fable）和《星際大戰：舊共和武士》的名聲，正是因為它們就像成功的電影或小說一樣，讓主角在事件中逐漸改變。

當然，不可能每個遊戲的主角都會發生意義重大的改變。但其他角色身上，比如主角的跟班或是反派角色也可以發生改變。想要看清楚遊戲中哪些角色最有潛力發生變化，可以畫一份角色轉變表，把角色放在左排，故事的各個階段則放在上排。接著標出每個角色有可能發生變化的地方。以《灰姑娘》的角色變化為例：

		場景				
		在家	邀請函	舞會之夜	第二天	結局
角色	灰姑娘	悲情受苦的女傭	充滿希望隨後失望	光彩動人的公主	再次陷入悲情受苦	從此過著幸福快樂的日子
	她的同父異母姐姐與繼母	刻薄又自認高人一等	狂喜傲慢囂張	因為不受矚目而失望	妄想穿上玻璃鞋	丟人現眼、不敢相信
	王子	孤獨	依舊孤獨	著迷於神祕女子	瘋狂搜尋	從此過著幸福快樂的日子

藉著時間推移檢視角色，而不只是故事脈絡中，我們會得到獨特的視角，幫我們更了解每個角色。有些轉變小而短暫，有些則大而深遠。思考角色該如何變化並且盡力呈現，你的遊戲故事就會比之前更有張力。角色轉變的觀點，也是我們最後一顆關於角色的鏡頭。

91 號鏡頭：角色改變

我們關注角色的改變，是因為我們在意自己會被什麼改變。為了確保你的角色轉變有趣，請問自己這些問題：

- 隨著遊戲的進展，我的每個角色有何改變？
- 如何向玩家傳達這些改變？能不能傳達得更清晰或是更有力？
- 改變得夠多嗎？
- 這些改變是否驚奇且有趣？
- 這些改變是否可信？

圖：Chris Daniel

■ 角色訣竅 9：讓角色帶來驚奇

在費茲傑羅的小說《夜未央》（*Tender is the Night*）裡，蘿絲瑪麗和迪克有段對話值得我們這些講故事的人留心。一開始，當演員的蘿絲瑪麗問了一個簡單的問題：

「我想知道你覺得我最近拍的片怎麼樣──如果你看過的話。」
「說來話長，」迪克說，「如果妮可告訴妳，萊尼爾病了，妳在現實中會做什麼？一般人會做什麼？他們演戲──用表情、聲音、言詞演戲，他們會做出難過的表情、發出震驚的聲音、說些同情的話。」

「對，我明白。」

「可是演戲不是這樣。劇場裡最優秀的演員，都是靠著誇大那些正確的情緒反應，那些恐懼、愛和同情而搏取名聲。」

「我懂。」但她其實不懂。

「當演員最危險的地方就是回應。我們再假設有人跟妳說，『妳的愛人過世了』。現實中的妳可能會崩潰，但在舞台上妳卻得娛樂大家，觀眾大可自己『回應』就好。演員一開始是照著台詞演出，接著就要吸引觀眾注意自己，讓他們忘掉那些有中國人遇害之類的事情。所以她得做些出乎意料的事。如果觀眾覺得角色很硬，就要演得軟一點；要是他們覺得她太弱，就要硬起來。妳要走出角色，懂嗎？」

「不太懂。」蘿絲瑪麗承認。「你說走出角色是什麼意思？」

「就是做出意料之外的事情，等妳把觀眾的注意力從其他客觀事實抓回自己身上，然後妳才能溜回到角色裡。」

這個建議看起來跟我們所知的說故事或演戲完全相反。我們預期角色的行為寫實而且可信，然而費茲傑羅卻告訴我們，好故事的角色行為要與觀眾的預期相反。不過觀念這完全正確。只要有心尋找，你就會發現其實很普遍。無論喜劇、劇情片還是經典影集皆然。超人氣影集《絕命毒師》（Breaking Bad）基本上就是在演這一套。這也讓驚奇鏡頭有了另一個用法。如果角色的情緒反應與預料不符，我們就會多加注意。而樂趣就是有驚奇的愉悅，不是嗎？如果你希望玩家享受和角色的相處，那就要用設計玩具的方式來設計角色。想辦法讓角色帶給玩家驚奇，玩家就會全心關注角色的一言一行。

■ 角色訣竅10：避開恐怖谷

日本機器人學者森政宏（Masahiro Mori）指出了人類在應對機器人及其他人造角色時，會有個有趣的反應。如果你思考過人們如何運用同理心，可能就會注意到如果一個東西長得愈像人類，人們就愈容易同理。此反應甚至可以畫成這樣的圖：

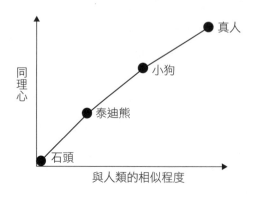

這很合理。東西愈像人，我們當然就愈能產生同理。但森政宏發現了一個有趣的例外——當時他正在研究讓機器人更像人類，但每當機器人變得太像人，比如從類似C-3PO的金屬臉，變成有人工皮膚的外貌時，人們突然就會產生抗拒。這就是下圖的樣子。

森政宏把同理心曲線上的大斷層上稱做「恐怖谷」（uncanny valley）。這種不舒服的感覺也許源於當我們見到看起來太像人類的東西時，大腦會判別其為「病人」，覺得待在旁邊可能會有害。殭屍就是最標準的恐怖谷底居民。

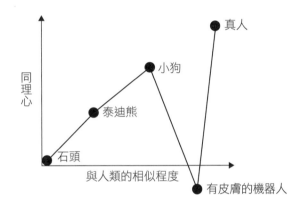

恐怖谷在電玩遊戲和動畫中隨處可見。《Final Fantasy》和《北極特快車》（The Polar Express）等電影的每一格，看起來都漂亮又自然——前提是你只看定格。一旦開始播放，這些電腦繪製的人物就會讓很多人覺得詭異，不知為何就是覺得不對勁——因為這些人物離恐怖谷太近，結果就掉下去了。相較之下，皮克斯動畫工作室的電影裡那些卡通化的人物（魚、玩具、車子、機器人），反能讓人毫無滯礙地產生同理心，因為它們都乖乖跟恐怖谷左邊的小狗待在一起。

電玩人物也很容易出現這種問題，想要模擬現實的遊戲情況又特別嚴重。或許有一天，電玩人物可以逼真到安全抵達恐怖谷的右邊，不過截至目前為止，最好還是小心一點，這道山谷實在有夠深。

角色絕對能讓世界觀更有趣，但要成為一個世界，還需要另一樣事物，那就是存在的空間。

延伸閱讀

- 《Better Videogame Characters by Design》，Katherine Isbister 著。本書巧妙連接了社會心理學和電玩遊戲兩個領域，並提出許多實用的工具和技術，能讓你的角色更有人味。

- 《Impro》，Keith Johnstone 著。如果你以為即興表演都在講愚蠢的笑話，這本書會打破你的成見。即興表演其實是在探討如何即時創造出有趣的情境，換句話說，就是遊戲設計。

- 《漫畫原來要這樣看》，史考特・麥克勞德著。本書是無與倫比的傑作。如果你還沒看過，快點看。

21 世界中有空間
Worlds Contain *Spaces*

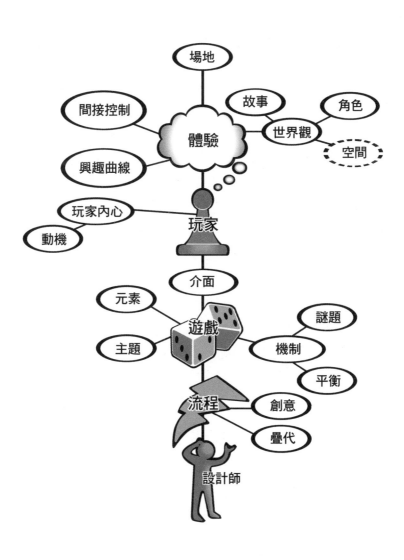

等等，我們不是在〈第十二章：遊戲機制〉就談過空間了嗎？對，也不對。我們討論的是功能空間，但功能空間只是遊戲空間（game space）的骨架。在本章，我們將會探究玩家實際體驗到加上細節後的完整空間。

建築設計的目的

> 沒錯，你要是不怕雨天在院子裡露營，大可蓋法蘭克·洛伊[1]的那種房子。
> ——艾琳·巴恩斯達爾（Aline Barnsdall）

聽到「建築設計」一詞你會想到什麼？大部分的人都會想到大型建築，特別是奇形怪狀的現代建築。人們有時會以為建築師的主要工作是雕塑建築物的外型，而欣賞好的建築設計就像是觀賞博物館的雕塑一樣，只是欣賞外型而已。

雖然外型也是建築設計的一個面向，但跟建築設計的首要目的沒什麼關係。

建築設計的首要目的是控制人的體驗。

如果我們想要的體驗都可以在自然界輕鬆尋得，建築設計就沒有意義了。但是那些體驗並非總是唾手可得，所以建築師設計作品來幫助我們獲得想要的體驗。我們想體驗遮蔽乾爽，所以就有了居所。我們想體驗安全和保障，所以有了牆壁。我們還蓋了房子、學校、賣場、教堂、辦公室、保齡球場、旅館和博物館，不是為了想看到這些建物，而是因為它們能營造出我們想要的體驗。我們說其中一座建築物「設計良好」時，指的並不是外觀，而是我們在裡面可以獲得很棒的體驗。

基於如此，建築師和遊戲設計師這兩種職業就像是近親，都是建立人們唯有進入才能夠使用的架構。建築師和遊戲設計師都沒辦法直接創造體驗，而必須仰賴間接控制來引導人們獲得正確的體驗。最重要的是，兩者所建立的架構都只有一個目的，就是產生令人開心的體驗。

組織遊戲空間

遊戲設計師和建築師更明顯的共通點就是創造空間。儘管遊戲設計師可以從建築師那裡學習到很多方法來創造富有意義與影響力的空間，但也不可能完全遵照所有建築規則，因為遊戲裡的空間並非磚瓦所砌，而是全然的虛擬架構。聽起來無比自由（的

---

1 法蘭克·洛伊·萊特（Frank Lloyd Wright）：美國知名建築師與室內設計師，其「有機建築」的理念為後世帶來巨大影響。他為其客戶艾琳·巴恩斯達爾設計建造了位於洛杉磯的「蜀葵之家」（Hollyhock House）。——編註

確是），但也可能變成負擔。缺少物理限制代表一切皆有可能，但如果一切皆有可能，又要從何著手呢？

有一種方法是從組織遊戲空間的原則開始。如果你對遊戲怎麼玩已經成竹在胸，這就很簡單。只要用〈第十二章：遊戲機制〉的26號功能空間鏡頭來檢視遊戲，並以此為骨架建造遊戲空間就可以了。

但你也可能還在思考如何設計功能空間——或許你的遊戲設計還在初期階段，正希望把地圖畫出來，可以幫你更清楚遊戲應該如何運作。這種時候，遊戲設計師會用五種常見方法來組織遊戲空間。

1. **線性**：使用線性遊戲空間的遊戲多得驚人，這些遊戲讓玩家只能沿線前進（或許也可以後退）。有時線有頭尾兩端，有時則會頭尾相銜。以下是一些知名的線性遊戲空間：
   a.《糖果樂園》（*Candy Land*）
   b.《地產大亨》
   c.《超級瑪利歐兄弟》
   d.《瘋狂噴射機》（*Jetpack Joyride*）
   e.《吉他英雄》（*Guitar Hero*）

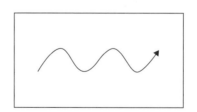

2. **格子**：使用格子安排遊戲空間有很多好處。玩家很容易理解，東西也可以排列整齊並保持適當比例，而且格子對電腦來說也很容易理解。格子不見得要是正方形的，長方形、六角形（常見於戰爭遊戲），甚至三角形都可以。以下是一些知名的格子遊戲：
   a. 西洋棋
   b.《GBA大戰》（*Advance Wars*）
   c.《卡坦島》（*Settlers of Catan*）
   d.《薩爾達傳說》（任天堂紅白機版）
   e.《當個創世神》

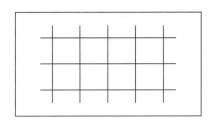

3. 網狀：網狀安排指的是在地圖上標出一些地點，並用路徑連接起來。如果你想讓玩家造訪數個地方，又想讓他們有不同的方式可以前往，這個做法就很有效。有時沿著路徑會發生有意義的旅程，不過也有些旅程是用瞬間移動處理。以下是一些知名的網狀遊戲空間：

a. 狐鵝棋（Fox and Geese）[2]

b.《猜謎大挑戰》（Trivial Pursuit）

c.《魔域》

d.《企鵝俱樂部》（Club Penguin）

e.《益智方塊》（Puzzle Quest）

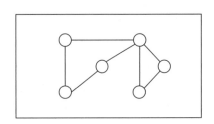

4. 空間中的點：這類遊戲空間比較罕見，通常是為了讓玩家像玩 RPG 一樣在沙漠中漫遊，偶爾才回到綠洲。在玩家可以自行定義遊戲空間的遊戲裡，這種空間安排會比較常見。以下是一些例子：

a. 硬地滾球（Bocce）

b.《深淵薄冰》（Thin Ice，一款要使用紙巾和沾水彈珠的桌上遊戲）

c.《兩極》（Polarity，一款利用磁鐵的桌上遊戲）

d.《動物森友會》

e.《Final Fantasy》

2　狐鵝棋是歐洲的一種不對稱棋戲，有許多不同版本，最常見的版本是一方執一枚狐棋，一方執四枚鵝棋（亦有稱犬棋或羊棋）。狐方目標為移至棋盤另一端的底線，鵝方目標則為讓狐方無法移動。——譯註

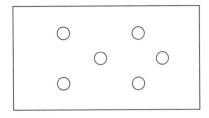

5. 分割空間：這種遊戲和真正的地圖最像，通常用於意圖重現真實地圖的遊戲。做
　法是把空間切割成不規則的區塊。以下是一些使用分割空間的遊戲：

　a.《戰國風雲》（*Risk*）

　b.《軸心與同盟》

　c.《黑暗之塔》（*Dark Tower*）

　d.《薩爾達傳說：時之笛》（*The Legend of Zelda: Ocarina of Time*）

　e.《文明帝國》

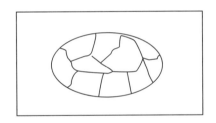

　　這些組織原則常會互相搭配，以創造出有趣的新型遊戲空間。《妙探尋兇》（*Clue*）
就結合了格子和分割空間兩種模式。而棒球則是結合了線性結構和空間中的點。

■ 關於地標

　　思考如何組織空間時有個重點：地標在哪裡？最初的文字冒險遊戲《巨洞冒險》
（*Colossal Cave*）裡有兩種不同的迷宮。第一種迷宮裡每個地方的描述都是「你身在曲折
的迷宮裡，每條通道看起來都一樣」。另一種迷宮同樣令人迷惘，每個地方的描述都
是「你身在曲折的迷宮裡，每條通道看起來都不一樣」。太過混亂和太過工整都一樣
單調乏味。《巨洞冒險》的玩家很快就學到要在迷宮裡留下東西當作地標，才有辦法
找到出路。設計良好的遊戲空間都會內建地標，幫助玩家知道自己正往哪裡去，同時
也可以讓空間看起來更有趣。玩家會記得並討論地標，因為地標會讓空間變得難忘。

▋ 克里斯托佛・亞歷山大是天才

建築師克里斯托佛・亞歷山大（Christopher Alexander）一生都在研究空間如何讓我們心生感受。他在1979年出版的第一本書《建築的永恆之道》（*The Timeless Way of Building*）裡，試著描述設計巧妙的空間和物品之間有什麼獨特的共通特性。他說：

> 想像在冬日的下午，你的身邊有一壺熱茶、一盞檯燈，還有兩三個大枕頭可以靠著。現在，讓自己感到舒適。不是你用來跟別人炫耀說自己有多享受的那種舒適。而是你自己真心喜歡的那種舒適。
>
> 　你會把茶放在伸手可及，但又不會打翻的地方。你會壓低檯燈把書本照亮，但又不會太亮，這樣你才不會直接看到燈泡。你會把抱枕墊在身後，仔細擺在自己喜歡的地方，撐住後背、脖子和手臂：這樣你才能舒舒服服躺著，好好啜飲熱茶、看書、做個好夢。
>
> 　如果你不辭辛勞仔細、認真安排這一切，那種玄妙才可能會浮現。

準確說出這是怎樣的感受不太容易，但只要體驗到了，大部分的人都知道那是什麼感覺。亞歷山大指出，具有玄妙特質（the nameless quality）的事物通常都有這些面向：
- 感覺**栩栩如生**，彷彿充滿能量。
- 感覺**很完整**，彷彿沒有缺少任何東西。
- 感覺**很舒服**，待在周遭讓人心生愉悅。
- 感覺**很自由**，沒有不自然的拘束。
- 感覺**渾然天成**，彷彿原本就是應該如此。
- 感覺**無我**，與宇宙相互連結。
- 感覺**恆常不變**，彷彿總是且永遠如此。
- **沒有內在矛盾。**

最後一點「沒有內在矛盾」對任何設計師都至為重要，因為內在矛盾正是所有不良設計的核心。如果有個裝置的目的是讓生活更簡單，結果卻很難用，這就是內在矛盾。如果有個東西的目的是有趣，結果卻很無聊或令人洩氣，這就是內在矛盾。優秀的設計師必須仔細消除內在矛盾，不能習慣其存在，也不能藉口放行。因此，我們要把這顆鏡頭加進工具箱，以便消除內在矛盾。

92號鏡頭：內在矛盾

好遊戲不能包含妨礙遊戲根本目標的特性。為了清除相互矛盾的特質，請問自己這些問題：

- 我的遊戲有什麼目標？
- 我的遊戲中每個子系統各有什麼目標？
- 遊戲中有沒有事物和這些目標相互矛盾？
- 如果有的話，應該如何修改？

圖：Nick Daniel

　　亞歷山大進一步說明，為了做出真正傑出的設計，就必須透過疊代和觀察事物的用法。換句話說，迴圈法則在建築學和遊戲設計上都同樣有效。他舉了一個在複雜建築群中鋪設步道的系統為例：「先不要鋪設任何步道，種上草坪就好。一年過後再回來，看看人們在草皮上踩出了哪些小徑，那兒就是該鋪設步道的地方。」

　　亞歷山大的第二本書《建築模式語言》是他最有名也最有影響力的著作。大自「城鎮分布」和「農業谷地」，小至「帆布遮陽棚」和「敞開的窗戶」，書中總共舉了253種能呈現那種玄妙特質的建築模式。《建築模式語言》中驚人的廣度與細節讓讀者對自己與日常世界的互動有了全新的看法。這本書也深深影響了許多遊戲設計師。我自己在建構《卡通城Online》的世界時也很迷惑，直到讀了這本書才豁然開朗。據說威爾·萊特（Will Wright）為了想要實驗書中羅列的模式，才設計了《模擬城市》（SimCity）。整個電腦科學中的「設計模式」（design patterns）運動，也是受到這本書的啟發。你讀完以後又會創造出什麼呢？

　　僅是指出玄妙的存在，並未令亞歷山大滿意，他在後來的著作中，更深入研究那種特殊的感受究竟從何而來。他列舉了上千種不同事物，按照是否具有那種感受分門別類，再仔細探究其間相似之處。如此，他從這些事物萃取出了十五種共通的根本性質，在《生命的現象》（The Phenomenon of Life）一書中詳細闡述。書名來自他對那種玄祕性質的洞見：有些事物之所以讓我們覺得特別，是因為具有與生物相同的某些特質。同樣是生物的我們，自然會對具有生物特有特質的事物心生共鳴。

　　深入探究這些特質的細節會超出本書的範疇，不過思考你的遊戲是否具備這些特質還是很有趣和實用。這些模式大多跟空間和質感的特質有關，光是思考如何運用在遊戲中，就是很棒的心智訓練。

■ 亞歷山大列舉「有生結構」的十五種性質

1. **尺度層級**：尺度層級（levels of scale）可以在「鑲嵌目標」（telescoping goal）中找到。鑲嵌目標的意思是玩家要完成短期目標，才能往中期乃至於長期目標推進。之前在碎形興趣曲線（fractal interest curves），還有巢套遊戲世界（nested game world）的架構中都出現過這個性質。《SPORE》這款遊戲就是尺度層級的交響樂。

2. **有力的中心**：視覺布局當然需要一個有力的中心，不過故事架構也同樣需要。玩家化身是遊戲宇宙的中心，而我們通常都偏愛有力而非軟弱的化身。在遊戲目的也就是玩家的目標上，我們也希望具備有力的中心。

3. **界限**：很多遊戲根本上都與界限有關！確實，任何牽涉到領域的遊戲，都是在探索界限。但規則又是另一種界限；遊戲如果沒有規則，就根本算不上遊戲。

4. **交替重複**：這個性質包括西洋棋盤上美觀的花紋，還有許多遊戲裡關卡→魔王→關卡→魔王的迴圈。甚至138頁下圖所示的緊→鬆→緊→鬆模式，也是種令人愉悅的交替重複。

5. **正向空間**：關於這點，亞歷山大的意思是前景和背景裡的元素，形態都應該像陰陽一樣美麗而互補。某種程度上，平衡得好的遊戲都具備這種特質，因此各種策略輪番展現時才會呈現出環環相扣的美感。

6. **美好形態**：意思跟聽起來一樣，就是具有賞心悅目的形態。我們當然希望遊戲中的視覺元素能有這種形態，不過在關卡設計中同樣可以看到和感受到。設計得好的關卡會讓人覺得「紮實」並有「良好的轉折」（good curve）。

7. **局部對稱**：和整體對稱的鏡像不同，局部對稱（local symmetry）指的是設計中許多微小的內在對稱。《薩爾達傳說：風之律動》的空間架構就具有這種感覺——當你身處一個房間或區域時，裡頭看起來是對稱的，但與其他場所的連結又感覺是有機的。規則系統和遊戲平衡同樣可以具備這種性質。

8. **深層的連鎖與歧義**：這代表兩件事物的纏結緊密到相互定義彼此，如果去除一件，另一件也不會維持原樣。許多桌上遊戲，比如圍棋就是這樣。棋子在棋盤上的位置，只有在考慮到對手的棋子時才有意義。

9. **對比**：遊戲中有很多種類的對比。對比存在於對手之間、可控與不可控之間、獎勵與懲罰之間。如果遊戲中的雙方對比強烈，玩起來也會更有意義，也更引人入勝。

10. **漸進**：這種性質的意義在於改變要逐步發生。逐步增強的挑戰曲線就是一例，設計妥當的機率曲線也是。

11. **樸實**：如果遊戲太過完美，就會缺乏個性。充滿手作感的「房規」常常能讓遊戲顯得更生動。

12. 仿似：仿似（echo）是種討喜、一致的重複。如果大魔王和他的爪牙之間有某些共通點，我們就會體會到其中的仿似。漂亮的興趣曲線也具有這種性質，特別是具備碎形特徵的種類。

13. 「空」：誠如亞歷山大所言：「但凡完滿如一的事物，根本的核心都是如水一般「空」（void）。『空』的深度無窮無盡，和周圍那些紛沓的事物與組織形成對比。」就像教堂或是人心一樣。魔王之所以傾向在空無一物的廣大空間現身，正是因為這會讓我們體驗到「空」。

14. 簡明與內在安定：設計師總是不斷強調簡明對遊戲有多重要——通常少數幾條規則，就能創發出眾多性質。當然，這些規則必須妥善平衡，才能像亞歷山大所描述的內在安定（inner calm）。

15. 不可分割：意思是某個東西和周遭環境緊密連結，彷彿合而為一。我們應該讓遊戲的每一條規則和每一個元素都具備這種性質。如果遊戲中每件事物都符合這點，就會變得完整如一，讓遊戲彷彿有了生命。第11號的一貫性鏡頭很適合用來確認遊戲是否不可分割。

亞歷山大在建築學上的見解之於設計遊戲空間時相當有用。不過正如我們所見，他所謂好空間的那些性質，在遊戲設計的其他面向也都適用。我在此只能略提一下他的見解。閱讀他的諸多著作，會讓你在遊戲設計上獲得更多啟發。請使用這顆鏡頭來協助你記住他精闢的觀點。

93 號鏡頭：玄妙

有些事物讓人們覺得美好而特別，是因為其渾然天成的有機設計。為了確保你的遊戲具有這些性質，請問自己這些問題：

圖：Chris Daniel

- 我的設計是否感受得到特殊的生機，還是有些地方感覺死氣沉沉？怎麼做能讓我的設計更栩栩如生？
- 我的設計中具備哪些亞歷山大的十五種性質？
- 我的設計能不能透過某種方式加入更多這些性質？
- 我的設計中哪個地方感覺有我自己的存在？

現實和虛擬建築的對照

　　亞歷山大在建築學上的「深層根本觀點」很有用，也很適合用來深入檢視某些虛擬建築才有的特點。細看熱門電玩遊戲裡的空間，會發現它們多半非常奇怪。裡頭存在大量未利用的空間，許多建築特徵不但詭異又危險，還跟外在環境毫無實際關聯，有時一些區域甚至會發生物理上不可能的自相重疊。

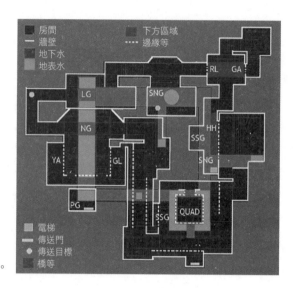

現實中沒有人
會把房子蓋成這樣。

　　看看那些詭異的空曠區域跟一堆水，現實中的建築師大概會覺得只有瘋子才會蓋出這種離奇的建築結構。但為什麼我們打電動的時候不會注意到建築布局這麼奇怪？

　　因為人類的心靈很不擅長把3D的空間轉換成2D的地圖。不信的話，你可以試著把自己家、學校或工作場所之類熟悉的地方畫成地圖看看。大部分的人都會覺得很困難，因為我們在記憶空間時，本來就是使用相對位置而非絕對位置來記憶。我們知道哪扇門可以通往哪個房間，至於沒有門的牆後有些什麼，我們都不太能確定。因此，3D空間畫成2D藍圖是否符合現實，並不是很重要。重要的只有玩家置身其中時的感受。

■ 弄清楚大小

　　當我們處在現實空間裡，許多線索——諸如光線、陰影、材質、立體視覺，和最重要的身歷其境，都會讓天生的尺寸感發揮作用。但在虛擬空間中，尺寸就沒有這麼明顯了。因為虛擬空間少了很多現實空間會有的線索，所以很容易創造出讓人以為比實際尺寸還要更大或更小的虛擬空間。玩家也很容易因此感到困惑或失去方向。我跟學生和其他剛開始打造遊戲世界的新人常有以下對話：

虛擬建築師：我的世界看起來滿奇怪的……但是我不知道為什麼……

我：嗯，看起來問題出在尺寸；那部車子對馬路來說太大了，那些窗戶對大樓來說也太小了。說起來，那部車子到底有多大？

虛擬建築師：不知道……差不多五單位？

我：那麼一單位是多大？

虛擬建築師：不知道。都是虛擬的……有差嗎？

某方面看來他說的也沒錯，只要世界裡所有事物的比例都正確，虛擬單位可以是英尺、公尺、腕尺（cubit）或藍色小精靈的帽子都沒差。但只要任何東西的尺寸不對，或是讓你懷疑尺寸不對，這個問題就很重要了，因為你得回來比對現實世界的東西。因此，遊戲裡最好還是使用你在現實生活中非常熟悉的單位——對大部分的人來說就是英尺或公尺。這樣做可以省下很多時間和心力，因為當你用公尺當作單位，而車子的長度多達十單位時，馬上就可以知道問題在哪裡。

不過有時遊戲世界的元素雖然比例恰當，玩家卻還是會覺得尺寸不對。這種情況中錯誤通常發生在以下幾個地方：

- 視線高度：如果你把第一人稱遊戲的虛擬攝影機放得非常高（離地超過兩公尺）或非常低（離地少於一·五公尺），整個世界看起來就會失真，因為人們都習慣假設化身的視線高度和自己的差不多。

- 人和出入口：這兩者是最強烈的尺寸線索，畢竟出入口就是設計來給人通過。如果你的世界裡都是巨人或是小個子，就會混淆玩家的尺寸感；如果你把遊戲中的出入口做得非常大或非常小，也會引起相同的困惑。如果遊戲中沒有人、出入口或是其他常見大小的人造物，玩家常會有點搞不清尺寸。

- 材質比例：設計遊戲世界時有個常犯的錯誤是材質（texture）的尺寸不對，如牆上的磚塊太大，或是地上的磁磚太小。請確定你用的材質尺寸符合現實世界。

■ 第三人稱失真

虛擬空間的設計還有另一個特殊之處。我們對自己身體的大小與所見世界之間的關係，各自發展出一種天然的認知。而當我們玩第三人稱電玩遊戲時，我們可以看見自己的身體，這時大腦會做一件奇妙的事：讓我們同時身處兩個空間，一面投射在角色的身體，又一面飄浮在我們身體後方約二·五公尺之處——同時這種詭異的感覺還讓我們覺得非常自然。另外，看得到遊戲中自己的虛擬身體雖有許多好處，卻會讓我們的比例感變得很奇怪。在開闊的戶外場景，這可能還不太明顯。但只要我們試著在正常大小的室內空間操縱角色，整個空間就會感覺異常擁擠，像是開著車在房子裡繞來繞去。

問題：這個房間對第三人稱視角來說太小了

奇怪的是，多數玩家不會發現這是第三人稱化身系統的問題，反會認為是房間太小。那有沒有方法可以調整房間，使其在這種特殊的視角下看起來比較正常呢？

解方1：放大房間與家具

解方1：放大房間和家具的尺寸。 把所有牆面和家具的尺寸放大，確實會騰出更多空間讓人走動，但也會讓玩家覺得化身變得像兒童一樣小，因為正常尺寸的椅子和沙發都變得太大。

解方2：房間變大，但家具尺寸不變

解方2：放大房間的尺寸，但家具尺寸不變。現在房間變得空蕩蕩，家具都擠在一團看起來孤零零的。

解方3：房間變大，家具尺寸不變且分散開來

解方3：放大房間的尺寸，家具尺寸不變但分散開來。這樣看起來有好一點，房間不再空蕩，不過物品之間的空間大得不太自然，房間裡看起來有點零落。

解方4：房間變大，家具尺寸變大一點且家具更為分散

解方4：放大房間的尺寸，也放大一點家具的尺寸，並分散家具位置。最早使用這個解方的是《江湖本色》（*Max Payne*）的設計師，效果很好。如果用第一人稱視角，看起來有點怪，但從第三人稱視角來看的話，這招就很適合處理因為視點遠離身體而導致的比例失真。

▌關卡設計

　　這章也差不多到了尾聲，但我們還沒談到關卡設計。或許我們其實談過了？說實話，我們一直都在討論關卡！不只這一章，而是這整本書。關卡設計師負責的就是妥善安排建築結構、道具、挑戰，讓遊戲好玩又有趣；換句話說，就是確保挑戰、獎勵、有意義選項以及任何好遊戲的基礎，其品質和數量都恰到好處。設計關卡其實就是遊戲設計的實作細節；這並不容易，因為魔鬼總是藏在細節裡。每個遊戲的關卡設計都各不相同，因為世上沒有相同的遊戲。但如果你把關於遊戲設計所知的一切都用在關卡設計上，運用各種鏡頭來詳加檢視，就可以看清關卡該如何設計最好。

延伸閱讀

- 《The Timeless Way of Building》，Christopher Alexander 著。這是適合任何設計師參考的天才建言。亞歷山大的書就該從這本讀起。
- 《A Pattern Language》，Christopher Alexander 等著。讀完這本書，你看世界的眼光就不一樣了。前一本讀完趕快接這本。
- 《The Nature of Order》，一至四冊，Christopher Alexander 著。未來的世代應該會驚訝我們竟然沒能在亞歷山大在世的時候重視這套書。這套書請放在最後讀。
- 《Level Design for Games: Creating Compelling Game Experiences》，Phil Co 著。這本詳實的著作滿滿都是關於細節設計和遊戲文件的實用建議。

22 | 有些介面能創造<u>親臨感</u>

Some Interfaces Create a Feeling of *Presence*

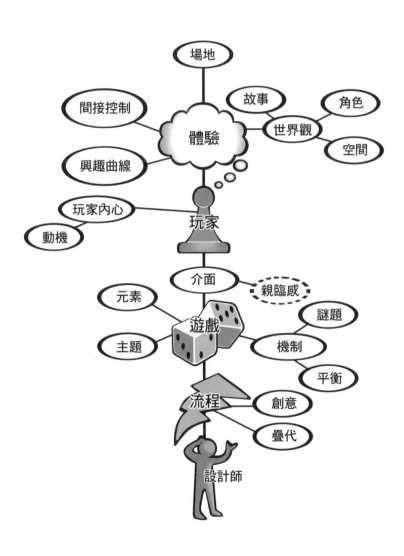

　　你如何知道自己是身在現實，還是幻覺之中？我們生活中每天都充滿幻覺——照片、影片甚至3D電影。特別是影片和電影，更有著吸引知覺、迷惑心靈的魔力。不過影片和電影再怎麼逼真和迷人，我們也不會愚昧到相信它們就是發生在真實生活周遭的現實。因為我們還是可以看到並感覺到自己的身體和我們所見的影像並不在同一個地方。我們的心靈或許會對這些體驗產生投射，但肉體不會。不過在夜幕低垂後的夢境之中，我們會進入另外一種幻覺。儘管夢的邏輯和現實有許多落差，從沉夢中乍醒的那一刻，其真實感仍會讓我們嘴角含笑，或是恐慌尖叫。夢境的幻覺和清醒的幻覺大不相同。在夢裡，我們不只會感受到豐富的影像與聲音（而且完全沒用上眼睛和耳朵），還有氣息、味道與觸感，以及更多東西。在夢裡，我們會彷彿身歷心靈所生的幻覺，而相信夢中的景象與事件皆是現實。

　　人們傾向相信虛擬實境（VR）和擴增實境（AR）都是設計來愚弄視覺的科技。但其實說它們是設計來愚弄身體的科技，應該更為準確。當然，不是身體本身，而是心靈對身體的感知。這種感知的專業術語稱為「本體感」（proprioception），詞彙誕生於1906年，源自拉丁文，意思是「感覺到自身」，是一種很強大的知覺，因為我們身體和世界的關係，讓我們定義大部分的自我認同，以及判斷執真執假。「打我一下看是不是在做夢」的說法，說的正是眼睛與心靈都可能被幻覺愚弄，但身體所遇到的一定是真實的。

　　VR和AR的魔法不只是3D影像而已。畢竟從1838年發明立體眼鏡（stereoscope）以來，3D影像就存在了。兩者的魔法在於讓我們的身體走入模擬出的世界。這一點如此重要，是因為我們不只是靠大腦思考，也同樣會靠身體來思考，頗為出人意表。傳統的遊戲（兒童遊戲、體育競賽、派對遊戲）常會用到身體，但大部分數位遊戲用到的身體動作說有多麼少，就有多麼少，唯一會用到的身體部位，大概就是動來動去的手指。但身體的親臨感其實非常重要，VR開發者最看重的就是玩家在遊戲世界中的無意識行為。VR玩家停下來思考如何破解謎題時，常會隨意靠在虛擬的桌子或檯面上，然後突然意識到現實中沒有桌子，結果差點跌倒。當然，他們不是在理智上相信那邊有張桌子，但沉浸在3D世界中的親臨感卻真實到會讓潛意識把虛擬的物件當真。這種親臨感雖然心理學目前還所知不多，但正是VR魔法的陣眼。

　　那麼AR呢？關於VR和AR到底何者會對遊戲界帶來最大的影響，一直是很熱門的辯題。雖然本書寫作時，VR在遊戲上看起來大有可為，因為它可以帶著人走入幻想世界，不過還是常常聽到有人說：「我對VR沒興趣，我想要的其實是AR。」他們的意思是，身體進入虛擬世界並沒有那麼吸引人，他們想要的是讓虛擬的人和物走向自己，在現實世界中和自己相伴。這個想法很好理解——讓身體進入另一個世界的概念讓一些人感覺很棒，但也會讓一些人覺得既不舒服也不安全。不僅幻想世界可能令

人感到詭異或可怕，當意識集中於虛擬世界時無法掌握自己在現實世界中的身體，這點也相當讓人不安。我們可以說，AR體驗是把虛擬事物帶來身體「這裡」，而VR體驗則是把身體送往虛擬「那裡」。如果把「現實／虛擬」和「這裡／那裡」畫成兩個軸，我們就能在圖表上看到現實與介面之間四種不同的關係：

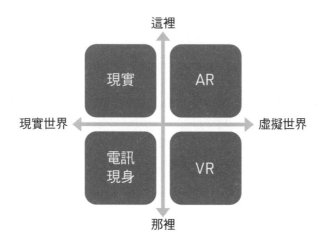

不同的遊戲體驗當然會屬於不同的象限。目前為止，「電訊現身」[1]的象限還沒有多少遊戲，不過誰知道以後會怎麼樣呢？或許有一天電訊現身的機器人會普及化，開啟新的遊戲類別。

身為遊戲設計師，我們隨時都在創造新的現實，每一種模擬都是種新的現實。所以我們應該好好整理一下，我們可以創造的多種現實：

- **邏輯現實**決定了因果規則。
- **空間現實**決定了如何在空間中移動。
- **本體感現實**決定了身體位在何處的感受。
- **社交現實**決定了如何與他人互動。

先前的章節討論過如何創造出有說服力的邏輯現實和空間現實，之後的幾章則會討論社交現實。不過，親臨感的力量所創造的本體感現實也非常特殊，值得我們仔細思考。親臨感或許比我們乍看之下還重要。畢竟，有些人會說幸福的祕密是「親臨覺察」，冥想的人也說只要每天「時刻親臨」，生命的意義就會展現。

1　電訊現身（telepresence）：將遠端的現場傳輸給另一端的使用者，並利用傳輸技術操作遠端的機器人等設備。——譯註

親臨感的力量

當有新的媒體形態出現，人們還是會複製過去的模式。電影剛發明時，人們還只會拍攝舞台表演，並未意識到剪接才是這種新媒體的核心。網路影片剛發明時，人們拍攝長達三十到六十分鐘的昂貴節目，並不知道大家想看的是簡短的素人影片。同樣地，現在我們有了VR和AR，許多人想把主機、電腦和手機遊戲上成功的那一套複製過來，卻不了解VR和AR有著全新的核心。VR和AR的核心正是親臨感。

六種摧毀親臨感的因素

然而，這些科技也不是輕易就會產生親臨感。親臨是種脆弱的幻覺，是種只須些許尷尬互動就會煙消雲散的魔術戲法。如果你想要設計以親臨感為核心的體驗，就必須考慮到一個令人不安的觀念——親臨感可能比遊戲性更重要。還記得17號玩具鏡頭嗎？就算沒有任何遊戲性，只要有了親臨感，玩家就會樂於擺弄遊戲世界中的元素。但如果親臨感被破壞或是干擾，玩家就會意識到自己不過是戴著頭戴式裝置，而且無論遊戲性多麼好，都還是有可能覺得體驗令人不耐。這對很多遊戲設計師來說難以想像，因為他們的信仰就是遊戲性至上。不過請你試想：如果VR或AR體驗最重要的是讓玩家感覺親臨虛擬世界，而親臨感的幻覺卻破滅了，那你還能提供什麼體驗呢？只要花過時間研究這些新型媒體，就會理解親臨感的幻覺有多脆弱，必須花多少心思才能維持。因此我在此列出了親臨感的六大威脅。

■ 摧毀親臨感的因素1：動暈症

仔細想想，動暈症是個不可思議的怪現象。當身體面對或眼睛看到不尋常的動作（前者比如搭船、搭車、雲霄飛車，後者比如IMAX電影或VR賽車），人會漸漸感到噁心，最後甚至可能會嘔吐。為什麼會嘔吐，而不是打噴嚏、發冷、刺痛或其他各種生理反應？而且到底為什麼會出現反應？答案是所謂的「中毒假說」。有些毒素（比如某些蕈菇）會擾亂大腦神經，導致內耳用來偵測加速和旋轉的纖毛所輸入的資訊，跟視覺系統所輸入的資訊對不上。這些毒素在人類演化的過程中一定造成了很大的麻煩，因為遠古本能很聰明地把大腦設定成會在中毒當下嘔吐，以保住我們的性命。問題是，不只有毒素會造成這種感官脫節，在車內閱讀、搭乘迴旋椅（Tilt-a-Whirl）、嘗試某些VR體驗都可能產生相同的效果。至於AR體驗，目前不太可能造成動暈症，因為大腦觀測動作需要視野外側邊緣的資訊，而AR比較不可能提供給此處錯誤資訊。不過，隨著科技進步AR的視野愈來愈廣，也將會觸發這種神經毒素的控制機制。

　　我們有辦法干擾這種機制嗎？導安寧（Dramamine）之類的藥物做得到，但斯伯丁·格雷（Spalding Gray）曾指出用這些藥物「無法精準打擊」，沒辦法只解除特定的腦部活動，而且這些藥物也傾向讓玩家產生嗜睡和脫節感。或許有一天（我猜大概2060年吧）我們會發明某種沒有副作用的奈米技術來抑制動暈症機制，不過在那之前還是得忍耐。每個人發生動暈症的原因都大不相同，但只要注意以下的關鍵，就有可能創造美好的體驗，而不會造成「動作不適」。

1. **增加影格率**（framerate）。試著把每秒60格設為可接受的絕對最小值，而目標應該設為每秒至少90格。這當然不容易，而且硬體設備落差也很大。但我不管這個。人的眼睛和頭都能動得很快，如果低於這些影格率，大腦就會發現哪邊不對勁。有些人會不同意，堅持大腦根本分辨不出這麼高的影格率有什麼差別，畢竟絕大多數的電影都是每秒24格。如果你有這種想法，試試看這個實驗。請你找個晚上，走到使用日光燈的路燈下，把球丟到空中。路燈每秒會閃爍50到60次。燈光看起來像是一直亮著，但如果你注視著球，就會清楚看到每一次的閃爍。其實你也可以不用出門。只要把滑鼠前後甩動，看著螢幕上的游標。螢幕每秒大約會更新60次，所以這時你就會看到游標的位置並不連貫。大腦感知動作的方式非常困難複雜，在VR的新世界裡，每秒不到60格的影格率已不可行。

2. **避免虛擬攝影機移動**。我懂。你想做第一人稱射擊、賽車遊戲或是在太空裡纏鬥。這些都需要在實體攝影機（也就是玩家雙眼）靜止不動的同時，讓虛擬攝影機四處疾馳。猜猜這會發生什麼事？只要眼睛和耳內纖毛之間的資訊產生脫節，玩家就會覺得噁心。沒錯，這就代表有很多遊戲玩法都行不通了。不過也請記得，VR每拿走一樣東西，都會給予一樣過去辦不到的事物。即便距離不長，能在整個環境中移動頭和身體，還有親手操作虛擬物件，是令人驚奇的體驗。在VR眼鏡的局限裡做設計需要一些創意，但只要想做，還是可以做出完全不會引起動暈症的強大體驗。我並不是說VR體驗完全不能有空間的移動，只是創作起來很有風險，你必須付出額外努力才能讓玩家有舒適的體驗。

3. **如果攝影機非動不可，不要加速**。耳內纖毛有個有趣的特徵，就是只會偵測到加速，卻偵測不到速度。它們分不出以時速128公里在高速公路上奔馳，和安靜坐著有什麼差別。耳內纖毛只感受得到加速和減速而已。九〇年代後期我在幫迪士尼探險編寫《阿拉丁魔毯VR冒險》的移位動作系統時，就利用了這一點，讓魔毯盡可能保持線性運動。雖然某種程度的加速有其必要，所以多少免不了引起一些動暈症。不過這種情形並不常見，因為整場體驗也只有五分鐘，大部分的人都可以忍受五分鐘的輕微虛擬動作，不會產生太多不適。但是如果在家裡玩，五分鐘就太短了。很多玩家在家裡玩VR時，都會想玩到超過一個小時，而動暈症的

症狀會累積。

4. **遮住視野邊緣。**你是否曾坐在公車或火車上，突然感覺自己在移動，一抬頭才發現你的車子根本沒動，真正在動的其實是旁邊的車？之所以會產生這種動作感，是因為大腦會利用視野邊緣來判斷我們的移動。聰明的VR開發者已經發現，如果用俗稱的「暈影」(vignette)把視野邊緣遮好，就能大幅減少畫面的動作不適感。第一個使用此技術的商業化遊戲是《獵鷹翔翔》(*Eagle's Flight*)。這個技術不是萬靈丹，有時候也會讓玩家分心，因而破壞親臨感。但只要在適當的時機使用，例如當玩家全神貫注於前往特定地點時，就不會注意到它的存在。

5. **謹慎使用遠距離即時傳送。**既然虛擬動作會造成動暈症，遠距離即時傳送就是個明顯的移動選項了；玩家可以快速到達另一個地方，又不會造成動暈症，豈不是完美的解決方法？可惜不是。遠距離即時傳送對親臨感的破壞力強得驚人。你的意識似乎透過建立你所處空間的3D心智模型，來產生親臨感的幻覺。但這必須在觀察過空間後才可行。遠距離即時傳送對親臨感的影響很微妙，不過每當你按下遠距離即時傳送鍵，抵達一個從未親臨的地方，都要花一些時間環顧四周環境，才能找回親臨感。所以，雖然遠距離即時傳送確實能預防動暈症，但就過往經驗來看，也會削弱我們最想保有的親臨感。借用《神祕博士》的話來說：這是種廉價又險惡的空間旅行形式。

6. **最後無論做什麼，請保持地平線平行。**無論在虛擬還是現實中，都有某些動作特別容易刺激動暈症這種警戒機制。像滾木桶一樣旋轉攝影機，讓地平線在玩家眼前翻筋斗，就是通往噁心國度的最快捷徑。所以請不要做這種事。內耳裡負責平衡的半規管對旋轉特別敏感，所以基本上最好避免讓虛擬攝影機轉向跟玩家腦袋相異的方向。VR獨特的地方之一，就是玩家可以轉身——真正的轉身！不論何時，請讓玩家實際旋轉身體來環顧所處環境，盡量避免旋轉虛擬攝影機。

認真考量動暈症的問題非常重要。不只是因為動暈症會干擾我們投入關愛努力創造的體驗，更是因為其影響非常深遠。很多人都有吃東西反胃的心理陰影，即使過了許多年甚至幾十年，光是看到或想到那種食物，仍然會讓他們身體感到噁心。人類的意識把毒素入侵看得非常嚴重，如果玩家潛意識認為你的遊戲有毒，這輩子都會避開它，因為光是想到都會讓他們的胃開始翻攪。

■ 摧毀親臨感的因素2：反直覺的互動

當然，不管要做什麼遊戲，我們都希望互動可以清楚且符合直覺，但VR遊戲的要求又更高了。令人困惑或是違反直覺的物理互動，會立刻破壞親臨感。VR遊戲裡玩家的互動方式和現實相符與否，重要性遠遠大過在螢幕上玩的遊戲。舉例來說，

在傳統的冒險遊戲裡，物件通常都只有一個功能，比如螺絲起子就只能用來拆裝螺絲。刀子只能用來切東西。這是一種「鎖鑰相配」的概念。但如果親臨感的現象成了主導，身體就會認為虛擬世界是真的，期待更多豐富的互動。我們在謝爾遊戲工作室（Schell Games）曾研發過一款間諜主題的VR遊戲，叫做《祝你早死》（*I Expect You To Die*），裡面有個謎題需要拆下汽車中控台的面板。我們在玩家視線內放了一把螺絲起子，期待玩家會用它來達成目的。然而，我們發現很多玩家會用手套箱找到的折疊刀來拆面板。這讓我們很驚訝，因為我們當初對這款遊戲的思考太像傳統的非親臨冒險遊戲了。相反地，我們的玩家卻因為親臨感，而覺得可以像現實中一樣用刀子當螺絲起子，這在遊戲裡似乎再自然不過。我們一開始處理得很失敗，這個問題嚴重破壞了沉浸感。為了讓玩家用刀子拆面板，我們需要徹底改變謎題架構，所以最終幫敘事者加了一段對白：「我看你用刀子發揮過不少創意，但我不覺得你有辦法拿它拆螺絲。」這樣有點逃避問題，而且還是會稍微破壞親臨感，不過至少我們認可了玩家的嘗試，並請他們換個策略。其他互動的處理就好多了，比方開槍打破香檳後，碎掉的玻璃就可以用來切東西；用打火機點鈔票時，鈔票會燒起來。玩家很愛把物件用在物件上，如果可以把這些互動處理得像現實一樣，就能讓他們開心。如果不行的話，就會讓他們想起「這只是遊戲」，進而破壞親臨感。唯有透過反覆測試，才能發現這些深入的互動。製作可以自然而然和物件進行豐富互動的小遊戲，比起製作互動性薄弱到會摧毀親臨感的大遊戲，要來得明智多了。

■ 摧毀親臨感的因素 3：刺激超載

很多玩家都渴望緊張刺激的動作場面，而這在許多遊戲中也都是重要的樂趣來源。VR是傳達這種樂趣的強大方式，但有些設計師卻不了解VR可以做得多刺激。我們的大腦裡有個特殊的腦核專門負責注意移動靠近身體的物件。你可以請別人把手放在你的臉旁邊（用自己的手就沒效了），就會感覺到那個腦核開始運作。傳統電玩遊戲無法啟動那個腦核，但VR或AR卻可以。我們最害怕的事情中，有許多都跟發生在身體上有關，而VR會讓玩家覺得這些事情真的發生了！VR可以讓人覺得身體真的從高處落下、沉沒水中、被蜂群包圍、被詭異的怪物碰觸。這些事情雖然緊張刺激，但也可能讓玩家受不了，想要扯下頭戴式裝置，停止體驗。一旦有人覺得「太過頭了——我要停下來」，你就無法再吸引他們了，他們的內心會不斷像父母一樣低聲叮嚀：「這是假的……這是假的……」這意味著玩家意識會積極反抗你努力想創造的親臨感。

■ 摧毀親臨感的因素 4：音效失真

如果我拿起一枚虛擬硬幣，在手中轉來轉去，只要它看起來夠逼真，我就會真心沉浸其中。但如果我弄掉了硬幣卻沒發出聲音，就可能會想起這個世界是假的，親臨感也會隨之毀滅。反之，如果虛擬硬幣在鵝卵石地上彈來彈去的同時，也發出逼真的叮噹聲，親臨感就能繼續維持。聽覺和觸覺的關係十分密切，所以你的意識會利用聽覺來判斷身體的位置。換句話說，耳聞才能為憑。

■ 摧毀親臨感的因素 5：本體感脫節

本體感不只是你對自己身體位置的感覺，也包括了你對自己身體姿勢的感覺，比如意識到自己是坐著、站著或是翹著腳。在螢幕上打電玩不會用到本體感；而在VR遊戲中，現實和虛擬中的身體必須一致，才能維持親臨感。如果你坐著玩一款角色需要在房裡走來走去的VR遊戲，光是尺寸比例就會讓身體困惑，進而發現這些都是假象並摧毀親臨感。如果實際的身體坐著，但虛擬的頭卻離地一‧八公尺，你的身心都會認為你飄在空中，不然就是這個世界非常小，因為即使你現在和一個高大的成人兩眼相對，身體也會知道一旦你站起，整個人身就會高達二‧四公尺！你的意識知道這不可能，就會出現周圍一切都很小的奇怪感覺。

另一種類型的本體感脫節（Proprioceptive disconnect）牽涉到虛擬物件穿過玩家身體，例如玩家身體通過虛擬的桌子。玩家不會喜歡身體被虛擬物件穿過的感覺，他們一開始會覺得不知所措，接著潛意識裡的恐懼就會讓他們身心都覺得不安，這樣一來親臨感很快就毀了。而最快讓本體感脫節的方法，就是讓玩家看見自己詭異的虛擬身體。如果你對自己身體的視覺感跟自己本體感之間出現落差（假裝的手腳姿勢跟現實的手腳姿勢不同），你的意識很快就會將虛擬實境斥為虛假。比起格格不入的虛假身體，不要顯示身體反而會比較好（而且基於某些原因，人的大腦並不太在乎這點）。你可以把這看成是VR化身的恐怖谷效應。

■ 摧毀親臨感的因素 6：缺乏同一感

親臨感是種身在某處的全面感覺。不過要身在某處，必須先身為某人。親臨感和同一感（identity）密不可分。VR電影導演常常不了解這件事。如果螢幕上的電影有兩個人坐在桌前講話，我們觀看的時候會覺得很正常。因為我們已經習慣把使用螢幕的媒體當成一顆飄在半空中、不會被演員看到的眼睛。但同一部電影如果用VR來拍，這下你就會注意到自己的身體，並且開始好奇「為什麼這兩個人不理我？他們看不到我在這裡嗎？」接著，你在這個世界的親臨感會立刻讓你好奇自己在其中的同一感。如果沒能處理好玩家的認同感，這個問題就會一直嘮叨地提醒著玩家，他們其實不在其中。

六種建立親臨感的方法

雖然消滅所有會破壞親臨感的因素對你想要呈現的體驗十分重要，但這樣做還不夠。親臨感不會憑空發生。營造親臨感就像只用打火石和火種來生火，需要耐心保護和鼓吹。以下六個技巧可以有所幫助。

■ 建立親臨感的方法1：手部親臨感

VR和AR兩種科技都不只用到雙眼，而是牽涉全身，所以在體驗裡如何運用身體，就變得非常重要。人類和世界互動最主要的方式就是透過雙手。還記得玩的定義嗎？「能滿足好奇心的操作」。「操作」的英文「manipulate」，來自拉丁文的「manus」，意思就是手。看到自己的手時會有一種特別的感覺油然而生。「清明夢」（lucid dream）是意識到自己正在作夢，卻還是繼續作夢的特異經驗。大部分的人都不容易做清明夢，因為在我們發現自己正在作夢時，夢境往往迅速消散。而熱中清明夢的人在發覺自己做夢時，普遍用以穩定夢境的技巧，就是盯著自己夢中的雙手。看見自己的手，似乎能幫助意識確信這個世界是立體和真實的。VR和AR體驗的差異，也在於前者只能看見世界，後者可以伸手碰觸世界。手的影響強烈到VR開發者常把這種力量稱為「手部親臨感」（hand presence）。為了產生手部親臨感，某種程度的手部追蹤（hand tracking）絕對必要，但只有這樣還不夠。玩家必須能夠有意義且自然地操作周遭環境，才會產生最強烈、完美的手部親臨感。這需要在設計上深思熟慮，深入了解意識和雙手之間的關聯。舉例來說，我們使用工具時，意識就不會再想著雙手，而是會延伸到手中工具的頂端。精明的VR設計師就會發覺，這意味著在使用工具時，玩家就能接受看不見手。你能不能舉出哪些VR體驗有或沒有用到這個技巧？大多數玩家都記不得，因為他們根本沒注意到看不見手了。

■ 建立親臨感的方法2：社交親臨感

人類是社交動物，我們的大腦有很大一部分都是專門在處理臉部表情和身體姿勢。VR和AR可以創造一種比螢幕視訊電話更自然的特殊電信通訊，因為我們能感覺到其他人也在現場。在VR和AR上自然地用口語和手勢與他人交談是一種很特別的體驗，等到世上有了數以千萬計的連線頭戴式裝置，這種體驗就會變得很普遍。即便是最基本的電話，都能創造某種親臨感，因為它可以讓人感覺自己正與遠方的人共享某種社交空間。和共享同個空間的人交流目光及觀察對方的姿勢和動作，如此所產生的親臨感能讓人和空間更為逼真……如果我們還可以互相傳遞物件的話，就再好不過了。

■ 建立親臨感的方法3：熟悉感

還記得我們說過為了產生親臨感，必須觀察四周環境以讓意識能建立內在的3D模型嗎？只有對不熟悉的地方才需要這樣做。如果你是身處車內、速食店櫃台或籃球場之類早就很熟悉的地方，你連看都不用看，大腦就會補上所有細節，快速建立起親臨感。正如我們前面的討論，遊戲中的新奇感很重要；不過恰到好處的熟悉感，特別在所處周遭環境，能夠帶來驚人的強烈親臨感。

■ 建立親臨感的方法4：逼真的音效

無論你平常在遊戲中會做多少聲音設計和整合，製作VR體驗時都必須準備多做一倍，因為唯有投入這麼多聲音設計的努力，才有辦法創造與遊戲物件互動時的真實感。這一部分是因為空間音響（spatialized sound，聲音來自特定地點的幻覺）在VR體驗中的影響力與重要性，但也有部分是因為聲音逼真與否和情境關係甚大。小房間和大房間裡的回聲相當不同。碰撞聲更是取決於情境。錢幣掉到木桌上跟掉到玻璃桌上，聽起來就差很多。這種差異在螢幕上玩的遊戲可能不太明顯；但是在VR遊戲，細節就決定了親臨感是否穩固。

■ 建立親臨感的方法5：本體感一致

本體感脫節會損害親臨感，但本體感一致（proprioceptive alignment），意即虛擬身體和現實身軀彼此對應得當的話，就能建立強烈的親臨感。《祝你早死》這款遊戲的設計是讓玩家坐著遊玩，所以我們開發的腳本都是坐在桌前或車裡等地點，這麼做的確大幅增強了親臨感。還有很多遊戲實驗了各種新方法讓本體感端正。比如說射箭遊戲就會把箭支放在你背後的箭袋裡，你為了拿到新的箭，必須把手伸到背後抽箭——這個動作很自然且本體感上也很端正。隨著科技進步，腳步和全身追蹤成為常態以後，本體感端正將會更重要，同時也能帶來更強大的親臨感。

■ 建立親臨感的方法6：喜劇風格

雖然聽起來奇怪，不過在喜劇風格的世界裡建立親臨感，會比嚴肅風格的世界容易。有一款在各種工作環境做愚蠢任務的早期VR作品《工作模擬器》（*Job Simulator*）就說明了這一點。在卡通化的喜劇風格世界裡，沒有人會指望一切正確。說實話，探索那個世界的瘋狂規則，就是樂趣的一部分！在《工作模擬器》的早期版本中，有個廚房場景裡放著一把刀和一些蔬菜。玩家看到當然會想要切菜。開發這個場景對技術人員挑戰不小，因為每一刀下去都會切出隨機的幾何形狀。開發者決定如果玩家試圖切菜，刀子就會無預警碎裂，利用怪誕的喜劇效果，來避開此一問題。在嚴肅風格的

世界裡，這樣做會破壞親臨感，因為完全不像真實的世界。但在喜劇風格的世界裡，這種怪事只會強化怪誕世界的法則，進而強化玩家的親臨感。

鼓勵玩家觀察四周

蘭迪．鮑許（Randy Pausch）早在1996年研究迪士尼的《阿拉丁魔毯VR冒險》時就指出，剛接觸VR的玩家普遍對轉頭觀察四周感到猶豫，或許是因為我們大半輩子以來，習慣了享受螢幕媒體娛樂的最佳方式，就是坐直面對眼前的內容。除此之外，打造需要玩家觀察環境的媒體是一種細緻的藝術，大部分的VR設計師都不見得做得好。而且，很多早期VR體驗的影格率都很低，玩家的頭需要文風不動才不會引起動暈症。

給玩家四處觀察的理由很重要，這樣可以幫助玩家的內心建立3D模型，促進親臨感形成。新玩家一開始雖然都不太願意，但你可以逐步引導。《祝你早死》的做法，是把玩家擺在他們不會指望可以隨意走動的位置。如果玩家可以向前走，他們就會向前看；你要把他們留在原地，他們終將開始看看周圍。《祝你早死》有一關發生在停好的車裡，玩家坐在駕駛座，一開始會檢查眼前有什麼──方向盤、油門和煞車。不過當玩家發現這些都沒有用處，就會開始逐步探索車子：查看排檔桿、手套箱、副駕駛座，最終他們會好奇後座有什麼。大部分玩家一旦開始探索車內，就會被VR世界的真實感嚇到。熟悉感和觀察四周似乎可以共同建立親臨感。相對地，如果這個遊戲的主題是開車，我就很懷疑親臨感能不能這麼快產生了──動暈症可能還比較快。

你不只需要讓玩家有理由觀察四周、查看有趣的事物並與之互動，還要讓他們有機會仔細檢查各種東西。很多設計師會想幫玩家一把，而傾向一開始就把所有東西攤在玩家眼前。不過別忘了位置追蹤（positional tracking）的威力。在我們的遊戲裡，玩家除了轉頭，還有很多探頭探腦的理由，包括了數個手套箱、後座的物件、字體很小的文件、讓物件掉落到車子地板上的物理學，甚至需要傾身向前的視網膜掃描器（然後如果你沒把頭移開，就會發出雷射光想要殺你），我們用了各式各樣的方法來鼓勵玩家在環境中探頭探腦。

考慮實施紙箱測試

很多開發者都知道，如果接下一個未知數太多的遊戲專案，就必須在時程表上留下很多時間來處理的各種新發現和問題。VR和AR專案的未知數非常多，必然需要很多時間來實驗和修改。不過有趣的是，既然你試著模擬現實，其實可以在現實中從

做中學！尚恩·帕頓（Shawn Patton）開創了這個稱作「紙箱測試」（brownboxing）[2]的技術，做法是用一大堆舊紙箱在現實世界中模擬VR場景，接著像使用紙上遊戲測試雛型一樣進行遊戲測試：找個人主持遊戲，告訴你碰觸、拿起或操作不同物件時發生了什麼事。這個方法沒辦法測試到所有事，但可以幫你快速得知玩家想怎麼用雙手與場景互動，以及可以碰觸到什麼東西。在完成紙箱疊代後，就可以將測試結果的數據輸入建模程式，這樣你第一個「白箱測試」數位雛型就會有良好的基礎。

尚恩·帕頓與馬特·馬洪（Matt Mahon）在測試《祝你早死》的潛水艇關卡

▍不同硬體會帶來不同體驗

你在VR和AR上所創造的體驗，幾乎取決於你選用的輸入方式。系統是單純使用遊戲控制器、或是使用手持動作追蹤控制器（motion-tracked hand controller），還是直接追蹤你的手部動作，都有截然不同的效果。玩家需要乖乖站好的系統所創造出來的體驗，和玩家可以自由走動的系統也大不相同。除此之外，處理器的能力、聲音的傳遞方式和其他許多因素，也都會造成根本性差異。

很少有VR體驗可以輕易在不同的VR輸入系統之間互通。因此，如果你想創造絕佳的VR體驗，應該先選好輸入系統，以其為中心設計遊戲。沒錯，這代表你的遊戲會很難移植到其他平台，但在你挑選的平台上，卻能有奇佳的表現。

還記得62號的透明鏡頭嗎？以下這顆很適合一起搭配使用。

---

2 典故來自軟體測試中的白箱（white-box）和黑箱（black-box）測試，前者是為了測試程式的外部結構和運作，後者則是為了測試程式的外部功能。——譯註

93½號鏡頭：親臨感

親臨感看不見摸不著，稍縱即逝又脆弱如蚍蜉，卻是人類體驗的中心。為了記得玩家究竟身在何處，請問自己這些問題：

- 我的玩家是否正在體驗親臨感？親臨感可以更強烈嗎？
- 我的遊戲有哪邊會減弱或破壞親臨感？
- 我的遊戲有哪邊可以建立或增強親臨感？

圖：Josh Hendryx

撰寫這個版本時（2019年），VR和AR系統才剛開始被視為重要的遊戲平台。這一章有可能在幾年之內就變成笑柄，不過我還是認為跟你們分享這些想法很重要。因為VR和AR雖然不太可能成為最主流的電玩遊戲硬體，但所提供的強烈親臨感使我確信，它們將會成為遊戲設計中不可動搖的重要領域。即便形式和技術的演變極快，我仍然相信，親臨感的重要性對這些平台而言將歷久不衰。

鑑於遊戲體驗的外觀和感受對於親臨感的影響甚鉅，所以接下來是談談美學的好時機。

23 世界的外觀與感受取決於美學

The Look and Feel of a World Is Defined by Its *Aesthetics*

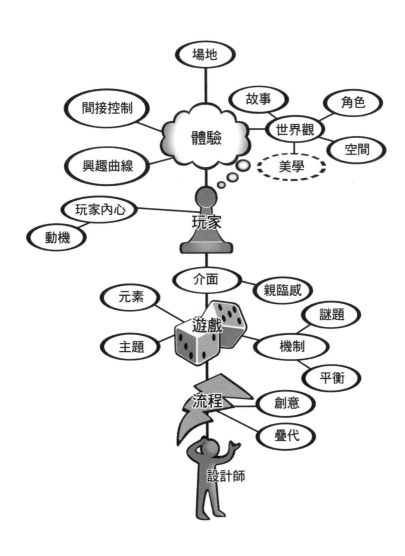

莫內拒絕手術

醫生，你說巴黎的路燈
沒有光暈圍繞，
我的眼前是老病
所致的苦
我卻說此番光景
引我遇逢煤氣燈的天使，
你遺憾我看不到的銳利
皆為朦朧紗漫驅逐，
我曾知曉的地平線
俱成空無，
水天之遙也融通合一
花了五十四年
我才看清盧昂的座堂
是用太陽的烈芒所建，
如今你卻要規復
我少艾的愚痴：
重拾高下的執見與
六方的幻念，
分別紫藤
與托依的橋樑
說什麼才能令你相信
國會大廈總在
夜幕低垂溶為
泰晤士河流動的夢？
我不要回去那個
事物互不相知的宇宙，
假裝孤島不是大地
走失的子女。世界
變幻無常，而光摸了什麼就成了
水，成了水上的蓮花，
在水上水下，

成了粉紫絳紅豔黃

湛白天青的燈，

穿越陽光向彼此

揮出小小的快拳

讓我用畫筆上

長長的流髮追逐

畫出光的速度！

重量在我們形體拉成的線條筆直

與空氣一同焚燒

骨骸肌膚衣衫全變作

煙氣。醫生，

但願你見得

天空如何擁大地入懷

心如何綿綿延張

將世界納入無盡的氤氳紫氣

——莉瑟‧穆勒（Lisel Mueller）

美學的價值

　　美學是四元素分類的第三象限。有些遊戲設計師鄙視遊戲中的美學考量，稱其只是「表面細節」，跟他們所重視的遊戲機制沒什麼關係。但別忘了，我們設計的不只是遊戲機制，而是整套體驗，美學考量是讓體驗更為愉快的一環。好的美術設計對遊戲極具裨益：

- 可以吸引原本可能略過本作的玩家。
- 可以讓遊戲世界感覺更立體、真實、傑出，玩家會因此更認真看待遊戲，進而提升遊戲的內生價值。〈第九章：玩家〉裡「感官之樂」那段《軸心與同盟》的故事，就是個好例子。
- 美學之樂絕非微不足道。如果你的遊戲充滿漂亮的美術設計，那麼對玩家來說，光是可以看到新事物，就算得上是一種獎勵。
- 強大的遊戲世界都有某種「氛圍」，雖然不易準確描述，但需要視覺、音效、音樂和遊戲機制的共同合作才能創造。
- 就像世人常無視長相姣好的男女有什麼缺點，如果遊戲的畫面精美，玩家也比較容易容忍遊戲設計的不完美之處。

　　你已經知道不少可以用來評估遊戲美學需要的工具。用途最明顯的當然是71號的美感鏡頭，不過你也可以發揮創意用其他鏡頭來改進或整合遊戲美學。我們先暫停一下，思考看看如果不用鏡頭檢視遊戲機制，而是用來檢視遊戲美術設計的話，可以怎麼做。

- 1號鏡頭：情感
- 2號鏡頭：精髓體驗
- 4號鏡頭：驚奇
- 6號鏡頭：好奇
- 11號鏡頭：一體性
- 12號鏡頭：共鳴
- 13號鏡頭：無盡靈感
- 17號鏡頭：玩具
- 18號鏡頭：熱情
- 19號鏡頭：玩家
- 20號鏡頭：喜悅
- 27號鏡頭：時間
- 38號鏡頭：挑戰
- 46號鏡頭：獎勵
- 48號鏡頭：簡明與複雜
- 49號鏡頭：簡練
- 51號鏡頭：想像
- 53號鏡頭：平衡
- 54號鏡頭：親民
- 55號鏡頭：明顯的進展
- 60號鏡頭：物理介面
- 61號鏡頭：虛擬介面
- 66號鏡頭：傳遞途徑與維度
- 68號鏡頭：片刻
- 72號鏡頭：投射
- 75號鏡頭：簡明與卓越
- 81號鏡頭：間接控制
- 83號鏡頭：幻想
- 84號鏡頭：世界
- 85號鏡頭：化身
- 90號鏡頭：地位
- 92號鏡頭：內在矛盾
- 93號鏡頭：玄妙

讓我們再加一顆鏡頭。

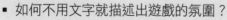

94號鏡頭：氛圍

　　氛圍無形無質，但不知為何卻能籠罩、滲透我們，讓我們成為世界的一部分。為了確保遊戲世界的氛圍能自然而然使人陶醉其中，請問自己這些問題：

- 如何不用文字就描述出遊戲的氛圍？
- 如何利用美術的內容（視覺和聽覺兩者）讓這種氛圍更加深刻？

圖：Ryan Yee

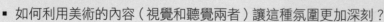

學會觀看

透過各種鏡頭來檢視遊戲的美術設計很有道理，因為創造優秀美術設計的關鍵，正是觀看的能力。看到鹽罐不要只說「這是鹽罐」，而是真的觀看其形狀、顏色、比例、陰影、反射與紋理，看出鹽罐和周遭的關聯、鹽罐和使用者的關係，以及看出它的功能，還要看出它的意義。如同本書一開始討論的深入聆聽一樣深入觀看。

看懂事物真正的樣貌意外困難。最大的原因在於效率。如果需要畢恭畢敬端詳我們看到的每一件事物，盡心盡力諦觀一切微小細節，我們的心會過於全神貫注，以致於做不完任何事。所以為了效率起見，大腦會在事物進入意識之前進行粗淺的分類。當我們看見鹽罐或狗，左腦會把東西先貼上標籤，因為用標籤思考，會比實際端詳事物本身的所有細節和獨特之處容易得多。觀察和思考遊戲的美術設計時，必須學著讓左腦休息，請右腦上場，因為右腦可以看見左腦看不到的細節。貝蒂‧愛德華（Betty Edwards）的傑作《像藝術家一樣思考》（*Drawing on the Right Side of the Brain*）旨在從觀看開始教人們如何畫畫，寫得非常精彩。這是個美妙的正向循環——認真觀看能幫你畫得更好，而畫畫又能幫你認真觀看。

讓美學引導設計

有些人會誤以為在遊戲設計即將完成前，就讓美術人員加入企劃沒有意義。但人的心靈非常仰賴視覺，一張插圖或鉛筆草稿就徹底改變設計過程其實是常有的事，因為遊戲的外觀在觀看者的心靈之眼中與畫在紙上，看起來常有很大差別。有時候，一張概念圖就能激發靈感，把遊戲想達成的體驗統整出來。插圖有時也能清楚呈現介面概念是否可行。就算是拿某項設計來開玩笑的塗鴉，偶爾也能突然變成遊戲的核心主

題。遊戲設計很抽象，但圖片很具體。在把抽象設計轉化成具體遊戲的痛苦過程裡，圖片可以在企劃起步時就簡單有效地把你的設計實際呈現出來。

　　稍微懂些美術對設計遊戲是一大加分，因為你可以畫出草稿，讓人們覺得你心裡的創意就跟紙上一樣清晰。此外這還能讓你成名。成名的遊戲設計師只有兩種類型，第一種是像威爾·萊特、彼得·莫利紐斯（Peter Molyneux）和席德·梅爾這些設計出「好遊戲」的設計師，原因大概是我們很容易把遊戲世界的設計者想成是其中的上帝；第二種就是視覺風格獨特的設計師，比如宮本茂和亞美利堅·麥基（American McGee）。所以，如果你的美術風格獨特討喜，就應該認真考慮把它當作遊戲設計的基礎。

　　但如果（像我一樣）沒什麼美術天分的話呢？如果繪畫的大小天賦你都沒有的話怎麼辦？這種時候，最好的方法就是找個美術夥伴。因為只要能找到一個可以跟你溝通良好的美術人才，就能把你的模糊創意立刻變成具體畫面。這種夥伴關係可說是黃金組合，因為漂亮的畫面只能維持片刻，優秀創意的撼動也僅止於理論層面，但只要用生動的畫面表現精美的創意，就少有人能抵擋這種魅力。紮實的遊戲設計有了漂亮的概念圖就能夠達成以下幾點：

- 讓每個人都看得懂你的想法（你不會真的以為有人會讀完你的設計文件吧？）
- 讓人們看見並想像自己走進你的遊戲世界
- 讓人們期待玩你的遊戲
- 讓人們期待參與製作你的遊戲
- 讓你能取得開發遊戲的資金和資源

　　你現在可能會想，企劃一開始就畫出詳細的美術設計，是不是違反了快速製作雛型的觀念，畢竟在該階段，遊戲元素通常完全都是抽象的。但事情並非如此，圖片只是另一種雛型罷了。這就像玩蹺蹺板一樣——抽象雛型能讓你知道遊戲看起來會怎樣，這會讓你畫出更多概念圖，而概念圖又能讓你想像出遊戲會如何進行，促使你做出新的抽象雛型。如果持續這個循環，最後就能做出美觀又好玩的遊戲，而且美術設計和遊戲性也能完美契合，因為兩者的成長有彼此相伴。

多少才足夠？

　　不過這又讓人想起一個重要的問題：概念圖該有多少細節呢？大部分的美術設計師都會想把作品畫得盡善盡美，可是美麗的藝術品需要很多時間來完成，有時粗略的草稿或模型就足以完成任務了。資淺的美術設計師特別怕畫草稿給人看，擔心粗略的品質會讓人錯估他們的才華。不過畫出簡單、粗略卻有用的草圖，是很值得鍛鍊的技能。

不過當然，有些時候還是需要精美的全彩作品，才能傳達遊戲真正的質感。我曾合作的一名美術設計師有個妙招——他會先畫出大張且詳盡的粗略鉛筆草稿，然後只挑畫面的關鍵元素上色、整理線條和修飾陰影。這麼做可以達成精妙的平衡：人們看到會知道作品的宏觀和複雜度，也能知道細節完成後的品質，幫助他們更容易想像等到整張圖都像該處一樣完整後，看起來會是什麼樣子。

即便等到產品完成，你也需要審慎評估該著重哪些細節，因為放對地方的少數細節，可以讓遊戲世界比原本更廣闊豐滿。約翰・漢區（John Hench）是迪士尼最傑出的幻想工程師之一，他常說誰都可以讓遠處的東西看起來很棒，但拿近看還能一樣漂亮就是功力了。迪士尼樂園的灰姑娘城堡就是一例。遊客從遠處看到，就會被它的美麗吸引。假如近看發現它只是一團粉刷粗糙的玻璃纖維，遊客就會大失所望。不過事實上，當他們走近城堡，映入眼簾的會是出奇華麗的鑲嵌磁磚和精緻石雕，讓城堡顯得奧妙、美麗、如夢成真。

托爾金筆下的世界也以奧妙豐富聞名，這個境界來自一種他稱作「遠山」（distant mountains）的技法。每一本書裡，他都會提到一些地方、人物和事件的名稱，但實際上讀者永遠不會在書中讀到詳細解釋。這些名稱和簡短的描述讓整個世界比原本還要宏大豐厚。當書迷問托爾金為何不幫這些人事物添加更多細節，他的回答是雖然他可以告訴讀者關於遠山的一切，但如果這樣做，就需要為這些遠山，創造出更多的遠山。

▌利用聽覺

思考遊戲的美學時，很容易落入只記得視覺藝術的陷阱。然而聽覺的力量可以非常強大。聽覺回饋遠比視覺回饋更深入肺腑，也更容易模仿觸覺。曾有份研究是請兩組玩家單就遊戲的畫面評分。兩組玩家玩的都是同一款遊戲，唯一不同的地方是，第一組的音質較差而第二組的音質較好。令人驚訝的是，雖然兩個遊戲的畫面一模一樣，但高音質組對遊戲畫面的評分，卻比低音質組要高。

另一個遊戲開發者常犯的大錯是從頭到尾都沒放音樂或音效。〈第七章：創意〉提到蓋布勒想到《黏黏塔》的那招在這邊同樣適用。在開發流程初期就幫遊戲挑好音樂，而且愈早愈好——甚至早在遊戲想法開始成型之前就挑好音樂！如果你能夠挑選出反映遊戲風格的音樂，就代表你的潛意識已經有效率地決定好遊戲玩起來的感覺，換句話說，就是決定好遊戲的氛圍。音樂跟主題一樣能引導遊戲的設計，如果你發現遊戲中有哪個部分跟你覺得對味的音樂相互衝突，就代表應該修改這部分。

平衡藝術與科技

　　現代電玩中藝術與科技的嚴密整合，帶來了一些極具挑戰性的設計問題。科技對美術設計師同時是助力也是限制，而藝術對工程師的影響也一樣。遊戲中有這麼多高科技的藝術元素，會讓人產生放工程師來處理遊戲視覺的衝動──而且他們多半都很樂意。別讓這種事發生！有才華的美術設計師終生的訓練，都是在想像並描繪出完整耀眼的影像。他們看世界的方式和我們完全不同，如同本章開頭穆勒那首詩的生動描寫。只要有可能，就該讓他們掌控美學引擎的方向。我的意思是指你應該忽略工程師對美學的意見嗎？當然不是！讓工程師成為領航員和機械師──讓他們建議新的路徑和捷徑，也讓他們催動引擎，但請讓美術設計師決定目的地並用才華洋溢的雙手掌舵，航向美麗的遊戲。不要只讓工程師包辦時下最紅的陰影演算法，而是讓美術設計師繪製他們想看到的陰影和紋理，然後挑戰工程師能否做得出相符的影像。

　　你需要仔細考量，找到一名科技美術設計師（technical artist）來加入團隊。這個不尋常的職人必須具備藝術家的眼光和程式工程師的腦子。有實力的科技美術設計師可以成為美術團隊和工程團隊之間的橋樑，因為他懂得雙方所用的語言，還能幫忙設計工具，讓雙方都覺得自己對另一邊的工作有所影響。這種平衡絕不可草率處理──處理不好的話，遊戲就會進行得零零落落，不過達成平衡時，玩家就會體驗到前所未見的壯美。

延伸閱讀

- 《The Art of the Videogame》，Josh Jenisch 著。了不起的遊戲史，同時也把創作優秀遊戲所需的層層藝術討論得很有趣。
- 《The Art of Videogames: From Pac-Man to Mass Effect》，Chris Melissinos 與 Patrick O'Rourke 著。這本史密森尼博物館電玩藝術展的導覽手冊，仔細講解了電玩遊戲藝術的歷史。
- 《Drawing Basics and Videogame》，Brian Solarski 著。這本書不只是為美術設計師而寫，也是傳統和數位藝術之間絕佳的橋樑。
- 《像藝術家一樣思考》（木馬文化出版），貝蒂・愛德華著。不會畫畫嗎？每個人都應該會畫畫。跟著書中的教學，你就知道怎麼畫了。

24 有些遊戲會有<u>其他玩家</u>

Some Games Are Played with *Other Players*

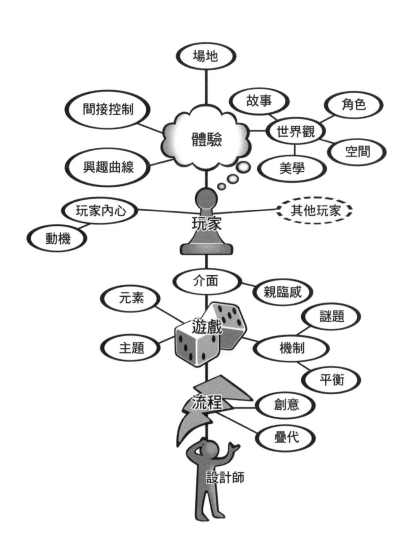

我們並不孤單

我們最好謹記，除了一些微不足道的例外，整個宇宙都是由他人組成的。
——約翰·安德魯·霍姆斯（John Andrew Holmes）

沒有人臨終時會躺在床上說：「老天，真希望我有多花點時間單獨和我的電腦在一起。」
——丹妮·邦登·貝瑞（Dani Bunten Berry）

人類是社交動物，多半會盡可能地避免孤單。在大多數時候，我們都不喜歡獨自用餐、睡眠、工作或是玩樂。行為惡劣的犯人會被單獨監禁，也是因為儘管跟另一個危險罪犯困在牢裡很糟，但是孤單更慘。

數百年來的遊戲設計史同樣反映了這一回事。絕大多數的遊戲，都設計成要與別人合作或對抗。在電腦出現以前，像接龍這種單人遊戲可說是非常少見。

所以電玩遊戲到底怎麼了？這麼多電玩遊戲都只供單人體驗，原因是什麼？科技有什麼特別的地方會讓我們想要放棄愛好社交的天性嗎？當然沒有。事實上，電玩社交化的趨勢非常明顯，每年都有愈來愈多遊戲加入某些多人或社群成分。臉書遊戲和非同步社交手機遊戲的大量增加，也是人性的結果。單人遊戲獨霸似乎只是暫時的異常現象，一部分是因為單人遊戲的互動世界還很新奇，另一部分則是因為遊戲軟硬體上的科技限制。如今愈來愈多遊戲平台可以在網路上互相連線，無法多人遊玩的遊戲，也再次成為異數。隨著科技先進新奇的光彩褪去，會有愈來愈多電子遊戲回歸數千年來人類所持的社交模式。

這是否代表某一天單人遊戲將不復存在？當然不是。很多時候人類會想要獨處——讀書、運動、沉思或者填字遊戲，都是很受歡迎的單人娛樂，而且電玩遊戲與這些娛樂都有共同的成分。只不過人類還是傾向花更多時間社交而非獨處，所以長期來看，遊戲也會是這麼回事。

一起玩的緣由

每個人都是一扇半開的門，通往一個屬於眾人的房間。
——湯瑪斯·特朗斯特羅默（Tomas Transtomer）

人們一起玩顯然是一種天性，而且實際上也是我們比較喜歡的遊戲方式。但原因

是什麼呢？本書到目前為止已經討論了一堆人們玩遊戲的理由，比如喜悅、挑戰、評斷、獎勵、心流、追求卓越等等，儘管其他玩家現身或許會強化其中一些理由，卻沒有一個理由非要他人現身不可。我們跟別人一起玩遊戲究竟是為了尋求什麼？主要的原因可能有五個：

1. **競爭**：提到多人遊戲，我們第一個想到的通常是競爭，而且理由也很充分。因為競爭可以同時滿足好幾種需求跟欲望：

   a. 在公平競爭的環境中進行平衡的比賽（37號鏡頭：公平）

   b. 提供我們值得一搏的對手（38號鏡頭：挑戰、43號鏡頭：競爭）

   c. 提供我們有趣的問題來解決（8號鏡頭：解決問題）

   d. 滿足我們內心深處想在社交圈中確定自己與他人相對程度的需求（25號鏡頭：評斷、90號鏡頭：地位）

   e. 由於人類對手的智慧和技巧，能讓遊戲中出現複雜的策略、選項與心理戰（39號鏡頭：有意義選擇、34號鏡頭：技巧、79號鏡頭：自由感）

2. **合作**：這是競爭的反面，也是廣受喜歡的「另一種」一起玩方式。合作遊戲的樂趣在於：

   a. 讓我們能參與和採用一個人做不到的遊戲行動及策略（比如說，一對一籃球賽就沒什麼意思）

   b. 讓我們享受跟團隊共同解決問題，以及參與成功團隊時，很可能產生的深層愉悅

   雖然有些人覺得合作遊戲還在實驗中，不過這個情形只限於玩家合作對抗的對手是電腦。大多數合作遊戲都照團隊運動的模式進行，玩家可以同時體驗到合作和競爭的樂趣。

3. **見面**：我們都喜歡和朋友相聚，但如果沒什麼事就突然出現，還不得不說些什麼話，其實滿尷尬的。遊戲就像食物一樣，能讓我們有方便的理由碰面、有東西分享、有東西集中注意力，不會讓聚在一起的任何人困窘。遊戲很適合親子一同共享時光；很多友誼的維繫也是靠每週一次的西洋棋、高爾夫、網球、橋牌、賓果、籃球，或者近來的《英雄聯盟》、《決勝時刻》或《填字好朋友》。

4. **了解朋友**：有藉口跟朋友見面固然很棒，但遊戲還可以讓我們做到光靠聊天無法輕易達成的事情——了解朋友的內心與靈魂。聊天的時候，我們會聽到朋友喜歡和不喜歡什麼，也會從他們的故事裡聽到他們和別人做了些什麼。不過朋友也會根據他們認為我們想聽到什麼，而調整說出來的內容。然而跟朋友玩遊戲時，或許能夠窺見他們本來面貌。我們會看到他們如何解決問題、在壓力下如何做出艱難的決定。我們會看到他們怎麼決定何時放人一馬，何時背信棄義。我們也會知

道誰能信賴，誰信不得。柏拉圖說得好：「玩一小時遊戲，比聊一年的天，更能了解一個人。」

5. **探索自我**：一個人玩的時候，遊戲能讓我們知道自己斤兩、發現自己喜好，還有了解自己想改進的地方。但跟別人一起玩的時候，我們可以探索自己在複雜社交情境的壓力中，會做出哪些行為。我是傾向讓今天過得不順的朋友獲勝，還是不留情面地踐踏他們？我比較喜歡和誰組成團隊及為什麼？在大庭廣眾之下被打敗讓我覺得如何？我會怎麼應付？我的策略跟別人的有什麼差別及為什麼？我選擇模仿誰或是發現自己在模仿誰？當我們跟別人一起玩遊戲的時候，可以探索這些以及其他種種問題。這些都不是無關緊要的小事，而是攸關我們如何看待自己，還有如何與人來往。

另外值得注意的是，不一定要每個人都玩遊戲才能滿足上述目的。單是看人玩遊戲，就能產生很好的社交連結。因此，如何服務觀眾就成了非常重要的設計考量。在類似壁爐的場地（起居室），這點就特別重要，因為旁邊的人可能會更想看電視。如果能讓遊戲變成更引人入勝的節目，讓眾人一起歡笑、互相吐槽、幫忙玩家解決困難的問題，你的努力就值得了。此外，愈來愈多的人會在串流平台上看人玩遊戲。觀賞性是個很容易忘記的觀點，所以我們要好好把它加入鏡頭收藏裡。

95 號鏡頭：觀賞性

　　幾千年來，人類都喜歡坐在一起看別人玩遊戲——不過也要遊戲值得一看才行。為了確保你的遊戲值得觀賞，請問自己這些問題：

- 我的遊戲觀賞起來有趣嗎？為什麼有趣？或是為什麼不有趣？
- 如何讓我的遊戲觀賞起來更有趣？

圖：Josh Hendryx

　　相較於單人遊戲，多人遊戲中有個新風險顯得更加重大：作弊。玩家如果在自己玩的時候作弊，只是在欺騙自己；但跟其他玩家一起玩或互相對抗時，作弊就是違反社交契約。如果作弊者被抓到，會遭到其他人唾棄。這可能會讓你的遊戲遭受兩種不同的傷害。首先，如果遊戲有漏洞，就會鼓勵玩家作弊，這會讓玩家感到壓力，因為他們得注意有沒有作弊行為。但易於作弊的遊戲還有另一個更嚴重的問題：如果玩家發現有可能作弊，卻又無法分辨其他人是否作弊，不作弊的玩家就會想退出，因為他

們會擔心不作弊就贏不了。誰會想輸給作弊的人呢？這對所有多人和社交遊戲而言都是很重要的觀點，請用這顆鏡頭來確保遊戲無法作弊。

95½ 號鏡頭：作弊機會

被作弊的人打敗會讓人覺得自己是笨蛋，沒有人想擔心這種事情。為了確保玩家信賴你的遊戲，請問自己這些問題：

- 玩家有辦法在我的遊戲中作弊嗎？怎麼做？
- 如果玩家有辦法作弊，其他人會注意到嗎？
- 玩家信賴我的遊戲嗎？

圖：Derek Hetrick

雖然多人玩法很重要，但你必須謹慎聰明地運用，因為可能相當棘手且難以控制。一般保守的估計是，相較於類似的單人遊戲，多人線上遊戲需要花四倍的心力和經費，因為多人遊戲更難平衡跟除錯。不過只要製作多人玩法的理由清晰明確，這些付出就有價值。如果理由只是「多人模式很酷啊」，可能就得多思考一下。

我們之所以喜歡跟其他人一起玩，還有很多不同且強烈的理由。其中一個理由比本章所列任何理由都強烈，也是下一章的標題。

延伸閱讀

- 〈Testosterone and Competitive Play〉，Dan Cook 著。庫克的部落格「失落花園」（Lost Garden）是充滿詳盡洞見的寶庫，如果想開發包含競爭模式的遊戲，這篇文章格外重要。
  https://lostgarden.home.blog/2009/11/04/testosterone-and-competitive-play/
- 〈Listen…〉，Ogden Nash 著。這首詩總結了多人遊戲設計的真正目標。
  https://www.poemhunter.com/poem/listen/

25 其他玩家有時形成社群

Other Players Sometimes Form *Communities*

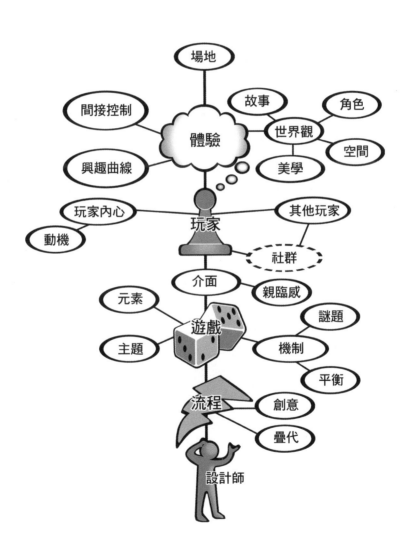

不只是其他玩家

　　遊戲能激發玩家真摯的情感，所以經常形成社群也就不足為奇。社群可能是職業運動的**粉絲**社群、《魔獸世界》或《要塞英雄》(*Fortnite*)等遊戲的**玩家**社群，或是《當個創世神》或《小小大星球》(*Little Big Planet*)等遊戲的**設計師**社群。這些社群可以成為很強大的力量，持續吸引新玩家，讓遊戲的生命延長許多年。

　　不過社群到底是什麼？答案就沒這麼簡單了。社群不只代表彼此認識或做相同事情的一群人而已。你可以每天和同一群人搭火車，卻不會因此產生社群認同。但一群同樣著迷某部深奧電視劇的陌生人，卻可能會讓你產生社群認同。成為社群的一分子是種特別的感受。這種感受不容易描述，不過一旦感覺到了，我們都會知道。曾經有兩名心理學家想更了解社群認同，研究後發現社群認同有四大要素：

1. **身分**：某個明顯區別能清楚顯示你屬於這個群體。
2. **影響力**：成為這個群體的一分子可以讓你有權掌控某些事物。
3. **需求的整合和滿足**：成為這個群體的一分子讓你有收穫。
4. **共享的情緒連結**：你確定自己可以和群體中的其他人共享對某些事件的情緒。

　　雖然這四點無疑都是社群的重要面向，但我有時更喜歡設計師艾美·喬·金(Amy Jo Kim)對社群簡要的定義：擁有共享的興趣、意圖或目標並隨著時間更加認識彼此的一群人。

　　不過，為什麼遊戲設計師會希望自己的遊戲能形成社群？主要原因有三：

1. **參與社群能滿足社交需求**：人們需要覺得自己是某些事物的一分子，而且正如22號鏡頭：需求所言，社交需求非常強大。
2. **「傳染期」更長**：在選購遊戲時，朋友的推薦是影響力最大的因素。遊戲設計師威爾·萊特曾指出，如果我們真的相信人們對一款遊戲的興趣會像病毒一樣傳播，就該研究流行病學。而流行病學告訴我們，如果傳染原加倍，被傳染的人數就會增加十倍。就我們的情況來說，「被傳染」就是購買遊戲。不過遊戲的「傳染期」又是什麼？其實就是玩家興奮到會一直跟每個認識的人聊這款遊戲的時間。加入遊戲社群的玩家傾向長期「維持傳染力」，因為遊戲會深入他們的生活，讓他們得到更多談資。萊特一如既往領先時代，現在社交遊戲和手機遊戲成功的關鍵，就是要能像病毒一樣具有傳染力。
3. **遊玩時數更多**：在多數例子裡，玩家一開始玩遊戲通常是因為遊戲的樂趣，但長期黏著卻是因為社群的樂趣。我曾經跟一個朋友和他的家族去山上渡假。他在路上向我提起他們家熱愛的一種牌戲。當天晚餐後，整家人都聚在一張大桌子旁邊玩牌，我也非常想見識這款他們熱愛的陌生遊戲。他們告訴了我怎麼玩，規則簡

單得讓人啞口無言——基本上就是把牌一直往右傳，直到所有牌按順序排好。遊戲中沒有多少決定要下，也幾乎不需要任何技巧，有時候甚至說不上贏家是誰。我超級失望，不過環顧牌桌，只有我一個人這麼想，每個玩的人都笑語不絕——我突然理解到，這個遊戲不完美無關緊要，重點在於它讓大家聚在桌前，享受彼此的陪伴，讓大家手上有事好做，心卻可以自由交流。一款遊戲如果能產生社群，無論其他品質多麼不足，都會有很長久的壽命。如果你的遊戲依靠定期付費、續集銷售或是小額付費（microtransaction）來獲利，那麼透過社群讓玩家長期遊玩，就非常重要了。

營造強大社群的十個訣竅

社群不但複雜，還牽涉到許多互有關聯的心理現象，不過仍然有些基本觀念可以協助你的遊戲形成社群。

■ 社群訣竅 1：培養友誼

線上友誼的概念看起來很簡單，就像現實中的友誼線上版，對吧？但我們對於友誼的本質了解多少呢？又該如何把友誼轉化到遊戲環境中？為了與他人建立起有意義的線上關係，必須備齊三個要素：

1. **交談的能力**：這聽起來理所當然，但實際上卻有為數驚人的線上遊戲並未提供玩家和他人聊天的功能——因為設計師希望遊戲會產生某種盡在不言中的交流，並以為這樣就夠了。絕對不夠。為了形成社群，玩家必須能自由地彼此交談。

2. **值得談話的對象**：正如你不能假設公車上的陌生人會自然打成一片，假設所有玩家都會想要彼此交流也不切實際。社交媒體的大流行告訴我們，大多數人有興趣聯繫的主要對象：一是朋友，二是名人。你必須清楚了解玩家到底想跟誰聊天，還有他們的理由。根據客群不同，這個問題的答案也大不相同。成人通常想跟能理解他們問題的對象交談。青少年常常是想尋找異性，不然就是想找比普通朋友更有趣的人。而小孩一般都對陌生人沒什麼興趣，只想跟現實生活中的朋友交流。只是了解年齡世代的差異還不夠，你必須了解遊戲所主打的社會化類型。玩家是否想要對手？夥伴？助手？短聊還是長期關係？如果玩家無法找到想聊天的人，很快就會脫離遊戲。

3. **值得討論的東西**：設計良好的聊天室就足以滿足上述兩點。有能力營造社群的遊戲可以讓玩家有源源不絕的話題。這些話題可以來自遊戲本身（比如《填字好朋友》和《你畫我猜》（*Draw Something*）每次玩都有不同內容）、遊戲固有的策略深度

（像是西洋棋社群主要的話題都是討論戰術），或是隨著時間變化的遊戲事件和規則（大型多人線上遊戲和集換式卡片遊戲都是典型的例子）。常有人說：「好的線上遊戲更像是社群而不是遊戲。」這句話並不真確。好的線上遊戲必須在社群和遊戲之間取得良好平衡。如果遊戲不夠好玩，社群就不會繼續討論。反過來說，如果社群對你的遊戲的支持力不足，玩家雖然會喜歡這個遊戲，最終仍然會離開。很多遊戲都是專門設計成跟你的朋友一起玩。不過如何在遊戲裡交新朋友呢？想讓友誼開花長存，遊戲必須能為友誼的三個不同階段提供支援：

- **友誼第一階段：破冰。**兩個人必須先認識才能成為朋友，但第一次的碰面都很不自在。理想的遊戲能讓玩家輕易遇見他們想交的朋友，在低社交壓力的情境下，可以稍微表達自我，這樣大家才看得出誰是自己想來往的人。

- **友誼第二階段：成為朋友。**兩個人「成為朋友」的時機非常神祕微妙──不過幾乎總是和雙方都在乎的話題有關。而在遊戲裡，這些話題通常都跟兩人共同的遊玩體驗有關。讓玩家有機會在刺激的遊戲體驗後聊聊，是最能促進友誼形成的方法之一。在遊戲中加入某種交友儀式，比如將另一名玩家加入「好友名單」，會是很好的做法。

- **友誼第三階段：維繫友誼。**結識和交友是一回事，維繫友誼又是另一回事。為了維繫朋友之間的友誼，必須再次找到他們才能延續交情。在現實世界裡，這通常取決於朋友積不積極，但在線上遊戲裡，需要讓玩家有辦法再度找到彼此。可能的做法包括好友名單、公會或是方便記憶的暱稱。無論何者，只要有用就可以！社群需靠友誼來維繫，而你必須有所行動才能讓友誼在遊戲裡發揮力量。

別忘了，不同的人會想建立的友誼也不一樣。成人通常比較想交興趣相投的朋友，而小孩會比較想跟現實生活中的朋友一起玩遊戲。友誼對社群乃至於對遊戲性都非常重要，值得我們專門準備一顆鏡頭。

96號鏡頭：友誼

人人都喜歡跟朋友玩遊戲。為了確保你的遊戲具備讓玩家結識朋友並維繫友誼的性質，請問自己這些問題：

- 我的玩家想尋找哪種友誼？
- 我的玩家如何破冰？
- 我的玩家是否有足夠的機會彼此交談？他們

圖：Nick Daniel

是否有足夠的話題？
- 玩家成為朋友的時機為何？
- 我能提供玩家什麼工具來維繫友誼？

■ 社群訣竅 2：以衝突為核心

線上遊戲先驅喬納森‧巴隆（Jonathan Baron）指出，衝突是所有社群的核心。運動隊伍能成為堅實的社群，是因為他們和其他隊伍有所衝突。教師會和家長會能成為社群，是因為他們為了讓學校更好而奮鬥。老爺車迷能成為社群，是因為他們都在與無序狀態對抗。我們很幸運，衝突是所有遊戲不可或缺的成分。但並不是所有遊戲裡的衝突都能形成社群。比如說，接龍裡的衝突對營造社群就沒什麼幫助。遊戲中的衝突必須能刺激玩家想證明自己比其他人更厲害（對抗其他玩家的衝突），或者玩家共同合作才有可能解決（對抗遊戲的衝突）。很多遊戲的社群都是同時建立在這兩種衝突上：比如說，集換式卡片遊戲的目標雖然是成為社群中最強的玩家，但遊戲的策略又複雜到能讓玩家花很多時間分享和討論戰術。同樣地，《當個創世神》雖然主要是在合作打造各種東西，但玩家也會想成為社群裡最厲害的人。

■ 社群訣竅 3：用建築學來塑造社群

某些社區的鄰居之間並不太往來。但有些社區卻每個人都認識彼此，而且能夠產生社群意識。差別是住戶個性嗎？不，這種現象多半是因為社區的設計方式。如果社區的設計方便走動，而且確實有設計值得走過去的地方，鄰居之間就更有機會交流。如果社區裡有很多死巷子，直接通過而不加停留的車流往往不多，那麼看到別人經過的時候，就有機會可以好好認識。換句話說，住在這種社區會常有機會遇見同一個人並聊上天。線上世界也可以做出這種設計，除了好友名單和公會以外，你也可以創造一些空間，讓玩家可以一再碰見彼此，並且有時間聊聊。很多大型多人線上遊戲都會設計一些區域，讓玩家出發進行重要任務會固定經過，這樣大家就很容易聚集和閒聊。

■ 社群訣竅 4：創造社群財產

當遊戲中的事物不是只能由個別玩家獨享，而是可以由好幾個玩家分享時，就會鼓勵玩家形成團隊。比如說，遊戲裡個別玩家或許很難買得起一艘船，但組成團隊就能一起擁有。這支團隊實際上就是一個社群，因為他們得經常交流並成為朋友。《星戰前夜》（Eve Online）輝煌的成功，主要就是奠基於社群財產。但財產不一定要設計得

這麼具體——舉例來說，公會的地位也是一種社群財產。

■ 社群訣竅5：讓玩家表現自己

自我表現在任何多人遊戲中都很重要。當然，玩家可以透過遊戲策略和遊玩風格來表現自我，但為何止步於此呢？畢竟，你創造的是一個讓玩家隨心所欲的幻想世界，何不讓他們恣意表現？線上遊戲玩家熱愛造型多變且表情豐富的化身創造系統。在對話中傳達情緒和打字時可選擇字型的系統，也大受歡迎。從《英雄聯盟》到《炫彩穿梭》(Color Switch)，「炫耀商品」都是線上遊戲中的一大關鍵財源。

玩家的自我表現並不限於線上遊戲，比手畫腳(charades)或《猜猜畫畫》(Pictionary)都有很大的表現空間。遊戲設計師尚恩・帕頓曾做過一款桌上遊戲，讓玩家扮演想玩得開心又不能弄得髒兮兮的小朋友。每次弄髒，就得在角色卡上塗上顏色。從編造怎麼弄髒的故事，到根據故事進展為自己的角色著色，都讓玩家獲得很大的樂趣。就連玩《地產大亨》也讓玩家表現自我——雖然遊戲只適合2到8個玩家遊玩，卻有12個不同的棋子，這個方法很容易就能讓玩家有機會可以表現自己。

自我表現極其重要，卻很容易被忽略。請讓這顆鏡頭提醒你讓玩家表現自己。

97號鏡頭：表現

玩家有機會表現自己時，會感到興奮、自豪、自己具有重要性，並和他人產生連結。為了使用這顆鏡頭，請問自己這些問題：

- 我如何讓玩家表現自己？
- 我忽略了哪些方法？
- 玩家有沒有對自己的身分感到自豪？為什麼有？或是為什麼沒有？

圖：Nathan Mazur

這顆鏡頭很重要，我介紹得有點晚了。它很適合跟其他鏡頭一起用，比如71號鏡頭：美感，以及90號鏡頭：地位。

■ 社群訣竅6：服務三個層級的玩家

設計遊戲社群時，你首先必須了解，你其實是要為三種不同體驗層級的玩家，分別設計一款獨立的遊戲。有些人認為玩家還可以分為更多層級，不過這三個層級是最

低限度的數目：

1. **第一個層級：新手。** 剛加入遊戲社群的玩家常會不知所措。他們最初碰到的挑戰並非遊戲本身，而是學習如何玩遊戲。對他們來說，學會玩遊戲在某種程度上就算是一種遊戲了，因此你也有義務盡量把學習流程設計得更有獎勵感。如果沒做到這點，新手會在真正踏入遊玩圈子以前就放棄遊戲，你的受眾也會變得很有限。為了讓新手感覺獲得獎勵且對遊戲產生情感連結，最好的做法就是創造情境讓他們結識比較有經驗的玩家，並發生有意義的互動。有些老玩家會以認識和教導新手為樂，但如果有這種傾向的玩家不夠多，為何不用遊戲內的獎勵來增加協助新手的動機呢？《機甲爭霸戰》(*Battletech*) 的一個線上版本，就用了一種有趣的間接獎勵手法——老玩家的定位是將領，必須要招募自己的軍隊。對於新手來說，受到邀請是榮譽，被派到戰火最密的前線更是光榮——雖然經驗豐富的玩家都已經學會要避開前線。儘管新手在遊戲前線上大都會慘遭屠殺，不過這依然是雙贏，因為將領能夠得到很多「砲灰」，而新手則可以早點嚐到交火的滋味。

2. **第二個層級：一般玩家。** 這種玩家已過了新手階段，完全弄懂遊戲並沉浸於遊戲活動，開始思考如何精通遊戲。遊戲中大多數的內容都是為這群玩家所設計的。

3. **第三個層級：資深玩家。** 很多遊戲，特別是任何牽涉到某種「關卡」系統的線上遊戲，內容本身最終都會因為大多祕密已被揭開，遊戲樂趣也被榨乾，因而變得不再有趣。玩家走到這一步，大都會傾向退出，轉向新遊戲裡找尋新祕密。不過有些遊戲卻能為資深玩家營造完全不同的體驗，讓他們的技巧、專長和投入得以發揮，成功留住他們。留住資深玩家的好處極多，因為他們通常是遊戲最有力的活廣告；此外，他們對遊戲的熟稔，也能讓你得知該如何改進遊戲。一些典型的「資深玩家遊戲」包括：

   a. **更困難的遊戲：** 通常，遊戲的中段都是逐步前往某個目標的清晰過程，大型多人線上遊戲更是如此，那麼等抵達目標以後該做些什麼呢？有些遊戲會對比較高階的玩家開放另一層不同的遊戲，這些遊戲非常困難，根本沒有人可以一直稱霸。《卡通城 Online》的「齒輪總部」就是為了這個目的所設計，裡頭有全新的戰鬥系統，遊戲類型也變成了平台遊戲。有的遊戲會讓玩家從士兵升級為將領。還有些遊戲會從對抗電腦，變成對抗其他玩家。有很多方法可以加入更困難的遊戲——但無論怎麼做，你最終都要回答一個問題：資深玩家厭倦的時候又該怎麼辦？

   b. **管理員特權：** 有些遊戲會讓資深玩家獲得特殊層級的責任，比如決定遊戲規則。有不少多人地下城 (MUD) 遊戲都會給資深玩家這種權力。這個做法很適合用來讓資深玩家持續參與，還能讓他們覺得自己很特別；不過，如果放了太

多控制權給他們，也會有一定的風險。集換式卡片遊戲社群的正式規則往往都允許經驗豐富的玩家參加檢定，通過的話就能成為正式競賽的官方裁判。

c. **創作的樂趣**：玩家如果真心熱愛一款遊戲，就常會想像要如何加入新事物來擴展遊戲，當他們玩膩以後就會更加熱中此道。那麼為何不讓他們動手呢？《模擬市民》和《上古卷軸 V：無界天際》（*The Elder Scrolls V: Skyrim*）都是因為放手讓玩家創造和分享自己的內容才形成強大的社群。很多資深玩家到了這個階段，都只會偶爾玩一下遊戲，大部分的時間都用在創作新內容。製作新遊戲對他們來說已經是地位的標竿，大家都想成為最受歡迎和敬佩的設計師。

d. **經營公會**：當玩家形成團隊後，有人負責組織運作通常能為團隊帶來很多好處。資深玩家通常都是靠自己從事這項任務，但如果你能提供工具協助他們管理公會，這個活動也會變得更有吸引力。

e. **教導的機會**：現實世界中的專家喜歡有教導的機會，許多遊戲玩家也是如此。如果你允許和鼓勵玩家歡迎新手以及指導一般玩家，有些人就會樂意承擔這項任務。在線上遊戲，比如《安特羅皮亞世界》（*Entropia Universe*）中，願意提供指導的資深玩家可以獲得特殊地位，被註明為專家和導師，這通常也令玩家十分自豪。

上述三個層級聽起來很不好處理，但其實可以輕易搞定。比如說每年復活節，我住的社區都會為小朋友舉辦尋找彩蛋的活動。負責人很自然就發現，如果分成三個層級，活動效果會最好。

- 一個層級－2至5歲（新手）：這些小孩會跟年紀比較大的小孩分開，在另一個區域找彩蛋，這樣就不用和大孩子競爭。彩蛋其實也沒有隱藏，全部都可以一眼就看到。不過對學齡前兒童來說，光是在空間中找尋方向、看到彩蛋再撿起來，就算是不小的挑戰了。所以這一區的彩蛋會很多，也不會有愛出鋒頭的大孩子來掃興。

- 第二個層級－6至9歲（一般玩家）：這些小孩會在比較大的區域玩標準的找彩蛋遊戲，而且有些彩蛋藏的地方比較難找。雖然彩蛋的數量足夠分給每個人，但孩子們還是需要加快手腳仔細搜索。

- 第三個層級－10至13歲（資深玩家）：年紀較長的孩子會負責藏彩蛋。這個任務對他們很有挑戰性也很好玩，接下這份責任也讓他們感到光榮自豪，並享受比其他小孩高的地位。如果有小朋友遇到障礙，他們也常樂於給予提示。

■ 社群訣竅 7：強迫玩家彼此依靠

單靠衝突無法創造社群；衝突情況必須能讓玩家透過他人援助來加以解決。大部分電玩遊戲設計師都已經習慣把遊戲做得可以單一玩家獨享，就算是多人遊戲也逃不

出這個窠臼。他們的邏輯通常是「我們不想排除偏愛一個人玩的客戶」。這樣的考量很實在，不過如果你做的遊戲只需一個人玩即能掌握，就會減少社群的價值。另一方面，如果你創造的情境是玩家必須交流互動才能成功，社群就有了確實的價值。儘管有違直覺，但為了達成這個效果，通常需要剝奪玩家的某些體驗。手機遊戲《太空小隊》(Spaceteam) 即是一例：每個玩家都擁有決定某件任務成敗的情報，但該任務只有其他玩家能執行；如此一來玩家就必須持續溝通。製作《卡通城 Online》時，我們團隊決定加入一條不尋常的規則：玩家在戰鬥中無法治療自己，只能治療其他玩家。原本有很多人擔心這條規則會讓部分玩家感到挫折，不過實際運作起來卻沒有問題，順利達成了目的。這條規則迫使玩家好好溝通（「我需要治療！」），也鼓勵他們互相協助。還記得80號鏡頭：幫助嗎？人們都希望互相協助──幫助別人能帶來深沉的滿足，即便只是幫忙在電玩遊戲中取勝也是。但我們通常都擔心提供協助會冒犯他人，因而羞怯不敢伸出援手。但如果你創造的情境能讓玩家需要互相協助，又能輕易開口求援，其他人也會迅速出手相助，你的遊戲社群會因此更加壯大。

■ **社群訣竅8：管理社群**

如果你相信社群對你的遊戲體驗很重要，就不能只是雙手合十禱告，盼望社群自己形成。既然現今的遊戲可以根據玩家回饋持續更新，玩家會期望你這麼做。你需要發明適合的工具和系統，讓玩家可以交流和組織。你也會需要專業的社群管理者，幫你在設計師和玩家之間建立並維持強健的回饋循環。你可以把管理者想像成園丁。他們並未親手打造社群，而是替社群播下種子，藉由觀察並滿足社群具體的需求，鼓勵社群成長。社群管理者的定位是培養、傾聽和鼓勵。先前提到艾美‧喬‧金的著作《建立網路社群：讓線上社群成功的機密策略》(Community Building on the Web: Secret Strategies for Successful Online Communities)，對於如何靠「有為」和「無為」的平衡來妥善管理線上社群，有一些非常好的建議。

■ **社群訣竅9：責任感十分有影響力**

澳洲有些原住民認為，無預警地送人禮物會讓對方產生回禮的壓力，非常沒有禮貌。這或許是比較極端的文化，不過所有文化都很重視對他人的義務。當你創造的情境讓玩家做出承諾（「我們禮拜三晚上十點去打巨魔」），或是欠彼此人情（「還好有那發治療術，不然我就死了！我欠你一次！」），玩家都會把這些事看得很重。很多《魔獸世界》的玩家都說，對公會的義務是他們固定上線玩遊戲最主要的理由。一部分是因為他們想享受在公會裡的崇高地位，但通常還有另一個原因是不想喪失地位。送禮對於臉書遊戲的風行也有很大貢獻。就如我們在25號鏡頭：評斷所見，沒有人想收

到其他玩家的負面評價,而違背承諾正是最容易被看不起的行徑之一。仔細設計玩家之間的承諾系統,非常有助於吸引玩家固定遊玩及建立強大的社群。

■ 社群訣竅10:舉辦社群活動

幾乎所有的成功社群,都是透過經常性的活動來凝聚。現實世界中的活動可能是見面會、派對、比賽、固定練習或頒獎儀式。而虛擬世界裡的活動其實也差不多。對社群來說,活動提供了很多意義:

- 活動能讓玩家有所期待。
- 活動能創造共同經驗,讓玩家對社群產生更多情感連結。
- 活動能強調某段時光,讓玩家可以回憶。
- 活動能保證玩家有彼此聯繫的機會。
- 玩家知道遊戲會經常舉辦活動,就會持續上線查看近期將有什麼活動。

玩家常會自己舉辦活動,但身為設計師,你何不主辦呢?活動不見得要很複雜,比如線上遊戲就只需創造一個簡單的目標,再寄一封群組信就好了。

98號鏡頭:社群

為了確保你的遊戲能形成強大的社群,請問自己這些問題:

- 我的社群是以哪一種衝突為核心?
- 如何用建築學來塑造我的社群?
- 我的遊戲是否能使三個體驗層級都運作順利?
- 有沒有社群活動?
- 為什麼玩家會需要彼此?

圖:Diana Patton

惡意行為的挑戰

惡意行為(griefing)是任何以社群為基礎的遊戲遲早要處理的問題,而在線上遊戲裡又特別嚴重。對某些玩家來說,捉弄、詐騙和傷害其他玩家,比遊戲本身還要有趣。記得我們在〈第九章:玩家〉提過,理查・巴特爾把玩家分成紅心、黑桃、方塊和梅花四個類型;在這個分類裡,惡意玩家(griefer)大概就是鬼牌了。

透過90號鏡頭:地位來看,惡意玩家覺得自己的地位比其他玩家更高,因為他

可以搞砸別人在乎而自己並不看在眼裡的遊戲，藉此耀武揚威。

　　遊戲設計師能拿惡意玩家怎麼辦呢？有些遊戲會用「惡意行為對策」來封鎖惡意玩家——這招是個辦法，但場面也會變得很難看，因為你得取締惡意行為，並召開「法庭」來判斷哪些惡意行為是「蓄意破壞」，哪些只是在「耍白癡」。比較好的辦法是避免使用容易發生惡意行為的遊戲系統。以下是一些最容易被惡意玩家濫用的系統：

- **玩家對玩家的戰鬥**：有些遊戲，比如第一人稱射擊遊戲的核心就是玩家對玩家（PvP）的戰鬥。但如果你的遊戲並非以 PvP 戰鬥為主軸，就應該仔細思考為什麼要支援這種模式。雖然 PvP 很刺激，但也會讓玩家一直感到備受威脅、不得安寧。在 PvP 不受限的遊戲中，有一種典型伎倆是先跟別的玩家成為好友，花點時間建立一些信賴，再無預警殺死對方搶走道具。你可以反駁「這只是遊戲的一部分」，但惡意玩家這樣做通常不是為了在遊戲中取得優勢，而只是因為喜歡傷害別人。這樣的環境最後會讓玩家都不敢跟陌生人交談，結果社群就什麼都不剩了。如果你真的覺得 PvP 戰鬥在你的遊戲中很重要，就應該想辦法把這件事限制在特定的地區或情境，別讓惡意行為有機可乘。

- **偷竊**：很多遊戲裡的道具都能夠讓玩家獲得強大的力量。從別人身上搶奪這種力量，對惡意玩家也很有吸引力。他們的做法從扒竊到打敗玩家後再來「洗劫」都有。東西被偷會讓玩家受到嚴重的冒犯，這也是惡意玩家愛這麼做的原因。除非你想滿足惡意玩家，讓其他人不好過，否則大概不會想提供讓玩家可互相偷竊的功能。當然，除了偷東西以外，還有其他類型的偷竊。有的遊戲會出現「搶尾刀」的問題。比如在《無盡的任務》最初的版本中，只有對敵人祭出最後一擊的玩家能獲得經驗值。因此惡意玩家會養成圍觀戰鬥的習慣，等強大的怪物快被擊敗，才闖入戰局送上最後一擊，「偷走」所有經驗。同樣地，大部分這樣做的玩家並不是出於策略考量，而是因為惡意行為很有趣。打造一個不被濫用的遊戲系統，讓玩家難以奪取自己沒資格擁有的事物，是遏止惡意行為的一種方法。

- **交易**：如果玩家有機會交易道具，就有可能出現不公平交易。如果玩家對於會收到的道具都有透明的資訊，惡意玩家就很難濫用交易系統。但只要交易時有辦法扭曲道具的相關資訊，惡意玩家就會逮住機會進行不公平交易。

- **粗言穢語**：惡意玩家也喜歡在其他玩家面前講出噁心或冒犯的用詞。如果你用「黑名單」（禁止特定詞彙）或是「白名單」（僅允許特定詞彙），或是其他類型的自動聊天審核機制，想要過濾掉這些詞彙的話，惡意玩家會視為是另一種遊戲，想方設法繞過你的過濾系統，而且幾乎都能成功，因為人腦偵測模式的能力比任何機器都好太多了。阻止這種惡意行為最成功的做法，是使用自動化審查再加上玩家檢舉低俗行為。語音聊天讓這個問題變得更加困難，但現在也出現了愈來愈

多的語音辨識系統。XBox One 上的《NBA 2K14》還很幽默地會在麥克風抓到玩家講髒話時，判他們「技術犯規」。另一個限制下流惡意玩家的好用技巧來自 63 號鏡頭：回饋。別忘了，粗言穢語對惡意玩家來說是種遊戲，你可以把這種樂趣從遊戲中拿掉，不讓他們知道粗言穢語審查系統是否有反應；只有他們看得到自己的粗言穢語，其他玩家看到的是被消音過的訊息。惡意玩家仍有辦法打敗這種系統，但得花更多功夫，也就沒那麼好玩了。

- **擋路**：遊戲中最簡單也最煩人的惡意行為，就是擋在路中間讓別的玩家過不去。解決方法包括：確定碰撞系統能讓玩家彼此側身而過、把所有通道都做到單一玩家無法擋住的寬度、允許推開其他擋路的玩家。我們在《卡通城 Online》裡用的是最後一種方法。不過儘管如此，惡意玩家還是加以濫用！由於玩家可以把其他人推來推去，就會有人故意去找因為玩家暫離鍵盤而「被拋棄的化身」，把他們慢慢推出安全的街道，送進戰場裡頭！

- **漏洞**：惡意玩家最大的樂趣，大概是找出遊戲系統的漏洞，做出一些本來不應該做得到的事。如果可以在戰鬥中途離線來阻止其他玩家獲得珍貴寶物，他們就會這麼做。如果花兩個小時在牆角上竄下跳有機會弄垮伺服器，他們就會這麼做。如果可以用家具在公共場合排出髒話，他們就會這麼做。如果有辦法可以偷資源，他們百分之百會這麼做。只要可以任意破壞或惹惱別人，他們就會覺得自己有力量又很重要，尤其當其他玩家辦不到時，感覺就會更棒。你必須隨時留心這些漏洞，一旦發現就要仔細移除。處理漏洞問題，是製作多人線上遊戲極為費力的部分原因。

99 號鏡頭：惡意行為

為了確保將遊戲中的惡意行為減到最少，請問自己這些問題：

- 我的遊戲中有哪些系統很容易被惡意濫用？
- 如何讓遊戲中的惡意行為變得無趣？
- 我有沒有忽略任何漏洞？

圖：Nick Daniel

遊戲社群的未來

幾百年來，遊戲社群一直是這個世界很重要的一部分，主要都是專業和業餘的運動團隊。隨著世界進入網際網路和社交媒體的時代，新型的遊戲社群也日形重要。在這個新時代，個人的線上身分變得非常重要且極為私密。選擇自己的網路化名與身分，已然成為兒童和青少年期間的重要儀式。大多數人會終身沿用這些身分，他們二十年前創造的化名，至今都不曾也不會想改變。基於這一點，加上多人線上遊戲是最能表現自我的線上體驗，我們可以想像未來的玩家從小就會為各種遊戲設計化身，而在長大以後，化身也會成為他們人格和職業生涯的一部分。就像現今人們常會一輩子忠於某支特定的球隊，或許玩家在兒時加入的公會，也會影響他們未來人生中的社交網絡。當玩家過世後，這些線上身分和社交網絡，又會怎麼樣呢？或許會有某種線上陵墓來追憶，或是我們的化身將會比我們活得更久，傳承給我們的子孫，在未來的後代和祖先之間搭起某種奇異的連結。在這個時代創作線上遊戲很讓人興奮，因為我們所發明的新型社群，可能會成為未來數百年人類文化的永恆元素。

延伸閱讀

- 《Community Building on the Web: Secret Strategies for Successful Online Communities》，Amy Jo Kim 著。這本書有點年代了，不過想了解線上社群的本質，這還是我所知道最好的資源。

26 設計師多半有合作團隊
The Designer Usually Works with a *Team*

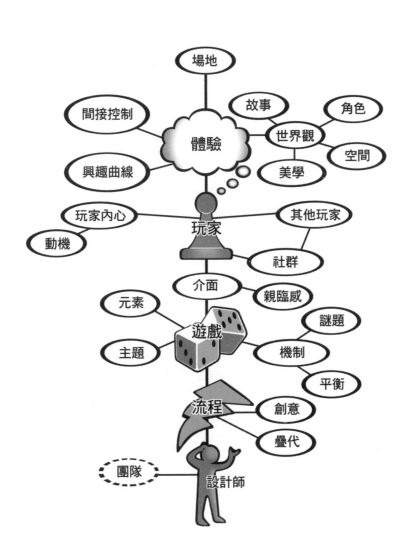

▋ 團隊合作成功的祕密

創作一款現代的電玩遊戲需要一支格外多元的團隊，裡頭的成員要身懷各種美術、科技、設計和商業技能，而他們的背景和價值觀通常也大不相同。但如果你想要做出優秀的遊戲，就得把眾人凝聚起來、讓他們放下種種差別與爭論，努力把遊戲做到最好。

所有曾經成功合作打造出傑作的團隊，都有同一個單純的祕密。這個祕密單純到你可能以為我在開玩笑。但這是本書中最認真的一句話。

團隊合作成功的祕密就是愛。

我是認真的。

不過，我並不是說團隊只要手牽手唱唱露營歌[1]，就可以做得出好遊戲。我也不是說你得喜歡團隊裡的其他人，雖然這樣沒什麼壞處。

我的意思是，你們必須愛自己正在製作的遊戲。如果團隊裡的每個人都真摯地深愛他們正在合作完成的遊戲，也愛著遊戲未來的受眾，那麼為了讓遊戲成真並做得盡善盡美，所有的差別和爭論都可以被放到一邊。

如果開發者曾有幸待過真心熱愛手中遊戲的團隊，就一定知道我在說什麼。團隊裡的每個人只要想到遊戲完成的那天，心情就會像期待耶誕節的小孩一樣，沒有一刻不想著這件事。

同樣地，如果開發者待過那種「愛不夠」的團隊，也會明白我在說什麼。談及對開發中遊戲的愛，團隊會碰到的問題主要有三種：

- **愛不夠的情形1：團隊成員無法愛上任何遊戲。**雖然不太好理解，但有些人明明沒有特別喜歡遊戲或喜歡遊戲玩家，卻還是進了遊戲這行。如果團隊裡有這種人，就像拖著重擔前進一樣，他們通常沒貢獻多少價值，還會浪費時間跟對作品有愛的成員爭論。不幸的是，最容易有這種毛病的，通常是負責管理或財務職務的成員。無論如何，消除這種問題成員只有一個辦法：請他們走路。

- **愛不夠的情形2：團隊成員相較手上的遊戲更愛其他遊戲。**這種問題形形色色，規模不一：有的關卡設計師只喜歡第一人稱射擊遊戲，卻被逼著要做角色扮演遊戲；有的工程師只愛繪圖技術最尖端的遊戲，卻不得不做畫面比較陽春的網路遊戲；有的美術設計師喜歡《異形》設計師吉格爾（H.R. Giger）的風格，卻被要求幫「彩虹熊」（Care Bears）風格的遊戲作畫。你發現成員有這種問題時，解決的關鍵在於跟他們一起工作，看看眼前的遊戲有沒有什麼地方能讓他們墜入愛河，或是

1　曲名為《Kumbaya》，美國露營活動中眾人常圍在營火邊合唱，因此有和諧歡聚的含意。——譯註

他們可以想到新的特性或元素讓遊戲變得新穎獨特。前面章節提過的那款海盜遊戲，其實一開始就碰到了愛不夠的問題。團隊裡的動畫師很熱切想要為遊戲塑造一些吸引人的海盜角色，但隨著設計過程一步步推進，遊戲的主題顯然變成了海盜船，玩家只會從很遠的距離看到船上的人，讓角色的任何動作或情緒都沒有意義。動畫師一度反對這個走向，但也漸漸發現爭不贏，使得他們對遊戲失去了愛意，討論起來一副事不關己的樣子。我們團隊之中有些人發現了這個大問題——我們需要動畫師投注心神和靈魂，才做得出精美的動畫效果，但他們對於失去了畫角色的機會感到非常沮喪。不過，某次會議改變了一切。有個動畫師帶來一大捆畫紙並說道：「聽我說，我把遊戲又重新思考了一遍，本來角色都被刪掉讓我很難過，但後來我開始覺得遊戲的主角確實是船，怎樣才能讓它們變得很酷？」他攤開一張又一張草圖，上面畫著船如何被炸得七零八落、桅杆如何斷裂倒進海裡、船帆被砲彈打到時如何撕裂飛揚——這讓每個人都充滿了靈感。其他動畫師立刻興奮地開始比賽誰能想出最酷的視覺效果。僅僅是轉換觀點，就把他們對專案的厭惡變成了喜愛，於是遊戲的品質也大大不同。

- 愛不夠的問題3：團隊成員愛的是同款遊戲的不同可能性。這種愛不夠的問題最常見，不過挑戰也最大。這種情況下，團隊裡每個人都有做出遊戲的熱情，但對遊戲的樣子想法都不一樣。為了避免這種問題，關鍵在於盡快統整每個人對設計內容的認知。爭論與意見不合一定會發生，但只要每個人都聆聽彼此，慎重考慮別人提出的意見，團隊還是能一起朝最重要的方向前進，找出所有團隊成員都有愛的共同願景。但這只有靠溝通和尊重才能實現。每當你在會議上感覺到有人對某個想法不買帳（就算他們口頭宣稱同意），就必須喊停，找出原因，並想辦法爭取他們的支持。如果不這樣做，他們可能會私底下不同意目前的方向，並對遊戲失去熱情，如此一來，他們就無法發揮原本能有的貢獻了。在整個團隊同意定案以前，不要拍板定案任何決定。

■ 愛不了遊戲，就愛玩家

　　遊戲設計師的職責之一，就是讓別人愛上遊戲。但要是出現比最糟還要更糟的情況，也就是連你自己也不愛手上這款遊戲的話該怎麼辦呢？你同樣無法忽視這個問題，也不能坐等它自行解決。如果沒辦法愛上你自己製作的遊戲，遊戲的品質最多就是不過不失，你缺乏誠意的投入終將顯示在成果上。所以如果你對自己作品的喜愛減少了，一定要想辦法恢復。只是該怎麼做呢？

　　其中一個辦法是像前面提到的一樣，努力花時間在遊戲中找出你愛的元素——或許是某個片刻，或許是某個巧妙的機制，或許是某處別致的介面。找到一個讓自己興

奮自豪的事物，有時就足以讓你愛上遊戲，願意為整個專案付出努力，打造出成功的遊戲。

不過，你也有可能找不出任何喜愛的地方，或許是因為你並非遊戲的目標受眾。在這種情況下思考這款遊戲，就不是為了自己，而是回歸現實，為了遊戲所設定的受眾。想想你為自己所愛的人精心準備禮物的時候，你有多期待目睹他們拆開包裝看到禮物的表情。對這一片刻的期待，會讓人投注大量心力來挑選禮物、包裝和呈現。你愛這個人，你想看到他開心的樣子，所以你會認真設計這一片刻。他為什麼會開心呢？只是因為禮物嗎？當然不是。他開心的原因，是你因為愛而設計了專屬於他的這一片刻。你在這一片刻所投注的愛照耀了他的心。如果你能為了你的受眾，在遊戲中投入這樣的愛，最後的作品也會閃耀著愛的光輝，投入受眾的心裡。他們會感受到遊戲的特別之處，因為他們知道有人真心在乎他們玩遊戲時的感受，而知道有人在乎自己，是一種非常特別的感受。設計師必須用心，無法造假。就像魔術大師霍華·薩斯頓（Howard Thurston）曾說的一樣：

> 長期以來的經驗告訴我，我幸運的關鍵在於能否向觀眾散發我的善意。要完成這項任務，唯一的辦法，就是用心感受。騙過觀眾的雙眼和大腦很容易，騙過他們的心卻很難。

如果這個辦法對你來說也行不通，如果你不只不愛自己的遊戲，也不怎麼愛你的受眾，那就只剩下一個辦法：假裝。聽起來很不誠懇，我們不是才說愛造假不來嗎？不過當你假裝自己愛著什麼，奇妙的事就會發生——有時也會出現真正的愛。你有沒有參加過一起做枯燥差事的團體？比方年終大掃除的時候，每個人都一副愁眉苦臉，突然有人半開玩笑地說：「好啦，各位，大掃除很好玩啦，我們會玩得超開心的！」大家對這句反諷一陣咯咯笑後，出於好玩開始用「我們會玩得超開心」的態度大掃除。雖然一開始只是假裝，但整件工作很快就會變得有趣起來——接著令人意外地，大家會開始愛上這件事。如果你不知道要怎麼愛上一件事，只要反問自己，真心喜愛這款遊戲的人會說些和做些什麼，然後開始照做就可以了。接下來你可能對自己內心的轉變感到非常驚訝。

100號鏡頭：喜愛

要使用這顆鏡頭，請問自己這些問題：
- 我喜愛我的專案嗎？不喜愛的話，我可以如何改變？
- 團隊裡每個人都喜愛這個專案嗎？不喜愛的話，可以如何改變？

圖：Nick Daniel

再次強調，我全心全意相信，對遊戲有沒有愛，是決定團隊能否成功最重要的因素。愛不是奢侈品——如果你希望做出好遊戲，愛就是必須品。

▋ 一起設計

我們之前漏掉了魔法咒語裡的一個可能性：

我是一個遊戲設計師。

團隊裡每個人都喜愛共事的專案是件好事，但這又會帶來新的問題：每個人對設計都會有意見！有些設計師覺得這樣很可怕——每個團隊成員都想貢獻自己對設計的看法，這會威脅到設計師的地位，讓設計師得跟其他人爭論遊戲怎麼設計才「對」。這些設計師常會選擇遠離團隊、忽略意見，做出完全獨立於團隊之外的設計。這麼做的影響也很容易預料：團隊成員對遊戲的好點子會被棄如敝屣，他們對遊戲的愛也將乾涸湮滅；設計師會因為自己燦爛的願景沒人願意也沒人能夠理解，而感到灰心喪志；最後遊戲也不出意料，無法取悅任何人。

比較有效的做法，還是盡可能讓團隊參與整個設計過程。如果你願意放下自負，馬上就會發現這些提出意見的人，並不是想搶走你的設計大權——他們只是希望你聽到他們的創意，因為他們同樣也想做出好遊戲！如果讓大家參與設計流程，認真對待所有創意和建議，你將會

- 有更多創意可以選擇
- 快速擺脫行不通的想法
- 必須從更多觀點來檢視遊戲
- 讓團隊裡所有人覺得這是他們的設計

一旦整個團隊都參與了設計，遊戲就能做得更紮實，每個人動手做事起來，也

會更確信自己了解遊戲的設計。這件事非常重要，因為並非每個設計決策都能超前部署。下決定的不只是設計師，工程師、美術設計師和管理人員都隨時要做出數百個小決定。如果每個人對設計的理解都確切且一致，這些小決定都可以讓遊戲的設計更為完善，也只有這樣才能讓遊戲專案變得一貫、強健、紮實。每個參與專案的人都覺得自己的貢獻最重要，並不是罕見的現象，而且也沒什麼不好！意味著那麼多形形色色的成員，都覺得這是自己的作品，要對它負起責任。想要讓這種感受更強烈，避免讓你的設計「過度充實」是很好的做法。如果在遊戲的設計細節（特別是你不太肯定如何做的地方）留下一些模稜兩可的空間，就會促使其他開發者認真研究這些環節，思考應該如何呈現，並提出實現這些小細節的想法。因為他們最熟悉那些遊戲環節，所以對於細節設計的直覺常常也特別準——如果他們能為遊戲注入好創意，會對自己的作品感到非常自豪。

　　這是否代表你必須隨時讓每個人參與設計？並不是每個人都有耐力花三個小時討論道具介面該如何呈現，所以你可能會想找既有興趣也有生產力的成員組成一個核心設計團隊來討論細節。不過等核心團隊就設計的方向得出共識，必須盡快讓其他成員清楚得知這些想法。標準的流程應該像這樣：

1. **初期腦力激盪**：盡可能納入所有的團隊成員。
2. **獨自設計**：核心設計團隊的成員獨自發想創意。
3. **討論設計**：核心設計團隊就獨自發想的創意進行討論，並想辦法得出共識。
4. **介紹設計**：核心設計團隊向整個團隊介紹他們的進展，並提供批評指教的時間。
   這一步可以找出新的問題，而且通常會變成腦力激盪會議，開啟下一輪的疊代迴圈。

　　讓整個團隊參與設計需要很多時間和精力，不過你會發現如果團隊可以溝通，長期來看遊戲將因此更加強大。

▎團隊溝通

> 團隊合作並非品德，而是選擇。
> ——派屈克・蘭喬尼（Patrick Lencioni）

　　市面上有好幾百本書在談如何促進良好的團隊溝通。我從中整理出了十個和遊戲設計最密切相關的關鍵議題。你可能會覺得這些事聽起來很基本，確實如此——但掌握這些基本功對於每個領域都很重要，特別是透過團隊來設計遊戲的複雜性。話不多說，團隊溝通的十個關鍵是：

1. **客觀**：把客觀放在第一位，是因為這最容易搞砸。當人處在設計的陣陣狂喜中，很容易就會迷戀上轟雷掣電般擊中你的創意。但如果其他成員不喜歡你的想法，你該怎麼辦？如果你為自己的意見和直覺跟他們吵起來，創意就無從施展了。這時候可以拯救你的工具是14號鏡頭：問題陳述，幫你找回自己需要的客觀。每一場團隊會議都必須把重點放在如何用精心設計的創意來解決手上的問題。個人對創意的偏愛沒有意義，創意能否解決問題才是重點。討論創意時也不要說「我的創意」或「阿蘇的創意」，而是要客觀地說「太空船的創意」。這樣不僅可以區隔創意和個人，讓創意成為團隊的資產，更可以讓創意更為清晰。我還從蘭迪・鮑許身上學到另一個好用的技巧，就是用選項來提問。舉例來說，與其說「甲方案不好，我喜歡乙方案」，不如說「如果我們用乙方案來代替甲方案怎麼樣？」讓團隊一起比較甲乙兩案的優缺點。其中的差別很微妙，不過主持團隊溝通本來就是很微妙的工作。身為設計師，如果你可以養成保持客觀的好習慣，就不會有人猶豫要不要回答你針對設計所提出的問題，因為他們知道不用擔心你的「判決」會造成尷尬的局面——你只會提出誠實、客觀、有用的回饋。此外，大家會想要找你參加每一場設計會議，因為當態度比較不客觀的成員之間出現摩擦，你帶來的客觀聲音有助於化解緊張的氣氛。最重要的是，如果設計會議中有客觀的聲音，每個創意都會被認真對待，這意味著即便是害羞的成員，也會覺得自己可以自由發言，許多原本瑟縮在陰影中的意見，也可以自信地走到陽光下。

2. **明確**：這一點很單純。溝通要是不明確，就會造成混亂。你解釋事情的時候，必須確認大家都了解你的意思。如果可以，利用圖解來說明你的想法。而如果有人的說法並不明確，不要假裝自己聽得懂。無論多尷尬，都要問到你了解他人的想法為止。因為如果認知不一致，設計團隊要如何進行有效的溝通？但了解彼此只能算明確了一半，還需要具體和精準，才算是真正的明確。「我會在禮拜四之前設計出戰鬥系統」和「這個禮拜四的五點之前，我會寄給你一份三到五頁的報告，說明回合制戰鬥系統的介面」，這兩個說法在製作人聽來可是天差地遠。第一個說法是溝通不良的捷徑，第二個說法則提到了具體交付項目的重要細節，讓誤解的空間變得很小。

3. **持續**：把事情寫！下！來！照我說的做！口頭溝通的內容稍縱即逝，大家很容易會誤解跟忘記，而紀錄可以讓每個團隊成員在日後查看。而且你應該要用上每一種有用的持續紀錄方法——筆記本、電子郵件、論壇（forum）、聯絡人群組（mailing list）、共用檔案（fileshare）、維基共筆（wiki）、列印文件等等。請確定每一場設計會議都有人負責為整個團隊做筆記，在許多團隊裡這項工作是由製作人負責。當你寄出有關設計主題的電子郵件時，請寄給團隊中的每個人。這可以避免漏掉一

些人，或是讓人誤以為自己被排除在外。

4. **舒適**：我知道這聽起來有點好笑。舒適和溝通有什麼關係？其實很簡單：如果大家覺得舒適，就比較不會分心，溝通也比較自在。請確定團隊有個安靜、氣溫適中的討論場所，裡頭要有足夠的椅子和夠大的桌面；簡單來說就是讓身體感到舒適的地方。另外切記別讓成員覺得飢餓、口渴或疲憊。身體感到不舒適的時候，溝通效果會很差。不過身體感到舒適還不夠，心情也要舒適才行，這是我們下一個重點。

5. **尊重**：我們之前討論過，要成為優秀的設計師，就要成為優秀的傾聽者。而良好聆聽的祕訣，就是尊重你聆聽的對象。覺得自己不受尊重的人，往往很少發言，就算發言，也會因為害怕被嚴厲批評，而不願誠實說出自己的感受。而覺得自己受到尊重的人，發言會自在、坦率、誠實。尊重他人很簡單，重點是記得做到。時時刻刻待人如己，就是最好的做法。就算你覺得他們的說法很荒謬，也不要打斷發言或是逕自翻白眼。隨時保持禮貌和耐心。就算得稍稍誇大，仍說點好話。請記得別人與你的相同之處多於相異之處——關注彼此的共通點，因為尊重同類是最容易的。如果這些辦法都行不通，請默唸這句真言：「要是我錯了呢？」如果你不知怎麼地攻擊或冒犯了別人，不要急著捍衛自己的說詞，而是要快點誠心道歉。如果你可以一直都好好尊重隊友，他們也會不得不尊重你。一旦大家都覺得受到尊重，就會盡全力拿出誠意溝通。

6. **信賴**：沒有信賴（trust）就沒有尊重，反之亦然——如果我沒辦法信賴你的言行，我怎麼知道你尊不尊重我？信賴的運作不能只靠信念（faith），彼此信賴的關係需透過時間逐步形成。因此，溝通的品質遠不如溝通的次數重要。每天見面、持續交談、不斷合作解決問題的人們，會逐漸知道彼此有多值得信賴，以及何時可以信賴彼此。幾乎不認識彼此、每個月只見一次面的人們，不會知道該信賴誰，也不知道能在什麼事情上信賴對方。數位化溝通在這方面效果不好，面對面溝通時可以觀察到一些細微的變化，讓潛意識能判斷出信賴他人的時機和程度。想知道團隊中的信賴關係，最簡單的辦法就是觀察哪些人會一起吃午飯。大多數的動物對共餐夥伴都很挑剔，人類也不例外。如果美術設計師和工程師分開吃飯，將 3D 模型成像在螢幕上（pipeline）時就很可能出問題。如果 Xbox 團隊不跟 PlayStation 團隊一起吃飯，移植就常常會出問題。盡量讓你的團隊有機會在一起交流，就算跟專案無關也沒關係，因為不管討論什麼，團隊的溝通頻寬愈高，就愈有可能對彼此產生信賴——這也是為什麼遊戲工作室很少會有個人辦公室，而是傾向讓大家一起坐在開放辦公室裡，這樣大家就會忍不住整天跟彼此當面交流。

7. **誠實**：舒適以尊重為本，尊重取決於信賴，而信賴則來自誠實。如果你在某個領

域有了不誠實的名聲，就算跟遊戲設計或開發無關，其他人也會不敢對你誠實，而這種狀況將會妨礙團隊溝通。遊戲開發有時候可以變得非常政治化，你一定會需要三不五時粉飾一下某些事情的真相，但是你必須永遠讓團隊相信，從你口中可以聽到真相，不然團隊溝通就會變得緊張。

8. **隱私**：誠實並不容易，因為真相有時很殘酷。就算我們都希望在設計過程中保持客觀，但有時工作還是必然跟自尊和自我糾纏在一起。在公開討論的場所談論這些事情很困難，甚至不可能。相較於在公眾場合，人在一對一談話中更容易分享他們真正的感受。盡量找時間和團隊成員私下聊聊，他們常會在此時提出原本在公開討論中不想講的創意和問題。一對一談話也對建立信賴很有幫助，創造一種良性循環：信賴愈深，溝通就愈誠實，誠實的溝通又能繼續加深信賴。

9. **團結**：在設計流程中，對於遊戲的正確做法會產生很多衝突的意見和論點。這很健康也很自然。不過，團隊最終還是要做出每個人都同意的決策。別忘了，意見不合要有兩個人才會發生。如果有個團隊成員對某件事固執不願退讓，你必須賦予他們應得的尊重，一起研究直到找出有意義的妥協方案。你可以請他們解釋為什麼此事對他們這麼重要，這樣其他成員也會了解到重要性。如果行不通，還有一個很好用的問題：「要怎麼做你才會同意？」你或許沒辦法馬上擺平不同的意見，但絕對不能置之不理。面對這種狀況，英特爾有句格言：「分歧與承諾」（disagree and commit）。我們無法永遠對最佳方案有一致的共識，但可以在目前要做的事情上有一致的共識。為了團結，團隊成員需要偶爾願意走一下自己不同意的路線。如果他們做不到，就會反映在遊戲裡。汽車引擎只要有一個汽缸不會動，車子的表現就會打折，整顆引擎最後也會報廢；團隊裡只要有一個成員對設計不買帳，就會拖慢所有人的努力，團隊最後也會因此分崩離析。溝通的目標就是團結。

10. **愛**：這一連串的關鍵最後會連結到何處？沒有客觀、明確、持續、舒適、尊重、信賴、誠實、隱私和團結，團隊給遊戲的愛就岌岌可危了。但要是你有做到這些，團隊就能給遊戲閃閃發光的愛，你別無他途，一定會做出精彩的遊戲。

　　遊戲設計和開發很難。除非你多才多藝，手上的專案又很小，不然絕不可能獨自進行。人比創意更重要，用皮克斯動畫工作室的艾德文・卡特姆（Ed Catmull）的話來說：「如果你把一個好創意交給平庸的團隊，他們會搞砸；但如果你把一個平庸的創意交給好的團隊，他們會辦到好。」

101 號鏡頭：團隊

為了確保你的團隊像保養妥善的機器一樣順利運作，請問自己這些問題：

- 這個團隊適合這個專案嗎？為什麼？
- 團隊的溝通客觀嗎？
- 團隊的溝通明確嗎？
- 團隊成員彼此相處起來感覺舒適嗎？
- 團隊之間有沒有信賴和尊重的氣氛？
- 達成決定之後，團隊能不能團結一致？

圖：Nick Daniel

你可能會覺得這些關於團隊的討論，和設計一點關係也沒有，團隊裡如果有人不好好做事，也跟你這個設計師毫無關係。或許真的是這樣，但這些跟遊戲想要創造的體驗息息相關。因為每個參與遊戲製作的人，都會對遊戲設計帶來一些影響，所以如果你想讓自己燦爛的理想發光，就需要讓每個人通力合作。

現在，隨著團隊溝通不斷進行，必須有人負責處理文件——這也是我們下一章的主題。

延伸閱讀

- 《The Advantage》，Patrick Lencioni 著。這本書提供培養健康的開發團隊所須知的一切知識。
- 〈The Cabal: Valve's Process for Creating Half-Life〉，Ken Birdwell 著。關於團隊遊戲設計的最佳實務，這是我所知道最棒的一篇文章。
  https://www.gamasutra.com/view/feature/131815/the_cabal_valves_design_process_.php
- 〈Information Flow: The Secret to Studio Structure〉，傑西‧謝爾著。這是我 2011 年在國際遊戲開發者協會領袖高峰會（IGDA Leadership Summit）上的講稿，裡頭對遊戲開發時的團隊合作有更進一步的探討。http://www.design3.com/industry-insight/igda-leadership-forum-2011/item/2329-jesse-schell-keynote-information-flow-the-secret-to-studio-structure

27 團隊溝通有時透過文件

The Team Sometimes Communicates through *Documents*

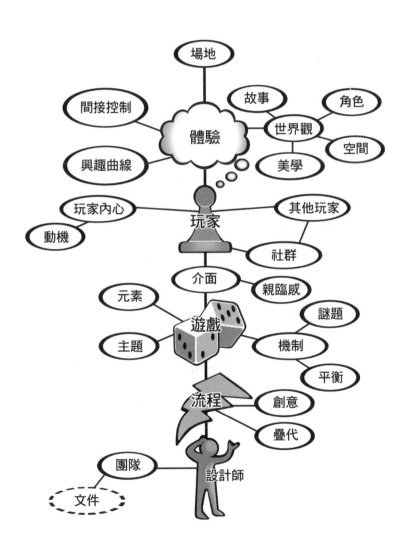

關於遊戲設計文件的迷思

許多新手設計師和夢想從事這份工作的人，對遊戲設計流程的想像都很有趣。他們並不熟習迴圈法則，所以認為遊戲設計的流程就是靠一個天才設計師獨自坐在鍵盤前，打出一份神聖完美的設計文件。當這份大作完成以後，就只需要交給一支優秀的工程師和美術設計師團隊，等待他們讓炫目的願景成真就好了。這些力不從心的準設計師會想：「只要能找到適當的設計文件格式，我也可以成為遊戲設計師！我這麼有創意，只是要設計出遊戲，必須先找到傳說中的神奇範本才行。」

我認為接下來這句話非常重要，所以我會用特別大的字體。聽好了：

根本沒有神奇範本！

以前沒有，以後也不會有。要是有人告訴你說有，他不是呆子就是騙子。就算這種東西存在，派不派得上用場也是未知數。關於遊戲設計文件，設計師傑森·凡登博格曾經這樣說過：

> 設計文件的問題在於，當你一寫出來，就已經過期了。設計文件的目的是表達你目前認為如何做出一個好遊戲的理論……但只要還沒看到實作成果，你就不知道這個理論是否行得通。不幸的是，我們的天性就是會把正式文件當成規格、腳本或是藍圖。事實並非如此，設計文件只是理論而已。如果有人覺得你的文件是一份計畫，有人覺得是一個理論，有人覺得是一張藍圖，那事情就大條了。小型團隊還可以靠人與人之間大量的溝通來克服這些不一致……但大一點的團隊就會遭遇很多困境。

這是在說設計文件不屬於遊戲設計的一環嗎？不，文件在遊戲設計裡非常重要。但對於不同的遊戲，還有不同的團隊，文件的意義也都不一樣。要知道你的遊戲所需的正確文件架構，就必須先了解設計文件的功用。

文件的功用

遊戲文件共有兩種功用：**備忘**和**溝通**。

■ 備忘

人類的記憶力很糟糕。一份遊戲設計中會有上千個重要決定，規範了遊戲的運作

方式，也解釋了為何要這麼運作。你很有可能無法牢牢記得每一個決定。人在剛想到好主意時，都覺得自己絕不會忘記。不過等到做完兩百個決定的兩個禮拜過後，即便是最天才的方案也有可能被遺忘。如果你有養成習慣記下每一個設計決策，就能避免重複解決相同問題的大麻煩。此外，把設計流程寫成文件，有助於清理我有限的工作記憶，讓思考更為清晰——在紙上或螢幕上發展創意，有助於我把有創意的想法變得充實。

■ 溝通

就算你運氣好，擁有完美的記憶力，也必須跟其他團隊成員溝通設計決策。這時候文件就是非常有效的工具了。而且正如我們在〈第26章：團隊〉討論的一樣，溝通會是雙向的，因為只要決策寫在紙上，總會有人能找到問題，或是想出辦法做得更好。文件能快速蒐集大家對設計的想法，更快找出並補強遊戲設計中的弱點。需要看到和接觸這些文件的人這麼多，難怪Google文件會成為編寫和更新文件的標準方案。

▌遊戲文件的類型

既然文件的功用是協助備忘和溝通，要用哪一種文件類型，就分別取決於需要備忘和溝通的事物。幾乎沒有遊戲能靠一份文件就滿足所有必須的功用，通常都要寫好幾種文件才能符合需求。下圖把需要備忘和溝通的資訊分成六個群組，每一個群組各自有一些特定的文件。

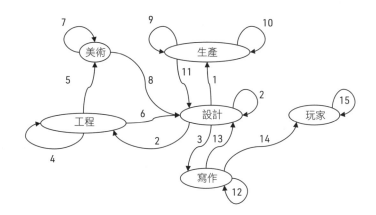

這張流程圖顯示遊戲設計團隊中可用的備忘和溝通路徑。每道箭頭都是一份或更多文件。讓我們來看看六個群組及其產生的文件。

■ 設計

1. **遊戲設計概述**：這種高階的文件通常是寫給管理階層看的，內容可能只有幾頁，讓他們對遊戲的內容和受眾有個梗概，又不用了解太多細節。概述文件也能幫整個團隊了解遊戲的大方向。設計師史東・利勃朗（Stone Librande）有個絕妙的建議：每個遊戲都應該只用一張海報大小的圖解，就可以解釋清楚整個遊戲如何結合運轉。

2. **設計細節文件**：這種文件鉅細靡遺地描述了所有遊戲機制和介面，通常有兩種功用：讓設計師記得自己想到的每一個小創意的細節，還有幫忙把這些創意傳達給寫程式的工程師和經營美感的美術設計師。這種文件很少會給「外人」看，所以多半寫得亂七八糟，裡面的細節都只是為了引發討論和記錄重要創意而已。這通常也是最厚的一份文件，而且很少更新，在專案進行到一半通常會被棄置──因為到這個階段，重要的細節幾乎都已經寫進遊戲了，至於不在文件裡的細節，經常都是靠電子郵件或便條紙等非正式管道來溝通。不過在專案一開始，找到對的設計文件格式還是很重要。一般來說，用大批小份文件來詳述各個子系統，會比一大份文件來得更好。設計師里奇・馬穆拉（Rich Marmura）說得好：「我寫遊戲設計文件的哲學，是要為合作團隊量身訂製。雖然設計文件是用來組織我的想法，但也得讓團隊成員可以清楚了解資訊。設計文件也許有共通的核心原則，但架構和風格都要視遊戲調整。設計文件就像遊戲或團隊，沒有哪兩個是一模一樣的。」

3. **故事概述**：很多遊戲都會找專業作家來為遊戲撰寫對白和故事。但這些作家通常都是約聘的，跟團隊其他成員的距離很遙遠。遊戲設計師常會發現，撰寫一份簡短的文件來描述遊戲中重要的設定、角色和行動，有其必要性。作家從這個文件聯想出來的有趣創意，常常足以改變整個遊戲的設計。

■ 工程

4. **技術設計文件**：電玩遊戲裡很多複雜的系統經常都跟遊戲機制無關，而是為了讓螢幕顯示畫面、透過網路傳輸資料，還有完成各種龐雜的技術任務。工程團隊以外的成員通常不會在乎這些細節，但如果工程團隊裡的成員不只一名，把這些細節寫成文件就很有道理了，一旦有新人加入團隊，才能了解整個專案預期如何進行。就像設計細節文件一樣，專案進行超過一半後，這些文件也很少會繼續使用下去，但這些文件對於建構必要系統和持續進行編碼，通常都至關重要。

5. **繪圖流水線概述**：電玩遊戲工程師面臨的大多數挑戰，都來自把美術素材（art asset）正確整合到遊戲中的過程。美術設計師常常要遵守特殊的「教戰守則」，才能讓素材在遊戲中好好呈現出來。這份簡短的文件通常是由工程師特別寫給美術

團隊的摘要，所以寫得愈簡單易懂愈好。

6. **系統限制**：設計師和美術設計師常會完全（或假裝）沒意識到自己的設計在系統上是否可行。對某些遊戲來說，工程師發現製作文件說明出不能跨越的底線，會對工作有所幫助——比如畫面一次可以顯示的多邊形數量、每秒可以更新的訊息數量、畫面一次可以出現的同步爆炸場面等等。這個資訊通常並非不可變通，但試著把底線畫出來（並且寫下來），在日後可以省下很多時間，而且也有助於促進大家討論出有創意的解決方案，可以超越這些限制。

■ **美術**

7. **美術教典**：如果有數名美術設計師要一起為同個作品營造單一且一致的外觀和氛圍，就必須有某些規範，才能維持一致性。「美術教典」就是提供規範的文件。這些文件可能是角色表、環境範例、用色範例、介面範例，或是決定遊戲外觀的任何元素。

8. **概念圖草稿**：在建構遊戲之前，很多團隊成員都需要先知道遊戲將來看起來的樣子。這就是概念圖（concept art）的職責了。概念圖本身不見得能說明一切，不過常常是設計文件中最有意義的部分，所以美術團隊常會跟設計團隊合作，畫出一系列圖片來呈現遊戲設計裡的美術外觀和感覺。這些初期畫面會散布在遊戲設計概述、設計細節文件等各處，甚至有時也會出現在技術文件裡，讓工程師知道需要努力實現的畫面類型。

■ **生產**

9. **遊戲預算**：雖然大家都想「努力做到遊戲完成」，不過遊戲產業的經濟現實很少容許這種事發生。開發團隊多半還沒弄清楚自己要做什麼遊戲，就被要求提出開發預算。預算通常都要寫成文件，在試算表上列出完成遊戲所需的所有工作，並且把預估的開發時間換算成金額。製作人或專案經理不可能獨自估算出需要多少金額，所以一般都會和團隊的每個部門緊密合作，才能估計得比較準確。這種文件通常都是最早準備好的，因為要有預算表才能幫專案找到資金。優秀的專案經理在專案運作期間，會不斷發展這份文件，以確保專案花費不會超出分配到的預算。

10. **資產追蹤**：不管是用簡單的試算表還是更正式的系統，你都需要追蹤團隊做出了哪些資產，還有資產的狀態。所謂的資產包括了程式碼、遊戲關卡、美術素材、音效和音樂，還有設計文件。資產追蹤有個非常重要的目的：確認每樣資產是否都經過合適的人認可。

11. **專案進度**：在運作良好的專案中，這會是最常更新的一類文件。我們知道，遊戲

設計和開發的過程充滿意外和無法預期的變化。然而，某種程度的預先計畫也有必要；在理想情況下，計畫至少可以每週更改一次。好的專案進度文件列出所有應完成的任務、每項任務會花費的時間、每項任務應完成的時間，以及由誰擔綱負責。這類文件最好也要考慮到，每個人每週的工時不應超過四十個小時，以及某些任務需要先完成，別的任務才能開始。追蹤進度有時只需要一份試算表，有時則需要更正式的專案管理軟體。開發中型或更大規模的遊戲時，光是持續更新這類文件，就需要一個全職人員。

■ 寫作

12. **故事教典**：有些人以為遊戲的故事完全由專案的作家決定（假設有聘的話），但通常專案的成員都會對故事貢獻一些有意義的改變。遊戲引擎的工程師可能會覺得某些故事元素的技術挑戰太大，所以提議修改故事。美術設計師腦海中可能會浮現作家從沒想過的遊戲畫面。遊戲設計師想到的某些遊戲性概念，也可能會讓故事需要更動。故事教典列出在故事發生的世界中，哪些可能發生和哪些不可能發生。這能讓團隊裡的每個人更容易貢獻故事創意，順利整合藝術、科技和遊戲性，成為更棒的故事。

13. **腳本**：如果遊戲裡的NPC會開口說話，就得有人幫他們寫對白！對白通常會寫在腳本文件裡，而腳本有可能是獨立的，也可能是設計細節文件的一部分。遊戲設計師一定要先看過所有對白，因為對白很容易就會跟遊戲玩法的規則不一致。

14. **遊戲教學和操作**：電玩遊戲很複雜，必須先讓玩家學習該怎麼玩。遊戲內教學、教學網頁或印刷手冊都可以達成目的。教學的內容非常重要——玩家如果無法了解你的遊戲，他們怎麼可能會喜歡？直到開發過程的最後一分鐘，遊戲設計的細節都可能不斷變動，所以請確定有人負責持續檢查內容，確保教學過程和遊戲現況仍然一致。

■ 玩家

15. **遊戲攻略**：不是只有開發者會寫遊戲文件！如果玩家喜歡一款遊戲，就會寫下自己的遊戲文件放到網路上。研究玩家寫的東西，對於發掘玩家喜歡和不喜歡哪部分、哪部分太難或太簡單，都有很大的幫助。當然，等到有玩家寫出攻略，想要修改遊戲就為時太晚了——不過，至少你會知道下次該怎麼做！

再次強調，這些文件類型都不是神奇範本，因為神奇範本根本不存在！每一款遊戲都各有不同，需要不同的形式來協助備忘和溝通，而這些都要靠你自己去發掘。

▌那麼，我該從哪開始？

從簡單的部分開始，就跟開始設計遊戲一樣。先從在文件中粗略列出每一項你想放在遊戲中的創意著手。隨著清單愈寫愈長，你的內心也會浮現跟遊戲相關的問題——這些就是重要的問題！把問題寫下來，你才不會忘記！「研究你的遊戲」基本上就是要你回答這些問題，所以你絕對不會想要遺漏它們。每當你的答案讓自己滿意，就把你的決定以及做出決定的原因筆記下來。你會得到一份創意、計畫、問題和解答的清單，清單會逐漸變長，上面的項目也會自然開始分門別類。持續寫下你需要記得和溝通的事物。接著在你意識到以前，設計文件就成形了——不是照抄什麼神奇範本，而是從你自己的獨特遊戲的獨特設計，自然而然形成出來的。

102號鏡頭：文件化

為了確保自己撰寫的文件符合需求，並略過不需要的文件，請問自己這些問題：

- 做這款遊戲時，我們需要記得什麼？
- 做這款遊戲時，我們需要溝通什麼？

圖：Nick Daniel

延伸閱讀

- 〈Game Design Logs〉，Daniel Cook 著。庫克的部落格「失落花園」（Lost Garden）上這篇優秀的入門文章，對老式設計文件的毛病，提出了很棒的解決方法。
- 〈One Page Designs〉，Stone Librande 著。利勃朗在2010年國際遊戲開發者大會上的這段演講，在一夕之間改變了遊戲產業。當時每個人都認為這是設計概述最好的寫法，因此一夕之間就成了業界標準。這裡可以看到演講的投影片：http://www.stonetronix.com/gdc-2010/

28 | 好遊戲需經過<u>遊戲測試</u>

Good Games Are Created
through *Playtesting*

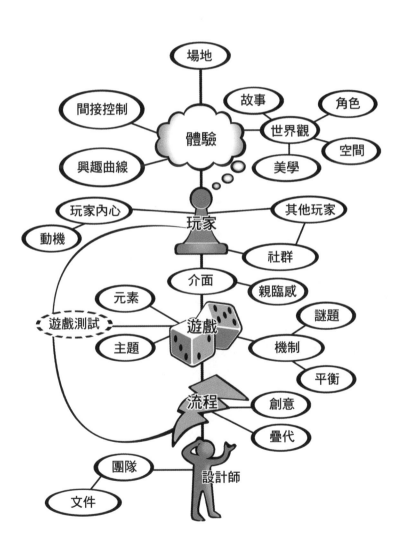

遊戲測試

我是一個蘋果

開發遊戲時，我們很容易幻想自己能讓玩家獲得多麼美妙的體驗。而遊戲測試像警鐘一樣，迫使你去解決之前擱置的棘手問題。在深入討論遊戲測試之前，我想先清楚區分焦點訪談、品質保證測試、易玩性測試和遊戲測試這四種測試模式：

1. 焦點訪談（Focus group）：這個字眼常會讓專業的設計師退縮，意指採訪潛在玩家，調查他們喜歡什麼、不喜歡什麼。這麼做通常是為了知道他們是否會喜歡公司正在醞釀的遊戲創意。在正確的情境下，特別是要幫定義明確的遊戲特性決定優先順序時，焦點訪談會很有用；但由於常常做得很糟，管理階層又老是背地裡操弄訪談扼殺自己害怕的創意，焦點訪談的名聲並不好。

2. 品質保證測試（quality assurance, QA testing）：這種測試基本上就是在抓錯誤，和遊戲好不好玩無關。

3. 易玩性測試（Usability testing）：這種測試的目的是確認介面和系統是否符合直覺、容易使用。對於一款好玩的遊戲來說，這些雖然必要，但還是不夠。如果有人建議你聘用一個易玩性專家讓遊戲更有趣，請別忘了這一點。

4. 遊戲測試（Playtesting）：和前三者不同，找人參與遊戲測試的目的，是為了知道遊戲是否能創造設計師意想之中的體驗。另外三種測試雖然很有用也很重要，不過這一章只會著重在設計師最關心的測試類型：遊戲測試。

我的尷尬祕密

我要承認一件真的非常尷尬的事情。多年來，我一直假裝沒這回事，不過還是騙不了自己。我不喜歡討論這件事，因為這會讓我看起來很虛偽，也讓我身為遊戲設計師的資格變得極其可議。

然而，這本書的目的在於闡明遊戲設計的真實面，而不是繼續製造詩情畫意的幻

想。那麼，現在吐實，拜託不要對我過於苛刻。

我恨遊戲測試。

遊戲測試能否趁著還有時間修正，就提前找出問題？當然。遊戲測試能不能幫助團隊相信，自己正為對的受眾製作對的遊戲？當然。好遊戲一定要經過遊戲測試嗎？當然。但遊戲測試會不會讓我緊張到沒辦法冷靜思考？當然！就是這樣！

遊戲測試根本就是羞辱。我知道遊戲測試對我的作品不只有好處，還是必須之舉。可是一旦真的要找人做遊戲測試了，我就想找一堆藉口來逃避。首先，我會在規劃遊戲測試時拖拖拉拉。等到終於規劃好了，我又會找藉口拒絕出席。好不容易到了現場，我又可以找到理由逃避直接觀察遊戲測試，分心到身邊其他事物。我很清楚自己有這個傾向，也費了九牛二虎之力對抗，但仍然無法消除我對遊戲測試的恐懼。

為什麼？我到底在怕什麼？答案很簡單。我怕人們不喜歡我的遊戲。我知道自己應該超脫這種想法，但就是做不到。製作遊戲的時候，我們會投入一切：心思、靈魂、夢想、血汗和淚水。花這麼多努力做出來的遊戲，就成了我們自己的一部分。所以看到有人玩過以後卻不喜歡，實在心痛，非常痛。不要欺騙自己，這種事遲早會發生。

身為遊戲設計師，作品被人討厭應該是最痛苦的事情之一。而遊戲測試就像是一封燙金請柬，上面寫的是：

誠摯邀請您來告訴我有多爛
歡迎攜伴──我們提供茶點

遊戲測試一定要這麼令人不舒服嗎？沒錯。遊戲測試的重點就是讓你知道，先前舒服自在下的決定全都錯了。你需要趁著還有時間處理，盡快找到這些錯誤。

也許你覺得遊戲測試理所當然。也許你完全不怕有人嘲笑你的作品。如果是這樣，恭喜你了！在遊戲測試中保持客觀有很大的好處。不過要是你跟我一樣害怕、厭惡遊戲測試，那就只有一個辦法：撐過去。人們可能喜歡或不喜歡你的遊戲。他們喜歡當然最好，不喜歡的話也是好事！這樣你就有機會問他們為什麼不喜歡，並好好修正。放下你的恐懼，擁抱遊戲測試的本質，也就是讓你的遊戲變得更好的絕佳機會。

每一場遊戲測試都有六個關鍵問題：為何、何人、何時、何地、何物，還有如何？

遊戲測試的第一個問題：為何？

還記得我們在〈第8章：疊代〉討論到如何創造雛型來回答問題嗎？遊戲測試也是一種雛形，只不過不是遊戲雛形，而是遊戲體驗的雛形（體驗正好是我們最在意的

東西！）。遊戲測試如果沒有先安排好目標，就很有可能是在浪費時間。規劃遊戲測試時的問題愈具體，就能從中得到愈多回饋。

你可能有數百萬個問題希望遊戲測試可以解答。只問最表面的「遊戲好玩嗎？」肯定不夠。一般來說，問題愈具體愈好。以下是一些範例，有的籠統，有的具體：

- 男性和女性玩這款遊戲的方式是否有差別？
- 兒童是否比成人更喜歡這款遊戲？
- 玩家是否了解該怎麼玩？
- 玩家是否想玩第二次？第三次？第二十次？為什麼？
- 玩家認為遊戲公平嗎？
- 玩家是否覺得無聊？
- 玩家是否感到困惑？
- 玩家是否覺得挫折？
- 遊戲中是否存在優勢策略或漏洞？
- 遊戲有沒有潛在的程式錯誤？
- 玩家自己發現了哪些策略？
- 遊戲的哪個部分最有趣？
- 遊戲的哪個部分最無趣？
- 應該用 A 鍵還是 B 鍵來跳躍？
- 第三關會不會太長？
- 那個蘆笛的謎題會不會太難？

以上這些只是用來幫助你思考。我也常常發現，要想出好的遊戲測試問題時，本書中的鏡頭都頗有幫助。

列出你希望藉由遊戲測試回答的問題是很棒的第一步，因為假使你還不確定「為何」，比如「為何要辦這場遊戲測試？」何人、何地、何物、如何也都無法解答了。

▌遊戲測試的第二個問題：何人？

知道為何舉辦遊戲測試之後，你才會知道找何人來遊戲測試。要選擇哪些人，完全取決於你想知道些什麼。一般來說，你會想要從目標族群中找人。不過即便如此，選擇還是很多。常見的選擇有：

1. **開發者**：開發者是最早有機會接觸到遊戲的人，所以我會先聽聽他們怎麼說。

    a. **優點**：開發者就在眼前！他們可以花很多時間玩遊戲，給予許多意義深遠的回饋。另外，找他們遊戲測試也不用擔心保密協議（nondisclosure agreements, NDA）

的事情，因為他們早就知道遊戲的所有機密了。

b. 缺點：開發者跟遊戲的關係太緊密，導致不太像真的玩家——這會扭曲他們對遊戲的看法。有些「設計專家」會告訴你，讓參與開發的人遊戲測試很危險，千萬不要這樣做。不過採取這種極端態度，也可能會遺漏一些寶貴的見解。比較好的方式是找開發者來遊戲測試，但對他們的說法持保留態度。

2. **親朋好友**：下一群可能參與遊戲測試的人是開發者的親朋好友。

a. 優點：找親朋好友幫忙非常容易，問答起來會很自然。如果他們在遊戲測試結束之後才想到好主意，你有機會聽得到。

b. 缺點：親朋好友會避免傷害你的感情，畢竟還要常常面對你。如果他們不喜歡某些地方，情誼可能會導致他們粉飾自己的真心話。另外，因為他們本來就喜歡你，也可能傾向喜歡你的遊戲——他們會努力去喜歡，但現實世界可不會有這種事。

3. **專業玩家**：不管你做的是哪種遊戲，都會有玩過每一款同類型作品的「專家」。這些人熱中測試開發中的遊戲，因為這對他們的專家資格也是一種認證！

a. 優點：專業玩家就算還沒玩遍所有同類作品，也已經玩過夠多相似的遊戲，他們可以用專業術語和具體案例，為你詳細說明和其他同類遊戲相比，你的遊戲玩起來如何。

b. 缺點：就像美食家只占了飲食男女中的極少數，遊戲玩家裡的「遊戲狂」也只占極少數。相較於一般玩家，專業玩家通常更容易玩膩，而要求更複雜和更困難的遊戲性挑戰。許多遊戲做壞掉都是因為想討好忠實的核心狂熱者，過度迎合他們的菁英品味。《模擬市民 Online》原本被期待能大獲成功，最後卻慘遭滑鐵盧，其中一個原因可能就是太過迎合期待創造而非體驗內容的核心玩家。

4. **「免洗筷」測試員**：理想的測試條件通常需要有從未看過你的遊戲的人參與。業界喜歡稱呼他們「鮮肉」或是「免洗筷」（意思是他們跟免洗餐具一樣只能用一次）。

a. 優點：從未見識你的遊戲的人會有新鮮的眼光，注意到你已習以為常的地方。如果測試的目的是了解遊戲是否易玩、資訊傳遞是否順暢，或是「第一印象」如何，這些測試員就很有價值。

b. 缺點：遊戲一般都會在好幾回中再三玩上好幾次。如果你只找「免洗筷測試員」來測試，可能會讓遊戲只有第一印象看起來很棒，幾回合以後就讓人玩不下去。

同樣地，要找誰來測試完全取決於你想知道什麼。測試員需要符合你想知道的問題，才能獲得有意義的結果。幾乎每個遊戲在設計流程中，都會搭配使用上述幾種測試員——關鍵是在正確的時機，找到正確的測試員，詳盡回答最多的問題。

遊戲測試的第三個問題：何時？

想找藉口拒辦遊戲測試很簡單⋯⋯最常用的藉口就是「遊戲還沒準備好」。但你愈早辦遊戲測試，就能愈快知道遊戲是不是往正確的方向行進。在這些開發階段皆可進行遊戲測試：

發想階段：把遊戲的目標客群找來辦一場焦點訪談。「你們喜歡哪些遊戲？你們想看到哪種遊戲？」

初始概念階段：「我們正考慮要做一款這樣的遊戲⋯⋯你們覺得如何？」

紙上雛形階段：我們在〈第8章：疊代〉說過，紙上雛形在驗證新遊戲概念時非常有效率。但不要把紙上遊戲的樂趣只留給開發團隊，可以邀請測試員來，看看他們是否喜歡目前勉強能玩的遊戲。

白箱雛形階段：終於！遊戲程式寫出來了，只不過還沒有任何美術畫面。沒關係！只要事先提醒玩家，就可以找他們做遊戲測試了。而且遊戲如果不好看，人們給的回答通常會比較誠實！

可運作雛形階段：太棒了！你的遊戲已經差不多可以順利運作了。一直到開發流程後期，都請盡量持續遊戲測試。

遊戲完成並發行後：遊戲完成了⋯⋯現在測試太晚了對吧？錯了！在這個「遊戲是一種服務」（Games as a Service）的時代，就算遊戲已經發行許久，玩家還是會期待官方修正並推出新功能。從這個角度來看，遊戲發行就是最大的一場遊戲測試！

希望你了解到開發流程中隨時可以舉行遊戲測試。但是⋯⋯實際上應該多久辦一次遊戲測試呢？遊戲設計和測試的奇才尚恩・帕頓給了一個非常簡單的答案：

WUBALEW

WUBALEW 的意思是：「有用就辦，不過至少每週一次」（When Useful, But At Least Every Week）。聽起來好像很多次，但養成每週測試的習慣，可以避免太久都沒獲得真實的回饋。另外，定期舉行遊戲測試也可以成為例行程序。如果你每週固定舉行遊戲測試，過一陣子之後就會很難想像沒有遊戲測試要如何做遊戲。

遊戲測試的第四個問題：何地？

就像遊戲本身一樣，場地對遊戲測試也同樣重要（見〈第3章：場地〉）。以下是一些不同的選項：

1. 你的工作室（或是看你如何稱呼自己製作遊戲的地方）
   a. 優點：你和開發團隊都在工作室，遊戲也是！在工作室舉辦遊戲測試非常方便，而且團隊裡每個人都有機會觀察到遊戲被真人玩起來是什麼樣子。
   b. 缺點：你找來的測試員可能不會覺得很自在。他們會覺得四周環境很陌生，除非能有個比較私人的空間，不然旁邊有人工作會讓玩家不敢玩得太開心。而測試員不敢發出聲音、享受樂趣、說出心聲，是你最不希望發生的事；請他們帶朋友同行會有所幫助。

2. 遊戲測試實驗室：有些大公司（不過老實說其少無比）會有為遊戲測試量身打造的實驗室。此外，也有些第三方公司會提供你專門打造的實驗室進行遊戲測試。
   a. 優點：遊戲測試實驗室的設計目的就是為了遊戲測試！你想要什麼裡面大概都有：單向鏡、拍攝測試員的監視器、懂得提問正確問題並詳細記錄的遊戲測試專家，甚至還能幫你準備精挑細選的適當測試員！
   b. 缺點：通常非常昂貴，不過只要負擔得起，花這筆錢應該會值得。

3. 某些公開場地：比如購物中心、大學校園活動、PAX或Indiecade等遊戲展，或是在路邊擺攤。
   a. 優點：只要找對場地，不用花多少成本就有機會找到很多測試員。之前謝爾遊戲工作室需要測試《小老虎丹尼爾》（*Daniel Tiger's Neighborhood*）的遊戲時，就是定期在匹茲堡兒童博物館（Pittsburgh Children's Museum）舉行遊戲測試，因為該處有源源不絕的3-5歲兒童和他們的家長，完全符合我們的需求。
   b. 缺點：尋找符合目標客群的「適當」測試員得費一番功夫。另外，如果現場發生其他事情，測試員也可能會分心，無法全神貫注。

4. 測試員家裡：大家買了遊戲都會在家裡玩，所以為何不讓測試員直接在家裡玩呢？
   a. 優點：這是在遊戲的自然棲息地，觀察遊戲在現實情境下遊玩的好機會。測試員可能會找朋友一起玩，這樣就有機會看到遊戲實際形成的社交互動。
   b. 缺點：遊戲測試可能會受到限制，或許只有一兩名設計師能前往觀察，而且每次測試都只能觀察一小群人。你可能還需要隨身攜帶特殊硬體，或至少花時間安裝機器來執行雛形軟體。

5. 線上：何必限制遊戲測試只在實體世界舉行？
   a. 優點：有很多人能在條件各異的機器上測試你的遊戲。如果你想解答的問題涉及到遊戲壓力測試，或者是要測試大型多人遊戲，這就是最好的選項。
   b. 缺點：測試次數增加的代價就是遊戲測試品質會降低。雖然玩的人很多，但你卻無法像跟測試員共處一室那樣進行深入觀察。另外，如果你想讓遊戲保持祕

密，開放下載會讓你的計畫難以實現。還有，第一印象很重要，所以如果你把未完成版本放上網路，就需要限制玩家數量。幸好有些網路平台（比如Steam）上有安全空間提供給測試版，以便控制玩家期望。

選擇在哪裡測試，完全取決於你想透過測試回答的問題。請根據你對「為何」這個重要問題的想法，來選擇遊戲測試的地點。通常，最單純的想法都是最好的答案——設計師柯特・貝雷頓（Curt Bererton）的故事就是好例子：

有次我在做（某個臉書遊戲的）預覽版（alpha）時發現有一招非常有效，就是在遊戲下面放一個寫了兩、三行字的訊息框。訊息框的內容都是「告訴我們如何把遊戲做得更好」，每次進入遊戲都可以傳送一封訊息讓訊息框消失。訊息會寄到一個電子郵件群組，每個團隊成員都可以看到玩家寫了什麼。

無論在預覽版還是測試版，這個簡單的訊息欄效果都很好，我們甚至在正式版把它留給了我們可控管數量的少數玩家（以及所有付費玩家）；我們每天大概會收到30封左右的訊息，可以在需要的時候點開來看。你可能以為會有很多人在裡面罵人之類的，但幾乎每份回饋都寫得很認真。我們因此找到了一堆程式錯誤、使用者體驗問題，還有單純的好創意。每當要推出新版本，我們都會特別仔細看過這些訊息。順帶一提，如果你發送玩家狀態資料摘要（在遊戲教學或遊戲進展中的位置）和平台規格（版本、備忘等等），除了追蹤社群脈動，對於抓出程式錯誤也有幫助。

▌遊戲測試的第五個問題：何物？

「何物？」指的是「你想在遊戲測試中找到什麼？」。可以找到的事物有兩類：

■ 第一類：你知道自己在找的事物

這些事物來自你的「為何」問題清單。順利的話，你會設計出遊戲測試來找到這些問題的答案（這也就是必須把問題列成清單的原因！）。規劃遊戲測試時，請確認每個列出來的問題都能得到某些程度的解答。如果遊戲中有跟問題無關的部分，請試著做一個略過這些部分的特別版，以便節省時間。如果一場遊戲測試無法解答所有問題，請考慮多做一些小測試來涵蓋所有需要解答的事物。

■ 第二類：你不知道自己在找的事物

每個人都找得到自己在找的事物。但只有真正善於觀察的設計師，能夠深入聆聽

玩家，才找得到他不知道自己正在尋找的事物。關鍵就是睜大眼睛，尋找驚奇。要在遊戲測試中找到驚奇，你必須先大概知道會發生什麼事：比如玩家會用某些方式打第二關、第三關的開場會讓他們情緒高昂等等。準備好迎接意料之外的事物，無論是好是壞，想辦法理解。女生是否出乎你的預料，比男生更喜歡這款遊戲？你的反派是否讓玩家笑場，而非讓他們害怕？玩家是否被你覺得不重要的事物絆住了？他們是否辯論起你從未想到的策略？把原因找出來！就算你想要測試的並不是這些，善用這個機會，從你自以為了解通透的事物上找出真相。如果遊戲測試是一棵果樹，了解這些驚奇所帶來的洞見，就是最甜美的果實。

▌ 遊戲測試的第六個問題：如何？

現在你知道為何舉行遊戲測試、觀察何人、在何地舉行，乃至於觀察何物。這些初步準備都很重要，但如果沒有先決定好怎麼進行，還是無從得知真章。

■ 到底要不要出席？

有個派別相信，遊戲開發者出席遊戲測試很危險，因為他們對遊戲投注的情感，會讓他們鼓勵玩家忽略缺失，把內部成員的觀點「傳染」給玩家。這個危險確實存在。如果你沒辦法在遊戲測試中保持客觀，控制好自己的舉止讓玩家維持「純粹」，那你絕對不該出席。但這樣就很可惜，因為在現場看人測試，遠比看問卷資料或影像紀錄能得知更多東西。因此，雖然有些設計理論家不會同意，但我還是建議想辦法克制這些破壞性的衝動，親自出席遊戲測試。

■ 開始之前先告知什麼？

有些遊戲測試不會提前告知玩家任何資訊——讓遊戲自己來說話，特別是如果你想知道玩家有沒有辦法自行理解。但在大部分的遊戲測試場合，你需要告訴玩家一些如何開始玩的資訊。做這件事情必須格外謹慎，因為開始前只要講錯幾個字，就可能毀了整場遊戲測試。比如說，要是你告訴玩家，遊戲目標是打倒邪惡的克羅諾斯，有些玩家就會馬上開始尋找他，結果漏掉了一些重要細節。因此，你應該仔細想好一開始跟測試員說明的內容，以免發生意料之外的後果。事先寫好講稿是個好主意，可以確保你提供所有測試員相同的先備知識。

當然，你可能在幾次測試後，才發現需要修改開場白來闡明一些事情。這時就會出現遊戲測試的一大附帶好處。如果一場遊戲測試裡有好幾輪測試，你可以慢慢調整給玩家的指示，這裡改幾個字，那邊換幾個詞，直到整段話足夠清晰有效。一定要寫

下來！這些話可以成為遊戲內教學的基礎。很多遊戲的教學都做得很差，但使用這種方法做出來的教學，很可能好到閃閃發光。讓玩家在遊戲內教學覺得自己備受歡迎和照顧，可以為遊戲營造絕佳的第一印象。

■ 要觀察哪裡？

大部分的人出席遊戲測試時，都會看著玩家所看的地方。如果是電玩遊戲，就是盯著螢幕。這樣做很合理，因為你會跟玩家看到一樣的東西。但我看的地方不一樣。在測試時，我大部分的時間都看著玩家的臉。當然，我還是會瞄一下螢幕確認所在情境，但多數時候我都看著玩家的臉，因為我想知道的不只是玩家在做什麼，還想知道他們做這些事情的感受。從臉部表情所獲得的很多珍貴資料，無法從遊戲後的訪談或問卷調查得知。

我在街頭表演的時候學到這個技巧。在街頭表演時，唯一的收入是表演完觀眾放進帽子裡的賞錢。所以如果你想要有晚餐吃，讓吸引到的人群感覺有被娛樂到就很重要。經過練習後，我很快就發現自己能快速「讀」出人群的情緒，並隨之調整表演內容──他們喜歡的地方就表演久一點，他們覺得無聊的地方就趕快結束。剛開始做遊戲時，我很訝異自己也可以在玩家玩遊戲時讀到他們的情緒，並判斷遊戲應該怎麼修改，才能提升玩家情感體驗的品質。這是每個人與生俱來的能力，只不過需要經過練習。

當然，如果可以同時看到所有地方，觀察遊戲畫面、玩家的臉，甚至是他們的手，看看他們的操作是否一如我們期望，那就再好不過了。有了現代的影像科技，還真的做得到！使用數台攝影機把畫面傳送到分割畫面的每一格上，就可以同時記錄遊戲畫面、臉部表情和手部動作，以便稍後回頭觀察這三者之間的交互關係。

■ 遊戲測試時還應該蒐集哪些資訊？

親眼觀察，加上用影片記錄遊戲測試過程，可以提供很多有用的資料，但還有其他值得蒐集的資料。只需一些計畫，就可以保留每一次遊戲測試的重要遊戲事件日誌。如果你做的是數位遊戲，可以自動記錄日誌；如果不是數位遊戲，在重要事件發生時仔細記下來。當然，每個遊戲的「重要事件」都各有不同。以下列舉一些你可能會想蒐集的資訊範例：

- 玩家在創造角色時花了多少時間？
- 擊中多少次才能打敗反派？
- 玩家的平均分數是多少？
- 哪些武器使用率最高？

遊戲自動蒐集的這類資訊愈多，對你而言就愈有用。過去幾年裡，製作大型多人線上遊戲或基本免費遊戲時，都必須有精細的分析系統和內容管理系統，這樣遊戲系統才能持續不斷進行調整和測試。這種新的「量化設計」有其危險性，可能讓設計師做出呆板的設計，不敢信任自己的直覺；但要是能夠克服這點，這套精巧的技術就是你了解玩家行為的新契機。

■ 是否要在遊戲中途打斷玩家？

這個問題非常微妙。遊戲中途打斷玩家可能是想知道他們在做什麼，但這麼做其實有可能干擾他們最自然的遊玩模式。但另一方面，在好的時機問好的問題，才有辦法獲得洞見。你也許會認為，最好的辦法是先記下想到的問題，等測試告一段落再問玩家。但是到了那時，玩家的心理狀態已經不同了，可能根本想不起來你指的是什麼。其中的取捨很不容易。大部分的設計師似乎都傾向只在玩家行為著實匪夷所思之際才出聲打斷。

人機互動專家通常建議用「放聲思考法」（think-aloud protocol）來了解人和軟體互動時的決策過程。這個方法是鼓勵軟體使用者以意識流式的碎唸，道出所有內心的思緒。在遊戲中，聽起來可能是這樣：「好……我要來找幾根香蕉，可是我沒看到……我猜應該是在樹幹後面……誒！王八蛋！吃我這招！好吧……咦，土堆後面那個是香蕉嗎？」之類的。但這在遊戲中可能會很棘手。對某些人來說，把想法說出口會改變他們的行為——通常是變得更深思熟慮，所以放聲思考法可能會破壞遊玩模式。還有些人如果邊玩遊戲邊講話，整個人就會卡住；遊戲壓力增加時，他們通常會完全閉嘴——這很可惜，因為壓力最大的段落通常也是設計師最需要知道玩家在想什麼的地方。然而，有些玩家可以很自然地放聲思考，並提供非常有用的資訊——祕訣在於學會辨認這種玩家，或是訓練資深測試員。我看過很多立意良好的互動專家一直向玩家提出問題，試圖引發他們放聲思考，最後卻毀了整場遊戲測試。你得按自己的需求來決定何時適合以及是否需要使用這個技巧。

▌遊戲測試結束後該蒐集什麼資訊？

光是觀察玩家跟遊戲互動就能得知一大堆資料，但後續訪談和問卷的問題如果設計得好，就可以獲得更多回饋。不過該選擇什麼方法呢？

■ 問卷
如果你想用簡單的問題獲得易於量化的答案，問卷就是很適合的做法。以下的訣

竅可以讓問卷更有效率：

1. 盡可能使用圖片詢問遊戲元素或場景，來確保玩家知道你的意思是什麼。

2. 線上問卷可以幫你（和測試員）省下很多時間。SurveyMonkey 或 Google 表單等系統都容易設定，而且便宜或免費。

3. 不要使用 1 到 10 的量表來打分數。下面這個標註清楚的五等級量表，可以得到更一致的結果：

糟糕　不佳　普通　很好　極佳
　□　　　□　　　□　　　□　　　□

4. 問卷上別列出太多問題，不然人們填到後面就會開始放空，資料價值會大打折扣。

5. 在測試結束馬上遞上問卷，那時他們的記憶猶新。

6. 安排一個人在現場回答問題，因為測試員可能會對問卷題目懷有疑問。

7. 記錄每個測試員的年齡和性別，以便知道這些資訊和玩家意見的關聯。

8. 不要對問卷資訊照單全收。你的問卷不太可能非常科學，而且測試員不太確定答案時會傾向編造。

■ 訪談

　　如果你的問題比較複雜，不適合做成問卷，在遊戲測試過後進行訪談會是很好的做法。這也有助於捕捉到玩家對遊戲真正的感受，因為你可以從表情和聲音觀察到他們的情緒。以下是訪談時的一些訣竅：

- 訪談時請準備好問題清單。上面記得預留空間，以便寫下玩家的回答。另外，也要留一些空間給意想不到的話題轉折（換句話說，就是準備迎接驚奇！）。

- 盡可能私下訪談。比起有別人（特別是認識的人）在聽，人們在一對一的情況下回答會更誠實。如果測試員有朋友也參加了遊戲測試，可以考慮在個人訪談後再來一場小組訪談，看看親近的朋友彼此聊天時是否會引出新的資訊。

- 測試員會避免傷害你的感受，特別是如果他們知道或認為你有幫忙做遊戲的話。有時候，保持客觀還不夠。我有時候會裝模作樣地說：「我需要你們幫忙。這款遊戲現在碰到了很大的麻煩，但我們不確定問題到底是什麼。所以拜託，不管你們有哪邊不喜歡，只要告訴我們都是幫了大忙。」這等於是允許測試員誠實說出他們喜歡和不喜歡的地方。

- 避免考驗記憶力。玩家如果聽到「你在第三關碰到黃蝴蝶的時候，為什麼不往右邊反而往左邊飛？」這種問題，通常只會茫然地看著你。他們都忙著玩遊戲，對於跟遊戲目標缺乏直接關聯的事情，不見得會有印象。如果你想知道這種事情的答案，應該要在他們玩遊戲的時候提問。

- **不要期待測試員扮演遊戲設計師。**「第三關更難一點的話,遊戲會不會比較好玩?」這種問題不會給你想要的結果。一般來說,玩家都覺得自己希望遊戲更簡單一點,所以很可能回答「不會」。大多數的測試員都不善於思考和討論遊戲機制。同一件事情,比較好的問法應該是:「第三關有沒有哪個地方很無聊?」這種問法比較可能得到誠實的答案,以及你想獲得的資料。

- **不要只問自己所需。**與其問「你最不喜歡哪個地方?」不如問「你最不喜歡的三個地方是什麼?」這樣不但可以獲得更多資訊,還會知道優先順序——玩家覺得最重要的東西會先脫口而出。

- **考慮使用影像間。**影像間(video closet)是遊戲設計師芭芭拉・錢柏林(Barbara Chamberlin)的發明,她負責主持新墨西哥州立大學(New Mexico State University)的學習遊戲實驗室(Learning Games Lab)。根據她的解釋,「影像間是一個裝著攝影機或 iPad 的房間,裡面放著一塊寫有問題的白板。我們會用信號提示玩家,一次只讓一人進入,請他們閱讀問題並思考怎麼回答,等他們準備好,就可以打開攝影機回答問題。這個做法可以防止團體迷思,還有助於讓比較寡言的玩家發表意見。如果在房間外先透過焦點訪談或個別訪談問過相關問題,然後再進入房間,得到的效果最好,他們在裡面會講出更深入或不同觀點的看法。這是獲得豐厚回饋的妙方,而且由於內容都有錄影下來,很容易跟團隊或客戶一起討論!」我絕對同意影像間的威力——不知道為什麼,人們面對攝影機時,會講出面對面時說不出口的話。

- **放下自我。**坐下來聽別人說你的遊戲有多糟非常不容易。你會一直忍不住想要起身為自己的遊戲辯護,告訴他們遊戲應該怎樣玩。請忍住這種衝動。訪談的時候沒有人會在意遊戲應該怎麼玩。此刻,唯一重要的就是測試員對遊戲的感受和其理由。當你感覺到這股衝動,請克制自己,提出「你不喜歡哪個地方?」和「請你進一步說明」等客觀的問題。

■ 挫敗、喜愛、期待、魔杖、行為、介紹

帕頓還有另外一個好用的清單:挫敗、喜愛、期待、魔杖、行為、介紹。這六點代表玩家玩過遊戲以後,你可能會想問的六個問題,也是謝爾遊戲工作室的基本問題組合,所以我想在這裡分享:

1. 你剛剛玩的遊戲哪個片刻或哪個方面最讓你感到**挫敗**?
2. 你剛剛玩的遊戲哪個片刻或哪個方面最讓你**喜愛**?
3. 你有沒有什麼**期待**卻不能做的事情?
4. 如果你有一把萬能**魔杖**,你會讓剛才的遊戲體驗改變、增加或減少什麼?

5. 你在遊戲體驗中有哪些行為？

6. 你會怎麼跟親朋好友介紹這個遊戲？

這六個問題有個固定順序，之所以這樣做有其理由。第一題（挫敗）先讓玩家發洩一下自己討厭的地方。第二題（喜愛）的重要性是讓你知道玩家最棒的體驗。第三題和第四題（期望和魔杖）看起來一樣……不過其實有些差異。玩家傾向在第三題回答比較小的願望，但在第四題跳脫框架。第五題（行為）會讓你知道玩家的目標為何，而第六題（介紹）則可以看出他們對整個體驗的重要觀點。

隨著科技進步、即時分析的出現以及遊戲逐漸依賴小額付費，愈來愈多遊戲測試已經融入了遊戲調整之中。但不須感到困惑，測試就是測試。到頭來，遊戲測試就是為了蒐集玩家喜歡什麼、不喜歡什麼，並明智地利用這些資料，為你的設計做出更好的選擇。

103號鏡頭：遊戲測試

遊戲測試讓你有機會看到遊戲玩起來的樣子。為了確保遊戲測試能有最好的效果，請問自己這些問題：

- **為何**舉行遊戲測試？
- **何人**會來？
- **何時**舉行？
- **何地**舉行？
- 我們想知道**何物**？
- 我們**如何**蒐集想要的資料？

圖：Chris Daniel

說到科技，我們這本關於電玩遊戲的書，怎麼過了四百多頁還沒提到科技？我想該是時候了。

延伸閱讀

- 《The Design Evolution of Magic: The Gathering》，Richard Garfield 著。《魔法風雲會》是有史以來最成功的遊戲之一，本書講述了它的遊戲測試過程。Tracy Fullerton 的《Game Design Workshop》，還有 Katie Salen Tekinbaş 和 Eric Zimmerman 的《Game Design Reader》都能找到這段故事。

- 《Game Usability: Advancing the Player Experience》，Katherine Isbister 與 Noah Schaffer 著。本書針對如何辦好遊戲測試，詳盡收錄了許多實用的文章。

- 〈A Journey Across the Mainstream: Games for my Mother-in-Law〉，Dave Grossman 著。本文完美呈現了好的遊戲測試的面貌。

  http://www.gamasutra.com/view/feature/6100/a_journey_across_the_main_stream_.php

- 〈Trying Very Hard to Make Games that Don't Stink〉，Barbara Chamberlin 主講。這段二十分鐘長的影片介紹了豐富踏實的技巧，能幫你搞定遊戲測試。

  http://www.youtube.com/watch?v=qx6lpeaUPSc

- 〈Valve's Approach to Playtesting: The Application of Empiricism〉，Mike Ambinder 主講。從 2009 年遊戲開發者大會上的這場演講，可以一窺這間有史以來品質最穩定的遊戲工作室到底如何運作。演講簡報在此：

  http://www.valvesoftware.com/publications/2009/GDC2009_ValvesApproachToPlaytesting.pdf

29 團隊完成遊戲需使用科技
The Team Builds a Game with *Technology*

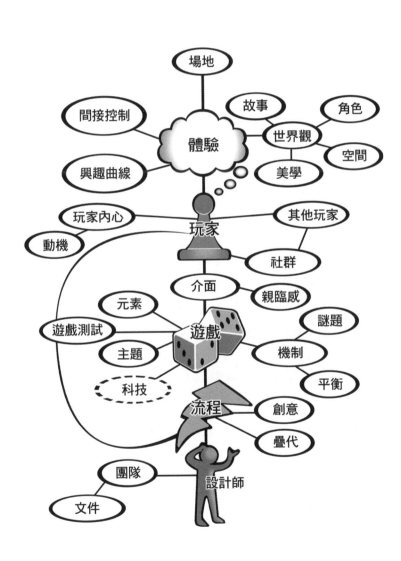

山繆走進來時，湯姆正在畫圖。他看著那張圖說：「這是什麼？」

「我正在設計開門器，這樣就不用下馬車，只要拉這根把手門就會打開了。」

「用什麼開呢？」

「我打算裝一根強力彈簧。」

山繆仔細看了看那張圖：「那要怎麼關起來？」

「這邊有根棒子，它會抵著彈簧，從另一頭施壓。」

「我懂了。如果門真的有裝好的話，這東西應該管用。而且製造跟維修的時間，跟你二十年來開關車門的時間相比，也只不過多了一倍。」

湯姆回嘴：「有時候馬激動起來⋯⋯」

「我知道，」他父親說，「但最重要的還是這東西很好玩。」

湯姆笑開了嘴：「被你猜到我在想什麼了。」

——約翰·史坦貝克，《伊甸園之東》（*East of Eden*）

科技終於來了

機器沒有幫人遠離自然的種種問題，反而讓人陷得更深。
——安托萬·德·聖修伯里

　　一本教人設計電玩遊戲的書，到了快結尾才來談科技，好像有點奇怪。不過這是有原因的。科技讓遊戲設計師感到憂慮和驚恐。如同日正當中很難研究星星，科技難題擺在眼前，也很難探究遊戲設計。科技日新月異和令人驚奇，不斷產生需要解答的新謎題。在科技、故事、美學和機制這四大元素中，科技是最動態、易變、難以預料的一個。科技就像派對上出現的爛醉億萬富翁一樣，吸引所有人的目光，因為沒有人知道他會做出什麼。終於，現在是時候讓我們走到陽光下，跟這個億萬富翁自我介紹了。

　　首先，科技到底是什麼？電腦和電子產品嗎？不，這裡所指的是更寬廣的事物。對遊戲設計師來說，「科技」指的是承載我們所作遊戲的一切媒體，是讓遊戲得以存在的所有實體。對於《地產大亨》來說，科技就是圖板、紙牌、指示物（token）和骰子。對於跳房子遊戲來說，科技就是粉筆和人行道。對於《俄羅斯方塊》來說，科技就是電腦、螢幕和簡單的輸入裝置。把科技說成是構成遊戲的實體物件，似乎再淺顯不過；但其中的意義其實很深遠，因為科技的進步實在太快了。想想看從你出生以來，人類發明了多少新實體物件。一萬種？十萬種？一百萬種？簡直多到數不清。這些新發明中，有很多都可以用來做出新類型的遊戲。這件事很重要，因為遊戲設計師的任務，

就是永遠追求新花樣。正如我們之前所述，人們會買新遊戲，就是因為它們是新的。創新的壓力這麼大，新科技又這麼性感迷人，我們很容易就會被科技的潛力給淹沒，忘記自己的使命是創作好遊戲。

保持頭腦清醒，不要跟億萬富翁一起爛醉，對某些人來說可能是場挑戰。天性熱愛科技的工程師特別容易沉迷科技的誘惑。華特‧迪士尼深知這點。動畫師法蘭克‧湯瑪斯（Frank Thomas）和奧利‧強生（Ollie Johnson）在《生命的幻覺》（*The Illusion of Life*）這本代表性著作裡提到：

> 出於某種原因，（華特）不信任工程師，他覺得這些人做設計時老是先想到自己，沒有考慮產品的預期用途；他也拒絕僱用頭銜是「工程師」的傢伙。

當然這種態度有點極端，不過也提醒了我們，在創造體驗時，對科技保留某種程度的理智是很重要的。

▊ 基礎 vs. 裝飾

為了對科技保持理性觀點，最可靠的方法之一是先了解基礎性科技和裝飾性科技之間的區別。基礎性科技是為了讓新型體驗有辦法成真。而裝飾性科技則是為了讓既有的體驗更好。下面這張圖有助於清楚區分兩者。

杯子蛋糕的蛋糕體是基礎性科技，沒有這個部分的話，杯子蛋糕也不存在了。上面的櫻桃和糖霜則是裝飾性科技，加上去並不會成為全新的基礎，而是讓原本的東西變得更好。或許透過一些娛樂和遊戲的例子可以說明得更清楚。

■ 第一部米老鼠卡通

機智問答節目上常出現的一題是：「米老鼠的第一部卡通叫做什麼？」大部分的人都知道答案是《威利號汽船》（*Steamboat Willie*）。不過其實我們都錯了。在《威利號

汽船》上映的六個月之前，還有一部叫做《瘋狂飛機》(*Plane Crazy*)的米老鼠卡通。《威利號汽船》有什麼卓越超凡的地方，以致於大家普遍以為那是米老鼠的處女秀呢？答案是科技。具體來說，《威利號汽船》是第一部同步有聲卡通影片，而且聲音並不是裝飾性，整部卡通是以同步音軌為中心製作的。《威利號汽船》的故事線，是米奇和米妮把各種農場動物當成樂器來演奏，不但可愛、巧妙又悅耳易記；如果沒有同步聲音，這部片就毫無意義了。對於這部卡通片想創造的體驗，科技是其基礎。不久之後，《瘋狂飛機》也加上了同步聲音，但只是裝飾性；飛機引擎的呼嘯聲對這部卡通的基礎體驗並沒有太多影響。

■ 角力棋

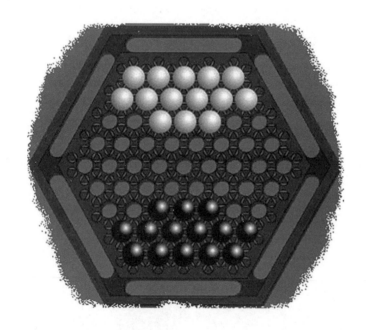

　　從羅倫‧李維(Laurent Levi)和米歇爾‧拉雷特(Michel Lalet)在1987年發明的《角力棋》(*Abalone*)，可以看到低科技遊戲也會使用有趣的基礎性科技。這款遊戲看起來跟跳棋(Chinese checker)[1]很像，不過兩者有個重要的不同：角力棋的凹洞之間有溝槽，玩家可以將彈珠沿著溝槽推動，把整排彈珠「撞」進下一格。大部分這一類的鬥智遊戲，吃子的方式都是走到對手的棋子上，或是跳過對手的棋子。李維和拉雷特發現這個推彈珠功能讓棋盤開發出嶄新的機制，所以他們就把吃子的方式，設計成把對手的彈珠推出棋盤。溝槽並不是什麼複雜的科技，卻是這種全新遊戲體驗的基礎。

1　現在的跳棋發明於1892年的美國，命名為中國跳棋是為了行銷上的神祕感。

■ 音速小子

Mega Drive 的《音速小子》和《音速小子2》也是基礎性科技的好例子。Sega 很清楚 Mega Drive 和競品主機超級任天堂之間最關鍵的差異，是 Sega 的系統架構能支援極快的畫面捲動（scrolling）。《音速小子》正是刻意利用了這個技能（特別是《音速小子2》閃電般的旋轉衝刺〔Spin Dash〕）。過去從來沒有一款遊戲能讓玩家像這樣以超快的速度移動，這是《音速小子》這麼刺激和新奇的原因之一。

■ 迷霧之島

當今人們很難想像《迷霧之島》曾經在市場取得了多大的成功：它曾經連續五年蟬聯每月最暢銷電腦遊戲。總而言之，這項成就是來自基礎性和裝飾性科技的結合。首先是裝飾性科技：華麗的 3D 美術。在當時（1993年），電腦繪製的 3D 美術設計還非常新穎，《迷霧之島》的畫面因此讓人耳目一新。但是要傳遞遊戲中的漂亮畫面，需要一項更基礎的科技：光碟。在光碟問世之前，遊戲的美術細節幾乎都只能用像素呈現。光碟讓遊戲的畫面全都像相片一樣細緻動人。《迷霧之島》製作商 Cyan 非常重視這項科技。早期的光碟機常出問題。當時市面上有形形色色的製造商、各式各樣的光碟機，還有一大堆原因會讓軟體故障。因此 Cyan 特地選擇花費大量的開發時間，確保遊戲能在幾乎每一種光碟和電腦的組合上執行——所花費的時間多到團隊可以用來讓遊戲的結局更精緻。但從結果看來，他們做了正確的決定——多年來，只要有買光碟機的人，幾乎都買了一套《迷霧之島》，因為他們聽說遊戲做得很美，而且不像其他用光碟發行的遊戲，《迷霧之島》保證可以運作。

■ 旅人

不，這裡指的不是 PS3 上面那個《風之旅人》（*Journey*）。1980 年代初期，Bally Midway 的工程師想到了一項新電玩科技的好創意：何不在電動機台上放台數位相機？這樣打出高分的玩家不只可以輸入自己的名字縮寫，還可以放上照片！他們打造了一台能幫贏家拍下黑白照片的原型機，放在芝加哥的一間電動遊樂場測試。不過第二天，他們碰到了或許是史上第一次的惡意玩家行為——有些贏家「猥褻」了他們的相機，把高分榜變成了一場低畫素色情照片特展。沒有人想得出辦法來解決這個問題，所以管理階層喊停了這個開發專案。但這個團隊並未輕易放棄，他們花了很多功夫研究這項科技，希望可以看到一些結果。最後，他們做出了《旅人》（*Journey: The Arcade Game*），這是一款很基本的平台遊戲，玩家在裡頭扮演旅人樂團（Journey）的成員，這些玩家化身看起來很奇怪，有著卡通風格的小小身體，大大的頭則是樂團成員黑白照。這項科技從偏基礎性的功能開始，最後卻成了純粹的裝飾性，而且還是很醜

的裝飾。無聊的遊戲無法靠花俏的科技來拯救，《旅人》成了失敗之作。

■ 布娃娃系統

在「布娃娃系統」（ragdoll physics）這項科技上，可以看到比較現代的例子。布娃娃系統是一種操作即時動畫角色的方法，可以讓角色的身體以規定外的方式，和其他遊戲中的元素實際互動。換句話說，如果你抓住一個動畫角色的手用力搖晃，其肢體就會像現實一樣甩動；這些動作完全由電腦計算，而非來自動畫師的指示。無數的第一人稱射擊遊戲都將它當作純粹的裝飾性科技：當非玩家角色（Non-Player Character, NPC）被手榴彈擊中，身體被甩到空中然後落地時，這些動作都是由即時物理引擎的數學所計算出來的。即便有時看起來不太對勁（身體跟某些地形的互動有誤），看起來也挺新奇的，所以工程師很愛這套系統。

讓我們對比《迷霧古城》是怎麼運用同一套演算法的。《迷霧古城》能成為敘事遊戲的里程碑，部分原因是主角 Ico 和他要拯救的公主之間的互動。在大部分的遊戲內容裡，Ico 必須牽著公主的手帶她躲過各種凶險的危機。公主會在 Ico 奔跑、攀爬、跳躍時做出相應的動作，她跟隨的方式讓她呈現出前所未見的真實感。遊戲中大多數謎題都建立在 Ico 必須引導公主移動這一點上，因此布娃娃系統就變得不可或缺。《迷霧古城》的工程師和設計師用了這種空前的手法，讓一直以來只是裝飾的科技，變成了遊戲體驗的基礎。

正如上述這些例子所示，每當遇到新科技就先問自己「如何讓它成為遊戲的基礎」，是很有用的好習慣。

▌觸控革命

觸控遊戲首度在任天堂 DS 和 iPhone 等平台上問世時，很多遊戲玩家都怨聲連連。當時的觸控螢幕都在模仿遊戲控制器，但前者很難替代後者。不久之後，市面上出現了很多沒有觸控功能就無法玩的遊戲，比如 DS 上的《妙廚老媽》（Cooking Mama）或 iOS 上的《切繩子》（Cut the Rope），玩家的觀感也變得不一樣了。科技的發展永遠都是如此：新科技出現時，人們會說這玩意毫無意義，直到有人專門為此科技設計事物。

■ 炒作週期

想要抵擋科技的誘惑力，另一個好方法就是先了解那個誘惑力。顧能諮詢公司（Gartner Research）對此現象提出了最精闢的描述，並將之命名為炒作週期（Hype Cycle）。

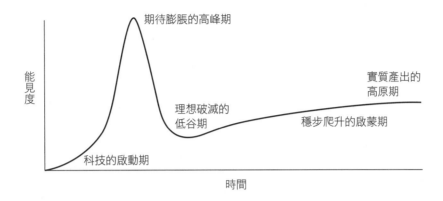

上圖呈現了能見度（人們討論的次數）和時間的關係。顧能諮詢公司指出每項新科技都會經歷五個階段：

1. **科技的啟動期**：這時候科技剛被發現或發表。

2. **期待膨脹的高峰期**：這時候討論該科技的人會多於體驗過該科技。換句話說就是「沒有人知道這是怎麼回事，不過大家都說很棒」。許多公司會推出產品（比如新款 iPhone），試著讓人性中古怪的這一塊相信新科技能讓人夢想成真——儘管這似乎從來沒有發生過。

3. **理想破滅的低谷期**：如果科技無法滿足隨之而起的炒作風潮（比如賽格威[2]），人們就會重新用冰冷現實的眼光看待它，覺得它過時甚至可笑。

4. **穩步爬升的啟蒙期**：漸漸地，人們和企業會開始想出這項科技到底可以用在哪裡、帶來什麼好處。

5. **實質生產的高原期**：到了這個階段，科技的好處已經廣為人知並普遍被人接受，至於高原有多高，則取決於這項科技到底應用得多廣泛。

炒作週期有趣的地方在於，只要有新科技就會發生，人類總是學不乖，不斷重複同樣的愚蠢行為，以為「新東西」能改變生活，發現不行以後又厭棄它，最後才把它用在真正適合的地方。身為遊戲設計師，你有三個必須了解炒作週期的重大理由：

1. **讓自己免疫**：如果你對炒作週期保持警惕，就可以對其影響免疫，不會拿自己的職業生涯冒險，嘗試還不完全懂的科技。

2. **幫人打疫苗**：你很有可能在某個時刻發現，自己身邊有人搭上了某個科技的炒作熱潮，想要你用它來設計遊戲。如果你能讓他們了解炒作週期，就有可能拯救你的團隊，避開危險的決定。

---

2 賽格威（Segway）：一種有自我平衡能力的電動雙輪代步車。剛出現時被視為劃時代的交通工具，但最後因為安全問題和價格高昂而沒有成為主流。母公司九號機器人於 2020 年 6 月 23 日宣布停產。

3. **籌募資金**：說起來不怎麼好聽。不過你總會碰到機會向某些完全陷入期待膨脹的人提案，這些人會很樂意資助你的遊戲；倒不是因為你的遊戲有多好，而是因為他們相信搭上這波科技潮流會讓自己發大財。你當然可以試著說服他們看清真相，不過不會成功。你該做的是趁理想破滅的低谷期到來前，先取得資金，然後做出好遊戲。做這種事很驚險，但可以幫你完成遊戲。

回顧各種遊戲和遊戲系統的發表，並思考它們的炒作週期，會得到很有趣的結果。不過我把這項練習留給各位讀者，因為我們接下來要討論一個兩難。

▌ 創新的兩難

另一個大家在應對新科技時必須注意的模式，是創新的兩難（見下圖）；這個概念來自克雷頓‧克里斯汀生（Clayton Christensen）的同名著作。創新的兩難的基本概念是，許多科技公司失敗，常是因為犯了傾聽顧客要求的錯誤。這聽起來很違反直覺——畢竟我們之前討論過，傾聽玩家的聲音非常重要。但克里斯汀生討論的是非常特定的情況：當有所不同的新科技剛嶄露頭角，卻還不足以代替舊科技的時候。如果你問顧客對新科技有什麼想法，他們會說「不夠好」。因此，你可能會選擇無視新科技，而專心慢慢改進舊科技。但新科技也會慢慢進步，然後突然間，新科技就像在一夜之間跨越門檻，進入「夠好」的領域，所有原本買帳舊科技的顧客，都會馬上跳船到新的「破壞性科技」上，畢竟那快得多、好得多也便宜得多。

這種情況在電玩遊戲的領域裡發生了很多次。多年來，零售電腦遊戲的製造商都沒有認真看待主機遊戲，因為主機遊戲「不夠好」。結果突然之間，主機變得「夠好」。不到一年內，電腦遊戲就從主流退居邊緣。體感控制器（motion controller）已經出現了

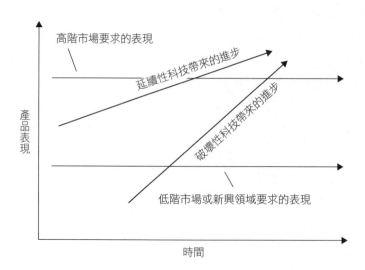

二十年，但一直被認為太昂貴又不可靠，因此大部分的主機製造商都沒有認真看待它。但是隨後，經過一連串的逐步改進和創新，任天堂推出了 Wiimote 遙控遊戲控制器，這款聰明的體感控制器做得「夠好」，幾乎占領了整個主機市場。而現在，語音辨識（speech recognition）、人工智慧（artificial intelligence）、腦波感測（brainwave sensing）等許多科技也同樣遭到忽視，因為它們都「不夠好」。如果你能駕馭這些瀕臨「突破」的科技來設計遊戲，就可以領先搭上成功的浪潮──當然，這些得是你的基礎性科技才行！

▋ 分歧定律

人們在預測科技的未來時，總是假設科技會統合為一體，但這是重複犯下的錯誤預測。舉例來說，很多人都預測在不久的將來，每個人的客廳裡都會有一台能夠播放所有影片、音樂和遊戲的設備。但想想看你的客廳現在有多少支遙控器。三支還是四支？當然，以前可能只有一支，但隨著科技進步，設備的數量也愈來愈多。為什麼？因為事情就是這樣。不同科技的進步速度不同，於是我們需要不同的設備，因為要是把所有科技都塞進一台大電視／電腦／音樂／影片播放機／遊戲主機，每當其中一樣出現新功能時，你就得整台換掉。科技在演化過程中，反而像是加拉巴哥群島（Gala-pagos islands）上的鳥一樣不斷分歧。如果有各自獨立的設備，你可以混合搭配，當新東西問世就把過時的東西換掉。隨著我們持續發明更多更有趣的輸入和輸出系統來玩遊戲，電玩遊戲也會不斷變得更為多樣化。

不過分歧定律有個例外：隨身設備。為了方便起見，裝在口袋裡的東西，比如瑞士刀和智慧型手機，都傾向做成科技大雜燴。隨身設備在遊戲界也很重要，但最好還是別忘了，這只是個例外。

▋ 科技奇點

我們都注意到科技一年比一年進步得更快、更強烈地影響我們的生活，同時未來也變得愈來愈難以預料。在一千年前，要預測百年以後的生活很簡單。但現在光是十年後的生活都難以預料。有些人主張，科技的進步會持續加速，速度快到我們將無法預測一年後、一個月後甚至十分鐘後的生活。這個科技進步快到無法預測的時刻被稱為奇點（singularity），有些人認為它將會在我們有生之年到來。

這聽起來難以置信，不過科技變化的快速腳步，對遊戲設計師無疑是好消息，因為新的科技就意味著新的遊戲可能性。此外，如果創造和體驗虛擬現實的科技突飛猛進，將原本只是消遣娛樂的虛擬世界，變成人類體驗本質的核心，也不再是無稽之談了。

科技承載著遊戲，也是遊戲設計的四大元素之一。請用這顆方便的鏡頭來小心檢視自己對科技的選擇。

104號鏡頭：科技

為了確保自己在正確的方向上使用正確的科技，請問自己這些問題：

- 哪些科技有助於實現我想創造的體驗？
- 我使用這些科技的方式是基礎性或裝飾性？
- 如果我使用這些科技的方式不是基礎性，是否仍然需要使用？
- 這項科技有我想得那麼酷嗎？
- 有沒有我需要另外考慮的「破壞性科技」？

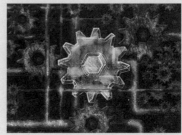

圖：Joseph Grubb

▌審視你的水晶球

即便無法確定，能預見未來還是比不能預見來得好。
——亨利・龐加萊（Henri Poincaré）

對盲人來說，什麼事情都是猝然臨之。
——無名氏

科技快速變遷的另一個影響是，人們會急切地想了解現在的新科技，疲於思考接下來又會出現什麼新東西，因為要預測未來實在太難了。這會是你的一大優勢——因為其實只要靜下來好好思考，就會發現可以預測到很多事物。如果預測正確的話，對設計師而言很有益處。提早用邏輯和理性看見將來的趨勢，你可以準備好迎接他人所未見的潮流和發展。當然，你沒辦法永遠猜對，但每次你猜錯時也會明白錯在哪裡，讓你下次成為更佳的預測能手。而且光是努力預測未來，也能改變你看待世界的方式。試著預測下列這些例子：

- 在四年內人們會如何在客廳玩遊戲？跟現在會有什麼差別？
- 八年之後呢？
- 兩年之後，相較於光碟或實體形式，有多少比例的遊戲會透過下載版販售？為什麼？五年之後呢？

- VR 會成為主流的遊戲平台嗎？為什麼會？為什麼不會？
- 下一波的網路遊戲潮流會是什麼？為什麼？
- 四年之後，小型遊戲工作室會製作些什麼？
- 四年之後，大型遊戲工作室又會做些什麼？
- 四年之後，運動遊戲和現在會有什麼差別？
- 四年之後，第一人稱射擊遊戲和現在會有什麼差別？
- 四年之後，你最喜歡的遊戲類型和現在會有什麼差別？
- 未來四年可能會出現哪種新的遊戲類型？為什麼？

　　回答這些問題可能很困難，如果有人可以一起討論會有所幫助。你會發現自己比較能辨識哪些事情可能發生，並以此為架構來預測其他比較沒把握的事情。但對你有價值的並非預測答案，而是你用來進行預測的架構。你不只能從中發展出一套對於科技的直覺，更會知道人類內心是怎麼看待科技的，這兩者都是預測未來的必要道具。或者，想想我愛說的這句話：科技＋心理學＝命運。另外，嘗試預測未來也會敦促你檢視過去的潮流，從中獲得實用的見解，而且這些見解常常是正確的。我有一個 YouTube 頻道，專門收錄我和別人對於未來的具體推論，你可以上 http://crystalball-society.com 觀看影片。我也很期待能收錄你的影片！只要多加練習，試著預測未來的科技就不會顯得這麼難，反而會開始變成習慣。有誰不想預見未來的呢？

---

105 號鏡頭：水晶球

　　如果你想知道特定一種遊戲科技的未來，請問自己這些問題，並盡力給出具體的答案：
- 兩年之後，□□□□會變成怎樣？為什麼？
- 四年之後，□□□□會變成怎樣？為什麼？
- 十年之後，□□□□會變成怎樣？為什麼？

圖：Diana Patton

　　在繼續之前，我們該先來想想，為什麼科技會讓人這麼興奮。誠如〈第十六章：興趣曲線〉裡談到的一樣，科技隨時會劇烈改變，所以它先天上就很有趣。不過不只是這樣。科技還能提供一樣自古以來每個人都期盼的東西：理想國。每個人都希望理想國能夠成真。完美世界的夢想推動了這些事物：學校、教會、政府、法律、發明、網路新創公司、健康照護計畫、革命、非營利組織、書籍、藝術甚至是電玩遊戲；某種程度而言，電玩遊戲尤其如此。畢竟，我們承諾提供的事物是什麼呢？不只是遊戲，

而是整個世界——更刺激、更美麗、不僅僅是眼前這副模樣的另一個世界。從這個角度來看，我們創造的作品會有炒作週期，也就不讓人意外了。玩家對我們的期待正是帶他們前往理想國。有時，他們會停止關注我們的新遊戲和新系統，這代表他們對我們失去了信心，再也不相信我們手中有偉大航道的地圖。

這就是為什麼，在選擇使用新科技時，最重要的是考慮哪一個最有可能前往更好的世界。在目前當下，我相信以下五種科技最有機會滿足這個夢想。

1. **神奇的介面**：介面不只要符合直覺，玩家希望從介面上感受到神奇。iPhone和iPad的成功大半是因為這種魔法般的感覺。每個人對微軟Kinect系統的價值看法各不相同，不過沒有人能質疑它賣出數百萬套的背後原因，是無數玩家想體驗這種神奇的新型介面。

2. **公平付費**：隨著許多的試驗，購買電玩的模式在過去十年間發生了根本的變化。但直到現在，遊戲的銷售系統仍未讓玩家覺得完全公平。如果你能想到一套讓玩家覺得完全公平，又能繼續支持你創作好遊戲的系統，玩家和開發者都會追隨你的腳步。

3. **少點人工，多點智慧**：這代表希望AI的人工感可以更少。電腦革命沒能實現的承諾之一，就是讓電腦像人類一樣思考和溝通。關於這點，人類還有很長一段路要走，不過能最先抵達目的地的，應該就是電玩遊戲的科技，因為遊戲AI不必完美，只需有趣即可。我們已經花了十年的時間，準備迎接趣味無窮的遊戲AI發展，俘獲全世界想像力。

4. **家人和朋友**：之前說過，人們通常不會自己一個人玩遊戲，而是會和家人朋友一起玩。雖然市面上有一些遊戲很適合某些人際關係，但我們還是忽略了很多機會。比如說，有什麼遊戲能讓夫妻每晚一起玩卻玩不膩的？有什麼遊戲能讓全家人一起接下任務？有什麼遊戲能讓兒童和遠方的祖父母聯絡感情？《填字好朋友》等遊戲的成功算是濫觴，但市場上仍有非常多機會。

5. **轉變**：確實，人們玩遊戲是為了輕鬆的娛樂，不過如果可以做出一款遊戲，讓玩家從身、心、靈都轉變成真正想成為的人呢？這種體驗不容易實現，但從《Wii Fit》和益智遊戲《靈光一閃》（Lumosity）就可以看出需求相當龐大。如果你選擇的科技可以幫助人們自我提升，毫無疑問能帶領我們前往更好的世界。

藉著遊戲實現理想國的概念雖然違反直覺，卻非常重要。請帶上這顆鏡頭，讓它像火炬一樣為你照亮前路。

106號鏡頭：理想國

為了確認自己正前往一個更好的世界，請問自己這些問題：

- 我創造的作品會讓人覺得神奇嗎？
- 人們會不會光聽到我在製作的作品就覺得興奮？為什麼會？為什麼不會？
- 我的遊戲是否有意義地超越最先進的技術？
- 我的遊戲是否讓世界變成更好的地方？

圖：Ryan Yee

真是太美好的夢想了。不過，差不多該醒過來——客戶上門了。

延伸閱讀

- 《創新的兩難》（商周出版）和《創新者的解答》（天下雜誌），克雷頓‧克里斯汀生著。這兩本書認真研究了許多科技創新中的嚴峻挑戰和解決的過程。

30 遊戲總該要有客戶
Your Game Will Probably Have a *Client*

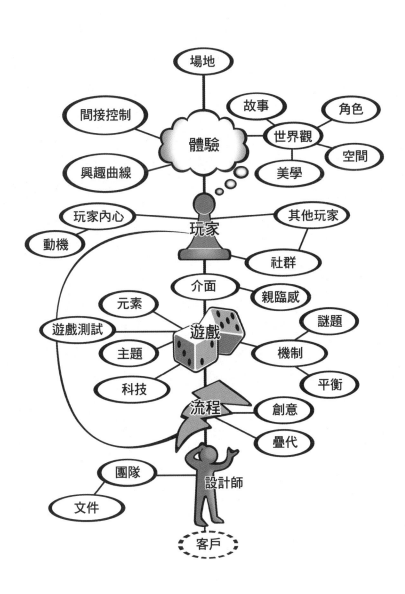

形式當依循功能。

——路易斯・沙利文（Louis Sullivan），建築師

形式當依循樂趣。

——蘇珊娜・羅森塔爾（Susannah Rosenthal），玩具設計師

形式當依循資金。

——布蘭・費倫（Bran Ferren），現實主義者

▍誰在乎客戶怎麼想？

在完美的世界裡，你身為遊戲設計師只需要思考如何取悅兩種人：（1）你的團隊和（2）你的玩家。

但這個世界並不完美，大多數時候你還得考慮到另一種人：客戶。

客戶有時是遊戲發行商，有時是掌握受歡迎 IP 的媒體公司，有時則是某個在娛樂業毫無經驗卻出於某種原因認為自己需要一款遊戲的傢伙。客戶可以是形形色色的人。

那為什麼你要在乎客戶怎麼想呢？這個嘛，除非你做遊戲只是為了個人嗜好，或是本來就很有錢，不然客戶大概就是付錢讓你做遊戲的人了。要是他們不喜歡遊戲的走向，遊戲就真的結束了。

你也許會期待客戶把你當成專家，畢竟他們不會自己做遊戲，所以才來找你。如此一來你自然會想像客戶能尊重你的意見，讓你決定遊戲怎麼做最好。

有時候的確是這樣，起碼我聽說過這種傳說。

不過大多數時候，客戶對遊戲要怎麼呈現、怎麼運作、怎麼玩都有強烈的意見。這也是理所當然的，畢竟付錢的是他們。應付這些意見的能力很重要，因為世界上有兩種遊戲設計師，一種很快樂，一種暴躁易怒。快樂的遊戲設計師如果不是本身就很有錢，就是很擅長處理客戶強烈的意見。而暴躁易怒的設計師則不擅長處理這些意見。聽起來好像有點滑頭，不過我是認真的——你能不能和客戶雙方愉快達成妥協，或許是你能不能一直開心設計遊戲的唯一重大指標。

不過為什麼？客戶的強烈意見有什麼不好？如果客戶提出了好意見呢？確實客戶有時也會提出非常精闢明智的意見，這樣是很理想的情況。但有些時候，客戶也會提出愚蠢、無知、虛偽到匪夷所思的意見。有時他們會講出你這輩子聽過最可笑的想法，但無論如何，你都得面對處理。至於該怎麼處理取決於很多因素，包括你跟客戶的關

係、你身為設計師的聲譽、你的快樂，還有你的遊戲。

應付爛點子

很多設計師聽到客戶的爛點子時，都會像被車頭燈閃到的鹿一樣，嚇得目瞪口呆。有三種方法可以處理這種狀況：

1. 因為害怕惹惱客戶而同意爛點子。這樣做對你的遊戲有害無益。
2. 馬上告訴客戶為什麼他們的點子很爛，讓客戶佩服你的智慧。這樣做通常會引火自焚。
3. 嘗試了解客戶為何想出這種點子。

正確答案當然是第三個。人們提出爛點子不代表笨，大都只是想幫上忙而已。而大多時候，爛點子會出現都是為了解決某個還沒清楚說明的問題。這時候就該拿出我們的老朋友，14號鏡頭：問題陳述了！因為如果你能明白客戶這個點子是為了解決哪個問題，或許就可以想到一個解決方案，把問題處理得更漂亮，客戶也會因此很開心。

舉例來說，有一款賽車遊戲在開發到一半時，有位客戶過來檢查進度。玩了幾分鐘的遊戲雛型後，這位客戶看著團隊說：「車子的色澤要再亮麗一點。」首席美術設計師驚慌失措地看向遊戲設計師——模型都快完成了，幾個月前客戶也已經同意了。首席工程師也同樣手足無措——為了做到現在的表現已經很不容易，如果要把色彩做得更亮麗，就要榨乾已經吃緊的CPU。

遊戲設計師可以說「好」，也可以說「不行」，不過他的回答更有智慧：「為什麼？為什麼需要更亮麗？」而客戶的答案出人意料之外：「呃，我玩起來覺得車子好像不夠快。我知道修改速度的話，你們可能會多出很多工作，所以我想如果只是把車子做亮麗一點，看起來就會比較快。」這個邏輯乍聽之下好像行不通，不過撇開邏輯不談，就會注意到客戶只是想要幫忙！事實上，團隊也覺得車子速度好像太慢了，正打算提出來討論。最後的解決方案是把車速調快（很容易）並壓低攝影機的角度，讓玩家感覺移動更快。而且他們有辦法在客戶面前完成了這些改變。這位客戶對改進的效果很開心，而且也很高興更了解賽車遊戲的製作環節了。

一天又平安地度過了，感謝問題陳述鏡頭的努力。人腦的反應很快，往往在確認問題是什麼之前，就先跳到了解決方案。不過大部分的爛點子只要拿出「你想要解決什麼問題？」這句神奇咒語就可以處理恰當。

不太對？

還有一種與強烈意見完全相反的情況，同樣能把設計師逼瘋：客戶不知道自己要什麼。這就像是場「不太對」遊戲。進行方式是這樣的：

客戶：幫我放兩尊關公像。

設計師：好的，這個怎樣？

客戶：不行，不太對。

設計師：哦，那這個咧？

客戶：不行，這也不太對。

（重複兩百次）

這個遊戲大概到了十或二十回合以後，設計師就會感到挫折，開始對身邊的人抱怨：「搞不懂這個客戶啦！他根本不知道自己要什麼！」搞不好真的是這樣。不過講實在的，如果他們明確知道自己想要什麼，遊戲不就早設計好了？設計師的工作大半都是在幫客戶梳理清楚自己想要什麼。就像傾聽受眾一樣，你也得比客戶更了解他們自己。「不太對」這個遊戲應該這樣玩才對：

客戶：幫我放兩尊關公像。

設計師：好啊，風格要怎樣？

客戶：風格？關公不就長那樣？

設計師：呃，這樣問吧，你為什麼要擺關公像？

客戶：喔，我只是喜歡雙關語。

設計師：……我前兩天剛好想到幾句，要聽聽看嗎？

一旦你成功幫客戶找出他們真正想要的東西，設計流程就開始了；同時透過提供客戶所需的知識，你也增強了他們的能力。如果你的做法正確，客戶會覺得自己很厲害，而你設計的遊戲也會完全符合他們的需求。

期望的三個層次

為了提供客戶真正所需，需要先了解他們看重什麼——你需要關注他們在意的事情，用他們的方式思考。不管在個人還是專業層面上，研究客戶都是值得花時間的功課。他們想要的是一夜致富，還是慢慢建立好遊戲的名聲？他們是想要開發新市場，還是在既有市場大賺一筆？他們對於做出好遊戲的看法為何？只要跟客戶聊聊，問他們想要什麼，就可以更了解客戶——不過別忘了人們並非總是說真話。當你試著弄清楚客戶想要什麼的時候，請記得每個人都有三個層次的期望：口頭說的、腦中想的和

心裡要的。

比方說，客戶口頭上也許會跟你講：「我要你幫利頓豪斯基金會（Rittenhouse Foundation）做一款遊戲，來教八年級生學代數。」

但她腦中沒有明說的想法可能是：「其實我想要做的是一款教幾何的太空主題遊戲。我已經想好遊戲該怎麼做了，之所以提到代數只是因為利頓豪斯的人覺得代數很重要。」

但她心裡要的可能完全不一樣：「我受夠當管錢的了。我想讓人們看到我也是有創意的。」

那麼，如果你只聽她口頭上怎麼講，可能會發現隨著專案進行，她開始處處和你針鋒相對，抓的方向似乎跟出資方想要的完全相反；簡單來說，她的作為十分離奇。但如果你能知道她腦中想法，甚至更進一步了解她心裡要的，也許就能整合她所想到的元素，找到辦法讓她貢獻創意，或者至少讓她有參與感。如果你天資聰穎，或許還想到方法一次滿足這三層期望──這件事並非微不足道，因為當你滿足一個人內心的期望，可能就會擁有一個一輩子的朋友。

▌佛羅倫斯 1498 年

在本章最後，我想用一個關於客戶我最喜歡的故事來收尾。這件事發生在文藝復興時期的義大利佛羅倫斯。這座城市幾年前曾買下了一塊巨大的高級大理石準備刻一尊雕像，卻在作業時被某個學藝不精的雕刻師弄出了一個大洞。市政府失望地開除了他，大理石也被棄置在大教堂廣場任憑風吹日曬。不過到了 1498 年，市長皮埃羅·索戴里尼（Piero Soderini）突然開始四處奔波找人雕刻這塊大理石，一開始聯繫了李奧納多·達文西。然而達文西並沒有興趣在這塊損壞的大理石上創作，況且他對之前那個雕刻師的遭遇還記憶猶新，不想有一樣同樣待遇。不過這時有個才二十六歲的年輕雕刻師毛遂自薦，他的名字是米開朗基羅。市長很懷疑這個年輕人的本事，但米開朗基羅帶了一個蠟塑的原型過來，顯示他打算如何安排雕像的雙腿，來處理這塊大理石既薄又破損的難題。索戴里尼和市府官員都深受折服，把創作大衛雕像的任務託付給了米開朗基羅。

在雕像接近完成的某一天，市長決定過去看看進度如何。這尊大衛雕像非常巨大，高達四公尺以上。這代表米開朗基羅得在四周搭起鷹架才能工作。索戴里尼走到鷹架下想看個仔細時，米開朗基羅正在鷹架高處工作。自認為是專家的索戴里尼，對米開朗基羅說雕像很棒，不過鼻子顯然太大了。

米開朗基羅很清楚，這是因為索戴里尼站得離雕像太近，沒有從適當的角度觀

看，畢竟不管是誰，只要從下往上看都會有個大鼻子。不過索戴里尼口中說的顯然也不是事情的全貌——他心裡還有更深層的期望。米開朗基羅沒有試著給索戴里尼上一堂視角的課，而是邀請他爬上鷹架，一起想辦法修正鼻子的問題。在索戴里尼往上爬的同時，米開朗基羅用小拇指挖了一點大理石粉，等到索戴里尼到達適當的觀看角度，米開朗基羅把鑿子放在雕像鼻子旁邊，拿鎚子假裝敲了鑿子幾下，外加從小拇指上掉落的粉末，看起來就像是正在雕刻中。如此進行幾分鐘之後，米開朗基羅退後一步說：「你再看看。」「我覺得好多了，」索戴里尼回覆，「你讓雕刻活過來了！」

索戴里尼看起來似乎被愚弄了。不過真的是這樣嗎？他那天過去是想要成為雕像專案的負責人之一，想成為創作夥伴，而這正是他離開時心中的感覺。往後如果有人批評大衛像，你可以想見索戴里尼會是第一個跳出來辯護的人。我說這個故事並不是建議你對客戶說謊，而是強調想辦法讓客戶覺得自己是遊戲的創作夥伴，是件非常重要的事。做這件事未必會犧牲你的創作願景。請謹記，客戶能貢獻的不只是資金而已。他們可能為你帶來人脈、生意經驗，或是對遊戲受眾的特別見解。如果你真誠、深入地聆聽客戶，他們也會願意聆聽你。

107號鏡頭：客戶

如果你是幫別人做遊戲，或許就該理解他們想要什麼。請問自己這些問題：

- 客戶說他們想要什麼？
- 客戶認為他們想要什麼？
- 客戶的內心深處真正想要什麼？

圖：Kyle Gabler

向客戶提出新想法的時候，也是你最需要客戶聆聽你意見的時候。這就是我們下個章節探討的主題。

延伸閱讀

- 《The 48 Laws of Power》，Robert Greene 著。本書對人生百態提供了詳實且富有價值的見解。如果你的道德界限不夠堅定，請不要看這本書。

31 | 設計師負責向客戶提案
The Designer Gives the Client a *Pitch*

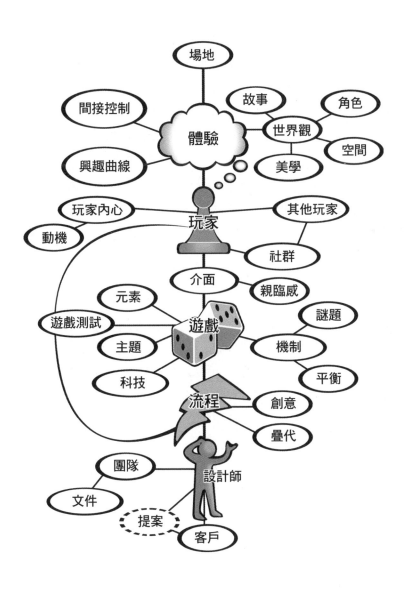

▌ 為什麼是我？

如果要找人資助、發行或是銷售你的遊戲，就必須說服他們值得冒這種風險，而這代表你需要負責提案。你可能會想：「為什麼是我？做設計還不夠嗎？不能讓別人來負責這件事嗎？」不過憑良心講，誰會比你更有資格？美術設計師？工程師？管理階層？身為遊戲設計師，你應該最了解自己的遊戲，知道為什麼它比別的遊戲更好。如果連你自己都沒有幫它講些好話的信心，誰又會有呢？

那你該在什麼時候找誰提案？主要還是看你的情況。獨立的非全職開發者和大公司的全職開發者所要面對的提案條件大不相同，不過兩者都需要經過多次提案，才能做出一款成功的遊戲。一開始，你要向團隊成員和潛在夥伴提出大略的想法。當團隊同意這個基礎概念，你可能要向管理階層或出資者提案，才能獲得製作雛型的許可。做出雛型後還要向發行商提案，或是上集資平台來籌備開發資金。如果在開發期間才發現遊戲得做些重大改變，就得向幾乎所有人提出這些改變。等到遊戲完成，還得出席遊戲展向記者提案。提案可以大到像是「為何我想到的這款新 3A 大作需要 750 萬美金」，小到像是「老包，我來告訴你為什麼飛船的角度得做圓弧一點」。如果你正準備開發遊戲，就需要不斷說服別人接受你的想法，還必須一直網羅各種專業和背景的人來一同撐起這個創意。而壓力最大的提案，莫過於募資提案了，所以本章會比較著重在這個方面。

▌ 權力協商

在討論一場好提案的具體需求之前，我們應先花點時間來了解提案是什麼。而為了瞭解這個概念，首先要知道權力是什麼。權力不見得是指財富或控制他人，雖然確實可能跟這些有關。但說得簡單一點，權力就是取得想要的東西的能力。擁有權力，就是有辦法取得想要的東西。如果你無法取得自己想要的東西，你就沒有權力。

不過請注意，這裡所定義的權力分成兩個部分：「取得的能力」和「想要的東西」。大部分的人都只注意到「取得的能力」這個部分。但「想要的東西」也同樣重要。因為如果你不知道自己要什麼，就會發現自己不斷抓住機會卻永不滿足。但只要你知道自己想要的東西是什麼，就可以更有效率地集中精力去取得，如此一來你才會獲得權力。

當你拿自己的遊戲去提案，就是上了權力的談判桌；你要在這裡努力說服別人，這款遊戲會幫他們取得想要的東西，你才能取得自己想要的東西。所以，任何提案想要成功，基本功都是了解你自己和對方想要什麼。這件事有點複雜，不過請記得每個人的期望都有三個層次。

▌ 創意的階層

新手設計師會經常抱怨:「豈有此理!我提了那麼好的創意,結果沒人有興趣,這些傢伙是有什麼毛病?」其實他們一點毛病也沒有,而是你的好創意在下面這個創意階層裡的價值太低了:

創意類型	描述	價值
創意	平庸的老創意	0.083元 (像零錢一樣到處都是)
好創意	引發想像力的創意	5元
很酷的創意	讓人說酷的創意	5元
好創意	可以實現的創意	100元
好創意,在對的時機和對的地點成功說服他人買單	就像聽起來那樣好	100萬元以上

我知道這個表看起來很蠢,但重點是當你拿一個創意去提案時,客戶不會以創意的整體價值內涵來判斷,而是這個創意現在對他多有用處。有了這些條件,創意才能價值百萬。所以如果你拿一個好創意去提案卻被駁回了,也不用氣得咬牙切齒;去找其他用得上這個創意的人,或是暫時把這個創意收起來,等待時機來到的那天。

▌ 十二個成功提案的訣竅

現在你已經知道要向誰提案,也想出對方立即可用的創意,更知道要請對方為你做些什麼了。再來呢?

■ 提案訣竅1:得其門而入

如果連門都進不去,就無從提出你的創意。有些門很好進去,有些則不容易。大發行商就很難正式見面,他們也很清楚,自己就像是只可遠觀的高嶺之花。他們常常不會讀你的電子郵件或訊息,而且常會無預警取消會議。他們自己旗下都有合作的開發商,所以除非你能說服他們自己有什麼特別的料,不然要進他們的門就很難了——要是你走正門的話還會更尷尬:「欸,嗨,這裡是大咖遊戲嗎?我想提一個設計案子……請問我該找誰?」

如果有門道的話,走後門,也就是先認識能為你擔保的內部人士,會比較有用。發行商會忽略你的電子郵件,但絕不會忽略固定合作對象的電子郵件。我幾乎可以肯

定的說，絕大多數的遊戲案，都是開發商和發行商在共同朋友介紹之下才談成的。這就是為什麼遊戲開發者大會和國際遊戲開發者協會在各地舉辦的業界活動如此重要。這些活動能幫設計師建立人脈網絡，當你準備好提案時，才能進得了門。

就算是跟自己公司裡的人提案，同樣的原則一樣適用。最有權力決定時程和預算的人，通常是最忙的人。如果他們認識你、喜歡你、信賴你，才比較有可能聽取你的創意，而且認真當一回事。

■ 提案訣竅 2：展現誠意

我在迪士尼幻想工程工作時，有件一年兩度的大事，名為開放論壇（Open Forum）。這是向迪士尼樂園的創意首腦提出你絕妙創意的機會。這個論壇歡迎公司裡的任何人來花五分鐘向決策小組提案。之後他們會用五分鐘私下討論，並給你五分鐘的回饋。如果他們喜歡你的創意，案子就會進入下個層級，還有機會實際出現在遊樂園裡！我很喜歡這個人人有機會提出新創意的制度，只要有辦法就會盡量利用。一般來說，我都會準備萬全，但有一次真的沒時間準備。我沒有提出一個充實完整的想法，反而提了兩個空虛的案子。一個是噴出肥皂泡泡的噴泉，另一個則是在某間餐廳放座小營火，讓遊客可以坐在桌子旁邊烤棉花糖。決策小組在我秀出這些案子時提了一大堆問題。噴泉真的噴得出泡泡嗎？小營火安全嗎？我有沒有用雛型來研究過這些問題？我得承認，沒有。其中一名決策者很生氣：「連你自己都不看重這些想法了，憑什麼要我們考慮？」我覺得很丟臉，但他說的完全正確。

進行遊戲提案時，你必須展現製作出來的誠意。以前，開發者可以用幾張草圖簡單描述遊戲，就可以和發行商談成合作。但這種事現在很少發生了，這個時代一定要有可行的雛型。但光有雛型還不夠，你必須展現對這款遊戲的本身、其目標市場和一切運作，都已深思熟慮。你也許需要寫一份詳細的設計文件（沒人會讀，但或許會斟酌參考一下），不過更好的做法是用清楚的簡報詳細說明遊戲為何能夠大賣。相信自己的遊戲很好玩是不夠的，你必須告訴人家你做過功課，證明了遊戲好玩而且可以賺錢。

■ 提案訣竅 3：要有條理

> 條理不是負擔。條理讓人自由。
> ──阿爾頓·布朗（Alton Brown）

很多人會陷入「有創意的人沒有條理」的陷阱。但條理只是另一個告訴別人你很認真的方法。而且，你愈有條理，愈對所需瞭如指掌，就會愈冷靜，而愈能控制場面。

發行商會認為有條理的設計師是「低風險」的設計師,因而更容易信賴你。

所以請確保提案有經過妥善計畫。如果要發紙本資料,請確認內容易讀,數量也夠每個人都拿到一份。如果簡報要用到電腦、投影機或(大量的)網路流量,請確認一切能順暢執行——電線要帶對,並提早到達現場進行測試,以防萬一。我曾跟某個客戶安排了一場非常重要的提案,但我們約好日期後卻忘了敲定時間!到了前一天我才手忙腳亂地聯絡他們,想知道我們還有沒有要碰面、又該什麼時間碰面!我把自己搞得緊張又尷尬,但其實根本不必這樣。

■ 提案訣竅4:熱情!!!

我常看到做簡報的人對提案的遊戲似乎有矛盾情緒,這讓我覺得很不可思議。要讓別人對你所說感到興趣,得先自己投入熱情才行!千萬不要想用演的,別人會看出你毫無誠意。如果談論你的遊戲時,你的內心有著真誠的興奮,這份熱情會透露在簡報之中,並可能感染其他人!熱情代表的不只是興奮,更代表了你有不計一切做出優質遊戲的動力和決心。要讓出資者願意把必要的資金託付給你,讓你完成傑作,就需要先讓他們看到你的決心。

■ 提案訣竅5:從對方的角度看事情

在前面的章節裡,我們談過聆聽受眾、遊戲和團隊的重要性,而提案也是另一種需要聆聽的時機。人們常以為推銷時的重點是自己,只要推得夠大力,東西就能銷出去。但其實沒有人喜歡碰到急於成交的強硬推銷員。我們想要的是有人願意聆聽需求,努力幫忙解決問題。在提案時就應該如此。事前先跟提案的對象聊聊,盡你所能認識他們,確保你準備提案的遊戲符合他們的需求——如果不符合的話,就別浪費人家時間了。

儘管你對提案中的遊戲從頭到尾非常熟悉,但請記得提案對象從來沒看過,所以一定要用易於理解的方式來解釋,盡可能避開艱澀的專業術語。你可以先找不熟悉遊戲概念的朋友和同事練習提案,看看他們能不能聽得懂。

另外也別忘了,你提案的對象可能已經聽過幾百場提案,而且忙得要命。請不要浪費他們的時間,單刀直入重點。如果他們對你正在講某一點興趣缺缺,就趕快帶過,繼續下一個重點。如果他們想進一步知道細節,自然會主動提問。

還有一個方法可以幫你站在客戶的角度看事情:想像一下最理想的發展。那也就是他們超喜歡你的提案。這樣會發生什麼事呢?案子多半不會馬上成交。對方可能還得跟同事或上層提案。你能幫他們減輕多少負擔?以下幾點可以幫你的「粉絲」更容易向別人提出你的案子:

- **首先說明你選擇的平台、受眾和類型**：新手設計師常會想製造懸疑，在簡報中途才揭開遊戲真面目。這招一般都滿慘的。請一開頭就清楚說明你的平台、受眾和類型。如果不這樣做，他們聽不進去你所講的東西。因為他們滿腦子只想先弄清楚這是哪種類型的遊戲，才能決定是否需要重視你的提案。
- **不要用故事做開場**：我相信你的故事很棒，但你知道嗎，很多爛遊戲都有很棒的故事，而很多好遊戲的故事都很爛。與其訴說納爾這片土地的傳奇背景，不如拿出83號鏡頭：幻想，告訴他們你的遊戲會滿足什麼幻想。
- **賦予你的創意「名號」**：簡單來說就是提供短句來總結遊戲概念，比如「顛覆性的RPG！」、「大人的《寶可夢》！」、「一整個動物園的《任天狗狗》(*Nintendogs*)！」這可以幫他們理解概念，也更容易跟別人解釋。
- **展示而非告知**：已經有能運作的雛型了嗎？太好了——拿出來秀一下！更好的做法是用影片來強調最棒的特色。如果這樣做還太早，至少也要用投影片呈現遊戲實際遊玩的情形。這是最能讓別人了解你內心想法的方式。
- **協助降低對方的提案難度**：你提案的對象很少能夠獨立做出最終決定。一般而言，最理想的狀況是他們很喜歡你的創意，接下來得去說服同事。你可以製作具有說服力的提案素材，這樣就算你本人不在現場也能講得生動有趣。幫對方準備好關鍵圖片、短片和清晰易懂的項目清單，讓他們的提案可以像是你自己的一樣精湛。

■ 提案祕訣 6：設計你的提案

提案也是一種體驗，對吧？那何不把它設計得像你的遊戲一樣好！本書提到的許多鏡頭都可以幫得上忙。你的提案應該清楚易懂、讓人驚奇，還有漂亮的興趣曲線（引鉤、堆疊、繃緊、鬆弛、高潮）等特徵。這應有優秀的美學設計，盡量用圖片而非文字表達。你的提案應該要簡練，聚焦在遊戲哪裡獨特、為何能在競爭中脫穎而出，還有為何能切合提案對象的需求。盡量在提案時用上各種表演技巧，讓對方目眩神迷，留下深刻的印象。展現精美的動畫、意想不到的音效、幽默的圖片、實體道具，還有任何你覺得可以幫上忙的東西，獻上一場精彩難忘的提案。就連提案場地都能有所影響。我曾經跟來訪紐約市的發行商安排過一場木乃伊遊戲的提案。我訂了大都會博物館的埃及廳，好在木乃伊和古陵寢的環顧之下進行簡報。發行商讚嘆不已，我們也拿下了案子。如果你可以讓一份簡單的 PowerPoint 簡報表現得精彩動人，客戶就會相信你做遊戲時一定不只如此。

你應該深思熟慮提案的每個片刻和環節。其他團隊成員會在場嗎？何時介紹他們？何時展示你的遊戲雛型？如果你覺得「計畫過度」會有損簡報的張力，那就錯了。

如果你想要的話，隨時可以脫軌演出，但預先計畫能讓你內心自在，專心做好提案，不必擔心自己忘記重要的事物。

■ 提案祕訣 7：熟知所有細節

你提案時會面臨很多提問。經驗老到、工作忙碌的發行商可不會等你做完簡報，他們會中途打斷你精心計畫的表演，針對他們認為重要的環節提出詳細的問題。你需要盡可能對實情瞭若指掌，包括：

- **設計細節**：你應該對你的設計一清二楚，尚未確定的部分也該要有個梗概。而且對於「遊戲時間有多長？」「一個關卡會玩多久？」「多人模式如何進行？」這類問題，你都應該提供確信的答案。

- **時程細節**：你需要知道完成這款遊戲會花多久時間，以及團隊大概要多久時間來達到各個重大里程碑（設計文件完成、第一個可以玩的雛型、第一預覽版、第二預覽版、測試版、發行日期、發行後的更新頻率）。記得確認這些時程實際可行，不然你的觀眾很快就會對你失去信心。準備好回答這個問題：「最快什麼時候能做好？」他們也預期你會遵守諾言。

- **財務細節**：你應該知道完成遊戲需要的費用。這代表你要知道加入開發的人數、工作時間多長，以及其他成本。你也能想見會出現這一題：「這個遊戲能賺多少錢？」你應該以類似作品的收入為基礎來回答。不要只給一個數字，而是提出合理的範圍，並且要百分之百確定，你所提供的最低數字還是有利可圖。

- **風險**：你也會被問及這個專案最大的風險為何。準備好清楚簡潔地陳述有哪些風險，並說明你計畫如何管控每一項風險，無論是技術性、遊戲性、美學、行銷、財務還是法律方面的風險。

另外，你也需要預想提案對象會提出的各種問題。迪士尼幻想工程的工程師喬‧羅德（Joe Rohde）向執行長麥可‧埃思納（Michael Eisner）提出動物王國（Animal Kingdom）樂園的最終提案時，留下了一個傳奇故事。埃思納對這個提案猶豫不決了很久，所以他給了羅德最後一次機會，解釋迪士尼為何要蓋動物王國樂園。在羅德做了詳盡的報告後，埃思納說：「抱歉……我還是不懂活生生的動物使人興奮的地方。」羅德走出會議室，幾分鐘後牽著一頭孟加拉虎回來。「這個，」他說，「就是活生生的動物為什麼使人興奮。」於是動物王國樂園拿到了資金。如果你預想到對方會丟出什麼問題，並準備好完美的答案，就能奇蹟般說服對方。

■ 提案祕訣 8：散發自信

熱情固然重要，自信也是，而且兩者不全然是同一回事。所謂展現自信，就是相

信你的遊戲和客戶是天作之合，相信你的團隊正是成就遊戲的完美團隊。這代表你不能被尖銳的問題嚇住，也代表你得通曉一切的來龍去脈。請記得，你推銷的不是創意，你推銷的是你自己。要是客戶看出你很緊張，就會覺得你不相信自己說的話。當你拿出壓箱寶，一定要表現得若無其事、輕而易舉。如果你身邊有其他團隊成員，就要以團隊的方式回答問題，表現出隊友能給出最佳答案的信心。

萬一自信被尖銳的問題動搖了，有句咒文可以派上用場：「當然。」在遇到「你覺得這個遊戲能打進歐洲嗎？」「伺服器能處理流量嗎？」「你能做兒童版嗎？」這些問題時，你心裡想的也許是「可以」或「大概」，但我保證，「當然」聽起來有自信多了。當然，你需要有能力印證如此自信的回答！

簡短談一下握手：如果你不確定自己握手的方式有自信，就必須練習到有自信為止。握手是種潛意識的密語，人們（尤其是男性）會用來評估他人的個性。就算你說起話來很有自信，一旦握手時露出怯意，前面講的每句話就會被打折。畢竟，如果你連緊握對方的手一起搖兩下都做不好，之後的合作關係的前景怎不堪慮？

但如果你就是沒自信呢？要是你一面對人群說話就緊張呢？最好的做法是回想自己最有自信的一個情景。讓自己回到那一刻，可以幫你想起自信的感覺，找回掌控重要場面的冷靜與自信。

■ 提案祕訣 9：要有彈性

提案常常會碰到變化球。比如提案對象突然說他們不喜歡你的概念，問你有無其他方案。或是你規劃了一個小時的簡報，結果對方說「我只有二十分鐘」。這些狀況都需要自信淡定地面對。遊戲設計師理查・加菲（Richard Garfield）有個故事，當時他去找一家發行商提案《機器人拉力賽》（RoboRally），這是一款以工廠機器人為主題的精緻桌遊。加菲對這個作品很有愛，他向發行商做了一場詳細的提案。對方很有耐心地聽完後說：「很抱歉，但我們不能做這個，這遊戲太大了。我們想找的是小巧好攜帶的遊戲，你有這種東西嗎？」受到這種冒犯，加菲大可告退，不過他還是客觀地想了想，他的目標是找人幫他發行遊戲，但不是非這款遊戲不可。於是他提起自己正在研究一種新的卡片遊戲，有沒有機會下次再帶過來？他第二次提案的遊戲，最後成了空前暢銷的《魔法風雲會》。

■ 提案祕訣 10：排練

規劃好的提案如果有排練就更棒了。你愈能輕鬆談論你的遊戲，提案時就會表現得愈自在。請尋求任何可以練習的機會——當你媽問起：「你最近在做些什麼啊？」就開始跟她提案。你的同事、理髮師甚至你的狗都可以拿來當成練習對象。需要牢記

的不是簡報裡的具體用詞,而是一連串的想法,需要像你最愛的歌曲般,自然地浮現在你的腦海裡。

　　如果你要演示遊戲的運作,也請記得排練,但無論如何都不要自己邊玩邊講!這會讓你聽起來注意力不集中,並浪費寶貴的時間。請找同事來負責演示,由你來講解並回答問題。另外除非對方真的很有興致,不然別期待經營高層會玩你的雛型。他們很可能會讓自己陷入窘境,或是弄壞雛型讓你陷入窘境。

■ 提案祕訣 11:讓客戶參與

　　在〈第三十章:客戶〉裡,我們提過米開朗基羅怎麼略施小技,讓客戶也參與案子。但你不見得要玩這種花招。理想的情形是讓客戶在提案後覺得這案子是「他們的遊戲」。事先在客戶中找到支持者很有幫助,他們會在同事面前為你的點子辯護。此外還有一個辦法能讓客戶更容易覺得這是自己的遊戲,就是把他們的想法納入簡報之中。如果他們在之前閒聊時說過:「所以這是戰爭遊戲對吧?裡面有直升機嗎?我最愛直升機了!」那你就應該把直升機塞進簡報裡。你也可以邊做簡報邊納入他們的想法,利用客戶之前的問題(「會有巨鼠嗎?」)來解釋簡報後面的東西(「比如你走進一個滿是巨鼠的房間……」)。他們愈容易想像這是自己的遊戲,就愈容易接受你的提案。

■ 提案祕訣 12:追蹤進度

　　提案之後,客戶會跟你道謝,答應你日後聯繫——可能會,也很可能不會,可是這不代表客戶不喜歡你的提案。他們可能非常喜歡,只是被其他更急迫的事情纏身。提案的幾天過後,你應該找機會寫電子郵件追蹤進度(「貴公司問過紋理管理系統的細節,我想就這個部分補充說明。」)來巧妙提醒他們你仍在關切,而且還在等待回覆。絕對不要緊迫盯人要求明確回答——要是你這麼做,大概很快就會收到「謝謝,我們再聯絡。」的答案。他們也許需要時間思考、進行內部討論或比較其他競爭者的案子。你只需要定期追蹤一下,不用太頻繁,直到你得到回覆。如果沒有獲得回應,不必感到挫折,保持耐心和體諒。也許只是你的創意還不到大展身手的時候。常常有提案過了六個月,才收到發行商回信說:「嗨,很高興收到您的聯繫。還記得您上次的提案嗎?我們希望可以再和您詳談未來發展。是否方便預約您下週的時間?」

▌ 上集資平台怎麼樣?

　　群眾集資聽起來是很完美的方案。如果可以直接跟大眾介紹你的遊戲,在開工前就賣給他們,何必跟經營高層安排會面?有些設計師可以靠這個管道募得數百萬美

金，你為何不試看看？

　　Kickstarter等集資平台對於某些遊戲開發者而言的確是神器，但大多數開發者嘗試群眾集資的結果都慘敗。為什麼呢？很多人都沒有遵循前面提到的提案訣竅——直切重點、表現有條理、引發想像力、展示而非告知、讓觀眾讚嘆不已，這些訣竅不管在面對面的提案，還是集資影片上，都一樣適用。不過群眾集資也有人們沒有意識到的一些非常特殊之處：

- **這是件大工程**：籌劃和執行群眾集資有很多工作要處理。你得花上一整個月架網頁和拍攝影片，用一個月宣傳集資專案，最後還要拿一整個月來實現你承諾的每一件事（寄送T-shirts、製作客製化內容等等）。這兩三個月的時間都會占用製作遊戲的時間，而且集資也可能不會成功。

- **這其實是個預購系統**：群眾集資不是投資，也不是慈善。提供資金的人大部分都是因為期待得到特別的東西、比別人提早得到，而且有所優惠。如果你發明了新一代的遊戲控制器，這就很合適。但如果你想靠群眾集資做一款iOS上的基本免費遊戲，就要小心了。蘋果的平台目前無法發行搶先版，而如果遊戲本來就是免費的，那別人為什麼會在還不知道是否喜歡前就先給你25美金？群眾集資最適合的是實體物件，或是定價較高（超過20美金）的遊戲。

- **盡量壓低集資目標**：你也許以為設定高一點的集資目標可以激勵社群給你更多的錢。不過實際情況並非如此。以Kickstarter來說，如果沒有達到目標金額的話，就什麼也得不到。因此最好把目標設為可行資金的下限，如果你的集資做得很成功，總是可以募到更多資金。

- **期限愈短愈好**：六十天的資金聽起來比三十天的更多，對吧？在大部分的情況下並沒有，期限較短效果反而比較好。大多數集資專案的大部分資金募得的時間都是在第一週（來自清楚確定自己想要出錢的人）和最後一週（來自偏好等到最後一刻做出決定的人）。無論中間有兩週還是六週，影響似乎都不大，但是集資期愈長，就得下愈多功夫，專案也愈容易被人遺忘。

- **集資獎勵應保持簡單**：記住，這是預購。大部分的人只想用優惠價提早拿到遊戲。T-shirt和其他小東西雖是不錯的主意，不過對集資的影響並不大，屆時寄出卻得花一番功夫，而且選項太多也會讓出資者疲於挑選。

- **展示，而非告知**：最成功的遊戲群眾集資影片都只是帶出遊戲玩起來的感覺，不會多話。為什麼？因為群眾集資基本上就是預購。只要給玩家看到一款很酷的遊戲，就會引起購買的欲望。但要是你花五分鐘來胡扯遊戲會有多了不起，反而會遇到更多困難。

- **努力兜售**：盡你所能多多宣傳你的群眾集資專案。有機會就要發推特和更新進

度。設定許多小目標，比如「哈囉，我們就快到10％了，你就是幫我們跨過10％的那一位！」拜託任何有影響力的人幫忙宣傳。不要以為你可以躺在沙發上看數字自己往上跳，你得把每分每秒都用來推銷。

- **設定延伸目標：**延伸目標（目標是四萬美金，但如果達到五萬美金，就會多一個藍光雷射關卡！）對擴散資訊很有用，這會讓每個為遊戲出錢的人都有了幫你一把的理由——如果能讓其他人也加入，之前所出的錢就能獲得更多東西。

- **要有名氣：**血淋淋的現實。大部分集資成功的遊戲，都出自本來就有很多追隨者的設計師之手。如果你沒什麼名氣，你的遊戲最好聽起來更厲害，不然就得把集資目標設低一點。

總結來說，有的遊戲很適合群眾集資，有些則不然。說到底，這也是一種提案，需要時間和心力才能成功。每個遊戲都來自創意，但透過提案才能籌募資金。收下這顆鏡頭，謹記你的提案應該像你的遊戲一樣，用心設計。

108號鏡頭：提案

為了確保提案做到最好，請問自己這些問題：
- 為什麼拿這個遊戲向這個客戶提案？
- 你認為「成功的提案」是什麼？
- 你的遊戲能帶給提案對象什麼好處？
- 你提案的對象需要知道遊戲的哪些資訊？

圖：Nathan Mazur

如果你提案的對象是經營高層，那麼對他們最重要的就是，遊戲能不能賺錢及賺多少錢。這就是下一章的主題。

延伸閱讀

- 〈30 Things I Hate About Your Game Pitch〉，Brian Upton 主講。厄普頓聽了很多年的提案，他的禁忌清單值得留意。https://www.youtube.com/watch?v=4LTtr45y7P0
- 〈How to Explain Your Game to an Asshole〉，Tom Francis 主講。這篇簡短的簡報單刀直入，舉了很多好用的祕訣。http://www.pentadact.com/2012-03-17-gdc-talk-how-to-explain-your-game-to-an-asshole/.

32 設計師和客戶都想要遊戲獲利

The Designer and Client Want the Game to Make a _Profit_

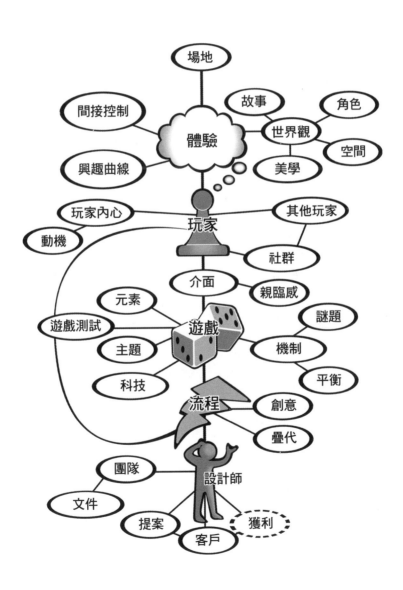

愛與財

接下來我們要面對另一個辛酸的真相。

身為一個設計師，我知道你做遊戲是因為愛。就算設計遊戲沒辦法賺錢，你還是會為了興趣繼續做下去。「業餘人士」的英文「amateur」，指的就是愛好者。

但整個遊戲產業還是要靠錢來推動。

如果遊戲賺不了錢，這個產業就會枯萎消失。

而遊戲產業的現實是，有很多人只要發現賣開罐器可以比賣遊戲多賺2%的錢，就會毫不猶豫轉換跑道，並為自己的選擇感到自豪。

或許你很輕蔑這些人，但有必要嗎？這個產業需要獲利，沒有誰比愛錢的傢伙更適合負責這件事了。我的意思是你也不想為了錢整天愁眉苦臉對吧？你還有遊戲要設計，為何不讓商人負責賺錢，設計師負責設計？這樣對大家都好不是嗎？

遺憾的是，沒這種好事。還記得布蘭·費倫說的嗎？「形式當依循資金。」商人所做的決定會對遊戲造成很大的影響，比如：「你需要用20萬美金做出遊戲，而非你當初要求的45萬美金」、「我們決定遊戲要用小額付費，不要月費制」、「你必須在遊戲中加入置入性廣告」。不過反過來說也適用──遊戲設計的決定也會大大影響遊戲的獲利。設計團隊和管理階層可說是以一種奇怪的方式在把持著彼此的生命線。因此當生意人頻頻插手告訴你遊戲該怎麼做，是因為他們擔心你可能不理解自己的決定對遊戲的獲利會有多大的影響。那麼雙方有所衝突的時候，你覺得誰會贏呢？記得這條黃金定律：決定規則的永遠是掌握財源的人。

因此，了解遊戲的商業層面對你相當重要，這樣才能與生意人進行明智的討論。如果你可以用生意人聽得懂且願意買單的話語，解釋自己珍愛的遊戲特性為何比較能賺錢，你就會對創作有更多的掌控權，更容易往你心目中最好的方向設計遊戲。

你也許會想：「我對商業一竅不通。一講到財務，我的腦袋就會當機。」但是身為遊戲設計師，你已經懂不少心理學了，所有商業決策也不過都是用人類心理的本質來博弈而已。你不必精通所有財務細節，只需要略通遊戲商業，足以思考和討論就好了。前面講到機率時你理解得不錯，而這又比機率還要簡單。我相信你也遇過一些不怎麼聰明卻還是拿到MBA學歷的人。如果這些傢伙能夠理解這個概念，你當然也可以──賺錢其實跟做遊戲沒差多少；只要從這個角度來看，思考生意其實也滿有趣的。

市面上有很多關於遊戲商業的書，所以這章不會提到太深入的細節。但我們會討論一些小訣竅，讓你可以比較容易跟掌握遊戲財務大權的人們進行有意義的討論。

了解你的商業模式

賺錢是藝術，工作是藝術，好生意是最好的藝術
——安迪・沃荷

零售

想理解任何生意，就跟著錢走。如果你知道錢去了哪裡以及為什麼，你就理解那門生意了。舉例來說，下面這張圖告訴我們，如果消費者花50美金的零售價格，買了一份遊戲作品，這筆錢最後會這麼分配：

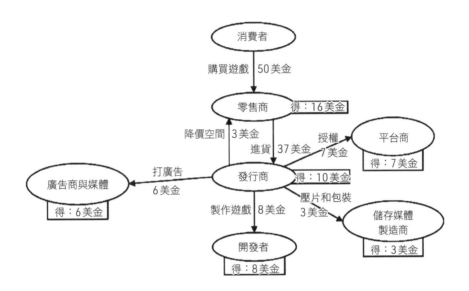

看到這種圖，很多人都會想到以下的問題：

Q：平台商（platform holder）是什麼？

A：製作該主機的公司（索尼、任天堂、微軟）。他們的獲利通常不是來自主機的銷售（反而大都以低於成本的價格賠售！），真正的利潤是來自跟作品發行商抽成。

Q：零售商為什麼分那麼多？

A：零售商看起來很貪心對吧？事實不然，零售生意的利潤非常低，經營店面的成本又非常高，他們必須東撙西節才能生存。

Q：為什麼發行商能拿這麼多？

A：想想他們要做的事情有多少吧！他們必須在這些不同的公司之間斡旋談判，如果出了什麼問題，金錢損失也是由他們承擔。萬一遊戲賣得不好，開發者還是能拿到做遊戲的錢，零售商也可以把賣不掉的遊戲退還給發行商。發行商可以拿這麼

多，有部分正是因為他們為賠錢的作品埋單。

Q：降價空間（markdown reserve）是什麼？

A：遊戲作品的定價遲早都會下滑，這時候，零售商會要求發行商吸收部分損失——平均來說是每套遊戲3美金。

請記住，這些數字都是平均值。實際算起來會有更多鋩角，每款遊戲的狀況都不同。不過你看，重點是玩家付出的50美金裡，有多少是跟實際製作遊戲毫無關係的！這樣你就可以了解，為何如果有辦法直接賣給消費者，會讓開發者這麼興奮了。簡直是雙贏的局面不是嗎？消費者花的錢變少了，開發者拿的錢也變多了！來，讓我們繼續看下去。

■ 數位下載

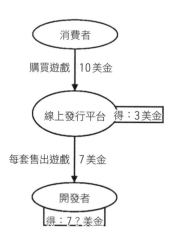

看，這才像話！這個模式沒有了發行商、零售商、平台商，甚至連壓片商也沒了，變得簡單許多！而這（或多或少）就是Steam和蘋果App Store所用的模式。正派又單純！消費者花的錢很少，也許只要7美金，而開發者差不多可以分到70％。只不過……

Q：那個7美金旁邊為什麼要打問號？

A：這個嘛，這張圖的假設是開發者在行銷和廣告上一毛錢都沒花。這種事有時會發生，但並不常見。多數時候還是得花錢宣傳，人們才會發現有這款遊戲。宣傳一般都是發行商的責任，但如果你要自助發行，那這份責任就落到你自己身上了。回頭看看上一頁的圖，發行商平均要在每個顧客身上花6美金宣傳，但用在這個模式上的話，你就只剩1美金了！決定要花多少錢來爭取顧客，是自助發行最具挑戰性的層面之一，因為宣傳效益是沒有保障的，你必須小心不要讓支出超過遊戲收入。

■ 基本免費遊戲

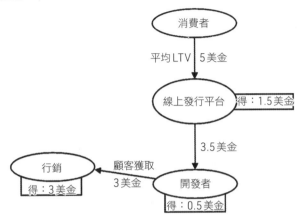

數位下載（direct download）模式出現後不久，遊戲的價格就開始下跌了；其中原因我們稍後再談。最後，遊戲價格跌到了零元，因為開發者意識到，最能吸引玩家的做法，其實是免費釋出遊戲，等到玩家需要些什麼再跟他們收費。某方面來講，玩家可以免費試玩遊戲看看自己喜不喜歡，這似乎是件好事；但另一方面，玩家也常感覺到遊戲設計師會故意設計一些情境，在關鍵時刻引誘他們掏錢出來。玩家會有這種感覺，是因為真相就是這樣！無論你喜不喜歡，基本免費遊戲就是這樣運作的，而且這個做法確實成功賺進了大把的鈔票。所以讓我們來細看一下上圖。

Q：什麼是「平均LTV」？

A：這代表生命週期價值（lifetime value），也就是每個玩家在整個遊玩史（play history）中，平均會花多少錢。很多基本免費遊戲的玩家都不會花錢，但有些人會花非常多。而每個玩家平均所花的錢，就是平均LTV。每個遊戲的生命週期價值差別極大，所以別太認真看待圖上的5美金。

Q：什麼是顧客獲取（customer acquisition）？

A：這是我們評估讓一個人來玩遊戲平均需要多少成本。同樣地，3美金也只是舉例；有些遊戲可能會更高，特別紅的遊戲則會更低。

Q：0.5美金的利潤？這樣我不是會需要很多顧客嗎？

A：嗯……對，沒錯。如果你做這款遊戲花了50萬美金（一般手機遊戲的標準預算），就需要100萬個玩家才能回本。所以提高顧客的生命週期價值並降低顧客獲取成本，就是非常重要的任務。

我知道你對此有很多疑問，追蹤金流本來就是這樣——你會先有一堆問題，然後再去尋找答案，最後理解整個商業模式。當然，遊戲的商業模式還有很多種，比如月費制、卡片遊戲、廣告、賦予額外能力的玩具等等，族繁不及備載。每一種商業模式

的特色，都有著強大的力量，能夠決定藉此販售的遊戲本質為何，這也是為什麼你需要了解商業模式。說真的，商業模式並不難懂。如果有某種新的商業模式令你困惑，你該做的就是找個商人，問他：「欸，能不能幫我分析這個模式的金流？」這樣你很快就會知道該問些什麼問題。

▌了解競爭對手

　　遊戲上市後並不會直接到達消費者的手上，你得先在幾十款遊戲中殺出血路，才能贏得潛在玩家的心。知道你的遊戲競爭對手是誰有很大的助益，就跟明白你的遊戲有多好一樣重要。你的遊戲是唯一一款養殭屍的農場模擬遊戲，還是眾多雷同作品之一？你的遊戲和其他作品相比如何？你的遊戲是同類中的翹楚，還是低成本替代品？最理想的狀況是，這款遊戲填補你在市場上發現的缺口，成為那個大家都想玩、市面上卻還沒有的作品。如果可以讓生意人知道你做過徹底的「缺口分析」（gap analysis），而且有辦法做出同類遊戲所缺少的關鍵要素，對你的提案就會有很大幫助。

▌了解受眾

　　早在〈第九章：玩家〉我們就討論過，想為你的受眾做出好遊戲，先了解他們就很重要。但你要了解的不只是受眾如何遊玩，也要知道他們如何消費。怎樣的價位對他們比較公道？他們對於免費遊玩的感覺如何？他們會對高價位遊戲卻步，還是會覺得這證明遊戲的價值？他們會從哪些因素來決定是否買遊戲？這些問題可能會是塑造遊戲的最主要考量，因此你需要很可靠的答案。有時候，生意人只看得懂圖表和表單，所以請拿出你身為設計師的眼光，找出他們看不見的事物。如果你能看透玩家內心，想出一套肯定能讓他們覺得公道的新收費模式，那你就會比上百名財務分析師更能影響遊戲的獲利能力。

　　就拿《龍與地下城 Online》來說，設計師群原本做了月費制遊戲，但隨著該模式開始走下坡，他們決定改成基本免費遊戲。很多玩家對免費遊玩的冒險遊戲都沒有好感——每當遊戲問你：「嗨，殺不死那條龍嗎？花5美金試試這把魔法戰斧，我賭你辦得到。」感覺就像在作弊。當你懦弱地花錢買下魔法戰斧，宰了那條龍後，反而覺得像是自己輸了。不過猜猜《龍與地下城 Online》的設計師怎麼做？他們不是要玩家買武器，而是要玩家買冒險。他們的遊戲感覺完全不同了，問題就像是：「想深入巨龍洞窟嗎？這場冒險需要5美金。」你付了錢，費了許多心力跨越重重困難，最終屠滅了那條龍。而你猜猜寶藏堆的最上面是什麼東西？正是那把魔法戰斧。在兩種遊戲

裡，你都花了5美金，最後得到一把魔法武器，但一個遊戲讓你覺得在作弊，另一個卻讓你覺得自己是英雄。其中的差別全在於有人深知玩家的心理。

另外一個重要的考量是，你要做的是「硬派」還是「休閒」遊戲？說實話，這兩個類別之間很難畫出一條清楚的界線，有些人玩《黑暗靈魂》只是偶爾打個一小時，而有些《鄉間逍遙遊》的硬派玩家每週都會玩八個小時。不過這些術語的意思是，顧客的自我認同是否為「電腦遊戲玩家」（gamer）。如果是的話，他們通常會願意為了覺得有價值的內容而付出很高的價格。就算沒有這種自我認同，也不代表他們從來不玩遊戲——他們每週都還是會玩幾次《憤怒鳥》或《地鐵跑酷》（Subway Surfer）來打發時間。那麼兩者最重要的差別是什麼呢？當然就是在於他們願意花多少錢。世上休閒玩家和硬派玩家的比例，也許高達一百比一，但硬派玩家會願意為自己喜愛的遊戲付出更多的錢。兩者都是很有效的市場，但進入的方式大不相同。休閒市場包含了世界各地的數十億人，乍聽之下很不錯，但除非你幸運爆紅（就像《Flappy Bird》一樣），不然想吸引休閒玩家的注意力非常困難。另一方面，硬派玩家欣賞的則是精心製作且富含深度的遊戲。針對他們製作遊戲的成本更高，但他們也比較常願意花更多錢。無論你怎麼抉擇，關鍵都在於知道誰會關注你的遊戲、會花多少錢、以及為什麼會花錢。

學會商業的語言

每一種商業模型都有特定的術語，以方便討論遊戲要如何賺錢。如果你想讓生意人認真看待你，就要學會這些術語。只要學會說他們的語言，他們就會在會議桌上為你留下一席之地。一旦你說得比他們好，他們甚至會對你的設計決策照單全收。以下是一些你應該知道的術語。

■ 一般遊戲的商業術語

- SKU：唸作「skew」。意思是「存貨單位」（stock keeping unit），代表倉庫中某一特定庫存項目（inventory item）。一款遊戲可能會有很多SKU，不同主機上發售的版本，還有不同語言的版本（比如《最後一戰3》法文版）都算是一個SKU。發行商常會用一年推出多少SKU來衡量自己公司的表現。
- COGS：這裡指的不是機器裡的齒輪（cogs），而是銷貨成本（cost of goods sold），也就是實際製作每一套遊戲的單位成本。
- 資金消耗率（burn rate）：維持工作室營運每個月需要多少費用？這包括薪水、福利、房租等等。
- 出貨（sold in）和售出（sold through）：當發行商賣遊戲給零售商，他們是「出貨」

給零售商，也就是把東西賣給商店。但只有當顧客把遊戲買走，才能說是「售出」。因為發行商必須買回零售商賣不完的遊戲，因此出貨和售出的作品數量可能會差很多。要是有發行商跟你誇耀說某部作品一週之內賣了一百五十萬套，就可以問「出貨還是售出？」來戳破他的牛皮。畢竟只有「售出」才是最重要的。

- **銷售量**（units sold）：對零售和數位下載遊戲最重要的數字，指的就是遊戲被買了多少次。提案新遊戲時，每個人都會想弄清楚可以賣出多少套，而通常都是依據類似遊戲的銷售成績估算。

- **損益平衡**（breakeven）：就是要賣出多少套遊戲，發行商才有辦法回收投入的錢。舉例來說如果遊戲的開發和行銷成本是40萬美金，而每賣一套遊戲可以賺5美金的話，就得賣8萬套才能達到損益平衡。賣不到這個量就會虧錢，而賣超過這個量就能獲利。

■ 基本免費遊戲的商業術語

- **顧客流失率**（churn）：每個月會流失百分之幾的玩家？最理想的數字當然是零。顧客流失率愈高，顧客保留率（retention）就愈低，然後大家會問：「怎麼做才能讓玩家繼續玩？」

- **獲取成本**（cost of acquisition）：讓一個人下載並玩你的遊戲，平均要花多少錢？

- **DAU**：日活躍用戶（daily active user）。過去二十四小時裡有多少人在玩你的遊戲？這是基本免費遊戲中最容易評量的數據，而且很明顯是愈大愈好，所以DAU常會獲得大量關注。

- **MAU**：月活躍用戶（monthly active user）。上個月有多少玩家玩你的遊戲？等等，難道不就是DAU×30就好了嗎？不。如果每天玩遊戲的人都一樣，那MAU就會等於DAU。但如果你的顧客流失率很高，MAU就會大大高於DAU。從MAU/DAU的比例可以看出很多端倪。

- **ARPU**：用戶平均營收（average revenue per user）。這個數字通常每個月結算一次。換句話說，就是先找出過去三十天裡賺了多少錢，然後除以你的MAU，得到的就是ARPU。

- **ARPPU**：付費用戶平均營收（average revenue per paying user）。這個數字只看每個付費玩家平均花了多少錢。跟ARPU一樣，這也是每個月結算一次，通常都會比ARPU來得高，而且高很多。

- **LTV**：生命週期價值。平均來說，每個玩家從第一次開始玩，到徹底退出遊戲的期間，你賺了多少錢？這個數字不好計算，但是非常重要，因為這項數值能讓你知道可以花多少錢來獲取一名新玩家才沒有風險。如果平均每個玩家的LTV是5

美金，花4美金獲取一個新玩家就是合理的想法，這樣最終還可以從他們身上賺到1美金。但如果LTV只有3美金，花4美金就很愚蠢了。

- **病毒係數**（K-factor）：這個術語借自病毒行銷領域，而他們又是從醫療領域借來的。病毒係數的意思很簡單：每個玩家平均能帶來多少新玩家？如果你的遊戲很容易擴散，每個人都會拉朋友來玩，病毒係數就會很高。病毒係數高非常重要，因為高擴散率能大幅壓低獲取成本。

- **課長**（Whale）：這個術語有點貶義，指的是花非常多錢在基本免費遊戲上的玩家。只要有助於破關，有的人可以花上幾百甚至幾千美金。基本免費遊戲有很大一部分的營收是課長貢獻的；有份研究指出，遊戲50％的營收來自僅僅0.15％的玩家，所以設計師都非常重視課長。如果你有一半的營收都是來自課長，又能找到辦法讓課長多課一倍的錢，就等於是中大獎了。

當然，商業術語還有很多，列出這些只是供你參考。你也看到了，這些真的不複雜。如果你可以多少熟悉這種語言，聽不懂時又有勇氣詢問，生意人就會開始尊重你，因為他們看得出你也關心他們最重視的事物。而且這些的確也很重要——沒有這些事物，遊戲設計就只能當作嗜好，沒辦法成為職業。

▌ 了解暢銷排行榜

給你一個任務：不管你最關注哪個平台，現在寫張清單，列出去年最賺錢的前十個電玩作品。寫完以後再上網比較一下現實和你的清單。如果完美符合，恭喜你。如果沒有的話，就該想想為什麼會失準。你是不是沒想到那部電影改編的作品會大受歡迎？還是忘了算進基本免費遊戲？你以為《寶可夢》會不在榜上嗎？或是你以為自己最喜歡的遊戲也是大家最喜歡的？我敢保證，你去提案的每個生意人都能說出前十名的遊戲。為什麼？因為遊戲產業就是一門追求暢銷大作的生意。發行商要靠暢銷大作來賺錢，所以他們會小心翼翼地研究這些作品，試著了解它們成功的原因。

如果你想了解發行商在想什麼，就需要分析暢銷大作。有間名為電子娛樂設計研究所（Electronic Entertainment Design and Research, www.eedar.com）的公司，就把這種分析提升到新的境界。他們把遊戲的特性和表現分項拆解成複雜的數學分析，了解哪些特性對作品的市場成就影響最大。多人遊戲模式有多重要？遊戲時數有多重要？這些資料都可供開發者和發行商日後利用。

無論怎麼做，請找出辦法來熟悉你的市場和客群結構裡大賣的遊戲，並了解它們為何成功。這可以幫你和投資者建立共識。如果你對某些遊戲設計如此暢銷的原因有著獨到見解，我保證生意人一定會想聽你怎麼說。

▌進入障礙的重要性

多年過後身在某處
我應會帶上嘆息重述：
黃樹林裡分出兩路，而我──
我走了人跡稀疏的路
往後旅途也從此迥殊
　　──羅伯特・佛洛斯特（Robert Frost）

當數位下載讓遊戲不再需要透過發行商時，許多獨立開發者都讚頌這是小蝦米的大勝利。確實，現在任何擁有好創意的開發者都有機會和超級遊戲發行商競爭。至少一度是這樣！以iOS市場來說，有些遊戲開發者發現，把自製遊戲放在App Store上賣個6.99美金，就足以賺進維持優渥生活的收入。很快地，大家都嗅到了淘金熱，成千上萬的遊戲開始湧入App Store，價格也開始下跌，標準售價變成了4.99美金，接著是3.99美金、2.99美金、1.99美金、0.99美金，最後變成了免費。諷刺的是，在一個標準售價是免費的市場裡，要靠製作遊戲賺到錢，得吸引到好幾百萬的玩家才有機會──而在一個飽和的市場裡，這意味著花大量的錢行銷，結果整個環境又變得獨厚大發行商了。讓自己的遊戲上架再也不是挑戰，現在的挑戰是從成千上萬的競爭者中脫穎而出。這讓市場上每個做遊戲的人都必須對行銷下很多功夫，通常還要花很多錢。像這樣供應者氾濫的市場一般會被稱做「紅海」（red ocean）市場，讓人想到一個大魚吃小魚，水裡盡是一片被血染紅的景象。在這樣的環境要怎麼生存呢？不是成為大魚，就是找到「藍海」（blue ocean）。

「藍海」指的是競爭者相對較少的領域。有時是因為市場還很新，但有時是因為這些領域存在某種障礙（barrier），讓別人不易進入。只要能進入其中一個領域，你就有了很多優勢。目前的iOS市場就是「紅海」，裡頭90％的遊戲都會賠錢，只有大約10％的遊戲能夠獲利。相比之下，吃角子老虎機（slot machine）產業礙於政府法規，加上需要特殊的硬體、專業技術和演算法，就成了一個非常難以進入的電玩遊戲市場。這個市場有90％的遊戲都能獲利，只有10％會虧錢。障礙能大幅改變獲利能力，所以一旦可以善加利用，千萬不要猶豫。障礙的類型很多，以下是一些例子：

- **技術性障礙**：包括能創造新玩法的演算法、新的外觀和感受，或是能支援特殊多人遊戲模式的新型伺服器科技。很多遊戲能獲得巨大的成功，都是因為解決了別人無法輕易複製的艱難技術問題。
- **硬體障礙**：如果你做出了某種新的硬體平台，甚至還拿到專利的話，別人要快速

跟上你就很難了。舉例來說,《寶貝龍世界》(*Skylanders*)剛上市時,每個人都同意那是個好創意,但很少有公司能做得出競爭產品。

- **專業領域障礙**:也許你對早期兒童的社會－情緒學習(social-emotional learning)非常熟悉,又發現協助這項發展的遊戲真的很有市場。如果別人對此的了解不如你那麼深,就很難跟你競爭。

- **銷售及配銷障礙**:我曾跟別人合開過一間公司,並計畫銷售訓練遊戲給消防員。但我們很快就發現,我們需要有支業務大軍去各個分局推銷我們的軟體,而其他訓練公司早就有了完整的銷售人脈和充足的業務人員。既然負擔不起這個成本,我們就很快決定改做別的生意。如果你擁有進入某個市場需要的特殊銷售人脈(或找得到這種合作夥伴),請思考該怎麼善用這個優勢。

- **想像力障礙**:任何人都有能力做出《當個創世神》,它並不是什麼複雜的遊戲。但只有一個人想到可以製作這樣的遊戲,並採用單純的一次性收費來販售。

- **關係障礙**:有些遊戲需要特殊的合作關係,比如電影改編作品或知名產品授權。如果授權方只和信賴的對象合作,而你又和他們關係匪淺,這就會形成其他競爭者的重大障礙。

- **不確定障礙**:隨時都有超級前衛的新平台發表。有時候大家會興奮地跳上那些平台嘗試。不過多數時候,遊戲開發者都不太確定。微軟剛發表Kinect時,多數開發者都懷疑這行不行得通。不過也有一些人選擇越過不確定障礙,試著賭一把——結果Kinect的銷售量高得超乎預期,而身為上面少數遊戲的作者,這批開發者也大賺了一筆。

大部分的人看到障礙都會敬而遠之,跟隨潮流畢竟感覺比較安全。但跟隨潮流就代表潮流中的人遲早都會是你的對手。很多成功的開發者都知道,選擇一條人跡稀疏的路,確實會讓人走上迴殊的旅途。

109號鏡頭:獲利

獲利是遊戲產業的生命線,以下這些問題有助於提升遊戲的獲利能力:

- 在我的遊戲的商業模型中,錢是如何流動的?為什麼?
- 這款遊戲的生產、行銷、配銷和維持營運各需要多少成本?為什麼?
- 這款遊戲能賺多少錢?我為什麼這麼想?
- 這款遊戲進入這個市場會碰到什麼障礙?

圖:Nick Daniel

下一章，我們要來討論一些比錢更重要的事。

延伸閱讀

- 《Gamers at Work》，Morgan Ramsay 著。這本書是遊戲生意故事的大寶庫。
- 《The F2P Toolbox》，Rob Fahey 與 Nicholas Lovell 著。本書收錄了設計基本免費遊戲的許多絕佳建議。
- 《How I Made a Hundred Movies in Hollywood and Never Lost a Dime》，Roger Corman 著。柯曼用低成本製作迷人電影的妙方，意外地適用於遊戲設計師。

33 | 遊戲讓玩家蛻變
Games *Transform* Their Players

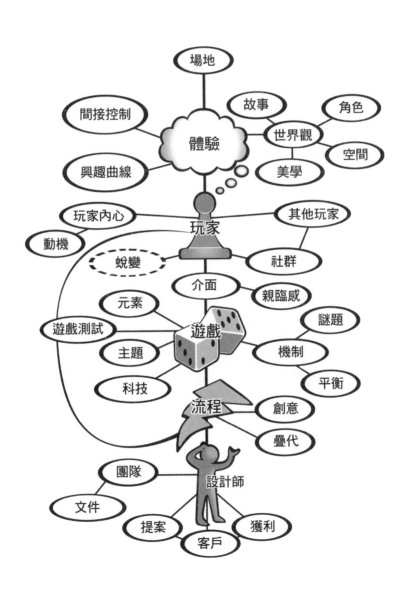

遊戲如何改變我們？

遊戲對人類意識的長期影響一直是個歷久不衰的辯論。有些人認為遊戲不會造成長久影響，只是種暫時的消遣，但也有些人認為遊戲很危險，會激發玩家的暴戾之氣，或是害人玩物喪志。還有些人認為遊戲對社會有益處，能夠成為二十一世紀教育的基石。

遊戲如何改變我們並非無關緊要的問題，因為每當我們回應這個問題，就是在改變社會——可能變更好也可能變更壞。

遊戲對人有好處嗎？

遊戲是很自然的人類行為，給予人們許多樂趣，只有極端教條傾向的人才會堅持所有遊戲都有害。遊戲通常具有下列正面影響：

■ 維護情緒健康
參與許多活動時都要試著維持和控制自己的情緒和情感狀態，遊戲也是其中之一。人們會試著透過玩遊戲

- **發洩憤怒和挫折**：遊戲，特別是像足球、棒球這些需要很多體力活動的運動，或是牽涉大量快速行動和戰鬥的電玩遊戲，都可以讓人在安全的遊戲世界中盡情發洩情緒。

- **激勵**：沮喪的時候，《腦力大作戰》（*Cranium*）、《瑪利歐派對》（*Mario Party*）等遊戲裡天馬行空的滑稽情境，可以讓人暫時脫離煩心的事物，想起自己還是能夠歡笑。

- **獲得不同視角**：有時當煩惱籠罩在我們心頭，許多小事看起來都會像世界末日。玩遊戲能讓我們和現實中的問題保持一些距離，這樣當我們回去面對問題，就會比較容易看清它的本相。

- **建立自信**：有些現實中的挫敗很容易讓人開始覺得自己什麼都做不好，彷彿生活中的一切都脫離了控制。而在玩遊戲時，你的選擇和行動都比較容易獲得成果，可以提醒自己仍有成功的機會和掌握命運的能力。

- **放鬆**：有時候我們心裡的擔憂就是大到或多到沒辦法放下。遊戲可以促使我們的大腦投入一些完全無關的事情，讓我們暫時逃離擔憂，提供我們急需的情緒休息（emotional rest）。

雖然為了這些理由玩遊戲有時也會適得其反，像是玩到跟現實一樣挫折，不過大體而言，遊戲在維護情緒健康上，仍是很好的工具。

■ 建立社交連結

建立社交連結有時並不容易。每個人都有自己的問題和煩惱，但其他人可能無法理解或是毫不關心。遊戲可以成為一種「社交橋樑」，讓我們有互動的理由、見識他人應對不同情境、提供討論話題、分享彼此共通點、創造共同回憶。在這些因素的結合之下，遊戲成了一個重要的工具，讓我們能和生命裡重要的人建立起關係並保持聯繫。

■ 鍛鍊

遊戲（特別是體育活動）讓我們有了鍛鍊身體健康的理由和動機。近年的研究也顯示心智鍛鍊對健康有好處，對老年人而言特別如此。遊戲的本質是解決問題，因此可以成為一種靈活的工具，提供各式各樣的身心鍛鍊。隨著數位科技產品變得愈來愈輕便，未來將會出現更多用遊戲來協助鍛鍊身體的新途徑。

■ 教育

我一直夢想學習能成為孩子的休閒娛樂。
——約翰·洛克（John Locke），1692 年

有些人堅信教育是嚴肅的事，而遊戲不是，因此遊戲無法在教育領域取得一席之地。但只要檢視一下，就會發現我們的教育體制其實也是一種遊戲！學生（玩家）會被給予一系列作業（目標），必須在指定的日期（時間限制）前交出來（完成）。他們會得到成績（分數）作為回饋，作業（挑戰）也會變得愈來愈難。而在課程最後，他們還得面對期末考（大魔王），為了通過考試（擊敗魔王），他們要精通課程（遊戲）裡教的所有技巧。表現特別好的學生（玩家）還會登上榮譽榜（遊戲排名）。

那麼為什麼教育感覺還是不太像遊戲？透過本書的鏡頭就可以看得很清楚。傳統的教育方法通常缺乏驚奇、投射、喜悅和社群等元素，興趣曲線也很難看。教育家馬歇爾·麥克魯漢（Marshall McLuhan）說過：「如果有人認為教育和娛樂有所不同，他一定兩個都不懂。」就是這個意思。學習並非不有趣，而是很多學習的體驗都設計得很糟。

那麼為什麼電玩遊戲沒有在教室裡找到更多的歸宿？可能的原因有幾個：

- **時間限制**：玩遊戲要花很長的時間，而且需要的時間很不固定。很多教育遊戲做得不錯，但玩一次的時間都遠超過課堂限制。
- **步調差異**：遊戲有個長處是讓玩家用自己的步調前進。但在學校裡，教師通常必須讓每個人的學習進度一致才行。
- **1965 年**：1965 年以前出生的人在成長過程中沒有接觸過電玩遊戲，因此他們對

遊戲並不那麼順手，多少有點陌生。到目前為止，教育體系的主力仍然是1965年以前出生的人（美國高中校長的平均年齡是49歲）。

- **好的教育遊戲很難做**：要用遊戲來上一堂完整、可驗證、可評量的課，還得吸引學生注意，是件非常困難的事。而平均來說，一門課每學期會有二、三十堂課要上。

儘管存在這些挑戰，遊戲在教育上還是很有用，只不過最適合的用途是當成工具，而非完整的教育系統。聰明的教育者會把對的工具放在對的用途上，而遊戲在教育中最適當的用途是什麼呢？讓我們來看看一些適合遊戲發揮的領域。

◆ 滿足大腦的需要

教育的難處之一是常常很無聊。而遊戲天生就善於讓大腦保持專注，因為可以滿足大腦的需要。比如下面這些例子：

- **明顯的進展**：就像我們在〈第十四章：謎題〉討論的一樣，明顯的進展會給人很大的鼓勵，所以教育自然必須讓學生體驗到明顯的進展。升級和完成任務等遊戲架構都能讓進度變得更清晰可見。

- **讓抽象概念變得具體**：人腦比較擅長處理具體的東西，而不擅長應付抽象概念，這就是為什麼好老師都會用具體的例子來闡明抽象原則。而遊戲很善於把抽象變得具體，畢竟操作性是遊戲的本質之一。所以兵棋推演才會成為軍事教育裡重要的一環，因為軍事策略的抽象原則必須放在具體的戰場現實上才有意義。

- **完全投入**：大腦如果太閒就會開始發慌，讓人感到坐立不安。在只有部分大腦投入（比如聽演講），而其他關於音樂、社交或運動知覺（kinesthetic）的大腦區塊都無事可做時，我們也會出現這種感覺。所以當學生在課堂上發出怪聲、跟鄰座講悄悄話或是玩起手指，其實是因為負責這些活動的大腦部分想找事做。遊戲通常滿是音樂和社交活動，善於全面占用眼、耳、手和心智，引人徹底投入。只要意識的每個部分都處在輕鬆舒坦的活動程度，就不會產生任何分心浮躁，教學也比較容易進行。

- **大量的小目標**：大腦最愛的就是清楚且有趣的目標，而好遊戲正是由一連串具體、可達成、有獎勵的目標所構成的。

一旦意識徹底投入，會有怎麼樣的學習能力？

◆ 客觀事實

關於運用電玩遊戲，人們第一個自然會想到的就是傳遞和記憶客觀事實。這是因為學習各州首府、歷史年表、傳染病的名字等客觀事實十分枯燥且重複乏味。但只要在學習這些原本不有趣的資訊時，給予輔助性的獎勵，就很容易把它們整合到遊戲系

統裡。電玩遊戲因為可以利用視覺化且有意義的文本，特別適合協助玩家學習和記憶客觀事實。

◆ 解決問題

（這些意象的）組合活動應該是創造性思考的基本特徵。[1]
——愛因斯坦

還記得我們給遊戲的定義嗎？「一種要抱持遊玩態度參與的解決問題活動」。所以提到要練習解決問題，特別是當學生需要有機會證明自己可以整合各種不同的技能和方法時，自然就是遊戲大展身手的時機了。因此，在需要結合多重技能來應付實際情境的領域，比如警察、救援、地質學、建築和管理等，就可能開始採用類似遊戲的模擬方法來舉行期末考。

說句無關課堂的題外話，有一整個世代的人都是玩著非常複雜的電玩遊戲長大的，這些遊戲需要大量計畫、策略和耐心才能破關。有些人推論這會讓他們比先前任何一個世代更善於解決問題——不過這個理論是否為真還有待驗證。

■ 關聯系統

禪宗有一樁公案告訴我們，按理來說遊戲會是最佳的教學方式：

百丈禪師想挑選一名僧人開山建寺。他問了弟子一個問題，答得最好的人就會成為住持。他把一隻淨瓶擺在空地上，問道：「誰能不說它的名字就告訴我這是什麼？」

首座華林覺答：「它不能叫作木鞋。」

火頭僧靈祐則上前一腳踢倒了淨瓶，走了出去。

百丈禪師微笑道：「華林覺輸了。」而靈祐成了潙山住持。

首座弟子知道無法用言語答出淨瓶實際上是什麼，於是狡猾地想到可以說它不是什麼。但靈祐所學多是烹調的技藝，他知道有些東西不能以言語認識，只有靠呈現，別人才會了解。

而互動式的呈現正好就是遊戲和模擬器的擅長之處。教育學者常常引用米勒的學習金字塔：

1　這句話出自數學家雅克・阿達瑪（Jacques Hadamard）與愛因斯坦的通信。原為愛因斯坦向阿達瑪解釋，數學思維是以意象的形式在腦中組合，然後才與邏輯和語言等溝通媒介產生連結。後人經常將之誤解為所有創造思考的本質。該信全文收錄於阿達瑪的著作《Psychology of Invention in the Mathematical Field》。——譯註

在這個模型裡，實作能力被放在知識的最頂端，而利用遊戲學習的重點幾乎都是實作。

聽課、讀書和看影片都有線性媒體的共同弱點，難以涵蓋複雜的關聯系統（system of relationships）。要了解複雜的關聯系統，唯一的辦法是實際玩過，全面了解所有知識之間的連結。

適合透過模擬器來學習的關聯系統包括：

- 人體循環系統
- 大城市的交通模式
- 核反應器
- 細胞運作
- 瀕危物種的生態
- 地球大氣層的加溫和冷卻

只從書上讀過這些主題的人，相較於玩過這些主題模擬器的人，兩者的理解力會相差甚遠，因為後者不只是讀過關聯系統，更實際體驗過。而體驗關聯系統最有效的方法，就是測試系統的極限，把模擬器玩到崩潰為止。交通流量要多大才會讓通勤時間比工作日還長？損失多少冷卻水會讓反應爐的爐心熔毀？極地冰帽融化不可逆的條件為何？模擬器讓玩家有權失敗，除了好玩以外，也富有教育意義，因為學習者不只會看到失敗的結果，還會看到失敗的原因，這會讓他們對整體系統的運作產生深刻的理解。

我見過一個非常驚人的關聯系統範例，是來自 Impact Games 的《和平締造者》（Peacemaker）。這是一款模擬以巴衝突的遊戲，玩家可以在遊戲中選擇扮演以色列總理或巴勒斯坦總統，嘗試完成遊戲目標——為兩個國家帶來和平。Impact Games 找了這兩個國家出身的人參加遊戲測試，這些人一開始都以為，只要對方願意做幾件小事，衝突就能化解。然而一旦他們嘗試扮演對方，很快就會了解事情不如自己所想的單純；雙方都有複雜的內部壓力，讓降低衝突變得非常困難。玩家很快就會屈服於好

奇心，先試看看如何讓兩國全面開戰；等到排除這個條件後，他們才會嘗試解決最大挑戰：有沒有任何技巧能成功為以巴兩國帶來和平？

在模擬這些嚴肅的主題時，常會有人提起客觀性的問題，不過要完美模擬似乎不太可能。如果有人玩了模擬器以後學到的技巧只適用於模擬器，在現實世界中卻會造成錯誤百出呢？因此為了讓模擬器發揮比較好的效果，通常需有真人在旁指出虛實不同之處，並在教學中善用遊戲。不過值得注意的是，人們並不會期待模擬器完全精準，而且模擬出現的漏洞通常也具有啟發性，會讓玩家好奇「這種情形為什麼不會發生在現實生活中？」僅僅這樣提問就可以讓人進一步體悟現實世界實際運作的方式。換句話說，在某些情況下，有缺陷的模擬器比完美的模擬器更具啟發性！

◆ 新體悟

在《今天暫時停止》（*Groundhog Day*）這部電影裡，比爾・莫瑞（Bill Murray）飾演一個自私傲慢的角色，他陷入了一場時間迴旋，不得不重複度過同一天，直到做出正確的事情為止。他在這不斷重複的一天裡嘗試用各種方法和身邊的人們來往，慢慢對他們獲得更深的了解。他從中得到了許多體悟，開始調整自己的行為，最後終於願意做出正確的選擇，逃出無盡的二月二日，成為一個全新的人。

關聯系統模擬器的重要之處，在於玩家能夠從中獲得新的體悟，透過異於過去的觀點來看這些系統。遊戲非常善於讓人改變觀點、獲得新的體悟，因為遊戲能創造出有著全新規則的全新現實，身在其中的人將不再是自己，而是徹底代入他人的位子。我們才剛開始挖掘遊戲的這種魔力來改善人們的生活。大家常說在低收入環境成長的兒童往往對職涯沒有多大抱負，因為他們根本無法想像自己有辦法成功進入高薪行業。但如果能用遊戲幫助他們想像成功是怎麼回事，讓出人頭地顯得更有可能呢？如果能用遊戲幫人們了解如何逃離恐怖情人、戒除成癮行為或變得更樂於助人呢？或許我們才剛開始探索到遊戲改變人生的表層而已。

■ 好奇心

> 好奇是無聊的藥方，而好奇無藥可醫。
> ——桃樂絲・帕克（Dorothy Parker）

充滿好奇心的學生向來比缺乏好奇心的同儕更具優勢，他們更容易自主學習，也更容易記住學會的東西，因為他們想要這些學問。某種意義上，好奇心能讓人得到學問的「所有權」；一旦你擁有學問就不會失去。而近年來網路連結的管道快速增生，

又把這份優勢放大了上千倍。如今，好奇的學生可以任意接觸自己想學習的主題，因為不管是哪一門學問，人類已知的一切資訊，都只要點點滑鼠便可取得；就算一時還找不到，遲早也都會在網路上流傳。有好奇心的人在任何感興趣的學問上，都可以快速成為專家，把缺乏好奇心的人遠遠甩在後頭，看來很有可能會開始形成明顯的「好奇心鴻溝」（curiosity gap）。在未來的數十年內，好奇心或許會成為最有價值的個人資產。

然而我們對好奇心的認識卻少得令人意外。好奇心究竟是天生的稟賦，還是可以教育出來的素養？如果好奇心可以教育、培養或是增強，難道不該成為優先的教育目標嗎？讓我們回想一下〈第四章：遊戲〉對「玩」所下的定義：「能滿足好奇心的操作」。讓教育體制的模型變得更遊玩導向，會不會是最可能讓孩子在二十一世紀成長茁壯的方向？

◆ 創造利於教育的時刻

知識沒辦法像倒咖啡到杯子裡那樣直接往腦子裡灌。只有等知識重要到會立刻派上用場，人類大腦才會飢渴地抓攫、吸收知識，準備馬上運用並牢記以待日後發揮。好老師會集中精力在塑造情境和提出問題，讓學生的腦子進入這種狀態。遊戲中有著具體的情況和亟待解決的問題，是協助教師營造這些時刻的絕佳工具。

▌讓人蛻變的遊戲

教育性遊戲是很有益的一種遊戲，但我們前面也看過，這並非遊戲唯一的用處。協助鍛鍊、建立社交連結或是改變習慣，都是很有意義的用處。為了涵蓋這個更廣泛的目的，有些人開始用「嚴肅遊戲」（serious game）的說法來區分這類遊戲和純粹的娛樂用遊戲，但我覺得這個說法不夠好。說真的，娛樂是件嚴肅的正經事，不該被這樣差辱；除此之外，「嚴肅遊戲」的說法也暗示了「嚴肅」才是這類遊戲的首要目的，不鼓勵玩家從中獲得樂趣。我更喜歡的說法是「蛻變遊戲」（transformational game），這不只含括了更多種有益處的遊戲，更傳達了這些遊戲的首要目的——讓玩家改變。我這幾年下了很多功夫研究蛻變遊戲，也開發了好幾款，從中整理出幾個設計時的訣竅和手法，且讓我在這裡分享。

■ 設計蛻變遊戲的訣竅1：清楚定義蛻變

選擇用「蛻變遊戲」這個說法，最重要的原因或許是能幫大家記得這些遊戲的創作目標：讓玩家蛻變。但目標歸目標，到底該怎麼讓人蛻變？設計師常會描述自己的目標是「教數學」或「讓人運動」。但這些描述都太空泛了，完全沒提到玩家會發生怎

樣的轉變，或是轉變如何發生。想想看，如果改成以下描述就會清楚許多：「我的遊戲改變玩家的方式是，介紹玩家因數分解（factoring）的概念，藉由練習將合數（composite number）拆解為因數，幫他們熟悉因數（factor）」，或是「我的遊戲給玩家一些容易達成的每日小挑戰，幫他們養成每天運動的習慣」。為了達到成功且有意義的蛻變，就必須清楚陳述想帶來的轉變，並且具體表達遊戲為何及如何引起這種轉變。這其實就是再請出我們的老朋友，14號鏡頭：問題陳述。當然，想做出成功的蛻變遊戲必須找出可行的蛻變實現手法，只不過在此之前，還是要先清楚陳述你想引起怎樣的蛻變。

■ 設計蛻變遊戲的訣竅 2：諮詢相關領域專家

你也許會想：「我沒辦法做出教消防員處理化學品外洩的好遊戲，我根本不懂這種事啊！」沒錯，你當然不懂。你可以找些書籍或文章了解基本觀念，不過有些人這輩子致力於學習這方面的所有細節，並知道如何傳授他人，你應該去找這些人。他們一般都很樂意在全新的領域分享自己的專業，也希望確保你正確了解所有的細節。另外你也必須明白，世上有兩種專家，一種是掌握所有知識的專家，另一種是知道如何傳授知識的專家。要是能找齊兩種專家，好好聆聽他們對輕重緩急的判斷，你就朝做出偉大的蛻變遊戲前進了一大步。

■ 設計蛻變遊戲的訣竅 3：教師需要什麼？

設計師在做蛻變遊戲和教育遊戲時，常會想要用遊戲體驗取代經驗豐富的教師。某些時候或地方的確會需要這種遊戲，比如教師不足的時候。但實際情況通常是教師會用遊戲來協助別人蛻變──那為什麼遊戲要取代教師呢？這樣做只會冒犯他們，而且平心而論，你的小遊戲憑什麼取代教師一輩子的教學經驗？比較好的做法是把遊戲設計成教學工具。不過要做到這點，當然需要和教師討論，找出他們碰到了什麼困難（又是問題陳述！），以及遊戲可以幫上什麼忙。一般來說，他們都像前文所述一樣，需要更好的方法來創造利於教育的時刻。與其嘗試取代教師，為何不嘗試讓教師成為「地下城主」，主持充滿艱難挑戰的情境讓學生來克服？如此一來，你善用教師的經驗與智慧，他們也會感謝你發明了益其長才的工具，實現讓學生蛻變精進的共同目標。我相信，等到師生人人都可以拿著標準化的平板電腦連上網路，蛻變遊戲的功效將會發生空前的進化，屆時老師就能用多人模擬遊戲的體驗引導學生，而我期待這會帶給教育無比的影響。

■ 設計蛻變遊戲的訣竅 4：不要貪心

設計出無所不能的蛻變遊戲來取代整套課程，是很誘人的目標。不過如果你想做

這種事，最後成品通常會樣樣都做不好。比較好的做法是選出並專注一種關鍵的蛻變目標。如果成效良好而且頗受喜愛，人們會希望你做更多，這時你就可以思考下一步能夠做些什麼了。諸如《和平締造者》、《真龍寶箱＋》（*Dragon Box Plus*）、《迷宮除魔》（*Zombie Division*）、《請出示文件》（*Papers, Please*）等真正有效的蛻變遊戲，都是只處理一種蛻變，並專心做到最好。

■ 設計蛻變遊戲的訣竅 5：審慎評估蛻變效果

創作蛻變遊戲最具挑戰性的事情之一，就是知道意想中的蛻變效果是否真的有發揮作用。說實話，大部分的蛻變遊戲都像是做實驗，只要遊戲還沒完成，就很難知道能不能讓玩家產生原本預期中的轉變。根據我的經驗，評估蛻變的效果大致可分為五個關卡，難度由低到高排列如下：

1. **感覺有用**：這可能是最低的一關，只要設計師和玩家都同意「感覺有」發生某些蛻變就算過關了。雖然多少比「感覺沒用」好一點，但還是沒有太大意義。

2. **佚事趣聞**：如果有人告訴你一些玩遊戲時所發生的事，並且遊戲內容明顯對他們造成某種有效的蛻變，那你就過了這一關。佚事趣聞可以非常具啟發性，提案時聽起來也很不錯，但不太能證明遊戲的效果。

3. **領域專家認可**：如果你能讓領域內的優秀專家（Subject matter expert, SME）認證這款遊戲是達成蛻變的有效工具，對遊戲會非常有意義。雖然這同樣無法證明遊戲必然有用，不過確實能代表你製作的方向正確。

4. **非正式問卷與評估**：在遊戲中測試或在玩家展現出轉變後調查，都更能證明你的遊戲的確有用。

5. **科學驗證與評估**：進行正式驗證才能讓你確定遊戲是否有造成預期中的蛻變。這些驗證應由通曉該領域的專家及統計學家設計，以便對玩家進行有意義的科學分析。

當然，有意義的科學驗證很花時間和金錢，而不同情況需要不同的解決方法。在設計蛻變遊戲時，對於需要多嚴謹才能感覺遊戲做得好，整個團隊的共識很重要。

■ 設計蛻變遊戲的訣竅 6：選對遊戲場地

還記得〈第三章：場地〉嗎？只做出遊戲是不夠的，你需要思索玩家會在哪玩遊戲，以及場地對蛻變會有什麼影響。他們會在教室玩嗎？在舒服的閱讀區？在工作檯上？還是隨處皆可？他們會自己玩還是跟別人玩？是隨時可以遊玩，還是要在限定的時段（time window）遊玩？有人會在旁邊幫忙，還是玩家得自己破關？在何處玩、如何玩、跟誰一起玩遊戲等情境，對於遊戲是否能達到蛻變目標，都有著舉足輕重的影響。

■ 設計蛻變遊戲的訣竅 7：接受市場的現實

我認識很多人都對於藉著遊戲讓人蛻變，懷抱著各式各樣的美夢。不過要幫優秀的蛻變遊戲找出可以長期維持的商業模式，老實說是很大的挑戰。如意算盤打得再響也會落空，只有搞清楚哪些人會買帳，哪些人不會，還有箇中原因，才能幫你賺到錢。再怎麼精彩的蛻變遊戲，只要你做不起、無法把遊戲交到需要的人手中，還是改變不了任何人。因此想用遊戲改變世界，生意經就和傑出的設計一樣重要。

▌ 遊戲會有害處嗎？

有些人對任何新事物都感到恐懼。這點並不難理解，很多新事物都很危險。遊戲和玩遊戲都不是新鮮事，它們從人類崛起之初就已經存在了。傳統遊戲也有其危險：運動會讓身體受傷，賭博讓人散盡家財，沉迷任何消遣都會讓生活失衡。

但這些不是新的危險，我們都很清楚這些危險，社會也有應對的方法。人們，特別是家長所焦慮的，是流行文化中突然冒出的新型遊戲所潛藏的危險。家長向來會擔心孩子沉迷自己成長過程中沒有的事物，不知道如何恰當引導子女、好好保護他們安全，對家長是非常不安的感受。而最引人擔憂的兩種危險，是暴力和成癮。

■ 暴力

前面討論過，遊戲和故事常會以暴力為主題，因為兩者通常都跟衝突有關，暴力又能簡單、戲劇性地解決衝突。不過沒有人會擔心西洋棋、圍棋或《小精靈》中抽象的暴力。西洋棋不可能鼓勵人去俘虜現實中的主教和皇后。人們真正擔心的是具象的暴力。我曾參加過一場小組訪談，主題是想知道一般的母親如何判斷哪些電玩遊戲對子女來說「太過暴力」。她們認為，「《VR快打》（Virtua Fighter）還可以接受，但《真人快打》（Mortal Kombat）就不行。」兩者差別在哪？答案是流血。她們在意的並非遊戲中有哪些行為（兩個遊戲基本上都是用腳去踹對手的臉），但《真人快打》的畫面會見血，《VR快打》完全不會。她們似乎覺得只要沒有流血，遊戲就只是遊戲──只是幻想而已。但血會讓遊戲逼真得駭人，而對於出席訪談的母親們來說，一款以血腥為獎勵的遊戲顯然窮凶極惡。近來的例子則是《要塞英雄》（Fortnite），這款遊戲明明充斥凶狠的暴力行為，卻因為不會流血而通過了「媽媽測試」。

不過引起關切的遊戲中，也有很多是滴血不流的。比如在 1976 年，電影《亡命賽車 2000》（Death Race 2000）被改編成了《死亡飛車》（Death Race）這款賽車遊戲，每當玩家輾過畫面上逼真的行人，就會獲得獎勵。各地憤怒的家長紛紛湧入電玩遊樂場抗議，遊戲發行商則試著解釋，這些行人不是人類，而是活該死在輪下的「哥布林」

（goblins）。不過沒人買單，危險駕駛的可怕實在太真實了。

我們第一次測試迪士尼探險的《加勒比海盜：沉落寶藏之戰》時感到很害怕。我們找了許多家庭來做遊戲測試，他們的反應將會決定遊戲的未來。團隊裡每個人都很緊張不安，因為科倫拜高中槍擊事件[2]才發生一個禮拜不到，而我們的遊戲又要拿大砲對著眼前的一切不斷開火。

不過竟然沒有任何人把兩者連結在一起，而且每家人都玩得很開心。儘管我們在訪談中直接問及，但沒有人擔憂遊戲太過暴力。用海盜的火砲射擊卡通船艦，和現實世界的距離太遠了，不至於造成任何憂慮。

到底是什麼造成了這些差異和矛盾呢？人們的恐懼很單純：遊戲中如果有逼真的暴力內容，可能會讓玩家對現實中的暴力麻木，甚至讓人覺得現實中的暴力刺激有趣。

但這種擔憂有多實際？很難說。我們知道人的確有可能對血腥麻木——醫護人員就必須這樣，才能執行手術並在手術台上做出合理的決定。軍警必須更進一步對傷害他人和殺戮麻木，才能在必須行使暴力的情境中清楚思考。但這些並非家長所擔心的麻木；畢竟如果打電動可以讓人成為更好的醫師和執法人員，就不會造成這麼多擔憂了。人們擔憂電玩暴力，是因為電玩玩家和變態殺手之間有著顯而易見的相似之處——兩者都為了好玩而殺人。

但暴力遊戲真的會形成這種變態的麻木嗎？還是會有別的結果？我們前面討論過，當一個人愈投入遊戲，就愈容易看穿遊戲的美學（暴力畫面只是一種美學選項），全心投入用遊戲世界的機制來解決問題。即便遊戲裡的化身踏上殺戮之道，玩家通常不會產生憤怒或嗜殺的想法，而是想著如何精進技巧、解決謎題和完成目標。儘管暴力主題遊戲的玩家多達數百萬人，也很少聽說有人著迷到在現實生活中上演暴力電玩的情節。一般人似乎非常擅長區別幻想世界與現實世界的差異。除了原本就有暴力變態傾向的人以外，大多數人應該都有區分兩者的能力，知道遊戲就只是遊戲。

不過這種擔憂主要並非針對成人，而是世界觀還在成形的兒童和青少年。他們是否有把握區分暴力遊戲？我們知道他們可以區分某些遊戲。傑拉德‧瓊斯（Gerard Jones）在《血戰怪物》（Killing Monsters）這本書中提出，某種程度的暴力遊戲不僅是正常的，更是健康心理發展所必須的。但這當然有個限度。兒童心智尚未成熟到能理解某些影像和想法，這是為什麼電玩分級制度絕對有所必要，這樣家長才有足夠的資訊可以選擇要讓孩子玩什麼遊戲。

---

2 科倫拜高中槍擊事件（Columbine high school shooting）：1999 年 4 月 20 日，兩名青少年攜帶槍枝和爆裂物在柯羅拉多州傑佛遜郡的科倫拜高中掃射，殺死了 12 名學生和 1 名教師，並造成 24 人受傷。兩名犯人在屠殺後立即自殺身亡。本案引起美國社會對校園霸凌、金屬樂、電玩暴力和精神疾患的廣泛關注。——譯註

那麼，暴力電玩會讓我們變得更差嗎？心理學還沒有完善到可以給出肯定的答案，更何況這個議題還很新。目前為止，人類的集體心靈（collective psyche）似乎尚未被遊戲戕害，不過我們設計師仍要保持戒備。科技進步會持續讓更極端的暴力遊戲成為可能，我們也許會在不知不覺中越過那條無形的界線，真的讓人們因為玩遊戲變得更差。我自己也許不太可能會這樣做，但如果說我絕不可能，那就太傲慢又不負責任了。

■ 成癮

人們對電玩的危險還有另外一種恐懼，就是害怕成癮，擔心玩太多遊戲會妨礙甚至傷及生活中更重要的事情，比如課業、工作和人際關係。遊戲玩太多並非唯一的擔憂——無論運動、花椰菜、維生素C還是氧氣，任何東西太多都會有害。人們真正害怕的其實是即便有害後果已經很明顯，卻仍無法戒除的強迫行為。

遊戲設計師確實一直想要做出能俘虜和占據人心，令人欲罷不能的遊戲。人們在迷上新遊戲時的確常會誇它「超讚，根本有毒！」。但他們講歸講，生活並沒有受到危害，只是覺得一直想要繼續打電動。

不過有些人真的會玩到危及生活。現今的大型多人遊戲，由於龐大的世界觀、眾多社交義務和積年累月的遊戲目標，著實讓某些人陷入了自我毀滅的遊玩模式。

值得一提的是，玩到自我毀滅並不是什麼新鮮事。賭博就是一種存在已久的自我毀滅遊戲，不過它算是特例，因為賭博的成癮性是來自外源性而非內源性獎勵。然而就算沒有金錢獎勵，玩遊戲玩過頭的也一直大有人在。最常見的例子是大學生。我爺爺曾提過有幾個同學因為花了太多時間打橋牌而被退學。史蒂芬金的小說〈我把心留在亞特蘭提斯〉（*Hearts in Atlantis*），改編自真實事件，故事關於沉迷「傷心小棧」（Hearts）而被退學的大學生，最後被徵召去越南戰場。七〇年代的學生成績不好常是因為拚命玩《龍與地下城》，而現在學生無法控制的誘惑則是《英雄聯盟》。

尼古拉斯·伊（Nicholas Yee）針對遊戲「不當使用」所牽涉的因素，進行過一份非常透澈的研究，他指出每一種人玩遊戲玩到自我毀滅的原因都各有不同，如他以下所述：

> 大型多人線上遊戲（MMORPG）成癮是個複雜的議題，因為不同玩家會受到不同的遊戲面向吸引，程度也各有不同，動機可能是把遊戲當做一些外在因素的出口，但也可能不是。有時是遊戲對玩家產生拉力，有時是現實生活的問題對玩家造成推力，通常都是兩者的結合。大型多人線上遊戲成癮沒有單一治療方法，因為人們沉迷或成癮的原因很多。如果你認為自己對大型多人線上遊戲成癮，且這種遊玩習慣造成現實生活出現問題，或是你身邊有人有著沉迷或不健康的遊玩習

慣，請考慮尋求成癮問題的專業諮商師或心理治療師的幫助。

遊戲成癮對某些人是確實存在的問題，這點無法否認。問題在於「設計師能否做些什麼？」有些人建議，如果設計師不把遊戲做得這麼令人著迷，就沒有這種問題了。但指出設計師做的遊戲「太好玩」是缺乏責任感，就像是說過度飲食（overeating）是因為有不負責任的烘焙師堅持做出「太美味」的蛋糕一樣。遊戲設計師對自己設計的遊戲體驗自然有不容推辭的責任，必須想辦法讓遊戲架構融入均衡的生活。我們不能忘記這點，也不該假裝這是別人的問題。我們應該像宮本茂一樣謹記這件事，他為小朋友簽名時常會寫下這句話：「天氣好時，就要到外面玩。」

▌ 體驗

說到底，遊戲到底能不能改變人們？我們花了這麼長的篇幅來討論這件事：我們設計的不是遊戲，而是體驗。而體驗是唯一能夠改變人的東西——雖然有時無法預料。設計《卡通城 Online》時，我們做了一個聊天系統，可以從選單選擇片語，方便玩家快速溝通。我們覺得玩家之間的禮貌互動，是《卡通城》的美學重點之一，我們認為這有助於鼓勵合作，所以大部分的片語都是支持和鼓勵，比如「謝謝你！」和「不錯喔！」。這和標準大型多人線上遊戲上充滿垃圾話、用盡污言穢語冒犯其他人的文化可說是南轅北轍。結果我們很驚訝在測試版期間收到了一封抱怨的電子郵件。他說自己平常玩的是《亞瑟王的黑暗時代》（Dark Ages of Camelot），偶爾玩玩《卡通城》當作調劑。不過他發現自己漸漸變得更常玩《卡通城》，愈來愈少碰《黑暗時代》了。而他生氣的原因是《卡通城》改變了他的習慣——他發現自己的垃圾話變少了，還常常對幫忙的人道謝。一款為兒童設計的小品遊戲竟能輕易操縱他的思考模式，這讓他覺得很難為情，不過勉強也有些感激。

你也許不覺得改變某人的溝通模式有什麼了不起，但是讓我們回到暴力的問題，想一下暴力到底是什麼。不是故事或遊戲中的暴力，而是現實世界中的暴力。現實中的暴力很少是終結一切的手段，而是一種溝通方式，一種沒有辦法時的辦法，不計後果表達「我要讓你看看你傷害我有多深！」的方式。

我們才剛開始了解遊戲如何改變人類。當務之急是更了解箇中因果，因為我們知道得愈多，遊戲愈不會只是娛樂，還會是改進人類處境的一流工具。請用這顆鏡頭來謹記這個重要的觀念。

110號鏡頭：蛻變

遊戲創造體驗，體驗改變人們。為了確保你的玩家身上只會發生最好的改變，請問自己這些問題：

- 我的遊戲會怎麼讓玩家變得更好？
- 我的遊戲會怎麼讓玩家變得更差？

圖：Nathan Mazur

不過，擔心你的遊戲如何改變玩家，真的是你的工作嗎？這就是下一章的主題。

延伸閱讀

- 《The Transformational Framework: A Process Tool for the Development of Transformational Games》，Sabrina Haskell Culyba 著。本書深入淺出地帶領讀者練習創作最傑出和有效的蛻變遊戲。你可以在卡內基美隆大學的 ETC Press 免費下載本書。
- 《遊戲改變世界，讓現實更美好！》（橡實文化出版），簡·麥戈尼格爾著。本書充滿了關於遊戲能如何改變世界的靈感。
- 《What Videogames Have to Teach Us About Learning and Literacy》，James Paul Gee 著。本書認真探究了電玩在認知學習上的潛力。
- 《New Traditional Games for Learning: A Case Book》，Nicola Whitton 著。本書蒐集了大量關於教育者在教學中運用非數位遊戲的案例研究。
- 《Ten Steps to Complex Learning》，J.G. van Merriënboer 與 Paul A. Kirschner 著。本書有系統且實際地介紹了如何創造有效的學習材料（learning material）。
- 《Digital Games and Learning: Research and Theory》，Nicola Whitton 著。本書在蛻變遊戲的學習研究和實際運用間建立起極佳的關聯。

34 | 設計師擔負某種責任
Designers Have Certain *Responsibilities*

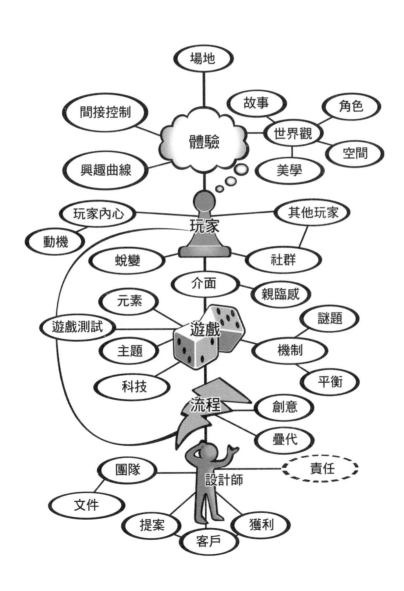

〈小盒子〉

小盒子長出了乳牙

它的身子短短

兩邊窄窄，內裡空虛

這就是它完整的樣子

小盒子一天天成長

以前在它待過的櫥櫃

現在待在它的裡面

它愈長愈大愈長愈大

它以前待過的房間

房子和城市和陸地

以及世界現在都在它的裡面

小盒子還記得它的童年

它因為止不住的懷念

變回了小時的樣子

現在的小盒子裡面

有個小小的世界

小盒子可以輕易放進口袋

容易弄丟容易被偷

好好珍惜你的小盒子

——瓦斯科·波帕（Vasko Popa）

我進電視業是因為我討厭電視。但我覺得應該有辦法可以利用這個奇妙的工具來化育那些收看和收聽的人。

——弗雷德·羅傑斯（Fred Rogers）

▌沒沒無聞的危險

你要有個心理準備，就是身為遊戲設計師得不到多少敬意。如果你有辦法設計出專業的遊戲，大概會碰到一堆這樣的對話：

朋友的朋友：嗨，你是做什麼的？

你：我設計電玩遊戲。

朋友的朋友（顯然不太自在）：喔……所以是像《俠盜獵車手》那種東西嗎？

這就跟拍電影的人被問到「喔⋯⋯所以你是拍A片的？」差不多。

但這也不能怪這些人。電玩遊戲的世界裡本來就有很多腥羶色的成分，而這類的故事向來最容易出現在媒體報導上。隨著遊戲漸漸成為主流，這種事當然會有所改變。不過即便遊戲設計師這個身分變得沒那麼尷尬，依然會一直是個難以為人所知、名利雙收或是受人敬重的行業。這跟電影編劇的待遇差不多：人們通常都不太在意自己喜歡的東西是誰做的，發行商也會希望你不要太有名，免得你身價太高。這不是在抱怨，我提到這些只是打算指出其中的危險：由於你的工作相對來說沒沒無聞，所以沒有人會要你為你的作品負責。

而你或許會說：「有危險的是發行商的名聲，不是我的，而且他們那麼怕被告，一定不會讓有可能造成傷害的東西上市。」

你確定嗎？大企業一天到晚都在犯錯，而且完全沒有道德責任。他們是要遵守法律沒錯，但除此之外他們唯一的目的就是賺錢；道德根本不重要，企業又沒有靈魂。沒錯，企業有銀行帳戶，有法律責任，但沒有靈魂——沒有靈魂就代表沒有道德責任。只有個人才能負起道德責任。你指望遊戲公司的經理會去扛這種個人責任嗎？也許會，但你我都知道機會不大。只有一個人可以為你的作品負責，那個人就是你自己。

▍負起責任

在〈第三十三章：蛻變〉裡，我們討論了一些可能造成危險的遊戲。隨著新科技出現，遊戲也會意外地造成新形式的傷害。在遊戲所有會發生與不會發生的危險中，最真確而且難以否認的，就是線上遊戲玩家可能會和危險的陌生人見面。大部分設計師在討論要增進線上遊戲的「安全性」時，想的是不要讓兒童接觸髒話。雖然髒話不恰當，不過完全跟安全沒關係。真正的危機來自於危險人物可以利用線上遊戲的匿名性找到無辜的受害者。如果你的遊戲能讓陌生人互相交談，你就該對可能的後果負責。遊戲設計中很少出現真正會攸關別人生死的選擇，而這是其中之一。你可能會想，這種危險只有百萬分之一的機率會發生在你的遊戲中，但要是這個機率正確，你的遊戲又成功有了五百萬名玩家，這種危險就會發生五次。

很多設計師都認為自己無法為遊戲中發生的事情負責，而留給律師來判斷安全與否。但你能接受把自己的道德責任交給企業的律師處理嗎？如果你不願意為遊戲作品負起個人責任，那就不該把它做出來。我之前待過的一個專案團隊就非常在乎這點，所以我們請概念藝術家（concept artist）畫了一張圖，提醒自己如果遊戲的聊天頻道沒有安全措施而讓孩子遭誘拐的話，那禮拜的《時代》雜誌封面會是什麼樣子。我們未曾給團隊以外的人看過那張海報，但每個人都把這張圖烙在心裡，時時提醒自己肩上

扛的責任。

▌祕密任務

你也許會堅稱自己的遊戲真的很安全，不可能有人受到傷害。你也許是對的。試著想想看：你有沒有辦法讓遊戲做好事？比如讓人們的生活變得更好？如果你做得到卻選擇不做，某種程度上難道不也是做了一款傷人的遊戲嗎？

別誤會，我並不認為遊戲公司就算會損失一點獲利，也應該負起責任讓全人類過得更好。遊戲公司唯一的責任就是賺錢。讓遊戲發揮良好影響，完全是你個人的責任。但我的意思也不是說，你應該試著說服管理階層，如果你的作品有辦法讓人類變得更好，就會成為更好的遊戲。管理階層才不在意這種事，他們的工作是為企業服務，而企業只在乎賺錢。

我想告訴你的是，如果你願意的話，可以設計對人們生命有益的遊戲，只是你可能會需要祕密進行。讓管理階層知道你有多看重利用遊戲這種強大的媒體來幫助別人，通常都沒什麼好處，因為一旦他們知道這是你的目標，就會認為你搞錯了優先順序。但他們可沒搞錯。就算你的遊戲真的對人們有益，但萬一它跟花椰菜冰沙一樣沒人喜歡，那你還是幫不到任何人。想用遊戲促進人類的福祉，唯一的方法就是讓更多人喜歡你的遊戲。祕訣在於思考要在暢銷大作中加進什麼元素，才能讓玩家往好的方向蛻變。你也許會認為這不可能達成，因為人們只喜歡對自己有害的東西，不過實情並非如此。人們最喜愛的事，就是被別人關心。如果你有辦法用遊戲讓玩家變得更好，他們會感覺得到，並且感謝你；有人在乎你會成為怎樣的人，是一種值得記住的難得感受。

▌太陽底下的祕密

再三考慮遊戲對人的影響一點也不過度。遊戲不是一般的娛樂媒體，而是一種創造體驗的方式，而人生就是由體驗所組成的。況且，遊戲設計師創造的體驗，絕非日常經驗可以比擬——玩家可以在其中實現幻想，努力成為自己一直偷偷想變成的人。為孩子所創造的幻想世界將會成為現代的神話，變成每個人心中指引人生的羅盤。我們創造的是一個沒有任何國度能夠比擬的理想國。

不過光是思考遊戲會怎麼影響當今的人們還不夠——我們得考慮它會如何影響明日的人們。你在鑽研打造的，是綜合一切藝術的媒體。一個人年少時所浸淫的媒體，將決定他這輩子會是什麼樣的人。只要你持續鑽研打造遊戲這種媒體，就是在決定下

一代人的思考過程。這絕非尋常瑣事。

進一步思考，人類有沒有哪種活動無法被視為遊戲，因而藉由設計好遊戲的原則來改進？

▌ 指環

你曾不曾想過，小指跟其他手指比起來，是不是小得有點奇怪？它看起來幾乎像是發生過意外，變成某種萎縮的附肢。但它不是，多數人幾乎完全不會注意到它的用途：小指是手的嚮導。每當你拿起或放下東西，小指都是最先感覺到的，就像一支小天線一樣，把手安全引導至正確的位置。

1922年，吉卜林（Rudyard Kipling）受多倫多大學（University of Toronto）之請創造了一個儀式，在工程師畢業前夕提醒他們有幫助社會的義務。這個莊嚴的儀式到今天仍在舉行，工程師會得到一枚戴在慣用手的小指上的鐵指環，一輩子提醒他們這項義務。

或許有一天，遊戲設計師也會策劃出這樣的義務儀式，不過你無法等到那時候。因為你的義務從今日此刻就已經展開。如果你真心相信遊戲可以幫助人們，那就收下這枚指環。它跟我的一樣沒有形體，所以不會遺失。如果你願意接受伴隨遊戲設計師這個身分而來的責任，就請你戴上它，提醒自己要跟隨這些責任前進。不過，戴上指環之前請仔細考慮，因為一旦戴上就脫不下來了。喔，如果你拿近一點，會看到上面刻著這樣一段話：

111號鏡頭：責任 ─────

為了履行身為遊戲設計師的義務，請問自己這些問題：

▪ 我的遊戲能幫助人嗎？怎麼幫？

圖：Zachary D. Coe

延伸閱讀

- 《Killing Monsters》，Gerard Jones 著。這本好書探討了為何暴力遊戲對健康的兒童發展有其必要。

- 《Stop Teaching our Kids to Kill》，Lt. Col. Dave Grossman 與 Gloria Degaetano 著。這本具爭議性的書，對暴力媒體的負面影響看法非常極端，但同樣引人深思。

- 《Fred Rogers Testifies Before Congress》。這段短片清楚體現了認真看待自己參與的媒體會產生的力量。http://www.youtube.com/watch?v=yXEuEUQIP3Q

35 每個設計師都有一份<u>使命</u>
Each Designer Has a *Purpose*

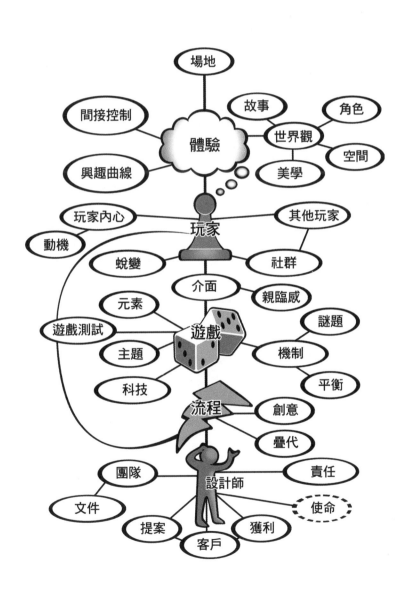

藏得最深的主題

本書一開始，我們談過聆聽為何是遊戲設計師最重要的技能。而在整本書裡，我們也檢視了該如何聆聽你的受眾、遊戲、團隊和客戶。

但現在，我們要來談談最重要的一種聆聽——聆聽自我。你也許會覺得聆聽自我很容易，但潛意識很擅長隱藏祕密。我們常會做一些自己都不明白緣由的事情。比如說，你知道為什麼設計遊戲對你這麼重要嗎？你也許會想，可以晚點再來做這種自我反省。然而人生苦短，你沒有時間浪費，轉瞬之間你就會仰天嘆息自己沒有時間了。時間會摧毀、帶走一切，就像愛倫坡的渡鴉嗤笑著「永不復見」一樣沒入黑夜，抓也抓不住。唯一的希望就是趁著還有時間，可以完成手邊重要的大事。你要狂奔，因為你身後依稀的呼嘯，就是死神的追逐。快，收下這顆鏡頭，以防你遺忘。

112號鏡頭：渡鴉

為了記得只做最重要的事，請問自己這個問題：

- 這個遊戲值得我花時間做嗎？

圖：Tom Smith

但什麼是重要的大事？要怎麼知道？這就是要聆聽自己內心的原因了。你的心中一定藏著某些重要的使命，你必須找出真相。一定有什麼原因讓你能夠度過一切難關，就為了設計出了不起的遊戲。或許是因為從你心眼所見的事物可以改變別人的一生；或許是因為你有過某種神奇的經驗，想要和全世界一起分享；或許是因為慘劇曾降臨在你愛的人身上，你希望再也不要有人遭遇一樣的事。沒有人會知道你的使命為何，沒有人需要知道，除了你自己以外。我們說過如果你清楚遊戲真正的主題，它將變得多麼有力，但你知道自己的主題嗎？你必須盡快想出來，一旦你理清頭緒，你的創意將會經歷重大的變革：意識與潛意識中的動力能夠合作無間，為你的創作注入無與倫比的熱情、聚焦的中心點與張力。

要找到這股真摯的動力，請拿好最後一顆鏡頭。

終極鏡頭：祕藏於心的使命 ——

為了確保你正往自己真正的使命邁進，請問自己這個最重要的問題：

- 我為什麼要做這件事？

圖：Todd Swanson

再見
Goodbye

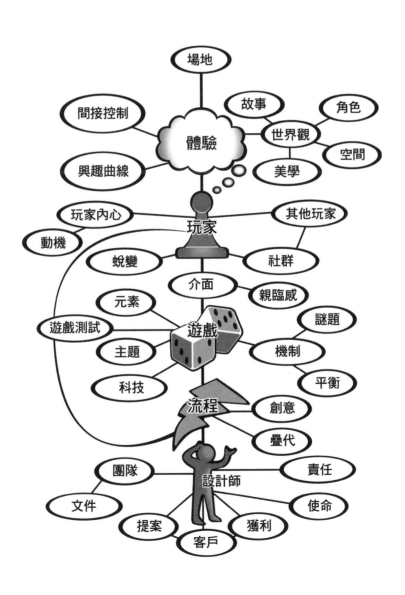

▌沒有不散的宴席

設定另一個目標或心懷新的夢想永遠不嫌太老。
——C・S・路易斯

天啊！看看都什麼時候了！我說的東西都可以塞滿一整本書了。非常謝謝你過來，我很高興能跟像你一樣聰明又設想周到的人聊這些。像是你剛剛是不是玩了一個超厲害的文字遊戲？如果我把「遊戲設計的藝術」（art of game design）的字母調換一下，就會變成破爛（ragged）……之類的？喔我想起來了！太厲害了！我要把這個寫下來！

你拿好地圖了嗎？指環呢？所有鏡頭呢？很好、很好。沒關係，你可以留著，只要你答應我會拿出來用就好了。你可以上Amazon找到一套「鏡頭牌組」，上Android或iOS的應用程式商店搜尋也可以免費下載得到。其他細節可以在artofgamedesign. com上找到。如果你想繼續追蹤我的動態，可以上jesseschell.com。

祝你順利做出之前提到的遊戲，那個聽起來真的很有趣！完工的時候一定要讓我試試！

再次感謝你的拜訪，也謝謝你的聆聽。我們保持聯絡，好嗎？

再怎麼說，咱們遊戲設計師都該團結一點。

謝辭
Acknowledgments

本書是項長期工程，現在已經寫到第三版了。我能寫完這本書，是因為得到很多人友善的幫助，不管再怎麼感謝，都還是會漏掉一部分人士。

首先是我摯愛的 Nyra 和 Emma，她們多年來一直鼓勵我，忍受我在本來應該除草、洗碗或滅掉院子裡的火時，一直盯著空氣發呆。

感謝我的母親 Susanne Fahringe 在我十二歲時能夠理解《龍與地下城》的重要。

感謝我的哥哥 Ben 在我四歲時教我玩《雷霆》（*Thunder*）──這是他作夢時發明的卡片遊戲。

感謝 Jeff McGinley 吞下整根甜筒，以及忍我忍了四十年。

感謝 Reagan Heller 跟我在餐廳，飛機和會議室一起工作了無數個小時，就是他想出要用牌組把鏡頭的概念視覺化，他也負責設計鏡頭卡片的版面，還有本書（美國版）各方面的平面設計。

感謝 Kim Kiser 和 Dan Lin 抽空幫我做第二版的封面。

謝爾遊戲工作室的全體員工給了我很棒的心得回饋，謝謝他們假裝不知道我為了寫書忘記參加會議，也不介意我這麼做。特別感謝遊戲測試大師尚恩‧帕頓，他讓那個章節增色不少。WUBALEW 萬歲。

Emma Backer 是本書的灰姑娘──她幫卡片排版、跟繪師吵架、整理書中的圖片、找出著作權所有人，壁爐噴出來的灰也是她清的。

第一版：感謝 Elsevier/Morgan Kaufmann 出版社的團隊，他們的寬厚讓原本兩年的寫作計畫變成了五年之久；謝謝 Tim Cox, Georgia Kennedy, Beth Millett, Paul Gottehrer, Chris Simpson, Laura Lewin 還有 Kathryn Spencer。

第二版：謝謝 Taylor & Francis 出版社的團隊，特別是 Rick Adams 和 Marsha Pronin，願意把原本六個月的編輯工作，升級為十八個月的大修整。

第三版：再次感謝 Taylor & Francis 出版社，這次還有 codeMantra 公司的 Sofia

Buono，以及超有耐心的 Rick Adams 跟 Jessica Vega 合作編輯。這次也是預計本來只要六個月，最後卻被我拖成兩年。還有──彩色印刷！謝謝！還有還有，謝謝 Josh Hendryx 設計橘色加藍色的新封面。

感謝 Barbara Chamberlin 給我的情感支持，幫助我更了解遊戲測試，以及耐心忍受我因為忙著寫書而拖延我們的專案。

感謝迪士尼 VR 工作室的每個人願意在那幾年忍耐我漫無目的瞎扯各種理論，特別是 Mike Goslin、Joe Shochet、Mark Mine、David Rose、Bruce Woodside、Felipe Lara、Gary Daines、Mk Haley、Daniel Aasheim 還有 Jan Wallace。

感謝凱瑟琳・伊比斯特在各方面給我的指引，部分是因為本書系的第一本書就是她的《Better Game Characters by Design》，但在我的寫作過程中她也提供了很多實物、技術和精神支持。

感謝卡內基美隆大學娛樂科技中心（Entertainment Technology Center）的師生及員工，慷慨地讓我教授遊戲設計和建構虛擬世界的課程，讓我必須把這些東西思考清楚。我特別要感謝 Don Marinelli、Randy Pausch、Brenda Harger、Ralph Vituccio、Chris Klug、Charles Palmer、Ruth Comley、Shirley Josh Yelon、Mike Christel、Scott Stevens、John Dessler、Dave Culyba、Mk Haley、Anthony Daniels、Jessica Trybus、John Wesner、Carl Rosendahl、Ji-Young Lee、Shirley Yee 和 Drew Davidson。特別感謝 Drew Davidson 詳細的筆記，還有第一個真心欣賞本書的 John Dessler。

Randy Pausch 值得我再特別感謝一次，連我自己也不相信我能完成這份任務，但他用他的魔法鏡頭看出來了。謝了，Randy。

你好

第iii頁│Maxwell H. Brock：Roger Corman 經典電影《一桶鮮血》（*A Bucket of Blood*, 1959）中的角色。

第4頁│「我們或許也無須研究大自然，因為她實在太老了。」——亨利・大衛・梭羅《湖濱散記》

Chapter 1 ——設計師

第10頁│「如果你有件事非做看不可，就永遠不要考慮自己辦不辦得到。」這句話來自 C・S・路易斯《反璞歸真：純粹的基督教》。

第10頁│為我指出「不怕被人嘲笑」這個共通點的是 Cary Evans。

第11頁│謝謝 Ben Johnson 提醒我，「動畫」這個詞的原意就是「賦予生命」！

第13頁│「布萊恩・莫里亞蒂指出……」這段，是來自他在 1997 年遊戲開發者大會的演講，題目是《Listen! The Potential for Shared Hallucinations》。關於「傾聽」的詞源，有人對正確性存疑。

第13頁│「以平靜的心境傾聽……」Herman Hesse, *Siddhartha*.1922

Chapter 2 ——體驗

第19頁│魚的插圖由 Reagan Heller 所繪。

第20頁│「心理學、人類學和設計」，當初發現有其他人也支持這三者的相輔相成時，我非常驚訝。喬治・桑塔亞那在《The Sense of Beauty》一書中也把心理學家、人類學家和藝術家列為類似的鐵三角。Marc Prensky 在《Digital Game Based Learning》一書中談過，取得知識的途徑有三種：「像哲學家一樣反思、調和、理解事件與物件的分析法之途；像科學家一樣操作變項、執行受控制的實驗，以找出有效可靠的原則的經驗論之途；以及像實踐者一樣在現實中掙扎奮鬥、想出有效策略和高效率表現的務實之途。」分析法可以對應到人類學，經驗論可以對應心理學，而務實可以對應設計。

第22頁│你喜歡的話，擁外（xenophilic，也就是欣賞不熟悉的人事物）也可以拼成「xenophilous」。

第23頁│「比方說，蘇格拉底曾指出」——柏拉圖《斐多篇》。

第24頁│「……要對體驗的特質下結論時，我們可以抱持信心，相信自己的感受與直覺。」G・K・卻斯特頓（G.K. Chesterton）說過一段相關的話：「只有成為天文學家才能理解天文學。只有成為昆蟲學家（或是昆蟲）才能了解昆蟲學。但是只要成為一個人就能夠了解人類學。人類學家自己就是自己所研究的動物。因此，民族志和民俗紀錄的工作中有件難以忽略的事實——那就是可以在天文學或植物學研究中帶來成功的那種冷漠與疏離的精神，在神話或人類起源的研究卻會造成災難。要對微生物公正，就必須先停止當一個人；但要對人類公正時，這樣做卻沒有必要。壓抑同情心和抗拒本能與猜測，可以讓科學家異常聰明地研究蜘蛛的胃，卻會讓人類學家在理解人心時異常愚蠢。」（摘自卻斯特頓論文集《Heretics》中的〈Science and the Savages〉。）

第25頁│「他就是沒辦法清楚剖析自己的體驗。」對，傑夫，我在講你。

Chapter 3 ——場地

第31頁│感謝 Dan Burwen 給我寫這一章的靈感，也謝謝臉友們的討論！

Chapter 4 ——遊戲

第42頁│「我想應該沒有人會不同意」。老實說，伯納・莫根應該會抗議個好幾頁。我就說這問題沒有共識了。

第43頁│「往受試者嘴巴噴糖水或白開水……」該研究的主持者是 Berns、G.S.、S.M. McClure、G. Pagnoni 和 P.R. Montague。"Predictability modulates human brain response to reward." *Journal of Neuroscience* April 15, 2001, 21(8), 2793–2798。

第44頁│「玩所指涉的活動……」Gilmore, J.B. Play: A special behavior.*In Child's Play*, Herron, R.E. and B. Sutton-Smith (eds.) John Wiley & Sons, New York, 1971, p. 311.

第44頁│「玩是在固定規則中的自由活動。」Salen, K. and E. Zimmerman.*Rules of Play*.MIT Press, Cambridge, MA, 2004, p. 304.

第44頁│「玩是自發性且專為玩本身而做的行為。」Santayana, G. *The Sense of Beauty*.Charles Scribner's Sons, New York, 1896, p. 19.

第44頁│「遊戲，特別是要分輸贏的競爭遊戲並不能算是在玩……」Mergen, B. *Play and Playthings*.Greenwood Publishing

Group, Westport, CT, 1983.

第45頁｜「每一件待辦差事……」Sherman, R.M. and Sherman, R.B. Spoonful of Sugar" from *Mary Poppins*.Walt Disney Pictures, 1964.

第45頁｜「每個產品來到他這一站時……」Csikszentmihalyi, M. *Flow*.Harper & Row, New York, 1990, p. 39.

第47頁｜「就像玩一樣，很多人也嘗試過定義『遊戲』。」，在《玩樂之道》的第七章，沙倫和齊默曼對許多前人提出的定義做出了絕佳的分析，此處不再贅述。這些定義幾乎沒有什麼交集，不過我完全不意外。

第47頁｜「遊戲是種自願性的控制系統……」Avedon, E. and B. Sutton-Smith.(eds.) *The Study of Games*.John Wiley & Sons, New York, 1971, p. 405.

第49頁｜「不過這些分數除了表示你蒐集了多少東西以外，就沒有任何用途了。」就算有人我也想不出來！

第50頁｜「遊戲是一個封閉又合乎規則的系統。」Fullerton, T., C. Swain, and S. Hoffman.*Game Design Workshop*.CMP Books, San Francisco, CA, 2004, p. 37.

第50頁｜「約翰‧惠歆格稱這條界線為『魔法陣』……」Johan Huizinga, *Homo Ludens*.

第54頁｜「在洞悉生命的一切真相以前……」Lehman and Witty, *Psychology of Play*, Chapter 1, 1927.

Chapter 5 ── 四種元素

第56章－「等她在找東西的時候……」她最後還是難倒我了：「爸爸，羽毛是什麼做的？」（答案是角蛋白）。

第58頁｜「……要說服人相信四元素同等重要很困難。」我曾經在一次演講中介紹過四元素，然後有個學生質疑我：「我聽過皮克斯的動畫家演講，他們堅持：『皮克斯的宗旨是故事第一，故事是我們最優先的考量。』你是說這對遊戲不適用嗎？」我回答說這不但對遊戲不適用，對皮克斯也不適用。皮克斯團隊選擇製作《玩具總動員》(*Toy Story*)，是因為塑膠玩具的故事是他們最好的故事嗎？不，他們這麼做，是因為當時工作室的技術沒辦法把人類的故事講得動人，但塑膠玩具他們還處理得來。在這個例子裡，科技才是第一考量，但接著故事也撐住了科技。就像其他偉大作品一樣，所有的元素都彼此支撐。

第59頁｜「……入侵的速度就會加快。」英文維基百科有一條註釋這麼說：「每一波的加速幅度會愈來愈大。這原本是遊戲程式編寫時無意造成的結果──因為程式必須讓逐漸減少的外星人愈動愈快。不過開發團隊很喜歡這點，所以保留了下來。」感謝 Ben Johnson 指出這點！

Chapter 6 ── 主題

第65頁｜「迪士尼 VR 工作室」團隊本來隸屬於迪士尼幻想工程，但後來被併入了迪士尼線上娛樂工作室（Disney Online Studios）。

第66頁｜「海盜生涯樂逍遙……」"Yo Ho (A Pirate's Life For Me)."X. Atencio and George Bruns, 1967.

第68頁｜「有個機智的先生……」當然就是 Greg Wiatroski。

第68頁｜迪士尼稱呼員工為「演出人員」(cast member)。

第69頁｜「這部片深深感動了全世界的觀眾……」感動到票房高達6億美金。

第69頁｜「史蒂芬‧金在寫他的大作《魔女嘉莉》(*Carrie*) 時……」史蒂芬金在另一本傑作《史蒂芬‧金談寫作》中談了一些相關細節。

Chapter 7 ── 創意

第74頁｜「……當時我還只會秀兩招而已……」那兩招是「reverse cascade」和「the claw」。我是看 Carlo 的《*The Juggling Book*》學的。

第78頁｜「……在哪些元素上已經有了既定的決定？」(1) 科技。它已經決定要用「桌上遊戲」和「磁鐵」。(2) 故事。(3) 美學──不過小心，這款遊戲需要感覺像超現實畫作，但需要真的看起來超現實嗎？(4) 機制。你可能會說是科技，但或許之後改良還會用到新科技。

第80頁｜「繆斯（傳統上……」King, S. *On Writing*.Scribner, New York, 2000, pp. 144–145.

第85頁｜「漫畫家兼作家琳達‧貝瑞堅持……」Lynda Barry. *What It Is*.

第86頁｜原文笑話為「Save the whales! Collect the whole set!」謝謝 Randy Nelson, AKA Alyosha Karamazov 提供。

第88頁｜「像雅典娜一樣……」去讀希臘神話！

第90頁｜「……大部分團隊腦力激盪的方法都錯了。」見 "Groupthink: The Brainstorming Myth" by Jonah Lehrer in *The New Yorker*, January 30, 2012.

Chapter 8 ── 疊代法

第92頁｜「猜準一點，蘇魯先生。」《星艦奇航記》的宅眼。

第96頁｜「……連溫斯頓‧羅伊斯（瀑布模型就是以他的論文為基礎）……」Royce, W. Managing the development of large software systems: Concepts and techniques, Proceeding WESCON, IEEE Computer Society Press, Los Alamitos, CA, 1970.

第97頁｜「……貝瑞‧畢姆在1986年……」Boehm, B. A spiral model of software development and enhancement, ACM SIGSOFT Software Engineering Notes, August 1986.

第98頁｜「螺旋模型有各種衍生版本。」包括Scrum、ROPES和噴泉模型（fountain model）。

第106頁｜「……一切都能在電光石火之間辦到！」Fullerton、Swain和Hoffman在《Game Design Workshop》的〈Chapter 7: Prototyping〉給了很多製作紙上雛型的好用訣竅。

第107頁｜「遊戲設計師大衛‧瓊斯……」這段話來自他在2001年DICE峰會（Design, Innovate, Communicate, Entertain Summit）的演講。

第111頁｜「……不會完成，只會被放棄。」Paul Valéry這句話談的是詩，不過遊戲設計也是同個道理。

第111頁｜「……馬克‧塞爾尼……」塞爾尼的「方式」是針對動作類平台遊戲提出的。其他類型遊戲的話，你需要自己決定「兩個可公開發行的關卡」代表什麼。http://www.gamasutra.com/features/slides/cerny/index.htm.

Chapter 9──玩家

第117頁｜「如果你曾經是目標受眾的一分子……」有些人長大以後就很難回憶起特定年齡的童年。如果你問別人「你八歲時最喜歡哪一本書？」他們只會腦袋一片空白。改問「你三年級的時候最喜歡哪一本？」會比較簡單。如果這是在講你，就試試這個簡單的原則：把歲改成年級再減五。如此一來，如果有人問「10到12歲適合怎樣的遊戲？」你就可以自動回想自己和朋友在小五到國一時大概是怎麼樣的。

第119頁｜彼得潘和溫蒂的對話出自2003年的電影《小飛俠彼得潘》（Peter Pan）。

第121頁｜「……男性在空間推理上的表現通常優於女性……」Hilmar Nordvik, Benjamin Amponsah. "Gender differences in spatial abilities and spatial ability among university students in an egalitarian educational system," Sex Roles: A Journal of Research, June 1998。http://www.findarticles.com/p/articles/mi_m2294/is_n11-12_v38/ai_21109782。

第121頁｜Heidi Dangelmeier quote: Quoted in Beato, G. 1997. "Computer Games for Girls Is No Longer an Oxymoron." Electrosphere, 5.04, April. http://www.wired.com/wired/archive5.04/es_girlgames-pr.html.

第121頁｜「消費者買的小說有三分之一都是羅曼史小說。」http://www.en.wikipedia.org/wiki/Romance_novel。

第121頁｜「……《闇龍紀元：異端審判》（Dragon Age: Inquisition）能比一般的動作角色扮演遊戲爭取到更多女性玩家……」https://quanticfoundry.com/2017/01/19/female-gamers-by-genre/。

第123頁｜「拿孩之寶（Hasbro）的無線手持電玩《P-O-X》來說……」"Here Come the Alpha Pups." New York Times, August 5, 2001.

第126頁｜「勒布朗的遊戲喜悅分類學」這個分類論來自 "MDA: A Formal Approach to Game Design and Game Research" by Robin Hunicke, Marc LeBlanc, and Robert Zubek。Greg Costikyan的 "I Have No Words and I Must Design" 中有更詳細的解釋。

Chapter 10──玩家內心

第132頁｜「看看下面的圖案」來自Jaynes, J. The Origin of Consciousness in the Breakdown of the Bicameral Mind. Dover, New York, 1976, p. 40。

第136頁｜「心懷享受與滿足，積極地全心專注在一個活動上所產生的感受。」http://en.wikipedia.org/wiki/Flow_%28psychology%29

第136頁｜Ben Johnson對心流的一點補充：EA有些運動遊戲會讓化身在「心流」狀態中施展出超人類的技法來創造「虛擬心流」。

Chapter 11──動機

第144頁｜「亞伯拉罕‧馬斯洛發表了一篇……」Maslow, A. A theory of human motivation. In Psychological Review, 50, 370–396。

第144頁｜關於馬斯洛金字塔的補充：有趣的是就算在遊戲裡，馬斯洛金字塔還是有用──比如我在遊戲中最關心的就是讓角色活命。

第145頁｜「其中和遊戲最相關的，是愛德華‧德西和理查德‧萊恩的研究……」如果你想多知道一些「自我決定論」的資訊，維基百科條目是個很好的起點。

第147頁｜「一些心理學家曾試著用漸變表來表述內在與外在動機有多複雜……」這張圖表的靈感來自我和Scott Rigby的討論。

第147頁｜「有個著名研究是這樣的：兩組小孩被要求各自畫畫。」你可以在Alfie Kohn的中《Punished by Rewards》找到這個實驗的詳情。

第148頁｜「直到我讀了一本神經科學的書……」這本書是Kringelbach和Berridge的《Pleasures of the Brain》。

第149頁｜「……並嘗試將每一種動機放入座標裡。」這個平面座標圖是我自己想出來的（沒有其他人要負責），不過Sebastien Deterding和Scott Rigby有幫忙我修正。

第150頁｜「每個成功的遊戲都揉合了新奇和熟悉的事物。」Bing Gordon拜訪娛樂科技中心時，我聽到他說這句話，從此一直

忘不掉。

Chapter 12 —— 遊戲機制

第160頁｜「控制時間」，如果沒有 Dan Stubbs 的幫忙，我不會想到這一段。

第163頁｜「……遊玩的內容就是猜測對手的隱密屬性。」比如說，想像一下如果玩《地產大亨》時不知道哪些地產上有房子和飯店（搞不好行得通）。

第163頁｜「切莉亞·皮爾斯指出了另一種資訊……」Celia, P. *The Interactive Book*.MacMillan Technical Publishing, Indianapolis, IN, 1997, p. 423.

第168頁｜「文字冒險遊戲之所以失去人氣……」這個想法來自 Phillip Saltzman 為我在卡內基美隆的遊戲設計課寫的一篇文章。

第169頁｜「帕萊特的規則分析」：David Parlett, *Rules OK*.http://www.davpar.com/gamestar/rulesok.html.

第169頁｜「根基規則」：齊默曼和沙倫稱此為「構成規則」（constitutive rules，*Rules of Play*, page 130）。戴維·帕萊特跟我都比較偏好「根基規則」的說法。「不成文規則」：Steven Sniderman.Unwritten Rules.http://www.gamepuzzles.com/tlog/tlog2.htm。

第170頁｜「……《鐵拳5》比賽規則……」這些規則出自2005年的便士街機博覽會。

第171頁｜「席德·梅爾曾提出一個傑出的經驗法則」：Sid Meier.*Three Glorious Failures*.DICE 2001（影片）。

第185頁｜「……玩家在《地產大亨》裡最常走到哪些格子？」最常走到的三格依序是 Illinois Avenue、GO 和 B&O Railroad（對應台灣版為博愛路、由此去和台南車站）。Brady, M. *The Monopoly Book*.David McKay Company, New York, 1975, p. 92. 模擬時別忘了機會和命運卡！

第188頁｜特沃斯基的實驗來自：William F. Altman. "Determining Risks with Statistics—and with Humanity." Baltimore Sun, October 13, 1985, p. 50.

第189頁｜「特沃斯基曾在一個研究中要求人們估計各種死因發生的可能性……」出自 Bernstein, P.L. *Against the Gods: The Remarkable Story of Risk*. John Wiley & Sons, New York, 1996, p. 279. 他從特沃斯基的一篇論文中引用了這個結果。

Chapter 13 —— 平衡

第194頁｜「不公平的戰鬥哪有什麼樂趣。」As Mrs. Cavour stated in The Mummy Market by Nancy Brelis.

第198頁｜《異形戰場》感謝 James Portnow 舉了這個特別的例子。

第202頁｜「麥可·馬提斯指出……」Interactive Drama, Art, and Artificial Intelligence 2002.Mateas, M. PhD thesis.Technical Report CMU-CS-02-206, School of Computer Science, Carnegie Mellon University, Pittsburgh, PA.December 2002.

第203頁｜「三角困境」我第一次聽到這個詞是在 Chris Crawford 的 *The Art of Computer Game Design* 不過他的用法跟我不太一樣。

第214頁｜「暴雪公司的遊戲《暗黑破壞神》……」來自2004年 DICE 上 Bill Roper 的演講「Benefits of Rewarding Gamers」。

第216頁｜「完美的境界是再也沒有東西需要減少……」出自 *Wind, Sand and Stars* by Antione de Saint Exupery.

Chapter 14 —— 謎題

第228頁｜「遊戲設計師克里斯·克勞佛年輕時發表過一項大膽的宣言……」Crawford, C. *The Art of Computer Game Design*. Osborne/McGraw Hill, Berkeley, CA, 1984, p. 7.

第229頁｜「謎題很好玩，而且有正確答案。」What is a Puzzle?http://www.scottkim.com/thinkinggames/whatisapuzzle/index.html.

第232頁｜「比如薩姆·勞埃德的名作「十五數字推盤」……」當然，薩姆·勞埃德並不是這個謎題真正的發明者，但他還是居功了超過一整個世紀，詳見 *The 15 Puzzle*, by Jerry Slocum and Dic Sonneveld.

第233頁｜「研究顯示，能否看見進展……」見 "The Power of Small Wins" by Teresa M. Amabile and Steven J. Kramer, *Harvard Business Review*, May 2011.

Chapter 15 —— 介面

第244頁｜「有時候，虛擬介面的存在感會低到難以察覺……」有些人比較喜歡「畫外介面」（diegetic interface）的說法，這個詞來自希臘文，原本是音響設計界的用詞。觀眾看電影時可以聽得到「畫外」音效和音樂，但角色聽不見。就像虛擬介面一樣。

第251頁｜「豐沛」：我最初是從卡內基美隆大學的實驗性遊戲（Experimental Gameplay）研究團隊那裡聽到這個術語的，感謝凱爾·格雷、凱爾·蓋布勒、馬特·庫契奇和沙林·舍第罕。他們做了很多豐沛的好遊戲。

Chapter 16 —— 興趣曲線

第266頁｜「加入當地遊樂園的表演團。」準確來說是麻州阿加萬（Agawam, MA）的河濱樂園（Riverside Park），現在叫做六旗新英格蘭樂園（Six Flags New England）。這個遊樂園是我的一部分——我的祖父母就是三〇年代在那相遇的。喔對了，那是

魔術大師 Paul Osborne 的表演團

第270頁｜「《阿拉丁魔毯VR冒險》第二版……」本書付梓時第三版還可以在奧蘭多迪士尼樂園的迪士尼探險玩到，但第二版已經在1997年退役了。

第271頁｜「有史以來評價最高的遊戲之一，《戰慄時空2》……」Metacritic的評分是96分，算滿高的。http://www.metacritic.com。

第271頁｜「……下圖是玩家在遊戲中的死亡次數。」出自http://www.steampowered.com/stats/ep1/。

Chapter 17 ──故事

第289頁｜「你要怎麼把《羅密歐與茱麗葉》改編成遊戲……」我跟克里斯‧克勞佛討論過這件事，他開玩笑說上帝之所以禁止我們的世界發生時間旅行，就是為了讓我們的決定都有意義。這句話有時仍會讓我睡不著覺。

第289頁｜「……一定要有非常聰明的辦法。」大型多人線上遊戲沒有存檔點，讓時間旅行變得不可能。因此最動人、最戲劇性的遊戲體驗，或許會來自這種媒體。

第296頁｜「鮑伯‧貝茲就說：」From *Into the Woods: a Practical Guide to the Hero's Journey.*

Chapter 18 ──間接控制

第306頁｜「儘管我用這招限制了他們的選項……」詳情請見Sheena Iyengar這次演講：https://www.ted.com/talks/sheena_iyengar_choosing_what_to_choose。

第310頁｜「不過後來美術總監想到了一個主意。」感謝Gary Daines。

第312頁｜「餐廳隨時都在使用這個方法……」Areni, C.S., and Kim, D. "The influence of background music on shopping behavior: Classical versus top-forty music in a wine store," *Advances in Consumer Research*, 1993, 20, 336–340. 書中還有關於音樂對購物行為影響的研究。

第314頁｜「……為了玩一次這個遊戲，得花20塊美金。」迪士尼探索原本支援「按次付費」的模式，但「一票玩到底」也可以。最後勝出的還是後者。

第314頁｜「於是我們畫了張初始地圖。」負責畫的人是動畫總監Bruce Woodside。

第318頁｜「中國哲人老子寫道……」道德經第十七章。

Chapter 19 ──世界觀

第321頁｜「從問世以來，所有寶可夢產品總計已經售出了……」https://en.wikipedia.org/wiki/List_of_highest-grossing_media_franchises。

Chapter 20 ──角色

第333頁｜「不過你最後也許還是會想把這些提煉成更純粹的精華……」David Freeman以擅長這套方法聞名，他把這個列表叫做「角色四邊形」（character diamond）。

第335頁｜「以下複雜的圖解……」出自 *Better Game Characters by Design* by Katherine Isbister, p. 26.

第338頁｜「流浪漢：嘿，妳要去哪？」*Impro*, by Keith Johnstone, p. 36.

第341頁｜「此外，我們也是唯一會臉紅……」或是像馬克吐溫講的一樣，需要臉紅。

第341頁｜「……和哭泣的動物。」有人說大象也會哭。可能是因為這些笑話吧。

第343頁｜《夜未央》。我稍微把行文改得清楚了一點。歹勢啦，妮可。

Chapter 21 ──空間

第352頁｜「想像在冬日的下午……」Christopher Alexander. *The Timeless Way of Building*, pp. 32–33。

第355頁｜「但凡完滿如一的事物……」Alexander, C. The Phenomenon of Life, p. 222。

第356頁｜這張建築平面圖由Ernest Adams提供

第359頁｜「最早使用這個解方的是《江湖本色》……」Realistic Level Design for Max Payne by Aki Maatta. http://www.gamasutra.com/features/20020508/maatta_01.htm

第360頁｜「……魔鬼總是藏在細節裡。」有人說藏在細節裡的是上帝。說真的我懷疑他們倆是同個人。

Chapter 22 ──親臨感

第367頁｜「我們的大腦裡有個特殊的腦核專門負責注意移動靠近身體的物件。」https://www.scientificamerican.com/article/debate-2016-what-goes-on-in-your-brain-when-people-invade-your-personal-space/。

第369頁｜「……等到世上有了數以千萬計的連線頭戴式裝置，這種體驗就會變得很普遍。」就我的觀察，一件物品的數量大約

要多達一千萬份，差不多就是你至少有一個朋友擁有一份時，社會網絡才有可能建立起來。我預計在2022年以前會達到這個規模。

第371頁｜「蘭迪・鮑許（Randy Pausch）早在1996年研究迪士尼的《阿拉丁魔毯VR冒險》時……」該研究叫做 "Disney's Aladdin: First Steps Toward Storytelling in Virtual Reality," Pausch et al., 1996 ACM-0-89791-746-4/96/008。

Chapter 23 —— 美學
第381頁｜「遠山」。謝謝Ted Elliot告訴我這個故事。http://www.ugo.com/ugo/html/article/?id516210&sectionId588.

Chapter 24 —— 其他玩家
第386頁｜「玩一小時遊戲，比聊一年的天，更能了解一個人。」戚認這段話出自柏拉圖《理想國》的某處。不過其實我找不到。

Chapter 25 —— 社群
第390頁｜「曾經有兩名心理學家想更了解社群認同……」McMillan D. W. and D. M. Chavis, 1986. "Sense of community: A definition and theory," p. 16.
第390頁｜「艾美・喬・金對社群簡要的定義……」Kim, A. J. Community Building on the Web, p. 28.
第396頁｜「《模擬市民》和《上古卷軸V：無界天際》……」感謝Humberto Cervera指出《無界天際》的例子。
第400頁｜「XBox One上的《NBA 2K14》……」感謝Mark Tomczak指出這個例子。

Chapter 26 —— 合作團隊
第406頁｜「……回歸現實，為了遊戲所設定的受眾。」當然，你應該要一直想著這件事！
第406頁｜「接下來你可能對自己內心的轉變感到非常驚訝。」這該概念出自C・S・路易斯《反璞歸真：純粹的基督教》。
第411頁｜「如果你把一個好創意交給平庸的團隊……」http://news-service.stanford.edu/news/2007/february7/pixar-020707.html.

Chapter 27 —— 文件
第414頁｜傑森・凡登博格的話：來自私人通信。
第416頁｜里奇・馬穆拉的話：來自私人通信。

Chapter 28 —— 遊戲測試
第428頁｜柯特・貝雷頓的話：來自私人通信。
第432頁｜「下面這個標註清楚的五等級量表……」如果你想聽起來很內行的話，這種評分量表通常叫做李克特量表（Likert scale）。大部份的人會唸成來客特（Like-urt），不過李克特博士都念成Lick-urt。他的名字他說了算。也許我們可以請大家就這兩種發音填個五等級量表。
第433頁｜引用自芭芭拉・錢柏林的演講〈Trying Very Hard to Make Games that Don't Stink〉。https://www.youtube.com/watch?v=qx6lpeaUPSc。

Chapter 29 —— 科技
第439頁｜「在《威利號汽船》上映的六個月之前，……」不信嗎？http://en.wikipedia.org/wiki/Mickey_Mouse。
第443頁｜「沒有人知道這是怎麼回事，不過大家都說很棒。」這句來自一首關於炒作週期的歌，萬一你想，就是，唱一下有關炒作週期的歌的話，它叫《"The Spiraling Shape"》，出自《They Might Be Giants》。

Chapter 30 —— 客戶
第455頁｜「佛羅倫斯1498年」。這是我最喜歡的米開朗基羅故事，你可以在Robert Greene和Joost Elffers的《The 48 Laws of Power》裡找到它。

Chapter 31 —— 提案
第459頁｜「0.083美金」當然是一文不值。

Chapter 32 —— 獲利
第471頁｜「如果消費者花50美金的零售價格，買了一份遊戲作品……」資料來自Data from "Game Industry Roles and Economics" by Kathy Schoback in Introduction to Game Development, edited by Steve Rabin, 2005, Charles River Media, p. 862。
第477頁｜「有份研究指出，遊戲50%的營收來自僅僅0.15%的玩家。」http://landingpage.swrve.com/0114-monetization-report.

html。

Chapter 33 ── 蛻變

第483頁｜「近年的研究也顯示心智鍛鍊對健康有好處……」比如：http://www.jhsph.edu/publichealthnews/articles/2006/rebok_mentalexercise.html。

第483頁｜「有些人堅信教育是嚴肅的事……」這些人很容易被用詞給唬弄：儘管他們覺得「娛樂遊戲」很難接受，卻經常認為「有深度的模擬」是很有價值的工具──明明只是換個名字而已。

第484頁｜「美國高中校長的平均年齡是49歲。」資料來源：http://nces.ed.gov。

第485頁｜「百丈禪師想挑選一名僧人……」《無門關》，無門慧開禪師。Nyogen Senzaki and Paul Reps [1934]。

第485頁｜「教育學者常常引用米勒的學習金字塔……」Miller, G. E. The assessment of clinical skills/competence/performance. *Academic Medicine* 1990, S63–S67.

第486頁｜「……線性媒體的共同弱點，難以涵蓋複雜的關聯系統。」比方說寫這本書就不容易！

第486頁｜「Impact Games 的《和平締造者》」http://www.peacemakergame.com。

第493頁｜「不當使用」是「成癮」的技術性說法，有明確的醫學定義。

第493頁｜「尼古拉斯‧伊針對遊戲「不當使用」所牽涉的因素……」"Ariadne—Understanding MMORPG Addiction" by Nicholas Yee, October 2002 (http://www.nickyee.com/hub/addiction/home.html)。

Chapter 34 ── 責任

第498頁｜「弗雷德‧羅傑斯」，想更認識這個奇人的話，我推薦2018年的電影《Won't You Be My Neighbor》。

第501頁｜「1922年，吉卜林受多倫多大學之請……」http://en.wikipedia.org/wiki/The_Ritual_of_the_Calling_of_an_Engineer。

參考書目
Bibliography

Adams, E. and Dormans, J. *Game Mechanics: Advanced Game Design*. New Riders, Berkeley, CA, 2012.

Alexander, C. *The Timeless Way of Building*. Oxford University Press, New York, 1987a.

Alexander, C. *A Pattern Language*. Oxford University Press, New York, 1987b.

Alexander, C. *The Nature of Order: The Phenomenon of Life*. The Center for Environmental Structure, Berkeley, CA, 2002a.

Alexander, C. *The Nature of Order: The Process of Creating Life*. The Center for Environmental Structure, Berkeley, CA, 2002b.

Arijon, D. *Grammar of the Film Language*. Silman-James Press, Los Angeles, CA, 1976.

Aristotle. *The Poetics*. Harvard University Press, Cambridge, MA, 1999.

Arnheim, R. *Art and Visual Perception*. University of California Press, Oakland, CA, 1974.

Bang, M. *Picture This*. Little, Brown, and Company, New York, 1991.

Barry, L. *What It Is*. Drawn and Quarterly, Montreal, 2008.

Barry, L. *Picture This: The Near-sighted Monkey Book*. Drawn and Quarterly, Montreal, 2010.

Bartle, R. *Designing Virtual Worlds*. New Riders, 2004.

Bates, B. *Game Design*, 2nd edn. Course Technology PTR, Boston, MA, 2004.

Bates, B. *Learning Theories Simplified*. SA GE Publications, London, 2016.

Bernstein, P.L. *The Remarkable Story of Risk*. John Wiley & Sons, New York, 1996.

Brathwaite, B. and Schreiber, I. *Challenges for Game Designers: Non-Digital Exercises for Video Game Designers*. CreateSpace Independent Publishing, 2008.

Brotchie, A. *A Book of Surrealist Games*. Shambhala Redstone Editions, Boston, MA, 1995.

Buxton, B. *Sketching User Experiences*. Morgan Kaufmann, Amsterdam, the Netherlands, 2007.

Burak, A. and Parker, L. *Power Play: How Video Games Can Save the World*. St. Martin's Press, New York, NY, 2017.

Burroway, J. and Stuckey-French, E. *Writing Fiction: A Guide to Narrative Craft*. Pearson, New York, NY, 2007.

Callois, R. *Man, Play, and Games*. University of Illinois Press, Champaign, IL, 2001.

Carse, J.P. *Finite and Infinite Games*. Ballantine, New York, 1986.

Chou, Y.-K. *Actionable Gamification: Beyond Points, Badges, and Leaderboards*. YukaiChou.com/OctalysisBook. 2015.

Christensen, C. *The Innovator's Dilemma: When New Technologies Cause Great Firms to Fail*. Harvard Business Review Press, Cambridge, MA, 1997.

Christensen, C, and Raynor, M. *The Innovator's Solution: Creating and Sustaining Successful Growth*. Harvard Business Review Press, Cambridge, MA, 2013.

Co, P. *Level Design for Games: Creating Compelling Game Experiences*. New Riders, 2006.

Collins, M. and Kimmel, M.M. (eds.) *Mister Rogers' Neighborhood: Children, Television, and Fred Rogers*. University of Pittsburgh Press, Pittsburgh, PA, 1996.

Corman, R. *How I Made a Hundred Movies in Hollywood and Never Lost a Dime*. Da Capo Press, New York, 1990.

Costikyan, G. *Uncertainty in Games*. MIT Press, Cambridge, MA, 2013.

Crawford, C. *The Art of Computer Game Design: Reflections of a Master Game Designer*. Osborne/McGraw Hill, Berkeley, CA, 1984.

Crawford, C. *Balance of Power*. Microsoft Press, 1986.

Cruit, R.L. and Cruit, R.L. *Survive the Coming Nuclear War: How to Do It*. Stein and Day, New York, 1984.

Csikszentmihalyi, M. *Flow: The Psychology of Optimal Experience*. Harper & Row, New York, 1991.

Csikszentmihalyi, M. and Csikszentmihalyi, I.S. *Optimal Experience*. Cambridge University Press, Cambridge, U.K., 1997.

Culyba, S. *The Transformational Framework: A Process Tool for the Development of Transformational Games*. ET C Press, Pittsburgh, PA, 2018.

Dali, S. *Fifty Secrets of Magic Craftsmanship*. Dover Publications, New York, 1992.

Devlin, K. *The Unfinished Game: Pascal, Fermat, and the Seventeenth-Century Letter that Made the World Modern*. Basic Books, New

York, 2010.

Discovery Girls Magazine, June–July 2007, p. 23.

Doblin Group, The. A model of compelling experiences. 2007. Website: http://www. doblin.com.

Dodsworth, C. Jr. *Digital Illusion*. ACM Press—SIGGRAPH Series, New York, 1998.

Edwards, B. *Drawing on the Right Side of the Brain*. Tarcher/Putnam, New York, 1989.

Elliot, A., Dweck, C., and Yeager, D. *Handbook of Competence and Motivation: Theory and Application*. Guilford Press, New York, NY, 2017.

Fahey, R, and Lovell, N. *The F2P Toolbox: Essential Techniques for Fun, Profitable Game Design*. GAMES brief, 2014.

Flammarion, C. *Mysterious Psychic Forces*. Small, Maynard, and Co., Boston, MA, 1907.

Flaxon, D.N. Flaxon alternative interface technologies. Website: http://www.sonic. net/~dfx/fait/.

Fullerton, T. *Game Design Workshop*, 2nd edn. Morgan Kaufmann, Amsterdam, the Netherlands, 2008.

Gee, J.P. *What Video Games Have to Teach Us About Learning and Literacy*. St. Martin's Press, New York, 2003.

Gee, J.P. *Why Videogames Are Good for Your Soul*. Common Ground Publishing, Melbourne, Victoria, Australia, 2005.

Gilmore, J. and Pine, B.J. *Authenticity: What Consumers Really Want*. Harvard Business School Press, Boston, MA, 2007.

Gladwell, M. *The Tipping Point: How Little Things Can Make a Big Difference*. Back Bay Books, Boston, MA, 2002.

Glassner, A. *Interactive Storytelling: Techniques for 21st Century Fiction*. AK Peters, Natick, MA, 2004.

Gold, R. *The Plenitude: Creativity, Innovation, and Making Stuff*. MIT Press, Cambridge, MA, 2007.

Greene, R. *The 48 Laws of Power*. Penguin, New York, 1998.

Gregory, R.L. (ed.) *The Oxford Companion to the Mind*. Oxford University Press, Oxford, U.K., 2004.

Grossman, A. (ed.) *Postmortems from Game Developer*. CMP Books, San Francisco, CA, 2003.

Grossman, D. and DeGaetano, G. *Stop Teaching Our Kids to Kill: A Call to Action Against TV, Movie, and Video Game Violence*. Crown Publishers, New York, 1999.

Hartson, W.R. and Watson, P.C. *The Psychology of Chess*. Facts on File, New York, 1984.

Henderson, M. *Star Wars: The Magic of Myth*. Bantam Books, New York, 1997.

Heward, L. and Bacon J. *Cirque du Soleil: The Spark*. Doubleday, New York, 2006.

Howard, V. *The Mystic Path to Cosmic Power*. Reward Books, West Nyack, NY, 1967.

Huizinga, J. *Homo Ludens: A Study of the Play Element in Culture*. Beacon Press, Boston, MA, 1955.

Hume, D. *A Treatise of Human Nature*. Barnes and Noble, New York, NY, 2005, originally 1740.

Isbister, K. *Better Game Characters by Design: A Psychological Approach*. Morgan Kaufmann, San Francisco, CA, 2006.

Isbister, K. and Schaffer, N. *Game Usability: Advancing the Player Experience*. Morgan Kaufmann, Burlington, MA, 2008.

Iuppa, N. and Borst, T. *Story and Simulations for Serious Games*. Focal Press, Burlington, MA, 2007.

Jaynes, J. *The Origin of Consciousness in the Breakdown of the Bicameral Mind*. Houghton Mifflin, New York, 1976.

Jenisch, J. *The Art of the Video Game*. Quirk Books, Philadelphia, PA, 2008.

Johnstone, K. *Impro: Improvisation and the Theatre*. Routledge, New York, 1992.

Kafai, Y. Richard, G. and Tynes, B. *Diversifying Barbie & Mortal Kombat: Intersectional Perspectives and Inclusive Designs in Gaming*. ET C Press, Pittsburgh, PA, 2016.

Kelly, T. *The Art of Innovation*. Doubleday, New York, 2001.

Kim, A.J. *Community Building on the Web*. Peachpit Press, Berkeley, CA, 2000.

Kohn, A. *Punished by Rewards: The Trouble with Gold Stars, A's, Praise, and Other Bribes*. Houghton Mifflin, Boston, 1999.

Koster, R. *A Theory of Fun for Game Design*. Paraglyph Press, Scottsdale, AZ, 2005.

Kringelbach, M. and Berridge, K. *Pleasures of the Brain*. Oxford University Press, Oxford, 2010.

Lebowitz, J. and Klug, C. *Interactive Storytelling for Video Games: A Player-Centered Approach to Creating Memorable Characters and Stories*. Focal Press, Burlington, MA, 2011.

Lynch, D. *Catching the Big Fish*. Tarcher/Penguin, New York, 2007.

Lynch, K. *The Image of the City*. MIT Press, Cambridge, MA, 1960.

Marling, K.A. *Designing Disney's Theme Parks: The Architecture of Reassurance*. Canadian Center for Architecture, Montreal, Quebec, Canada, 1997.

McCloud, S. *Understanding Comics*. Kitchen Sink Press, 1994.

McGonigal, J. *Reality is Broken: Why Games Make Us Better and How They Can Change the World*. Penguin Books, New York, 2011.

McLuhan, M. *The Medium is the Massage*. Hardwired, New York, 1996.

McLuhan, M. *Understanding Media*. MIT Press, Cambridge, MA, 1998.

Meadows, M.S. *Pause and Effect: The Art of Interactive Narrative.* New Riders, Indianapolis, IN, 2003.

Melissinos, C. and O'Rourke, P. *The Art of Video Games: From Pac-Man to Mass Effect.* Welcome Books, New York, 2012.

Mencher, M. *Get in the Game! Careers in the Game Industry.* New Riders, Indianapolis, IN, 2003.

Merrienboer, J. and Kirschner, P. *Ten Steps to Complex Learning.* Routledge, New York, 2018.

Miall, D.S. Anticipation and feeling in literary response. Poetics 1995, 23, 275–298.

Michalko, M. *Thinkertoys: a Handbook of Creative-Thinking Techniques.* Ten Speed Press, Berkeley, CA, 2006.

Moore, S. *We Love Harry Potter!* St. Martin's Griffin, New York, 1999.

Mosely, A. and Whitton, N. *New Traditional Games for Learning: A Case Book.* Routledge, New York, 2014.

Muldoon, S. and Carrington, H. *The Projection of the Astral Body.* Rider & Co, London, 1929.

Murray, J.H. *Hamlet on the Holodeck.* The Free Press, New York, 1997.

Nelms, H. *Magic and Showmanship.* Dover, New York, 1969.

Newman, J. and Simons, I. *Difficult Questions about Videogames.* PublicBeta, Nottingham, U.K., 2004.

Norman, D. *The Design of Everyday Things.* Basic Books, New York, 2013.

Parlett, D. *Parlett's History of Board Games.* Oxford University Press, Oxford, 1999.

Perla, P. *The Art of Wargaming.* Naval Institute Press, Annapolis, MD, 1990.

Propp, V. *Morphology of the Folktale.* University of Texas Press, Austin, TX , 1998.

Rabin, S. *Introduction to Game Development.* Charles River Media, Boston, MA, 2005.

Ramsay, M. *Gamers at Work: Stories Behind the Games People Play.* Springer-Verlag, New York, 2012.

Reeve, J. *Understanding Motivation and Emotion.* Wiley, Hoboken, NJ, 2018.

Rouse, R. III. *Game Design: Theory and Practice.* Wordware Publishing, Plano, TX , 2001.

Salen, K. and Zimmerman, E. *Rules of Play: Game Design Fundamentals.* MIT Press, Cambridge, MA, 2003.

Santayana, G. *The Sense of Beauty: Being the Outline of Aesthetic Theory.* Dover, New York, 1955.

Schlichting, M. *Understanding Kids, Play, and Interactive Design: How to Create Games Children Love.* Let's Play Press, Graton, CA, 2016.

Schwartz, D.G. *Roll the Bones: The History of Gambling.* Gotham Books, New York, 2006.

Schull, N. *Addiction by Design: Machine Gambling in Las Vegas.* Princeton University Press, Princeton, NJ, 2012.

Selinker, M. *Kobold Guide to Board Game Design.* Open Design, Kirkland, WA, 2011.

Sheldon, L. *Character Development and Storytelling for Games.* Thomson Course Technology, Cambridge, MA, 2004.

Solarski, C. *Drawing Basics and Video Game Art: Classic to Cutting-Edge Art Techniques for Winning Video Game Design.* Watson-Guptill Publications, New York, 2012.

Suits, B. *The Grasshopper: Games, Life, and Utopia.* Broadview Press, Peterborough, ON , 2005.

Sutton-Smith, B. *The Ambiguity of Play.* Harvard University Press, Cambridge, MA, 2001.

Swink, S. *Game Feel: A Game Designer's Guide to Virtual Sensation.* Morgan Kaufmann, Burlington, MA, 2009.

Tekinbas, K.S. and Zimmerman, E. *The Game Design Reader: A Rules of Play Anthology.* MIT Press, Cambridge, MA, 2006.

Tinsman, B. *The Game Inventor's Guidebook.* Krause Publications, 2002.

Tobin, J. (ed.) *Pikachu's Global Adventure: The Rise and Fall of Pokemon.* Duke University Press, Durham, NC, 2004.

Tufte, E. *The Visual Display of Quantitative Information.* Graphics Press, Cheshire, CT, 2001.

Utterberg, C. *The Dynamics of Chess Psychology.* Chess Digest, Inc., Dallas, TX , 1994.

Van Pelt, P. (ed.) *The Imagineering Workout: Exercises to Shape Your Creative Muscles.* Disney Editions, New York, 2005.

Vogler, C. *The Writer's Journey*, 2nd edn. Michael Wiese Productions, Studio City, CA, 1998.

Vorderer, P. and Bryant, J. (eds.) *Playing Video Games: Motives Responses, and Consequences.* Lawrence Erlbaum Associates, Manwah, NJ, 2006.

Wakabayashi, H.C. (ed.) *Picasso: In His Words.* Welcome Books, New York, 2002.

翻譯名詞對照表

專有名詞

1~5畫

Mega Drive　Sega Genesis
PS　PlayStation
二階動作　second-order motion
人物網絡　character web
人際環狀圖　interpersonal circumplex
入口　gateway
三翻四抖　rule of three
大型多人線上遊戲　Massively multiplayer online game, MMO
小額付費　microtransaction
互動敘事　interactive storytelling
互動敘事者　interactive storyteller
內容創作工具　content creation tool
內容管理系統　content management system
分析癱瘓　paralysis by analysis
分類論　taxonomy
化身　avatar
反派　villain
尺度層級　levels of scale
引鉤　the hook
心流　flow
心流渠道　flow channel
心理圖像　Psychographic
心智模型　mental model
手持動作追蹤控制器　motion-tracked hand controller
手部追蹤　hand tracking
手部親臨感　hand presence
日活躍用戶　daily active user, DAU
月活躍用戶　monthly active user, MAU
月費制　subscription
付費用戶平均營收　average revenue per paying user, ARPPU
出貨　sold in
功能空間　functional space
卡通渲染　Cel shading
布娃娃系統　ragdoll physics
平台商　platform holder
平台遊戲　platform game
平行路線　parallelism

本體感　proprioception
本體感對齊　proprioceptive alignment
生命值　hit point
生命週期價值　lifetime value
用戶平均營收　average revenue per user, ARPU
立體眼鏡　stereoscope
交替重複　Alternating repetition

6~10畫

仿似　echo
全身追蹤　full-body tracking
全像設計　holographic design
共用檔案　fileshare
同步　synchronous
同步聲音　synchronized sound
多人地下城　Multi-User Dungeon, MUD
多人連線　networked multiplay
多人線上戰術擂台遊戲　multiplayer online battle arena, MOBA
好奇心鴻溝　curiosity gap
存貨單位　stock keeping unit
存貨項目　inventory item
自助發行　self-publising
自我決定論　Self-determination theory
自然發生　spontaneous generation
血條　life meter
血量　health meter
行動　action
佈局　layout
位置追蹤　positional tracking
低階語言　low-level language
免洗筷測試員　tissue tester
即時戰略遊戲　real-time strategy game
局部對稱　Local symmetry
技術途徑　technical approach
攻略　walk-through
材質　texture
私密屬性　private attribute
角色扮演遊戲　role-playing game
周邊視覺　peripheral vision
奇點　singularity

拖放　drag and drop
放聲思考法　think-aloud protocol
易玩性測試　Usability testing
炒作週期　Hype Cycle
物理輸入　physical input
物理輸出　physical output
知覺轉移　Perceptual Shift
社會－情緒學習　social–emotional learning
社群網路遊戲　online social game
空間音響　spatialized sound
非同步社交手機遊戲　asynchronously social mobile games
非玩家角色　Non-Player Character, NPC
品質保證測試　quality assurance, QA testing
客群結構　groups demographic
室內主題樂園　location-based entertainment
建立鏡頭　establishing shot
按鈕　button
挑戰曲線　challenge curve
故事弧線　story arc
故事堆砌　story stack
故事樹結構　branching structure
映射　mapping
相嵌目標　telescoping goal
相鄰關係　adjacency
紅白機　Nintendo Entertainment System / Family Computer
美術素材　art asset
英雄旅程　hero's journey
英雄點數　Hero Point
重複樂句　riff
降價空間　markdown reserve
音效　sound effect
風險管控　risk mitigation
差點　handicap
恐怖谷　uncanny valley
核心玩家　hardcore gamer
桌上角色扮演遊戲　tabletop role-playing game

人名

1~5畫

H. R. 吉格爾 H.R. Giger
大衛‧佩里 David Perry
大衛‧林區 David Lynch
大衛‧瓊斯 David Jones
小叮噹 Tinkerbell
丹尼爾‧伯爾文 Daniel Burwen
丹尼爾‧康納曼 Daniel Kahneman
丹妮‧邦登‧貝瑞 Dani Bunten Berry
切莉亞‧皮爾斯 Celia Pearce
戈登‧弗里曼 Gordon Freeman
木人 Mokujin
比爾‧莫瑞 Bill Murray
丘巴卡 Chewbacca
卡佛太太 Mrs. Cavour
卡爾‧榮格 Carl Jung
史考帝‧梅爾策 Scotty Meltzer
史考特‧金 Scott Kim
史考特‧麥克勞德 Scott McCloud
史考特‧愛德華‧納爾 Scott Edward Nall
史東‧利勃朗 Stone Librande
史蒂夫‧霍夫曼 Steven Hoffman
史蒂芬‧史尼德曼 Steven Sniderman
史蒂芬‧列維 Steven Levy
史蒂芬‧魔法特 Stephen Moffat
尼古拉斯‧伊 Nicholas Yee
布萊恩‧莫里亞蒂 Brian Moriarty
布萊恩‧雷諾斯 Brian Reynolds
布萊恩‧薩頓－史密斯 Brian Sutton-Smith
布萊茲‧帕斯卡 Blaise Pascal
布蘭‧費倫 Bran Ferren
布蘭達‧哈哲 Brenda Harger
弗里德里希‧席勒 Friedrich Schiller
弗里德里希‧馮‧凱庫勒 Friedrich Von Kekule
瓦斯科‧波帕 Vasko Popa
田尻智 Satoshi Tajiri
皮埃爾‧德‧費馬 Pierre de Fermat
皮埃羅‧索戴里尼 Piero Soderini

6~10畫

伊凡‧屠格涅夫 Ivan Turgenev
印地安納瓊斯 Indiana Jones
吉卜林 Rudyard Kipling
吉姆‧亨森 Jim Henson
安托萬‧貢博 Chevalier de Méré
安托萬‧德‧聖修伯里 Antoine de Saint-Exupery
安妮‧恩萊特 Anne Enright
安迪‧沃荷 Andy Warhol
安德魯‧史騰 Andrew Stern
托爾金 J. R. R. Tolkien
米哈里‧契克森米哈伊 Mihaly Csikszentmihalyi
米歇爾‧拉雷特 Michel Lalet
艾美‧喬‧金 Amy Jo Kim
艾略特‧埃佛頓 Elliot Avedon
艾琳‧巴恩斯達爾 Aline Barnsdall
艾瑞克‧齊默曼 Eric Zimmerman
艾德文‧卡特姆 Ed Catmull
西角友宏 Tomohiro Nishikado
西塞羅 Cicero
西德尼‧佩吉特 Sidney Paget
亨伯特‧亨伯特 Humbert Humbert
亨利‧梭羅 Henry David Thoreau
亨利‧詹金斯 Henry Jenkins
亨利‧龐加萊 Henri Poincaré
伯納‧莫根 Bernard Mergen
佛瑞德‧布魯克斯 Fred Brooks
克里斯‧史溫 Chris Swain
克里斯‧克勞佛 Chris Crawford
克里斯‧克魯格 Chris Klug
克里斯多夫‧佛格曼 Christopher Vogler
克里斯托佛‧亞歷山大 Christopher Alexander
克勞德‧史特萊夫 Cloud Strife
克萊門特‧摩爾 Clement Moore
克雷頓‧克里斯汀生 Clayton Christensen
希帕提亞 Hypatia
沙林‧舍第罕 Shalin Shodhan
貝蒂‧愛德華 Betty Edwards
里可‧梅德林 Rico Medellin
里奇‧馬穆拉 Rich Marmura
里奇‧高德 Rich Gold
亞伯拉罕‧馬斯洛 Abraham Maslow
亞美利堅‧麥基 American McGee
亞瑟‧克拉克 Arthur C. Clarke
固蛇 Solid Snake
妮可‧艾普斯 Nicole Epps
尚恩‧帕頓 Shawn Patton
尚‧雅克‧盧梭 Jean-Jacques Rousseau
彼得‧莫利紐斯 Peter Molyneux
拉姆達斯 Ram Dass
拉爾夫‧沃爾多‧愛默生 Ralph Waldo Emerson

明日巨星合唱團 They Might Be Giant
林克 Link
法蘭西斯‧培根 Francis Bacon
法蘭克‧湯瑪斯 Frank Thomas
法蘭克‧洛伊‧萊特 Frank Lloyd Wright
芭芭拉‧錢柏林 Barbara Chamberlin
金‧羅登貝瑞 Gene Roddenberry
門得列夫 Mendeleev
阿斯托爾‧皮亞佐拉 Astor Piazzolla
阿爾弗雷德‧路易斯‧克魯伯 Alfred Louis Kroeber
阿爾頓‧布朗 Alton Brown
阿摩司‧特沃斯基 Amos Tversky
哈波‧馬克思 Harpo Marx
威廉‧卡斯特爾 William Castle
威廉‧布雷克 William Blake
威廉‧吉列特 William Gillette
威廉‧亞契爾 William Archer
威爾‧萊特 Will Wright
查理布朗 Charlie Brown
柯特‧貝雷頓 Curt Bererton
柯博文 Optimus Prime
派屈克‧蘭喬尼 Patrick Lencioni
約瑟夫‧坎伯 Joseph Campbell
約翰‧史坦貝克 John Steinbeck
約翰‧安德魯‧霍姆斯 John Andrew Holmes
約翰‧貝肯 John U. Bacon
約翰‧惠欽格 Johan Huizinga
約翰‧漢區 John Hench
唐‧洛克伍德 Don Lockwood
唐納‧諾曼 Donald Norman
埃德加‧愛倫‧坡 Edgar Allan Poe
夏洛克‧福爾摩斯 Sherlock Holmes
宮本茂 Shigeru Miyamoto
席德‧梅爾 Sid Meier
旅人樂團 Journey
格雷格‧柯斯特恩 Greg Costikyan
桃樂絲‧帕克 Dorothy Parker
海倫凱勒 Hellen Keller
海蒂‧丹格梅爾 Heidi Dangelmeier
馬克‧勒布朗 Marc LeBlanc
馬克‧崔普 Mark Tripp
馬克‧塞爾尼 Mark Cerny
馬克思兄弟 Marx Brothers
馬庫斯‧佩爾松 Markus Persson; Notch
馬特‧庫契奇 Matt Kucic
馬特‧馬洪 Matt Mahon
馬塞爾‧普魯斯特 Marcel Proust

遊戲

長髮公主芭比 Barbie as Rapunzel
門面 Façade
阿拉丁魔毯 VR 冒險 Aladdin's Magic Carpet VR Adventure
俄羅斯方塊 Tetris
俠盜獵車手 Grand Theft Auto
拼字棋 Scrabble
拼字骰 Boggle
星際大戰：舊共和武士 Star Wars: Knights of the Old Republic
星戰前夜 Eve Online
炫彩穿梭 Color Switch
英雄聯盟 League of Legends
要塞英雄 Fortnite
重力落差 Gravity Head
音速小子 Sonic the Hedgehog
風之旅人 Journey
旅人 Journey: The Arcade Game
時空幻境 Braid
海狼 Sea Wolf
海戰棋 Battleship
益智方塊 Puzzle Quest
益智尋寶圖 Hidden picture
真人快打 Mortal Kombat
真龍寶箱+ Dragon Box Plus
祝你早死 I Expect You To Die
神鬼寓言 Fable
迷宮除魔 Zombie Division
迷霧之島 Myst
迷霧古城 Ico
釘驢尾 pin the tail on the donkey
高歌巨星 SingStar
動物森友會 Animal Crossing
國王密使 King's Quest
密境探險 Uncharted
彩虹魔梯 Nemesis Factor
接龍 solitaire
梭哈 stud poker
深淵薄冰 Thin Ice
猜猜畫畫 Pictionary
猜謎大挑戰 Trivial Pursuit
異形戰場 Alien vs. Predator

異能偵探 Psychic Detective
第七訪客 The 7th Guest
第七號情報員 James Bond 007.
莫達克的復仇 Mordak's Revenge
陰屍路 The Walking Dead
創世紀 Ultima
換牌撲克 draw poker
最後一戰 Halo
最後生還者 The Last of Us
最高機密 Top Secret
殖民帝國 Colonization
無盡的任務 EverQuest
無敵浩克 The Incredible Hulk
煮過頭 Overcooked
猴島小英雄 Monkey Island
硬地滾球 Bocce
超級瑪利歐世界 Super Mario World
超級瑪利歐兄弟 Super Mario Brothers
超難拼圖 One Tough Puzzle
軸心與同盟 Axis & Allies
進站時刻 Pitstop
鄉間逍遙遊 Farmville
間諜獵車手 Spy Hunter
黑暗之塔 Dark Tower
黑暗靈魂 Dark Souls

13 畫以上

傳送門 Portal
傷心小棧 Hearts
塊魂 Katamari Damacy
填字好朋友 Words with Friends
填字遊戲 Crossword puzzle
愛心熊 Care Bears
暗黑破壞神 Diablo
毀滅戰士 Doom
當個創世神 Minecraft
腦力大作戰 Cranium
跳棋 Chinese checker
雷霆 Thunder
瑪利歐派對 Mario Party
瑪利歐賽車 Mario Kart
瘋狂噴射機 Jetpack Joyride

精靈寶可夢 Pocket Monsters
網路創世紀 Ultima Online
舞動全身 Dance Central
蒙克歷險記 Munch's Oddysee
憤怒鳥 Angry Birds
撲克 poker
數獨 Sudoku
模擬市民 Sims
模擬城市 SimCity
潛龍諜影 Metal Gear Solid
瘟疫危機 Pandemic
請出示文件 Papers, Please
質量效應 Mass Effect
輪盤 roulette
戰爭 War
戰國風雲：傳奇之旅 Risk: Legacy
戰慄時空 Half-Life
機甲爭霸戰 Battletech
機器人拉力賽 RoboRally
糖果樂園 Candy Land
鴕鳥騎士 Joust
龍族拼圖 Puzzle & Dragons
龍與地下城 Dungeons and Dragons
闇龍紀元：異端審判 Dragon Age: Inquisition
黏黏塔 Tower of Goo
叢林之王 Jungle King
獵鷹翱翔 Eagle's Flight
薩爾達傳說 The Legend of Zelda
薩爾達傳說：風之律動 The Legend of Zelda: The Wind Waker
薩爾達傳說：時之笛 The Legend of Zelda: Ocarina of Time
雙陸棋 backgammon
寶貝龍世界 Skylanders
鐵拳 Tekken
魔法風雲會 Magic: The Gathering
魔域 Zork
魔術方塊 Rubik's Cube
魔獸世界 World of Warcraft
魔獸爭霸 Warcraft
靈光一閃 Lumosity

better 74

遊戲設計的藝術
架構世界、開發介面、創造體驗，聚焦遊戲設計與製作的手法與原理
THE ART OF GAME DESIGN: A Book of Lenses, Third Edition

作　　者	傑西・謝爾（Jesse Schell）
譯　　者	盧　靜
校　　對	魏秋綢
責任編輯	楊琇茹
編輯協力	蔡承歡、吳姿瑾
內頁排版	黃暐鵬
行銷企畫	陳詩韻
總 編 輯	賴淑玲

出　　版	大家出版／遠足文化事業股份有限公司
發　　行	遠足文化事業股份有限公司（讀書共和國出版集團）
	231新北市新店區民權路108-2號9樓
電　　話	(02) 2218-1417
傳　　真	(02) 8667-1065
劃撥帳號	19504465　戶名・遠足文化事業股份有限公司
法律顧問	華洋法律事務所　蘇文生律師
初版一刷	2021年05月
初版七刷	2024年05月
電子書初版	2022年01月

定　　價	990元
I S B N	978-986-5562-07-6
I S B N	978-986-5562-38-0 (EPUB)
I S B N	978-986-5562-37-3 (PDF)

遊戲設計的藝術：架構世界、開發介面、創造體驗，
聚焦遊戲設計與製作的手法與原理／
傑西・謝爾（Jesse Schell）作；盧靜譯.
－初版.－新北市：大家出版，遠足文化事業股份有限公司，2021.05
　面；　公分.－（better；74）
譯自：The art of game design : a book of lenses, 3rd ed.
ISBN 978-986-5562-07-6（平裝）
1.電腦遊戲 2.電腦程式設計
312.8　　　　　　　　　　　　　　110005594